数学分析选讲

江西师范大学数学与统计学院 编

北 京

内 容 简 介

本书以讲义形式从 20 世纪 80 年代开始在江西师范大学使用，之后不断创新和改进，旨在进一步使学生提高分析数学理论水平，深化对数学分析主要概念的理解，掌握数学分析的内容和方法，养成严谨的科学态度，为今后的数学学习打下良好的基础.

本书内容主要包括映射、关系、实数域、函数极限及其计算技巧，连续与微分，级数，积分，曲线积分、曲面积分、场论. 本书在内容体系上，打破了通常"单元—多元""极限—微分—积分—级数"的编排方式，而使这些内容互相渗透；在写作重点上，注重揭示概念的实质和概念之间的联系以及综合应用能力的培养，着重处理分析中的一些难点，注意加强基本技能的训练和培养；在语言风格上，尽可能体现近现代数学思想，符合数学语言规范，力求清楚明确，便于自学.

本书既可作为高等院校数学类专业高年级本科生"数学分析选讲"课程的教材，又可作为考研复习指导材料，同时也可作为教师的教学参考书.

图书在版编目（CIP）数据

数学分析选讲/江西师范大学数学与统计学院编. —北京: 科学出版社，2022.4
ISBN 978-7-03-071966-9

Ⅰ. ①数… Ⅱ. ①江… Ⅲ. ① 数学分析 Ⅳ. ①O17

中国版本图书馆 CIP 数据核字(2022)第 046955 号

责任编辑：胡海霞 李香叶 / 责任校对：杨聪敏
责任印制：吴兆东 / 封面设计：蓝正设计

科学出版社 出版
北京东黄城根北街 16 号
邮政编码：100717
http://www.sciencep.com
天津市新科印刷有限公司 印刷
科学出版社发行 各地新华书店经销

*

2022 年 4 月第 一 版 开本：720×1000 1/16
2024 年 3 月第六次印刷 印张：25 3/4
字数：517 000
定价：89.00 元
(如有印装质量问题，我社负责调换)

前　言

　　数学分析是近代数学的基础, 是高等院校理工科专业非常重要的基础课, 也是数学各专业硕士研究生入学考试的必考科目, 学好这门课程对于从事现代数学的理论和应用研究都具有十分重要的意义. 数学分析内容丰富、综合性强、理论体系严谨、解题方法灵活巧妙. 为使学生能系统地理解和熟练掌握数学分析的基本理论、重要思想、解题技巧和应用方法, 开设数学分析选讲课程是必要的.

　　本书本着 "少" "精" "新" 的原则, 在内容体系上打破了数学分析通常 "单元—多元""极限—微分—积分—级数" 的编排方式, 而把相关知识综合考虑, 分类整理, 并突出以下特点:

　　(1) 在语言风格上, 尽可能体现近现代数学思想, 符合数学语言规范. 首先介绍集合概念及其运算、逻辑符号和命题运算, 并把它们贯穿于教材的始终; 各种函数极限统一用邻域形式描述; 微分、积分一元和多元统一处理.

　　(2) 着重处理了分析中的一些难点. 譬如用较大篇幅论述了 "一致性" 问题. 给出了 "一致连续性" 的几种等价形式; 补充了双变量的一致收敛问题, 它可以统一处理函数项级数与参变量广义积分的一致收敛问题; 补充了与一致收敛性密切相关的等度连续性概念, 以加深对一致收敛性的理解. 又如加强对凸函数内容的论述, 因为它不仅使许多重要不等式的证明变得更简便, 还在近代数学诸分支中有着广泛的应用. 论证了重积分化为单积分的一般性方法, 使之系统化和科学化.

　　(3) 注意加强基本技能的训练与培养. 教材中用较大篇幅来剖析例题, 并精选了大约 600 道典型习题, 分为基本题、较难题, 较难题用星号标记, 可供读者选择. 在解题过程中启发读者打开思路, 进而理解数学思想, 掌握解题技巧, 从而使读者提高独立分析问题和解决问题的能力.

　　本书的前身是江西师范大学数学与统计学院数学分析选讲选修课的内部教材. 江西师范大学从 1979 级开始在数学专业高年级开设 "数学分析选讲" 课程, 以后一直开设, 并不断整理、完善授课讲义. 1986 年 5 月, 林金榕、翟宗珊、邓声南三位教授经过充分讨论, 在讲义基础上合作编写了《数学分析选讲》, 作为内部教材使用. 其中林金榕教授编写第 1, 2 章, 翟宗珊教授编写第 3, 4 章, 邓声南教授编写第 5, 6 章. 2021 年, 郑雄军教授和张晓霞副教授对该内部教材进行了修订、补充, 并整理出版.

　　本书既可作为高等院校数学类专业高年级本科生 "数学分析选讲" 课程的教材, 又可作为考研复习指导材料, 同时也可作为教师的教学参考书.

　　本书的出版, 得到了江西师范大学数学与统计学院领导和同仁的关心与帮助, 也得到科学出版社胡海霞编辑的大力支持, 在此一并表示感谢!

编　者

2021 年 9 月 15 日

目　　录

第 1 章　映射、关系、实数域

1.1　映射、关系

这一节, 首先介绍一些常用的符号, 这些符号将贯穿课程的始终; 然后再介绍映射的概念, 它是中学里函数概念的更一般形式, 也是本课程的研究对象; 在关系里, 主要介绍等价关系与序的关系, 目的是为建立实数理论做准备.

1.1.1　一些常用的符号

1. 有关集合的符号

先回顾一下大家熟知的有关集合的符号. 我们一般用大写字母 $A, B, C, \cdots$ 作为集合的符号, 而用小写字母 $a, b, c, \cdots$ 表示集合的元素. 若 a 是集合 A 的元素, 记为 $a \in A$; 若 a 不是集合 A 的元素, 记为 $a \bar{\in} A$(或$a \notin A$).

设集合 A 由具有某种性质 P 的元素 x 组成, 我们常把集合 A 用如下形式表示:

$$A = \{x | x \text{ 具有性质 } P\}.$$

例如,

$$\{x | x^2 > 2, x > 0, x \text{ 为有理数}\}$$

表示大于 $\sqrt{2}$ 的所有有理数组成之集;

$$\{(x, y) | x^2 + y^2 < 1\}$$

表示以原点为中心, 以 1 为半径的圆内的点构成的集合.

我们规定用以下特定的字母来表示一些常用之集:

$\mathbb{N}$——所有自然数之集;

$\mathbb{N}_+$——所有正整数之集;

$\mathbb{Z}$——所有整数之集;

$\mathbb{Q}$——所有有理数之集;

$\mathbb{R}$——所有实数之集;

$\mathbb{R}^2$——在直角坐标平面上所有点之集;

$\varnothing$——不含任何元素之集, 即空集.

用 $B \subset A$ 表示 B 是 A 的子集, 即 B 的元素都是 A 的元素.

用 $A = B$ 表示集合 A 与集合 B 相等, 即 $A \subset B$ 且 $B \subset A$.

用 $A \cup B$ 表示 A 与 B 的并集, 即由或属于 A 或属于 B 的元素组成之集.

用 $A \cap B$ 表示 A 与 B 的交集, 即由既属于 A 又属于 B 的元素组成之集.

用 $A - B$ 表示 A 与 B 的差集, 即由属于 A 而不属于 B 的元素组成之集.

若 $A \supset B$, 则差集 $A - B$ 称为 B 在 A 中的余集, 记为 $C_A B = A - B$. 经常有这种情况: 在某讨论过程中, 所有的集合都是某集合 U 的子集, 则 U 称为全集, 我们就记 $B^c = C_U B$.

2. 逻辑符号

常用的数学逻辑符号有 $\neg$(非)、$\wedge$(且)、$\vee$(或)、$\Rightarrow$ (蕴含, 若 $\cdots$, 则 $\cdots$)、$\Leftrightarrow$(等价, 当且仅当).

在语言的句子里, 凡可决定其真假的语句便称为命题. 语句 "所有的人都有头" 和 "所有的鱼都会飞" 就是两个命题, 前者是真命题, 后者是假命题. 但像 "现在是几点?""数 x 与 y 之和等于 5" 都不是命题.

我们常用字母 P, Q 来表示命题. 在命题运算中, $\neg P$ (非 P), 也记为 $\overline{P}$. $\overline{P}$ 是 P 的否定, 若 P 为真, 则 $\overline{P}$ 为假; 若 P 为假, 则 $\overline{P}$ 为真. 例如, P 表示 "雪是黑色的", 这是一个假命题, 它的否定 $\overline{P}$ 就是 "雪是黑色的是不对的", 还可表述为 "雪不是黑色的", 它是一个真命题.

$P \vee Q$ 表示命题 P 与命题 Q 中至少有一个为真, 则 $P \vee Q$ 为真.

$P \wedge Q$ 表示命题 P 与命题 Q 两者均为真, 则 $P \wedge Q$ 为真.

用 T 表示真, F 表示假, 它们的真假关系可列成真值表:

P	$\overline{P}$	P	Q	$P \vee Q$	$P \wedge Q$
T	F	T	T	T	T
F	T	T	F	T	F
		F	T	T	F
		F	F	F	F

假定 P 是某命题, 它的否定 $\overline{P}$ 也是命题, 因此, $\overline{P}$ 的否定可以表示为命题 $\overline{\overline{P}}$. $\overline{\overline{P}}$ 与 P 同真、同假, 且它们的内容、意义也是相同的, 记为 $\overline{\overline{P}} = P$. $P \wedge Q$ 与 $Q \wedge P$ 也是同真同假, 内容与意义也是相同的, 同样可记 $P \wedge Q = Q \wedge P$. 类似地, $P \vee Q = Q \vee P$.

命题 "若 P, 则 Q" 称为命题 P 蕴含命题 Q, 并用记号写作 $P \Rightarrow Q$, 在蕴含 $P \Rightarrow Q$ 中, 命题 P 称为蕴含条件, 而命题 Q 是它的结论. 我们也赋予另一种文字解释: Q 是 P 的必要条件, 或 P 是 Q 的充分条件.

约定 "$P \Rightarrow Q$" 只在一种情况下是假的: 命题 P 真, 而命题 Q 假; 在其他情况下都真, 即 P 真, Q 真, 则 $P \Rightarrow Q$ 真; P 假, 不论 Q 是真或是假, $P \Rightarrow Q$ 总是真.

由两命题 P, Q 可组成读作 "P 当且仅当 Q" 的新命题, 这个新命题称为 P 和 Q 的等价命题, 并记作 $P \Leftrightarrow Q$. 亦称 P 是 Q 的充分且必要条件. 如果两命题都真或两命题都假, 则认为命题 $P \Leftrightarrow Q$ 是真的, 在其他的情况下为假.

综上所述, 蕴含与等价的真值表有形式:

P	Q	$P \Rightarrow Q$	$Q \Rightarrow P$	$P \Leftrightarrow Q$
T	T	T	T	T
T	F	F	T	F
F	T	T	F	F
F	F	T	T	T

从上面的真值表可以查到

$$(P \Leftrightarrow Q) = (P \Rightarrow Q) \wedge (Q \Rightarrow P).$$

下面再介绍谓词与量词.

假定语句包含着可以在集合 X 中取值的变量 $A(x)$, $x \in X$, 并且代入任一变量值, 便可使语句变为真命题或假命题, 这时, 就把这个语句称为谓词, 集合 X 称为谓词的定义域. 例如, $\sqrt{2}$ 是无理数, 3 在区间 $(0,1)$ 内, 这里 "是无理数""在区间 $(0,1)$ 内" 都是谓词. 设 $x \in \mathbb{R}$, 以 $F(x)$ 表示 x 是无理数, $G(x)$ 表示 x 在区间 $(0,1)$ 内, 则 $F(\sqrt{2})$ 是真命题, $F\left(\dfrac{1}{2}\right)$ 是假命题, $G(3)$ 是假命题, $G\left(\dfrac{1}{2}\right)$ 是真命题.

谓词前加上逻辑中称为量词 "所有的""存在着" 等词时, 谓词也变为命题.

量词 "所有的" 用符号 "$\forall$" 表示, 称为全称量词, 也可以用 "每一个""任意的" "任何的" 来代替 "所有的" 一词.

命题 "对所有的 $x \in X$, 适合谓词 $P(x)$", 当且仅当对于集合 X 的所有元素

x, 命题 $P(x)$ 为真时, 才是真. 我们约定, 这个命题记作

$$\forall x \in X(P(x)) \quad \text{或} \quad \underset{x \in X}{\forall} x, P(x),$$

读作 "对于 X 中的所有 x, $P(x)$ 为真".

量词 "存在" 用符号 "∃" 表示, 称为**存在量词**. 命题 "存在 $x \in X$ 满足谓词 $P(x)$" 当且仅当有集合 X 的一元素 x, 使得命题 $P(x)$ 为真时, 上述命题为真. 用符号记作

$$\exists x \in X(P(x)) \quad \text{或} \quad \underset{x \in X}{\exists} x, P(x).$$

读作 "存在属于 X 的 x, 使 $P(x)$ 为真".

如果全集 X 是什么, 不会引起混淆, 则把 $\forall x \in X(P(x))$ 与 $\exists x \in X(P(x))$ 分别记为 $\forall x, P(x)$ 与 $\exists x, P(x)$.

语句 "存在 x, 使 $P(x)$ 成立" 的否定, 就是 "对于所有的 x, $P(x)$ 均不成立", 可表示为

$$\neg(\exists x, P(x)) = \forall x, \overline{P}(x) \ (\overline{P}(x)\text{就是}\neg P(x)).$$

"对于所有 x, $P(x)$ 成立" 的否定, 就是 "存在 x, 使 $P(x)$ 不成立" 可表示为

$$\neg(\forall x, P(x)) = \exists x, \overline{P}(x).$$

"当 $x > a$ 时, $P(x)$ 成立" 的否定, 就是 "存在某个 $x > a$, $P(x)$ 不成立", 用符号表示应当是

$$\neg(\forall x > a, P(x)) = \exists x > a, \overline{P}(x).$$

还约定用符号 ":=" 表示 "按定义等于". 例如 A 是 B 的子集, 可定义为

$$A \subset B := \{x | (x \in A) \Rightarrow (x \in B)\}.$$

A 与 B 的并集, 可定义为

$$A \cup B := \{x | (x \in A) \vee (x \in B)\}.$$

1.1.2 映射

1. 映射的定义

定义 1.1.1　设 A 与 B 是两个集合, 如果按照某种法则 f, 使得对于每一个 $x \in A$, 都有唯一确定的 $y \in B$ 与之对应, 则称 f 是集合 A 到集合 B 的**映射**, 记作

$$f : A \to B.$$

A 中的元素 x 所对应的 B 中的元素 y 称为 x 的像, x 称为 y 的原像. 通常把对应于 x 的像记为 $f(x)$, 用符号 $x \mapsto f(x)$ 表示. 全体像所组成之集

$$f(A) := \{y | y = f(x) \wedge x \in A\} \subset B$$

称为映射 f 的值域, A 称为 f 的定义域.

由于集合 A, B 性质不同, 映射在不同的数学分支里各有其同义词: 函数、变换、算子等. 在数学分析里, B 是实数集 $\mathbb{R}$ 的子集, 若 A 也是 $\mathbb{R}$ 的子集, 则称 f 为一元函数; 若 A 是 $\mathbb{R}^2$ 的子集, 则称 f 为二元函数; 若 $A = \mathbb{N}$, 则称 f 为无限数列; 等等.

如果两个映射 f_1, f_2 有相同的定义域 A, 且对 $\forall x \in A$, $f_1(x) = f_2(x)$, 则称 f_1 与 f_2 相同或相等, 这时记为 $f_1 = f_2$.

2. 映射的分类

定义 1.1.2 若 $f : A \to B$, 且 $f(A) = B$, 则称 f 是一个满射, 或称 f 是 A 到 B 上的映射.

注 映射与满射是有区别的, 前者 $f(A) \subset B$, 后者 $f(A) = B$, 后者是前者的特殊情形. 再注意称呼上的区别: 前者泛称 f 是 "A 到 B 的映射", 后者称 f 是 "A 到 B 上的映射", 多了 "上" 这个字.

例 1.1.1 设 $A = \{1, 2, 3, 4\}$, $B = \{1, 3, 5, 7\}$, 我们规定 $f : A \to B$ 如下:

$$f(1) = 3, \quad f(2) = 1, \quad f(3) = 3, \quad f(4) = 7,$$

在这个例子里, f 的像集是 $\{1, 3, 7\}$. 它是 B 的真子集, 故 f 不是满射. 若规定

$$g(1) = 3, \quad g(2) = 7, \quad g(3) = 1, \quad g(4) = 5,$$

这时 $g(A) = \{1, 3, 5, 7\} = B$, g 就是满射了.

满射的定义也可改写为

若 $f : A \to B$, 对 $\forall y \in B$, $\exists x \in A$, 使得 $f(x) = y$.

定义 1.1.3 若 $f : A \to B$, 对 A 中任意两个不同的 x_1 与 x_2, 都有 $f(x_1) \neq f(x_2)$, 则称 f 是单射.

f 为单射也可改写为

$$f(x_1) = f(x_2) \Rightarrow x_1 = x_2.$$

例 1.1.2 设 $A = \{x | x \in \mathbb{R}\}$, $B = \{y | y \geqslant 0\}$, 对应关系

$$x \mapsto y = x^2$$

是 A 到 B 上的映射, 但不是单射, 因为 A 中的元素 $a(a \neq 0)$ 和 $(-a)$, 同时对应于 B 中同一元素 $y = a^2$. 如果规定 $A = \{x|x \geqslant 0\}$, $B = \{y|y \geqslant 0\}$, 则映射

$$x \mapsto y = x^2$$

是从 A 到 B 上的单射.

定义 1.1.4　如果 f 既是满射又是单射, 就说 f 是双射 (或一一映射).

定义 1.1.5　如果 $f : A \to B$ 是双射, 则定义映射 f^{-1} 如下:

若 $f(x) = y$, 则 $f^{-1}(y) = x$, 映射

$$f^{-1} : B \to A$$

称为 f 的逆映射. 这时 f^{-1} 的定义域是 f 的值域, 而 f^{-1} 的值域是 f 的定义域.

我们这样定义映射 f^{-1} 是合理的, 因为只有当 x 在 f 下的像为 y 时, 才认为 y 与 x 对应, 由 f 的满射性, 对 $\forall y \in B$, 都有这样的 x 存在; 而由 f 的单射性, 它又是唯一的. 因此, 映射完全确定.

由逆映射的定义看到, $f^{-1} : B \to A$ 本身也是双射的, 并且它的逆映射 $(f^{-1})^{-1} : A \to B$ 与 $f : A \to B$ 一致.

3. 等势

定义 1.1.6　如果存在 A 到 B 上的一一映射, 那么就说 A 和 B 可以建立一一对应, 并称 A 与 B 是等势的.

若集合所包含的元素的个数只有有限个, 称此集合为有限集. 若两个有限集, 它们的元素个数是相同的, 它们之间就可以建立一一对应. 例如, $A = \{a_1, a_2, \cdots, a_n\}$, $B = \{b_1, b_2, \cdots, b_n\}$, 规定

$$f : A \to B, \ f(a_i) = b_i, \ i = 1, 2, \cdots, n,$$

这时 f 是 A 到 B 上的一一映射, 因此 A 与 B 是等势. 但如果 A 和 B 两个有限集的元素个数不同, 那就无法建立一一对应了, A 与 B 也就不等势.

例 1.1.3　$N = \{1, 2, 3, \cdots, n, \cdots\}$, $M = \{2, 4, 6, \cdots, 2n, \cdots\}$, 虽然 M 是 N 的真子集, 我们也可以建立它们之间的一一映射关系. 令

$$f : N \to M, \quad n \mapsto 2n,$$

不难证明 f 是双射, 因此, N 与 M 等势.

定义 1.1.7　凡与自然数集 N 等势的集合称为可数集.

例 1.1.4　证明整数集 $\mathbb{Z}$ 是可数集.

证明 要证明 $\mathbb{Z}$ 是可数集, 就是要建立一个双射: $f: \mathbb{N} \to \mathbb{Z}$.

设

$$f(n) = \begin{cases} \dfrac{n}{2}, & n \text{ 为偶数}, \\[3mm] -\dfrac{n+1}{2}, & n \text{ 为奇数} \end{cases} \qquad (n \in \mathbb{N}).$$

先证明 f 是单射, 也就是要证明对 $\forall n_1, n_2 \in \mathbb{N}$, 当 $n_1 \neq n_2$ 时, $f(n_1) \neq f(n_2)$. 下面分三种情况讨论.

(1) 设 n_1, n_2 均为偶数, 且 $n_1 \neq n_2$, 则

$$f(n_1) - f(n_2) = \frac{n_1}{2} - \frac{n_2}{2} = \frac{1}{2}(n_1 - n_2) \neq 0;$$

(2) 若 n_1, n_2 均为奇数, 且 $n_1 \neq n_2$, 则

$$f(n_1) - f(n_2) = -\frac{n_1 + 1}{2} + \frac{n_2 + 1}{2} = \frac{1}{2}(n_2 - n_1) \neq 0;$$

(3) 若 n_1 为偶数, n_2 为奇数, 则

$$f(n_1) - f(n_2) = \frac{n_1}{2} - \left(-\frac{n_2 + 1}{2}\right) = \frac{1}{2}(n_1 + n_2 + 1),$$

而 n_1, n_2 均为自然数, 因此 $n_1 + n_2 \geqslant 1$, 故

$$f(n_1) - f(n_2) \neq 0.$$

再证 f 是满射, 也就是要证明 $f(\mathbb{N}) = \mathbb{Z}$. 由映射的定义知, $f(\mathbb{N}) \subset \mathbb{Z}$. 为此, 要证明等号成立, 只要证明对 $\forall k \in \mathbb{Z}$, $\exists n \in \mathbb{N}$, 使得 $f(n) = k$.

若 k 为非负整数, 令 $n = 2k$, 由 f 的规定,

$$f(n) = f(2k) = \frac{2k}{2} = k;$$

若 k 为负整数, 令 $n = -1 - 2k$, 显然 n 为奇数, 而

$$f(n) = f(-1 - 2k) = -\frac{-1 - 2k + 1}{2} = k.$$

这就证得了 f 是双射的, 因而 $\mathbb{N}$ 与 $\mathbb{Z}$ 等势.

4. 直积 (或笛卡儿 (Descartes) 积)

我们知道, 在平面解析几何里, 一个点有坐标 (x, y), 这里 $x, y \in \mathbb{R}$, 而 x 与 y 的顺序一般是不能颠倒的, 例如, $(1, 2) \neq (2, 1)$. 为此, 我们称 (x, y) 是一个有序对, x 称为第一个坐标, y 称为第二个坐标. 两个有序对 (x, y) 与 (x', y') 相等, 当且仅当 $x = x', y = y'$.

定义 1.1.8　A 和 B 的直积 $A \times B$ 是由 $x \in A, y \in B$ 的所有有序对 (x, y) 组成的集合, 用符号表示就是

$$A \times B := \{(x, y) | (x \in A) \wedge (y \in B)\}.$$

由直积的定义及上面对有序对的说明看到, 一般来说, $A \times B \neq B \times A$, 只有 $A = B$ 时, 等号才能成立. 这时我们把 $A \times A$ 缩写为 A^2.

一个特殊情形, 若 $A = B = \mathbb{R}$, 则

$$\mathbb{R}^2 = \mathbb{R} \times \mathbb{R}.$$

从解析几何看, 就是平面上所有的点组成的集合.

若 A 与 B 都是 $\mathbb{R}$ 内的闭区间, 且假定 A, B 分别在直角坐标系的 x 轴与 y 轴内, 则 $A \times B$ 是矩形内部和边界上的点组成的集合, 如图 1.1 所示.

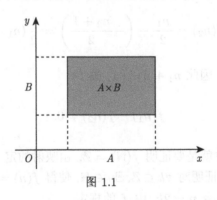

图 1.1

现在我们可以用集合的语言和直积来表示映射的概念.

给定映射 $f : A \to B$, 对于 $\forall x \in A$, 令 $y = f(x) \in B$, 由一切有序对 (x, y) 组成之集, 记为 G, 称 G 为映射 f 的图形. 容易看到 G 是直积 $A \times B$ 的子集, 且具有下列性质:

(1) $\forall x \in A, \exists y \in B$, 使 $(x, y) \in G$;

(2) $(x_1, y_1) \in G, (x_2, y_2) \in G$, 且 $x_1 = x_2 \Rightarrow y_1 = y_2$.

性质 (1) 与 (2) 实质上是说明对 $\forall x \in A$, 存在唯一的 $y \in B$ 与之对应.

但是 $A \times B$ 的子集不一定都是某映射的图形. 如图 1.2, 矩形表示 $A \times B$ 的图形, 曲线 CDE 表示它的子集 G 的图形, 这里 $(x_1, y_1) \in G$, $(x_1, y_2) \in G$, 它们的第一个坐标相同, 但 $y_1 \neq y_2$, 不满足性质 (2), 因此 G 不是某映射的图形.

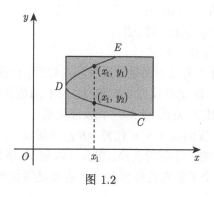

图 1.2

现在给出映射另一种形式的定义, 可以避免未经定义的 "法则" "对应" 等含糊概念, 并可把映射与映射的图形等同起来.

定义 1.1.9 给定集合 A 与集合 B, 则以 A 为定义域的映射是由满足下列条件的 $A \times B$ 的子集 G 所确定的:

(1) $\forall x \in A, \exists (x, y) \in G$;

(2) $(x, y_1) \in G, (x, y_2) \in G \Rightarrow y_1 = y_2$.

这两个条件是仿效前面映射的图形写出来的, 由于 G 是 $A \times B$ 的子集, 且 $(x, y) \in G$, 当然有 $y \in B$.

1.1.3 关系

我们常常说两事物 x 与 y 之间有着某种关系, 比如, 两个三角形之间可以有 "相似" 的关系, 两个实数可以有 "大于" 的关系, 两个人可以有 "兄弟" 的关系. 一般地, 对某对象 x, y 具有某一指定的关系 R, 就记为 xRy. 若 R 表示实数的 "小于" 关系, 则 $\frac{1}{2}R3, \frac{1}{2}R\frac{2}{3}$, 但不能记为 $3R\frac{1}{2}, \frac{2}{3}R\frac{1}{2}$. 由此可见, 若在确定的关系 R 下, 有 xRy, 则 x, y 可以看成一个有序对 (x, y).

定义 1.1.10 给定集合 A 与集合 B 的一个关系是由 $A \times B$ 的子集 R 所确定的, 若 $(x, y) \in R$, 就记 xRy; 若 $A = B$, 则称 R 是 A 上的关系.

从上面的定义看到, 映射也是一种关系. $x \mapsto f(x)$, 记为 $xRf(x)$. 但关系不一定是映射, 这是因为 A 中的某一元素既可以有多个 $y \in B$ 与 x 有关系, 也可以在 B 中没有任何元素与 x 有关系.

下面介绍两个重要类型的关系.

1. 等价关系

定义 1.1.11　设 R 是一个 A 上的关系, 若具有下列三个条件:

(1) **自反性**　对于 $\forall x \in A$, xRx;

(2) **对称性**　若 xRy, 则 yRx;

(3) **传递性**　若 xRy, yRz, 则 xRz,

则称 R 为 A 上的一个等价关系.

例如, 实数的 "小于" 关系不满足自反性和对称性, 但满足传递性; 集合的 "非空的交集非空" 的关系, 满足自反性与对称性, 但不满足传递性 (参看习题 1.1 中第 2 题); 三角形的 "相似" 关系, 就是一个等价关系.

若 R 是等价关系, 我们以 $x \sim y$ 代替 xRy, 并说 x 与 y 等价.

若 R 是集合 A 上的一个等价关系, 那么可以把 A 划分成许多个两两不相交的子集的并, 并且每一个子集内的任何两个元素都是等价的. 为了证明这个结论, 先介绍一个概念.

定义 1.1.12　若 A 上有等价关系 R,

$$R(x) := \{y | (y \in A) \wedge (xRy)\}$$

称为 A 中以 x 为代表的陪集, 或称由 x 所产生的陪集.

由定义 1.1.12 看到, $R(x)$ 是由 A 中一切与 x 等价的元素组成之集. 由自反性, xRx 知, $x \in R(x)$.

引理 1.1.1　若 xRy, 也就是说 $y \in R(x)$, 则 $x \in R(y)$, 且 $R(x) = R(y)$.

证明　由对称性, 从 xRy 可知 yRx, 即 $x \in R(y)$. 设 $z \in R(x)$, 即 xRz, 由于 yRx, 根据传递性, yRz, 即 $z \in R(y)$, 这就证明了 $R(x) \subset R(y)$. 类似可证, $R(y) \subset R(x)$, 因此, $R(x) = R(y)$.

引理 1.1.2　$R(x) \wedge R(y) \neq \varnothing \Rightarrow R(x) = R(y)$.

证明　由于 $R(x) \wedge R(y) \neq \varnothing$, $\exists z \in R(x) \wedge R(y)$, 即 $(z \in R(x)) \wedge (z \in R(y))$, 再由引理 1.1.1 知,

$$R(x) = R(z) = R(y).$$

由引理 1.1.1 知, 陪集与所选的代表无关, 由引理 1.1.2 知, 两个不同的陪集是互不相交的.

定理 1.1.1　集合 A 上的等价关系 R 把集合 A 划分为许多子集, 且满足

(1) 组成划分的所有子集不空;

(2) 每个子集中的元素都是等价的;

(3) 任何两个子集不交;

(4) 所有子集的并就是给定的集合 A.

证明 我们把 A 的每一个陪集作为划分 A 的子集, 由于 $a \in R(a)$, 故 $R(a)$ 非空, (1) 成立. 由陪集的定义, (2) 成立. 由引理 1.1.2, (3) 成立. 对于 $\forall x \in A$, $x \in R(x)$, 即 A 中任何一个元素必属于某一陪集, (4) 成立.

例 1.1.5 在一个平面上的直线 x 和 y, 如果它们或者不相交, 或者重合, 都认为是平行的, 那么, 平面的直线集内, 平行关系就是一个等价关系. 利用平行关系, 可以将平面上的直线划分为互相平行的直线组成的族, 这样的直线族, 称为平行线束. 每一个平行线束可以任选一条直线作为该线束的代表, 通常取过原点的直线作为它们的代表.

例 1.1.6 在分数式集上的关系 "分数式 x 和 y 具有相同的数值" 是一个等价关系. 如

$$\frac{2}{3}, \frac{4}{6}, \frac{6}{9}, \cdots$$

数值都相等, 它们是相互等价的, 集合

$$\left\{ \frac{2}{3}, \frac{4}{6}, \frac{6}{9}, \cdots \right\}$$

是分数式集的一个陪集, 其中每一个元素都可以作为该陪集的代表, 习惯上取既约分数 $\frac{2}{3}$ 为其代表.

2. 序的关系

定义 1.1.13 若 R 是 A 上的关系, 满足

(1) $\forall x \in A, xRx$;

(2) 若 $xRy, yRz \Rightarrow xRz$;

(3) $xRy, yRx \Leftrightarrow x = y$,

则称 R 是集合 A 上的偏序关系.

在实数集里, "小于或等于 ($\leqslant$)" 的关系就满足上述三个条件. 为此, 我们用记号 $x \leqslant y$ 来表示偏序关系, 以代替记号 xRy.

要注意在定义中, 并不要求任何两个元素之间都有关系. 如果还满足

(4) $\forall x, \forall y, xRy \vee yRx$, 即集合 A 中的任何两个元素都存在关系, 就把 R 称为全序关系, 称 A 为有序集或线性序集. 后一个名称的产生, 与数轴的直观形象有关. 在数轴上, 对任何一对实数 x, y 都可以讨论关系

$$x \leqslant y \quad \text{或} \quad y \leqslant x.$$

若 $x \leqslant y$, 且 $x \neq y$, 则记 $x < y$. 在这个记号上, 可以证明如下定理.

定理 1.1.2 在有序集 A 里, 下面三个关系:

$$x < y, \quad y < x, \quad x = y$$

有一个且仅有一个成立.

证明　首先证明至少有一个成立. 若 $x \not< y$, 且 $x \neq y$, 即 $x \not\leqslant y$, 则由条件 (4) 必有 $y \leqslant x$, 再由 $y \neq x$, 故有 $y < x$ 成立. 其次若 $x \not< y$, $y \not< x$, 由 (4) 有 $x \leqslant y$ 或 $y \leqslant x$, 不妨设 $x \leqslant y$ 成立, 但 $x \not< y$, 必有 $x = y$ 成立. 故三种关系至少成立其中之一.

再证明只有一个关系成立. 若 $x < y$ 成立, 则有 $x \leqslant y$ 且 $x \neq y$, 于是由 (3) $y \not\leqslant x$, 而 $x \neq y$, 故 $y \not< x$. 同样地, 若 $y < x$, 则 $x \not< y$ 且 $x \neq y$. 如果 $x = y$, 则按符号的规定 (即 $x \leqslant y$, 且 $x \neq y$, 才记 $x < y$) $x \not< y$, $y \not< x$, 因此, 三种关系至多成立一种.

习　题　1.1

1. 在什么条件下有如下关系成立?

(1) $A \cap B = A$;　(2) $A \cup B = A$;　(3) $A - B = A$.

2. 设 A, B, C 为三个集合, $A \cap B \neq \varnothing$, $B \cap C \neq \varnothing$, 能否推得 $A \cap C \neq \varnothing$?

3. 判断下列诸命题是否成立? (若成立给出证明, 若不成立, 举一反例说明)

(1) $(A \cup B) - A = B$;

(2) $(A \cup B) \cap C = A \cup (B \cap C)$;

(3) $A - B = A \cap B^c$.

4. 利用真值表验证下列关系的正确性.

(1) $\neg(p \wedge q) \Leftrightarrow (\bar{p} \vee \bar{q})$;

(2) $\neg(p \vee q) \Leftrightarrow (\bar{p} \wedge \bar{q})$;

(3) $(p \Rightarrow q) \Leftrightarrow (\bar{q} \Rightarrow \bar{p})$;

(4) $(p \Rightarrow q) \Leftrightarrow (\bar{p} \vee q)$;

(5) $\neg(p \Rightarrow q) \Leftrightarrow (p \wedge \bar{q})$.

5. 用量词和符号表示下列命题.

(1) 没有最大的整数;

(2) 两个有理数之间至少有一个有理数.

6. 写出下列断言的否定形式.

(1) $\forall p, p \in A \cup B$;

(2) $\forall p, \exists q, \psi(p, q)$.

7. 设 $f : X \to Y$, 若 $A \subset X$, $B \subset X$, 则试证:

(1) $f(A \cup B) = f(A) \cup f(B)$;

(2) $f(A) - f(B) \subset f(A - B)$;

(3) $f(A \cap B) \subset f(A) \cap f(B)$.

8. 设 $f : X \to Y$, 若 $A \subset X$, $B \subset X$, 证明:

(1) $A \neq \varnothing \Rightarrow f(A) \neq \varnothing$;

(2) $A \subset B \Rightarrow f(A) \subset f(B)$, 反之是否成立?

9. 设 $f: X \rightarrow Y$ 是一个映射, 试写出每个论述的逻辑否定.

(1) f 是满射;

(2) f 是单射;

(3) f 是双射.

10. 假定 R 和 R' 都是集合 X 上的等价关系, 证明 $R \wedge R'$ 也是等价关系.

11. 按下列条件举出关系的例子.

(1) 是自反的、传递的, 但不是对称的;

(2) 是对称的、传递的, 但不是自反的.

12. 设 R 是 X 上的序关系, S 是 Y 上的序关系, V 是 $X \times Y$ 上的关系. 指定: 若 $x_1 \neq x_2$ 且 $x_1 R x_2$, 有 $(x_1, y_1) V(x_2, y_2)$; 若 $x_1 = x_2$ 且 $y_1 S y_2$, 也有 $(x_1, y_1) V(x_2, y_2)$, 试证 V 是定义在 $X \times Y$ 上的序关系.

13* 设 $f: X \rightarrow Y$ 是一个映射, B 是 Y 的子集, 记 B 的一切原像之集为 $f^{-1}(B)$, 即

$$f^{-1}(B) = \{x | f(x) \in B, x \in X\}.$$

证明: (1) $f(f^{-1}(B)) \subset B$;

(2) 若 $A \subset X$, 则 $f^{-1}(f(A)) \supset A$.

14* 证明: (1) f 是满射, 当且仅当 $\forall B \subset Y, f(f^{-1}(B)) = B$;

(2) f 是双射, 当且仅当 $\forall A \subset X, B \subset Y (f^{-1}(f(A)) = A) \wedge (f(f^{-1}(B)) = B)$.

15* 设 $f: X \rightarrow Y, g: Y \rightarrow X$ 都是双射, h 是 X 上的映射, 且 g 的定义域为 f 的值域, $(g \circ f)(x) := g(f(x))$, $g \circ f$ 称为 f 与 g 的复合映射, 试证:

(1) $h \circ (g \circ f) = (h \circ g) \circ f$;

(2) $f \circ f^{-1}(x) = x, \forall x \in Y$;

(3) $(f \circ g)^{-1} = g^{-1} \circ f^{-1}$.

16* 设 S 是自然数集 N 的无限子集, 试证 S 与 N 等势.

17* 设 $\mathbb{Z}$ 为整数集, 在 $\mathbb{Z}$ 上定义一个同余关系: m, n 为任意两个整数, 若 $m - n$ 可被 p 整除, 则称 m, n 为模 p 同余, 记为

$$m = n \pmod{p} \quad \text{或} \quad m - n = 0 \pmod{p},$$

证明: 整数集上的模 p 同余关系是一个等价关系.

1.2 有理数集的性质及其缺陷

要使得数学分析建立在严格的逻辑基础上, 必须建立严格的实数理论. 而实数是由自然数、整数、有理数逐步扩充而成的, 若追溯到底, 篇幅就十分庞大, 并且也超出了本书的范围. 在这里, 我们只准备将大家比较熟悉的有理数的知识加以总结, 说明在有理数上研究极限运算存在严重的缺陷, 从而明确把有理数扩充到实数的必要性.

1.2.1 有理数集 $\mathbb{Q}$ 的基本性质

我们知道: 正负整数、正负分数以及零组成的集合称为有理数集; 任何一个有理数都可以写成 $\dfrac{p}{q}$ 的形式, 这里 p 是整数, q 是正整数 $\left(\text{整数可写成}\dfrac{p}{1}\text{的形式}\right)$. 有理数集 $\mathbb{Q}$ 具有下列主要性质.

1. $\mathbb{Q}$ 是一个域 (体)

在 $\mathbb{Q}$ 上定义加法 "+" 与乘法 "·" 两种运算, 对于任意的 $a\in\mathbb{Q}, b\in\mathbb{Q}, c\in\mathbb{Q}$, 有

$$a+b\in\mathbb{Q}, \quad a\cdot b\in\mathbb{Q},$$

并满足

(1) **加法结合律**　$(a+b)+c=a+(b+c)$;

(2) **加法交换律**　$a+b=b+a$;

(3) **乘法结合律**　$(a\cdot b)\cdot c=a\cdot(b\cdot c)$;

(4) **乘法交换律**　$a\cdot b=b\cdot a$;

(5) **乘法对加法的分配律**　$a\cdot(b+c)=a\cdot b+a\cdot c$;

(6) **零元存在**　$\exists 0\in\mathbb{Q}, a+0=a$;

(7) **负元存在**　$\exists(-a)\in\mathbb{Q}, a+(-a)=0$;

(8) **单位元存在**　$\exists 1\in\mathbb{Q}, a\cdot 1=a$;

(9) **逆元存在**　$a\neq 0, \exists a^{-1}\in\mathbb{Q}, a\cdot a^{-1}=1$.

简单地说, 任何两个有理数, 加、减、乘、除 (除数不为零), 其结果还是有理数 (称为对四则运算的封闭性), 并且对加法、乘法满足结合律和交换律, 乘法对加法满足分配律.

2. $\mathbb{Q}$ 是有序域

对 $\forall a,b,c\in\mathbb{Q}$, 下列三种关系:

$$a<b, \quad b<a, \quad a=b$$

有一个且只有一个成立, 并满足

(1) $a<b, b<c \Rightarrow a<c$;

(2) $a<b \Rightarrow a+c<b+c$;

(3) $a<b, c>0 \Rightarrow a\cdot c<b\cdot c$.

3. $\mathbb{Q}$ 具有稠密性

对 $\forall a, b \in \mathbb{Q}$, 且 $a < b$, $\exists c \in \mathbb{Q}$, 使得 $a < c < b$.

证明 由性质 1 知, $\frac{1}{2}(a + b)$ 也是有理数, 并由性质 2 知,

$$a < \frac{1}{2}(a + b) < b.$$

令 $c = \frac{1}{2}(a + b)$, 即得 $a < c < b$.

由此还可推出: 两个有理数之间有无穷多个有理数. 因为 a, c 之间也存在有理数, c, b 之间也存在有理数, 这样的过程可以无限地推证下去.

4. $\mathbb{Q}$ 满足阿基米德原理

对 $\mathbb{Q}$ 中任何两个正有理数 a, b, 必存在正整数 n, 使 $na > b$.

证明 我们假定正整数集满足阿基米德性质, 即 m, k 为任意两个正整数, 则必存在正整数 n, 使得 $n \cdot m > k$. 在建立正整数理论时一般把它作为公理, 或隐含在另一公理中.

设 $a = \frac{p}{q}$, $b = \frac{r}{s}$ (p, q, r, s 均为正整数), 对正整数 $p \cdot s$, $q \cdot r$, 存在正整数 n, 使得

$$n \cdot p \cdot s > q \cdot r \Rightarrow n \cdot \frac{p}{q} > \frac{r}{s},$$

即 $na > b$.

5. $\mathbb{Q}$ 是一个可数集

证明 我们要证明 $\mathbb{Q}$ 与 $\mathbb{N}$ 等势, 例 1.1.4 已经证明 $\mathbb{N}$ 与整数集

$$\mathbb{Z} = \{0, 1, -1, 2, -2, \cdots\}$$

等势. 因此, 对任意的正整数 n, $\mathbb{N}$ 也与

$$E_n = \left\{ \frac{0}{n}, \frac{1}{n}, \frac{-1}{n}, \frac{2}{n}, \frac{-2}{n}, \cdots \right\}$$

等势. 而

$$\mathbb{Q} = \bigcup_{n=1}^{\infty} E_n := E_1 \cup E_2 \cup E_3 \cup \cdots.$$

这是因为, 任何有理数至少在某一个 E_n 中出现, 另一方面 E_n 中的每一个元素都是有理数. 现在以 E_1 的元素作为第一行, E_2 的元素作为第二行, $\cdots$, E_n 的元素

作为第 n 行, 排成一个无限阵:

$$
\begin{array}{cccccc}
\dfrac{0}{1} & \dfrac{1}{1} & \dfrac{-1}{1} & \dfrac{2}{1} & \dfrac{-2}{1} & \cdots \\[3mm]
\dfrac{0}{2} & \dfrac{1}{2} & \dfrac{-1}{2} & \dfrac{2}{2} & \dfrac{-2}{2} & \cdots \\[3mm]
\dfrac{0}{3} & \dfrac{1}{3} & \dfrac{-1}{3} & \dfrac{2}{3} & \dfrac{-2}{3} & \cdots \\[3mm]
\dfrac{0}{4} & \dfrac{1}{4} & \dfrac{-1}{4} & \dfrac{2}{4} & \dfrac{-2}{4} & \cdots \\[3mm]
\vdots & \vdots & \vdots & \vdots & \vdots &
\end{array}
$$

这些元素按对角线的顺序排成一个序列:

$$
\frac{0}{1}, \frac{1}{1}, \frac{0}{2}, \frac{-1}{1}, \frac{1}{2}, \frac{0}{3}, \frac{2}{1}, \frac{-1}{2}, \frac{1}{3}, \frac{0}{4}, \cdots,
$$

无限阵中的任何一个元素, 一定会在序列中的某个位置出现. 如果这些元素看成是分数式, 那么这些元素是互不相同的. 现规定自然数集 N 与分数式集的对应法则, 对任意的自然数 n, 对应于序列的第 $n+1$ 项, 这样就建立了 N 与分数式集之间的一一对应. 因此, N 与分数式集等势, 也就是说, 分数式集是一个可数集. 但是分数式的数值相等时只能看成同一个有理数, 因此把元素看为有理数时, 其中有许多是重复的, 去掉重复的元素, 那么自然数集 N 里有一个子集 S 与有理数集 $\mathbb{Q}$ 等势, 而 $\mathbb{Q}$ 是无限集, 由习题 1.1 中第 16 题知, $\mathbb{Q}$ 与 N 等势, 即 $\mathbb{Q}$ 是可数集.

1.2.2 有理数序列的极限

现在我们来观察, 在有理数集上研究极限, 与实数集上的情形有什么异同?

映射 $f : \mathbb{N}_+ \to \mathbb{Q}$ 称为有理数序列, 若对于 $n \in \mathbb{N}_+$, $f(n) = r_n$ (r_n 为有理数), 习惯地把序列 $f(n)$ 用符号 $\{r_n\}$ 表示, 或者用

$$
r_1, r_2, \cdots, r_n, \cdots
$$

来表示, r_n 称为序列的第 n 项.

定义 1.2.1 设 $\{r_n\} : r_1, r_2, \cdots, r_n, \cdots$ 为有理数序列, 若存在有理数 a, 使得对于任意给定的正有理数 ε, 都存在正整数 N, 当 $n > N$ 时, 有不等式

$$
|r_n - a| < \varepsilon
$$

成立, 则称 a 是有理数序列 $\{r_n\}$ 的极限, 或称 $\{r_n\}$ 收敛于 a, 记为

$$
\lim_{n \to \infty} r_n = a \quad \text{或} \quad r_n \to a \, (n \to \infty).
$$

用逻辑符号来记, 就是

$$\lim_{n\to\infty} r_n = a := \forall \varepsilon > 0, \exists N, \forall n > N, |r_n - a| < \varepsilon.$$

若 a 不是 $\{r_n\}$ 的极限, 即 $\lim\limits_{n\to\infty} r_n = a$ 的否定可写为

$$\neg(\lim_{n\to\infty} r_n = a) \Leftrightarrow \exists \varepsilon > 0, \forall N, \exists n > N, |r_n - a| \geqslant \varepsilon.$$

说明 这里 "$\forall \varepsilon > 0, \exists N$" 是指任意给定正数 ε, 给定后, 就应暂时看作是固定的再找出相应的 N. 一般来说, N 与 ε 是有联系的. ε 是任意正数, 因而 $2\varepsilon, \varepsilon^2$ 也是任意的正数, $|r_n - a| < \varepsilon$, 可以用 $|r_n - a| < 2\varepsilon, |r_n - a| < \varepsilon^2$ 来代替. 符号 "$<$" 也可用 "$\leqslant$" 代替. "$\exists N$" 只要证明确有满足不等式关系的 N 存在就够了, 不必求出最小的 N. "$n > N$" 也可改为 "$n \geqslant N$".

例 1.2.1 设 q 是有理数, 且 $|q| < 1$, 证明 $\lim\limits_{n\to\infty} q^n = 0$.

证明 首先, 若 $q = 0$, 则对 $\forall n, q^n = 0$, 显然有 $\lim\limits_{n\to\infty} q^n = 0$.

现设 $0 < |q| < 1$, 如果 $0 < q < 1$, 令 $q = \dfrac{1}{1+h}$, 即 $h = \dfrac{1}{q} - 1$, q 与 1 均为有理数, 由有理数集对四则运算的封闭性, h 也是有理数. 并注意到 $\dfrac{1}{q} > 1$, 故 $h > 0$, 类似地, 如果 $-1 < q < 0$, 令 $q = -\dfrac{1}{1+h}$, 于是 $h = \dfrac{1}{-q} - 1 > 0$, 无论何种情况, 均存在正有理数 h, 使得

$$|q| = \frac{1}{1+h} \Rightarrow |q|^n = \frac{1}{(1+h)^n},$$

应用二项式定理, 并由 $h > 0$,

$$(1+h)^n = 1 + nh + \frac{n(n-1)}{2!}h^2 + \cdots + h^n > 1 + nh,$$

则有 $|q|^n < \dfrac{1}{1+nh} < \dfrac{1}{nh}$. 对于任意的有理数 $\varepsilon > 0$, 由阿基米德性质存在正整数 N, 使得 $Nh > \dfrac{1}{\varepsilon}$, 于是 $\forall n > N$,

$$|q^n - 0| = |q|^n = \frac{1}{(1+h)^n} < \frac{1}{1+nh} < \frac{1}{nh} < \frac{1}{Nh} < \varepsilon.$$

这就证得了 $\lim\limits_{n\to\infty} q^n = 0$.

注 给定 $\varepsilon > 0$, 为了求得正整数 N, 使得 $\forall n > N$, $\dfrac{1}{nh} < \varepsilon$, 我们可以取 $N = \left[\dfrac{1}{h\varepsilon}\right]$. 这里 $\left[\dfrac{1}{h\varepsilon}\right]$ 表示不超过 $\dfrac{1}{h\varepsilon}$ 的最大整数, 即 $N \leqslant \dfrac{1}{h\varepsilon} < N + 1$.

例 1.2.2 证明: $\lim\limits_{n\to\infty}\dfrac{n^2-n+5}{3n^2+2n-4}=\dfrac{1}{3}$.

证明 $\left|\dfrac{n^2-n+5}{3n^2+2n-4}-\dfrac{1}{3}\right|=\left|\dfrac{5n-19}{3(3n^2+2n-4)}\right|$, 给定有理数 $\varepsilon>0$, 为了要找到正整数 N, $\forall n>N$,

$$\left|\frac{5n-19}{3(3n^2+2n-4)}\right|<\varepsilon, \tag{1.2.1}$$

从中直接解出 n 比较麻烦, 我们可以用适当放大的办法, 把它化简. 当 $n>3$ 时, 就有

$$\left|\frac{5n-19}{3(3n^2+2n-4)}\right|=\frac{|5n-19|}{3(3n^2+2n-4)}<\frac{5n}{9n^2}<\frac{1}{n}.$$

要使 (1.2.1) 式成立, 在 $n>3$ 的条件下只需 $\dfrac{1}{n}<\varepsilon$, 即 $n>\dfrac{1}{\varepsilon}$. 要确定 N, 必须兼顾 $n>3$. 我们取 $N=\max\left\{3,\left[\dfrac{1}{\varepsilon}\right]\right\}$ (这里 $\max\{a,b\}$ 表示 a,b 两数的较大者), 于是, $\forall\varepsilon>0,\forall n>N=\max\left\{3,\left[\dfrac{1}{\varepsilon}\right]\right\}$,

$$\left|\frac{5n-19}{3(3n^2+2n-4)}\right|<\varepsilon,$$

即 $\lim\limits_{n\to\infty}\dfrac{n^2-n+5}{3n^2+2n-4}=\dfrac{1}{3}$.

例 1.2.3 设有理数序列 $\{r_n\}$ 是严格递增的, 即

$$r_1<r_2<\cdots<r_n<\cdots,$$

且 $\lim\limits_{n\to\infty}r_n=b$, 证明: $\forall k\in\mathbb{N}_+,r_k<b$.

证明 设 $k\in\mathbb{N}_+$, 由于 $r_{k+1}>r_k$, $a:=r_{k+1}-r_k>0$, 又由于 $\lim\limits_{n\to\infty}r_n=b$, 取 $\varepsilon=\dfrac{a}{2}$, 则 $\exists M,\forall n>M$,

$$|r_n-b|<\frac{a}{2}\Leftrightarrow r_n-\frac{a}{2}<b<r_n+\frac{a}{2}.$$

当 $n>\max\{M,k+1\}$ 时,

$$b>r_n-\frac{a}{2}>r_{k+1}-\frac{1}{2}(r_{k+1}-r_k)=\frac{1}{2}(r_{k+1}+r_k)>r_k,$$

由于 k 的任意性, 所以 $\forall k\in\mathbb{N}_+,r_k<b$.

上面几个例子, 在许多数学分析的教材中都可以找到, 不过那里是在实数集上讨论, 现在把它改为在有理数集上研究, 也同样成立.

下面几个定理对有理数序列也同样正确.

唯一性定理 若 $\{r_n\}$ 收敛, 则收敛的极限是唯一的.

有界性定理 若 $\{r_n\}$ 收敛, 则 $\{r_n\}$ 有界, 即存在有理数 $M > 0$, $\forall n \in \mathbb{N}_+$, $|r_n| \leqslant M$.

保号性定理 若 $\lim\limits_{n \to \infty} r_n = a > 0$, 则 $\exists N, \forall n > N, r_n > 0$.

不等式定理 若 $\lim\limits_{n \to \infty} r_n = a$, $\lim\limits_{n \to \infty} r'_n = b$, 且 $\forall n, r_n \leqslant r'_n$, 则 $a \leqslant b$.

迫敛性定理 若 $\lim\limits_{n \to \infty} r_n = \lim\limits_{n \to \infty} r''_n = a$, 且 $\forall n, r_n \leqslant r'_n \leqslant r''_n$, 则 $\lim\limits_{n \to \infty} r'_n = a$.

四则运算定理 若 $\lim\limits_{n \to \infty} r_n = a$, $\lim\limits_{n \to \infty} r'_n = b$, 则 $\lim\limits_{n \to \infty} (r_n \pm r'_n) = a \pm b$, $\lim\limits_{n \to \infty} r_n \cdot r'_n = a \cdot b$, $\lim\limits_{n \to \infty} \dfrac{r'_n}{r_n} = \dfrac{b}{a}$ $(r_n \neq 0, a \neq 0)$.

1.2.3 有理数基本序列

1.2.2 节所列的例题和定理, 不论是在有理数集上讨论或是在实数集上讨论都是一致的. 下面将会看到, 不都是如此. 我们先引入一个重要的概念.

定义 1.2.2 设 $\{r_n\}$ 为有理数序列, 如果对任给的正有理数 ε, 都可找到正整数 N, 对任意的 $n > N, m > N$, 都有

$$|r_m - r_n| < \varepsilon,$$

则称有理数序列 $\{r_n\}$ 为有理数基本序列.

用符号可记为

$$\forall \varepsilon > 0, \exists N, \forall m > N, \forall n > N, \ |r_m - r_n| < \varepsilon.$$

由于 n 和 m 都是大于 N 的任意正整数, 若 $m = n$, 对于 $\forall \varepsilon > 0$, 显然有 $|r_m - r_n| < \varepsilon$ 成立; 若 $m \neq n$, 则其中一个大于另一个, 不妨认为 $m > n$, 因此 $\{r_n\}$ 为基本序列, 也可以定义为

$$\forall \varepsilon > 0, \exists N, \forall n > N, \forall m > n, \ |r_m - r_n| < \varepsilon.$$

由定义 1.2.2 看到, 当 n 无限增大时, 序列的任意两项可以无限接近, 粗糙地说, 基本序列的项具有 "凝聚" 的趋势.

有理数基本序列, 有如下性质:

(1) 若 $\{r_n\}$ 为基本序列, 则 $\{r_n\}$ 有界;

(2) 若 $\{r_n\}, \{s_n\}$ 为基本序列, 则 $\{r_n \pm s_n\}$ 也是基本序列;

(3) 若 $\{r_n\}, \{s_n\}$ 为基本序列, 则 $\{r_n \cdot s_n\}$ 也是基本序列;

(4) 若 $\{r_n\}$, $\{s_n\}$ 为基本序列, $s_n \neq 0$, 且 $\{s_n\}$ 不以零为极限, 则 $\left\{\dfrac{r_n}{s_n}\right\}$ 也是基本序列.

性质 (1)—(3) 的证明与极限的有界性定理, 极限的加法、乘法定理的证明如出一辙, 我们只证明性质 (4).

性质 (4) 的证明:

由于 $\{s_n\}$ 不以零为极限, 故 $\exists \varepsilon_0 > 0, \forall N, \exists n_0 > N$, 使得 $|s_{n_0} - 0| = |s_{n_0}| \geqslant \varepsilon_0$. 而 N 可以取遍一切的正整数, 对于每一个 N, 都有相应的 n_N, 使得 $|s_{n_N}| \geqslant \varepsilon_0$. 因此, 有无穷多个正整数, 即

$$n_1, n_2, \cdots, n_k, \cdots, \tag{1.2.2}$$

使得 $|s_{n_k}| \geqslant \varepsilon_0$ $(k = 1, 2, \cdots)$. 再由于 $\{s_n\}$ 是基本序列, 所给 $\dfrac{\varepsilon_0}{2} > 0, \exists N, \forall n > N, m > N, |s_m - s_n| < \dfrac{\varepsilon_0}{2}$. 对于任意给定的 $n > N$, 在 (1.2.2) 式里总可找到某个 n_k, 使得 $n_k > n$, 于是

$$|s_n| = |s_n - s_{n_k} + s_{n_k}| \geqslant |s_{n_k}| - |s_n - s_{n_k}| > \varepsilon_0 - \frac{\varepsilon_0}{2} = \frac{\varepsilon_0}{2}.$$

令 $\varepsilon_1 = \min\left\{|s_1|, |s_2|, \cdots, |s_N|, \dfrac{\varepsilon_0}{2}\right\}$ (这里 $\min\{\cdots\}$ 表示花括号内的有限个数中的最小者), 从而对任意的正整数 n, 都有 $|s_n| \geqslant \varepsilon_1 > 0$ ($\varepsilon_1 > 0$ 是由假定对任意的 n, $s_n \neq 0$ 得到的). 现在证明 $\left\{\dfrac{1}{s_n}\right\}$ 是基本序列.

因为 $\{s_n\}$ 为基本序列, 所以对 $\forall \varepsilon > 0, \exists N, \forall n > N, m > N$, 都有

$$|s_m - s_n| < \varepsilon_1^2 \varepsilon,$$

于是

$$\left|\frac{1}{s_n} - \frac{1}{s_m}\right| = \left|\frac{s_m - s_n}{s_n \cdot s_m}\right| < \frac{1}{\varepsilon_1^2} \cdot \varepsilon_1^2 \cdot \varepsilon = \varepsilon,$$

也就是说, $\left\{\dfrac{1}{s_n}\right\}$ 为基本序列.

再由性质 (3) 知, $\left\{r_n \cdot \dfrac{1}{s_n}\right\} = \left\{\dfrac{r_n}{s_n}\right\}$ 也是基本序列.

现在我们来讨论 $\{r_n\}$ 为基本序列与 $\{r_n\}$ 收敛的关系.

定理 1.2.1　若有理数序列 $\{r_n\}$ 收敛, 则 $\{r_n\}$ 为基本序列, 但反之不真.

证明　设 $\lim\limits_{n\to\infty} r_n = r$, 则对 $\forall \varepsilon > 0, \exists N, \forall n > N$,

$$|r_n - r| < \frac{\varepsilon}{2},$$

于是 $\forall n > N, \forall m > N$, 有

$$|r_m - r_n| = |r_m - r + r - r_n| \leqslant |r_m - r| + |r_n - r| < \frac{\varepsilon}{2} + \frac{\varepsilon}{2} = \varepsilon.$$

所以 $\{r_n\}$ 为有理数基本序列.

现在举出一个有理数基本序列, 在有理数集上不收敛的例子.

例 1.2.4 设有理数序列 $\{r_n\}$, 其中

$$r_n = 1 + \frac{1}{1!} + \frac{1}{2!} + \cdots + \frac{1}{n!} \quad (n = 1, 2, \cdots).$$

解 先证明 $\{r_n\}$ 是一个有理数基本序列. 设 $m = n + k$, 这里 k 是任意的正整数. 我们有

$$\begin{aligned}
|r_m - r_n| = r_{n+k} - r_n &= \frac{1}{(n+1)!} + \frac{1}{(n+2)!} + \cdots + \frac{1}{(n+k)!} \\
&= \frac{1}{(n+1)!}\left[1 + \frac{1}{n+2} + \frac{1}{(n+2)(n+3)} + \cdots \right. \\
&\quad \left. + \frac{1}{(n+2)(n+3)\cdots(n+k)}\right],
\end{aligned}$$

在上式中括号内的各项分母大于 $(n+2)$ 的因子, 用 $(n+2)$ 代替, 并利用等比级数的求和公式,

$$\begin{aligned}
r_{n+k} - r_n &< \frac{1}{(n+1)!}\left[1 + \frac{1}{n+2} + \frac{1}{(n+2)^2} + \cdots + \frac{1}{(n+2)^{k-1}}\right] \\
&< \frac{1}{(n+1)!} \cdot \frac{1}{1 - \dfrac{1}{n+2}} \\
&= \frac{1}{(n+1)!} \cdot \frac{n+2}{n+1}. \tag{1.2.3}
\end{aligned}$$

注意到对任意的正整数 n,

$$\frac{1}{(n+1)!} \cdot \frac{n+2}{n+1} < \frac{1}{n!} < \frac{1}{n}.$$

要使得 $\dfrac{1}{n} < \varepsilon$, 只要取 $N = \left[\dfrac{1}{\varepsilon}\right]$, 则对 $\forall n > N, \forall m > n$, 有

$$|r_m - r_n| < \varepsilon.$$

因此, $\{r_n\}$ 是一个有理数基本序列. 再证明 $\{r_n\}$ 在 $\mathbb{Q}$ 上不收敛. 假定不然, 存在

某有理数 $\dfrac{p}{q}$, 使得 $\lim\limits_{n\to\infty} r_n = \dfrac{p}{q}$. 而 $\{r_n\}$ 是严格递增的数列, 并且各项均为正有理数, p, q 一定是正整数, 且对 $\forall n \in \mathbb{N}_+$,

$$0 < r_n < \frac{p}{q}. \tag{1.2.4}$$

另一方面, 在 (1.2.3) 式里, 让 n 固定, 令 $k \to \infty$, 并利用极限不等式, 得

$$\lim_{k\to\infty}(r_{n+k} - r_n) = \frac{p}{q} - r_n \leqslant \frac{1}{(n+1)!} \cdot \frac{n+2}{n+1} < \frac{1}{n!}.$$

再结合 (1.2.4) 式,

$$0 < r_m < \frac{p}{q} < r_n + \frac{1}{n!}.$$

上式对任意的正整数 n 与 m 均成立. 特别地, 令 $m = n = q$, 则得

$$0 < r_q < \frac{p}{q} < r_q + \frac{1}{q!}$$

或

$$0 < (p - qr_q) \cdot (q-1)! < 1,$$

即

$$0 < p(q-1)! - q! \cdot r_q < 1. \tag{1.2.5}$$

而 $q!r_q = q!\left(1 + \dfrac{1}{1!} + \dfrac{1}{2!} + \cdots + \dfrac{1}{q!}\right)$ 一定是正整数, 因此 $p(q-1)! - q! \cdot r_q$ 也是整数, 由 (1.2.5) 式知此整数必须大于 0 而小于 1, 但在开区间 $(0,1)$ 内不可能存在整数, 由此得到矛盾. 所以 $\{r_n\}$ 不可能以有理数为其极限.

　　注　我们知道, 级数

$$\sum_{n=1}^{\infty} u_n = u_1 + u_2 + \cdots + u_n + \cdots$$

的和是通过它的部分和

$$s_n = u_1 + u_2 + \cdots + u_n$$

组成的序列 $\{s_n\}$ 的极限来定义的. 若 $\lim\limits_{n\to\infty} s_n = a$, 则称 a 为级数 $\sum\limits_{n=1}^{\infty} u_n$ 的和, 记为

$$u_1 + u_2 + \cdots + u_n + \cdots = a.$$

而级数

$$1 + \frac{1}{1!} + \frac{1}{2!} + \cdots + \frac{1}{n!} + \cdots$$

的和为 e, 它的部分和组成的序列, 就是例 1.2.4 的有理数序列 $\{r_n\}$. 从例 1.2.4 的结论知, e 不是有理数.

例 1.2.4 还说明, 某些有理数序列, 本身尽管有 "凝聚" 的趋势, 但在有理数范围内, 却找不到一个极限值. 有理数这种 "不完备" 性, 正是它本身的缺陷, 这个缺陷使得数学分析不能以有理数域作为立论的基础.

习 题 1.2

1. 设 r_1, r_2 为两个有理数, 对于任意的正有理数 ε, 都有 $r_1 \leqslant r_2 + \varepsilon$, 试证: $r_1 \leqslant r_2$.

2. 证明:

(1) 若 ε 为正有理数, 存在正整数 n, 使得 $\dfrac{1}{n} < \varepsilon$;

(2) 若 x 为有理数, 存在唯一的整数 n, 使得 $n \leqslant x < n+1$.

3. 用定义验证: $\lim\limits_{n\to\infty} \dfrac{2n}{1+4n} = \dfrac{1}{2}$.

4. 证明 $r_n = (-1)^n, n = 1, 2, \cdots$ 没有极限.

5. 求极限 $\lim\limits_{n\to\infty} \left[\dfrac{1}{n^2} + \dfrac{1}{(n+1)^2} + \cdots + \dfrac{1}{(n+n)^2} \right]$.

6. 在有理数集 $\mathbb{Q}$ 上, 若 $\lim\limits_{n\to\infty} r_n = r$, 且 $\lim\limits_{n\to\infty}(r_n - s_n) = 0$, 试证: $\lim\limits_{n\to\infty} s_n = r$.

7. 若 $\lim\limits_{n\to\infty} r_n = r$, 则 $\lim\limits_{n\to\infty} |r_n| = |r|$, 但反之不真.

8. 若 $\lim\limits_{n\to\infty} r_{2n} = r$, $\lim\limits_{n\to\infty} r_{2n+1} = r$, 则 $\lim\limits_{n\to\infty} r_n = r$.

9. 若 $\{r_n\}$ 为递减的有理数序列, 且 $\lim\limits_{n\to\infty} r_n = r$, 则 $\forall n \in \mathbb{N}_+, r_n \geqslant r$.

10. 证明:
$$r_n = \frac{1}{1 \cdot 2} + \frac{1}{2 \cdot 3} + \cdots + \frac{1}{n \cdot (n+1)}, \quad n = 1, 2, \cdots$$

为有理数基本序列.

11. 证明有理数序列极限的唯一性定理.

12. 若 $\lim\limits_{n\to\infty} r_n = r$, $\lim\limits_{n\to\infty} r_n' = r'$, 则对 $\forall n, r_n < r_n'$ 能否推得 $r < r'$?

13. 设 $a_1 = 1, a_{n+1} = \dfrac{a_n^2 + 2}{2a_n}, n = 1, 2, \cdots$, 则 $\{a_n\}$ 没有有理数的极限.

14*. 求级数 $\sum\limits_{n=1}^{\infty} \dfrac{1}{(5n-4)(5n+4)}$ 的和.

15*. 设 $a_1 = 1, a_{n+1} = \dfrac{1}{1+a_n}, n = 1, 2, \cdots$, 则 $\{a_n\}$ 没有有理数的极限.

16*. 设 U_n 为正整数, 且 $U_1 < U_2 < \cdots < U_n < \cdots$, 若 $\lim\limits_{n\to\infty} \dfrac{U_1 U_2 \cdots U_{n-1}}{U_n} = 0$, 证明: 级数
$$\sum_{n=1}^{\infty} \frac{1}{U_n} = \frac{1}{U_1} + \frac{1}{U_2} + \cdots + \frac{1}{U_n} + \cdots$$

的和不是有理数.

17*. $f(x) = a_0 x^n + a_1 x^{n-1} + \cdots + a_{n-1}x + a_n$, 这里 $n \geqslant 2, a_i \in \mathbb{Z}, i = 0, 1, 2, \cdots, n$. 设 P 为素数, 且 P 整除 $a_i, i = 1, 2, \cdots, n$, 但 P 不整除 a_0, P^2 不整除 a_n, 证明: $f(x) = 0$ 不存

在有理数根, 并由此推出

$$x^3 - 300x^2 + 60x + 180 = 0$$

没有有理数根.

1.3   实数的康托尔构造

1.2 节提到了有理数集 $\mathbb{Q}$ 的一个重要缺陷是不能使极限运算在 $\mathbb{Q}$ 内通行无阻. 为此, 需要对有理数集作进一步扩充. 但这种扩充不是形式上在旧的数集里添加新的元素, 而是有一定的原则. 我们希望新的数集实现下列三个目标: ① 利用有理数作为材料, 构造满足完备的极限理论的新的数集, 而把有理数集作为它的一部分; ② 当有理数作为新数进行运算时, 仍保持其原来的运算规律; ③ 新数集仍然是稠密的阿基米德有序域.

实数集的构造方法有很多种. 下面我们用康托尔 (Cantor) 基本序列的思想来建立实数理论, 它是用等价关系进行集合的分类构造出新数域的方法, 在近代数学中有普遍的意义.

1.3.1   实数的定义

考虑由所有的有理数基本序列组成的集合 μ, 在这个 μ 上引进一个关系如下. 设 $\{r_n\}$, $\{s_n\}$ 为 μ 内任意两个有理数基本序列, 如果 $\lim\limits_{n\to\infty} (r_n - s_n) = 0$, 则称 $\{r_n\}$ 和 $\{s_n\}$ 有关系 T, 记为 $\{r_n\}T\{s_n\}$.

容易验证, T 是一个等价关系.

(1) 由于 $\lim\limits_{n\to\infty} (r_n - r_n) = 0$, 即 $\forall \{r_n\} \in \mu, \{r_n\}T\{r_n\}$, 自反性成立;

(2) 若 $\lim\limits_{n\to\infty} (r_n - s_n) = 0$, 则 $\lim\limits_{n\to\infty} (s_n - r_n) = 0$, 即若 $\{r_n\}T\{s_n\}$, 则 $\{s_n\}T\{r_n\}$, 对称性成立;

(3) 若 $\lim\limits_{n\to\infty} (r_n - s_n) = 0$, 且 $\lim\limits_{n\to\infty} (s_n - t_n) = 0$, 则 $\lim\limits_{n\to\infty} (r_n - t_n) = 0$, 即若 $\{r_n\}T\{s_n\}, \{s_n\}T\{t_n\}$, 则 $\{r_n\}T\{t_n\}$, 传递性成立.

因此, 若 $\{r_n\}T\{s_n\}$, 可以简记为 $\{r_n\} \sim \{s_n\}$.

由习题 1.2 中第 6 题知, 若 $\{r_n\} \sim \{s_n\}$, 且 $\{r_n\}$ 以有理数 a 为极限, 则 $\{s_n\}$ 也以 a 为极限.

利用 1.1 节中的 “关系” 一段的记号和定理知, 与 $\{r_n\}$ 等价的一切有理数基本序列之集称为以 $\{r_n\}$ 为代表的陪集, 记为 $T(\{r_n\})$(以后简记为 $T(r_n)$); 并且等价关系 “$\sim$” 把 μ 划分为互不相交的陪集, 每一个陪集中的有理数基本序列都是相互等价的.

定义 1.3.1   有理数基本序列的集合 μ, 按等价关系 T 划分的每一个陪集称为一个实数.

以后我们用希腊字母 $\alpha, \beta, \gamma, \cdots$ 表示实数, 而用 $\mathbb{R}$ 表示全体实数组成的集合. 由一个有理数 a 组成的常数序列

$$\{a\} : a, a, \cdots, a, \cdots$$

也是一个有理数基本序列, 它也属于某一陪集, 并且可以作为该陪集的代表. 例如, 有理数序列

$$\{0\} : 0, 0, \cdots, 0, \cdots$$

以及有理数序列

$$\left\{\frac{1}{n}\right\} : 1, \frac{1}{2}, \frac{1}{3}, \cdots, \frac{1}{n}, \cdots;$$

$$\left\{\frac{1}{2^n}\right\} : \frac{1}{2}, \frac{1}{2^2}, \frac{1}{2^3}, \cdots, \frac{1}{2^n}, \cdots$$

都是以零为极限, 当然也都是有理数基本序列. 容易看到, 它们是相互等价的 (对关系 T), 因此属于同一陪集. 由引理 1.1.1 知, 其中任意一个都可以作为该陪集的代表. 很自然地, 我们把常数序列 $\{0\}$ 作为该陪集的代表, 并用 $[0]$ 表示以常数序列 $\{0\}$ 为代表的陪集, 或说 $[0]$ 表示与常数序列 $\{0\}$ 等价的一切有理数基本序列组成的集合. 按实数的定义, $[0]$ 是一个实数.

一般地, 每一个有理数 a 都产生一个陪集 $[a]$ (或说产生一个实数 $[a]$), 在这个陪集里每一个有理数基本序列都以 a 为极限; 反之, 若某一有理数基本序列 $\{r_n\}$ 以 a 为极限, 那么 $\{r_n\} \in [a]$. 在例 1.2.4 里, $r_n = 1 + \dfrac{1}{1!} + \dfrac{1}{2!} + \cdots + \dfrac{1}{n!}$ ($n = 1, 2, \cdots$) 不以有理数为极限, 那么 $\{r_n\}$ 就不可能属于某个以有理数常数序列为代表的陪集.

定义 1.3.2 凡能以有理数 a 组成常数序列为代表的陪集称为有理实数, 不能以有理数常数序列为代表的陪集称为无理实数.

因此, 实数由有理实数与无理实数两部分组成.

1.3.2 实数的运算

定义 1.3.3 设 $\alpha = T(a_n)$, $\beta = T(b_n)$ 是两个实数, 这里 $\{a_n\}$, $\{b_n\}$ 为有理数基本序列, 那么 $\{a_n + b_n\}$, $\{a_n - b_n\}$, $\{a_n \cdot b_n\}$ 及 $\left\{\dfrac{a_n}{b_n}\right\}$ ($b_n \neq 0, \{b_n\} \notin [0]$) 都是有理数基本序列, 以它们为代表的陪集 $T(a_n + b_n)$, $T(a_n - b_n)$, $T(a_n \cdot b_n)$ 及 $T\left(\dfrac{a_n}{b_n}\right)$ 分别称为 α 与 β 的和、差、积及商, 记为 $\alpha + \beta$, $\alpha - \beta$, $\alpha \cdot \beta$ 及 $\dfrac{\alpha}{\beta}$.

当然, 我们还应当说明按这样方法定义的四则运算是有意义的, 也就是说要验证与 α, β 代表元的选择无关. 验证方法基本上与证明有理数基本序列的和、差、积及商仍为基本序列类似, 不再赘述.

我们也要说明, 若 α, β 是有理实数, 则它们的四则运算应当与原来的有理数的四则运算一致. 据有理实数的定义, 存在有理数 a 与 b 使得 $\alpha = [a]$, $\beta = [b]$, 这里 $[a]$ 表示以 $\{a\}$ 为常数序列所代表的陪集, $[b]$ 也是一样的. 于是, 由加法的定义, $\alpha + \beta$ 是由常数序列 $\{a + b\}$:

$$a + b, a + b, \cdots, a + b, \cdots$$

所代表的陪集 $[a + b]$, 即

$$[a] + [b] = [a + b],$$

上式左端的 "+" 是代表实数的加法, 右端的 "+" 是代表有理数的加法. 同样可以说明减法、乘法及除法也是一致的.

有了四则运算, 就可以定义零元、单位元、负元与逆元. 以 $[0]$ 表示零元, 以 $[1]$ 表示单位元, 以 $-\alpha := T(-a_n)$ 表示 $\alpha := T(a_n)$ 的负元, 以 $\dfrac{1}{\alpha} := T\left(\dfrac{1}{a_n}\right)$ 表示 $\alpha = T(a_n)$ 的逆元 $(a_n \neq 0, \{a_n\} \notin [0])$, 还可逐一证明域所需要满足的条件 (1)—(9)(见 1.2.1 节) 均成立, 因此实数集 $\mathbb{R}$ 是一个域.

1.3.3   实数的序

定义 1.3.4   有理数基本序列 $\{r_n\}$ 称为正的, 如果存在正整数 N 及正有理数 ε_0, 对 $\forall n > N$, 都有 $r_n \geqslant \varepsilon_0$, 则称 $\{r_n\}$ 为正的有理数序列.

引理 1.3.1   设 $\{r_n\}$ 是正的有理数基本序列, 且 $\{r_n\} \sim \{s_n\}$, 则 $\{s_n\}$ 也是正的有理数基本序列.

证明   由于 $\{r_n\}$ 是正的有理数基本序列, $\exists N_1$ 及 $\varepsilon_0 > 0$, $\forall n > N_1$, $r_n \geqslant \varepsilon_0$. 因为 $\{r_n\} \sim \{s_n\}$, 即 $\lim\limits_{n \to \infty} (r_n - s_n) = 0$, 所以 $\exists N_2$, $\forall n > N_2$,

$$|r_n - s_n| < \frac{\varepsilon_0}{2}.$$

令 $N = \max\{N_1, N_2\}$, $\forall n > N$, 便有

$$s_n = r_n - (r_n - s_n) \geqslant r_n - |r_n - s_n| > \varepsilon_0 - \frac{\varepsilon_0}{2} = \frac{\varepsilon_0}{2}.$$

这就是说, $\{s_n\}$ 是正有理数基本序列.

定义 1.3.5   设 $\alpha = T(a_n)$, 若存在正有理数基本序列 $\{r_n\} \in T(a_n)$, 则称 α 为正实数; 若 $-\alpha$ 是正实数, 则称 α 为负实数.

定理 1.3.1 对任何实数 α, 下面三种情形:

$$\alpha \text{ 是正的,} \quad -\alpha \text{ 是正的,} \quad \alpha = [0]$$

有一种且仅有一种情形出现.

证明 先证明若 α 和 $-\alpha$ 都不是正的, 必有 $\alpha = [0]$.

从 α 中任选一个有理数基本序列 $\{a_n\}$, $\forall \varepsilon > 0, \exists N, \forall n > N, \forall m > N$ 都有

$$|a_m - a_n| < \frac{\varepsilon}{2},$$

又因 $\{a_n\}$ 不是正的, 对于所给的 N 与 ε, $\exists n_0 > N$, 使得 $a_{n_0} < \dfrac{\varepsilon}{2}$, 于是, $\forall n > N$,

$$a_n = a_{n_0} + (a_n - a_{n_0}) \leqslant a_{n_0} + |a_n - a_{n_0}| < \frac{\varepsilon}{2} + \frac{\varepsilon}{2} = \varepsilon.$$

因为 $-\alpha$ 不是正的, 且 $-\alpha$ 含有 $\{-a_n\}$, 所以, $\exists n_0' > N$, 使得 $-a_{n_0'} < \dfrac{\varepsilon}{2}$, 对于 $\forall n > N$, 亦有

$$-a_n = (a_{n_0'} - a_n) - a_{n_0'} \leqslant |a_{n_0'} - a_n| + (-a_{n_0'}) < \varepsilon,$$

因此, 对 $\forall n > N, |a_n| < \varepsilon$, 即 $\lim\limits_{n \to \infty} a_n = 0$, 由此知

$$\alpha = [0].$$

再证若 $\alpha \neq [0]$, 则 α 为正或 $-\alpha$ 为正有一种且仅有一种情形出现.

由于 $\alpha \neq [0]$, 对 $\forall \{a_n\} \in \alpha$, $\{a_n\}$ 不以零为极限,

$$\neg(\lim\limits_{n \to \infty} a_n = 0) \Leftrightarrow \exists \varepsilon_0 > 0 \ (\varepsilon_0 \in \mathbb{Q}), \forall k, \exists n_k > k, |a_{n_k}| \geqslant \varepsilon_0.$$

注意到对 $\forall k, \exists n_k$, 使 $|a_{n_k}| \geqslant \varepsilon_0$, 因此有无穷多个正整数

$$n_1, n_2, \cdots, n_k, \cdots,$$

使 $|a_{n_k}| \geqslant \varepsilon_0 \ (k = 1, 2, \cdots)$, 而

$$|a_{n_k}| \geqslant \varepsilon_0 \Leftrightarrow (a_{n_k} \geqslant \varepsilon_0) \vee (-a_{n_k} \geqslant \varepsilon_0).$$

记 $A = \{n_k | a_{n_k} \geqslant \varepsilon_0\}$, $B = \{n_k | -a_{n_k} \geqslant \varepsilon_0\}$, 那么 A 或 B 中至少有一个含有无穷多个正整数.

先设 A 为无限集, 由于 $\{a_n\}$ 为基本序列, $\exists N, \forall m > N, \forall n > N$, 有

$$|a_m - a_n| < \frac{\varepsilon_0}{2},$$

根据 A 是无限集的假设, 总可选到 $n_k \in A$, 且 $n_k > N$, 于是, $\forall n > N$,

$$a_n = a_{n_k} - (a_{n_k} - a_n) \geqslant a_{n_k} - |a_{n_k} - a_n| \geqslant \varepsilon_0 - \frac{\varepsilon_0}{2} = \frac{\varepsilon_0}{2},$$

取 $\delta = \dfrac{\varepsilon_0}{2}$, 我们得, 对 $\delta > 0, \exists N, \forall n > N$, 有 $a_n \geqslant \delta$, 按定义 1.3.4, $\{a_n\}$ 为正, 即 α 为正.

假定 B 为无限集, 仿前证, $\exists \delta > 0, \exists N, \forall n > N, -a_n \geqslant \delta$, 即 $-\alpha$ 为正.

这就是说, 若 $\alpha \neq [0]$, 则 α 为正或 $-\alpha$ 为正至少有一种出现, 但两者不可能同时出现. 这是因为若同时出现, 则 $\exists \delta > 0, \exists N, \forall n > N$,

$$a_n \geqslant \delta, \quad -a_n \geqslant \delta$$

同时成立, 这是相互矛盾的不等式 (因 $\delta > 0$).

再者, 若 α 为正, 一定不会出现 $\alpha = [0]$ 及 $-\alpha$ 为正的情形. 这是因为若 α 为正, 则 $\exists \varepsilon_0 > 0$ 及 $N, \forall n > N$,

$$a_n \geqslant \varepsilon_0, \quad -a_n \leqslant -\varepsilon_0 \quad (\varepsilon_0 \in \mathbb{Q}),$$

这就说明不会发生 $\lim\limits_{n \to \infty} a_n = 0$, 即 $\alpha \neq [0]$, 也不会发生 $-\alpha$ 为正的情形.

最后, 不难证明, 若 $\alpha = [0]$, 则 α 不会为正, $-\alpha$ 也不会为正.

定义 1.3.6　若 $\alpha - \beta$ 为正实数, 则称 β 小于 α, 记为 $\beta < \alpha$, 或 $\alpha > \beta$.

由定理 1.3.1 立即推出: 对任意的两个实数 α 与 β, 下列三种情形:

$$\alpha > \beta, \quad \alpha = \beta, \quad \alpha < \beta$$

有一种且只有一种情形出现.

有了四则运算和序的关系, 我们可以验证对于任意三个实数 α, β, γ, 有

(1) $\alpha < \beta, \beta < \gamma \Rightarrow \alpha < \gamma$;

(2) $\alpha < \beta \Rightarrow \alpha + \gamma < \beta + \gamma$;

(3) $\alpha > 0, \beta < \gamma \Rightarrow \alpha\beta < \alpha\gamma$.

有了正负实数的概念, 我们可以定义绝对值:

$$|\alpha| := \begin{cases} \alpha, & \alpha > [0], \\ [0], & \alpha = [0], \\ -\alpha, & \alpha < [0]. \end{cases}$$

还可以验证大家熟知的许多绝对值性质也成立, 比如,

$$|\alpha + \beta| \leqslant |\alpha| + |\beta|.$$

定理 1.3.2 (阿基米德原理)　对任意两个实数 $\alpha = T(a_n)$, $\beta = T(b_n)$, 若 $\beta > \alpha > [0]$, 则存在正整数 n, 使得 $n\alpha > \beta$.

证明　由于基本序列的有界性, 存在有理数 $M > 0$, 对 $\forall k \in \mathbb{N}_+$,

$$|b_k| < M \Leftrightarrow -M < b_k < M.$$

而 $\alpha > [0]$, 存在正有理数 d 及正整数 K, $\forall k > K$,

$$a_k > d.$$

由于有理数满足阿基米德原理, 故存在正整数 n, 使得 $nd > M$, 从而得到 $\forall k > K$,

$$na_k > nd > M > b_k$$

或

$$na_k - b_k > nd - M > 0.$$

注意到上式 $nd - M$ 是与 k 无关的正有理数, 依正实数的定义, $n\alpha - \beta > [0]$, 即 $n\alpha > \beta$.

至此, 我们已经证明了全体实数 $\mathbb{R}$ 构成阿基米德有序域. 现在来证明实数的稠密性.

定理 1.3.3　任何两个不同的实数之间仍有实数.

证明　设 $\alpha = T(a_n)$, $\beta = T(b_n)$, 不妨设 $\alpha < \beta$, 于是存在正有理数 δ 及自然数 N_1, $\forall n \geqslant N_1$,

$$b_n - a_n > \delta, \tag{1.3.1}$$

再由 $\{a_n\}$, $\{b_n\}$ 为基本序列, $\exists N_2$ 及 N_3,

$$|a_m - a_n| < \frac{\delta}{4} \quad (\forall n \geqslant N_2,\ \forall m \geqslant N_2), \tag{1.3.2}$$

$$|b_m - b_n| < \frac{\delta}{4} \quad (\forall n \geqslant N_3,\ \forall m \geqslant N_3), \tag{1.3.3}$$

取 $N = \max\{N_1, N_2, N_3\}$, $\forall n \geqslant N$, 由 (1.3.2) 式

$$a_n < \frac{\delta}{4} + a_N,$$

由 (1.3.1) 式

$$a_N < b_N - \delta,$$

由 (1.3.3) 式

$$b_N - \frac{\delta}{4} < b_n,$$

因此, $\forall n \geqslant N$,

$$a_n < \frac{\delta}{4} + a_N < a_N + \frac{\delta}{2} < b_N - \delta + \frac{\delta}{2} = b_N - \frac{\delta}{2} < b_n,$$

而 $a_N + \dfrac{\delta}{2}$ 为有理数, 记 $c = \left[a_N + \dfrac{\delta}{2} \right]$, 由于

$$a_N + \frac{\delta}{2} - a_n > a_N + \frac{\delta}{2} - \left(a_N + \frac{\delta}{4} \right) = \frac{\delta}{4} > 0,$$

于是 $c - \alpha > [0]$, 即 $\alpha < c$, 再从 $\forall n \geqslant N$,

$$b_n - \left(a_N + \frac{\delta}{2} \right) > b_N - \frac{\delta}{4} - \left(a_N + \frac{\delta}{2} \right) = b_N - a_N - \frac{3\delta}{4} = b_N - a_N - \delta + \frac{\delta}{4} > \frac{\delta}{4}.$$

于是 $\beta - c > [0]$, 即 $\beta > c$. 这就证得了存在有理实数 c, 满足

$$\alpha < c < \beta.$$

1.3.4 实数的完备性

现在要证明, 在实数域 $\mathbb{R}$ 上任何实数基本序列都是收敛的. 先给出实数序列收敛的定义.

定义 1.3.7　实数序列 $\{p_n\}$ 称为以实数 p 为极限, 如果对于任意给定的正实数 ε, 都存在正整数 N, 当 $n > N$ 时, 有不等式

$$|p_n - p| < \varepsilon$$

成立, 此时亦称序列 $\{p_n\}$ 收敛于 p, 或 $\{p_n\}$ 以 p 为极限, 记为

$$\lim_{n \to \infty} p_n = p \quad 或 \quad p_n \to p \quad (n \to \infty).$$

定理 1.3.4　若 $\{r_n\}$ 为有理数的基本序列, $\{r_n\}$ 收敛于 p (p 表示实数), 则

$$\lim_{n \to \infty} [r_n] = p.$$

证明　任意给定有理数 $\varepsilon > 0$, 因为 $\{r_n\}$ 是有理数基本序列, $\exists N, \forall k \geqslant N$, $\forall n > k$,

$$|r_n - r_k| < \frac{\varepsilon}{2} \Leftrightarrow -\frac{\varepsilon}{2} < r_n - r_k < \frac{\varepsilon}{2}.$$

下面暂时固定 k, 对不等式 $-\dfrac{\varepsilon}{2} < r_n - r_k$ 两边加上 ε 得

$$0 < \frac{\varepsilon}{2} < r_n - r_k + \varepsilon = r_n - (r_k - \varepsilon) \quad (\forall n > k, k \geqslant N).$$

根据正实数的定义, 这表示

$$p - [r_k - \varepsilon] > [0].$$

注意到 r_k 与 ε 均为有理数, 从而 $[r_k - \varepsilon] = [r_k] - [\varepsilon]$, 即 $\forall k \geqslant N$,

$$p - [r_k] + [\varepsilon] > [0] \quad \text{或} \quad [\varepsilon] > [r_k] - p.$$

从 $r_n - r_k < \dfrac{\varepsilon}{2}$ 类似可证

$$-[\varepsilon] < [r_k] - p \quad (\forall k \geqslant N).$$

综上所述, $\forall k \geqslant N$,

$$|[r_k] - p| < [\varepsilon].$$

即

$$\lim_{n \to \infty} [r_n] = p.$$

注 前面所给的 ε 认为是正有理实数, 实际上, 对 ε 是正实数也同样有效. 依实数的稠密性的证明, 在 $[0]$ 与 ε 之间总存在正有理实数.

根据定理 1.3.4, 序列 $\{r_n\}$

$$r_n = 1 + \frac{1}{1!} + \frac{1}{2!} + \cdots + \frac{1}{n!}$$

是收敛的, 且收敛于无理实数.

现在的问题是: 如果把实数域 $\mathbb{R}$ 中的数, 再构成基本序列, 能否进一步扩张为更大的阿基米德有序域? 回答是否定的. 这就是说, 实数的全体已经是足够完备的, 以实数构成的基本序列, 再也不能扩张出新的数来.

定义 1.3.8 设 $\{p_n\}$ 是一个实数序列, 如果对任意给定的正实数 ε, 都存在正整数 N, 对于 $\forall m, n > N$, 都有

$$|p_m - p_n| < \varepsilon$$

成立, 则称 $\{p_n\}$ 是一个实数基本序列, 或称为柯西 (Cauchy) 序列.

定理 1.3.5 (实数的完备性——柯西准则) 实数序列 $\{\rho_n\}$ 收敛的充要条件是它为一个基本序列.

证明 必要性 设 $\lim_{n \to \infty} \rho_n = \rho$, 则对 $\forall \varepsilon > 0, \exists N, \forall n \geqslant N$,

$$|\rho_n - \rho| < \frac{\varepsilon}{2},$$

对于 $\forall m \geqslant N$, 也有 $|\rho_m - \rho| < \dfrac{\varepsilon}{2}$, 于是, $\forall m, n \geqslant N$,

$$|\rho_m - \rho_n| \leqslant |\rho_m - \rho| + |\rho_n - \rho| < \frac{\varepsilon}{2} + \frac{\varepsilon}{2} = \varepsilon.$$

充分性   对于任意固定的 ρ, 由定理 1.3.4, 若 $\{r_n\} \in \rho$, 则对 $\forall \varepsilon > 0, \exists M > 0, \forall m \geqslant M$,

$$|\rho - [r_m]| < \varepsilon.$$

现在取 $\varepsilon = \left[\dfrac{1}{n}\right]$, 并把 ρ 换为 ρ_n, 则存在一个有理常数序列, 记为 $[r_n]$, 使得

$$|\rho_n - [r_n]| < \left[\frac{1}{n}\right]. \tag{1.3.4}$$

我们证明, 若 $\{\rho_n\}$ 为基本序列, 则 $\{[r_n]\}$ 也是一个基本序列.

对 $\forall \varepsilon > 0$, 当 $p, q \geqslant N$ 时,

$$|\rho_p - \rho_q| < \varepsilon.$$

当 $p, q > N$ 时,

$$|[r_p] - [r_q]| \leqslant |[r_p] - \rho_p| + |\rho_p - \rho_q| + |\rho_q - [r_q]| < \left[\frac{1}{p}\right] + \varepsilon + \left[\frac{1}{q}\right].$$

取 N 充分大, 使得 $\left[\dfrac{1}{N}\right] < \varepsilon$, 由于 $p, q \geqslant N$, 于是 $\left[\dfrac{1}{p}\right] < \varepsilon, \left[\dfrac{1}{q}\right] < \varepsilon$ (注意: 这里 $\left[\dfrac{1}{p}\right]$ 不是表示最大的整数部分, 而是以 $\dfrac{1}{p}$ 为代表的陪集 (即实数)), 从而

$$|[r_p] - [r_q]| < 3\varepsilon.$$

由 ε 的任意性, 证得 $\{[r_n]\}$ 是基本序列.

现在证明 $\lim\limits_{n \to \infty} \rho_n = \rho$.

由定理 1.3.4, $\forall \varepsilon > 0, \exists N_1, \forall n \geqslant N_1$,

$$|[r_n] - \rho| < \frac{\varepsilon}{3}.$$

由于 $\{\rho_n\}$ 是基本序列, $\exists N_2, \forall m, n \geqslant N_2$,

$$|\rho_m - \rho_n| < \frac{\varepsilon}{3},$$

利用 (1.3.4) 式, $\exists N_3, \forall n \geqslant N_3, |\rho_n - [r_n]| < \dfrac{\varepsilon}{3}$, 取 $N = \max\{N_1, N_2, N_3\}$, $\forall n \geqslant N$,

$$|\rho_n - \rho| \leqslant |\rho_n - \rho_N| + |\rho_N - [r_N]| + |[r_N] - \rho| < \frac{\varepsilon}{3} + \frac{\varepsilon}{3} + \frac{\varepsilon}{3} = \varepsilon.$$

例 1.3.1 设 $\rho_n = 1 + \dfrac{1}{2} + \dfrac{1}{3} + \cdots + \dfrac{1}{n}, n = 1, 2, \cdots$, 因为对 $\forall n \in \mathbb{N}_+$,

$$|\rho_{2n} - \rho_n| = \frac{1}{n+1} + \frac{1}{n+2} + \cdots + \frac{1}{n+n} > n \cdot \frac{1}{2n} = \frac{1}{2}.$$

故由柯西准则知, 序列 $\{\rho_n\}$ 没有极限.

习 题 1.3

1. 设 a 为有理数, x 为无理数, 证明: $a + x$ 为无理数; 若 $a \neq 0$, 则 ax 也是无理数.

2. 证明下列所示的序列为有理数基本序列.

(1) $\left\{ (-1)^{n-1} \dfrac{1}{n} \right\}$;

(2) $\left\{ \dfrac{r^n}{n!} \right\}, r \in \mathbb{Q}$.

3. 若实数 $a \neq [0]$, 则必存在有理数基本序列 $\{r_n\} \in a$, 使得 $\forall n \in \mathbb{N}_+, r_n \neq 0$.

4. 设 $\{a_n\} \sim \{a'_n\}$, $\{b_n\} \sim \{b'_n\}$, 证明:

(1) $\{a_n \cdot b_n\} \sim \{a'_n \cdot b'_n\}$;

(2) $\left\{ \dfrac{a_n}{b_n} \right\} \sim \left\{ \dfrac{a'_n}{b'_n} \right\}, b_n \neq 0, b'_n \neq 0, \{b_n\} \notin [0], \{b'_n\} \notin [0]$.

5. 若 α, β, γ 为实数, 证明:

(1) $(\alpha < \beta) \wedge (\beta < \gamma) \Rightarrow \alpha < \gamma$;

(2) $(\alpha > 0) \wedge (\beta > 0) \Rightarrow \alpha + \beta > 0$;

(3) $\alpha \leqslant \beta \Leftrightarrow -\beta \leqslant -\alpha$;

(4) $\beta > \alpha > 0 \Leftrightarrow \alpha^{-1} > \beta^{-1} > 0$;

(5) $(\alpha > 0) \wedge (\alpha \cdot \beta > 0) \Rightarrow \beta > 0$;

(6) $(\alpha > 0) \wedge (|\rho| < \alpha) \Leftrightarrow -\alpha < \rho < \alpha$.

6. 若 α, β 为实数, 证明:

(1) $|\alpha + \beta| \leqslant |\alpha| + |\beta|$;

(2) $||\alpha| - |\beta|| \leqslant |\alpha - \beta|$.

7. 证明: 任意有限个实数有一个最大者.

8.* 证明: $\left\{ \left(1 + \dfrac{1}{n} \right)^n \right\} \sim \left\{ 1 + \dfrac{1}{1!} + \dfrac{1}{2!} + \cdots + \dfrac{1}{n!} \right\}$.

9.* 证明: 有理数域 $\mathbb{Q}$ 与实数域 $\mathbb{R}$ 的一个子域 $\overline{\mathbb{Q}}$ 同构.

1.4 实数集上的几个等价定理

本节以完备性定理为出发点, 证明几个定理, 依次利用前一个定理证明后一个定理, 然后再返回来证明完备性定理, 说明这些定理在实数集上是相互等价的. 虽然如此, 由于诸定理的表现形式不同, 它们在应用上各有特色.

1.4.1 魏尔斯特拉斯的单调有界定理

定义 1.4.1 设 $\{a_n\}$ 是实数列, 若 $\forall n \in \mathbb{N}_+ (a_n < a_{n+1})$, 称 $\{a_n\}$ 是严格递增的; 若 $\forall n \in \mathbb{N}_+ (a_n \leqslant a_{n+1})$, 称 $\{a_n\}$ 是递增的; 若 $\forall n \in \mathbb{N}_+ (a_n \geqslant a_{n+1})$, 称 $\{a_n\}$ 是递减的; 若 $\forall n \in \mathbb{N}_+ (a_n > a_{n+1})$, 称 $\{a_n\}$ 是严格递减的. 这四种数列都称为单调数列.

若 $\exists M, \forall n \in \mathbb{N}_+ (a_n \leqslant M)$, 称 M 是数列 $\{a_n\}$ 的上界; 若 $\forall n \in \mathbb{N}_+ (a_n \geqslant M)$, 称 M 是 $\{a_n\}$ 的下界.

定理 1.4.1 递增数列 $\{a_n\}$ 有极限的充要条件是它有上界.

证明 必要条件是显然的, 因为有极限的数列必有界, 当然也就有上界. 现证充分性.

我们证明有上界的递增数列一定是基本序列. 用反证法, 假定不然, $\{a_n\}$ 不是基本序列, 那么, $\exists \varepsilon_0 > 0, \forall N, \exists n_0 > N, \exists m_0 > n_0$, 使得

$$|a_{m_0} - a_{n_0}| = a_{m_0} - a_{n_0} \geqslant \varepsilon_0,$$

上式之所以能去掉绝对值, 是由于 $m_0 > n_0$ 且 $\{a_n\}$ 递增.

取 $N = 1, \exists m_1 > n_1 > 1$, 使得

$$a_{m_1} - a_{n_1} \geqslant \varepsilon_0;$$

取 $N = m_1, \exists m_2 > n_2 > m_1$, 使得

$$a_{m_2} - a_{n_2} \geqslant \varepsilon_0;$$

一般地, 取 $N = m_{k-1}, \exists m_k > n_k > m_{k-1}$, 使得

$$a_{m_k} - a_{n_k} \geqslant \varepsilon_0.$$

把上述各不等式两边分别相加, 得到

$$(a_{m_k} - a_{n_k}) + (a_{m_{k-1}} - a_{n_{k-1}}) + \cdots + (a_{m_2} - a_{n_2}) + (a_{m_1} - a_{n_1}) \geqslant k\varepsilon_0.$$

由于

$$n_1 < m_1 < n_2 < m_2 < \cdots < n_{k-1} < m_{k-1} < n_k < m_k,$$

根据 $\{a_n\}$ 的递增性,

$$-a_{n_k} + a_{m_{k-1}} \leqslant 0, \quad -a_{n_{k-1}} + a_{m_{k-2}} \leqslant 0, \cdots, \quad -a_{n_2} + a_{m_1} \leqslant 0,$$

从而

$$a_{m_k} - a_{n_1} \geqslant k\varepsilon_0$$

或

$$a_{m_k} \geqslant k\varepsilon_0 + a_{n_1}.$$

由实数的阿基米德原理, 当 k 充分大时, $k\varepsilon_0 + a_{n_1}$ 可以大于任意正数, 因而 a_{m_k} 也可以大于任意正数, 这与数列 $\{a_n\}$ 有上界矛盾. 因此证明了递增有上界数列 $\{a_n\}$ 必是基本序列. 再由定理 1.3.5, 数列 $\{a_n\}$ 必有极限.

类似可证, 若 $\{a_n\}$ 递减且有下界, 则 $\{a_n\}$ 收敛.

例 1.4.1 设 $q > 1$, 证明 $\lim\limits_{n\to\infty} \dfrac{n}{q^n} = 0$.

证明 令 $x_n = \dfrac{n}{q^n}$, 那么

$$x_{n+1} = \frac{n+1}{q^{n+1}} = \frac{n+1}{nq} x_n,$$

故

$$\lim_{n\to\infty} \frac{x_{n+1}}{x_n} = \lim_{n\to\infty} \frac{n+1}{nq} = \lim_{n\to\infty} \left(1 + \frac{1}{n}\right) \frac{1}{q}$$
$$= 1 \cdot \frac{1}{q} = \frac{1}{q} < 1.$$

由极限的保号性定理, $\exists N, \forall n > N$,

$$\frac{x_{n+1}}{x_n} < 1.$$

因此, $\forall n > N$, $x_{n+1} < x_n$, 即在 x_N 项以后, 数列 $\{x_n\}$ 是递减的.

从极限的定义可知, 数列的前有限项不会影响它的收敛性及极限值, 所以现在只要考虑

$$x_{N+1}, x_{N+2}, \cdots$$

的极限. 数列各项都是正的, 从而有下界 (零就是一个下界). 由定理 1.4.1, 可令 $x = \lim\limits_{n\to\infty} x_n$, 由 $x_{n+1} = \dfrac{n+1}{nq} x_n$, 两边取极限得

$$x = \lim_{n\to\infty} x_{n+1} = \lim_{n\to\infty} \left(\frac{n+1}{nq} x_n\right) = \lim_{n\to\infty} \left(\frac{n+1}{nq}\right) \lim_{n\to\infty} x_n = \frac{1}{q} \cdot x.$$

因此得到 $\left(1 - \dfrac{1}{q}\right) x = 0$, 所以 $x = 0$.

例 1.4.2 设 $a > b > 0$, $a_1 = \dfrac{a+b}{2}$, $b_1 = \sqrt{ab}$,

$$a_{n+1} = \frac{a_n + b_n}{2}, \quad b_{n+1} = \sqrt{a_n b_n}, \quad n = 1, 2, \cdots,$$

证明数列 $\{a_n\}$, $\{b_n\}$ 均收敛, 且收敛于同一极限.

证明 由 $\dfrac{a+b}{2} - \sqrt{ab} = \dfrac{1}{2}(a - 2\sqrt{ab} + b) = \dfrac{(\sqrt{a} - \sqrt{b})^2}{2} > 0$, 知 $a > a_1 > b_1 > b$. 由 a_1, b_1 所作出的 $a_2 = \dfrac{a_1 + b_1}{2}, b_2 = \sqrt{a_1 b_1}$, 如上所述, 有

$$a > a_1 > a_2 > b_2 > b_1 > b.$$

一般地, 若 a_n, b_n 已确定, 则 a_{n+1}, b_{n+1} 依公式

$$a_{n+1} = \frac{a_n + b_n}{2}, \quad b_{n+1} = \sqrt{a_n b_n}$$

确定, 并且 $a_n > a_{n+1} > b_{n+1} > b_n$.

这样得到两个数列 $\{a_n\}$ 和 $\{b_n\}$, $\{a_n\}$ 递减, $\{b_n\}$ 递增, 且 $\{a_n\}$ 有下界 b, $\{b_n\}$ 有上界 a. 由定理 1.4.1, $\{a_n\}$, $\{b_n\}$ 均收敛, 令 $\lim\limits_{n\to\infty} a_n = \alpha$, $\lim\limits_{n\to\infty} b_n = \beta$, 对等式 $a_{n+1} = \dfrac{a_n + b_n}{2}$ 两边取极限得 $\alpha = \dfrac{\alpha + \beta}{2}$, 即 $\alpha = \beta$.

定义 1.4.2 设 $\{a_n\}$ 为一数列, 若对 $\forall M > 0, \exists N, \forall n > N$, 都有 $a_n > M$, 则称 $\{a_n\}$ 发散于 $+\infty$, 记为

$$\lim_{n\to\infty} a_n = +\infty \quad \text{或} \quad a_n \to +\infty \ (n \to \infty).$$

定义 1.4.3 设 $\{a_n\}$ 为一数列, 若对 $\forall M > 0, \exists N, \forall n > N$, 都有 $a_n < -M$, 则称 $\{a_n\}$ 发散于 $-\infty$, 记为

$$\lim_{n\to\infty} a_n = -\infty \quad \text{或} \quad a_n \to -\infty \ (n \to \infty).$$

推论 1.4.1 无上界的递增数列发散于 $+\infty$, 无下界的递减数列发散于 $-\infty$.

证明 假定 $\{a_n\}$ 是递增的, 但无上界, 那么对任意给定的 $M > 0$, 由于它不是 $\{a_n\}$ 的上界, 因此存在 $n_0 \in \mathbb{N}$, 使得 $a_{n_0} > M$, 根据递增性, $\forall n > n_0$,

$$a_n \geqslant a_{n_0} > M,$$

由发散于 $+\infty$ 的定义, $\lim\limits_{n\to\infty} a_n = +\infty$.

无下界的递减数列类似可证.

1.4.2 柯西-康托尔的闭区间套定理

定理 1.4.2 设 $I_n = [a_n, b_n], n = 1, 2, \cdots$, 满足

(1) $I_1 \supset I_2 \supset \cdots \supset I_n \supset \cdots$;

(2) $|I_n| = b_n - a_n \to 0 (n \to \infty)$,

则存在唯一一点 $c \in \mathbb{R}$, 属于一切闭区间, 即

$$c \in I_n, \quad n = 1, 2, \cdots.$$

证明 由条件 $(1), I_n \supset I_{n+1}$, 即

$$a_n \leqslant a_{n+1} < b_{n+1} \leqslant b_n \quad (\forall n \in \mathbb{N}_+).$$

由此可知, $\{a_n\}$ 是递增数列, $\{b_n\}$ 是递减数列, 且 $\{a_n\}$ 有上界 b_1, 由定理 1.4.1 知 $\{a_n\}$ 收敛. 设 $\lim\limits_{n\to\infty} a_n = \alpha$, 对 $\forall k$, 当 $n > k$ 时,

$$a_k \leqslant a_n < b_k,$$

由极限不等式定理,

$$a_k \leqslant \alpha \leqslant b_k \quad (k = 1, 2, \cdots),$$

证得存在性. 假定另有 $\beta, \beta \neq \alpha$, 也满足

$$a_n \leqslant \beta \leqslant b_n \quad (n = 1, 2, \cdots),$$

则 $|I_n| = b_n - a_n \geqslant |\beta - \alpha| > 0$, 这与 $\lim\limits_{n\to\infty} |I_n| = 0$ 矛盾, 故 $\beta = \alpha$, 证得唯一性.

还可知道, $\lim\limits_{n\to\infty} b_n = \alpha = \lim\limits_{n\to\infty} a_n$.

定理 1.4.2 中若把闭区间改为开区间或半开半闭区间, 则结论未必成立. 例如, 开区间列 $\left\{\left(0, \dfrac{1}{n}\right)\right\}$ 虽然前一个包含后一个, 且 $\lim\limits_{n\to\infty}\left(\dfrac{1}{n} - 0\right) = 0$, 但不存在一个点属于所有的区间.

1.4.3 戴德金的分割定理

定理 1.4.3 设 A, B 是两个实数集 $\mathbb{R}$ 的子集, 满足

(1) A 与 B 都是非空的;

(2) $A \cup B = \mathbb{R}$;

(3) 若 $a \in A, b \in B$, 则 $a < b$,

那么或者 A 中有最大数, 或者 B 中有最小数.

证明 首先由条件 (3) 看到 $A \cap B = \varnothing$. 否则, 若 $a \in A \cap B$, 则 $a \in A$, $a \in B$, 由 (3) 知 $a < a$, 矛盾.

由 (1), 存在 $a_1 \in A$ 及 $b_1 \in B$, 由 (3), $a_1 < b_1$, 取闭区间 $[a_1, b_1]$ 的中点 $c_1 = \dfrac{a_1 + b_1}{2}$, 从 (2) 知, 或 $c_1 \in A$, 或 $c_1 \in B$. 若 $c_1 \in A$, 记 $[c_1, b_1]$ 为 $[a_2, b_2]$; 若 $c_1 \in B$, 记 $[a_1, c_1]$ 为 $[a_2, b_2]$; 现再取 $[a_2, b_2]$ 的中点 $c_2 = \dfrac{a_2 + b_2}{2}$, 同样, 若 $c_2 \in A$, 记 $[c_2, b_2]$ 为 $[a_3, b_3]$, 否则记 $[a_2, c_2]$ 为 $[a_3, b_3]$; 这样的过程可以无限地进行下去, 并使得区间的左端点属于 A 而右端点属于 B. 我们得到一个闭区间套, 满足如下条件:

(1) $[a_1, b_1] \supset [a_2, b_2] \supset [a_3, b_3] \supset \cdots \supset [a_k, b_k] \supset \cdots$;

(2) $b_k - a_k = \dfrac{b_1 - a_1}{2^{k-1}}$;

(3) $a_k \in A, b_k \in B, k = 1, 2, \cdots$.

由于 $b_k - a_k = \dfrac{b_1 - a_1}{2^{k-1}} \to 0\ (k \to \infty)$, 根据定理 1.4.2, 存在唯一一点 c 属于一切闭区间.

从 $A \cup B = \mathbb{R}$, $A \cap B = \varnothing$ 知, c 或者属于 A 或者属于 B, 必居其一且只居其一. 假定 $c \in A$, 要证明 c 是 A 的最大者, 即对 $\forall a \in A \Rightarrow a \leqslant c$. 假定不然, 存在 $a' \in A$, 使得 $c < a'$, $d := a' - c > 0$, 由

$$\lim_{n \to \infty} b_k = c,$$

$\exists k_0 > 0$, 使得 $b_{k_0} - c < \dfrac{d}{2} \Rightarrow b_{k_0} - (a' - d) < \dfrac{d}{2} \Rightarrow a' - b_{k_0} > \dfrac{d}{2} > 0 \Rightarrow a' > b_{k_0}$, 但 $b_{k_0} \in B$, $a' \in A$, 这与条件 (3) 矛盾.

同样, 若 $c \in B$, 则 c 为 B 的最小数.

1.4.4 确界定理

定义 1.4.4 设 $A \subset \mathbb{R}$, 若存在 M, $\forall x \in A$, $x \leqslant M$, 则称 M 为数集 A 的一个上界, 称数集 A 有上界; 若存在 M, $\forall x \in A$, $x \geqslant M$, 则称 M 为数集 A 的一个下界, 称 A 有下界.

若数集 A 既有上界又有下界, 称 A 为有界数集.

定义 1.4.5 设 $A \subset \mathbb{R}$, 若 $\exists \eta \in \mathbb{R}$, 满足

(1) $\forall x \in A$, $x \leqslant \eta$;

(2) $\forall \varepsilon > 0, \exists x_0 \in A$, $x_0 > \eta - \varepsilon$,

则称 η 为 A 的上确界, 记为 $\eta = \sup A$.

在定义 1.4.5 里, 条件 (1) 说明 η 是 A 的一个上界, 条件 (2) 说明比 η 小的任何数都不是 A 的上界. 因此, 上确界是最小的上界.

定义 1.4.6 设 $B \subset \mathbb{R}$, 若 $\exists \xi \in \mathbb{R}$, 满足

(1) $\forall x \in B$, $x \geqslant \xi$;

(2) $\forall \varepsilon > 0, \exists x_0 \in B$, $x_0 < \xi + \varepsilon$,

则称 ξ 为 B 的下确界, 记为 $\xi = \inf B$.

例 1.4.3 数集 $A = \left\{ \dfrac{n}{n+1} \,\middle|\, n \in \mathbb{N} \right\}$ 有上界, 不小于 1 的一切实数都是它的上界. 现在证明 1 是它的上确界. $\forall n \in \mathbb{N}$, $\dfrac{n}{n+1} \leqslant 1$, 条件 (1) 成立; $\forall \varepsilon > 0$,

取 $n_0 = \left[\dfrac{1}{\varepsilon}\right]$, 则 $n_0 + 1 = \left[\dfrac{1}{\varepsilon}\right] + 1 \Rightarrow \dfrac{1}{n_0 + 1} = \dfrac{1}{\left[\dfrac{1}{\varepsilon}\right] + 1} < \varepsilon$, 故

$$\frac{n_0}{n_0 + 1} = 1 - \frac{1}{n_0 + 1} > 1 - \varepsilon,$$

条件 (2) 成立, 因此, $\sup A = 1$. 类似可证 $\inf A = 0$.

定理 1.4.4 设数集 E 非空, 若 E 有上界, 则它必有上确界; 若 E 有下界, 则它必有下确界.

证明 我们只证明有上界的情形.

用下列方案把实数集 $\mathbb{R}$ 分割为 A 与 B 两个集合, 把 E 的所有上界归入 B 集, 其他余下的实数归入 A 集. 这样的分类实际上就是一个戴德金 (Dedekind) 分割. 下面验证 A 与 B 符合定理 1.4.3 的三个条件. E 有上界, 故 B 非空, 而 E 非空, 存在 $x \in E$, 小于 x 的实数是存在的, 故 A 也非空, 条件 (1) 成立. 任一实数或是 E 的上界或不是 E 的上界必属于其一, 条件 (2) 成立. $\forall x \in A$, x 不是 E 的上界, 存在 $x_0 \in E$, 使得 $x < x_0$; 对 $\forall y \in B$, y 是 E 的上界, 都有 $x < x_0 \leqslant y$, 条件 (3) 成立. 这样, A 与 B 满足定理 1.4.3 的三个条件, 依定理 1.4.3, 存在 $\beta \in \mathbb{R}$, β 或是 A 的最大者或是 B 的最小者.

我们先证明 β 不可能是 A 的最大数. 若不然, 则 $\beta \in A$. 由 A 的规定, β 不是 E 的上界, 从而存在 $x_0 \in E$, 使得 $\beta < x_0$. 依实数的稠密性, 存在 $r \in \mathbb{R}$, 使得 $\beta < r < x_0$. 由于 $r < x_0$, 故 r 不是 E 的上界, 按定义 $r \in A$, 但由 $\beta < r$ 知, β 不是最大数, 与假设矛盾, 于是 β 一定是 B 的最小数.

下面证明 $\sup E = \beta$.

(1) 要证明对于 $\forall x \in E$, 有 $x \leqslant \beta$. 由于 β 是 B 的最小数, 自然有 $\beta \in B$, 而 β 的元素都是 E 的上界, 从而 $\forall x \in E$, $x \leqslant \beta$.

(2) 要证明对于 $\forall \varepsilon > 0$, 存在 $x_0 \in E$, $\beta - \varepsilon < x_0$. 由于 $\beta - \varepsilon < \beta$, 而 β 是 B 的最小数, 因此 $\beta - \varepsilon \notin B$, 即 $\beta - \varepsilon \in A$, 但 A 的数都不是 E 的上界, 故存在 $x_0 \in E$, 使得 $x_0 > \beta - \varepsilon$.

在实数集里加上两个符号 $+\infty$ 和 $-\infty$, 称为广义实数集, 并规定如下性质:

(1) $\forall x$, 有 $-\infty < x < +\infty$, $\dfrac{x}{+\infty} = \dfrac{x}{-\infty} = 0$;

(2) 当 $x > 0$ 时, 有 $x \cdot (+\infty) = +\infty$, $x \cdot (-\infty) = -\infty$;

(3) 当 $x < 0$ 时, 有 $x \cdot (+\infty) = -\infty$, $x \cdot (-\infty) = +\infty$.

运算 $+\infty - (+\infty)$ 和 $0 \cdot (+\infty)$, $0 \cdot (-\infty)$ 是不定义的. 当需要区别实数与符号 $+\infty$ 和 $-\infty$ 时, 前者称为是有限的. 当实数集作了扩充后, 我们规定: 若非空数集 E 没有上界, 则定义 $+\infty$ 为其上确界, 记为 $\sup E = +\infty$; 若 E 没有下界,

则定义 $-\infty$ 为其下确界, 并记为 $\inf E = -\infty$. 但要注意 $+\infty$, $-\infty$ 不是数, 只是一种符号.

1.4.5　海涅–博雷尔的有限覆盖定理

先引进一个重要概念.

定义 1.4.7　设 E 为数集, H 为开区间集 (H 的每一个元素都是形如 (α, β) 的开区间), 若 E 中的任何一点都含在 H 中至少一个开区间内, 则称 H 为 E 的一个开覆盖, 或说 H 覆盖 E. 若 H 的开区间的个数是有限的, 则称 H 为 E 的一个有限开覆盖; 若 H 的开区间的个数是无限的, 则称 H 为 E 的无限开覆盖.

例 1.4.4　$E = \{x | 0 < x < 1\}$, H 是由无限多个开区间组成之集:

$$\left(0, \frac{2}{3}\right), \left(\frac{1}{2}, \frac{3}{4}\right), \left(\frac{2}{3}, \frac{4}{5}\right), \cdots, \left(\frac{n-1}{n}, \frac{n+1}{n+2}\right), \cdots$$

覆盖了开区间 $(0, 1)$, 因为 $(0, 1)$ 内任一数, 必属于上列诸区间之一.

定理 1.4.5　设 $[a, b]$ 是一个闭区间, 开区间集 H 是闭区间 $[a, b]$ 的一个开覆盖, 则在 H 中必存在有限个开区间, 它构成了 $[a, b]$ 的一个有限开覆盖.

证明　考虑闭区间上具有这种性质的数 x, 使得闭区间 $[a, x]$ 能被 H 中有限个开区间所覆盖. 这种数 x 一定存在, 因为 H 覆盖了 $[a, b]$, 区间的左端点必属于 H 的某区间 (α, β) 内, 即 $\alpha < a < \beta$. 我们在 a 和 β 之间取一个数 x, 则 $[a, x]$ 被一个开区间 (α, β) 所覆盖, 当然也可以说是被 H 中有限个开区间所覆盖. 如果 $x \geqslant b$, 则定理已经证明完毕. 现在考虑 $x < b$ 的情形.

把一切具有这样性质的 x 组成之集记为 $E = \{x\}$, 由上所述, E 非空且有上界 b, 根据定理 1.4.4, E 有上确界, 设为 c, 即

$$\sup E = c \leqslant b,$$

现在证明 $c \in E$. 根据 H 覆盖 $[a, b]$ 的假定, c 应属于 H 中某一开区间 (δ, r), 而 c 是 E 的上确界, 必存在 $x_0 \in E$, 使得 $\delta < x_0 \leqslant c$ (这是根据上确界的条件 (2), 取 $\varepsilon = c - \delta > 0$), 若 $x_0 = c$, 则 $c \in E$; 若 $\delta < x_0 < c$, 闭区间 $[a, x_0]$ 已被 H 中有限个开区间所覆盖, 现在把开区间 (δ, r) 加到这些区间上去, 它们就能覆盖 $[a, c]$, 因此 $c \in E$(有限个加上一个还是有限个). 下一步证明 c 不能小于 b. 否则总存在一点

$$x \in (c, b) \cap (c, r),$$

这时 $[a, x]$ 也被 H 中有限个开区间所覆盖 (刚才覆盖 $[a, c]$ 的有限个开区间也覆盖了 $[a, x]$), 而 $c < x$, 与 c 是 E 的上确界矛盾. 这样, 必须 $b = c$, 即 $b \in E$. 故闭区间能被从 H 中选出的有限个开区间所覆盖.

在例 1.4.4 中, H 覆盖了开区间 $(0,1)$, 但无法从中选出有限个开区间覆盖 $(0,1)$.

又如, 无穷多个闭区间集:

$$\left[0,\frac{1}{2}\right],\left[\frac{1}{2},\frac{2}{3}\right],\left[\frac{2}{3},\frac{3}{4}\right],\cdots,\left[\frac{n-1}{n},\frac{n}{n+1}\right],\cdots$$

和 $[1,2]$ 覆盖了 $[0,2]$, 但也不能选出有限个闭区间覆盖 $[0,2]$.

因此, 定理中开区间集 H 不能改为闭区间集 H, 闭区间 $[a,b]$ 也不能改为开区间 (a,b).

1.4.6 魏尔斯特拉斯的聚点定理

定义 1.4.8 满足不等式 $|x-a|<\delta$ 的一切实数 x 称为以 a 为中心, 以 δ 为半径的邻域, 记为 $U(a,\delta)$, 即 $U(a,\delta):=\{x||x-a|<\delta\}$.

若不考虑半径 δ 的大小, 可记为 $U(a)$.

由于 $|x-a|<\delta\Leftrightarrow a-\delta<x<a+\delta$, 因此, a 的 δ 邻域也就是开区间 $(a-\delta,a+\delta)$.

满足不等式 $0<|x-a|<\delta$ 的一切实数 x 称为点 a 的空心 δ 邻域, 即

$$U^\circ(a,\delta):=\{x|0<|x-a|<\delta\}.$$

注 点 a 的空心邻域与点 a 的邻域差别在于前者不包含点 a, 后者包含点 a.

定义 1.4.9 设 E 是实数轴上的点集, a 是定点, 若 a 的任何邻域都含有 E 中异于 a 的点, 则称 a 是 E 的聚点.

在定义里, 没有规定 a 是属于 E, 也没有规定 a 不属于 E, 因此 a 可以属于 E 也可以不属于 E.

定义 1.4.9 也可以改写为: 若 a 的任何空心邻域都含有 E 上的点, 则称 a 为 E 的聚点.

推论 1.4.2 设 a 是 E 的聚点, 则 a 的任何邻域都包含 E 中的无限多个点.

证明 用反证法, 假设存在 a 的某个邻域 $U(a)$ 只含有有限个 E 中的点, 设为

$$y_1,y_2,\cdots,y_n,$$

且这些点都不与 a 相同, 令

$$r:=\min\{|a-y_1|,|a-y_2|,\cdots,|a-y_n|\},$$

则 $r>0$. 这时在 a 的 r 邻域内就不会有 E 中异于 a 的点, 因此 a 不是 E 中的聚点, 与假设矛盾.

例如, $E = \left\{ (-1)^n + \dfrac{1}{n} \,\middle|\, n \in \mathbb{N}_+ \right\}$ 有两个聚点, $x_1 = 1$ 和 $x_2 = -1$; 集合 $E = \{[0,1]$ 上的一切有理数$\}$, 由有理数的稠密性可知, $[0,1]$ 上的任一点都是 E 的聚点. 但集合 $\{1, 3, 5, \cdots, 2n+1, \cdots\}$ 没有聚点.

从推论 1.4.2 可知, 有限集一定没有聚点.

定理 1.4.6 有界无限点集 E 至少有一个聚点.

证明 由 E 是有界集, 设 E 的上界为 b, 下界为 a, 因此, $E \subset [a,b]$. 假定在 E 中没有聚点, 则对于每一个 $x \in [a,b]$, 都存在邻域 $U(x)$ 或者不包含 E 的点, 或者只包含 E 的一个点 (这一个点就是 x). 对每一个 $x \in [a,b]$, 上述邻域 $U(x)$ 组成的开区间集记为 H, H 是 $[a,b]$ 的一个开覆盖. 但是, E 有无限多个点, 而每一个开区间最多只含有 E 的一个点, 因此不能从 H 中选出有限个开区间来覆盖 E (如果可以, 那么 E 是有限集, 与假设矛盾), 这与定理 1.4.5 矛盾, 也就证明了至少存在某个 $x_0 \in [a,b]$, 在 x_0 的任何邻域内含有异于 x_0 的 E 中的点, 换句话说, x_0 是 E 的聚点.

1.4.7　波尔查诺的致密性定理

定义 1.4.10 设 $\{x_n\}$: $x_1, x_2, \cdots, x_n, \cdots$ 为一数列, 而

$$n_1 < n_2 < \cdots < n_k < \cdots$$

是正整数的一个严格递增且趋于正无穷的数列, 则数列 $\{x_{n_k}\}$:

$$x_{n_1}, x_{n_2}, \cdots, x_{n_k}, \cdots$$

称为 $\{x_n\}$ 的子列.

也可以这样说: 某数列去掉某些项, 所余下的无限多项 (前后顺序保持与原来的一致) 所组成的数列称为该数列的子列. 在这里 k 表示 x_{n_k} 是子列 $\{x_{n_k}\}$ 的第 k 项, n_k 表示 x_{n_k} 为原数列第 n_k 项. 很明显, 对于每一个 k, 有 $n_k \geqslant k$.

因为子列 $\{x_{n_k}\}$ 中的下标是 k 而不是 n 或 n_k, 故 $\{x_{n_k}\}$ 收敛于 a 是指: $\forall \varepsilon > 0$, $\exists K$, $\forall k > K$, 都有

$$|x_{n_k} - a| < \varepsilon,$$

记为 $\lim\limits_{k \to \infty} x_{n_k} = a$.

定理 1.4.7 每一个有界数列 $\{x_n\}$, 必有收敛的子列 $\{x_{n_k}\}$.

证明 我们知道, 数列 $\{x_n\}$ 是一个 $\mathbb{N}_+$ 到 $B \subset \mathbb{R}$ 的映射. 设 $n \mapsto x_n = f(n)$, 若它的值域 $E := f(\mathbb{N}_+)$ 为有限集, 那么至少存在一个点 $x \in E$, 在 $\{x_n\}$ 里出现无限多次, 也就是说有一个下标列:

$$n_1 < n_2 < \cdots < n_k < \cdots$$

使得

$$x_{n_1} = x_{n_2} = \cdots = x_{n_k} = \cdots = x,$$

数列 $\{x_{n_k}\}$ 是常数列, 所以它收敛, 且收敛于 x.

如果 E 是无限集, 由假设 $\{x_n\}$ 有界, 因此 E 也有界, 根据定理 1.4.6, E 至少有一个聚点 a. 下面要证明, 必能在 $\{x_n\}$ 中选出一个子列收敛于 a.

因为 a 是 E 的聚点, 在邻域 $U(a,1)$ 内包含无限多个 E 中的点, 总可选出 $x_{n_1} \in E$, 使得

$$|x_{n_1} - a| < 1,$$

同样在邻域 $U\left(a, \dfrac{1}{2}\right)$ 内也含有 E 的无限多个点, 从中选出 x_{n_2}, 满足 $n_1 < n_2$, 且使得 $|x_{n_2} - a| < \dfrac{1}{2}$, 一般地, 如果已经选出 $x_{n_k} \in E$, $n_{k-1} < n_k$, 使得

$$|x_{n_k} - a| < \frac{1}{k},$$

由于 a 是 E 的聚点, 必能选出 $x_{n_{k+1}}$ 且 $n_k < n_{k+1}$, 使得 $|x_{n_{k+1}} - a| < \dfrac{1}{k+1}$. 因为 $\lim\limits_{k \to \infty} \dfrac{1}{k+1} = 0$, 所以子列 $\{x_{n_k}\}$ 收敛于 a.

定理 1.4.8 数列 $\{x_n\}$ 收敛于 a 的充要条件是 $\{x_n\}$ 的任意一个子列都收敛于 a.

证明 充分性是显然的, 因为 $\{x_n\}$ 可以看作本身的子列. 现在证明必要性.

设 $\lim\limits_{n \to \infty} x_n = a$, 则 $\forall \varepsilon > 0$, $\exists N$, $\forall n > N$,

$$|x_n - a| < \varepsilon.$$

若 $\{x_{n_k}\}$ 是 $\{x_n\}$ 的任一子列, 取 $K = N$, 对于 $\forall k > K$, 有 $n_k > n_K = n_N \geqslant N$, 这就有

$$|x_{n_k} - a| < \varepsilon,$$

故有 $\lim\limits_{k \to \infty} x_{n_k} = a$.

利用这个定理来证明某些数列发散往往比较方便.

例 1.4.5 证明数列 $\{(-1)^n\}$ 是发散的.

证明 由其奇数项组成的数列:

$$-1, -1, -1, \cdots$$

收敛于 -1; 由其偶数项组成的数列:

$$1, 1, 1, \cdots$$

收敛于 1. 此两数列都是 $\{(-1)^n\}$ 的子列, 它们收敛于不同的极限, 说明原数列不收敛.

1.4.8　柯西收敛准则

定理 1.4.9　数列 $\{x_n\}$ 收敛的充要条件是

$$\forall \varepsilon > 0, \exists N, \forall n > N, m > N, \text{都有 } |x_m - x_n| < \varepsilon.$$

证明　必要性只要用到收敛的定义, 现证充分性.

已知 $\{x_n\}$ 有界 (见 1.2 节), 根据定理 1.4.7, 在 $\{x_n\}$ 中必存在收敛的子列 $\{x_{n_k}\}$, 使得

$$\lim_{k \to \infty} x_{n_k} = a.$$

下面证明 $\{x_n\}$ 也收敛于 a. 因为 $\lim_{k \to \infty} x_{n_k} = a$, 所以 $\forall \varepsilon > 0, \exists M, \forall k > M$,

$$|x_{n_k} - a| < \varepsilon.$$

取正整数 $K_0 > \max\{N, M\}$, 于是 $K_0 > M$ 且 $n_{K_0} > n_N \geqslant N$, 因此, $\forall n > N$,

$$|x_n - a| \leqslant |x_n - x_{n_{K_0}}| + |x_{n_{K_0}} - a| < \varepsilon + \varepsilon = 2\varepsilon,$$

即 $\lim_{n \to \infty} x_n = a$.

至此, 我们循环论证了八个命题, 在实数域上, 如果认为其中一个为真, 那么其他七个命题也都是真的.

习　题　1.4

1. 求下列极限.

(1) $\lim_{n \to \infty} (\sqrt{n+2} - 2\sqrt{n+1} + \sqrt{n})$;

(2) $\lim_{n \to \infty} \frac{1}{2} \cdot \frac{3}{4} \cdots \cdot \frac{2n-1}{2n}$ (提示: 先证明 $0 < \frac{1}{2} \cdot \frac{3}{4} \cdots \cdot \frac{2n-1}{2n} < \frac{1}{\sqrt{2n+1}}$);

(3) $\lim_{n \to \infty} \frac{n^2}{n+5}$;

(4) $\lim_{n \to \infty} \frac{a^n}{1+a^n}, |a| \neq 1$.

2. 设 $a_1, a_2, \cdots, a_m$ 为 m 个正数, 证明:

$$\lim_{n \to \infty} \sqrt[n]{a_1^n + a_2^n + \cdots + a_m^n} = \max\{a_1, a_2, \cdots, a_m\}.$$

3. 假定 $\lim_{n \to \infty} \frac{a_n - 1}{a_n + 1} = 0$, 证明: $\lim_{n \to \infty} a_n = 1$.

4. 设 $\{S_n\}$ 为正实数序列, $0 < x < 1$, 若

$$S_{n+1} < xS_n, \quad n = 1, 2, \cdots.$$

证明: $\lim\limits_{n \to \infty} S_n = 0$.

5. 证明下列数列的极限存在, 并求极限值.

(1) $a_1 = \sqrt{c}$, $a_{n+1} = \sqrt{c + a_n}$ $(n = 1, 2, \cdots)$;

(2) $a_1 = 1$, $a_{n+1} = 1 + \dfrac{a_n}{1 + a_n}$ $(n = 1, 2, \cdots)$;

(3) $a_1 = a > 2$, $a_{n+1} = \dfrac{a_n^2}{2(a_n - 1)}$ $(n = 1, 2, \cdots)$.

6. 利用等式 $1 + \dfrac{2}{n} = \left(1 + \dfrac{1}{n+1}\right)\left(1 + \dfrac{1}{n}\right)$, 证明: $\lim\limits_{n \to \infty} \left(1 + \dfrac{2}{n}\right)^n = e^2$.

7. 证明数列 $\left\{\left(1 + \dfrac{1}{n}\right)^{n+1}\right\}$ 递减, 且

$$\left(1 + \frac{1}{n}\right)^n < e < \left(1 + \frac{1}{n}\right)^{n+1}.$$

8. 设 X 是有理数集 $\mathbb{Q}$ 的子集, 满足

(1) $\varnothing \neq X \neq \mathbb{Q}$;

(2) 若 $r \in X$, $r' \in \mathbb{Q}$ 且 $r' < r$, 则 $r' \in X$;

(3) 若 $r \in X$, 必有 $r' \in X$, 使得 $r < r'$,

试证: 存在唯一实数 b, 使得

$$X = \{r | (r < b) \wedge (r \in \mathbb{Q})\}.$$

9. 设 $\{a_n\} = \{\sin(n\theta\pi)\}$, θ 为有理数, 且 $0 < \theta < 1$, 试证: $\{a_n\}$ 发散.

10. 求下列数集的上、下确界, 并用定义验证.

(1) $E = \{x | x^2 < 2\}$;

(2) $E = \{x | x = 2n, n \in \mathbb{N}\}$;

(3) $E = \{x | x \in (0, 1), x \in \mathbb{Q}\}$.

11. 设 $A \subset \mathbb{R}$, $B \subset \mathbb{R}$, 证明:

$$\sup\{A \cup B\} = \max\{\sup A, \sup B\}.$$

12. 设 $\{\beta_n\}$ 单调递增且有上界, 证明:

$$\lim_{n \to \infty} \beta_n = \sup\{\beta_1, \beta_2, \cdots, \beta_n, \cdots\}.$$

13. 设 $I_n \supset I_{n+1}, n = 1, 2, \cdots$, 这里 $I_n = [a_n, b_n]$, 试证:

$$\sup\{a_1, a_2, \cdots, a_n, \cdots\} \leqslant \inf\{b_1, b_2, \cdots, b_n, \cdots\}.$$

14. 利用确界定理证明阿基米德原理.

15. 设 $K = \left\{0, 1, \dfrac{1}{2}, \dfrac{1}{3}, \dfrac{1}{4}, \cdots, \dfrac{1}{n}, \cdots\right\}$ 被无限多个开区间所覆盖, 则一定能从中选出

有限个开区间也覆盖 K.

16. 设 H 为集 E 的全体聚点组成之集, 若 x 是 H 的聚点, 那么 x 也是 E 的聚点.

17. 单调数列若存在收敛子列, 则一定收敛.

18* 若 $\{a_n\}$ 为一数列, c, r 为正数, 且 $0 < r < 1$, 若 $|a_{n+1} - a_n| \leqslant cr^n$, 证明: $\{a_n\}$ 收敛.

19* 若 $\{a_n\}$ 为一数列, $\exists M > 0$, 对 $\forall n \in \mathbb{N}_+$,

$$A_n = |a_2 - a_1| + |a_3 - a_2| + \cdots + |a_n - a_{n-1}| < M,$$

证明: (1) $\{A_n\}$ 收敛;

(2) $\{a_n\}$ 收敛.

20* 设 $a > 0$, $k > 0$, $a_1 = \dfrac{1}{2}\left(a + \dfrac{k}{a}\right)$, $a_{n+1} = \dfrac{1}{2}\left(a_n + \dfrac{k}{a_n}\right)$ $(n = 1, 2, \cdots)$, 证明 $\{a_n\}$ 有极限, 并且求极限值.

21* 设 $x_n = 1 + \dfrac{1}{2} + \cdots + \dfrac{1}{n} - \ln n$ $(n = 1, 2, \cdots)$, 证明数列 $\{x_n\}$ 收敛.

22* 用确界定理证明聚点定理.

第 2 章　函数极限及其计算技巧

2.1　函数的极限

2.1.1　一元函数的极限

第 1 章我们已经讲过, 从集合 A 到集合 B 的映射 $f : A \to B$, 若 $B \subset \mathbb{R}$, $A \subset \mathbb{R}$, 则称 f 为一元函数, 且数列可以看成特殊形式的一元函数. 现在我们来研究一元函数的极限, 先从典型的形式开始.

定义 2.1.1　设 $f(x)$ 在点 a 的某空心邻域 $U^\circ(a, h)$ 内有定义, A 是定数, 对任意给定的正数 ε, 总存在正数 δ $(\delta < h)$, 使得当 $0 < |x - a| < \delta$ 时, 都有

$$|f(x) - A| < \varepsilon,$$

则称 $f(x)$ 当 x 趋于 a 时以 A 为极限, 记为

$$\lim_{x \to a} f(x) = A \quad 或 \quad f(x) \to A \quad (x \to a).$$

有时我们也简单地说, $f(x)$ 在点 a 的极限为 A.

用逻辑符号来记:

$$\lim_{x \to a} f(x) = A := \forall \varepsilon > 0, \ \exists \delta > 0, \ \forall 0 < |x - a| < \delta, \ |f(x) - A| < \varepsilon.$$

说明　在定义里只要求 $f(x)$ 在点 a 的某空心邻域 $U^\circ(a, h) = \{x \mid 0 < |x - a| < h\}$ 内有定义, 而 $0 < |x - a|$ 等价于 $x \neq a$, 这意味着 $f(x)$ 在 a 点的情形如何 (是否有定义, 取什么数值), 与我们研究函数的极限毫无关系. 有的同学会问: 不加 $x \neq a$ 的限制不是更好吗?其实不然, 因为加上这个限制后, 极限更具普遍性. 比如 $f(x) = \dfrac{\sin x}{x}$ 在 $x = 0$ 点没有定义, 大家知道, $\lim\limits_{x \to 0} \dfrac{\sin x}{x} = 1$, 我们可以照样研究函数 $\dfrac{\sin x}{x}$ 在 $x = 0$ 点的极限. 如果不加 $x \neq 0$ 的限制, 那么此函数在 $x = 0$ 点就没有极限了.

例 2.1.1　用极限定义验证: $\lim\limits_{x \to a} \sqrt{x} = \sqrt{a} \ (a > 0)$.

证明　我们都希望对于任给 $\varepsilon > 0$, 要找出这样的 $\delta > 0$, 使当 $0 < |x - a| < \delta$ 时,

$$|\sqrt{x} - \sqrt{a}| < \varepsilon, \tag{2.1.1}$$

因 $\left|\sqrt{x} - \sqrt{a}\right| = \dfrac{|x-a|}{\sqrt{x}+\sqrt{a}} \leqslant \dfrac{|x-a|}{\sqrt{a}}$, 要使 (2.1.1) 式成立, 只需

$$\frac{|x-a|}{\sqrt{a}} < \varepsilon, \quad 即 \quad |x-a| < \sqrt{a}\varepsilon.$$

因此, 对 $\varepsilon > 0$, 令 $\delta = \min\{a, \sqrt{a}\varepsilon\}$, 当 $0 < |x-a| < \delta$ 时, 便有 $\left|\sqrt{x}-\sqrt{a}\right| < \varepsilon$. 所以

$$\lim_{x \to a} \sqrt{x} = \sqrt{a}.$$

例 2.1.2　证明: $\displaystyle\lim_{x \to 1} \frac{x^3 - 1}{x - 1} = 3$.

证明　给定 $\varepsilon > 0$, 要找到 $\delta > 0$, 当 $0 < |x-1| < \delta$ 时,

$$\left|\frac{x^3 - 1}{x - 1} - 3\right| < \varepsilon. \tag{2.1.2}$$

因

$$\left|\frac{x^3 - 1}{x - 1} - 3\right| = \left|\frac{(x-1)(x^2+x+1)}{x-1} - 3\right| = |x^2+x+1-3| = |x+2||x-1| \tag{2.1.3}$$

$\left(\text{由于 } |x-1| > 0, \text{ 即 } x \neq 1, \text{ 故 } \dfrac{(x-1)(x^2+x+1)}{x-1} = x^2+x+1\right)$, 要使 (2.1.2) 成立, 只需

$$|x+2||x-1| < \varepsilon,$$

为了使公式推出形如 $|x-1| <$ (某正数) 的不等式, 必须把 $|x+2|$ 中的 x 换成常数. 不妨设 x 的取值范围限制在点 $x = 1$ 的某邻域内 (因现在是讨论 $x = 1$ 的极限), 比如取 $|x-1| < 1$, 而

$$|x-1| < 1 \Leftrightarrow -1 < x - 1 < 1 \Leftrightarrow 0 < x < 2.$$

据此, 把 $|x+2|$ 中的 x 换为 2, 于是 (2.1.3) 式得到

$$|x+2||x-1| < 4|x-1| \ (|x-1| < 1),$$

要使 (2.1.2) 式成立, 取 $\delta = \min\left\{\dfrac{\varepsilon}{4}, 1\right\}$, 则

$$0 < |x-1| < \delta \Rightarrow \left|\frac{x^3 - 1}{x - 1} - 3\right| < \varepsilon,$$

此即 $\displaystyle\lim_{x \to 1} \frac{x^3 - 1}{x - 1} = 3$.

定义 2.1.2 设函数 $f(x)$ 在 $(a, a+h)$(或 $(a-h, a)$) 内有定义, A 是定数, 若对任意给定的正数 ε, 总存在正数 δ $(\delta < h)$, 使得当 $a < x < a+\delta$ (或 $a-\delta < x < a$) 时, 都有

$$|f(x) - A| < \varepsilon,$$

则称函数 $f(x)$ 在 x 趋于 $a^+(a^-)$ 时以 A 为右 (左) 极限, 记为

$$\lim_{x \to a^+} f(x) = A \qquad (\lim_{x \to a^-} f(x) = A),$$

即

$$\lim_{x \to a^+} f(x) = A := \forall \varepsilon > 0, \ \exists \delta > 0, \ \forall x \in (a, a+\delta), |f(x) - A| < \varepsilon.$$

$$\lim_{x \to a^-} f(x) = A := \forall \varepsilon > 0, \ \exists \delta > 0, \ \forall x \in (a-\delta, a), |f(x) - A| < \varepsilon.$$

下面建立极限与左、右极限的关系.

定理 2.1.1 $\lim\limits_{x \to a} f(x) = A$ 的充要条件是

$$\lim_{x \to a^+} f(x) = \lim_{x \to a^-} f(x) = A.$$

证明 **必要性** 因 $\lim\limits_{x \to a} f(x) = A$, 故 $\forall \varepsilon > 0$, $\exists \delta > 0$, 当 $0 < |x - a| < \delta$ 时, $|f(x) - A| < \varepsilon$, 这表明, 当 $0 < x - a < \delta$ 或 $0 < a - x < \delta$ 时, 都有

$$|f(x) - A| < \varepsilon,$$

从而证明了 $\lim\limits_{x \to a^+} f(x) = \lim\limits_{x \to a^-} f(x) = A$.

充分性 因 $\lim\limits_{x \to a^+} f(x) = \lim\limits_{x \to a^-} f(x) = A$, 按定义, $\forall \varepsilon > 0$, $\exists \delta_1 > 0$ 及 $\delta_2 > 0$, 当 $0 < x - a < \delta_2$ 时, $|f(x) - A| < \varepsilon$; 当 $0 < a - x < \delta_1$ 时, $|f(x) - A| < \varepsilon$, 取 $\delta = \min\{\delta_1, \delta_2\}$, 则当 $0 < |x - a| < \delta$ 时, $|f(x) - A| < \varepsilon$, 即

$$\lim_{x \to a} f(x) = A.$$

函数的极限还应有下列几种类型:

$$\lim_{x \to +\infty} f(x) = A, \quad \lim_{x \to -\infty} f(x) = A, \quad \lim_{x \to \infty} f(x) = A.$$

现在用逻辑符号给出定义

$$\lim_{x \to +\infty} f(x) = A := \forall \varepsilon > 0, \ \exists M > 0, \ \forall x > M, \ |f(x) - A| < \varepsilon.$$

$$\lim_{x \to -\infty} f(x) = A := \forall \varepsilon > 0, \ \exists M > 0, \ \forall x < -M, \ |f(x) - A| < \varepsilon.$$

$$\lim_{x\to\infty} f(x) = A := \forall \varepsilon > 0,\ \exists M > 0,\ \forall |x| > M,\ |f(x) - A| < \varepsilon.$$

函数的极限还可以用邻域的形式表示:

$$U^\circ(a, \delta) := \{x | 0 < |x - a| < \delta\},$$
$$U(A, \varepsilon) := \{y \mid |y - A| < \varepsilon\}.$$

于是

$$\lim_{x\to a} f(x) = A := \forall \varepsilon > 0,\ \exists \delta > 0,\ \forall x \in U^\circ(a,\ \delta), f(x) \in U(A, \varepsilon).$$

注意到邻域的半径总是正的, 在函数极限 "ε-δ" 的定义里, 由于 ε 的任意性, $U(A, \varepsilon)$ 与任意的 $U(A)$ 是一个意思. 同样地, 由于 δ 的存在性, $U^\circ(a, \delta)$ 与存在 $U^\circ(a)$ 也是一个意思. 因此, 函数的极限又可写为

$$\lim_{x\to a} f(x) = A := \forall U(A),\ \exists U^\circ(a),\ \forall x \in U^\circ(a), f(x) \in U(A). \qquad (2.1.4)$$

为了使各类极限能用统一的符号表示, 我们引入无穷大邻域的概念.

$$U^\circ(+\infty, M) := \{x | x > M\},$$
$$U^\circ(-\infty, M) := \{x | x < -M\},$$
$$U^\circ(\infty, M) := \{x | |x| > M\}.$$

那么

$$\lim_{x\to+\infty} f(x) = A := \forall U(A, \varepsilon),\ \exists U^\circ(+\infty, M),\ \forall x \in U^\circ(+\infty, M), f(x) \in U(A, \varepsilon)$$
$$:= \forall U(A),\ \exists U^\circ(+\infty),\ \forall x \in U^\circ(+\infty), f(x) \in U(A). \qquad (2.1.5)$$
$$\lim_{x\to-\infty} f(x) = A := \forall U(A),\ \exists U^\circ(-\infty),\ \forall x \in U^\circ(-\infty), f(x) \in U(A). \qquad (2.1.6)$$
$$\lim_{x\to\infty} f(x) = A := \forall U(A),\ \exists U^\circ(\infty),\ \forall x \in U^\circ(\infty), f(x) \in U(A). \qquad (2.1.7)$$

如果 a 既可以表示实数, 又可以表示符号 $+\infty$, $-\infty$ 或 ∞, 那么 (2.1.5) 至 (2.1.7) 都统一在 (2.1.4) 里.

对于无穷的极限也可以用类似的符号表示, 例如:

$$\lim_{x\to a} f(x) = +\infty := \forall U^\circ(+\infty),\ \exists U^\circ(a),\ \forall x \in U^\circ(a), f(x) \in U^\circ(+\infty).$$
$$\lim_{x\to-\infty} f(x) = \infty := \forall U^\circ(\infty),\ \exists U^\circ(-\infty),\ \forall x \in U^\circ(-\infty), f(x) \in U^\circ(\infty).$$

注 1 用邻域表示极限虽然比较简洁, 但在计算偏差时不太方便, 容易搞乱符号, 以后在合适的场合使用合适的符号.

注 2 若函数不是在点 a 的某空心邻域内有定义, 只要求在数集 E 上有定义, 但 a 是 E 的一个聚点, 这时不一定存在 $U^\circ(a)$, 使得 $U^\circ(a) \subset E$, 那么极限的定义应该写为

$$\lim_{x \to a} f(x) = A := \forall U(A), \ \exists U^\circ(a), \ \forall x \in U^\circ(a) \cap E, f(x) \in U(A).$$

定理 2.1.2 (归并原理或海涅定理) 设 $f(x)$ 在点 a 的某空心邻域内有定义, 则 $\lim\limits_{x \to a} f(x) = A$ 的充要条件是: 对任意的数列 $\{x_n\}$, $x_n \neq a$, $n = 1, 2, \cdots$, 且 $\lim\limits_{n \to \infty} x_n = a$, 有

$$\lim_{n \to \infty} f(x_n) = A.$$

证明 **必要性** 设 $\lim\limits_{x \to a} f(x) = A$, 则 $\forall \varepsilon > 0$, $\exists \delta > 0$, $\forall x \in U^\circ(a, \delta)$, 总有

$$|f(x) - A| < \varepsilon.$$

若任意的 $\{x_n\}$, 满足 $\lim\limits_{n \to \infty} x_n = a \ (x_n \neq a)$, 那么对上述的 δ, $\exists N$, $\forall n > N$, $0 < |x_n - a| < \delta$, 即 $x_n \in U^\circ(a, \delta)$. 而适合这个条件的 x_n, 其函数值 $f(x_n)$ 也要适合 $|f(x_n) - A| < \varepsilon$. 这说明了 $\{f(x_n)\}$ 以 A 为极限.

充分性 用反证法. 假定 $\lim\limits_{x \to a} f(x) \neq A$, 则 $\exists \varepsilon_0 > 0$, $\forall \delta > 0$, $\exists x \in U^\circ(a, \delta)$, 有

$$|f(x) - A| \geqslant \varepsilon_0.$$

取 $\delta = \dfrac{1}{n}$, 则 $\exists x_n \in U^\circ\left(a, \dfrac{1}{n}\right)$, 即存在 x_n 使得

$$0 < |x_n - a| < \frac{1}{n}, \tag{2.1.8}$$

而 $|f(x_n) - A| \geqslant \varepsilon_0$. 由 (2.1.8) 式, 当 $n \to \infty$ 时, $\dfrac{1}{n} \to 0$, 于是 $x_n \to a \ (n \to \infty)$, 即

$$\lim_{n \to \infty} x_n = a$$

且 $x_n \neq a$. 根据所给条件, 应当有 $\lim\limits_{n \to \infty} f(x_n) = A$, 可是对一切的 n,

$$|f(x_n) - A| \geqslant \varepsilon_0,$$

这是不可能的, 此矛盾说明了 $\lim\limits_{x \to a} f(x) = A$.

上面是在 a 为实数时证明了定理 2.1.2, 若 a 为 $+\infty$, $-\infty$ 或 ∞, 定理也成立. 如 $a = +\infty$, 只要把前面的 $\delta = \dfrac{1}{n}$, 改为 $M = n$, 并考虑邻域 $U^\circ(+\infty, n)$ 即可.

这个定理说明了数列极限与函数极限的关系. 例如, 利用本定理, 若 $\lim\limits_{x \to 0} \dfrac{\sin x}{x} = 1$, 则 $\lim\limits_{n \to \infty} \dfrac{\sin \dfrac{1}{n}}{\dfrac{1}{n}} = 1$. 但如果已证明 $\lim\limits_{n \to \infty} \dfrac{\sin \dfrac{1}{n}}{\dfrac{1}{n}} = 1$, 不能用本定理推出 $\lim\limits_{x \to 0} \cdot \dfrac{\sin x}{x} = 1$. 因为我们必须证明对任何 $x_n \to 0$ 都有 $\lim\limits_{n \to \infty} \dfrac{\sin x_n}{x_n} = 1$, 才能利用本定理. 不过利用它来证明某些函数极限不存在却比较方便.

例如, 证明 $f(x) = \sin \dfrac{1}{x}$, 当 $x \to 0$ 时极限不存在.

令 $x_n = \dfrac{1}{2n\pi}$, 则 $x_n = \dfrac{1}{2n\pi} \to 0 \; (n \to \infty)$, 而 $\sin \dfrac{1}{\dfrac{1}{2n\pi}} = 0$, 因此

$$\lim_{n \to \infty} \sin \frac{1}{x_n} = 0.$$

令 $x_n' = \dfrac{1}{2n\pi + \dfrac{\pi}{2}}$, 也有 $x_n' \to 0 \; (n \to \infty)$, 但 $\lim\limits_{n \to \infty} \sin \dfrac{1}{x_n'} = 1$.

由定理 2.1.2, 函数 $f(x) = \sin \dfrac{1}{x}$, 当 $x \to 0$ 时极限不存在.

2.1.2　一元函数极限的性质

(1) **唯一性**　若 $\lim\limits_{x \to a} f(x)$ 存在, 则只有一个极限.

(2) **局部有界性**　若 $\lim\limits_{x \to a} f(x)$ 存在, 则存在 $U^\circ(a)$, 使得 $f(x)$ 在 $U^\circ(a)$ 内有界.

(3) **局部保号性**　若 $\lim\limits_{x \to a} f(x) = A > 0$, 则对于满足 $A > r > 0$ 的实数 r, 存在 $U^\circ(a)$, $\forall x \in U^\circ(a)$, 都有 $f(x) > r > 0$.

一般地, 若 $\lim\limits_{x \to a} f(x) < \lim\limits_{x \to a} g(x)$, 则对于满足

$$\lim_{x \to a} f(x) < r < \lim_{x \to a} g(x)$$

的任意确定的 r, 存在 $U^\circ(a)$, 使得 $\forall x \in U^\circ(a)$, 均有 $f(x) < r < g(x)$.

(4) **不等式**　若 $\lim\limits_{x \to a} f(x)$ 与 $\lim\limits_{x \to a} g(x)$ 皆存在, 且存在 $U^\circ(a)$, $\forall x \in U^\circ(a)$, 都有 $f(x) \leqslant g(x)$, 则

$$\lim_{x \to a} f(x) \leqslant \lim_{x \to a} g(x).$$

(5) **迫敛性**　若 $\lim\limits_{x \to a} f(x) = \lim\limits_{x \to a} g(x) = A$, 且 $\exists U^\circ(a)$, $\forall x \in U^\circ(a)$, 都有

$$f(x) \leqslant h(x) \leqslant g(x),$$

则

$$\lim_{x \to a} h(x) = A.$$

(6) **四则运算** 若 $\lim\limits_{x \to a} f(x)$ 与 $\lim\limits_{x \to a} g(x)$ 都存在, 则

(i) $\lim\limits_{x \to a} [f(x) \pm g(x)] = \lim\limits_{x \to a} f(x) \pm \lim\limits_{x \to a} g(x);$

(ii) $\lim\limits_{x \to a} [f(x) \cdot g(x)] = \lim\limits_{x \to a} f(x) \cdot \lim\limits_{x \to a} g(x);$

(iii) $\lim\limits_{x \to a} \dfrac{f(x)}{g(x)} = \dfrac{\lim\limits_{x \to a} f(x)}{\lim\limits_{x \to a} g(x)} \left(\lim\limits_{x \to a} g(x) \neq 0 \right).$

这些性质的证明可以仿照数列极限有关性质的证明方法, 直接给出证明, 也可利用定理 2.1.2, 把数列极限的性质作为已知来证明函数极限的性质.

定理 2.1.3 (函数极限的柯西准则) 设函数在点 a 的某空心邻域内有定义, 则极限 $\lim\limits_{x \to a} f(x)$ 存在的充要条件是: $\forall \varepsilon > 0$, $\exists \delta > 0$, 使得 $\forall x', x'' \in U^\circ(a, \delta)$ 都有

$$|f(x') - f(x'')| < \varepsilon.$$

证明 必要性 设 $\lim\limits_{x \to a} f(x) = A$, 则 $\forall \varepsilon > 0$, $\exists \delta > 0$, $\forall x \in U^\circ(a, \delta)$, 有 $|f(x) - A| < \dfrac{\varepsilon}{2}$. 于是, $\forall x'$, $x'' \in U^\circ(a, \delta)$, $|f(x') - A| < \dfrac{\varepsilon}{2}$, $|f(x'') - A| < \dfrac{\varepsilon}{2}$, 从而

$$|f(x') - f(x'')| \leqslant |f(x') - A| + |f(x'') - A| < \frac{\varepsilon}{2} + \frac{\varepsilon}{2} = \varepsilon.$$

充分性 由假设, $\forall \varepsilon > 0$, $\exists \delta > 0$, $\forall x'$, $x'' \in U^\circ(a, \delta)$,

$$|f(x') - f(x'')| < \varepsilon.$$

设 $\lim\limits_{n \to \infty} x_n = a$ $(x_n \neq a)$, 则对上述的 $\delta > 0$, $\exists N$, $\forall n$, $m > N$, 有 $x_n \in U^\circ(a, \delta)$, $x_m \in U^\circ(a, \delta)$, 因此

$$|f(x_n) - f(x_m)| < \varepsilon.$$

于是, 由数列的柯西准则, $\{f(x_n)\}$ 存在有限的极限, 记其为 A, 即

$$\lim_{n \to \infty} f(x_n) = A.$$

但要注意, 不能由此就说: 从 $\{x_n\}$ 的任意性, 可得 $\lim\limits_{x \to a} f(x) = A$. 这是因为, 我们没有证明对于任意收敛于 a 的数列 $\{x_n\}$, $\{f(x_n)\}$ 都收敛于相同的极限 A.

现在验证 $\lim\limits_{x \to a} f(x) = A$.

由假设, $\forall \varepsilon > 0$, $\exists \delta > 0$, $\forall x$, $x' \in U°(a,\delta)$, $|f(x)-f(x')| < \dfrac{\varepsilon}{2}$. 由于 $\lim\limits_{n\to\infty} x_n = a$, 因此, $\exists x_{n_0} \in U°(a,\delta)$, 且 $|f(x_{n_0})-A| < \dfrac{\varepsilon}{2}$, 于是对 $\forall x \in U°(a,\delta)$, 有

$$|f(x)-A| \leqslant |f(x)-f(x_{n_0})| + |f(x_{n_0})-A| < \frac{\varepsilon}{2} + \frac{\varepsilon}{2} = \varepsilon.$$

所以 $\lim\limits_{x\to a} f(x) = A$.

单调函数的极限问题与单调数列相似.

定理 2.1.4　设函数 $f(x)$ 在区间 $(a,\ b)$ 内单调递增, 则对 $\forall x \in (a,b)$, $f(x)$ 的左、右极限都存在, 且满足

$$\sup_{a<t<x} f(t) = f(x-0) \leqslant f(x) \leqslant f(x+0) = \inf_{x<t<b} f(t).$$

证明　集合 $E := \{f(t) \mid a < t < x\}$, 由单调性, E 有上界 $f(x)$, 因此可设

$$\sup E = A.$$

现在证明 $A = f(x-0) := \lim\limits_{t\to x^-} f(t)$.

$\forall \varepsilon > 0$, 由于 A 是 E 的上确界, 故存在

$$t_0 \in \{t | a < t < x\},$$

使得

$$A - \varepsilon < f(t_0) \leqslant A \leqslant f(x).$$

令 $\delta = x - t_0 > 0$, 则有

$$a < x - \delta < x, \quad A - \varepsilon < f(x-\delta) \leqslant A.$$

再由 f 的递增性, 当 $x - \delta < t < x$ 时,

$$f(x-\delta) \leqslant f(t) \leqslant A,$$

因此, 当 $x - \delta < t < x$ 时,

$$A - \varepsilon < f(t) \leqslant A \quad \text{或} \quad |f(x)-A| < \varepsilon,$$

即 $\lim\limits_{t\to x^-} f(t) = f(x-0) = A \leqslant f(x)$.

类似可证: $f(x) \leqslant f(x+0) \leqslant \inf\limits_{x<t<b} f(t)$.

复合函数的概念已在习题 1.1 中出现过, 现在重述一遍. 设

$$f : X \to U, \quad g : U \to Y,$$

且 f 的值域在 g 的定义域内, 则可用公式

$$(g \circ f)(x) = g(f(x))$$

确定新的函数 $g \circ f : X \to Y$, 或 $y = g(f(x))$, $x \in X$.

定理 2.1.5 (复合函数的极限定理) 设 $f(x)$ 与 $g(u)$ 是可复合的函数, 若函数 $f(x)$ 在某邻域 $U^\circ(x_0)$ 内有定义, 且

(1) $\lim\limits_{x \to x_0} f(x) = u_0$;

(2) 在 $U^\circ(x_0)$ 内, $f(x) \neq u_0$;

(3) $\lim\limits_{u \to u_0} g(u) = A$,

则 $\lim\limits_{x \to x_0} g(f(x)) = A$.

证明 由 (3), $\forall \varepsilon > 0$, $\exists \delta_1 > 0$, 当 $0 < |u - u_0| < \delta_1$ 时, $|g(u) - A| < \varepsilon$. 又由 (1), 对所给的 δ_1, $\exists \delta > 0$, 当 $0 < |x - x_0| < \delta$ 时, 有 $|f(x) - u_0| < \delta_1$. 再由 (2), $0 < |f(x) - u_0| < \delta_1$, 令 $f(x) = u$, 则当 $0 < |x - x_0| < \delta$ 时, $|g(f(x)) - A| < \varepsilon$, 此即 $\lim\limits_{x \to x_0} g(f(x)) = A$.

值得注意的是定理 2.1.5 的条件 (2) 是不能省略的.

例 2.1.3 设 $u = f(x) = x \sin \dfrac{1}{x}$ $(x \neq 0)$,

$$y = g(u) = \begin{cases} 1, & u \neq 0, \\ 0, & u = 0. \end{cases}$$

不难看到

$$\lim_{x \to 0} f(x) = \lim_{x \to 0} x \sin \frac{1}{x} = 0, \quad \lim_{u \to 0} g(u) = 1,$$

但 $g(u)$ 与 $f(x)$ 的复合函数

$$g(f(x)) = \begin{cases} 1, & x \neq \dfrac{1}{k\pi}, \\ 0, & x = \dfrac{1}{k\pi} \end{cases} \quad (k\text{为任何非零整数})$$

当 $x \to 0$ 时极限不存在. 这是因为在 $x = 0$ 点的任何邻域内, $g(f(x))$ 既有取 1 的值又有取 0 的值. 同时可以看到, 定理 2.1.5 的条件不满足.

例 2.1.4 求极限 $\lim\limits_{x \to 0} \dfrac{\arctan x}{x}$.

解 设 $u = f(x) = \arctan x$, $y = g(u) = \dfrac{u}{\tan u}$, 则

$$\lim_{x \to 0} f(x) = \lim_{x \to 0} \arctan x = 0 = u_0,$$

当 $x \neq 0$ 时, $f(x) = \arctan x \neq 0$, 且

$$\lim_{u \to u_0} g(u) = \lim_{u \to 0} \frac{u}{\tan u} = \lim_{u \to 0} \frac{u}{\sin u} \cos u = 1,$$

因此, 可利用定理 2.1.5, 得

$$\lim_{x \to 0} g(f(x)) = \lim_{x \to 0} \frac{\arctan x}{\tan(\arctan x)} = \lim_{x \to 0} \frac{\arctan x}{x} = 1.$$

但如果 u_0 为无穷大 $(+\infty, -\infty$ 或 $\infty)$, 则条件 (2) 可以省去, 证明留为练习.

例 2.1.5　求极限 $\displaystyle\lim_{x \to \infty} \left(1 + \frac{n}{x}\right)^x$, 这里 n 为正整数.

解　设 $u = f(x) = \dfrac{x}{n}$, $g(u) = \left(1 + \dfrac{1}{u}\right)^{nu}$, 则

$$\lim_{x \to \infty} f(x) = \lim_{x \to \infty} \frac{x}{n} = \infty,$$

$$\lim_{u \to \infty} \left(1 + \frac{1}{u}\right)^{nu} = \overbrace{\lim_{u \to \infty} \left(1 + \frac{1}{u}\right)^u \lim_{u \to \infty} \left(1 + \frac{1}{u}\right)^u \cdots \lim_{u \to \infty} \left(1 + \frac{1}{u}\right)^u}^{n} = \mathrm{e}^n,$$

由复合函数极限定理,

$$\lim_{x \to \infty} g(f(x)) = \lim_{x \to \infty} \left(1 + \frac{n}{x}\right)^x = \mathrm{e}^n.$$

注　在许多教材里, 未讲复合函数的极限定理, 在解如同例 2.1.4、例 2.1.5 的题目时, 就直接作变换 $u = \arctan x$ 或 $u = \dfrac{x}{n}$, 虽然可以得到同样的结果, 但从理论上说是欠妥的.

习　题　2.1

1. 利用极限定义证明下列极限.

(1) $\displaystyle\lim_{x \to 1} \frac{x^2 + 2x - 1}{2x + 2} = \frac{1}{2}$;

(2) $\displaystyle\lim_{x \to x_0} \cos x = \cos x_0$;

(3) $\displaystyle\lim_{x \to \infty} \frac{3x + 1}{2x + 1} = \frac{3}{2}$;

(4) $\displaystyle\lim_{x \to 3} \frac{x}{x^2 - 9} = \infty$.

2. 举一函数 $f(x)$, 它在点 x_0 的某邻域内大于零, 但 $\displaystyle\lim_{x \to x_0} f(x) = 0$.

3. 求下列函数在指定点的左、右极限.

(1) $f(x) = \begin{cases} 0, & x > 1, \\ 1, & x = 1, \\ x^2 + 2, & x < 1 \end{cases}$ 在 $x = 1$ 点;

(2) $f(x) = \dfrac{\mathrm{e}^{\frac{1}{x}} + 1}{\mathrm{e}^{\frac{1}{x}} - 1}$ 在 $x = 0$ 点.

4. 若 $\lim\limits_{x \to a} f(x) < \lim\limits_{x \to a} g(x)$, 则对于满足不等式

$$\lim_{x \to a} f(x) < r < \lim_{x \to a} g(x)$$

的实数 r, 总存在某空心邻域 $U^{\circ}(a)$, $\forall x \in U^{\circ}(a)$,

$$f(x) < r < g(x).$$

5. 下列极限是否存在? 若存在求其极限值, 若不存在说明理由.

(1) $\lim\limits_{x \to \infty} \sin x$;

(2) $\lim\limits_{x \to \infty} \dfrac{\sin x}{x}$;

(3) $\lim\limits_{x \to 0} \left(\dfrac{1}{x} - \left[\dfrac{1}{x} \right] \right)$;

(4) $\lim\limits_{x \to 0} \operatorname{sgn}\left(\sin \dfrac{\pi}{x} \right)$;

(5) $\lim\limits_{x \to 0} \left(\dfrac{|x|}{x} - \dfrac{1}{1 + x^2} \right)$;

(6) $\lim\limits_{x \to 1} (1 - x) \tan \dfrac{\pi x}{2}$;

(7) $\lim\limits_{x \to a} \left(\dfrac{b+c}{2} + \dfrac{b-c}{\pi} \arctan \dfrac{a}{x-a} \right)$;

(8) $\lim\limits_{x \to 0} \left(\dfrac{1+x}{1-x} \right)^{\frac{1}{x}}$.

6. 试证: 若 $\lim\limits_{x \to x_0} f(x) = +\infty$, $\lim\limits_{u \to +\infty} g(u) = A$, 则

$$\lim_{x \to x_0} g(f(x)) = A.$$

7. 从条件

(1) $\lim\limits_{x \to \infty} \left(\dfrac{x^2 + 1}{x + 1} - ax - b \right) = 0$;

(2) $\lim\limits_{x \to -\infty} \left(\sqrt{x^2 - x + 1} - ax - b \right) = 0$,

分别求实数 a 和 b.

8* 设 $f(x)$ 为周期函数, $\lim\limits_{x \to \infty} f(x) = 0$, 证明: $f(x) \equiv 0$.

9* 若 $a_1 + a_2 + \cdots + a_n = 0$, 证明:

$$\lim_{x \to +\infty} (a_1 \sqrt{x+1} + a_2 \sqrt{x+2} + \cdots + a_n \sqrt{x+n}) = 0.$$

10* 设 $f(1) = a$, $a > 0$, $a \neq 1$, 且

(1) $f(x + y) = f(x) \cdot f(y)$;

(2) $\lim\limits_{x \to x_0} f(x) = f(x_0)$,

求 $f(x)$.

11* 设函数 $f(x)$ 定义在 $[0, 1]$ 上, 对于 $[0, 1]$ 上所有的 x, $\lim\limits_{y \to x} f(y)$ 都存在, 试证明: $\forall \varepsilon > 0$, 在 $[0, 1]$ 上只存在有限个 x 满足

$$\left| \lim_{y \to x} f(y) - f(x) \right| > \varepsilon.$$

12* 设函数 $f(x)$ 在 $[0,1]$ 上单调递增, 试证明: $\forall \varepsilon > 0$, 只存在有限个 a, 使得

$$\lim_{x \to a^+} f(x) - \lim_{x \to a^-} f(x) > \varepsilon.$$

2.2　$\mathbb{R}^n$ 上的点集及多元函数的极限

2.2.1　$\mathbb{R}^n$ 上的点集

为了定义多元函数的极限, 先介绍多维空间 $\mathbb{R}^n$ 的概念, 它是 $\mathbb{R}^2$ 上的直接推广.

设 $x_i \in \mathbb{R}$, $i = 1, 2, \cdots, n$, 有序数组 $(x_1, x_2, \cdots, x_n)$ 称为 n 维空间

$$\mathbb{R}^n = \mathbb{R} \times \mathbb{R} \times \cdots \times \mathbb{R}$$

上的点, $x_i\ (i = 1, 2, \cdots, n)$ 称为点 $(x_1, x_2, \cdots, x_n)$ 的第 i 个坐标.

$\mathbb{R}^n$ 上的两点

$$P_1(x_1, x_2, \cdots, x_n), \quad P_2(y_1, y_2, \cdots, y_n)$$

的距离定义为

$$d(P_1, P_2) = \sqrt{(x_1 - y_1)^2 + (x_2 - y_2)^2 + \cdots + (x_n - y_n)^2},$$

或记为

$$|P_1 - P_2| = \sqrt{\sum_{i=1}^{n}(x_i - y_i)^2}.$$

这也是平面上两点间的距离公式的自然推广.

这样定义的距离满足下列三个条件:

(1) $d(P_1, P_2) \geqslant 0$, 当且仅当 P_1 与 P_2 重合, 即

$$x_i = y_i \quad (i = 1, 2, \cdots, n)$$

时才有 $d(P_1, P_2) = 0$, 也就是说, 一点到本身的距离为零, 两个不同的点之间的距离为正数;

(2) $d(P_1, P_2) = d(P_2, P_1)$, 说明两点间的距离与起终点无关;

(3) $d(P_1, P_3) \leqslant d(P_1, P_2) + d(P_2, P_3)$.

(1) 与 (2) 是显然的. 为了证明 (3), 我们先证明一个重要不等式, 称之为柯西不等式.

引理 2.2.1 (柯西不等式) 设 $x_1, x_2, \cdots, x_n; y_1, y_2, \cdots, y_n$ 是实数, 则

$$\left(\sum_{i=1}^{n} x_i y_i\right)^2 \leqslant \left(\sum_{i=1}^{n} x_i^2\right) \left(\sum_{i=1}^{n} y_i^2\right).$$

证明 我们有

$$\left(\sum_{i=1}^{n} x_i^2\right)\left(\sum_{i=1}^{n} y_i^2\right) - \left(\sum_{i=1}^{n} x_i y_i\right)^2$$

$$= \left(x_1^2 + x_2^2 + \cdots + x_n^2\right)\left(y_1^2 + y_2^2 + \cdots + y_n^2\right) - \left(x_1 y_1 + x_2 y_2 + \cdots + x_n y_n\right)^2,$$

对于取定的一对下标 k, j $(1 \leqslant k, \ j \leqslant n)$, 上式中相应有下列诸项

$$x_k^2 y_k^2 + x_k^2 y_j^2 + x_j^2 y_k^2 + x_j^2 y_j^2 - x_k y_k x_k y_k - x_k y_k x_j y_j - x_j y_j x_k y_k - x_j y_j x_j y_j$$

$$= x_k^2 y_j^2 - 2 x_k y_j x_j y_k + x_j^2 y_k^2 = (x_k y_j - x_j y_k)^2, \tag{2.2.1}$$

于是

$$\left(\sum_{i=1}^{n} x_i^2\right)\left(\sum_{i=1}^{n} y_i^2\right) - \left(\sum_{i=1}^{n} x_i y_i\right)^2 = \sum_{k<j}(x_k y_j - x_j y_k)^2, \tag{2.2.2}$$

上面的和式只需历取 $k < j$ 的情形, 这是因为两个指标对 $k, \ j$ 和 $j, \ k$ 中只要考虑其中一对即可; 而当 $k = j$ 时, (2.2.1) 中的所有项均相互抵消. 注意到 (2.2.2) 式的右端是非负数, 故

$$\left(\sum_{i=1}^{n} x_i y_i\right)^2 \leqslant \left(\sum_{i=1}^{n} x_i^2\right)\left(\sum_{i=1}^{n} y_i^2\right).$$

(3) 的证明 设 $P_1(x_1, x_2, \cdots, x_n)$, $P_2(y_1, y_2, \cdots, y_n)$, $P_3(z_1, z_2, \cdots, z_n)$, 于是

$$\sum_{i=1}^{n}(x_i - z_i)^2 = \sum_{i=1}^{n}[(x_i - y_i) + (y_i - z_i)]^2$$

$$= \sum_{i=1}^{n}(x_i - y_i)^2 + 2\sum_{i=1}^{n}(x_i - y_i)(y_i - z_i) + \sum_{i=1}^{n}(y_i - z_i)^2,$$

由柯西不等式

$$\left[\sum_{i=1}^{n}(x_i - y_i)(y_i - z_i)\right]^2 \leqslant \left[\sum_{i=1}^{n}(x_i - y_i)^2\right]\left[\sum_{i=1}^{n}(y_i - z_i)^2\right],$$

就得到

$$\sum_{i=1}^{n}(x_i-z_i)^2 \leqslant \sum_{i=1}^{n}(x_i-y_i)^2 + 2\sqrt{\left[\sum_{i=1}^{n}(x_i-y_i)^2\right]\left[\sum_{i=1}^{n}(y_i-z_i)^2\right]} + \sum_{i=1}^{n}(y_i-z_i)^2,$$

也就是

$$d^2(P_1,P_3) \leqslant d^2(P_1,P_2) + 2d(P_1,P_2)d(P_2,P_3) + d^2(P_2,P_3) = \left[d(P_1,P_2)+d(P_2,P_3)\right]^2,$$

即

$$d(P_1,P_3) \leqslant d(P_1,P_2) + d(P_2,P_3).$$

假如某一点 $P(x_1,x_2,\cdots,x_n)$, 除第 i 个坐标可能不等于零外, 所有其余的坐标都等于零, 即

$$x_1 = x_2 = \cdots = x_{i-1} = x_{i+1} = \cdots = x_n = 0,$$

我们说, 点 P 落在坐标轴 x_i 上, 位于坐标轴 x_i 上所有点的集合称为 x_i 轴, 所有的坐标都等于零的点 $O(0,0,\cdots,0)$ 称为坐标原点.

点 $P(x_1,x_2,\cdots,x_n)$ 到原点 O 的距离

$$|P| = \sqrt{x_1^2 + x_2^2 + \cdots + x_n^2}$$

称为点 P 的模.

下面举一些 $\mathbb{R}^n$ 上重要点集的例子, 大家不难从二维、三维的相应例子去理解它的名称的来由.

与点 $A(a_1,a_2,\cdots,a_n)$ 的距离小于 r 的所有点 $P(x_1,x_2,\cdots,x_n)$ 的集合称为以 A 为中心以 r 为半径的 n 维开球体, 即

$$\{P|d(P,A)<r\} \quad \text{或} \quad \left\{(x_1,x_2,\cdots,x_n)\,\middle|\,\sum_{i=1}^{n}(x_i-a_i)^2<r^2\right\}.$$

与 A 的距离等于 r 的点的集合称为球面, 即

$$\{P|d(P,A)=r\} \quad \text{或} \quad \left\{(x_1,x_2,\cdots,x_n)\,\middle|\,\sum_{i=1}^{n}(x_i-a_i)^2=r^2\right\}.$$

属于开球体及球面的所有点的集合称为 n 维闭球体, 即

$$\{P|d(P,A)\leqslant r\} \quad \text{或} \quad \left\{(x_1,x_2,\cdots,x_n)\,\middle|\,\sum_{i=1}^{n}(x_i-a_i)^2\leqslant r^2\right\}.$$

集合

$$\{(x_1, x_2, \cdots, x_n) \mid |x_i - a_i| < h_i, \ i = 1, 2, \cdots, n\}$$

称为以点 $A(a_1, a_2, \cdots, a_n)$ 为中心, 以 $2h_1, 2h_2, \cdots, 2h_n$ 为边长的 n 维开长方体. 类似可定义闭长方体.

方程 $\sum_{i=1}^{n} a_i x_i = d(a_i$ 不全为零), 当 $n = 2$ 时, 它表示平面上一条直线; 当 $n = 3$ 时, 则表示空间的一个平面; 当 $n > 3$ 时, 则称它为 n 维空间的一个超平面.

设 $A(a_1, a_2, \cdots, a_n)$ 和 $B(b_1, b_2, \cdots, b_n)$ 为两个定点, 方程

$$x_i = a_i + (b_i - a_i)t \quad (t \text{ 为实数}, i = 1, 2, \cdots, n)$$

所确定的所有的点 $P(x_1, x_2, \cdots, x_n)$ 的集合, 称为过 A 与 B 两点的直线.

消去参数 t 得到过点 A 和 B 的直线的两点式方程

$$\frac{x_1 - a_1}{b_1 - a_1} = \frac{x_2 - a_2}{b_2 - a_2} = \cdots = \frac{x_n - a_n}{b_n - a_n}.$$

限定 $0 \leqslant t \leqslant 1$, 由方程

$$x_i = a_i + (b_i - a_i)t \quad (i = 1, 2, \cdots, n)$$

所确定的所有点 $P(x_1, x_2, \cdots, x_n)$ 的集合, 称为以 A, B 为端点的线段.

实数集 (即一维空间的点集) 许多概念和定理可以推广到 n 维空间的点集上去. 但由于多维空间的复杂性, 会出现某些原则上是新的东西, 而从二维到三维或更高的维数, 本质上是相同的, 只要在文字上稍作修改, 就可以毫无困难地把二维空间的一系列概念和定理推广到 n 维空间上去. 因此, 我们以二维欧氏空间点集 (即平面点集) 为代表, 引出一些概念, 并证明相关的定理. 对 n 维的情形, 附带作一些说明.

1. 邻域

凡与点 $A(a, b)$ 的距离小于正数 δ 的所有点 (x, y) 组成的点集, 即平面点集

$$\{(x, y) \mid (x - a)^2 + (y - b)^2 < \delta^2\}$$

称为点 $A(a, b)$ 的 δ 圆邻域. 平面点集

$$\{(x, y) \mid |x - a| < \delta, \ |y - b| < \delta\}$$

称为点 $A(a, b)$ 的 δ 方邻域. 不难看到, 点 A 的任何圆邻域都包含点 A 的一个方邻域; 反之, 任何一个方邻域也包含一个圆邻域. 如图 2.1 所示.

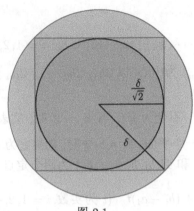

图 2.1

由于圆邻域与方邻域之间有这种相互包含的关系, 今后除非特别指明外, 将不加区别用 "点 A 的 δ 邻域" 或 "点 A 的邻域" 泛指两种邻域, 并记为 $U(A, \delta)$ 或 $U(A)$.

点 $A(a, b)$ 的空心邻域是指点集

$$\{(x, y) \mid 0 < (x - a)^2 + (y - b)^2 < \delta^2\}$$

或

$$\{(x, y) \mid |x - a| < \delta, \ |y - b| < \delta, \ (x, y) \neq (a, b)\},$$

并用记号 $U^\circ(A, \delta)$ 或 $U^\circ(A)$ 表示.

类似地, 可定义 $n \ (n \geqslant 3)$ 维空间点的球邻域与正方体邻域, 点集

$$\left\{(x_1, x_2, \cdots, x_n) \,\middle|\, \sum_{i=1}^{n} (x_i - a_i)^2 < \delta^2\right\}$$

称为点 $A(a_1, a_2, \cdots, a_n)$ 的 δ 球邻域, 而点集

$$\{(x_1, x_2, \cdots, x_n) \mid |x_i - a_i| < \delta, \ i = 1, 2, \cdots, n\}$$

称为点 $A(a_1, a_2, \cdots, a_n)$ 的正方体邻域.

注　不难证明邻域满足下列三个条件:

(1) 若 $U_1(A)$ 与 $U_2(A)$ 是 A 的两个邻域, 则存在某邻域 $U(A)$, 使得 $U(A) \subset U_1(A)$, $U(A) \subset U_2(A)$;

(2) 设 A, B 是两个不同点, 则存在邻域 $U(A)$ 和 $U(B)$, 使得 $U(A) \cap U(B) = \varnothing$;

(3) 若 $B \in U(A)$, 则存在 $U(B)$, 使得 $U(B) \subset U(A)$.

上述三个性质可分别参看图 2.2(a), (b) 及 (c), 它们可以作为确定邻域的基本性质.

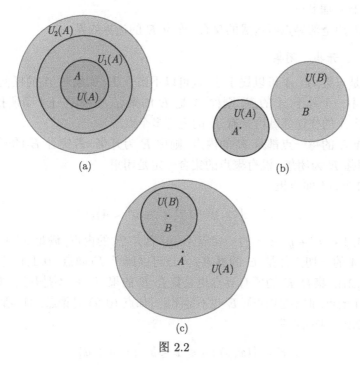

(a)

(b)

(c)

图 2.2

2. 内点、外点、界点

设 E 是点集, 若存在 A 的某一邻域 $U(A)$, 使得 $U(A) \subset E$, 我们就说 A 是 E 的内点 (图 2.3, A).

若点 B 存在某一邻域 $U(B)$, 使得 $U(B) \cap E = \varnothing$, 即存在 B 的某一邻域 $U(B)$, 使得 $U(B)$ 不含 E 的点, 我们就是说 B 是 E 的外点 (图 2.3, B).

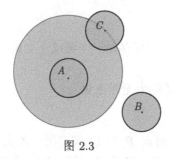

图 2.3

若点 C 的任何一个邻城内, 既含有 E 的点, 又含有不属于 E 点, 则称 C 为

E 的界点.

不难看到, 对于已知集合 E, 空间上的任一点, 或是内点, 或是外点, 或是界点必居其一, 且只居其一.

集合 E 的全部界点所构成的集合, 称为 E 的边界或界.

3. 聚点、开集、闭集

设 E 是点集, 点 A 可以属于 E 也可以不属于 E, 如果对 A 的任何邻域内至少含有 E 中一个异于 A 的点, 则称 A 是 E 的聚点. 正如在 1.4 节所指出的, 此定义等价于 A 的任何邻域内含有 E 的无穷多个点.

若集合 E 的每一点都是 E 的内点, 则称 E 为开集. 若集合 E 的一切聚点都属于 E, 则称 E 为闭集. 没有聚点的集合一定是闭集.

例 2.2.1 平面点集

$$E = \{(x,y) \mid 1 \leqslant x^2 + y^2 < 4\},$$

满足不等式 $1 < x^2 + y^2 < 4$ 的一切点 (x,y) 都是 E 的内点, 满足 $x^2 + y^2 = 1$ 或 $x^2 + y^2 = 4$ 的一切点都是 E 的界点, 界点可以属于 E(如点 $(0,1)$), 亦可不属于 E(如点 $(0,2)$). 集合 E 的所有界点也是集合 E 的聚点. E 不是开集 (如点 $(0,1)$ 是集合 E 上的点, 但不是内点), E 也不是闭集 (如点 $(0,2)$ 是聚点, 但不是 E 的点).

例 2.2.2 平面点集

$$E = \{(x,y) \mid a \leqslant x \leqslant b,\ c \leqslant y \leqslant d\}$$

是一闭矩形, 可简记为 $[a,b;c,d]$, E 中每一点都是 E 的聚点, E 是闭集.

4. 有界点集

E 为 $\mathbb{R}^n$ 中的点集, 若存在正数 M, 对 E 中任意一点 $P(x_1, x_2, \cdots, x_n)$, 有

$$|P| = \sqrt{\sum_{i=1}^{n} x_i^2} \leqslant M \quad (\text{或 } |x_i| \leqslant M,\ i = 1, 2, \cdots, n),$$

则称 E 是有界点集.

若 E 是平面的有界点集, 则存在一个圆或一个正方形, E 的点都落在圆或正方形内.

不是有界点集的点集都称为无界点集.

5. 区域、区域的直径

若非空开集 E 中任意两点 P 与 Q 都可用一条完全含于 E 的折线 (有限线段首尾相衔接) 连接起来, 则称 E 为开区域. 开区域连同它的边界组成的集合称为闭区域. 开区域、闭区域或开区域连同它的部分界点的集合统称为区域.

设 E 是一个区域, E 上一切可能的两点 $P(x_1, x_2, \cdots, x_n)$, $Q(y_1, y_2, \cdots, y_n)$
的距离

$$d(P, Q) = \sqrt{\sum_{i=1}^{n} (x_i - y_i)^2}$$

所构成的数集的上确界

$$d = \sup\{d(P, Q) | P,\ Q \in E\}$$

称为区域 E 的直径. 于是, 若区域 E 有界, 则 E 的直径 d 取有限值, 反之亦然
(图 2.4).

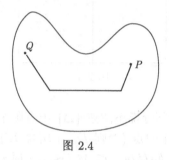

图 2.4

一维空间的许多重要定理, 可以推广到 n 维空间, 我们仅以二维情形为例.

定理 2.2.1 (闭矩形套定理)　设

$$D_n = \{(x, y) \mid a_n \leqslant x \leqslant b_n,\ c_n \leqslant y \leqslant d_n\}, \quad n = 1, 2, \cdots$$

为一串闭矩形, 满足

(1) $D_n \supset D_{n+1}$, $n = 1, 2, \cdots$;

(2) $\lim\limits_{n \to \infty} (b_n - a_n) = \lim\limits_{n \to \infty} (d_n - c_n) = 0$,

那么必存在唯一点 $M_0(x_0, y_0)$ 属于一切闭矩形.

定理 2.2.2 (聚点原理)　设 E 为平面上有界无限点集, 那么 E 至少有一聚点.

定理 2.2.3 (有限覆盖定理)　若一开矩形集 $\{\Delta\}$ 覆盖了有界闭集 E (即 E
中的任一点至少含于 $\{\Delta\}$ 的一个开矩形内), 那么在 $\{\Delta\}$ 中必存在有限个开矩形,
它们也覆盖 E.

我们只证明定理 2.2.3; 定理 2.2.1只要分别对 $[a_n, b_n]$ 与 $[c_n, d_n]$ 应用闭区间
套定理即可; 定理 2.2.2 的证明方法包含在定理 2.2.3 中.

定理 2.2.3 的证明　因为 E 有界, 存在正方形 D_1, 使得 $E \subset D_1$, 若 E 不
能被 $\{\Delta\}$ 中有限个开矩形所覆盖, 连接正方形 D_1 的对边中点, 把 D_1 分成四个

小的闭正方形 (图 2.5), 则在这四个小闭正方形中, 至少有一个, 它所含 E 的部分, 不能被 $\{\Delta\}$ 中有限个开矩形覆盖, 记其中一个不被有限覆盖的正方形为 D_2, 再把 D_2 分成四个更小的正方形, 其中又有一个所含 E 的部分不被 $\{\Delta\}$ 中有限个开矩形所覆盖. 按这样步骤无限分割下去, 得到一个闭正方形序列:

$$D_1 \supset D_2 \supset \cdots \supset D_n \supset \cdots,$$

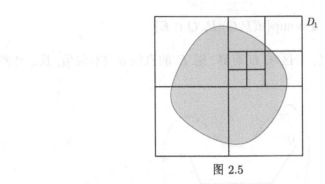

图 2.5

其中每一个 D_n 所含 E 的部分都不能被 $\{\Delta\}$ 中有限个开矩形所覆盖. 还可知道, D_n 中应包含无限多个 E 中的点 (否则 D_n 中所含 E 的部分将被 $\{\Delta\}$ 有限个开矩形所覆盖). 从定理 2.2.1 知存在一点 $M_0(x_0, y_0)$ 属于一切闭正方形, 即

$$M_0(x_0, y_0) \in D_n, \quad n = 1, 2, \cdots.$$

按定理的条件, M_0 含在 $\{\Delta\}$ 的某开矩形内, 不妨设此开矩形为

$$\Delta = \{(x, y) | a < x < b,\ c < y < d\},$$

因此, $a < x_0 < b,\ c < y_0 < d$. 我们可以作出以 (x_0, y_0) 为中心且完全含于 Δ 内的正方形, 比如取

$$\delta = \min\{x_0 - a, b - x_0, y_0 - c, d - y_0\},$$

则 $U(M_0, \delta) = \{(x, y)\ |\ |x - x_0| < \delta,\ |y - y_0| < \delta\}$, 就是我们所希望的正方形. 另一方面, 当 n 无限增大时, 正方形 D_n 的边长无限减少, 而 D_n 包含 M_0, 因此当 n 足够大时, 总可使得 $D_n \subset U(M_0, \delta)$. 但 $U(M_0, \delta) \subset \Delta$, 于是 $D_n \subset \Delta$. 而前面已经得到, D_n 所含 E 的部分, 不能被 $\{\Delta\}$ 中的有限个开矩形所覆盖, 现在一个开矩形 Δ 就覆盖了 D_n, 当然也覆盖了 D_n 所含 E 的部分, 因而得到矛盾.

注 实际上我们也证明了 M_0 是 E 的一个聚点. 因为对任何邻域 $U(M_0, \delta)$, 当 n 足够大时, $D_n \subset U(M_0, \delta)$, 而 D_n 含有 E 的无穷多个点, 从而 $U(M_0, \delta)$ 也含有 E 的无限多个点.

同样, 在多维空间也有相应于一维空间的致密性定理 (定理 1.4.7) 和柯西收敛准则 (定理 1.4.9). 我们先介绍多维空间点列的收敛定义.

定义 2.2.1 设 $P_1, P_2, \cdots, P_n, \cdots$ 为 m 维空间的点列, P_0 是定点, 对于任意的 $\varepsilon > 0$, 总存在正整数 N, 当 $n > N$ 时的一切 P_n 都属于 P_0 的 ε 邻域, 即 $\forall n > N$,

$$P_n \in U(P_0, \varepsilon),$$

则称点列 $\{P_n\}$ 收敛于 P_0, 记为

$$\lim_{n \to \infty} P_n = P_0.$$

该定义也可用点坐标的不等式形式来描述. 我们仍以二维情形为例.

设点列 $\{P_n(x_n, y_n)\}$, $P_0(x_0, y_0)$ 为定点, 对于任意的 $\varepsilon > 0$, 总存在 N, 当 $n > N$ 时,

$$\sqrt{(x_n - x_0)^2 + (y_n - y_0)^2} < \varepsilon,$$

即

$$d(P_n, P_0) < \varepsilon,$$

就称 $\{P_n(x_n, y_n)\}$ 收敛于点 $P_0(x_0, y_0)$, 记为

$$(x_n, y_n) \to (x_0, y_0) \quad (n \to \infty).$$

不难证明

$$(x_n, y_n) \to (x_0, y_0) \quad (n \to \infty) \Leftrightarrow (x_n \to x_0) \wedge (y_n \to y_0) \quad (n \to \infty).$$

实际上, 由

$$|x_n - x_0| \leqslant \sqrt{(x_n - x_0)^2 + (y_n - y_0)^2} < \varepsilon,$$

$$|y_n - y_0| \leqslant \sqrt{(x_n - x_0)^2 + (y_n - y_0)^2} < \varepsilon,$$

因此, 若 $(x_n, y_n) \to (x_0, y_0) \ (n \to \infty)$, 则

$$x_n \to x_0, \quad y_n \to y_0 \quad (n \to \infty).$$

反之, 若 $x_n \to x_0, y_n \to y_0 (n \to \infty)$, 则 $\forall \varepsilon > 0$, $\exists N$, $\forall n > N$,

$$|x_n - x_0| < \frac{\varepsilon}{\sqrt{2}}, \quad |y_n - y_0| < \frac{\varepsilon}{\sqrt{2}},$$

于是 $\sqrt{(x_n - x_0)^2 + (y_n - y_0)^2} < \sqrt{\frac{\varepsilon^2}{2} + \frac{\varepsilon^2}{2}} = \varepsilon$, 即

$$(x_n, y_n) \to (x_0, y_0) \quad (n \to \infty).$$

定理 2.2.4 (致密性定理)　如果平面上点列 $\{P_n(x_n, y_n)\}$ 有界, 那么从中必能选出收敛的子列.

证明　因为 $\{P_n\}$ 有界, 于是 $\exists M > 0, \forall n > N$, 有

$$|x_n| \leqslant M, \quad |y_n| \leqslant M.$$

由定理 1.4.7, $\{x_n\}$ 有收敛子列 $\{x_{n_k}\}$, 设

$$\lim_{k \to \infty} x_{n_k} = x_0,$$

现在考虑 $\{y_n\}$ 相应于 $\{x_{n_k}\}$ 的子列 $\{y_{n_k}\}$, 因为 $\{y_n\}$ 有界, 子列 $\{y_{n_k}\}$ 也有界, 故 $\{y_{n_k}\}$ 也有收敛的子列, 记之为 $\{y_{n_{k_l}}\}$, 并记 $\lim\limits_{l \to \infty} y_{n_{k_l}} = y_0$, 而 $\{x_{n_k}\}$ 的子列 $\{x_{n_{k_l}}\}$ 也应收敛于 x_0(见定理 1.4.8), 于是

$$(x_{n_{k_l}},\ y_{n_{k_l}}) \to (x_0, y_0) \quad (l \to \infty).$$

定理 2.2.5 (柯西收敛准则)　平面点列 $\{(x_n, y_n)\}$ 收敛的充分必要条件是: $\forall \varepsilon > 0, \exists N, \forall m > N, \forall n > N$, 都有

$$\sqrt{(x_m - x_n)^2 + (y_m - y_n)^2} < \varepsilon.$$

这个定理的证明可直接利用一维的柯西收敛准则, 留为练习.

上述诸定理均可推广到 n 维空间.

2.2.2　多元函数的极限

设 E 为 $\mathbb{R}^n$ 的子集, 映射

$$f : E \to \mathbb{R}$$

称为 n 元函数 (当 $n \geqslant 2$ 时, 统称为多元函数), 记为

$$y = f(P), \quad P \in E \subset \mathbb{R}^n,$$

用坐标形式来记就是

$$y = f(x_1, x_2, \cdots, x_n), \quad (x_1, x_2, \cdots, x_n) \in E \subset \mathbb{R}^n,$$

$x_i\ (i = 1, 2, \cdots, n)$ 称为第 i 个变量, E 称为定义域, 而

$$f(E) := \{y | y = f(P) \wedge P \in E\}$$

称为函数 f 的值域.

定义 2.2.2 设 P_0 是函数 $f(P)$ 的定义域 E 的一个聚点, A 是一个确定的实数, 若对于任意给定的 $\varepsilon > 0$, 总存在 $\delta > 0$, 当 $P \in E$ 时, 只要

$$P \in U^\circ(P_0, \delta),$$

都有

$$f(P) \in U(A, \varepsilon),$$

则称函数 $f(P)$ 在 E 上当 P 趋于 P_0 时以 A 为极限, 或 $f(P)$ 在 P_0 处的极限为 A, 记为

$$\lim_{P \to P_0} f(P) = A,$$

即

$$\lim_{P \to P_0} f(P) = A := \forall U(A), \exists U^\circ(P_0), \ \forall P \in U^\circ(P_0) \cap E, f(P) \in U(A).$$

注 1 我们不难看到, 这个定义与一元函数中用邻域形式表示的极限基本一致. 在多元函数的情形里不要求函数在 P_0 某邻域内有定义, 只要求 P_0 是定义域 E 的聚点. 这是因为多元函数的定义域十分复杂, 如果要求函数 $f(P)$ 在 P_0 某邻域内有定义, 就限制了多元函数极限定义适用的广泛性. 有关这方面的例子下面将会看到.

注 2 $U^\circ(P_0)$ 可以是 P_0 的空心方邻域也可以是空心圆 (或球) 邻域, 其等价性在前面已经提及.

这个定义也可用点的坐标形式来描述, 现在我们以二元函数为例.

设 (x_0, y_0) 是二元函数 $f(x, y)$ 的定义域 E 的一个聚点, A 是定数, 若对于任意给定的 $\varepsilon > 0$, 总存在正数 δ, 对于 E 中任意点 (x, y), 只要

$$0 < \sqrt{(x - x_0)^2 + (y - y_0)^2} < \delta$$

(或 $|x - x_0| < \delta$, $|y - y_0| < \delta$, 且 $(x, y) \neq (x_0, y_0)$), 恒有

$$|f(x, y) - A| < \varepsilon,$$

就称 A 是 $f(x, y)$ 在 (x_0, y_0) 点的极限, 记为

$$\lim_{(x, y) \to (x_0, y_0)} f(x, y) = A \quad \text{或} \quad \lim_{\substack{x \to x_0 \\ y \to y_0}} f(x, y) = A$$

或

$$f(x, y) \to A \quad ((x, y) \to (x_0, y_0)).$$

例 2.2.3　依定义验证 $\lim\limits_{(x,y)\to(2,1)}(x^2+xy+y^2)=7.$

证明　因为

$$|x^2+xy+y^2-7|=|(x^2-4)+xy-2+(y^2-1)|$$
$$=|(x+2)(x-2)+(x-2)y+2(y-1)+(y+1)(y-1)|$$
$$\leqslant|x-2||x+y+2|+|y-1||y+3|,$$

先限制在点 $(2,1)$ 的 $\delta=1$ 的方邻域

$$\{(x,y)\mid |x-2|<1,\ |y-1|<1\}$$

内讨论, 于是

$$|y+3|=|y-1+4|\leqslant|y-1|+4<5,$$
$$|x+y+2|=|x-2+y-1+5|\leqslant|x-2|+|y-1|+5<7.$$

所以

$$|x^2+xy+y^2-7|<7|x-2|+5|y-1|<7(|x-2|+|y-1|).$$

对于 $\varepsilon>0$, 取 $\delta=\min\left\{1,\dfrac{\varepsilon}{14}\right\}$, 则当 $|x-2|<\delta,\ |y-1|<\delta,\ (x,y)\neq(2,1)$ 时, 就有

$$|x^2+xy+y^2-7|<7\cdot2\cdot\delta=14\delta\leqslant\varepsilon.$$

例 2.2.4　设 $f(x,y)=x\sin\dfrac{1}{y}+y\sin\dfrac{1}{x}$, 证明 $\lim\limits_{(x,y)\to(0,0)}f(x,y)=0.$

这个函数除 $x=0$ 及 $y=0$ 两直线外都有意义. 其定义域

$$E=\{(x,y)|xy\neq0\}.$$

函数在原点 $(0,0)$ 的任何邻域内都有无意义的点, 但 $(0,0)$ 是 E 的聚点, 我们仍可研究函数在该点的极限.

证明　当 $xy\neq0$ 时,

$$|f(x,y)-0|\leqslant\left|x\sin\dfrac{1}{y}\right|+\left|y\sin\dfrac{1}{x}\right|\leqslant|x|+|y|.$$

$\forall\varepsilon>0$, 取 $\delta=\dfrac{\varepsilon}{2}$, 当 $(x,y)\in E$ 且 $|x|<\delta,\ |y|<\delta$ 时,

$$|f(x,y)-0|\leqslant|x|+|y|<2\delta=\varepsilon,$$

故 $\lim\limits_{(x,y)\to(0,0)}f(x,y)=0.$

例 2.2.5 证明 $\displaystyle\lim_{(x,y)\to(0,0)} \frac{xy^2}{x^2+y^4}$ 不存在.

证明 令 $f(x,y) = \dfrac{xy^2}{x^2+y^4}$. 当 $x \neq 0$, $y = 0$ 时, $f(x,y) = 0$; 当 $x = y^2$ 且 $y \neq 0$ 时, $f(x,y) = \dfrac{y^4}{y^4+y^4} = \dfrac{1}{2}$, 于是当点 (x,y) 沿 x 轴趋于 $(0,0)$ 时, $f(x,y) \to 0$; 当 (x,y) 沿抛物线 $y^2 = x$ 趋于 $(0,0)$ 时, $f(x,y) \to \dfrac{1}{2}$, 由此可知 $\displaystyle\lim_{(x,y)\to(0,0)} \frac{xy^2}{x^2+y^4}$ 不存在.

事实上, 当点 (x,y) 沿着任何射线趋于 $(0,0)$ 时, $f(x,y) \to 0$. 设 $x = r\cos\alpha$, $y = r\sin\alpha$, 这里 r 为变数, α 为定数, 则

$$f(x,y) = \frac{r\cos\alpha\sin^2\alpha}{\cos^2\alpha + r^2\sin^4\alpha}.$$

当 $\cos\alpha = 0$ 时, $f(x,y) = 0$; 若 $\cos\alpha \neq 0$, 当 $r \to 0$ 时, $f(x,y) \to 0$, 即 $f(x,y)$ 沿任何射线趋于 $(0,0)$ 时, $f(x,y) \to 0$.

由这个例子说明, 多元函数的极限比一元函数的极限要复杂. 对于一元函数, 如果左、右极限存在且相等, 则极限必存在. 但对多元函数, 尽管沿任何射线方向的极限都存在且相等, 一般的极限仍可能不存在. 这是因为多元函数的极限定义中, 要求点 (x,y) 沿任何形式趋于定点 (x_0, y_0), $f(x,y)$ 都要趋于同一定数 A.

一元函数极限的许多性质, 如四则运算法则、柯西收敛准则、归并原理都可移到多元函数中来, 并且证明方法也基本相同. 我们叙述归并原理作为例子.

多元函数的极限的归并原理 $\displaystyle\lim_{P\to P_0} f(P) = A$ 的充分必要条件是: 对于任意的点列 $\{P_n\}$, $P_n \neq P_0$, 且 $\displaystyle\lim_{n\to\infty} P_n = P_0$, 均有 $\displaystyle\lim_{n\to\infty} f(P_n) = A$.

现在我们利用这个原理来证明例 2.2.5 的极限不存在. 设 $P_n(x_n, y_n) = \left(\dfrac{1}{n}, 0\right)$, 则当 $n \to \infty$ 时, $\left(\dfrac{1}{n}, 0\right) \to (0,0)$,

$$\lim_{n\to\infty} f(P_n) = \lim_{n\to\infty} \frac{\dfrac{1}{n} \cdot 0^2}{\left(\dfrac{1}{n}\right)^2 + 0} = 0.$$

设 $P_n'(x_n', y_n') = \left(\dfrac{1}{n^2}, \dfrac{1}{n}\right)$, 则当 $n \to \infty$ 时, $\left(\dfrac{1}{n^2}, \dfrac{1}{n}\right) \to (0,0)$, 而

$$\lim_{n\to\infty} f(P_n') = \lim_{n\to\infty} \frac{\dfrac{1}{n^2} \cdot \dfrac{1}{n^2}}{\dfrac{1}{n^4} + \dfrac{1}{n^4}} = \frac{1}{2}.$$

由归并原理知, $\displaystyle\lim_{(x,y)\to(0,0)} \frac{xy^2}{x^2+y^4}$ 不存在.

习　题　2.2

1. 叙述 n 维空间点集的如下概念: 内点、聚点、闭集、聚点定理.

2. 判断下列平面点集, 哪些是开集、闭集、有界集, 并指出它们的界点:

(1) $\{(x,y) \mid a \leqslant x < b,\ c \leqslant y < d\}$;

(2) $\{(x,y) \mid xy \neq 0\}$;

(3) $\{(x,y) \mid y > x^2\}$;

(4) $\{(x,y) \mid (x < 2) \wedge (y < 2) \wedge (x+y > 2)\}$.

3. 在平面上分别举出满足下列要求的例子.

(1) 开集而非区域;

(2) 不含聚点的无界点集.

4. 证明圆邻域与方邻域的相互包含关系.

5. 若 F_1, F_2 均为闭集, 证明

$$F_1 \cup F_2, \quad F_1 \cap F_2$$

也是闭集.

6. 证明二维点列的柯西收敛准则.

7. 试用极限定义证明:

(1) $\displaystyle\lim_{(x,y)\to(0,0)} \frac{x^{\frac{4}{3}} y}{x^2+y^2} = 0$;

(2) $\displaystyle\lim_{(x,y)\to(0,1)} \frac{x(y-1)^3 - 2x^4}{x^2+(y-1)^4} = 0$.

8. 判断下列极限是否存在, 若存在求其值; 若不存在说明理由.

(1) $\displaystyle\lim_{(x,y)\to(0,0)} \frac{x^2 y^2}{x^2+y^2}$;

(2) $\displaystyle\lim_{(x,y)\to(0,0)} \frac{xy}{x^4+y^4}$;

(3) $\displaystyle\lim_{(x,y)\to(0,0)} \frac{x^2-y^2}{x^2+y^2}$;

(4) $\displaystyle\lim_{(x,y)\to(\infty,\,\infty)} \frac{x^2+y^2}{x^4+y^4}$;

(5) $\displaystyle\lim_{(x,y)\to(0,0)} \frac{1-\cos(x^2+y^2)}{x^2 y^2 (x^2+y^2)}$;

(6) $\displaystyle\lim_{(x,y)\to(\infty,\,0)} \left(1+\frac{1}{x}\right)^{\frac{x^2}{x+y}}$.

9. 证明二维空间的闭矩形套定理.

10.* 设点 $A(x_0, y_0)$ 为平面点集 E 的聚点, 证明: E 中含有一个互不相同且收敛于 A 的点列 $\{P_n\}$.

11.* 设 A, B 是两个不同的二维点集, 我们称 A 与 B 的距离为

$$\rho(A, B) = \inf_{P \in A,\, Q \in B} \{d(P, Q)\},$$

这里 $d(P, Q)$ 表示 P 与 Q 两点的距离. 证明: 若 A, B 为两个有界闭集, 且 $A \cap B = \varnothing$, 则

$$\rho(A, B) > 0.$$

2.3 上极限与下极限

我们知道, 一个数列或一个函数, 它的极限可能存在也可能不存在. 但在许多理论和实际问题中, 往往难以预先判定极限的存在性. 若先假定极限存在又显得条件太强. 为了使极限理论应用的范围更具广泛性, 我们引进上极限与下极限的概念. 而数列或函数的上、下极限总是存在的 (有限的或无限的), 我们常常用上极限或下极限来代替尚无法知道是否存在的极限, 这时就不必担心存在性问题.

2.3.1 数列的上极限与下极限

我们已经知道, 任何有界数列都有收敛的子列. 设 $\{x_n\}$ 是一个有界数列, $\{x_{n_k}\}$ 是 $\{x_n\}$ 的收敛子列, 令

$$\lim_{k \to \infty} x_{n_k} = a,$$

我们称 a 为 $\{x_n\}$ 的一个极限点, 或称 a 为 $\{x_n\}$ 的一个子极限.

一个有界数列可以有许多个极限点, 例如

$$\{(-1)^n\} : -1,\ 1,\ -1,\ 1,\ \cdots$$

就有两个极限点: 1 和 -1; 又如

$$\left\{ \sin \frac{n\pi}{4} \right\} : \frac{\sqrt{2}}{2},\ 1,\ \frac{\sqrt{2}}{2},\ 0,\ -\frac{\sqrt{2}}{2},\ -1,\ -\frac{\sqrt{2}}{2},\ 0,\ \cdots$$

有五个极限点, 它们是 -1, $-\dfrac{\sqrt{2}}{2}$, 0, $\dfrac{\sqrt{2}}{2}$, 1. 还可构造出具有无穷多个极限点的有界数列.

定义 2.3.1 有界数列 $\{x_n\}$ 的一切极限点组成之集 A 的上确界称为 $\{x_n\}$ 的上极限, 下确界称为 $\{x_n\}$ 的下极限, 分别记为

$$\overline{\lim_{n \to \infty}} x_n \quad \text{与} \quad \varliminf_{n \to \infty} x_n.$$

由定义立即可知, $\varliminf\limits_{n \to \infty} x_n \leqslant \overline{\lim\limits_{n \to \infty}} x_n$.

容易看到, 这个定义是合理的, 因为从致密性定理, A 非空, 再由 $\{x_n\}$ 有界, A 也有界, 上、下极限是确定的.

为了形象地说明上、下极限的几何意义, 先证明如下的引理.

引理 2.3.1　a 为有界数列 $\{x_n\}$ 的一个极限点的充要条件是: a 的任何邻域内含有 $\{x_n\}$ 的无穷多项, 换句话说, $\forall \varepsilon > 0$, 有无穷多个正整数 n, 使得 $a - \varepsilon < x_n < a + \varepsilon$.

证明　**必要性**　设 a 为 $\{x_n\}$ 的极限点, 依定义, 存在 $\{x_n\}$ 的子列 $\{x_{n_k}\}$, 使得

$$\lim_{k \to \infty} x_{n_k} = a,$$

即 $\forall \varepsilon > 0$, $\exists K$, $\forall k > K$,

$$a - \varepsilon < x_{n_k} < a + \varepsilon.$$

这就是说, $\{x_n\}$ 的子列 $\{x_{n_k}\}$ 最多除了前 K 项外, 其他的所有项都落在以 a 为中心的 ε 邻域内, 而 $\{x_{n_k}\}$ 的项都是 $\{x_n\}$ 的项, 因此也就有 $\{x_n\}$ 的无穷多项落在 a 的 ε 邻域内.

充分性　若对 $\forall \varepsilon > 0$, 有无穷多个 n, 使得

$$|x_n - a| < \varepsilon,$$

先令 $\varepsilon = 1$, 取 n_1, 使得 $|x_{n_1} - a| < 1$; 再令 $\varepsilon = \dfrac{1}{2}$, 由于满足 $|x_n - a| < \dfrac{1}{2}$ 的 n 有无穷多个, 总可从中选到 n_2, 使得 $n_1 < n_2$, 且 $|x_{n_2} - a| < \dfrac{1}{2}$; 一般地, 假定 $n_1 < n_2 < \cdots < n_k$ 已经取定, 并满足

$$|x_{n_i} - a| < \frac{1}{i}, \quad 1 \leqslant i \leqslant k,$$

现令 $\varepsilon = \dfrac{1}{k+1}$, 则可选取正整数 n_{k+1}, 使得 $n_k < n_{k+1}$, 且

$$|x_{n_{k+1}} - a| < \frac{1}{k+1}.$$

当 k 取遍一切正整数时, 得到 $\{x_n\}$ 的子列 $\{x_{n_k}\}$, 且对于所有的 k, 都有

$$|x_{n_k} - a| < \frac{1}{k},$$

当 $k \to \infty$ 时, $\dfrac{1}{k} \to 0$, 故有 $x_{n_k} \to a \, (k \to \infty)$. 此即说明 $\{x_n\}$ 的子列 $\{x_{n_k}\}$ 收敛于 a.

定理 2.3.1　设 α, β 分别为有界数列 $\{x_n\}$ 的上极限与下极限, 则 α, β 也是 $\{x_n\}$ 的极限点.

证明　只证 α 为 $\{x_n\}$ 的上极限的情形.

设 A 为 $\{x_n\}$ 的一切极限点组成之集, 由定义 $\alpha = \sup A$, 再由上确界的定义有

(1) $\forall a \in A$, $a \leqslant \alpha$;

(2) $\forall \varepsilon > 0$, $\exists a_0 \in A$, 使得 $a_0 > \alpha - \varepsilon$.

而 a_0 是 $\{x_n\}$ 的极限点, 于是有无穷多个 n, 满足

$$a_0 - \varepsilon < x_n < a_0 + \varepsilon,$$

并从 (1) 知, 有无穷多个 n 满足

$$\alpha + \varepsilon \geqslant a_0 + \varepsilon > x_n > a_0 - \varepsilon > \alpha - 2\varepsilon,$$

即有无穷多个 n, 满足

$$|x_n - \alpha| < 2\varepsilon,$$

由 ε 的任意性及引理 2.3.1 知, α 是 $\{x_n\}$ 的极限点.

推论 2.3.1 数列的上、下极限分别为数列的最大、最小极限点.

定理 2.3.2 若 $\{x_n\}$ 为有界数列, $\alpha = \varlimsup\limits_{n\to\infty} x_n$, 则 $\forall \varepsilon > 0$,

(1) 除了有限个正整数 n 外, 对于所有的 n, 都有 $x_n < \alpha + \varepsilon$;

(2) 有无穷多个 n, 使得 $x_n > \alpha - \varepsilon$.

证明 (1) 用反证法. 若存在某 $\varepsilon_0 > 0$, 有无穷多个 n 使得 $x_n \geqslant \alpha + \varepsilon_0$, 则由致密性定理, 总能在 $\{x_n\}$ 中找出一个收敛子列, 其收敛的极限值不小于 $\alpha + \varepsilon_0$, 即数列 $\{x_n\}$ 存在大于 α 的极限点, 这与 α 为 $\{x_n\}$ 的最大极限点矛盾.

(2) 由于 α 也是 $\{x_n\}$ 的极限点, 依引理 2.3.1, 有无穷多个 n, 满足

$$x_n > \alpha - \varepsilon.$$

定理 2.3.3 若 $\{x_n\}$ 为有界数列, $\beta = \varliminf\limits_{n\to\infty} x_n$, 则 $\forall \varepsilon > 0$,

(1) 除了有限个正整数 n 外, 对于所有的 n, 都有 $x_n > \beta - \varepsilon$;

(2) 有无穷多个 n, 使得 $x_n < \beta + \varepsilon$.

证明方法类似于定理 2.3.2.

如果把数列 $\{x_n\}$ 的每一项, 都用数轴上的点表示, 若 α 是 $\{x_n\}$ 的上极限, 由定理 2.3.1 知, 大于 α 的任何数的右方, 最多只有 $\{x_n\}$ 的有限项; 但小于 α 的任何数的右方, 却有 $\{x_n\}$ 的无穷多项, 在 α 的任意邻域内, "凝聚" 了 $\{x_n\}$ 的无穷多项. 类似可以说明下极限 β.

推论 2.3.2 若数列 $\{x_n\}$ 有界, 则 $\{x_n\}$ 收敛的充要条件是

$$\varlimsup\limits_{n\to\infty} x_n = \varliminf\limits_{n\to\infty} x_n.$$

证明　由于 $\alpha = \overline{\lim\limits_{n\to\infty}} x_n$ 与 $\underline{\lim\limits_{n\to\infty}} x_n = \alpha$, 由定理 2.3.2 和定理 2.3.3 的第一部分, $\forall \varepsilon > 0$, 除了有限个 n 外, 对所有的 n, 都有

$$\alpha - \varepsilon < x_n < \alpha + \varepsilon,$$

即 $|x_n - \alpha| < \varepsilon$.

在有限个正整数里, 总可以选到一个最大的正整数, 记为 N, $\forall n > N$, 有

$$|x_n - \alpha| < \varepsilon, \quad 即 \quad \lim_{n\to\infty} x_n = \alpha.$$

反之, 若 $\{x_n\}$ 收敛, 由定理 1.4.8, $\{x_n\}$ 的任何子列都收敛于同一极限, 也就是说, $\{x_n\}$ 的极限点是唯一的, 因此有

$$\overline{\lim_{n\to\infty}} x_n = \underline{\lim_{n\to\infty}} x_n.$$

现在把上、下极限概念推广到无界数列. 设数列 $\{x_n\}$ 无上界, $\forall M > 0$, 则有无穷多个 n, 使得 $x_n > M$. 那么在 $+\infty$ 的任意邻域内, 含有 $\{x_n\}$ 的无穷多项, 因此可以从 $\{x_n\}$ 中选出一个子列 $\{x_{n_k}\}$ 使得

$$\lim_{k\to\infty} x_{n_k} = +\infty.$$

我们约定 $+\infty$ 为 $\{x_n\}$ 的广义极限点, 若记 A 为 $\{x_n\}$ 的极限点之集, 则

$$\sup A = +\infty \quad 或 \quad \overline{\lim_{n\to\infty}} x_n = +\infty.$$

类似地, 若数列 $\{x_n\}$ 无下界, 我们约定 $\{x_n\}$ 的下极限为 $-\infty$, 并记为 $\underline{\lim\limits_{n\to\infty}} x_n = -\infty$.

由此, 我们可以得到如下结论:

若 $\overline{\lim\limits_{n\to\infty}} x_n = +\infty$, 则 $\{x_n\}$ 有 $+\infty$ 的广义极限点;

若 $\overline{\lim\limits_{n\to\infty}} x_n = -\infty$, 则 $\{x_n\}$ 发散于 $-\infty$, 即 $\lim\limits_{n\to\infty} x_n = -\infty$;

若 $\underline{\lim\limits_{n\to\infty}} x_n = +\infty$, 则 $\{x_n\}$ 发散于 $+\infty$, 即 $\lim\limits_{n\to\infty} x_n = +\infty$;

若 $\underline{\lim\limits_{n\to\infty}} x_n = -\infty$, 则 $\{x_n\}$ 有 $-\infty$ 的广义极限点.

这样, 我们就可以说: 任何数列都有上极限与下极限 (有限的或无限的); 数列极限存在 (有限的或无限的) 充要条件是: 数列的上极限与下极限相等.

2.3.2　上、下极限的性质

定理 2.3.4　设 $\{x_n\}$ 为一数列, 则

$$\overline{\lim_{n\to\infty}} x_n = \lim_{n\to\infty} \sup\{x_n, x_{n+1}, \cdots\}, \tag{2.3.1}$$

$$\varliminf_{n\to\infty} x_n = \lim_{n\to\infty} \inf\{x_n, x_{n+1}, \cdots\}. \tag{2.3.2}$$

证明 只证 $\varlimsup\limits_{n\to\infty} x_n = \lim\limits_{n\to\infty} \sup\{x_n, x_{n+1}, \cdots\}$. 这里 $\sup\{x_n, x_{n+1}, \cdots\}$ 表示
对于任意固定的 n, 由 $x_n, x_{n+1}, \cdots$ 组成的数集的上确界, 记 $\alpha = \varlimsup\limits_{n\to\infty} x_n$.

现在分几种情况讨论:

(1) $\{x_n\}$ 有界.

若 $\{x_n\}$ 有界, 则对任意固定的 n, 集合

$$M_n = \{x_n, x_{n+1}, \cdots\}$$

也有界. 此外, 集合

$$M_{n+1} = \{x_{n+1}, x_{n+2}, \cdots\}$$

较之 M_n 减少了一个元素, 因而 M_{n+1} 是 M_n 的子集. 设 $\beta_n = \sup M_n$, 则有

$$\beta_{n+1} = \sup M_{n+1} \leqslant \sup M_n = \beta_n.$$

于是 $\{\beta_n\}$ 单调递减且有下界, 由单调有界定理, $\{\beta_n\}$ 存在有限的极限. 令

$$\alpha' = \lim_{n\to\infty} \beta_n = \lim_{n\to\infty} \sup\{x_n, x_{n+1}, \cdots\}.$$

下面证明 $\alpha = \alpha'$.

由定理 2.3.2 知, 对 $\forall \varepsilon > 0$, 有无穷多个 n, 使得 $x_n > \alpha - \varepsilon$, 则对任意固定的 n,

$$\beta_n = \sup\{x_n, x_{n+1}, \cdots\} > \alpha - \varepsilon,$$

由极限不等式定理

$$\alpha' = \lim_{n\to\infty} \beta_n \geqslant \alpha - \varepsilon,$$

而 ε 是任意的正数, 于是

$$\alpha' \geqslant \alpha.$$

又从定理 2.3.2 知, $\exists N$, $\forall n > N$,

$$x_n < \alpha + \varepsilon,$$

于是, $\forall n > N$,

$$\sup\{x_n, x_{n+1}, \cdots\} \leqslant \alpha + \varepsilon,$$

仍由极限不等式定理得

$$\alpha' = \lim_{n\to\infty} \beta_n \leqslant \alpha + \varepsilon.$$

这样就证得了

$$\alpha' = \alpha.$$

(2) $\{x_n\}$ 无上界.

由于 $\{x_n\}$ 无上界, 则

$$\sup\{x_n, x_{n+1}, \cdots\} = +\infty,$$

我们记

$$\lim_{n \to \infty} \sup\{x_n, x_{n+1}, \cdots\} = +\infty.$$

这时认为等式 (2.3.1) 自然成立.

(3) $\{x_n\}$ 有上界, 但无下界.

又分两种情况讨论.

(i) $\{x_n\}$ 发散于 $-\infty$.

由于 $\{x_n\}$ 发散于 $-\infty$, 对 $\forall M > 0$, $\exists N$, $\forall n > N$, $x_n < -M$. 因此, $\forall n > N$,

$$\sup\{x_n, x_{n+1}, \cdots\} \leqslant -M,$$

故有

$$\varlimsup_{n \to \infty} x_n = \lim_{n \to \infty} \sup\{x_n, x_{n+1}, \cdots\} = -\infty.$$

(ii) $\{x_n\}$ 无下界, 但又不是发散于 $-\infty$.

由于 $\{x_n\}$ 不是发散于 $-\infty$, 则必存在某数 m, 有无穷多个 n, 满足 $x_n \geqslant m$. 再从有上界的假定, $\exists M$, 对 $\forall n$, $M \geqslant x_n$, 根据致密性定理, $\{x_n\}$ 中存在一个子列 $\{x_{n_k}\}$, 使得 $\lim_{k \to \infty} x_{n_k} = a$, 且 $M \geqslant a \geqslant m$. 由此可知, α 是有限值, 并且

$$\sup\{x_n, x_{n+1}, \cdots\} \geqslant m,$$

即 $\{\beta_n\}$ 有下界. 再根据 (1) 的证明, (2.3.1) 式亦成立.

下面研究上、下极限的一些性质.

性质 2.3.1　设有数列 $\{x_n\}$, 若存在正整数 N,

(1) $\forall n > N$, $x_n \geqslant \alpha$, 则 $\varliminf_{n \to \infty} x_n \geqslant \alpha$;

(2) $\forall n > N$, $x_n \leqslant \alpha$, 则 $\varlimsup_{n \to \infty} x_n \leqslant \alpha$.

这个性质由定义立即可得.

性质 2.3.2　设 $\{x_n\}$ 与 $\{y_n\}$ 为两个有界数列, 则

$$\varlimsup_{n \to \infty} (x_n + y_n) \leqslant \varlimsup_{n \to \infty} x_n + \varlimsup_{n \to \infty} y_n; \tag{2.3.3}$$

$$\varliminf_{n \to \infty} (x_n + y_n) \geqslant \varliminf_{n \to \infty} x_n + \varliminf_{n \to \infty} y_n. \tag{2.3.4}$$

证明 我们只证明第二个不等式.

证法 1 设 $\varlimsup\limits_{n\to\infty} x_n = \beta$, $\varlimsup\limits_{n\to\infty} y_n = \beta'$.

由定理 2.3.3, $\forall \varepsilon > 0$, $\exists N_1$, $\forall n > N_1$, 有 $x_n > \beta - \varepsilon$; $\exists N_2$, $\forall n > N_2$, 有 $y_n > \beta' - \varepsilon$, 于是 $\forall n > N = \max\{N_1, N_2\}$,

$$x_n + y_n > \beta + \beta' - 2\varepsilon,$$

因而, 由性质 2.3.1,

$$\varlimsup\limits_{n\to\infty} (x_n + y_n) \geqslant \beta + \beta' - 2\varepsilon,$$

再由 ε 的任意性, 就有

$$\varlimsup\limits_{n\to\infty} (x_n + y_n) \geqslant \beta + \beta' = \varlimsup\limits_{n\to\infty} x_n + \varlimsup\limits_{n\to\infty} y_n.$$

证法 2 设 $M_n = \inf\{x_n, x_{n+1}, \cdots\}$, $P_n = \inf\{y_n, y_{n+1}, \cdots\}$, 于是, $\forall k \geqslant n$,

$$x_k \geqslant M_n, \quad y_k \geqslant P_n,$$

故有

$$x_k + y_k \geqslant M_n + P_n \quad (k \geqslant n),$$

即 $M_n + P_n$ 是集合 $\{x_n + y_n, x_{n+1} + y_{n+1}, \cdots\}$ 的下界, 因此

$$\inf\{x_n + y_n, x_{n+1} + y_{n+1}, \cdots\} \geqslant M_n + P_n,$$

故

$$\varliminf\limits_{n\to\infty} (x_n + y_n) = \lim\limits_{n\to\infty} \inf\{x_n + y_n, x_{n+1} + y_{n+1}, \cdots\}$$

$$\geqslant \lim\limits_{n\to\infty} (M_n + P_n) = \lim\limits_{n\to\infty} M_n + \lim\limits_{n\to\infty} P_n = \varliminf\limits_{n\to\infty} x_n + \varliminf\limits_{n\to\infty} y_n.$$

上式第一个等式是利用定理 2.3.4, 中间一个不等式是利用极限的不等式性质, 第二个等式是利用极限的加法性质, 第三个等式还是利用定理 2.3.4. 因此

$$\varliminf\limits_{n\to\infty} (x_n + y_n) \geqslant \varliminf\limits_{n\to\infty} x_n + \varliminf\limits_{n\to\infty} y_n.$$

值得注意的是, 上式等号可以不成立, 例如:

$$\{x_n\} : 0,\ 1,\ 0,\ 1, \cdots,$$

$$\{y_n\} : 2,\ 0,\ 2,\ 0, \cdots,$$

则 $\varliminf\limits_{n\to\infty}(x_n+y_n)=1,\ \varliminf\limits_{n\to\infty}x_n=0,\ \varliminf\limits_{n\to\infty}y_n=0,$ 于是

$$\varliminf_{n\to\infty}(x_n+y_n)=1>0=\varliminf_{n\to\infty}x_n+\varliminf_{n\to\infty}y_n=0.$$

若把性质 2.3.2 推广到无界数列时, 需要加以适当的限制. 比如, 若

$$\varliminf_{n\to\infty}x_n=+\infty,\quad \varliminf_{n\to\infty}y_n=-\infty,$$

这时 (2.3.4) 的右端出现 $+\infty+(-\infty)$ 的不定型, 没有意义.

性质 2.3.3　设 $\{x_n\}$ 与 $\{y_n\}$ 为两个有界数列, 且 $x_n\geqslant 0,\ y_n\geqslant 0,$ 则

$$\varliminf_{n\to\infty}x_n\cdot\varliminf_{n\to\infty}y_n\leqslant\varliminf_{n\to\infty}x_ny_n\leqslant\varlimsup_{n\to\infty}x_n\cdot\varlimsup_{n\to\infty}y_n.$$

证明　先证明右端不等式. 设 $\varlimsup\limits_{n\to\infty}x_n=\alpha,\ \varlimsup\limits_{n\to\infty}y_n=\alpha',$ 对于 $\forall\varepsilon>0,\ \exists N,$ $\forall n>N,$

$$x_n<\alpha+\varepsilon,\quad y_n<\alpha'+\varepsilon.$$

由题设, $x_n\geqslant 0,\ y_n\geqslant 0,$ 因此,

$$x_ny_n<\alpha\alpha'+\alpha\varepsilon+\alpha'\varepsilon+\varepsilon^2,$$

并由 ε 的任意性,

$$\varlimsup_{n\to\infty}x_ny_n\leqslant\alpha\cdot\alpha'=\varlimsup_{n\to\infty}x_n\cdot\varlimsup_{n\to\infty}y_n.$$

再证左端不等式. 设 $\varliminf\limits_{n\to\infty}x_n=\beta,$ 若 α' 与 β 之中有一个为零, 则不等式显然成立. 现设 $\alpha'>0,\ \beta>0,$ 由于 α' 是 $\{y_n\}$ 的最大极限点, 从而存在 $\{y_n\}$ 的子列 $\{y_{n_k}\},$ 使得

$$\lim_{k\to\infty}y_{n_k}=\alpha',$$

于是存在 $K_1,$ 当 $k>K_1$ 时, $y_{n_k}>\alpha'-\varepsilon,$ 这里 ε 为小于 $\min\{\alpha',\beta\}$ 的任一正数. 对于下标 $\{n_k\},$ 相应地得到 $\{x_n\}$ 的子列 $\{x_{n_k}\},$ 由于 $\{x_{n_k}\}$ 的最小极限点, 不会小于 $\{x_n\}$ 的最小极限点, 故有

$$\varliminf_{k\to\infty}x_{n_k}\geqslant\varliminf_{n\to\infty}x_n=\beta,$$

从而 $\exists K_2,\ \forall k>K_2,\ x_{n_k}>\beta-\varepsilon,$ 于是当 $k>\max\{K_1,K_2\}$ 时,

$$x_{n_k}y_{n_k}>(\alpha'-\varepsilon)(\beta-\varepsilon)=\alpha'\beta-\varepsilon\beta-\varepsilon\alpha'+\varepsilon^2.$$

因此, $\varlimsup\limits_{n\to\infty} x_n y_n \geqslant \varlimsup\limits_{k\to\infty} x_{n_k} y_{n_k} \geqslant \beta\alpha' = \varliminf\limits_{n\to\infty} x_n \cdot \varlimsup\limits_{n\to\infty} y_n.$

综上所述

$$\varliminf\limits_{n\to\infty} x_n \cdot \varlimsup\limits_{n\to\infty} y_n \leqslant \varlimsup\limits_{n\to\infty} x_n y_n \leqslant \varlimsup\limits_{n\to\infty} x_n \cdot \varlimsup\limits_{n\to\infty} y_n.$$

上式等号也可以不成立, 例如:

$$\{x_n\}: \frac{1}{2},\ 2,\ \frac{1}{2},\ 2, \cdots,$$

$$\{y_n\}: \frac{1}{2},\ 2,\ \frac{1}{2},\ 2, \cdots,$$

则 $\varliminf\limits_{n\to\infty} x_n \cdot \varlimsup\limits_{n\to\infty} y_n = \frac{1}{2} \cdot 2 = 1$, $\varlimsup\limits_{n\to\infty} x_n y_n = 4.$

若取 $\{z_n\}: 2,\ \frac{1}{2},\ 2,\ \frac{1}{2},\ \cdots$, 则 $\varlimsup\limits_{n\to\infty} x_n z_n = 1$, 而 $\varlimsup\limits_{n\to\infty} x_n \cdot \varlimsup\limits_{n\to\infty} z_n = 4.$

但若把性质 2.3.3 推广到无界的情形时, 需限制不能出现 $0 \cdot \infty$ 的不定型.

例 2.3.1 设数列 $\{x_n\}$ 满足条件

$$x_{m+n} \leqslant x_m + x_n \quad (m,\ n = 1, 2, 3, \cdots),$$

证明 $\lim\limits_{n\to\infty} \dfrac{x_n}{n}$ 存在.

证明 由于

$$x_n \leqslant x_{n-1} + x_1 \leqslant x_{n-2} + x_1 + x_1 \leqslant \cdots \leqslant nx_1,$$

故 $\dfrac{x_n}{n} \leqslant x_1$, 从而数列 $\left\{\dfrac{x_n}{n}\right\}$ 有上界. 设 $\varliminf\limits_{n\to\infty} \dfrac{x_n}{n} = a$, 现分两种情形讨论. 若 a 为有限值, 从定理 2.3.3, 存在 N, 使得

$$\frac{x_N}{N} < a + \varepsilon.$$

对任意大于 N 的正整数 n, 均可表示为

$$n = qN + r,$$

这里 q 为正整数, r 为小于 N 的非负整数, 则

$$x_n = x_{qN+r} \leqslant x_{qN} + x_r \leqslant x_{(q-1)N} + x_N + x_r \leqslant \cdots \leqslant qx_N + rx_1,$$

从而

$$\frac{x_n}{n} \leqslant q\frac{x_N}{n} + \frac{rx_1}{n} \leqslant \frac{x_N}{N} + \frac{Nx_1}{n} < a + \varepsilon + \frac{Nx_1}{n},$$

由此可知

$$\varlimsup_{n\to\infty} \frac{x_n}{n} \leqslant a+\varepsilon \qquad \left(\text{因} \lim_{n\to\infty} \frac{Nx_1}{n}=0\right),$$

再由 ε 的任意性, 即得 $\varlimsup\limits_{n\to\infty} \dfrac{x_n}{n} \leqslant a$, 故

$$\varliminf_{n\to\infty} \frac{x_n}{n} = \varlimsup_{n\to\infty} \frac{x_n}{n}.$$

因此, $\lim\limits_{n\to\infty} \dfrac{x_n}{n}$ 存在且有限.

若 $a=-\infty$, 则对 $\forall M>0, \exists N$, 使得

$$\frac{x_N}{N} < -M,$$

如上证, 当 n 充分大时,

$$\frac{x_n}{n} < -M + \frac{Nx_1}{n},$$

因此, $\varlimsup\limits_{n\to\infty} \dfrac{x_n}{n} \leqslant -M$, 而 M 是可以任意大的正数, 于是

$$\varlimsup_{n\to\infty} \frac{x_n}{n} = -\infty = a = \varliminf_{n\to\infty} \frac{x_n}{n},$$

即 $\lim\limits_{n\to\infty} \dfrac{x_n}{n} = -\infty$.

2.3.3　函数的上、下极限

设 $f(x)$ 在 $x=a$ 的某空心邻域内有定义, 如果存在数列 $\{x_n\}$ $(x_n \neq a)$, 且 $\lim\limits_{n\to\infty} x_n = a$, 使得 $\lim\limits_{n\to\infty} f(x_n) = A$ (A 为有限数、$-\infty$ 或 $+\infty$), 称 A 为 $f(x)$ 当 $x \to a$ 时的一个子极限.

类似于定义 2.3.1, 一切子极限的上确界称为上极限, 记为 $\varlimsup\limits_{x\to a} f(x)$. 一切子极限的下确界称为下极限, 记为 $\varliminf\limits_{x\to a} f(x)$. 并且可以证明, 上、下极限也都是 $f(x)$ 当 $x \to a$ 时的子极限.

例 2.3.2　设 $f(x) = \sin\dfrac{1}{x}$, 求 $\varlimsup\limits_{x\to 0} f(x)$, $\varliminf\limits_{x\to 0} f(x)$.

解　令 $x_n = \dfrac{2}{(4n+1)\pi}$, 则 $\lim\limits_{n\to\infty} x_n = 0$,

$$\lim_{n\to\infty} f(x_n) = \lim_{n\to\infty} \sin\left(2n\pi + \frac{\pi}{2}\right) = 1.$$

故 1 是 $x \to 0$ 时 $f(x)$ 的一个子极限, 类似地, 令 $x_n' = \dfrac{2}{(4n+3)\pi}$, 则 $\lim\limits_{n\to\infty} x_n' = 0$, 且

$$\lim_{n\to\infty} f(x_n') = \lim_{n\to\infty} \sin\left(2n\pi + \frac{3}{2}\pi\right) = -1.$$

故 -1 也是 $x \to 0$ 时 $f(x)$ 的一个子极限, 由于 $\left| \sin \dfrac{1}{x} \right| \leqslant 1$, 因此 f 不能有大于 1 的子极限, 也不能有小于 -1 的子极限, 于是

$$\varlimsup_{x \to 0} \sin \frac{1}{x} = 1, \quad \varliminf_{x \to 0} \sin \frac{1}{x} = -1.$$

例 2.3.3 设 $f(x) = \mathrm{e}^{\frac{1}{x-1}}$, 求 $\varlimsup\limits_{x \to 1} f(x), \ \varliminf\limits_{x \to 1} f(x)$.

解 由于 $\lim\limits_{x \to 1^+} f(x) = +\infty, \ \lim\limits_{x \to 1^-} f(x) = 0$, 故当 $x \to 1$ 时, $f(x)$ 只能有两个子极限 $+\infty$ 和 0, 因此

$$\varlimsup_{x \to 1} f(x) = +\infty, \quad \varliminf_{x \to 1} f(x) = 0.$$

对于函数的上、下极限, 也有与定理 2.3.1—定理 2.3.4 相当的结论, 我们证明下面两个定理作为说明.

定理 2.3.5 若函数 $f(x)$ 在点 a 的某空心邻域 $U^\circ(a)$ 内有定义且有界, 设 $A = \varlimsup\limits_{x \to a} f(x)$, 则 $\forall \varepsilon > 0$,

(1) $\exists \delta > 0, \forall x \in U^\circ(a, \delta)$, 都有 $f(x) < A + \varepsilon$;

(2) $\forall U^\circ(a)$, 有无穷多个 x, 使得 $f(x) > A - \varepsilon$.

证明 (1) 也用反证法, 若不然, 则 $\exists \varepsilon_0 > 0, \forall \delta > 0, \exists x_0 \in U^\circ(a, \delta)$, 使得

$$f(x_0) \geqslant A + \varepsilon_0,$$

取 $\delta = \dfrac{1}{n}$, 则存在 $x_n \in U^\circ\left(a, \dfrac{1}{n}\right)$, 使得 $f(x_n) \geqslant A + \varepsilon_0$, 而

$$x_n \in U^\circ\left(a, \frac{1}{n}\right) \Leftrightarrow 0 < |x_n - a| < \frac{1}{n}.$$

因此 $\lim\limits_{n \to \infty} x_n = a$, 且 $x_n \neq a$.

由数列 $\{x_n\}$, 得到相应的数列 $\{f(x_n)\}$, 且 $\{f(x_n)\}$ 有界. 由致密性定理, $\{x_n\}$ 存在一子列 $\{x_{n_k}\}$, 使得 $\lim\limits_{k \to \infty} f(x_{n_k}) = A'$, 而由 $f(x_{n_k}) \geqslant A + \varepsilon_0$, 知 $A' > A$, 但 A' 是 $x \to a$ 时 $f(x)$ 的子极限, 这与 A 为 $f(x)$ 当 $x \to a$ 时的一切子极限的上确界矛盾.

(2) 由 A 是 $f(x)$ 当 $x \to a$ 时的子极限的上确界, 因此存在子极限 B, 使得 $B > A - \varepsilon$, 再根据子极限的定义, 存在数列 $\{x_n\}$, $\lim\limits_{n \to \infty} x_n = a$, 且 $\lim\limits_{n \to \infty} f(x_n) = B$. 现由极限的保号性定理, 存在 N, 当 $n > N$ 时, $f(x_n) > A - \varepsilon$, 这也就是说有无穷多个 x, 使得 $f(x) > A - \varepsilon$.

定理 2.3.6　设 $f(x)$ 在某空心邻域 $U^\circ(a)$ 内有定义, 则

$$\varlimsup_{x\to a} f(x) = \lim_{\delta\to 0^+} \sup_{x\in U^\circ(a,\delta)} \{f(x)\},$$

$$\varliminf_{x\to a} f(x) = \lim_{\delta\to 0^+} \inf_{x\in U^\circ(a,\delta)} \{f(x)\}.$$

证明　对于任意的 $\delta_2 > \delta_1 > 0$, 由于

$$U^\circ(a,\ \delta_1) \subset U^\circ(a,\ \delta_2),$$

故 $\beta(\delta_1) = \sup\limits_{x\in U^\circ(a,\delta_1)} \{f(x)\} \leqslant \sup\limits_{x\in U^\circ(a,\delta_2)} \{f(x)\} = \beta(\delta_2)$, 即 $\beta(\delta)$ 是 δ 的递增函数, 因此

$$\lim_{\delta\to 0^+} \sup_{x\in U^\circ(a,\delta)} \{f(x)\}$$

存在, 等式的证明参看定理 2.3.4.

$\varliminf\limits_{x\to a} f(x) = \lim\limits_{\delta\to 0^+} \inf\limits_{x\in U^\circ(a,\delta)} \{f(x)\}$ 的证明与上述证明类似.

习　题　2.3

1. 能否找出一个数列 $\{x_n\}$, 它没有收敛子列, 但 $\{|x_n|\}$ 收敛?
2. 证明有界数列收敛的充要条件是: 数列有唯一的极限点.
3. 求下列函数的上极限与下极限.

(1) $x_n = (-1)^{n-1}\left(2 + \dfrac{3}{n}\right) (n\to\infty)$;

(2) $f(x) = x\cos x\ (x\to +\infty)$;

(3) $x_n = \dfrac{2n}{n+1}\sin\dfrac{n\pi}{4}\ (n\to\infty)$;

(4) $f(x) = \sin(\ln x)\ (x\to 2)$;

(5) $f(x) = \dfrac{x}{1+x^2\sin^2 x}\ (x\to +\infty)$;

(6) $f(x) = \left(1 + \cos^2\dfrac{1}{x}\right)^{\sec^2\frac{1}{x}}\ (x\to 0)$.

4. 若 $\{x_n\}$ 为有界数列, $\{y_n\}$ 收敛, 试证:

(1) $\varlimsup\limits_{n\to\infty}(x_n + y_n) = \varlimsup\limits_{n\to\infty} x_n + \lim\limits_{n\to\infty} y_n$;

(2) $\varlimsup\limits_{n\to\infty}(x_n\cdot y_n) = \lim\limits_{n\to\infty} y_n\cdot\varlimsup\limits_{n\to\infty} x_n\ (y_n\geqslant 0)$.

5. 设 $\sigma_n = \dfrac{a_1 + a_2 + \cdots + a_n}{n}$, 证明:

(1) $\varlimsup\limits_{n\to\infty}\sigma_n \leqslant \varlimsup\limits_{n\to\infty} a_n$;

(2) $\varliminf\limits_{n\to\infty}\sigma_n \geqslant \varliminf\limits_{n\to\infty} a_n$.

6. 设 $a_n > 0$, 则

$$\varliminf_{n \to \infty} \frac{a_{n+1}}{a_n} \leqslant \varliminf_{n \to \infty} \sqrt[n]{a_n} \leqslant \varlimsup_{n \to \infty} \sqrt[n]{a_n} \leqslant \varlimsup_{n \to \infty} \frac{a_{n+1}}{a_n}.$$

7. 利用推论 2.3.2 证明数列的柯西准则.

8.* 设 x_n 非负, 且 $x_{n+m} \leqslant x_n \cdot x_m$, 证明 $\{\sqrt[n]{x_n}\}$ 收敛.

9.* 设 $x_n > 0$, 若 $\varlimsup_{n \to \infty} x_n \cdot \varlimsup_{n \to \infty} \frac{1}{x_n} = 1$, 则 $\{x_n\}$ 收敛.

10.* 设数列 $\{x_n\}$ 有界, 若 $\lim\limits_{n \to \infty} (x_{n+1} - x_n) = 0$, 证明 $\{x_n\}$ 上的极限点遍布于

$$l = \varliminf_{n \to \infty} x_n \quad \text{和} \quad L = \varlimsup_{n \to \infty} x_n$$

之间.

11.* 设 $a_n > 0$, 证明:

(1) $\varlimsup\limits_{n \to \infty} \left(\frac{1 + a_{n+1}}{a_n} - 1 \right) \geqslant 1$;

(2) $\varlimsup\limits_{n \to \infty} \left(\frac{1 + a_{n+1}}{a_n} \right)^n \geqslant \mathrm{e}$.

2.4 阶 的 估 计

这一节, 先复习阶的概念与阶的比较, 再讲述阶的基本运算法则, 并用它来研究极限. 后面的一系列例题将会看到, 用阶的估计可大大简化许多初等函数的极限计算.

本节要用到过去的基础知识有:

(1) 泰勒公式、基本初等函数的泰勒展开式;

(2) 数项级数与广义积分的敛散性定义及判别法则.

2.4.1 基本概念

定义 2.4.1 若 $\lim\limits_{x \to x_0} f(x) = 0$, 则当 $x \to x_0$ 时称 $f(x)$ 是无穷小量. 这里 $x \to x_0$ 是各种方式的, 可以是单边的, 也可以是双边的, x_0 还可以是无穷大. 例如:

$$x + \sin x \ (x \to 0); \qquad \frac{\sin n + \sin 2n}{n} \ (n \to \infty); \qquad \ln x \ (x \to 1)$$

都是无穷小量.

定义 2.4.2 若 $\lim\limits_{x \to x_0} f(x) = \infty$, 则当 $x \to x_0$ 时称 $f(x)$ 是无穷大量. 例如:

$$x + \sin x \cdot \ln x \ (x \to +\infty); \qquad \frac{1}{\sin x} + \cos x \ (x \to 0);$$

$$\frac{5}{\sqrt{x} - 1} \ (x \to 1^+); \qquad (-1)^n n + \frac{1}{\sqrt{n}} \ (n \to \infty)$$

都是无穷大量.

定理 2.4.1　设 $f(x)$ 在点 x_0 的某空心邻域 $U^\circ(x_0)$ 内不为零, 若当 $x \to x_0$ 时 $f(x)$ 为无穷大量, 则当 $x \to x_0$ 时 $\dfrac{1}{f(x)}$ 为无穷小量; 若当 $x \to x_0$ 时 $f(x)$ 为无穷小量, 则当 $x \to x_0$ 时 $\dfrac{1}{f(x)}$ 为无穷大量.

证明　设 $\lim\limits_{x \to x_0} f(x) = \infty$, 给定任意小的 $\varepsilon > 0$, 按定义, 对正数 $M = \dfrac{1}{\varepsilon}$, 必存在 $\delta > 0$, 当 $x \in U^\circ(x_0, \delta)$ 时, 都有

$$|f(x)| > M = \frac{1}{\varepsilon}, \quad 即 \quad \left| \frac{1}{f(x)} \right| < \varepsilon.$$

这表明 $\lim\limits_{x \to x_0} \dfrac{1}{f(x)} = 0$, 即 $\dfrac{1}{f(x)}$ 当 $x \to x_0$ 时为无穷小量.

相反的情形类似可证.

由这个定理可见, 对无穷大量的研究, 可归结为无穷小量的研究.

定义 2.4.3　若 $\lim\limits_{x \to x_0} \dfrac{f(x)}{g(x)} = 0$, 则称 $f(x)$ 对于 $g(x)$ 当 $x \to x_0$ 时是无穷小量, 记为

$$f(x) = o(g(x)) \quad (x \to x_0).$$

若 $f(x)$ 与 $g(x)$ 都是无穷小量, 则称 $f(x)$ 是比 $g(x)$ 高阶的无穷小量.

若 $f(x)$ 与 $g(x)$ 都是无穷大量, 则称 $f(x)$ 是比 $g(x)$ 低阶的无穷大量.

注　在我们记号 $f(x) = o(g(x))$ 的定义里, 并不要求 $f(x)$ 与 $g(x)$ 当 $x \to x_0$ 时都必须是无穷大量或无穷小量. 例如:

$$\frac{x-1}{x} \quad 与 \quad \sin\frac{1}{x},$$

有关系:

$$\lim_{x \to \infty} \frac{\sin\dfrac{1}{x}}{\dfrac{x-1}{x}} = 0.$$

按定义, $\sin\dfrac{1}{x} = o\left(\dfrac{x-1}{x} \right) (x \to \infty)$, 但当 $x \to \infty$ 时, $\dfrac{x-1}{x} \to 1$, 它既不是无穷大量也不是无穷小量.

若 $\lim\limits_{x \to x_0} f(x) = 0$, 即 $\lim\limits_{x \to x_0} \dfrac{f(x)}{1} = 0$. 由定义, 可记为

$$f(x) = o(1) \quad (x \to x_0).$$

定义 2.4.4 若 $\lim\limits_{x \to x_0} \dfrac{f(x)}{g(x)} = 1$, 则称 $f(x)$ 对于 $g(x)$ 当 $x \to x_0$ 时是等价的, 记为

$$f(x) \sim g(x) \quad (x \to x_0).$$

例如, 因为 $\lim\limits_{x \to 0} \dfrac{\sin x}{x} = 1$, 故 $\sin x \sim x \ (x \to 0)$, 又因为

$$\lim_{x \to 0} \frac{\tan x}{x} = \lim_{x \to 0} \left(\frac{\sin x}{x} \cdot \frac{1}{\cos x} \right) = \lim_{x \to 0} \frac{\sin x}{x} \cdot \lim_{x \to 0} \frac{x}{\cos x} = 1,$$

故 $\tan x \sim x \ (x \to 0)$.

这里也不要求 $f(x)$ 与 $g(x)$ 必须是无穷大量或无穷小量.

定理 2.4.2 若 $f(x) \sim g(x) \ (x \to x_0)$, 且 $\lim\limits_{x \to x_0} f(x)h(x) = A$, 则

$$\lim_{x \to x_0} g(x)h(x) = A.$$

证明 因为

$$g(x) \cdot h(x) = \frac{g(x)}{f(x)} \cdot f(x) \cdot h(x),$$

所以 $\lim\limits_{x \to x_0} g(x)h(x) = \lim\limits_{x \to x_0} \dfrac{g(x)}{f(x)} \lim\limits_{x \to x_0} f(x)h(x) = 1 \cdot A = A.$

这个定理说明, 在求两个函数乘积的极限时, 可以用等价的量来代替以简化计算.

例 2.4.1 求 $\lim\limits_{x \to 0} \dfrac{\arctan 7x}{\sin 4x}$.

解 因为 $\lim\limits_{x \to 0} \dfrac{\arctan x}{x} = \lim\limits_{u \to 0} \dfrac{u}{\tan u} = 1$ (令 $\arctan x = u$), 所以

$$\arctan x \sim x, \quad \arctan 7x \sim 7x \quad (x \to 0),$$

再由 $\sin 4x \sim 4x \ (x \to 0)$, 故 $\lim\limits_{x \to 0} \dfrac{\arctan 7x}{\sin 4x} = \lim\limits_{x \to 0} \dfrac{7x}{4x} = \dfrac{7}{4}.$

注 用等价量代换计算极限时只适用于乘除的情形, 对于加减的情形就不一定适用.

例如: $\lim\limits_{x \to \infty} \dfrac{\dfrac{1}{x}}{\dfrac{1}{x+1}} = \lim\limits_{x \to \infty} \dfrac{x+1}{x} = 1$, 因此, $\dfrac{1}{x} \sim \dfrac{1}{x+1} \ (x \to \infty)$. 在计算

$$\lim_{x \to \infty} \frac{\dfrac{1}{x} - \dfrac{1}{x+1}}{\dfrac{1}{x^2}}$$

时, 若用 $\dfrac{1}{x}$ 代换 $\dfrac{1}{x+1}$, 则

$$\lim_{x\to\infty} \frac{\dfrac{1}{x} - \dfrac{1}{x}}{\dfrac{1}{x^2}} = 0,$$

这是错误的. 事实上

$$\lim_{x\to\infty} \frac{\dfrac{1}{x} - \dfrac{1}{x+1}}{\dfrac{1}{x^2}} = \lim_{x\to\infty} \frac{\dfrac{1}{x(x+1)}}{\dfrac{1}{x^2}} = \lim_{x\to\infty} \frac{x^2}{x^2+x} = 1.$$

定义 2.4.5　设 $g(x) > 0$, 若存在常数 $A > 0$, 使得

$$|f(x)| \leqslant Ag(x), \quad x \in (a,b)$$

成立, 则称在 (a,b) 内 $g(x)$ 是 $f(x)$ 的强函数, 记为

$$f(x) = O(g(x)), \quad x \in (a,b).$$

若 $\varlimsup\limits_{x\to x_0} \dfrac{|f(x)|}{g(x)} \leqslant A$, 则

$$f(x) = O(g(x)) \quad (x \to x_0).$$

由上极限的定义容易证明, 若 $\varlimsup\limits_{x\to x_0} \dfrac{|f(x)|}{g(x)} \leqslant A$, 则存在点 x_0 某空心邻域 $U^\circ(x_0)$ 使得

$$\frac{|f(x)|}{g(x)} < A + \varepsilon, \quad \text{即} \quad |f(x)| \leqslant (A+\varepsilon)g(x),$$

把 $A + \varepsilon$ 改换为 A (因为我们只要说明有这样的常数存在不必考虑它的大小), 则

$$|f(x)| \leqslant Ag(x), \quad x \in U^\circ(x_0),$$

即在点 x_0 的某空心邻域内, $g(x)$ 是 $f(x)$ 的强函数.
　　例如:

$$\cos x = O(1) \quad (-\infty < x < +\infty); \qquad \ln x = O(x) \quad (x \geqslant 1);$$

$$x + x^2 \sin x = O(x^2) \quad (x \to \infty).$$

定义 2.4.6 设当 $x \to x_0$ 时, $f(x)$ 与 $g(x)$ 都是无穷小量 (无穷大量), 且存在常数 $A > 0, B > 0$, 使得

$$\varlimsup_{x \to x_0} \left| \frac{f(x)}{g(x)} \right| \leqslant A, \quad \varlimsup_{x \to x_0} \left| \frac{g(x)}{f(x)} \right| \leqslant B,$$

则称 $f(x)$ 与 $g(x)$ 当 $x \to x_0$ 时是同阶无穷小量 (无穷大量).

例如: 当 $x \to 1^-$ 时, $\sqrt{1-x}$ 和 $\sqrt{1-x}\left(2 + \sin \dfrac{1}{x-1}\right)$ 都是无穷小量.

$$\varlimsup_{x \to 1^-} \left| \frac{\sqrt{1-x}\left(2 + \sin \dfrac{1}{x-1}\right)}{\sqrt{1-x}} \right| \leqslant 3,$$

$$\varlimsup_{x \to 1^-} \left| \frac{\sqrt{1-x}}{\sqrt{1-x}\left(2 + \sin \dfrac{1}{x-1}\right)} \right| \leqslant 1,$$

所以 $\sqrt{1-x}$ 和 $\sqrt{1-x}\left(2 + \sin \dfrac{1}{x-1}\right)$ 当 $x \to 1^-$ 时是同阶无穷小量. 又如

$$\ln(n + \sin n) \quad \text{与} \quad 3\ln n \quad (n \to \infty)$$

是同阶无穷大量.

2.4.2 有关 O 与 o 的基本运算法则

法则 1 若 $f(x)$ 当 $x \to x_0$ 时是无穷大量, 而 $\varphi(x) = O(1)$, 则 $\varphi(x) = o(f(x))$ $(x \to x_0)$, 此法则说明有界量与无穷大量之比是无穷小量;

法则 2 若 $f(x) = O(\varphi(x))$, $\varphi(x) = O(\psi(x))$, 则 $f(x) = O(\psi(x))$;

法则 3 若 $f(x) = O(\varphi(x))$, $\varphi(x) = o(\psi(x))$, 则 $f(x) = o(\psi(x))$;

法则 4 $O(f) + O(g) = O(f + g)$;

法则 5 $O(f) \cdot O(g) = O(f \cdot g)$;

法则 6 $o(1) \cdot O(f) = o(f)$;

法则 7 $O(1) \cdot o(f) = o(f)$;

法则 8 $O(f) + o(f) = O(f)$;

法则 9 $o(f) + o(g) = o(|f| + |g|)$;

法则 10 $O(f) \cdot o(g) = o(f \cdot g)$;

法则 11 $(o(f))^k = o(f^k)$, k 为正整数;

法则 12 $(O(f))^k = O(f^k)$, k 为正整数;

法则 13　若 $f = o(g)$, $g \sim \varphi$, 则 $g \sim \varphi \pm f$.

这些法则的证明都比较简单, 我们选择几个证明作为示范.

法则 3 的证明　由于 $f(x) = O(\varphi(x))$, 即 $\overline{\lim\limits_{x \to x_0}} \dfrac{|f(x)|}{\varphi(x)} \leqslant A$. 从 $\varphi(x) = o(\psi(x))$, 即 $\lim\limits_{x \to x_0} \dfrac{\varphi(x)}{\psi(x)} = 0$. 于是

$$0 \leqslant \overline{\lim_{x \to x_0}} \left|\frac{f(x)}{\psi(x)}\right| = \overline{\lim_{x \to x_0}} \left|\frac{f(x)}{\varphi(x)} \cdot \frac{\varphi(x)}{\psi(x)}\right| \leqslant \overline{\lim_{x \to x_0}} \left|\frac{f(x)}{\varphi(x)}\right| \cdot \overline{\lim_{x \to x_0}} \left|\frac{\varphi(x)}{\psi(x)}\right| \leqslant A \cdot 0 = 0,$$

故 $\lim\limits_{x \to x_0} \dfrac{f(x)}{\psi(x)} = 0$, 即 $f(x) = o(\psi(x))$.

法则 4 的证明　设 $\varphi(x) = O(f)$, $\psi(x) = O(g)$, 则 $\exists A, B > 0$, $\forall x \in (a, b)$, 有

$$|\varphi(x)| \leqslant Af(x), \quad |\psi(x)| \leqslant Bg(x).$$

于是

$$\frac{|O(f) + O(g)|}{f(x) + g(x)} = \frac{|\varphi(x) + \psi(x)|}{f(x) + g(x)} \leqslant \frac{|\varphi(x)|}{f(x)} + \frac{|\psi(x)|}{g(x)} \leqslant \frac{Af(x)}{f(x)} + \frac{Bg(x)}{g(x)} = A + B,$$

即 $O(f) + O(g) = O(f + g)$.

法则 6 的证明　设 $\varphi(x) = o(1)$, $\psi(x) = O(f)$, 则 $\lim\limits_{x \to x_0} \varphi(x) = 0$, $\overline{\lim\limits_{x \to x_0}} \dfrac{|\psi(x)|}{f(x)} \leqslant A$, 于是

$$0 \leqslant \overline{\lim_{x \to x_0}} \frac{|\varphi(x) \cdot \psi(x)|}{f(x)} \leqslant \overline{\lim_{x \to x_0}} |\varphi(x)| \cdot \overline{\lim_{x \to x_0}} \frac{|\psi(x)|}{f(x)} \leqslant 0 \cdot A = 0,$$

即 $o(1) \cdot O(f) = o(f)$.

法则 12 的证明　设 $\varphi(x) = O(f)$, $\forall x \in (a, b)$, $\exists A > 0$, 使得

$$|\varphi(x)| \leqslant Af(x), \quad \forall x \in (a, b),$$

即 $|\varphi(x)|^k \leqslant A^k f^k(x)$, $\forall x \in (a, b)$, 因此 $(O(f))^k = O(f^k)$.

要注意, 符号 $\varphi = O(f)$ 或 $\varphi = o(f)$ 不是等式, 只不过把它写成等式而已.

上面的基本法则虽然简单, 却使我们能够容易地处理大量阶的估计问题.

例如, 由法则 8,

$$2 + \sin \frac{1}{x} = O(1) \quad (x \to \infty),$$
$$x \cdot \cos x + \sin x = O(x) \quad (x \to \infty),$$

由法则 13,

$$x^3 + 2x^2 + x \sim x^3 \quad (x \to +\infty).$$

2.4.3 几个基本方式及应用

定理 2.4.3 设 ε, A, α 为任意的正常数, 则

$$x^A = o((1+\alpha)^{\varepsilon x}) \quad (x \to +\infty); \tag{2.4.1}$$

$$(\ln x)^A = o(x^\varepsilon) \quad (x \to +\infty); \tag{2.4.2}$$

$$(f(x))^A = o(e^{\varepsilon f(x)}) \quad (x \to +\infty), \tag{2.4.3}$$

其中 $f(x)$ 是单调递增函数, 且 $\lim\limits_{x \to +\infty} f(x) = +\infty$.

这个定理说明幂函数是比指数函数低阶的无穷大量; 对数函数是比幂函数低阶的无穷大量.

证明 设 $n = [x]$, 则 $n \leqslant x < n+1$, 当 $x \to \infty$ 时, $n \to \infty$. 令 $m = [A]+1$, 则 $A < m$. 利用二项式定理, 当 $n > m$ 时,

$$\begin{aligned}
(1+\alpha)^x \geqslant (1+\alpha)^n &= 1 + C_n^1 \alpha + \cdots + C_n^{m+1} \alpha^{m+1} + \cdots + C_n^n \alpha^n \\
&> C_n^{m+1} \alpha^{m+1} = \frac{\alpha^{m+1}}{(m+1)!} n(n-1) \cdots (n-m) \\
&\geqslant \frac{\alpha^{m+1}}{(m+1)!} (n-m)^{m+1}.
\end{aligned}$$

于是

$$\frac{(1+\alpha)^x}{x^A} \geqslant \frac{(1+\alpha)^x}{(1+n)^m} > \frac{\alpha^{m+1}}{(m+1)!} \cdot \frac{(n-m)^{m+1}}{(1+n)^m}.$$

注意到 α 与 m 都是给定的正常数, 而

$$\lim_{n \to \infty} \frac{\alpha^{m+1}}{(m+1)!} \frac{(n-m)^{m+1}}{(1+n)^m} = \frac{\alpha^{m+1}}{(m+1)!} \lim_{n \to \infty} \frac{(n-m)^{m+1}}{(1+n)^m} = +\infty.$$

这就证明了对任意给定的 A 及 $\alpha > 0$, 有

$$\lim_{x \to \infty} \frac{x^A}{(1+\alpha)^x} = 0, \tag{2.4.4}$$

取 $x = \varepsilon y$, 则当 $x \to +\infty$ 时, $y \to +\infty$, 由 (2.4.4) 式,

$$\lim_{y \to +\infty} \frac{y^A \varepsilon^A}{(1+\alpha)^{\varepsilon y}} = 0,$$

此即 $x^A = o((1+\alpha)^{\varepsilon x})$ $(x \to +\infty)$. 在 (2.4.4) 式中 $\alpha = e-1$, $x = \varepsilon \ln y$, 则

$$\lim_{y \to +\infty} \frac{(\ln y)^A}{e^{\varepsilon \ln y}} = 0,$$

即 $(\ln y)^A = o(y^\varepsilon)$ $(y \to +\infty)$, 这是 (2.4.2) 式.

在上式中取 $y = e^{f(x)}$, 则当 $x \to +\infty$ 时, $y \to +\infty$, 因此, $\lim\limits_{x \to +\infty} \dfrac{(f(x))^A}{e^{\varepsilon f(x)}} = 0$, 这就是 (2.4.3) 式.

定理 2.4.4　在点 x_0 的某邻域内, $f(x)$ 具有直到 n 阶的导数, 且 $|f^{(n)}(x)| \leqslant M$, 则

$$f(x) = \sum_{k=0}^{n-1} \frac{f^{(k)}(x_0)}{k!}(x - x_0)^k + O(|x - x_0|^n). \tag{2.4.5}$$

证明　由带拉格朗日余项的泰勒公式

$$f(x) = \sum_{k=0}^{n-1} \frac{f^{(k)}(x_0)}{k!}(x - x_0)^k + \frac{f^{(n)}(\xi)}{n!}(x - x_0)^n, \quad \xi \text{ 介于 } x \text{ 与 } x_0 \text{ 之间},$$

而

$$\left| \frac{f^{(n)}(\xi)}{n!}(x - x_0)^n \right| \leqslant M|x - x_0|^n,$$

因此 $\dfrac{\left| \dfrac{f^{(n)}(\xi)}{n!}(x - x_0)^n \right|}{|x - x_0|^n} \leqslant M$, 即 $\left| \dfrac{f^{(n)}(\xi)}{n!}(x - x_0)^n \right| = O(|x - x_0|^n)$. 得到 (2.4.5) 式.

由本定理立即得到下面几个基本初等函数的估计式:

$$\sin x = x - \frac{x^3}{3!} + O(x^5) \quad (x \to 0); \tag{2.4.6}$$

$$\cos x = 1 - \frac{x^2}{2!} + O(x^4) \quad (x \to 0); \tag{2.4.7}$$

$$\ln(1 + x) = x - \frac{x^2}{2} + O(x^3) \quad (x \to 0); \tag{2.4.8}$$

$$(1 + x)^\alpha = 1 + \alpha x + O(x^2) \quad (x \to 0); \tag{2.4.9}$$

$$e^x = 1 + x + O(x^2) \quad (x \to 0). \tag{2.4.10}$$

如有必要可多计算几项.

更一般地, 若 $f(x)$ 满足条件 $\lim\limits_{x \to x_0} f(x) = 0$, 则在点 x_0 某邻域内

$$\sin f(x) = f(x) - \frac{f^3(x)}{3!} + O(|f(x)|^5); \tag{2.4.11}$$

$$\cos f(x) = 1 - \frac{f^2(x)}{2!} + O(|f(x)|^4); \tag{2.4.12}$$

$$\ln(1 + f(x)) = f(x) - \frac{f^2(x)}{2} + O(|f(x)|^3); \tag{2.4.13}$$

$$e^{f(x)} = 1 + f(x) + O(|f(x)|^2). \tag{2.4.14}$$

下面给出用阶的估计的应用例子, 虽然有许多例子也可以用其他方法解决, 但用此方法显得比较简便.

例 2.4.2 试证明 $\lim\limits_{n\to\infty}\dfrac{n(\sqrt[n]{n}-1)}{\ln n}=1$.

证明 由公式 (2.4.14),

$$\sqrt[n]{n}=\exp\left(\frac{\ln n}{n}\right)=1+\frac{\ln n}{n}+O\left(\frac{\ln^2 n}{n^2}\right)\quad(n\to\infty),$$

$\left(\text{这里}\exp\left(\dfrac{\ln n}{n}\right)=\mathrm{e}^{\frac{\ln n}{n}}\right)$, 所以

$$n(\sqrt[n]{n}-1)=\ln n+O\left(\frac{\ln^2 n}{n}\right),$$

或 $\dfrac{n(\sqrt[n]{n}-1)}{\ln n}=1+O\left(\dfrac{\ln n}{n}\right)$, 由于 $\lim\limits_{n\to\infty}\dfrac{\ln n}{n}=0$ (定理 2.4.3 (2.4.2) 式取

$A=\varepsilon=1,\ x=n$), 故得 $\lim\limits_{n\to\infty}\dfrac{n(\sqrt[n]{n}-1)}{\ln n}=1$.

例 2.4.3 设 α 为实数, 证明

$$\left(1+\frac{\alpha}{n}\right)^n=\exp\left[\alpha-\frac{\alpha^2}{2n}+O\left(\frac{1}{n^2}\right)\right].$$

证明 令 $a_n=\left(1+\dfrac{\alpha}{n}\right)^n$, 则

$$\ln a_n=n\ln\left(1+\frac{\alpha}{n}\right)=n\left[\frac{\alpha}{n}-\frac{\alpha^2}{2n^2}+O\left(\frac{1}{n^3}\right)\right]=\alpha-\frac{\alpha^2}{2n}+O\left(\frac{1}{n^2}\right),$$

即

$$\left(1+\frac{\alpha}{n}\right)^n=\exp\left[\alpha-\frac{\alpha^2}{2n}+O\left(\frac{1}{n^2}\right)\right].$$

例 2.4.4 求 $\lim\limits_{x\to0}\dfrac{(1+x)^x-\cos\dfrac{x}{2}}{\left(\sin x-\sin\dfrac{x}{2}\right)\ln(1+x)}$.

解 当 $x\to0$ 时, 由 (2.4.8) 式有

$$x\ln(1+x)=x\left[x-\frac{x^2}{2}+O(x^3)\right]=x^2-\frac{x^3}{2}+O(x^4),$$

所以

$$(1+x)^x=\exp\left[x^2-\frac{x^3}{2}+O(x^4)\right].$$

利用 (2.4.10) 式得

$$(1+x)^x=1+x^2+O(x^3),$$

分别由 (2.4.7), (2.4.6), (2.4.8) 得

$$\cos\frac{x}{2} = 1 - \frac{x^2}{8} + O(x^4),$$

$$\sin x - \sin\frac{x}{2} = x - \frac{x}{2} + O(x^3),$$

$$\ln(1+x) = x + O(x^2),$$

因此

$$\frac{(1+x)^x - \cos\frac{x}{2}}{\left(\sin x - \sin\frac{x}{2}\right)\ln(1+x)} = \frac{1 + x^2 + O(x^3) - \left[1 - \frac{x^2}{8} + O(x^4)\right]}{\left[\frac{x}{2} + O(x^3)\right]\left[x + O(x^2)\right]}$$

$$= \frac{\frac{9}{8}x^2 + O(x^3)}{\frac{1}{2}x^2 + O(x^3)} = \frac{9}{4}\cdot\frac{1+O(x)}{1+O(x)} \to \frac{9}{4} \quad (x\to 0),$$

即

$$\lim_{x\to 0}\frac{(1+x)^x - \cos\frac{x}{2}}{\left(\sin x - \sin\frac{x}{2}\right)\ln(1+x)} = \frac{9}{4}.$$

例 2.4.5　求 $\lim\limits_{x\to+\infty}\left(\sqrt{x + \sqrt{x + \sqrt{x^\alpha}}} - \sqrt{x}\right)$ $(0 < \alpha < 2)$.

解　当 $x\to+\infty$ 时, 由于 $0 < \alpha < 2$, 我们有

$$\sqrt{x + \sqrt{x + \sqrt{x^\alpha}}} = \sqrt{x}\left(1 + \sqrt{\frac{1}{x} + x^{\frac{\alpha}{2}-2}}\right)^{\frac{1}{2}}$$

$$= \sqrt{x}\left(1 + \frac{1}{2\sqrt{x}}\sqrt{1 + x^{\frac{\alpha}{2}-1}}\right) + O\left(\frac{1}{\sqrt{x}}\right),$$

由于 $0 < \alpha < 2$, 有

$$\lim_{x\to+\infty}\left(\sqrt{x + \sqrt{x + \sqrt{x^\alpha}}} - \sqrt{x}\right) = \frac{1}{2}.$$

例 2.4.6　求 $\lim\limits_{x\to+\infty}\dfrac{x\ln\left(1+\frac{2}{x^2}\right)\left[\mathrm{e} - \left(1+\frac{1}{x}\right)^x\right]}{1 - x\tan\frac{1}{x}}$.

解 由例 2.4.3,

$$\left(1+\frac{1}{x}\right)^x = \exp\left[1-\frac{1}{2x}+O\left(\frac{1}{x^2}\right)\right] = \mathrm{e}\cdot\exp\left[-\frac{1}{2x}+O\left(\frac{1}{x^2}\right)\right]$$

$$= \mathrm{e}\left[1-\frac{1}{2x}+O\left(\frac{1}{x^2}\right)\right] = \mathrm{e}-\frac{\mathrm{e}}{2x}+O\left(\frac{1}{x^2}\right),$$

$\tan\dfrac{1}{x} = \dfrac{1}{x}+\dfrac{1}{3x^3}+O\left(\dfrac{1}{x^5}\right)$ (可由泰勒公式直接计算), 故

$$\frac{x\ln\left(1+\dfrac{2}{x^2}\right)\left[\mathrm{e}-\left(1+\dfrac{1}{x}\right)^x\right]}{1-x\tan\dfrac{1}{x}}$$

$$= \frac{\left[\dfrac{2}{x^2}+O\left(\dfrac{1}{x^4}\right)\right]\left[\dfrac{\mathrm{e}}{2x}+O\left(\dfrac{1}{x^2}\right)\right]}{\dfrac{1}{x}-\left[\dfrac{1}{x}+\dfrac{1}{3x^3}+O\left(\dfrac{1}{x^5}\right)\right]}$$

$$= \frac{\dfrac{\mathrm{e}}{x^3}+O\left(\dfrac{1}{x^4}\right)}{-\dfrac{1}{3x^3}+O\left(\dfrac{1}{x^5}\right)} \to -3\mathrm{e} \quad (x\to+\infty),$$

于是

$$\lim_{x\to+\infty}\frac{x\ln\left(1+\dfrac{2}{x^2}\right)\left[\mathrm{e}-\left(1+\dfrac{1}{x}\right)^x\right]}{1-x\tan\dfrac{1}{x}} = -3\mathrm{e}.$$

例 2.4.7 研究级数 $\sum\limits_{n=1}^{\infty}\left(\dfrac{1}{\sqrt{n}}-\sqrt{\ln\dfrac{n+1}{n}}\right)$ 的敛散性.

解

$$\sqrt{\ln\frac{n+1}{n}} = \sqrt{\ln\left(1+\frac{1}{n}\right)} = \left[\frac{1}{n}-\frac{1}{2n^2}+O\left(\frac{1}{n^3}\right)\right]^{\frac{1}{2}}$$

$$= \frac{1}{\sqrt{n}}\left[1-\frac{1}{2n}+O\left(\frac{1}{n^2}\right)\right]^{\frac{1}{2}} = \frac{1}{\sqrt{n}}\left[1-\frac{1}{4n}+O\left(\frac{1}{n^2}\right)\right]$$

$$= \frac{1}{\sqrt{n}}-\frac{1}{4n^{\frac{3}{2}}}+O\left(\frac{1}{n^{\frac{5}{2}}}\right),$$

故 $\left(\dfrac{1}{\sqrt{n}} - \sqrt{\ln\dfrac{n+1}{n}}\right) = \dfrac{1}{4n^{\frac{3}{2}}} + O\left(\dfrac{1}{n^{\frac{5}{2}}}\right)$, 因此

$$\lim_{n\to\infty} \dfrac{\dfrac{1}{\sqrt{n}} - \sqrt{\ln\dfrac{n+1}{n}}}{\dfrac{1}{4n^{\frac{3}{2}}}} = 1,$$

而级数 $\displaystyle\sum_{n=1}^{\infty} \dfrac{1}{4n^{\frac{3}{2}}}$ 收敛, 由比较判别法知原级数也收敛.

例 2.4.8　研究广义积分 $\displaystyle\int_1^{+\infty} \dfrac{(\mathrm{e}^{\frac{1}{x^2}} - 1)^{\alpha}}{\ln^{\beta}\left(1 + \dfrac{1}{x}\right)}\mathrm{d}x$ 的敛散性.

解　当 $x \to +\infty$ 时,

$$\dfrac{\left(\mathrm{e}^{\frac{1}{x^2}} - 1\right)^{\alpha}}{\ln^{\beta}\left(1 + \dfrac{1}{x}\right)} = \dfrac{\left[\dfrac{1}{x^2} + O\left(\dfrac{1}{x^4}\right)\right]^{\alpha}}{\left[\dfrac{1}{x} + O\left(\dfrac{1}{x^2}\right)\right]^{\beta}} = \dfrac{1}{x^{2\alpha - \beta}} \dfrac{\left[1 + O\left(\dfrac{1}{x^2}\right)\right]^{\alpha}}{\left[1 + O\left(\dfrac{1}{x}\right)\right]^{\beta}},$$

我们知道, 积分

$$\int_1^{+\infty} \dfrac{1}{x^p}\mathrm{d}x \begin{cases} \text{收敛}, & p > 1, \\ \text{发散}, & p \leqslant 1, \end{cases}$$

因此

$$\int_1^{+\infty} \dfrac{(\mathrm{e}^{\frac{1}{x^2}} - 1)^{\alpha}}{\ln^{\beta}\left(1 + \dfrac{1}{x}\right)}\mathrm{d}x \begin{cases} \text{收敛}, & 2\alpha - \beta > 1, \\ \text{发散}, & 2\alpha - \beta \leqslant 1. \end{cases}$$

习　题　2.4

1. 证明:

(1) $O(o(f)) = o(f)$;

(2) $o(O(f)) = o(f)$;

(3) $O(f) \cdot O(g) = O(f \cdot g)$;

(4) $o(f) + o(g) = o(|f| + |g|)$.

2. 设 $f(x)$ 为下列函数.

(1) $\sqrt[3]{x + \sqrt[3]{x + \sqrt[4]{x}}}$;

(2) $\sin\dfrac{1}{x^2} \cdot \ln\left(1 + \dfrac{1}{x^{\alpha}}\right)$ $(\alpha > 0)$;

(3) $\mathrm{e}^{\sin\frac{1}{x} + \cos\frac{1}{x}} \cdot \ln\dfrac{1}{x+5}$,

试确定常数 k, 使当 $x \to \infty$ 时, $f(x) \sim x^k$.

3. 设 $f(x)$ 为下列函数:

(1) $\tan^3 x - 3\tan x \ \left(x \to \dfrac{\pi}{3}\right)$;

(2) $x^x - 1(x \to 1)$,

试确定常数 k, 使在相应的自变量变化过程中 $f(x) \sim x^k$.

4. 求下列极限.

(1) $\lim\limits_{x \to 0} \dfrac{\mathrm{e}^x \sin x - x(1+x)}{x^3}$;

(2) $\lim\limits_{x \to +\infty} x^{\frac{3}{2}} \left(\sqrt{x+1} + \sqrt{x-1} - 2\sqrt{x}\right)$;

(3) $\lim\limits_{x \to \infty} \left[\left(x^3 - x^2 + \dfrac{x}{2}\right) \mathrm{e}^{\frac{1}{x}} - \sqrt{x^6 + 1}\right]$;

(4) $\lim\limits_{x \to 0} \dfrac{a^x + a^{-x} - 2}{x^2} \quad (a > 0)$;

(5) $\lim\limits_{n \to +\infty} n^2 (\sqrt[n]{x} - \sqrt[n+1]{x}) \quad (x > 0)$;

(6) $\lim\limits_{n \to \infty} \cos^n \dfrac{x}{\sqrt{n}}$.

5. 判定下列级数或广义积分的敛散性.

(1) $\sum\limits_{n=1}^{\infty} \left(n^{\frac{1}{n^2+1}} - 1\right)$;

(2) $\sum\limits_{n=1}^{\infty} \left(\cos \dfrac{\alpha}{n}\right)^{n^3} (\alpha \neq 0)$;

(3) $\sum\limits_{n=1}^{\infty} \dfrac{\left(1 - \cos \dfrac{1}{n}\right)^{\beta}}{\ln^r(1+n)}$;

(4) $\displaystyle\int_1^{+\infty} \dfrac{x^m \arctan x}{2 + x^n} \mathrm{d}x$;

(5) $\displaystyle\int_1^{+\infty} \dfrac{\ln\left(1 + \sin \dfrac{1}{x^{\alpha}}\right)}{x^{\beta} \ln\left(\cos \dfrac{1}{x}\right)} \mathrm{d}x(\alpha > 0)$.

6* 证明: 对于任意的函数列

$$f_1(x), \ f_2(x), \cdots, f_n(x), \cdots \quad (x_0 < x < +\infty),$$

可以作一函数 $f(x)$, 使得对任意的 n,

$$f_n(x) = o(f(x)) \quad (x \to +\infty).$$

2.5　施托尔茨定理及其推广

施托尔茨 (Stolz) 定理与洛必达 (L' Hospital) 法则, 在形式上颇为相似, 它们都是用来处理不定型的极限的主要工具, 但前者不需要可微性的条件.

本节所需要的基础知识有:

(1) 若 $f'(x) > 0$, 则 $f(x)$ 严格递增;

(2) 柯西微分中值定理.

2.5.1　施托尔茨定理

定理 2.5.1 $\left(\dfrac{0}{0}\text{型的施托尔茨定理}\right)$　设数列 $\{a_n\}$, $\{b_n\}$ 满足

(1) $\lim\limits_{n\to\infty} a_n = \lim\limits_{n\to\infty} b_n = 0$;

(2) $\{b_n\}$ 严格递减;

(3) $\lim\limits_{n\to\infty} \dfrac{a_n - a_{n+1}}{b_n - b_{n+1}} = S$(有限, $+\infty$ 或 $-\infty$),

则 $\lim\limits_{n\to\infty} \dfrac{a_n}{b_n} = \lim\limits_{n\to\infty} \dfrac{a_n - a_{n+1}}{b_n - b_{n+1}}$.

证明　先假定 (3) 的极限有限, 设

$$\lim_{n\to\infty} \frac{a_n - a_{n+1}}{b_n - b_{n+1}} = S \text{ (定值)},$$

则 $\forall \varepsilon > 0$, $\exists N$, $\forall n > N$, 有

$$S - \varepsilon < \frac{a_n - a_{n+1}}{b_n - b_{n+1}} < S + \varepsilon,$$

注意到 $b_n - b_{n+1} > 0$, 即有

$$(S - \varepsilon)(b_n - b_{n+1}) < a_n - a_{n+1} < (S + \varepsilon)(b_n - b_{n+1}),$$

将 n 换成 $n+1$, $n+2$, $\cdots$, $n+p-1$, 并将结果相加, 得

$$(S - \varepsilon)(b_n - b_{n+p}) < a_n - a_{n+p} < (S + \varepsilon)(b_n - b_{n+p}),$$

令 $p \to \infty$, 则 $b_{n+p} \to 0$, $a_{n+p} \to 0$, 因此有

$$(S - \varepsilon)b_n \leqslant a_n \leqslant (S + \varepsilon)b_n.$$

由于 $\{b_n\}$ 严格递减且以零为极限, 故对任意的 n, $b_n > 0$, 不等式除以 b_n, 不等式方向不变, 因此有

$$S - \varepsilon \leqslant \frac{a_n}{b_n} \leqslant S + \varepsilon,$$

即

$$\lim_{n\to\infty} \frac{a_n}{b_n} = S.$$

若 $\lim\limits_{n \to \infty} \dfrac{a_n - a_{n+1}}{b_n - b_{n+1}} = +\infty$, 则 $\forall M > 0,\ \exists N,\ \forall n > N,$

$$\frac{a_n - a_{n+1}}{b_n - b_{n+1}} > M,$$

或 $a_n - a_{n+1} > M(b_n - b_{n+1})$, 类似前面的证明, 对任意的 p,

$$a_n - a_{n+p} > M(b_n - b_{n+p}),$$

令 $p \to \infty$, 即得 $a_n \geqslant M b_n$, 或 $\dfrac{a_n}{b_n} \geqslant M$, 此即

$$\lim_{n \to \infty} \frac{a_n}{b_n} = +\infty.$$

同样可证 $\lim\limits_{n \to \infty} \dfrac{a_n - a_{n+1}}{b_n - b_{n+1}} = -\infty$ 的情形.

定理 2.5.2 $\left(\dfrac{\bullet}{\infty}$ 型的施托尔茨定理$\right)$ 设数列 $\{a_n\}$, $\{b_n\}$ 满足

(1) $\lim\limits_{n \to \infty} b_n = +\infty$;

(2) $\{b_n\}$ 严格递增;

(3) $\lim\limits_{n \to \infty} \dfrac{a_n - a_{n-1}}{b_n - b_{n-1}} = S$(有限, $+\infty$ 或 $-\infty$),

则 $\lim\limits_{n \to \infty} \dfrac{a_n}{b_n} = S$.

证明 先设 S 为有限. $\forall \varepsilon > 0,\ \exists N,\ \forall n > N$ 有

$$(S - \varepsilon)(b_n - b_{n-1}) < a_n - a_{n-1} < (S + \varepsilon)(b_n - b_{n-1}),$$

将 n 换成 $n - 1,\ n - 2, \cdots, N + 1$, 并将结果相加, 得

$$(S - \varepsilon)(b_n - b_N) < a_n - a_N < (S + \varepsilon)(b_n - b_N),$$

由于 $\{b_n\}$ 严格递增且 $\lim\limits_{n \to \infty} b_n = +\infty$, 故当 n 足够大时, $b_n > 0$, 上式除以 b_n, 并经移项后得

$$\frac{a_N}{b_n} + (S - \varepsilon)\left(1 - \frac{b_N}{b_n}\right) < \frac{a_n}{b_n} < \frac{a_N}{b_n} + (S + \varepsilon)\left(1 - \frac{b_N}{b_n}\right).$$

先考察右端不等式, 由 $b_n \to +\infty\ (n \to \infty)$, 而 a_N, b_N 是定数, 因此

$$\frac{a_N}{b_n} \to 0, \qquad \frac{b_N}{b_n} \to 0 \quad (n \to \infty).$$

从而当 n 充分大时, $\left|\dfrac{a_N}{b_n}\right| < \varepsilon$, $\left|(S+\varepsilon)\dfrac{b_N}{b_n}\right| < \varepsilon$, 即当 n 充分大时, $\dfrac{a_n}{b_n} < S+3\varepsilon$.

类似可证, 当 n 充分大时, $S - 3\varepsilon < \dfrac{a_n}{b_n}$, 即 $\left|\dfrac{a_n}{b_n} - S\right| < 3\varepsilon$, 由 ε 的任意性, 得到

$$\lim_{n\to\infty} \frac{a_n}{b_n} = S.$$

若 $S = +\infty(-\infty$ 类似), 则 $\exists N,\ \forall n > N,$

$$\frac{a_n - a_{n-1}}{b_n - b_{n-1}} > 1, \quad \text{即} \quad a_n - a_{n-1} > b_n - b_{n-1} > 0.$$

于是当 n 充分大时, $\{a_n\}$ 严格递增, 又

$$a_{n-1} - a_{n-2} > b_{n-1} - b_{n-2}, \cdots, a_{N+1} - a_N > b_{N+1} - b_N,$$

把这些不等式相加, 得

$$a_n - a_N > b_n - b_N,$$

于是当 $b_n \to +\infty$ 时, $a_n \to +\infty$, 再由 $\displaystyle\lim_{n\to\infty} \frac{a_n - a_{n-1}}{b_n - b_{n-1}} = +\infty$ 知

$$\lim_{n\to\infty} \frac{b_n - b_{n-1}}{a_n - a_{n-1}} = 0,$$

从而可用前面的证明得到

$$\lim_{n\to\infty} \frac{b_n}{a_n} = \lim_{n\to\infty} \frac{b_n - b_{n-1}}{a_n - a_{n-1}} = 0,$$

亦即 $\displaystyle\lim_{n\to\infty} \frac{a_n}{b_n} = \lim_{n\to\infty} \frac{a_n - a_{n-1}}{b_n - b_{n-1}} = +\infty.$

例 2.5.1　若 $\displaystyle\lim_{n\to\infty} x_n = a$, 证明

$$\lim_{n\to\infty} \frac{x_1 + x_2 + \cdots + x_n}{n} = a.$$

证明　令 $a_n = x_1 + x_2 + \cdots + x_n$, $b_n = n$, 显然 $\{b_n\}$ 是严格递增的, 且

$$\lim_{n\to\infty} b_n = +\infty,$$

应用定理 2.5.2,

$$\lim_{n\to\infty} \frac{x_1 + x_2 + \cdots + x_n}{n} = \lim_{n\to\infty} \frac{a_n}{b_n} = \lim_{n\to\infty} \frac{a_n - a_{n-1}}{b_n - b_{n-1}}$$
$$= \lim_{n\to\infty} \frac{x_n}{1} = \lim_{n\to\infty} x_n = a.$$

例 2.5.2 设 $\{P_n\}$ 是以 P 为极限的正数数列, 且 $P > 0$, 证明

$$\lim_{n\to\infty} \sqrt[n]{P_1 \cdot P_2 \cdots \cdots P_n} = P.$$

证明 令 $a_n = \sqrt[n]{P_1 \cdot P_2 \cdots \cdots P_n}$, 此时由例 2.5.1,

$$\lim_{n\to\infty} \ln a_n = \lim_{n\to\infty} \frac{\ln P_1 + \ln P_2 + \cdots + \ln P_n}{n} = \lim_{n\to\infty} \ln P_n = \ln P,$$

则 $\lim\limits_{n\to\infty} a_n = P$.

例 2.5.3 设函数列 $\sin_1 x = \sin x$, $\sin_n x = \sin(\sin_{n-1} x)$, $n = 2, 3, \cdots$, 若 $\sin x > 0$, 证明: $\lim\limits_{n\to\infty} \sqrt{\dfrac{n}{3}} \sin_n x = 1$.

证明 取定 x, 容易看到, $\{\sin_n x\}$ 是单调递减且收敛于零的数列. 这是因为

$$0 < \sin_n x = \sin(\sin_{n-1} x) < \sin_{n-1} x.$$

令 $\sin_n x \to \alpha\ (n \to \infty)$, 则 $\alpha = \sin\alpha$, 得到 $\alpha = 0$. 于是, 由定理 2.5.2 有

$$\lim_{n\to\infty} n\sin_n^2 x = \lim_{n\to\infty} \frac{n}{\dfrac{1}{\sin_n^2 x}} = \lim_{n\to\infty} \frac{(n+1)-n}{\dfrac{1}{\sin_{n+1}^2 x} - \dfrac{1}{\sin_n^2 x}}.$$

令 $\sin_n x = t$, 则当 $n \to \infty$ 时, $t \to 0$, 从而

$$\lim_{n\to\infty} \frac{1}{\dfrac{1}{\sin_{n+1}^2 x} - \dfrac{1}{\sin_n^2 x}} = \lim_{t\to 0} \frac{1}{\dfrac{1}{\sin^2 t} - \dfrac{1}{t^2}} = \lim_{t\to 0} \frac{t^2\sin^2 t}{t^2 - \sin^2 t}$$

$$= \lim_{t\to 0} \frac{t^2(t^2 + O(t^4))}{t^2 - t^2 + \dfrac{2}{3!}t^4 + O(t^6)} = \lim_{t\to 0} \frac{t^4 + O(t^6)}{\dfrac{1}{3}t^4 + O(t^6)} = 3,$$

故有 $\lim\limits_{n\to\infty} \sqrt{\dfrac{n}{3}} \sin_n x = \lim\limits_{n\to\infty} \sqrt{\dfrac{n}{3}\sin_n^2 x} = 1$.

现在把施托尔茨定理推广到函数的情形.

定理 2.5.3 设函数 $g(x)$, $f(x)$ 在 $[a, +\infty)$ 内满足

(1) $0 < g(x+1) < g(x)$, $x \in [a, +\infty)$;

(2) $\lim\limits_{x\to+\infty} g(x) = \lim\limits_{x\to+\infty} f(x) = 0$;

(3) $\lim\limits_{x\to+\infty} \dfrac{f(x+1) - f(x)}{g(x+1) - g(x)} = S$(有限, $+\infty$ 或 $-\infty$),

则 $\lim\limits_{x\to+\infty} \dfrac{f(x)}{g(x)} = S$.

定理 2.5.4　设函数 $g(x)$, $f(x)$ 满足

(1) $g(x+1) > g(x)$, $x \in [a, +\infty)$;

(2) $\lim\limits_{x \to +\infty} g(x) = +\infty$, 且 $g(x)$, $f(x)$ 在 $[a, +\infty)$ 的任何有限子区间上有界;

(3) $\lim\limits_{x \to +\infty} \dfrac{f(x+1) - f(x)}{g(x+1) - g(x)} = S$(有限, $+\infty$ 或 $-\infty$),

则 $\lim\limits_{x \to +\infty} \dfrac{f(x)}{g(x)} = S.$

这两个定理的证明方法基本类似, 我们只证明定理 2.5.4, 且 S 为有限的情形.

证明　由 (2) $\lim\limits_{x \to +\infty} g(x) = +\infty$, 不妨设当 $x \geqslant a$ 时, $g(x) > 0$.

从 (3) 知, $\forall \varepsilon > 0$, $\exists A \geqslant a$, $\forall x \geqslant A$,

$$\left| \frac{f(x+1) - f(x)}{g(x+1) - g(x)} - S \right| < \varepsilon$$

或

$$(S - \varepsilon)[g(x+1) - g(x)] < f(x+1) - f(x) < (S + \varepsilon)[g(x+1) - g(x)], \quad (2.5.1)$$

对于任意的 $x > A + 1$, 存在正整数 n, 使得

$$A < x - n \leqslant A + 1.$$

把 (2.5.1) 式右端不等式

$$f(x+1) - f(x) < (S + \varepsilon)[g(x+1) - g(x)]$$

里的 $x + 1$, 换成 x, $x - 1$, $x - 2$, $\cdots$, $x - n + 1$, 并相加得

$$f(x) - f(x - n) < (S + \varepsilon)[g(x) - g(x - n)],$$

两边除以 $g(x)$,

$$\frac{f(x)}{g(x)} < \frac{f(x-n)}{g(x)} + (S + \varepsilon) - (S + \varepsilon) \cdot \frac{g(x-n)}{g(x)},$$

而 $A < x - n \leqslant A + 1$, 由条件 (2), $f(x), g(x)$ 在 $[A, A+1]$ 上有界, 因此存在 $M > 0$, 使得

$$|f(x - n)| \leqslant M, \quad |g(x - n)| \leqslant M,$$

再由 (2) $\lim\limits_{x \to +\infty} g(x) = +\infty$, 知 $\exists B > A + 1$, $\forall x > B$,

$$\left| \frac{f(x-n)}{g(x)} \right| < \varepsilon, \quad \left| (S + \varepsilon)\frac{g(x-n)}{g(x)} \right| < \varepsilon,$$

于是, $\forall x > B$,

$$\frac{f(x)}{g(x)} < \left| \frac{f(x-n)}{g(x)} \right| + S + \varepsilon + \left| (S+\varepsilon)\frac{g(x-n)}{g(x)} \right| < S + 3\varepsilon,$$

利用 (2.5.1) 式左边不等式, 类似可证, $\exists B'$, $\forall x > B'$,

$$S - 3\varepsilon < \frac{f(x)}{g(x)},$$

从而, $\forall x > \max\{B, B'\}$,

$$\left| \frac{f(x)}{g(x)} - S \right| < 3\varepsilon,$$

亦即 $\lim\limits_{x \to +\infty} \dfrac{f(x)}{g(x)} = S$.

例 2.5.4 设函数 $f(x)$ 定义在区间 $(0, +\infty)$ 内, 且在每个有限子区间上有界, 则

(1) $\lim\limits_{x \to +\infty} \dfrac{f(x)}{x} = \lim\limits_{x \to +\infty} [f(x+1) - f(x)]$;

(2) $\lim\limits_{x \to +\infty} [f(x)]^{\frac{1}{x}} = \lim\limits_{x \to +\infty} \dfrac{f(x+1)}{f(x)} \ (f(x) \geqslant c > 0)$.

(这里假定等式右端的极限都存在.)

证明 令 $g(x) = x$, 则 $g(x)$ 在任何有限子区间上均有界且 $g(x) \to +\infty \ (x \to +\infty)$, 由定理 2.5.4 即得 (1) 式.

设 $\lim\limits_{x \to +\infty} \dfrac{f(x+1)}{f(x)} = A$, 由题设 $f(x) \geqslant c > 0$, 显然 $A \geqslant 0$. 下面证明 $A > 0$. 假定 $A = 0$, 则 $\exists x_0$, $\forall x \geqslant x_0$,

$$0 < \frac{f(x+1)}{f(x)} < \frac{1}{2}.$$

于是, $f(x_0+1) < \dfrac{1}{2}f(x_0)$, $f(x_0+2) < \dfrac{1}{2}f(x_0+1) < \dfrac{1}{2^2}f(x_0), \cdots, f(x_0+n) < \dfrac{1}{2^n}f(x_0)$. 当 n 充分大时, 总可使 $\dfrac{1}{2^n}f(x_0) < c$, 这与假设 $f(x) \geqslant c > 0$ 矛盾.

再由 $f(x)$ 在任何有限子区间上有界, 故 $\ln f(x)$ 也在任何子区间上有界, 并且

$$\lim\limits_{x \to +\infty} [\ln f(x+1) - \ln f(x)] = \lim\limits_{x \to +\infty} \ln \frac{f(x+1)}{f(x)} = \ln A,$$

于是, 将 (1) 的结果用于 $\ln f(x)$, 即知

$$\lim\limits_{x \to +\infty} \frac{\ln f(x)}{x} = \ln A,$$

故有

$$\lim_{x \to +\infty} [f(x)]^{\frac{1}{x}} = \lim_{x \to +\infty} \exp\left[\frac{\ln f(x)}{x}\right]$$
$$= e^{\ln A} = A = \lim_{x \to +\infty} \frac{f(x+1)}{f(x)}.$$

2.5.2　洛必达法则

定理 2.5.5　设函数 $f(x)$, $g(x)$ 在 $[a, +\infty)$ 内可导, 且满足

(1) $g'(x) \neq 0$, $x \in [a, +\infty)$;

(2) $\lim\limits_{x \to +\infty} g(x) = \lim\limits_{x \to +\infty} f(x) = 0$;

(3) $\lim\limits_{x \to +\infty} \dfrac{f'(x)}{g'(x)} = S$,

则 $\lim\limits_{x \to +\infty} \dfrac{f(x)}{g(x)} = S$.

证明　我们来验证 $f(x)$ 与 $g(x)$ 满足定理 2.5.3 的所有条件.

由于 $g'(x) \neq 0$, $x \in [a, +\infty)$, 由导数的介值定理, $g'(x)$ 在 $[a, +\infty)$ 内恒不改变符号, 即或者 $g'(x) > 0$, 或者 $g'(x) < 0$. 若 $g'(x) < 0$, 则 $g(x)$ 严格递减, 且由 $\lim\limits_{x \to +\infty} g(x) = 0$ 知

$$0 < g(x+1) < g(x),$$

由柯西中值公式

$$\frac{f(x+1) - f(x)}{g(x+1) - g(x)} = \frac{f'(\eta)}{g'(\eta)}, \quad x < \eta < x+1,$$

而

$$\lim_{x \to +\infty} \frac{f'(x)}{g'(x)} = \lim_{x \to +\infty} \frac{f'(\eta)}{g'(\eta)} = S,$$

因此

$$\lim_{x \to +\infty} \frac{f(x+1) - f(x)}{g(x+1) - g(x)} = S.$$

于是, 定理 2.5.3 的一切条件均满足, 故有

$$\lim_{x \to +\infty} \frac{f(x)}{g(x)} = \lim_{x \to +\infty} \frac{f(x+1) - f(x)}{g(x+1) - g(x)} = S.$$

若 $g'(x) > 0$, 则 $g(x)$ 严格递增, 考虑函数 $G(x) = -g(x)$, 这时 $G(x)$ 严格递减, 且

$$\lim_{x \to +\infty} G(x) = \lim_{x \to +\infty} [-g(x)] = 0,$$

以及

$$\lim_{x \to +\infty} \frac{f(x+1) - f(x)}{G(x+1) - G(x)} = -S.$$

利用上面的证明

$$\lim_{x \to +\infty} \frac{f(x)}{G(x)} = \lim_{x \to +\infty} \frac{f'(x)}{G'(x)} = -S.$$

而 $G'(x) = -g'(x)$, 把上式中的 $G(x)$ 换成 $-g(x)$, 两端均变号, 仍有

$$\lim_{x \to +\infty} \frac{f(x)}{g(x)} = \lim_{x \to +\infty} \frac{f'(x)}{g'(x)} = S.$$

定理 2.5.6 设函数 $f(x)$, $g(x)$ 在 $[a, +\infty)$ 内可导, 且满足

(1) $g'(x) \neq 0$;

(2) $\lim\limits_{x \to +\infty} g(x) = +\infty$;

(3) $\lim\limits_{x \to +\infty} \dfrac{f'(x)}{g'(x)} = S$,

则 $\lim\limits_{x \to +\infty} \dfrac{f(x)}{g(x)} = S.$

同样可以验证在上述的假设条件下, 定理 2.5.4 的条件 (1)—(3) 均满足.

(1) 由 $g'(x) \neq 0$ 知, $g(x)$ 严格单调, 再从 $\lim\limits_{x \to +\infty} g(x) = +\infty$ 知, $g(x)$ 严格递增, 故有

$$g(x+1) > g(x), \quad x \in [a, +\infty);$$

(2) $f(x)$, $g(x)$ 在 $[a, +\infty)$ 内可导, $g(x)$ 与 $f(x)$ 在 $[a, +\infty)$ 的任何子区间上有界;

(3) 验证同定理 2.5.5.

注 如果定理 2.5.6 的条件 (2) 改为 $\lim\limits_{x \to +\infty} g(x) = -\infty$, 通过变换 $G(x) = -g(x)$ 容易看到, 定理 2.5.6 的结论也成立.

若变化过程不是 $x \to +\infty$, 而是 $x \to -\infty$, $x \to x_0^+$ 或 $x \to x_0^-$, 定理 2.5.5 和定理 2.5.6 的结论也成立. 可分别通过变换 $t = -x$, $t = \dfrac{1}{x - x_0}$ 及 $t = \dfrac{1}{x_0 - x}$ 得到.

例 2.5.5 设 $f(x)$ 在区间 $[a, +\infty)$ 内可导, 证明:

(1) 若 $\lim\limits_{x \to +\infty} f'(x) = 0$, 则 $\lim\limits_{x \to +\infty} \dfrac{f(x)}{x} = 0$;

(2) 若 $\lim\limits_{x \to +\infty} \dfrac{f(x)}{x} = 0$, 且 $\lim\limits_{x \to +\infty} f'(x)$ 存在, 则 $\lim\limits_{x \to +\infty} f'(x) = 0$.

证明 利用定理 2.5.6, 令 $g(x) = x$, 则 $g(x)$ 满足定理 2.5.6 (1) 和 (2) 的条件, 从而

$$\lim_{x \to +\infty} \frac{f(x)}{x} = \lim_{x \to +\infty} \frac{f'(x)}{1} = \lim_{x \to +\infty} f'(x).$$

由上式立即得到 (1) 和 (2).

值得注意的是, 在 (2) 里若不先假定 $\lim\limits_{x \to +\infty} f'(x)$ 存在, 则结论可以不成立. 例如, 令

$$f(x) = \sin x^2,$$

显然有

$$\lim_{x \to +\infty} \frac{f(x)}{x} = \lim_{x \to +\infty} \frac{\sin x^2}{x} = 0.$$

但 $f'(x) = 2x \cos x^2$, 当 $x \to +\infty$ 时极限不存在, 当然不可能极限为零.

2.5.3 特普利茨定理

定理 2.5.7 设一无穷三角形阵

$$
\begin{array}{ccccc}
t_{11} & & & & \\
t_{21} & t_{22} & & & \\
t_{31} & t_{32} & t_{33} & & \\
\vdots & \vdots & \vdots & \ddots & \\
t_{n1} & t_{n2} & t_{n3} & \cdots & t_{nn} \\
\vdots & \vdots & \vdots & \vdots & \vdots
\end{array}
$$

满足条件

(1) 每一列的元素趋于零, 就是说, $t_{nm} \to 0 \ (n \to \infty)$;

(2) 任何行的所有数的绝对值之和一致有界, 即存在常数 K, 对于一切 n,

$$|t_{n1}| + |t_{n2}| + \cdots + |t_{nn}| \leqslant K,$$

则

(i) 当 $\lim\limits_{n \to \infty} x_n = 0$ 时, 有

$$\lim_{n \to \infty} (t_{n1}x_1 + t_{n2}x_2 + \cdots + t_{nn}x_n) = 0;$$

(ii) 当 $\lim\limits_{n \to \infty} x_n = a$, 且 $T_n = t_{n1} + t_{n2} + \cdots + t_{nn} \to 1 \ (n \to \infty)$ 时, 有

$$\lim_{n \to \infty} (t_{n1}x_1 + t_{n2}x_2 + \cdots + t_{nn}x_n) = a.$$

证明 (i) 因为 $\lim\limits_{n\to\infty} x_n = 0$, 那么对 $\forall \varepsilon > 0$, $\exists N$, $\forall n > N$, $|x_n| < \dfrac{\varepsilon}{2K}$, 由条件 (2) 即有

$$|t_{n1}x_1 + t_{n2}x_2 + \cdots + t_{nn}x_n|$$
$$\leqslant |t_{n1}x_1 + t_{n2}x_2 + \cdots + t_{nN}x_N| + |t_{nN+1}||x_{N+1}| + \cdots + |t_{nn}||x_n|$$
$$< |t_{n1}x_1 + t_{n2}x_2 + \cdots + t_{nN}x_N| + \frac{\varepsilon}{2}.$$

再由条件 (1) $\lim\limits_{n\to\infty} t_{nm} = 0$, $\exists n_0 > N$, $\forall n > n_0$,

$$|t_{n1}x_1 + t_{n2}x_2 + \cdots + t_{nN}x_N| < \frac{\varepsilon}{2},$$

于是, $\forall n > n_0$ 时, 有

$$|t_{n1}x_1 + t_{n2}x_2 + \cdots + t_{nn}x_n| < \varepsilon.$$

(ii) 令 $\bar{x}_n = x_n - a$, 则 $\bar{x}_n \to 0$ $(n \to \infty)$, 而

$$t_{n1}x_1 + t_{n2}x_2 + \cdots + t_{nn}x_n = t_{n1}\bar{x}_1 + t_{n2}\bar{x}_2 + \cdots + t_{nn}\bar{x}_n + T_n a,$$

由 (i) 所证

$$\lim_{n\to\infty}(t_{n1}\bar{x}_1 + t_{n2}\bar{x}_2 + \cdots + t_{nn}\bar{x}_n) = 0,$$

再由题设

$$\lim_{n\to\infty} T_n = 1,$$

于是

$$\lim_{n\to\infty}(t_{n1}x_1 + t_{n2}x_2 + \cdots + t_{nn}x_n) = 0 + 1 \cdot a = a.$$

特普利茨 (Toeplitz) 定理在一些极限计算中颇为有用. 下面看到施托尔茨定理 (定理 2.5.2) 可以作为它的特殊形式.

设 $\{b_n\}$ 是严格递增趋于正无穷的数列, 且

$$\lim_{n\to\infty} \frac{a_{n+1} - a_n}{b_{n+1} - b_n} = a.$$

令 $t_{nm} = \dfrac{b_m - b_{m-1}}{b_n}$, $x_n = \dfrac{a_n - a_{n-1}}{b_n - b_{n-1}}$, $m = 1, 2, \cdots, n$, $a_0 = b_0 = 0$, $n = 1, 2, \cdots$, 则

$$t_{nm} = \frac{b_m - b_{m-1}}{b_n} \to 0 \quad (n \to \infty),$$

$$|t_{n1}| + |t_{n2}| + \cdots + |t_{nn}| = \frac{b_1 - b_0}{b_n} + \frac{b_2 - b_1}{b_n} + \cdots + \frac{b_n - b_{n-1}}{b_n} = 1,$$

$$T_n = t_{n1} + t_{n2} + \cdots + t_{nn} = \frac{b_n - b_0}{b_n} = 1,$$

由定理 2.5.7,

$$t_{n1}x_1 + t_{n2}x_2 + \cdots + t_{nn}x_n$$

$$= \frac{b_1 - b_0}{b_n} \cdot \frac{a_1 - a_0}{b_1 - b_0} + \frac{b_2 - b_1}{b_n} \cdot \frac{a_2 - a_1}{b_2 - b_1} + \cdots + \frac{b_n - b_{n-1}}{b_n} \cdot \frac{a_n - a_{n-1}}{b_n - b_{n-1}}$$

$$= \frac{a_n}{b_n} - \frac{a_0}{b_n} \to a \quad (n \to \infty),$$

即 $\lim\limits_{n \to \infty} \dfrac{a_n}{b_n} = a$.

例 2.5.6　设 $a_n \to a$, $b_n \to b$ $(n \to \infty)$, 证明

$$c_n = \frac{a_1 b_n + a_2 b_{n-1} + \cdots + a_n b_1}{n} \to ab \quad (n \to \infty).$$

证明　首先假定 $a = 0$, 令 $t_{nm} = \dfrac{b_{n-m+1}}{n}$, 由于 $\{b_n\}$ 收敛, 因而有界, 容易验证满足定理 2.5.7 的条件 (1), 条件 (2) 也是满足的, 这是因为 $\{b_n\}$ 收敛, 则 $\{|b_n|\}$ 也收敛, 再由例 2.5.1 知

$$d_n = \frac{|b_1| + |b_2| + \cdots + |b_n|}{n}$$

也收敛, 当然也有界, 而

$$d_n = |t_{n1}| + |t_{n2}| + \cdots + |t_{nn}|.$$

由此可利用定理 2.5.7 的第一部分得

$$c_n = \frac{a_1 b_n + a_2 b_{n-1} + \cdots + a_n b_1}{n}$$

$$= t_{n1}a_1 + t_{n2}a_2 + \cdots + t_{nn}a_n \to 0 \quad (n \to \infty).$$

在一般情况下,

$$c_n = \frac{(a_1 - a)b_n + \cdots + (a_n - a)b_1}{n} + a \cdot \frac{b_1 + b_2 + \cdots + b_n}{n}.$$

由上证及例 2.5.1 便有

$$\frac{(a_1 - a)b_n + \cdots + (a_n - a)b_1}{n} \to 0 \quad (n \to \infty),$$

$$a \cdot \frac{b_1 + b_2 + \cdots + b_n}{n} \to a \cdot b \quad (n \to \infty),$$

故有

$$\lim_{n\to\infty} c_n = \lim_{n\to\infty} \frac{a_1 b_n + a_2 b_{n-1} + \cdots + a_n b_1}{n} = a \cdot b.$$

习 题 2.5

1. 设 $k > 0$, 求证:

(1) $x_n = \dfrac{1^k + 2^k + \cdots + n^k}{n^{k+1}} \to \dfrac{1}{k+1} (n \to \infty)$;

(2) $u_n = n\left(x_n - \dfrac{1}{k+1}\right) \to \dfrac{1}{2} \quad (n \to \infty)$.

2. 设 $a_0 = 0$, $a_1 = 1 + \sin a_0$, $\cdots$, $a_n = 1 + \sin a_{n-1}$, 求极限 $\lim\limits_{n\to\infty} \dfrac{a_1 + a_2 + \cdots + a_n}{n}$.

3. 设 $S_n = \dfrac{\ln \mathrm{C}_n^0 + \ln \mathrm{C}_n^1 + \cdots + \ln \mathrm{C}_n^n}{n^2}$, 求 $\lim\limits_{n\to\infty} S_n$.

4. 给定两个数列 $\{a_n\}$, $\{b_n\}$, $b_n > 0$ $(n = 1, 2, \cdots)$, $B_n = b_1 + b_2 + \cdots + b_n$, 并设 $\{B_n\}$ 发散, 试证:

(1) 若 $\lim\limits_{n\to\infty} \dfrac{a_n}{b_n} = s$, 则 $\lim\limits_{n\to\infty} \dfrac{a_1 + a_2 + \cdots + a_n}{B_n} = s$;

(2) 若 $\lim\limits_{n\to\infty} \dfrac{b_n}{B_n} = 0$, 则 $\lim\limits_{n\to\infty} \dfrac{b_1 B_1^{-1} + b_2 B_2^{-1} + \cdots + b_n B_n^{-1}}{\ln B_n} = 1$,

并由此推出

$$1 + \frac{1}{2} + \cdots + \frac{1}{n} \sim \ln n \quad (n \to \infty).$$

5. 证明: 若 $f(x)$ 在 $[a, +\infty)$ 上有定义, 在每一个有限子区间上有界, 且

$$\lim_{x\to+\infty} \frac{f(x+1) - f(x)}{x^n} = l,$$

则

$$\lim_{x\to+\infty} \frac{f(x)}{x^{n+1}} = \frac{l}{n+1}.$$

6. 在定理 2.5.3 或定理 2.5.4 里, 若

$$\lim_{x\to+\infty} \frac{f(x+1) - f(x)}{g(x+1) - g(x)}$$

不存在, 是否 $\lim\limits_{x\to+\infty} \dfrac{f(x)}{g(x)}$ 也一定不存在?

7. 设 $f(x)$ 在 $x = a$ 点某邻域内二阶导数存在且连续, 试证:

$$\lim_{h\to0} \frac{f(a+2h) - 2f(a+h) + f(a)}{h^2} = f''(a).$$

若只假定 $f(x)$ 在 $x = a$ 点存在二阶导数, 上述结论是否也成立?

8. 求下列极限.

(1) $\lim\limits_{x\to 0}\left[\dfrac{\ln(1+x)^{1+x}}{x^2}-\dfrac{1}{x}\right];$

(2) $\lim\limits_{x\to 1}\dfrac{x^x-x}{\ln x-x+1};$

(3) $\lim\limits_{n\to\infty}\dfrac{1}{n}\left[\dfrac{n}{1}+\dfrac{n-1}{2}+\dfrac{n-2}{3}+\cdots+\dfrac{1}{n}-\ln(n!)\right];$

(4) $\lim\limits_{(x,y)\to(+\infty,+\infty)}(x+y)^2 e^{-(x+y)}.$

9* 设 $P_k>0,\ k=0,1,2,\cdots,$ 且

$$\lim_{n\to\infty}\frac{P_n}{P_0+P_1+\cdots+P_n}=0,$$

又 $\lim\limits_{n\to\infty}s_n=s,$ 证明:

$$\lim_{n\to\infty}\frac{s_0P_n+s_1P_{n-1}+\cdots+s_nP_0}{P_0+P_1+\cdots+P_n}=s.$$

10* 设 $y_1=C>0,\ y_n=n\left(e^{y_{n+1}}-1\right),$ 求 $\lim\limits_{n\to\infty}y_n.$

11* 证明: $\lim\limits_{n\to\infty}\dfrac{1^n+2^n+\cdots+n^n}{n^n}=\dfrac{e}{e-1}.$

12* 设 $A_n=a_1+a_2+\cdots+a_n,\ \lim\limits_{n\to\infty}A_n=A,$ 若 $\{P_n\}$ 严格递增, 且 $\lim\limits_{n\to\infty}P_n=+\infty,$ 证明:

$$\lim_{n\to\infty}\frac{P_1a_1+P_2a_2+\cdots+P_na_n}{P_n}=0.$$

第 3 章　连续与微分

本章讨论一元和多元函数的连续与微分的有关性质, 主要是一致连续、全微分及隐函数理论等内容, 最后由凸函数导出一些常用的不等式.

3.1　连续与一致连续

通过数学分析的学习, 我们知道函数的连续性是建立在一点上的, 即使函数在整个区间连续也是指在区间的每一点连续. 而一致连续是对整个区间而言的, 我们总是说函数在某一区间内一致连续. 这说明, 连续性反映的是局部性质, 而一致连续性反映的却是整体性质. 这一节我们在已经掌握的知识的基础上进一步讨论两者的联系和区别, 进而更全面地阐述一致连续性的实质.

3.1.1　连续与一致连续的概念

定义 3.1.1　函数 $f: E \subset \mathbb{R}^n \to \mathbb{R}$ 称为在点 $a \in E$ 处连续. 如果对于任给 $\varepsilon > 0$, 存在 $\delta > 0$, 当 $d(x, a) < \delta$ 且 $x \in E$ 时, 有

$$|f(x) - f(a)| < \varepsilon.$$

从这个定义, 我们可以看到:

(1) $f(x)$ 在 $x = a$ 处连续, $f(x)$ 必须在 a 点有定义;

(2) 如果 a 是 E 的孤立点, 每一个以 E 为定义域的函数在 a 点一定连续.

用逻辑符号表示就是

$f: E \subset \mathbb{R}^n \to \mathbb{R}$ 在 $a \in E$ 处连续 $:= \forall \varepsilon > 0,\ \exists \delta > 0,\ \forall x \in E \wedge d(x, a) < \delta, |f(x) - f(a)| < \varepsilon.$

函数 $f(x)$ 的不连续点, 称为间断点. 用逻辑符号表示就是

$a \in E$ 是函数 $f(x)$ 的间断点 $:=$

$$\neg [\forall \varepsilon > 0,\ \exists \delta > 0,\ \forall x \in E \wedge d(x, a) < \delta, |f(x) - f(a)| < \varepsilon],$$

即

$$\exists \varepsilon_0 > 0,\ \forall \delta > 0,\ \exists x \in E \wedge d(x, a) < \delta, |f(x) - f(a)| \geqslant \varepsilon_0.$$

现在, 进一步分析函数 $f(x)$ 在 a 点连续的定义 3.1.1, 可以发现对于给定的 ε,

δ 并不唯一, 而有无穷多个. 事实上, 若 δ 满足定义的要求, 那么 $\dfrac{\delta}{2}, \dfrac{\delta}{3}, \cdots, \dfrac{\delta}{n}, \cdots$ 都满足连续性定义要求. 这无穷多个满足连续性定义要求的 δ, 构成一个无穷数集

$$\Delta := \{\delta | x \in E \wedge d(x, a) < \delta (|f(x) - f(a)| < \varepsilon)\}.$$

定义

$$\delta_a := \begin{cases} \sup \Delta, & \Delta \text{ 有上界}, \\ 1, & \Delta \text{ 无上界}. \end{cases}$$

则 δ_a 是确定的正数, 可以证明 $\delta_a \in \Delta$, 即当 $d(x, a) < \delta_a$ 且 $x \in E$ 时, 便有 $|f(x) - f(a)| < \varepsilon$.

事实上, 如果 $x \in E$ 且 $d(x, a) < \delta_a$, 由 δ_a 的定义, 若 Δ 无上界, 则有 $|f(x) - f(a)| < \varepsilon$; 若 Δ 有上界, $\delta_a = \sup \Delta$, 依确界原理, 存在 $\delta_1 \in \Delta$, 使得 $d(x, a) < \delta_1 \leqslant \delta_a$, 有 $|f(x) - f(a)| < \varepsilon$. 于是, 对给定的 $\varepsilon > 0$, 存在唯一的如上所定义的 $\delta_a > 0$, 使得 $d(x, a) < \delta_a$ 且 $x \in E$ 时, 有 $|f(x) - f(a)| < \varepsilon$ 成立. 显然, δ_a 是与 a 点和给定的 ε 有关的.

若 $f(x)$ 在集合 E 上连续, 即在 E 上每一点都连续, 那么对于给定的 $\varepsilon > 0$, 每一点都有一个 δ_a, 它们也拼成一个数集 $\Delta_1 := \{\delta_a | a \in E\}$. 显然, 它有下界, 零就是它的一个下界, 从而有下确界, 且 $\inf \Delta_1 \geqslant 0$. 我们感兴趣的是 $\inf \Delta_1 > 0$ 的情况, 这时, 取 $\delta = \inf \Delta_1 > 0$, 这个 δ 对每一个 E 上的点 x 都满足连续性的要求, 即对 $\forall x_0 \in E$, 只要 $d(x, x_0) < \delta \wedge x \in E$, 就有 $|f(x) - f(x_0)| < \varepsilon$ 成立.

但是, 对于在 E 上连续的函数并不都有 $\inf \Delta_1 > 0$, 确实有使 $\inf \Delta_1 = 0$ 的情况. 这时, 就没有统一的 $\delta > 0$, 对所有 E 上的点都满足连续性的要求.

例如, 函数 $f(x) = \dfrac{1}{x}$ 在 $(0, 1)$ 内是连续的. 设 $a \in (0, 1)$, 对于 $\varepsilon < 1$, 要使 $\left| \dfrac{1}{x} - \dfrac{1}{a} \right| < \varepsilon$, 从而 $\dfrac{1}{a} - \varepsilon < \dfrac{1}{x} < \dfrac{1}{a} + \varepsilon$, 即 $-\dfrac{\varepsilon a^2}{1 + \varepsilon a} < x - a < \dfrac{\varepsilon a^2}{1 - \varepsilon a}$ 成立, 取 $\delta \leqslant \min \left\{ \dfrac{\varepsilon a^2}{1 + \varepsilon a}, \dfrac{\varepsilon a^2}{1 - \varepsilon a} \right\} = \dfrac{\varepsilon a^2}{1 + \varepsilon a}$, 因此

$$\Delta = \left\{ \delta \,\middle|\, |x - a| < \delta \wedge x \in (0, 1) \left(\left| \dfrac{1}{x} - \dfrac{1}{a} \right| < \varepsilon \right) \right\} = \left\{ \delta \,\middle|\, 0 < \delta \leqslant \dfrac{\varepsilon a^2}{1 + \varepsilon a} \right\},$$

从而 $\delta_a = \sup \Delta = \dfrac{\varepsilon a^2}{1 + \varepsilon a}$, 所以

$$\inf \Delta_1 = \inf \{\delta_a | a \in (0, 1)\}$$
$$= \inf \left\{ \dfrac{\varepsilon a^2}{1 + \varepsilon a} \,\middle|\, a \in (0, 1) \right\} = 0.$$

这个例子说明, 一般来说, 集合 E 上的连续函数并不都具有这样的性质: 对 $\forall \varepsilon > 0, \exists \delta > 0$, 使得对 E 上任何一点都适合于连续性定义的要求, 即对 $\forall x_0 \in E$, 只要 $d(x, x_0) < \delta \wedge x \in E$, 便有 $|f(x) - f(x_0)| < \varepsilon$. 就是说, 这是一种新的性质, 这种新的性质称为一致连续性, 具有一致连续性的函数我们赋予它一个新的概念, 叫做一致连续函数.

定义 3.1.2 函数 $f : E \subset \mathbb{R}^n \to \mathbb{R}$ 称为在 E 上一致连续, 如果任给 $\varepsilon > 0$, 存在 $\delta > 0$, 当 $d(x_1, x_2) < \delta$ 且 $x_1, x_2 \in E$ 时, 有

$$|f(x_1) - f(x_2)| < \varepsilon.$$

容易看到, 若 $f(x)$ 在 E 上一致连续, 则 $f(x)$ 在 E 上连续, 用逻辑符号表示就更清楚了.

$f : E \subset \mathbb{R}^n \to \mathbb{R}$ 在 E 上一致连续 $:=$

$\forall \varepsilon > 0, \ \exists \delta > 0, \ \forall x_1 \in E \wedge \forall x_2 \in E \wedge d(x_1, x_2) < \delta, |f(x_1) - f(x_2)| < \varepsilon.$

一致连续的否定就是不一致连续. 用逻辑符号表示就是

$f : E \subset \mathbb{R}^n \to \mathbb{R}$ 在 E 上不一致连续 $:=$

$\neg [\forall \varepsilon > 0, \ \exists \delta > 0, \ \forall x_1 \in E \wedge \forall x_2 \in E \wedge d(x_1, x_2) < \delta \ (|f(x_1) - f(x_2)| < \varepsilon)],$

即

$\exists \varepsilon_0 > 0, \ \forall \delta > 0, \ \exists x_1 \in E \wedge \exists x_2 \in E \wedge d(x_1, x_2) < \delta \ (|f(x_1) - f(x_2)| \geqslant \varepsilon_0).$

用语言来描述就是, 存在 $\varepsilon_0 > 0$, 对任意的 $\delta > 0$, 存在 x_1, x_2 满足 $x_1, x_2 \in E$ 且 $d(x_1, x_2) < \delta$, 而 $|f(x_1) - f(x_2)| \geqslant \varepsilon_0$.

下面通过例子来加深这一概念的理解.

例 3.1.1 试证 $f(x) = \sin x$ 在 $(-\infty, +\infty)$ 内一致连续.

证明 对任意 $\varepsilon > 0$, 考察

$$\left| \sin x_1 - \sin x_2 \right| = \left| 2 \cos \frac{x_1 + x_2}{2} \sin \frac{x_1 - x_2}{2} \right| \leqslant |x_1 - x_2|,$$

故只要取 $\delta = \varepsilon$, 当 $|x_1 - x_2| < \delta$ 时, 便有

$$|\sin x_1 - \sin x_2| \leqslant |x_1 - x_2| < \delta = \varepsilon.$$

依定义, $\sin x$ 在 $(-\infty, +\infty)$ 内一致连续.

例 3.1.2 试证 x^2 在 $[a, b]$ 上一致连续, 而在 $(-\infty, +\infty)$ 内不一致连续.

证明 (1) 对任意 $\varepsilon > 0$, 考察

$$|x_1^2 - x_2^2| = |x_1 + x_2||x_1 - x_2| \leqslant 2c|x_1 - x_2|,$$

其中 $c = \max\{|a|, |b|\}$. 为此, 取 $\delta = \dfrac{\varepsilon}{2c}$, 当 $|x_1 - x_2| < \delta$ 时, 便有

$$|x_1^2 - x_2^2| \leqslant 2c|x_1 - x_2| < 2c \cdot \frac{\varepsilon}{2c} = \varepsilon,$$

依定义, x^2 在 $[a, b]$ 上一致连续.

(2) 要证不一致连续, 按不一致连续的表示, 需要找一个 ε_0, 对任意 $\delta > 0$, 找两个点 x_1, x_2, 使 $d(x_1, x_2) < \delta$, 而 $|f(x_1) - f(x_2)| \geqslant \varepsilon_0$. 这里我们取 $\varepsilon_0 = 1$, 对任意 $\delta > 0$, 取 $x_1 = \dfrac{1}{\delta}$, $x_2 = \dfrac{1}{\delta} + \dfrac{\delta}{2}$, 它们满足 $|x_1 - x_2| = \dfrac{\delta}{2} < \delta$, 而

$$|x_1^2 - x_2^2| = \left| \frac{1}{\delta^2} - \left(\frac{1}{\delta} + \frac{\delta}{2} \right)^2 \right| = 1 + \frac{\delta^2}{4} > 1.$$

所以 x^2 在 $(-\infty, +\infty)$ 内不一致连续. 读者可以进一步考虑 x^2 在 $(a, +\infty)$ 和 $(-\infty, a)$ 内也是不一致连续的.

3.1.2　连续函数的性质

比较函数 $f : E \subset \mathbb{R}^n \to \mathbb{R}$ 在 $x_0 \in E$ 处连续与 $f(x)$ 在 x_0 点的极限的定义, 马上发现: 若 $x_0 \in E$ 是 E 的聚点, $f(x)$ 在 x_0 点连续, 等价于

$$\lim_{\substack{x \to x_0 \\ x \in E}} f(x) = f(x_0).$$

若 $f(x)$ 在点 $x_0(x_1^0, x_2^0, \cdots, x_n^0)$ 连续, 那么一元函数

$$f(x_1, x_2^0, \cdots, x_n^0),\ f(x_1^0, x_2, \cdots, x_n^0), \cdots, f(x_1^0, \cdots, x_{n-1}^0, x_n)$$

也分别在 $x_1^0, x_2^0, \cdots, x_n^0$ 处连续; 不仅如此, $n - 1$ 元函数

$$f(x_1, x_2, \cdots, x_n^0),\ f(x_1, x_2, \cdots, x_{n-1}^0, x_n), \cdots, f(x_1^0, x_2, \cdots, x_n)$$

也分别在 $(x_1^0, x_2^0, \cdots, x_{n-1}^0), (x_1^0, x_2^0, \cdots, x_n^0), \cdots, (x_2^0, \cdots, x_n^0)$ 诸点连续. 反之, 由这些函数的连续性, 却不能肯定 $f(x)$ 在 $x_0(x_1^0, \cdots, x_n^0)$ 处是连续的. 如例 2.2.5,

$$f(x, y) = \begin{cases} \dfrac{xy^2}{x^2 + y^4}, & (x, y) \neq (0, 0), \\ 0, & (x, y) = (0, 0). \end{cases}$$

考虑 $(x, y) = (0, 0)$ 这一情况, $f(x, 0) \equiv 0$, $f(0, y) \equiv 0$ 分别在 $x = 0$ 和 $y = 0$ 处连续. 但从例 2.2.5 知道 $\lim\limits_{(x,y) \to (0,0)} f(x, y)$ 不存在, 因此 $f(x, y)$ 在 $(0, 0)$ 点不连续.

　　n 元函数的连续性也具有一元函数连续性的许多性质, 如和、差、积、商的连续性, 复合函数的连续性等, 证明方法也是相仿的.

　　关于一元连续函数在闭区间上的性质, 对 n 元函数也大体相同, 我们把它们叙述如下:

　　有界性定理　若函数 $f : D \subset \mathbb{R}^n \to \mathbb{R}$ 在有界闭区域 D 上连续, 则它在 D 上有界. 亦即存在 $M > 0$, 使得对于任意 $x \in D$, 有 $|f(x)| \leqslant M$.

　　最大最小值定理　若函数 $f : D \subset \mathbb{R}^n \to \mathbb{R}$ 在有界闭区域 D 上连续, 则它在 D 上必有最大值和最小值.

　　介值定理　若函数 $f : D \subset \mathbb{R}^n \to \mathbb{R}$ 在区域 D 内连续, $P_1(x_1^1, x_2^1, \cdots, x_n^1)$ 与 $P_2(x_1^2, x_2^2, \cdots, x_n^2)$ 为 D 中两点, 且 $f(P_1) < f(P_2)$, 则对任何满足不等式

$$f(P_1) < k < f(P_2)$$

的实数 k, 必存在一点 $P_0 \in D$, 使得

$$f(P_0) = k.$$

　　一致连续性定理　若函数 $f : D \subset \mathbb{R}^n \to \mathbb{R}$ 在有界闭区域 D 上连续, 则它在 D 上一致连续.

　　这四个定理除介值定理外, 都可仿照一元函数的情形证明, 因为聚点定理、有界序列必有收敛子列定理、有限覆盖定理对 n 维点集都成立. 稍有不同的是介值定理, 现在给出详细证明.

　　介值定理的证明　为简单起见, 这里只证明二元函数的情形. 作辅助函数

$$F(x, y) = f(x, y) - k, \quad (x, y) \in D,$$

因 $f(x, y)$ 在 D 内连续, 故 $F(x, y)$ 也在 D 内连续, 且从

$$f(x_1, y_1) < k < f(x_2, y_2)$$

推得

$$F(x_1, y_1) < 0, \quad F(x_2, y_2) > 0,$$

下面证明: 必存在 $P_0(x_0, y_0) \in D$, 使得 $F(x_0, y_0) = 0$.

　　由于 D 是区域, 根据区域定义, 我们用各段都在 D 中的折线连接 P_1 和 P_2, 如图 3.1, 若有某一个连接点所对应的函数 $F(x, y)$ 的值为 0, 则定理已证得, 否则

从一端开始逐个检查直线段, 必存在某直线段, $F(x, y)$ 在它两端点上的函数值异号 (如果都是同号, 那么 $F(P_1)$ 和 $F(P_2)$ 也应同号, 这与 $F(P_1) < 0$ 和 $F(P_2) > 0$ 矛盾). 设某一相邻连接点为

$$P'(x', y'), \ P''(x'', y''), \quad 且 \quad F(P') \cdot F(P'') < 0,$$

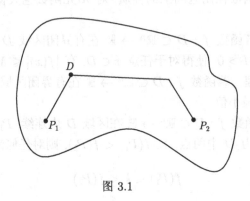

图 3.1

连接 P' 和 P'' 的直线段可用方程

$$\begin{cases} x = x' + t(x'' - x'), \\ y = y' + t(y'' - y') \end{cases} \quad (0 \leqslant t \leqslant 1)$$

表示, 把 $F(x, y)$ 表示为关于 t 的复合函数, 则

$$G(t) = F(x' + t(x'' - x'), y' + t(y'' - y'))$$

是定义在 $[0, 1]$ 上的一元函数, 由于连续函数的复合仍为连续函数, 因此 $G(t)$ 在 $[0, 1]$ 上连续, 且

$$G(0) \cdot G(1) = F(x', y') \cdot F(x'', y'') < 0,$$

由一元函数介值定理, 在 $(0, 1)$ 内必存在一点 t_0, 使得

$$G(t_0) = 0.$$

记 $x_0 = x' + t_0(x'' - x')$, $y_0 = y' + t_0(y'' - y')$, 则有 $(x_0, y_0) \in D$(因 (x_0, y_0) 是连接 P', P'' 直线段上的点, 该直线段都在区域 D 内), 且

$$G(t_0) = F(x_0, y_0) = 0,$$

即 $f(x_0, y_0) = k$.

3.1.3 一致连续的条件

上面的例子说明, 按定义来判断一个函数在集合 E 上的一致连续性, 特别是不一致连续是相当困难的, 为此要进一步研究和探讨函数一致连续的条件.

定理 3.1.1 $f: E \subset \mathbb{R}^m \to \mathbb{R}$ 在 E 上一致连续的充要条件是: 在 E 上满足

$$\lim_{n \to \infty} d(x_n, y_n) = 0$$

的任意两个点列 $\{x_n\}$ 与 $\{y_n\}$, 总有

$$\lim_{n \to \infty} [f(x_n) - f(y_n)] = 0.$$

证明 **必要性** 设 $f(x)$ 在 E 上一致连续, 则 $\forall \varepsilon > 0$, $\exists \delta > 0$, 当

$$d(x', y') < \delta \wedge x' \in E \wedge y' \in E$$

时, 有 $|f(x') - f(y')| < \varepsilon$. 由

$$\lim_{n \to \infty} d(x_n, y_n) = 0$$

知, $\exists N$, 当 $n > N$ 时,

$$d(x_n, y_n) < \delta,$$

于是

$$|f(x_n) - f(y_n)| < \varepsilon,$$

即

$$\lim_{n \to \infty} [f(x_n) - f(y_n)] = 0.$$

充分性 若对于 E 上满足 $\lim_{n \to \infty} d(x_n, y_n) = 0$ 的任意两个点列 $\{x_n\}$ 与 $\{y_n\}$, 都有

$$\lim_{n \to \infty} [f(x_n) - f(y_n)] = 0.$$

假定 $f(x)$ 在 E 上不一致连续, 那么按不一致连续的表示, $\exists \varepsilon_0 > 0$, 对 $\forall \delta > 0$, $\exists x'$, y' 满足 $d(x', y') < \delta \wedge x' \in E \wedge y' \in E$, 但

$$|f(x') - f(y')| \geqslant \varepsilon_0,$$

取 δ 为一串数列 $\{\delta_n\}$, 且 $\delta_n \to 0$ $(n \to \infty)$, 从而得到点列 $\{x_n\}$ 与 $\{y_n\}$, 有

$$d(x_n, y_n) < \delta_n \wedge x_n \in E \wedge y_n \in E,$$

而

$$|f(x_n) - f(y_n)| \geqslant \varepsilon_0.$$

由于 $d(x_n, y_n) \to 0 \, (n \to \infty)$, 这与题设 $\lim\limits_{n\to\infty}[f(x_n) - f(y_n)] = 0$ 矛盾. 因此, $f(x)$ 在 E 上一致连续.

本定理用来判定函数在集合 E 上不一致连续往往比较方便.

比如例 3.1.2 中, 取 $x_n = n + \dfrac{1}{n}$, $y_n = n$, 有

$$\lim_{n\to\infty} d(x_n, y_n) = \lim_{n\to\infty}\left(n + \frac{1}{n} - n\right) = 0,$$

但

$$\lim_{n\to\infty}\left(x_n^2 - y_n^2\right) = \lim_{n\to\infty}\left[\left(n + \frac{1}{n}\right)^2 - n^2\right] = 2 \neq 0.$$

所以 x^2 在 $(-\infty, +\infty)$ 内不一致连续.

例 3.1.3   证明: $f(x) = \sin x^2$ 在 $(-\infty, +\infty)$ 内不一致连续.

证明   令 $x_n = \sqrt{2n\pi}$, $y_n = \sqrt{2n\pi + \dfrac{\pi}{2}}$, 有

$$\lim_{n\to\infty}(x_n - y_n) = -\lim_{n\to\infty}\left(\sqrt{2n\pi + \frac{\pi}{2}} - \sqrt{2n\pi}\right)$$

$$= -\lim_{n\to\infty}\frac{\dfrac{\pi}{2}}{\sqrt{2n\pi + \dfrac{\pi}{2}} + \sqrt{2n\pi}} = 0,$$

但

$$\lim_{n\to\infty}[f(x_n) - f(y_n)] = \lim_{n\to\infty}\left[\sin(2n\pi) - \sin\left(2n\pi + \frac{\pi}{2}\right)\right] = -1 \neq 0,$$

故 $f(x) = \sin x^2$ 在 $(-\infty, +\infty)$ 内不一致连续.

定理 3.1.2 $f: E \subset \mathbb{R}^n \to \mathbb{R}$ 在有界集 E 上一致连续的充要条件是: 在 E 上任意收敛点列 $\{x_n\}$, 其对应的函数值数列 $\{f(x_n)\}$ 也收敛.

证明   **必要性**   设 $f(x)$ 在 E 上一致连续, 对于 $\forall \varepsilon > 0, \exists \delta > 0$, 当

$$d(x_1, x_2) < \delta \wedge x_1 \in E \wedge x_2 \in E$$

时,

$$|f(x_1) - f(x_2)| < \varepsilon.$$

现在设 $\{x_n\}$ 是 E 上任一收敛点列, 由柯西收敛准则, 对所给的 δ, $\exists N$, 当 $n, m > N$ 时,

$$d(x_n, x_m) < \delta,$$

从而 $|f(x_n) - f(x_m)| < \varepsilon$, 再由柯西收敛准则知, $\{f(x_n)\}$ 收敛.

充分性 由定理 3.1.1 所证, 若 $f(x)$ 在 E 上不一致连续, 必存在 $\varepsilon_0 > 0$ 和两个点列 $\{x_n\}$ 和 $\{y_n\}$, 虽然

$$d(x_n, y_n) \to 0 \quad (n \to \infty),$$

但 $|f(x_n) - f(y_n)| \geqslant \varepsilon_0 \ (n = 1, 2, \cdots)$.

由于 E 是有界集, 因此 $\{x_n\}$ 也是有界的, 依致密性定理从 $\{x_n\}$ 中可选出收敛子列 $\{x_{n_k}\}$, 设 $\lim\limits_{k \to \infty} x_{n_k} = x_0$; 另外对 $\{y_n\}$ 也可以得到相应的子列 $\{y_{n_k}\}$, 由不等式

$$d(y_{n_k}, x_0) \leqslant d(y_{n_k}, x_{n_k}) + d(x_{n_k}, x_0)$$

知 $\{y_{n_k}\}$ 也收敛于 x_0. 同时, 仍有

$$|f(x_{n_k}) - f(y_{n_k})| \geqslant \varepsilon_0,$$

作点列 $\{z_n\}$: $x_{n_1}, y_{n_1}, x_{n_2}, y_{n_2}, \cdots, x_{n_k}, y_{n_k}, \cdots$, 显然 $\{z_n\}$ 也是一个收敛于 x_0 的点列, 由题设 $\{f(z_n)\}$ 应当是收敛的. 但对于任意的 k,

$$|f(z_{2k-1}) - f(z_{2k})| = |f(x_{n_k}) - f(y_{n_k})| \geqslant \varepsilon_0.$$

这说明 $\{f(z_n)\}$ 不是柯西列, 与 $\{f(z_n)\}$ 收敛矛盾.

从定理 3.1.2 可以得出几个重要推论.

推论 3.1.1 $f : E \subset \mathbb{R}^n \to \mathbb{R}$ 在有界闭集 E 上一致连续的充要条件是 $f(x)$ 在 E 上连续.

证明 必要性是显然的.

充分性 设 $f(x)$ 在 E 上连续, 若 $\{x_n\}$ 是 E 上的任一收敛点列, 令 $\lim\limits_{n \to \infty} x_n = x_0$. 由于 $x_n \in E$, x_0 或是 E 的孤立点, 或是 E 的聚点, E 是闭的, 所以 $x_0 \in E$. 由题设 $f(x)$ 在 x_0 上连续, 即

$$\lim_{x \to x_0} f(x) = f(x_0),$$

又根据数列极限与函数极限的归并原理,

$$\lim_{n \to \infty} f(x_n) = f(\lim_{n \to \infty} x_n) = f(x_0),$$

即 $\{f(x_n)\}$ 收敛. 故由定理 3.1.2 可知, $f(x)$ 在 E 上一致连续.

这是闭区间上连续函数必定一致连续在 n 维欧氏空间有界闭集上的推广.

推论 3.1.2　设 f: 开区间 $(a,b) \subset \mathbb{R} \to \mathbb{R}$, 若 $f(x)$ 在 (a,b) 内连续, 则 $f(x)$ 在 (a,b) 内一致连续的充要条件是: $f(a+0)$ 与 $f(b-0)$ 存在且有限.

证明　必要性　由 $f(x)$ 在 (a,b) 内一致连续, 设 $\{x_n\}$ 是收敛于 a 的任何点列 $(x_n \in (a,b))$, 根据定理 3.1.2, $\{f(x_n)\}$ 收敛. 下面证明, 对于 (a,b) 内收敛于 a 的任意点列, 其对应的函数值组成的数列必收敛于同一极限. 设

$$x_n \to a, \quad f(x_n) \to A \quad (n \to \infty),$$
$$y_n \to a, \quad f(y_n) \to B \quad (n \to \infty).$$

由于 $|x_n - y_n| = d(x_n, y_n) \to 0$ $(n \to \infty)$, 从定理 3.1.1 有

$$[f(x_n) - f(y_n)] \to 0 \quad (n \to \infty),$$

即 $A = B$, 再由归并原理知, $\lim\limits_{x \to a^+} f(x)$ 存在且有限. 类似可证 $\lim\limits_{x \to b^-} f(x)$ 也存在且有限.

充分性是明显的. 因为 (a,b) 内任何收敛点列 $\{x_n\}$ 或收敛于 (a,b) 内部的点, 或收敛于区间 (a,b) 的端点, 不论何种情况, 所对应的数列 $\{f(x_n)\}$ 也都收敛. 由定理 3.1.2 知, $f(x)$ 在 (a,b) 内一致连续.

例 3.1.4　考察函数 $f_1(x) = \dfrac{1}{x}$, $f_2(x) = \ln x$ 在 $(0,1)$ 内的一致收敛性.

解　$f_1(x)$, $f_2(x)$ 在 $(0,1)$ 内都连续, 而

$$\lim_{x \to 0^+} f_1(x) = \lim_{x \to 0^+} \frac{1}{x} = +\infty,$$
$$\lim_{x \to 0^+} f_2(x) = \lim_{x \to 0^+} \ln x = -\infty,$$

由推论 3.1.2 知 $f_1(x)$, $f_2(x)$ 在 $(0,1)$ 内皆不一致连续.

下面再讨论判定一致连续的几个充分条件.

定理 3.1.3　设 f: $(-\infty, +\infty) = \mathbb{R} \to \mathbb{R}$. 若 $f(x)$ 在 $(-\infty, +\infty)$ 内连续, 且

$$\lim_{x \to -\infty} f(x) \quad \text{与} \quad \lim_{x \to +\infty} f(x)$$

都存在, 则 $f(x)$ 在 $(-\infty, +\infty)$ 内一致连续.

证明　类似于定理 3.1.2 充分性的证明. 若 $f(x)$ 在 $(-\infty, +\infty)$ 内不一致连续, 由定理 3.1.1, 必存在 $\varepsilon_0 > 0$ 和两个点列 $\{x_n\}$ 与 $\{y_n\}$, 虽然

$$d(x_n, y_n) \to 0 \quad (n \to \infty),$$

但

$$|f(x_n) - f(y_n)| \geqslant \varepsilon_0 \quad (n = 1, 2, \cdots),$$

从 $\{x_n\}$ 中可选出子列 $\{x_{n_k}\}$ 或者收敛, 或者发散至 $-\infty$ 或 $+\infty$. 对于收敛情况, 可类似地与定理 3.1.2 证明一样讨论; 对于发散情况, 可设 $\lim\limits_{k\to\infty} x_{n_k} = +\infty$, 对 $\{y_n\}$ 可以得到相应的子列 $\{y_{n_k}\}$, 由不等式

$$d(x_{n_k}, 0) \leqslant d(x_{n_k}, y_{n_k}) + d(y_{n_k}, 0)$$

知 $\lim\limits_{k\to\infty} y_{n_k} = +\infty$, 同时, 仍有

$$|f(x_{n_k}) - f(y_{n_k})| \geqslant \varepsilon_0,$$

作点列 $\{z_n\}$: $x_{n_1}, y_{n_1}, x_{n_2}, y_{n_2}, \cdots, x_{n_k}, y_{n_k}, \cdots$, 显然 $\{z_n\}$ 也是发散至 $+\infty$ 的点列, 由题设 $\lim\limits_{x\to+\infty} f(x)$ 存在, 依归并原理, 数列 $\{f(z_n)\}$ 应该是收敛的. 但对于任意的 k,

$$|f(z_{2k-1}) - f(z_{2k})| = |f(x_{n_k}) - f(y_{n_k})| \geqslant \varepsilon_0,$$

这说明 $\{f(z_n)\}$ 不是柯西数列, 与 $\{f(z_n)\}$ 收敛矛盾; 对 $\lim\limits_{k\to\infty} x_{n_k} = -\infty$ 的情况, 类似地讨论也会导出矛盾.

所以 $f(x)$ 在 $(-\infty, +\infty)$ 内一致连续.

读者可以进一步考虑 $f(x)$ 在 $(a, +\infty)$, $(-\infty, a)$ 内连续情况.

例 3.1.5 由于 $\dfrac{\sin x}{x}$ 在 $(0, +\infty)$ 内连续, 且

$$\lim_{x\to 0^+} \frac{\sin x}{x} = 1, \quad \lim_{x\to+\infty} \frac{\sin x}{x} = 0,$$

由定理 3.1.3 知, $\dfrac{\sin x}{x}$ 在 $(0, +\infty)$ 内一致连续.

定理 3.1.4 设 $f: E \subset \mathbb{R}^n \to \mathbb{R}$, $g: E \subset \mathbb{R}^n \to \mathbb{R}$, $g(x)$ 在 E 上一致连续, 若存在 $L > 0$, 对任意的 $x_1, x_2 \in E$, 都有

$$|f(x_1) - f(x_2)| \leqslant L|g(x_1) - g(x_2)|,$$

则 $f(x)$ 在 E 上一致连续.

证明 由 $g(x)$ 在 E 上的一致连续性, 对任意 $\varepsilon > 0$, 存在 $\delta > 0$, 当

$$d(x_1, x_2) < \delta \wedge x_1 \in E \wedge x_2 \in E$$

时, 恒有

$$|g(x_1) - g(x_2)| < \frac{\varepsilon}{L}$$

成立. 于是, 恒有

$$|f(x_1) - f(x_2)| \leqslant L|g(x_1) - g(x_2)| < L \cdot \frac{\varepsilon}{L} = \varepsilon$$

成立. 依定义, $f(x)$ 在 E 上一致连续.

推论 3.1.3 设 $f: E \subset \mathbb{R}^n \to \mathbb{R}$ 在 E 上满足利普希茨 (Lipschitz) 条件, 即存在 $L > 0$, 使对任意 $x_1, x_2 \in E$, 都有

$$|f(x_1) - f(x_2)| \leqslant L \cdot d(x_1, x_2)$$

成立, 则 $f(x)$ 在 E 上一致连续.

证明 只需注意 $g(x) = d(x, 0)$ 在 E 上一致连续即可.

推论 3.1.4 设函数 $f: E \subset \mathbb{R} \to \mathbb{R}$ 在 E 上连续, 且 $f'(x)$ 在 E 内有界, 则 $f(x)$ 在 E 上一致连续.

读者可以利用拉格朗日中值定理及推论 3.1.3 进行证明.

例 3.1.6 试证: $\arctan x$ 在 $(-\infty, +\infty)$ 内一致连续, $\ln x$ 在 $[c, +\infty)$ $(c > 0)$ 上一致连续.

证明 由于在 $(-\infty, +\infty)$ 内恒有

$$0 < \frac{\mathrm{d}}{\mathrm{d}x}(\arctan x) = \frac{1}{1 + x^2} \leqslant 1$$

成立, 在 $[c, +\infty)$ 上恒有

$$0 < \frac{\mathrm{d}}{\mathrm{d}x}(\ln x) = \frac{1}{x} \leqslant \frac{1}{c}$$

成立. 依推论 3.1.4 即得证.

3.1.4 运算法则

定理 3.1.5 若 $f: E \subset \mathbb{R}^n \to \mathbb{R}$, $g: E \subset \mathbb{R}^n \to \mathbb{R}$ 均在 E 上一致连续, 则 $f(x) \pm g(x)$ 和 $c \cdot f(x)$ (c 为常数) 也在 E 上一致连续.

这个定理的证明留给读者作为练习.

定理 3.1.6 设 $f: E \subset \mathbb{R}^n \to \mathbb{R}$, $g: E \subset \mathbb{R}^n \to \mathbb{R}$ 均在 E 上一致连续, 若 $f(x)$ 和 $g(x)$ 均在 E 上有界, 则 $f(x) \cdot g(x)$ 在 E 上一致连续.

证明 由于 $f(x)$ 和 $g(x)$ 均在 E 上有界, 故存在 $M > 0$, 对任意的 $x \in E$, 都有

$$|f(x)| \leqslant M, \quad |g(x)| \leqslant M$$

成立. 对任意 $\varepsilon > 0$, 由于 $f(x)$ 和 $g(x)$ 均在 E 上一致连续, 故存在 $\delta > 0$, 当

$$d(x_1, x_2) < \delta \wedge x_1 \in E \wedge x_2 \in E$$

时, 有

$$|f(x_1) - f(x_2)| < \frac{\varepsilon}{2M}, \quad |g(x_1) - g(x_2)| < \frac{\varepsilon}{2M}.$$

于是

$$|f(x_1)g(x_1) - f(x_2)g(x_2)|$$
$$= |f(x_1)g(x_1) - f(x_1)g(x_2)| + |f(x_1)g(x_2) - f(x_2)g(x_2)|$$
$$\leqslant |f(x_1)||g(x_1) - g(x_2)| + |g(x_2)||f(x_2) - f(x_1)|$$
$$< M \cdot \frac{\varepsilon}{2M} + M \cdot \frac{\varepsilon}{2M} = \varepsilon.$$

依定义, $f(x) \cdot g(x)$ 在 E 上一致连续.

本定理的条件 $f(x)$ 和 $g(x)$ 均在 E 上有界是不可缺少的.

例 3.1.7 x 与 $\sin x$ 均在 $(-\infty, +\infty)$ 内一致连续, 试证它们的乘积 $x \sin x$ 在 $(-\infty, +\infty)$ 内不一致连续.

证明 令 $x_n = 2n\pi + \dfrac{1}{n}$, $y_n = 2n\pi$, 有

$$\lim_{n \to \infty} (x_n - y_n) = \lim_{n \to \infty} \left(2n\pi + \frac{1}{n} - 2n\pi\right) = \lim_{n \to \infty} \frac{1}{n} = 0,$$

但

$$\lim_{n \to \infty} (x_n \sin x_n - y_n \sin y_n) = \lim_{n \to \infty} \left[\left(2n\pi + \frac{1}{n}\right) \sin \left(2n\pi + \frac{1}{n}\right) - 2n\pi \sin 2n\pi\right]$$
$$= \lim_{n \to \infty} \left(2n\pi + \frac{1}{n}\right) \sin \frac{1}{n} = 2\pi \neq 0.$$

由定理 3.1.1 知, $x \sin x$ 在 $(-\infty, +\infty)$ 内不一致连续.

定理 3.1.7 设 $f : E \subset \mathbb{R}^n \to \mathbb{R}$, $g : E \subset \mathbb{R}^n \to \mathbb{R}$ 均在 E 上一致连续, 若 $f(x)$ 在 E 上有界, 又存在 $\alpha > 0$, 使得

$$|g(x)| \geqslant \alpha, \quad x \in E$$

成立, 则 $\dfrac{f(x)}{g(x)}$ 在 E 上一致连续.

证明 因 $g(x)$ 在 E 上一致连续, 故对任意 $\varepsilon > 0$, 存在 $\delta > 0$, 当

$$d(x_1, x_2) < \delta \wedge x_1 \in E \wedge x_2 \in E$$

时, 恒有

$$|g(x_1) - g(x_2)| < \alpha^2 \varepsilon,$$

于是, 当 $d(x_1, x_2) < \delta \wedge x_1 \in E \wedge x_2 \in E$ 时, 恒有

$$\left|\frac{1}{g(x_1)} - \frac{1}{g(x_2)}\right| = \frac{|g(x_1) - g(x_2)|}{|g(x_1)g(x_2)|} < \varepsilon,$$

依定义, $\dfrac{1}{g(x)}$ 在 E 上一致连续, 且 $\left|\dfrac{1}{g(x)}\right| \leqslant \dfrac{1}{\alpha}$ $(x \in E)$. 由 $f(x)$ 的有界条件, 从定理 3.1.6 可知 $\dfrac{f(x)}{g(x)}$ 在 E 上一致连续.

同样地, 定理 3.1.7 中 $f(x)$ 在 E 上有界的条件也是不可缺少的.

例 3.1.8　试证 $\dfrac{1}{2 + \sin x}$ 在 $(-\infty, +\infty)$ 内一致连续, 而

$$\frac{x}{\dfrac{1}{2 + \sin x}} = 2x + x \sin x$$

在 $(-\infty, +\infty)$ 内不一致连续.

证明　因为 $2 + \sin x$ 在 $(-\infty, +\infty)$ 内一致连续, 且 $|2 + \sin x| \geqslant 1$, 于是由定理 3.1.7 知 $\dfrac{1}{2 + \sin x}$ 在 $(-\infty, +\infty)$ 内一致连续. 但是, 因 $x \sin x$ 在 $(-\infty, +\infty)$ 内不一致连续, 而 $2x$ 在 $(-\infty, +\infty)$ 内是一致连续的, 故 $2x + x \sin x$ 在 $(-\infty, +\infty)$ 内不一致连续.

最后, 给出复合函数的一致连续情况.

定理 3.1.8　设 $g : E \subset \mathbb{R}^n \to \mathbb{R}$ 在 E 上一致连续, $f : X \subset \mathbb{R} \to \mathbb{R}$ 在 X 上一致连续, 且 $\{g(x) | x \in E\} \subset X$, 则复合函数 $f(g(x))$ 在 E 上一致连续.

证明　对任意的 $\varepsilon > 0$, 由 $f(u)$ 在 X 上的一致连续性, 存在 $\eta > 0$, 使当 u_1, $u_2 \in X$ 且 $|u_1 - u_2| < \eta$ 时, 恒有

$$|f(u_1) - f(u_2)| < \varepsilon.$$

对于这个 $\eta > 0$, 再由函数 $g(x)$ 在 E 上的一致连续性, 存在 $\delta > 0$, 使当

$$d(x_1, x_2) < \delta \wedge x_1 \in E \wedge x_2 \in E$$

时, 恒有

$$|g(x_1) - g(x_2)| < \eta,$$

显然, $g(x_1)$, $g(x_2) \in X$, 从而有

$$|f(g(x_1)) - f(g(x_2))| < \varepsilon,$$

即 $f(g(x))$ 在 E 上一致连续.

至于一致连续函数的反函数是否一致连续, 留作练习, 请读者自己考虑.

习 题 3.1

1. 指出下列函数的间断点及其类型.

(1) $y = \begin{cases} \dfrac{1}{x+7}, & -\infty < x < -7, \\ x, & -7 \leqslant x \leqslant 1, \\ (x-1)\sin\dfrac{1}{x-1}, & 1 < x < +\infty; \end{cases}$

(2) $y = \text{sgn}(\sin x)$;

(3) $y = \dfrac{x^2 - x}{|x|(x^2 - 1)}$;

(4) $y = \begin{cases} 0, & x \text{ 为无理数}, \\ x, & x \text{ 为有理数}. \end{cases}$

2. 指出下列函数的不连续点.

(1) $f(x,y) = \ln(1 - x^2 - y^2) + e^x \sin y$;

(2) $f(x,y) = \begin{cases} \dfrac{\sin xy}{y}, & y \neq 0, \\ y, & y = 0; \end{cases}$

(3) $f(x,y) = \tan(x^2 + y^2)$;

(4) $f(x,y) = \begin{cases} 0, & x \text{ 为有理数}, \\ y, & x \text{ 为无理数}. \end{cases}$

3. (1) $f(x)$ 在 x_0 点连续, $g(x)$ 在 x_0 点不连续, 问: $f(x) + g(x)$ 是否在 x_0 点不连续?

(2) $f(x)$ 和 $g(x)$ 都在 x_0 点不连续, 问: $f(x) + g(x)$ 是否在 x_0 点必定不连续?

(3) $f(x)$ 连续, 问: $|f(x)|$ 和 $f^2(x)$ 是否连续? 若 $|f(x)|$ 或 $f^2(x)$ 连续, 问: 函数 $f(x)$ 是否连续?

(4) $f(x)$ 和 $g(x)$ 在 $[a,b]$ 上连续, 问: $\max\{f(x), g(x)\}$, $\min\{f(x), g(x)\}$ 在 $[a,b]$ 上是否连续?

4. 若对任何 $\varepsilon > 0$, $f(x)$ 在 $[a+\varepsilon, b-\varepsilon]$ 上连续, 问:

(1) $f(x)$ 是否在 (a,b) 内连续?

(2) $f(x)$ 是否在 $[a,b]$ 上连续?

5. 设函数 $f(x)$ 在 $[0, 2a]$ 上连续, 且 $f(0) = f(2a)$, 试证在区间 $[0, a]$ 上至少存在某一 x, 使得 $f(x) = f(x+a)$.

6. 证明: 若 $f(x)$ 在 $[a,b]$ 上连续, $a < x_1 < x_2 < \cdots < x_n < b$, 则在 $[x_1, x_n]$ 上必存在 ξ, 使得

$$f(\xi) = \frac{f(x_1) + f(x_2) + \cdots + f(x_n)}{n}.$$

7. 设 $f(x)$ 是 $[a,b]$ 上连续函数, 若对 $[a,b]$ 上所有有理数 r, 有 $f(r) = 0$. 试证:

$$f(x) \equiv 0, \quad x \in [a,b].$$

8. 证明: $f(x) = \dfrac{x+2}{x+1} \sin \dfrac{1}{x}$ 在 $(0,1)$ 内不一致连续, 但在 $(1, +\infty)$ 内一致连续.

9. 设 $f(x)$ 在 $[a, +\infty)$ 上连续, 且有渐近线 $y = kx + b$, 试证 $f(x)$ 在 $[a, +\infty)$ 上一致连续.

10. 试证: $f(x,y) = \sin(xy)$ 在 $\mathbb{R}^2$ 上不一致连续.

11. 设 $f(x,y)$ 分别对 x 和 y 是连续的, 而且对固定的 y, $f(x,y)$ 是 x 的单调函数, 证明: $f(x,y)$ 是连续的.

12. 设 $f(x,y)$ 在区域 D 内对 y 连续, 对 x 满足利普希茨条件:

$$|f(x', y) - f(x'', y)| \leqslant L|x' - x''|,$$

其中 $(x', y), (x'', y) \in D$, L 为常数, 求证: $f(x,y)$ 在 D 内连续.

13. 设 $f(x,y)$ 定义在区域 D 上, 若 $f(x,y)$ 对 y 连续, 对 x 为一致连续, 求证: $f(x,y)$ 在 D 上连续.

14. 一致连续的反函数是否一致连续?

15. 证明: 在有限区间 I 上的一致连续函数必有界.

16* 设定义在 $[a,b]$ 上的函数 $f(x)$ 有界, 试证:

$$m(x) = \inf_{a \leqslant \xi < x} \{f(\xi)\}, \quad M(x) = \sup_{a \leqslant \xi < x} \{f(\xi)\}$$

在 $[a,b]$ 上左连续.

17* 设 $f(x)$ 是定义在 $(-\infty, +\infty)$ 内的单调递增函数, 且 $f(-\infty) = 0$, $f(+\infty) = 1$, 定义 $g(x)$ $(0 < x < 1)$ 如下

$$g(x) = \inf\{t | f(t) > x\},$$

求证: $g(x)$ 右连续.

18* 设 $f(x)$ 在 $[a,b]$ 上连续, 且有唯一最小值 $x_0 \in [a,b]$, 若 $x_n \in [a,b]$ 且

$$\lim_{n \to \infty} f(x_n) = f(x_0),$$

求证: $\lim_{n \to \infty} x_n = x_0$.

19* 设 $f_1(x), f_2(x), f_3(x)$ 为 $[a,b]$ 上连续函数, 记 $f(x)$ 为三个值 $f_1(x), f_2(x)$ 和 $f_3(x)$ 中间的那一个, 求证: $f(x)$ 在 $[a,b]$ 上连续.

20* 设 $f(x)$ 是定义在 $(-\infty, +\infty)$ 内的函数, 具有中间值性质 (即如果 $f(a) < c < f(b)$, 那么存在 $x \in (a,b)$, 使得 $f(x) = c$), 并且对任意有理数 r, 满足 $f(x) = r$ 的根组成闭集, 试证: $f(x)$ 在 $(-\infty, +\infty)$ 内连续.

3.2 导数、微分中值定理

这一节我们着重讨论定义于区间上的一元可导函数的一些性质, 即 $f : (a, b) \subset \mathbb{R} \to \mathbb{R}$.

3.2.1 有关导数的几个特性

我们知道, 函数 $f : (a,b) \subset \mathbb{R} \to \mathbb{R}$ 在 $x_0 \in (a,b)$ 的导数定义为

$$f'(x_0) = \lim_{x \to x_0} \frac{f(x) - f(x_0)}{x - x_0}, \quad x \in (a,b),$$

其中右边的极限存在. 若 $f(x)$ 在 (a,b) 内的每一点皆有导数, 则定义了一个导函数

$$f' : (a,b) \subset \mathbb{R} \to \mathbb{R}.$$

下面, 从这个定义出发, 导出有关导数和导函数的几个重要特性.

定理 3.2.1 设 $f : (a,b) \subset \mathbb{R} \to \mathbb{R}$ 在 $x_0 \in (a,b)$ 点可导, 若 $\{\alpha_n\}$ 和 $\{\beta_n\}$ 为满足条件 $a < \alpha_n < x_0 < \beta_n < b$, $\alpha_n \to x_0$ 和 $\beta_n \to x_0$ $(n \to \infty)$ 的任意两个数列, 则

$$\lim_{n \to \infty} \frac{f(\beta_n) - f(\alpha_n)}{\beta_n - \alpha_n} = f'(x_0).$$

证明 令 $\lambda_n = \dfrac{\beta_n - x_0}{\beta_n - \alpha_n}$, 则 $0 < \lambda_n < 1$, $n = 1, 2, \cdots$, 以及

$$\frac{f(\beta_n) - f(\alpha_n)}{\beta_n - \alpha_n} - f'(x_0) = \lambda_n \left[\frac{f(\beta_n) - f(x_0)}{\beta_n - x_0} - f'(x_0) \right]$$
$$+ (1 - \lambda_n) \left[\frac{f(\alpha_n) - f(x_0)}{\alpha_n - x_0} - f'(x_0) \right].$$

由 $f(x)$ 在 x_0 点可导, 故

$$\lim_{n \to \infty} \left[\frac{f(\beta_n) - f(x_0)}{\beta_n - x_0} - f'(x_0) \right] = 0,$$

$$\lim_{n \to \infty} \left[\frac{f(\alpha_n) - f(x_0)}{\alpha_n - x_0} - f'(x_0) \right] = 0.$$

注意到 $0 < \lambda_n < 1$, $0 < 1 - \lambda_n < 1$, 从而

$$\lim_{n \to \infty} \frac{f(\beta_n) - f(\alpha_n)}{\beta_n - \alpha_n} = f'(x_0).$$

这个定理可以用来判断函数在一点不可导的问题.

例 3.2.1 考虑 $f(x) = |x|$ 在 $x = 0$ 时的可导性.

解 选择两对点列 $\{\alpha_n\} = \left\{-\dfrac{1}{n}\right\}$, $\{\beta_n\} = \left\{\dfrac{1}{n}\right\}$, $\{\alpha_n'\} = \left\{-\dfrac{1}{n}\right\}$, $\{\beta_n'\} = \left\{\dfrac{2}{n}\right\}$. 显然

$$\alpha_n = -\frac{1}{n} < 0 < \frac{1}{n} = \beta_n, \quad \alpha_n = -\frac{1}{n} \to 0, \quad \beta_n = \frac{1}{n} \to 0 \quad (n \to \infty),$$

$$\alpha_n' = -\frac{1}{n} < 0 < \frac{2}{n} = \beta_n', \quad \alpha_n' = -\frac{1}{n} \to 0, \quad \beta_n' = \frac{2}{n} \to 0 \quad (n \to \infty).$$

而

$$\lim_{n\to\infty} \frac{f(\beta_n) - f(\alpha_n)}{\beta_n - \alpha_n} = \lim_{n\to\infty} \frac{\dfrac{1}{n} - \dfrac{1}{n}}{\dfrac{1}{n} + \dfrac{1}{n}} = 0;$$

$$\lim_{n\to\infty} \frac{f(\beta_n') - f(\alpha_n')}{\beta_n' - \alpha_n'} = \lim_{n\to\infty} \frac{\dfrac{2}{n} - \dfrac{1}{n}}{\dfrac{2}{n} + \dfrac{1}{n}} = \frac{1}{3}.$$

由定理 3.2.1 知, $f(x) = |x|$ 在 $x = 0$ 点不可导.

定理 3.2.2 可导函数的导函数不可能有第一类间断点.

证明 设 $f : (a, b) \subset \mathbb{R} \to \mathbb{R}$ 在 (a, b) 内可导, 则 $f' : (a, b) \subset \mathbb{R} \to \mathbb{R}$ 存在. 设 $x_0 \in (a, b)$ 是 $f'(x)$ 的第一类间断点, 则 $\lim\limits_{x \to x_0^-} f'(x)$ 与 $\lim\limits_{x \to x_0^+} f'(x)$ 均存在. 而 $f(x)$ 在 x_0 点的左导数为

$$f_-'(x_0) = \lim_{x \to x_0^-} \frac{f(x) - f(x_0)}{x - x_0},$$

应用洛必达法则可得

$$f_-'(x_0) = \lim_{x \to x_0^-} \frac{f'(x)}{1} = \lim_{x \to x_0^-} f'(x);$$

同理可证

$$f_+'(x_0) = \lim_{x \to x_0^+} f'(x).$$

由于 $f(x)$ 在 x_0 点可导, 因此

$$f_+'(x_0) = f'(x_0) = f_-'(x_0),$$

于是

$$\lim_{x \to x_0^-} f'(x) = \lim_{x \to x_0^+} f'(x) = f'(x_0).$$

这说明 $f'(x)$ 在 x_0 点连续, 故 x_0 不是 $f'(x)$ 的间断点.

但是, 具有第二类间断点的导函数是存在的, 例如:

$$f(x) = \begin{cases} x^2 \sin \dfrac{1}{x}, & x \neq 0, \\ 0, & x = 0 \end{cases}$$

在 $(-\infty, +\infty)$ 内处处可导, 导函数为

$$f'(x) = \begin{cases} 2x \sin \dfrac{1}{x} - \cos \dfrac{1}{x}, & x \neq 0, \\ 0, & x = 0. \end{cases}$$

容易看到当 $x \to 0$ 时, $f'(x)$ 的极限不存在, 因而 $x = 0$ 点是 $f'(x)$ 的第二类间断点.

这个定理有一个重要推论.

推论 3.2.1 具有第一类间断点的函数, 不可能有原函数. 换句话说, 具有第一类间断点的函数的不定积分不存在.

定理 3.2.3 (达布 (Darboux) 定理) 设 $f : [a, b] \subset \mathbb{R} \to \mathbb{R}$ 在 $[a, b]$ 上可导, 则 $f'(x)$ 取得 $f'(a)$ 和 $f'(b)$ 之间的一切值.

证明 不妨设 $f'(a) < f'(b)$, 下面要证明: 满足

$$f'(a) < r < f'(b)$$

的任意实数 r, 在 (a, b) 内至少存在一点 x_0, 使得

$$f'(x_0) = r.$$

设 $g(x) = f(x) - rx$ $(a \leqslant x \leqslant b)$, 则 $g(x)$ 在 $[a, b]$ 上可导, 且 $g'(a) = f'(a) - r < 0$, $g'(b) = f'(b) - r > 0$. 由于

$$g'(a) = \lim_{x \to a^+} \frac{g(x) - g(a)}{x - a} < 0,$$

根据函数极限的局部保号性定理, 当 $x > a$ 且充分接近于 a 时, 仍有

$$\frac{g(x) - g(a)}{x - a} < 0,$$

即 $g(a) > g(x)$, 因此, $g(x)$ 不可能在 a 点取得最小值; 类似地, $g(x)$ 也不可能在 b 点取得最小值. 于是 $g(x)$ 只能在 $[a, b]$ 内部某一点 x_0 处取得最小值, 由费马 (Fermat) 引理知

$$g'(x_0) = f'(x_0) - r = 0,$$

即 $f'(x_0) = r$.

这个定理说明导函数具有介值性, 但要注意这里并没有要求 $f'(x)$ 在 $[a, b]$ 上连续, 这一点读者可以和连续函数的介值性比较一下. 若 $f(x)$ 与 $g(x)$ 均在 $[a, b]$ 上可导, 由 $f'(x) + g'(x)$ 是 $f(x) + g(x)$ 的导函数, 从而 $f'(x) + g'(x)$ 具有介值性质. 一般地, 若 $f(x)$ 和 $g(x)$ 都具有介值性, $f(x) + g(x)$ 不一定有这个性质. 例如:

$$F(x) = \begin{cases} x^2 \sin \dfrac{1}{x}, & x \neq 0, \\ 0, & x = 0; \end{cases}$$

$$G(x) = \begin{cases} x^2 \cos \dfrac{1}{x}, & x \neq 0, \\ 0, & x = 0. \end{cases}$$

此时

$$F'(x) = \begin{cases} 2x \sin \dfrac{1}{x} - \cos \dfrac{1}{x}, & x \neq 0, \\ 0, & x = 0; \end{cases}$$

$$G'(x) = \begin{cases} 2x \cos \dfrac{1}{x} + \sin \dfrac{1}{x}, & x \neq 0, \\ 0, & x = 0. \end{cases}$$

若 $f(x) = [F'(x)]^2$, $g(x) = [G'(x)]^2$, 则 $f(x)$ 和 $g(x)$ 都具有介值性, 因为 $F'(x)$ 和 $G'(x)$ 都具有这种性质, 尽管 $F'(x)$ 和 $G'(x)$ 在 $x = 0$ 点不连续. 然而

$$f(x) + g(x) = \begin{cases} 4x^2 + 1, & x \neq 0, \\ 0, & x = 0 \end{cases}$$

在包含 $x = 0$ 点的任何区间上都不具有介值性, 因为它不取 0 到 1 之间的值.

3.2.2 可导与连续

我们知道, 对于 $f : (a, b) \subset \mathbb{R} \to \mathbb{R}$ 在点 $x_0 \in (a, b)$ 可导, $f(x)$ 必定在 $x = x_0$ 点连续, 而其逆是不成立的. 现在我们来进一步考察这两者的关系.

例 3.2.2 考察函数

$$f(x) = \begin{cases} x, & x \text{为有理数}, \\ x^2 + x, & x \text{为无理数}. \end{cases}$$

对于任意 x, 取有理数列 $\{x_n\}$, 使 $x_n \to x$ $(n \to \infty)$, 这时, $\lim\limits_{n \to \infty} f(x_n) = x$; 取无理数列 $\{x_n'\}$, 使 $x_n' \to x$ $(n \to \infty)$, $\lim\limits_{n \to \infty} f(x_n') = x^2 + x$. 因为只有 $x = 0$ 时, $x = x^2 + x$ 才成立, 所以由函数极限与数列极限关系的定理知, $f(x)$ 除 $x = 0$ 外任何点的极限皆不存在, 而

$$\lim_{x \to 0} f(x) = 0 = f(0).$$

故 $f(x)$ 只在 $x = 0$ 点连续, 其他点皆不连续. 然而

$$f'(0) = \lim_{x \to 0} \frac{f(x) - f(0)}{x - 0} = \lim_{x \to 0} \frac{f(x)}{x} = 1$$

却是存在的.

这个例子进一步指出连续和可导都是对一点而言的局部性质.

至于在一点处连续而不可导的例子则有很多, 例 3.2.1 中 $f(x) = |x|$ 在 $x = 0$ 处连续, 而在该点不可导. 即便是在某个区间内处处连续的函数, 也可能在该区间内处处不可导. 下面利用已学过的函数项级数的知识给出这个典型的例子.

例 3.2.3 一个处处连续而处处不可导的例子.

设

$$h(x) = \begin{cases} x, & 0 \leqslant x \leqslant 1, \\ 2 - x, & 1 < x \leqslant 2, \end{cases}$$

规定 $h(x \pm 2) = h(x)$. 于是, $h(x)$ 是以 2 为周期的连续函数 (图 3.2), 且 $0 \leqslant h(x) \leqslant 1$, $x \in (-\infty, +\infty)$. 定义

$$f(x) = \sum_{n=0}^{\infty} \left(\frac{3}{4}\right)^n h(4^n x), \tag{3.2.1}$$

由于 $\left(\dfrac{3}{4}\right)^n h(4^n x) \leqslant \left(\dfrac{3}{4}\right)^n$, 而级数 $\sum\limits_{n=0}^{\infty} \left(\dfrac{3}{4}\right)^n$ 收敛, 从而函数项级数

$$\sum_{n=0}^{\infty} \left(\frac{3}{4}\right)^n h(4^n x)$$

在 $(-\infty, +\infty)$ 内一致收敛, 由函数项级数一致收敛的性质, 可知函数 $f(x)$ 在 $(-\infty, +\infty)$ 内连续.

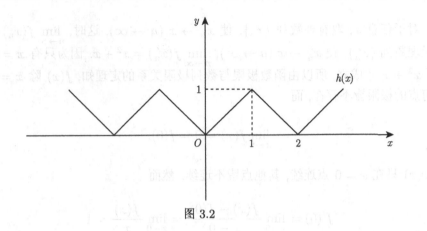

图 3.2

现在，我们来说明 $f(x)$ 在 $(-\infty, +\infty)$ 内处处不可导. 取定实数 x 及自然数 m, 存在整数 k, 使得 $k < 4^m x \leqslant k+1$, 令

$$\alpha_m = 4^{-m}k, \quad \beta_m = 4^{-m}(k+1),$$

考虑数 $4^n \beta_m$ 与 $4^n \alpha_m$, 若 $n > m$, $4^n \beta_m = 4^{n-m}(k+1)$, $4^n \alpha_m = 4^{n-m}k$, 差

$$4^n \beta_m - 4^n \alpha_m = 4^{n-m}$$

为偶数; 若 $n = m$, $4^n \beta_m = k+1$, $4^n \alpha_m = k$ 为整数, 它们的差 $4^n \beta_m - 4^n \alpha_m = 1$; 若 $n < m$, $4^n \beta_m$ 和 $4^n \alpha_m$ 至少有一个不是整数, 现设 $k = \pm 4^j + i$ (j 为自然数, $i = 0, 1, 2, 3$), 有

$$\pm 4^{j-m+n} \leqslant 4^n \alpha_m < 4^n \beta_m \leqslant \pm 4^{j-m+n} + 1,$$

即 $4^n \alpha_m$ 和 $4^n \beta_m$ 落在两个相邻整数之间. 由于 $h(x)$ 是以 2 为周期的函数, 以及它的表达式, 有

$$|h(4^n \beta_m) - h(4^n \alpha_m)| = \begin{cases} 0, & n > m, \\ 4^{n-m}, & n \leqslant m. \end{cases} \tag{3.2.2}$$

由 (3.2.1) 式和 (3.2.2) 式, 可知

$$f(\beta_m) - f(\alpha_m) = \sum_{n=0}^{m} \left(\frac{3}{4}\right)^n [h(4^n \beta_m) - h(4^n \alpha_m)],$$

因此

$$|f(\beta_m) - f(\alpha_m)| \geqslant \left(\frac{3}{4}\right)^m - \sum_{n=0}^{m-1} \left(\frac{3}{4}\right)^n 4^{n-m} > \frac{1}{2}\left(\frac{3}{4}\right)^m,$$

或

$$\left| \frac{f(\beta_m) - f(\alpha_m)}{\beta_m - \alpha_m} \right| > \frac{3^m}{2}, \tag{3.2.3}$$

由于 $\alpha_m < x \leqslant \beta_m$ 及 $\beta_m - \alpha_m \to 0 \ (m \to \infty)$, 由定理 3.2.1 及 (3.2.3) 式表明 $f(x)$ 在 x 点不可导.

3.2.3 微分中值定理及其推广

微分中值定理在数学分析中起着重要的作用, 下面我们给出它们的一些推广, 并举出几个应用的典型例子.

定理 3.2.4 (罗尔中值定理的推广) 设函数 $f(x)$ 于有限或无限区间 (a, b) 内的任意一点可导, 且

$$\lim_{x \to a^+} f(x) = \lim_{x \to b^-} f(x),$$

则在 (a, b) 内存在一点 c, 使得

$$f'(c) = 0.$$

证明 (1) 当 (a, b) 为有限区间时, 设

$$F(x) = \begin{cases} f(x), & x \in (a, b), \\ A, & x = a \text{ 或 } x = b, \end{cases}$$

其中 $A = \lim\limits_{x \to a^+} f(x) = \lim\limits_{x \to b^-} f(x)$.

显然, $F(x)$ 在 $[a, b]$ 上连续, 在 (a, b) 内可导, 且有 $F(a) = F(b)$. 由罗尔中值定理, 在 (a, b) 内至少存在一点 c, 使

$$F'(c) = 0,$$

而在 (a, b) 内, $F'(c) = f'(c)$, 所以

$$f'(c) = 0.$$

(2) 若 a 为有限, $b = +\infty$, 则令

$$\frac{1}{x - a + 1} = t,$$

即

$$x = \frac{1}{t} + a - 1 = \varphi(t).$$

当 $a < x < +\infty$ 时, $0 < t < 1$, 而且 $x = \varphi(t)$ 在 $(0,1)$ 内可导. 考虑复合函数

$$g(t) = f(\varphi(t)) = f\left(\frac{1}{t} + a - 1\right),$$

则 $g(t)$ 在有限区间 $(0,1)$ 内可导, 由 (1), 在 $(0,1)$ 内存在一点 t_0, 使 $g'(t_0) = 0$, 即

$$g'(t)\,|_{t=t_0} = f'(c) \cdot \varphi'(t)\,|_{t=t_0} = f'(c)\left(-\frac{1}{t_0^2}\right) = 0,$$

这里 $c = \dfrac{1}{t_0} + a - 1$, 注意到 $\varphi'(t_0) = -\dfrac{1}{t_0^2} \neq 0$, 故

$$f'(c) = 0.$$

(3) 若 $a = -\infty$, b 为有限, 类似地可作变换 $\dfrac{1}{b-x+1} = t$.

(4) $a = -\infty, b = +\infty$, 可设

$$x = \tan t \ \left(-\frac{\pi}{2} < t < \frac{\pi}{2}\right),$$

则 $g(t) = f(\tan t)$ 在 $\left(-\dfrac{\pi}{2}, \dfrac{\pi}{2}\right)$ 内可导, 且

$$\lim_{t \to -\frac{\pi}{2}^+} g(t) = \lim_{x \to -\infty} f(x), \quad \lim_{t \to \frac{\pi}{2}^-} g(t) = \lim_{x \to +\infty} f(x),$$

因此, 至少存在一点 $t_0 \in \left(-\dfrac{\pi}{2}, \dfrac{\pi}{2}\right)$, 使

$$g'(t_0) = f'(c) \sec^2 t_0 = 0,$$

其中 $c = \tan t_0$, 由于 $\sec^2 t_0 \neq 0$, 故

$$f'(c) = 0.$$

定理 3.2.5 (拉格朗日中值定理和柯西中值定理的推广)　设

$$f: [a,b] \subset \mathbb{R} \to \mathbb{R}, \ g: [a,b] \subset \mathbb{R} \to \mathbb{R}, \ h: [a,b] \subset \mathbb{R} \to \mathbb{R}$$

皆在 $[a,b]$ 上连续, 在 (a,b) 内可导, 则必存在一点 $c \in (a,b)$, 使得

$$\begin{vmatrix} f'(c) & g'(c) & h'(c) \\ f(a) & g(a) & h(a) \\ f(b) & g(b) & h(b) \end{vmatrix} = 0.$$

证明 作函数

$$F(x) = \begin{vmatrix} f(x) & g(x) & h(x) \\ f(a) & g(a) & h(a) \\ f(b) & g(b) & h(b) \end{vmatrix}.$$

容易看到 $F(x)$ 在 $[a,b]$ 上连续, 在 (a,b) 内可导, 且

$$F(a) = F(b) = 0.$$

由罗尔中值定理, 存在 $c \in (a,b)$, 使得

$$F'(c) = 0,$$

即

$$\begin{vmatrix} f'(c) & g'(c) & h'(c) \\ f(a) & g(a) & h(a) \\ f(b) & g(b) & h(b) \end{vmatrix} = 0.$$

在上式中若令 $g(x) = x$, $h(x) = 1$, 即得拉格朗日中值定理; 令 $h(x) = 1$, $g'(x) \neq 0$, 即得柯西中值定理.

例 3.2.4 (1) 设 $y \neq 0$ 且 n 是偶数, 证明: 只有当 $x = 0$ 时,

$$x^n + y^n = (x+y)^n;$$

(2) 证明: 若 $y \neq 0$ 且 n 是奇数, 则只有当 $x = 0$ 或 $x = -y$ 时,

$$x^n + y^n = (x+y)^n.$$

证明 设 $f(x) = x^n + y^n - (x+y)^n$.

(1) 若对某一 $x_0 \neq 0$, $f(x_0) = 0$, 由于 $f(0) = 0$, 那么 $f(x)$ 在 $[0, x_0]$ 或 $[x_0, 0]$ 上满足罗尔中值定理的条件, 从而在 $(0, x_0)$ 或 $(x_0, 0)$ 内存在一点 c, 使得

$$f'(c) = nc^{n-1} - n(c+y)^{n-1} = 0,$$

这表示对于 $y \neq 0$, 有

$$c^{n-1} = (c+y)^{n-1},$$

这是不可能的, 因为 $n-1$ 是奇数, 函数 $g(x) = x^{n-1}$ 是严格递增的. 这表示假设 $x_0 \neq 0$, $f(x_0) = 0$ 是不成立的, 故 (1) 得证.

(2) 当 n 是奇数时, $f(0) = f(-y) = 0\ (y \neq 0)$. 假定有三个不同的点使得 $f(x) = 0$, 那么应用罗尔中值定理至少有两个 $x \neq 0$, 使得

$$f'(x) = nx^{n-1} - n(x+y)^{n-1} = 0.$$

但是

$$x^{n-1} = (x+y)^{n-1},$$

当 $y \neq 0$, n 为奇数时, 只有 $x = -(x+y)$, 即 $x = -\dfrac{y}{2}$ 才能成立, 这与上面推理的有两个 x 满足

$$f'(x) = nx^{n-1} - n(x+y)^{n-1} = 0$$

矛盾. 矛盾的产生在于假设有三个不同的点使 $f(x) = 0$, (2) 得证.

例 3.2.5　设 $f(x)$ 在 $x = a$ 的某邻域内具有直到 n 阶的导数, 且

$$f'(a) = f''(a) = \cdots = f^{(n-1)}(a) = 0, \quad f^{(n)}(a) \neq 0.$$

求证: (1) 当 n 为偶数时, $f(x)$ 在点 $x = a$ 取得极值, 且当 $f^{(n)}(a) < 0$ 时, $f(x)$ 在点 $x = a$ 取得极大值; 当 $f^{(n)}(a) > 0$ 时, $f(x)$ 在点 $x = a$ 取得极小值.

(2) 当 n 是奇数时, $f(x)$ 在点 a 无极值.

证明　由泰勒定理

$$f(x) - f(a) = \sum_{k=1}^{n} \frac{f^{(n)}(a)}{n!}(x-a)^n + o((x-a)^n),$$

根据条件

$$f'(a) = f''(a) = \cdots = f^{(n-1)}(a) = 0, \quad f^{(n)}(a) \neq 0,$$

把上式改写成

$$f(x) - f(a) = \frac{(x-a)^n}{n!}\left[f^{(n)}(a) + \alpha\right],$$

其中 $\alpha = \dfrac{o((x-a)^n)n!}{(x-a)^n}$. 显然, 当 $x \to a$ 时, $\alpha \to 0$. 因为 $f^{(n)}(a) \neq 0$, 当 $|x-a|$ 足够小时, $f^{(n)}(a) + \alpha$ 与 $f^{(n)}(a)$ 同号.

(1) 当 n 为偶数时, 恒有 $(x-a)^n > 0$, 故若 $f^{(n)}(a) < 0$, 则当 x 充分接近于 a 时,

$$f(x) - f(a) < 0,$$

于是 $f(x)$ 在点 $x = a$ 取得极大值; 若 $f^{(n)}(a) > 0$, 当 x 充分接近于 a 时,

$$f(x) - f(a) > 0,$$

于是 $f(x)$ 在点 $x = a$ 取得极小值.

(2) 当 n 是奇数时, 若 $x < a$, $(x-a)^n < 0$; $x > a$, $(x-a)^n > 0$, 因此当 x 由小于 a 变为大于 a 的过程中, 差 $f(x) - f(a)$ 改变了符号, 即在 a 的任何邻域内 $f(x)$ 既有大于 $f(a)$ 的值, 也有小于 $f(a)$ 的值, 因此 $f(x)$ 在点 a 处不可能取得极值.

注意, 这个例子说明, 在求极值时, 若驻点的二阶导数为零, 可以继续研究它的更高阶导数的符号, 而确定其极值.

例如, 函数

$$f(x) = x^4 (x-1)^3.$$

由于 $f'(x) = x^3(x-1)^2(7x-4)$, 所以 $x = 0$, $x = 1$, $x = \dfrac{4}{7}$ 是驻点 (即导数为零的点). 求 $f(x)$ 的二阶导数为

$$f''(x) = 6x^2(x-1)(7x^2 - 8x + 2),$$

可得 $f''(0) = 0$, $f''(1) = 0$ 及 $f''\left(\dfrac{4}{7}\right) > 0$, 所以 $f(x)$ 在 $x = \dfrac{4}{7}$ 时取得极小值. 求三阶导数得

$$f'''(x) = 6x(35x^3 - 60x^2 + 30x - 4),$$

有 $f'''(0) = 0$, $f'''(1) > 0$. 因此, $f(x)$ 在 $x = 1$ 处不取极值. 求四阶导数,

$$f^{(4)}(x) = 24(35x^3 - 45x^2 + 15x - 1),$$

有 $f^{(4)}(0) < 0$, 故 $f(x)$ 在 $x = 0$ 处取得极大值.

综上所述, 当 $x = 0$ 时, $f(x)$ 取得极大值; 当 $x = \dfrac{4}{7}$ 时, $f(x)$ 取得极小值.

例 3.2.6 若 $f(x)$ 在 $[a,b]$ 上连续, 在 (a,b) 内可导, $a \cdot b > 0$, 试证在 (a,b) 内存在三个数 x_1, x_2, x_3, 使得

$$f'(x_1) = (b+a)\frac{f'(x_2)}{2x_2} = (b^2 + ab + a^2)\frac{f'(x_3)}{2x_3^2}.$$

证明 在柯西中值定理中分别令 $g(x) = x$, $g(x) = x^2$, $g(x) = x^3$, 即得

$$f(b) - f(a) = f'(x_1)(b-a), \quad x_1 \in (a,b),$$

$$\frac{f(b) - f(a)}{b^2 - a^2} = \frac{f'(x_2)}{2x_2}, \quad x_2 \in (a,b),$$

$$\frac{f(b) - f(a)}{b^3 - a^3} = \frac{f'(x_3)}{3x_3^2}, \quad x_3 \in (a,b).$$

经过简单的运算, 即可得结论.

习　题　3.2

1. α 为何值时, 函数

$$f(x) = \begin{cases} x^\alpha \sin \dfrac{1}{x}, & x \neq 0, \\ 0, & x = 0 \end{cases}$$

(1) 在 $x = 0$ 点连续; (2) 在 $x = 0$ 点可导; (3) 在 $x = 0$ 点导函数连续.

2. 如果函数 $f(x)$ 可导, n 为正整数, 试证

$$\lim_{n \to \infty} n \left[f \left(x + \frac{1}{n} \right) - f(x) \right] = f'(x).$$

反之, 是否成立.

3. 证明:

(1) 可导的偶函数其导函数为奇函数;

(2) 可导的奇函数其导函数为偶函数;

(3) 可导的周期函数其导函数为周期函数.

4. 设 $\varphi(x)$ 在 a 点连续, $f(x) = |x - a|\varphi(x)$, 求 $f'_+(a)$ 与 $f'_-(a)$. 问在什么条件下 $f'(a)$ 存在.

5. 若 $f(x)$ 在 (a, b) 内可导, 但无界, 试证其导数也在 (a, b) 内无界; 反之不成立, 试举例说明.

6. 证明: 若 $f(x)$ 在 $(a, +\infty)$ 内可导, 且 $\lim\limits_{x \to +\infty} f(x)$ 与 $\lim\limits_{x \to +\infty} f'(x)$ 均存在且有限, 则

$$\lim_{x \to +\infty} f'(x) = 0.$$

7. 证明: 若 $f(x)$ 在 $[a, b]$ 上二阶可导, 且 $f(a) = f(b) = f(c) = 0$ $(a < c < b)$, 则在 (a, b) 内至少存在一点 ξ, 使得 $f''(\xi) = 0$.

8. 设 $f(x)$ 在 $[a, b]$ 上连续, 在 (a, b) 内可导, 且 $\lim\limits_{x \to a^+} f'(x) = A$, 则 $f(x)$ 在 a 点的右导数 $f'_+(a)$ 存在, 且 $f'_+(a) = A$.

9. 设 $f(x)$ 在 $[a, b]$ 上连续, 在 (a, b) 内可导, $f(a) = f(b)$, 且 $f(x)$ 不为常数, 试证: 存在 $\xi \in (a, b)$, 使 $f'(\xi) > 0$.

10. 若 $f(x)$ 在 $[x_1, x_2]$ 上可导, 且 $x_1 x_2 > 0$, 试证: 存在 $\xi \in (x_1, x_2)$, 使

$$\frac{1}{x_1 - x_2} \begin{vmatrix} x_1 & x_2 \\ f(x_1) & f(x_2) \end{vmatrix} = f(\xi) - \xi f'(\xi).$$

11. 设 $K > 0$, 试问 K 为何值时, 方程

$$\arctan x - Kx = 0$$

存在正根.

12. 若 $f(x)$, $g(x)$ 在 $[a, b]$ 上可导, $f'(x) > g'(x)$, 且 $f(a) = g(a)$, 试证: 在 $[a, b]$ 上

$$f(x) > g(x).$$

13. 若 $f(x)$ 在 (a,b) 内可导, 且 $f'(x) \geqslant 0$, 试证: $f(x)$ 在 (a,b) 内严格递增的充要条件是在 (a,b) 内的任何子区间上 $f'(x) \not\equiv 0$.

14. 求函数 $f(x) = (x-1)^2(x+1)^3$ 的极值.

15. 设 $f(0) = 0$, $f'(x)$ 在 $x = 0$ 的某邻域内连续, 且 $f'(0) = 0$, 试证: $\lim\limits_{x \to 0^+} x^{f(x)} = 1$.

16* 设 $f(x)$ 在 $[a,b]$ 上可导, $f(a) = f(b) = 0$, 且 $f'(a)f'(b) > 0$, 试证: 方程 $f'(x) = 0$ 在 (a,b) 内至少有两个根.

17* 证明: 若函数 $f(x)$ 在 $[1,2]$ 上有二阶导数, 且 $f(1) = f(2) = 0$, 那么函数

$$F(x) = (x-1)^2 f(x)$$

在区间 $(1,2)$ 内至少存在一 ξ, 使得 $F''(\xi) = 0$.

18* 若 $f(x)$ 是二阶可导函数, $f(0) = 1$, $f(1) = 0$, 且 $f'(0) = f'(1) = 0$, 试证: 在 $(0,1)$ 内至少存在一点 c, 使得 $|f''(c)| \geqslant 4$.

19* 设 $f(x)$ 在 $[a,b]$ 上可导, $f(a) = 0$, 并设有实数 A, 使得 $|f'(x)| \leqslant A|f(x)|$, $x \in [a,b]$. 证明:

$$f(x) \equiv 0, \quad x \in [a,b].$$

20* 设 $f(x)$ 在 $[a,b]$ 上连续, 且 $f''(x) > 0$, 证明:

$$\frac{f(x) - f(a)}{x - a}$$

在 $[a,b]$ 上是单调递增的.

21* 设 $f(x)$ 在 $[-1,1]$ 上二阶可导, $|f(x)| \leqslant 1$, $f''(x) \leqslant 1$, 求证: $|f'(x)| \leqslant 2$.

3.3 不等式与凸函数

本节先用几个例子, 复习一下通过研究函数的单调性或求函数的极值来证明不等式的方法, 然后介绍凸函数的概念, 并以它为工具推出一些重要的不等式.

3.3.1 几个例子

例 3.3.1 若 $x > 0$, 则 $xe^x > e^x - 1$.

证明 设 $f(x) = xe^x - e^x + 1$, 对 x 求导得

$$f'(x) = xe^x > 0 \quad (x > 0).$$

因此, 当 $x > 0$ 时, $f(x)$ 严格递增, 又 $f(x)$ 在 $x = 0$ 处连续, 且 $f(0) = 0$, 故

$$f(x) = xe^x - e^x + 1 > 0 \quad (x > 0),$$

即

$$xe^x > e^x - 1.$$

例 3.3.2　证明: $\dfrac{2}{\pi} < \dfrac{\sin x}{x} < 1 \ \left(0 < x < \dfrac{\pi}{2}\right).$

证明　上式右侧是显然的, 只证左端, 设

$$f(x) = \sin x - \frac{2x}{\pi},$$

令 $f'(x) = \cos x - \dfrac{2}{\pi} = 0$, 在区间 $\left(0, \dfrac{\pi}{2}\right)$ 内求得唯一的驻点 $x = \arccos \dfrac{2}{\pi}$. 又

$$f''(x) = -\sin x < 0 \quad \left(0 < x < \frac{\pi}{2}\right),$$

因此 $x = \arccos \dfrac{2}{\pi}$ 是 $f(x)$ 在区间 $\left(0, \dfrac{\pi}{2}\right)$ 内的最大值点. 注意到 $f(x)$ 在 $\left[0, \dfrac{\pi}{2}\right]$ 上连续, 且

$$f(0) = f\left(\frac{\pi}{2}\right) = 0,$$

所以在 $\left(0, \dfrac{\pi}{2}\right)$ 内,

$$f(x) = \sin x - \frac{2x}{\pi} > 0,$$

即

$$\sin x > \frac{2x}{\pi} \quad \left(0 < x < \frac{\pi}{2}\right).$$

例 3.3.3　设 $x \geqslant 0$, 则

$$x^{\alpha} - \alpha x \leqslant 1 - \alpha \quad (0 < \alpha < 1);$$
$$x^{\alpha} - \alpha x \geqslant 1 - \alpha \quad (\alpha > 1 \ \text{或} \ \alpha < 0).$$

证明　设 $f(x) = x^{\alpha} - \alpha x + \alpha - 1$, 对 x 求导得

$$f'(x) = \alpha x^{\alpha-1} - \alpha = \alpha(x^{\alpha-1} - 1).$$

当 $0 < \alpha < 1$ 时, 对 $0 < x < 1$ 有 $f'(x) > 0$; 对 $x > 1$ 有 $f'(x) < 0$. 因而, $f(x)$ 在 $x = 1$ 处达到极大值, 但 $f(1) = 0$, 于是

$$x^{\alpha} - \alpha x + \alpha - 1 \leqslant 0 \quad (0 < \alpha < 1, \ x \geqslant 0).$$

当 $\alpha > 1$ 或 $\alpha < 0$ 时, 对 $0 < x < 1$ 有 $f'(x) < 0$; 对 $x > 1$ 有 $f'(x) > 0$. 因而, $f(x)$ 在 $x = 1$ 处达到极小值, 即

$$x^{\alpha} - \alpha x + \alpha - 1 \geqslant 0 \quad (\alpha > 1 \text{或} \alpha < 0, \ x \geqslant 0).$$

例 3.3.4 设 $a > 0$, $b > 0$, 则

$$a^\alpha b^\beta \leqslant \alpha a + \beta b \quad (0 < \alpha < 1,\ \alpha + \beta = 1), \tag{3.3.1}$$

$$a^\alpha b^\beta \geqslant \alpha a + \beta b \quad (\alpha > 1,\ \alpha + \beta = 1). \tag{3.3.2}$$

证明 在例 3.3.3 中令 $x = \dfrac{a}{b}$, $1 - \alpha = \beta$ 即得. 由于例 3.3.3 中, 当 $x = 1$ 时, 等号成立, 因此当 $\dfrac{a}{b} = 1$ 时, (3.3.1) 和 (3.3.2) 的等号成立.

例 3.3.5 (赫尔德 (Hölder) 不等式) 若 a_k, $b_k > 0$, 则

(1) $p > 1$, $\dfrac{1}{p} + \dfrac{1}{q} = 1$, 有

$$\sum_{k=1}^{n} a_k b_k \leqslant \left(\sum_{k=1}^{n} a_k^p\right)^{\frac{1}{p}} \cdot \left(\sum_{k=1}^{n} b_k^q\right)^{\frac{1}{q}}; \tag{3.3.3}$$

(2) $0 < p < 1$, $\dfrac{1}{p} + \dfrac{1}{q} = 1$, 有

$$\sum_{k=1}^{n} a_k b_k \geqslant \left(\sum_{k=1}^{n} a_k^p\right)^{\frac{1}{p}} \cdot \left(\sum_{k=1}^{n} b_k^q\right)^{\frac{1}{q}}. \tag{3.3.4}$$

等号成立当且仅当

$$\frac{a_1^p}{b_1^q} = \frac{a_2^p}{b_2^q} = \cdots = \frac{a_n^p}{b_n^q} = c.$$

当 $p = q = 2$ 时, (3.3.3) 式就是著名的柯西不等式.

证明 由例 3.3.4 的 (3.3.1) 和 (3.3.2) 式知

$$a^{\frac{1}{p}} b^{\frac{1}{q}} \leqslant \frac{a}{p} + \frac{b}{q} \quad (p > 1),$$

$$a^{\frac{1}{p}} b^{\frac{1}{q}} \geqslant \frac{a}{p} + \frac{b}{q} \quad (p < 1).$$

现令

$$a = \frac{a_i^p}{\displaystyle\sum_{k=1}^{n} a_k^p}, \quad b = \frac{b_i^q}{\displaystyle\sum_{k=1}^{n} b_k^q} \quad (i = 1, \cdots, n),$$

然后相加即得

$$\frac{\displaystyle\sum_{k=1}^{n} a_k b_k}{\left(\displaystyle\sum_{k=1}^{n} a_k^p\right)^{\frac{1}{p}} \cdot \left(\displaystyle\sum_{k=1}^{n} b_k^q\right)^{\frac{1}{q}}} \leqslant \frac{1}{p} \frac{\displaystyle\sum_{k=1}^{n} a_k^p}{\displaystyle\sum_{k=1}^{n} a_k^p} + \frac{1}{q} \frac{\displaystyle\sum_{k=1}^{n} b_k^q}{\displaystyle\sum_{k=1}^{n} b_k^q} = 1 \quad (p > 1),$$

$$\frac{\displaystyle\sum_{k=1}^{n} a_k b_k}{\left(\displaystyle\sum_{k=1}^{n} a_k^p\right)^{\frac{1}{p}} \cdot \left(\displaystyle\sum_{k=1}^{n} b_k^q\right)^{\frac{1}{q}}} \geqslant \frac{1}{p} \frac{\displaystyle\sum_{k=1}^{n} a_k^p}{\displaystyle\sum_{k=1}^{n} a_k^p} + \frac{1}{q} \frac{\displaystyle\sum_{k=1}^{n} b_k^q}{\displaystyle\sum_{k=1}^{n} b_k^q} = 1 \quad (p < 1),$$

这就是 (3.3.3) 式和 (3.3.4) 式. 由例 3.3.4 知对于任意的 k, 当

$$\frac{a_k^p}{b_k^q} = \frac{\displaystyle\sum_{k=1}^{n} a_k^p}{\displaystyle\sum_{k=1}^{n} b_k^q}$$

时等号成立, 这等价于

$$\frac{a_1^p}{b_1^q} = \frac{a_2^p}{b_2^q} = \cdots = \frac{a_n^p}{b_n^q} = c.$$

例 3.3.6 (闵可夫斯基 (Minkowski) 不等式)   设 a_k, $b_k > 0$, 则

(1) 当 $p > 1$ 时,

$$\left(\sum_{k=1}^{n} (a_k + b_k)^p\right)^{\frac{1}{p}} \leqslant \left(\sum_{k=1}^{n} a_k^p\right)^{\frac{1}{p}} + \left(\sum_{k=1}^{n} b_k^p\right)^{\frac{1}{p}}; \qquad (3.3.5)$$

(2) 当 $0 < p < 1$ 时,

$$\left(\sum_{k=1}^{n} (a_k + b_k)^p\right)^{\frac{1}{p}} \geqslant \left(\sum_{k=1}^{n} a_k^p\right)^{\frac{1}{p}} + \left(\sum_{k=1}^{n} b_k^p\right)^{\frac{1}{p}}. \qquad (3.3.6)$$

等号成立当且仅当

$$\frac{a_1}{b_1} = \frac{a_2}{b_2} = \cdots = \frac{a_n}{b_n} = c$$

时成立.

证明   注意到

$$\sum_{k=1}^{n} (a_k + b_k)^p = \sum_{k=1}^{n} a_k (a_k + b_k)^{p-1} + \sum_{k=1}^{n} b_k (a_k + b_k)^{p-1}.$$

对上式右侧两个和式分别应用赫尔德不等式, 当 $p > 1$ 时, 由 (3.3.3) 式

$$\sum_{k=1}^{n} (a_k + b_k)^p \leqslant \left(\sum_{k=1}^{n} a_k^p\right)^{\frac{1}{p}} \left[\sum_{k=1}^{n} (a_k + b_k)^{(p-1)q}\right]^{\frac{1}{q}}$$

$$+ \left(\sum_{k=1}^{n} b_k^p \right)^{\frac{1}{p}} \left[\sum_{k=1}^{n} (a_k + b_k)^{(p-1)q} \right]^{\frac{1}{q}}$$

$$= \left[\left(\sum_{k=1}^{n} a_k^p \right)^{\frac{1}{p}} + \left(\sum_{k=1}^{n} b_k^p \right)^{\frac{1}{p}} \right] \left[\sum_{k=1}^{n} (a_k + b_k)^p \right]^{\frac{1}{q}},$$

两端同除以 $\left[\sum\limits_{k=1}^{n} (a_k + b_k)^p \right]^{\frac{1}{q}}$ 即得 (3.3.5) 式.

当 $0 < p < 1$ 时, 类似可证.

3.3.2　凸函数

以前在研究函数曲线的特性时已经知道, 若 $f(x)$ 的图形是下凸的, 那么连接曲线上任意两点间的弦位于所含曲线的上方 (图 3.3). 函数所表示的曲线若是下凸的, 就称此函数为凸函数.

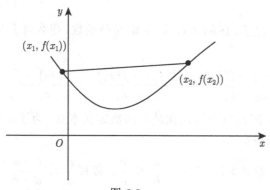

图 3.3

现在把上述的几何特性用解析的方法来表示. 过曲线 $y = f(x)$ 的两点 $(x_1, f(x_1))$, $(x_2, f(x_2))$ 的直线方程为

$$g(x) = \frac{f(x_2) - f(x_1)}{x_2 - x_1} (x - x_1) + f(x_1).$$

在区间 (x_1, x_2) 内, 由于线段 $g(x)$ $(x_1 < x < x_2)$ 在所含 $f(x)$ 的曲线上方, 因此

$$g(x) \geqslant f(x) \quad (x_1 < x < x_2),$$

或

$$\frac{f(x_2) - f(x_1)}{x_2 - x_1} (x - x_1) + f(x_1) \geqslant f(x),$$

即

$$\frac{f(x_2) - f(x_1)}{x_2 - x_1} \geqslant \frac{f(x) - f(x_1)}{x - x_1}.$$

下面给出凸函数的解析定义.

定义 3.3.1　设函数 $f : (a, b) \to \mathbb{R}$, 若对 $\forall x, x_1, x_2 \in (a, b)$, 满足 $a < x_1 < x < x_2 < b$ 时, 都有

$$\frac{f(x) - f(x_1)}{x - x_1} \leqslant \frac{f(x_2) - f(x_1)}{x_2 - x_1}, \tag{3.3.7}$$

则称 $f(x)$ 在区间 (a, b) 内是凸的.

用逻辑符号表示是:

$f : (a, b) \to \mathbb{R}$ 是凸的:=

$$(\forall x_1, x_2, x \in (a, b)) \wedge (a < x_1 < x < x_2 < b) \Rightarrow \left(\frac{f(x) - f(x_1)}{x - x_1} \leqslant \frac{f(x_2) - f(x_1)}{x_2 - x_1} \right).$$

若 (3.3.7) 式的 "$\leqslant$" 号改为 "$\geqslant$" 号, 就称为是凹的; 若 "$\leqslant$" 改为 "$<$", 就称为是严格凸的.

定理 3.3.1　若 $f :$ 区间 $I \subset \mathbb{R} \to \mathbb{R}$ 是凸函数, 那么对于 $\forall x_1, x_2, x_3 \in I$, 且 $x_1 < x_2 < x_3$, 有

$$\frac{f(x_2) - f(x_1)}{x_2 - x_1} \leqslant \frac{f(x_3) - f(x_1)}{x_3 - x_1} \leqslant \frac{f(x_3) - f(x_2)}{x_3 - x_2}. \tag{3.3.8}$$

证明　(3.3.8) 式左端不等式就是凸函数定义本身, 为了证明右端不等式, 只要证明下面简单的事实:

$$\text{若 } d > b > 0, \text{ 且 } \frac{a}{b} \leqslant \frac{c}{d}, \text{ 必有 } \frac{c}{d} \leqslant \frac{c - a}{d - b}.$$

这是因为

$$\frac{a}{b} \leqslant \frac{c}{d} \ (b, d > 0) \Leftrightarrow ad \leqslant bc \Leftrightarrow ad - cd \leqslant bc - cd$$

$$\Leftrightarrow d(a - c) \leqslant c(b - d) \ (d > b) \Leftrightarrow \frac{c}{d} \leqslant \frac{c - a}{d - b}.$$

令 $a = f(x_2) - f(x_1)$, $b = x_2 - x_1$, $c = f(x_3) - f(x_1)$, $d = x_3 - x_1$, 即得 (3.3.8) 式右端不等式.

定理 3.3.2　$f :$ 区间 $I \subset \mathbb{R} \to \mathbb{R}$ 是凸函数的充要条件是: 对于 $\forall x_1, x_2 \in I$, 都有

$$f(tx_1 + (1 - t)x_2) \leqslant tf(x_1) + (1 - t)f(x_2), \tag{3.3.9}$$

其中 $t \in \mathbb{R}$ 且 $0 < t < 1$.

证明 对任意两点 $x_1, x_2 \in I$, 可设 $x_1 < x_2$. 这样

$$f(tx_1 + (1-t)x_2) \leqslant tf(x_1) + (1-t)f(x_2)$$
$$\Leftrightarrow f(tx_1 + (1-t)x_2) - f(x_1) \leqslant (1-t)[f(x_2) - f(x_1)]$$
$$\Leftrightarrow \frac{f(tx_1 + (1-t)x_2) - f(x_1)}{(1-t)(x_2 - x_1)} \leqslant \frac{f(x_2) - f(x_1)}{x_2 - x_1}.$$

注意到

$$(1-t)(x_2 - x_1) = [tx_1 + (1-t)x_2] - x_1,$$

而

$$x_1 = tx_1 + (1-t)x_1 < tx_1 + (1-t)x_2 < tx_2 + (1-t)x_2 = x_2.$$

由凸函数定义即知 (3.3.9) 式是 $f(x)$ 为凸函数的充要条件.

注 通常把本定理的条件作为凸函数的定义, 凸函数的定义也可改为

若 $f : I \subset \mathbb{R} \to \mathbb{R}$, 对于 $\forall x_1, x_2 \in I$, 以及 $0 < q_1 < 1$, $q_1 + q_2 = 1$, 都有

$$f(q_1 x_1 + q_2 x_2) \leqslant q_1 f(x_1) + q_2 f(x_2), \tag{3.3.10}$$

则称 $f(x)$ 在 I 内是凸的.

定理 3.3.3 (凸函数的詹森 (Jensen) 不等式) 若 f : 区间 $I \subset \mathbb{R} \to \mathbb{R}$ 是凸的, 则对 $\forall x_k \in I$ $(k = 1, 2, \cdots, n)$, 都有

$$f\left(\sum_{k=1}^{n} q_k x_k\right) \leqslant \sum_{k=1}^{n} q_k f(x_k), \tag{3.3.11}$$

其中 $q_k > 0$ $(k = 1, 2, \cdots, n)$, 且 $\sum_{k=1}^{n} q_k = 1$.

证明 这是定理 3.3.2 的自然推广, 现用数学归纳法证明.

当 $n = 2$ 时, 定理 3.3.2 自然成立. 假定 $n = k$ 时成立, 即

$$f\left(\sum_{j=1}^{k} q_j x_j\right) \leqslant \sum_{j=1}^{k} q_j f(x_j), \tag{3.3.12}$$

其中 $q_j > 0$ $(j = 1, 2, \cdots, k)$, 且 $\sum_{j=1}^{k} q_j = 1$, 现在研究

$$f\left(\sum_{j=1}^{k+1} q_j x_j\right) = f(q_1 x_1 + q_2 x_2 + \cdots + q_k x_k + q_{k+1} x_{k+1}),$$

其中 $q_j > 0$ $(j = 1, 2, \cdots, k + 1)$, 且 $\sum\limits_{j=1}^{k+1} q_j = 1$. 把 $q_k x_k + q_{k+1} x_{k+1}$ 换成

$$(q_k + q_{k+1}) \left(\frac{q_k}{q_k + q_{k+1}} x_k + \frac{q_{k+1}}{q_k + q_{k+1}} x_{k+1} \right),$$

显然后一括号的数介于 x_k 与 x_{k+1} 之间, 因此也是 I 内的点. 利用归纳假设的 (3.3.10) 式和 (3.3.12) 式可得

$$
\begin{aligned}
f\left(\sum_{j=1}^{k+1} q_j x_j \right) &\leqslant q_1 f(x_1) + \cdots + (q_k + q_{k+1}) f\left(\frac{q_k}{q_k + q_{k+1}} x_k + \frac{q_{k+1}}{q_k + q_{k+1}} x_{k+1} \right) \\
&\leqslant q_1 f(x_1) + \cdots + (q_k + q_{k+1}) \left[\frac{q_k}{q_k + q_{k+1}} f(x_k) + \frac{q_{k+1}}{q_k + q_{k+1}} f(x_{k+1}) \right] \\
&= q_1 f(x_1) + q_2 f(x_2) + \cdots + q_k f(x_k) + q_{k+1} f(x_{k+1}).
\end{aligned}
$$

定理 3.3.4　设 f : 区间 $I \subset \mathbb{R} \to \mathbb{R}$, 若 $f(x)$ 在区间 I 内具有二阶导数 $f''(x)$, 则 $f(x)$ 在 I 内为凸函数的充要条件是

$$f''(x) \geqslant 0, \quad x \in I.$$

证明　**必要性**　设 $f(x)$ 是在 I 内具有二阶导数的凸函数. $\forall x_1, x_2 \in I$, 不妨设 $x_1 < x_2$, 总可找到足够小的正数 h, 使得

$$x_1 + h \in I, \ x_2 - h \in I, \quad \text{且} \quad x_1 + h < \frac{x_1 + x_2}{2} < x_2 - h.$$

多次应用定理 3.3.1 可得

$$
\begin{aligned}
\frac{f(x_1 + h) - f(x_1)}{h} &= \frac{f(x_1 + h) - f(x_1)}{x_1 + h - x_1} \\
&\leqslant \frac{f\left(\dfrac{x_1 + x_2}{2} \right) - f(x_1)}{\dfrac{x_1 + x_2}{2} - x_1} = \frac{f\left(\dfrac{x_1 + x_2}{2} \right) - f(x_1)}{\dfrac{x_2 - x_1}{2}} \\
&\leqslant \frac{f(x_2) - f\left(\dfrac{x_1 + x_2}{2} \right)}{\dfrac{x_2 - x_1}{2}} \leqslant \frac{f(x_2) - f(x_2 - h)}{h}.
\end{aligned}
$$

在上式中, 令 $h \to 0^+$, 得

$$f'(x_1) \leqslant f'(x_2),$$

即 $f'(x)$ 在 I 内为不减函数, 故有 $f''(x) \geqslant 0$.

充分性 设 $\forall x \in I$, $f''(x) \geqslant 0$. 对于 $\forall x_1, x_2 \in I$, 考虑

$$A = tf(x_1) + (1-t)f(x_2) - f(tx_1 + (1-t)x_2)$$

的符号. 令

$$x = tx_1 + (1-t)x_2,$$

则

$$\begin{aligned}
A &= tf(x_1) + (1-t)f(x_2) - f(x) \\
&= t[f(x_1) - f(x)] + (1-t)[f(x_2) - f(x)].
\end{aligned}$$

利用微分中值定理得

$$f(x_2) - f(x) = f'(x + \theta_1(x_2 - x))(x_2 - x) = f'(x + \theta_1 t(x_2 - x_1))t(x_2 - x_1);$$

$$\begin{aligned}
f(x_1) - f(x) &= f'(x + \theta_2(x_1 - x))(x_1 - x) \\
&= f'(x + \theta_2(1-t)(x_1 - x_2))(1-t)(x_1 - x_2) \\
&= -f'(x - \theta_2(1-t)(x_2 - x_1))(1-t)(x_2 - x_1) \quad (0 < \theta_1, \theta_2 < 1),
\end{aligned}$$

于是

$$A = t(1-t)(x_2 - x_1)\left[f'(x + \theta_1 t(x_2 - x_1)) - f'(x - \theta_2(1-t)(x_2 - x_1))\right],$$

再次应用中值定理可得

$$\begin{aligned}
A &= t(1-t)(x_2 - x_1)f''(\xi)[\theta_1 t + \theta_2(1-t)](x_2 - x_1) \\
&= t(1-t)(x_2 - x_1)^2[\theta_1 t + \theta_2(1-t)]f''(\xi),
\end{aligned}$$

这里 ξ 介于 x_1 与 x_2 之间. 由假设 $f''(x) \geqslant 0$, 因此 $A \geqslant 0$, $x_1, x_2 \in I$. 这说明 $f(x)$ 在 I 内是凸的.

注 由本定理的证明过程可知, 若 $f(x)$ 在 I 内可导, 则 $f(x)$ 在 I 内为严格凸函数的充要条件是 $f'(x)$ 在 I 内严格递增.

例 3.3.7 考虑函数 $f(x) = x^\alpha$ $(x > 0, \alpha > 1)$, 由于

$$f''(x) = \alpha(\alpha - 1)x^{\alpha - 2} > 0 \quad (x > 0),$$

于是 $f(x)$ 在 $x > 0$ 的区间内是凸函数. 由 (3.3.12) 式即有

$$\left(\sum_{k=1}^n P_k x_k\right)^\alpha \leqslant \sum_{k=1}^n P_k x_k^\alpha, \tag{3.3.13}$$

其中 $P_k > 0 \ (k = 1, 2, \cdots, n)$, 且 $\sum\limits_{k=1}^{n} P_k = 1$.

由 (3.3.13) 式又可导出赫尔德不等式. 对于任意一组正数 $q_1, q_2, \cdots, q_n$, 令

$$P_k = \frac{q_k}{\sum\limits_{k=1}^{n} q_k},$$

则

$$\sum_{k=1}^{n} P_k = 1,$$

把它代入 (3.3.13) 式, 即得

$$\frac{\left(\sum\limits_{k=1}^{n} q_k x_k\right)^{\alpha}}{\left(\sum\limits_{k=1}^{n} q_k\right)^{\alpha}} \leqslant \frac{\sum\limits_{k=1}^{n} q_k x_k^{\alpha}}{\sum\limits_{k=1}^{n} q_k},$$

或

$$\left(\sum_{k=1}^{n} q_k x_k\right)^{\alpha} \leqslant \left(\sum_{k=1}^{n} q_k x_k^{\alpha}\right)\left(\sum_{k=1}^{n} q_k\right)^{\alpha-1},$$

将 q_k 换成 $b_k^{\frac{\alpha}{\alpha-1}}$, x_k 换成 $a_k \cdot b_k^{-\frac{1}{\alpha-1}}$, 则有

$$\sum_{k=1}^{n} a_k b_k \leqslant \left(\sum_{k=1}^{n} a_k^{\alpha}\right)^{\frac{1}{\alpha}}\left(\sum_{k=1}^{n} b_k^{\frac{\alpha}{\alpha-1}}\right)^{\frac{\alpha-1}{\alpha}},$$

这就是赫尔德不等式. 当 $\alpha = 2$ 时, 上式为

$$\sum_{k=1}^{n} a_k b_k \leqslant \left(\sum_{k=1}^{n} a_k^2\right)^{\frac{1}{2}}\left(\sum_{k=1}^{n} b_k^2\right)^{\frac{1}{2}},$$

这就是柯西不等式.

例 3.3.8　考虑函数 $f(x) = -\ln x \ (x > 0)$.

由于 $f''(x) = \dfrac{1}{x^2}$, 由定理 3.3.4 知, $f(x)$ 在 $x > 0$ 的区间内是凸函数, 利用 (3.3.12) 式, 有

$$-\ln(q_1 x_1 + q_2 x_2 + \cdots + q_n x_n) \leqslant -(q_1 \ln x_1 + q_2 \ln x_2 + \cdots + q_n \ln x_n),$$

即

$$\ln(x_1^{q_1} x_2^{q_2} \cdots x_n^{q_n}) \leqslant \ln(q_1 x_1 + q_2 x_2 + \cdots + q_n x_n),$$

两边取反对数得到

$$x_1^{q_1} x_2^{q_2} \cdots x_n^{q_n} \leqslant q_1 x_1 + q_2 x_2 + \cdots + q_n x_n, \tag{3.3.14}$$

其中 $q_k > 0 \ (k = 1, 2, \cdots, n)$, 且 $\sum\limits_{k=1}^{n} q_k = 1$.

由 (3.3.14) 式, 取 $q_1 = q_2 = \cdots = q_n = \dfrac{1}{n}$, 得出

$$\sqrt[n]{x_1 x_2 \cdots x_n} \leqslant \frac{x_1 + x_2 + \cdots + x_n}{n},$$

对于上式, 用 $\dfrac{1}{x_k}$ 代换 x_k, 便又可得

$$\sqrt[n]{\frac{1}{x_1 x_2 \cdots x_n}} \leqslant \frac{\dfrac{1}{x_1} + \dfrac{1}{x_2} + \cdots + \dfrac{1}{x_n}}{n},$$

其倒数就是

$$\frac{n}{\dfrac{1}{x_1} + \dfrac{1}{x_2} + \cdots + \dfrac{1}{x_n}} \leqslant \sqrt[n]{x_1 x_2 \cdots x_n},$$

综合起来, 有如下的结论:

$$\frac{n}{\dfrac{1}{x_1} + \dfrac{1}{x_2} + \cdots + \dfrac{1}{x_n}} \leqslant \sqrt[n]{x_1 x_2 \cdots x_n} \leqslant \frac{x_1 + x_2 + \cdots + x_n}{n}. \tag{3.3.15}$$

这是著名的调和平均值、几何平均值和算术平均值之间的关系, 它说明对 n 个正数的调和平均值小于或等于它们的几何平均值, 而几何平均值又小于或等于算术平均值.

在 (3.3.14) 式中, 取

$$x_1 = \frac{a_k}{\sum\limits_{k=1}^{n} a_k}, \quad x_2 = \frac{b_k}{\sum\limits_{k=1}^{n} b_k},$$

$a_k, b_k > 0 \ (k = 1, 2, \cdots, n)$, $q_1 = \alpha$, $q_2 = \beta$, $\alpha + \beta = 1$, 有

$$\left(\frac{a_k}{\sum\limits_{k=1}^{n} a_k} \right)^{\alpha} \left(\frac{b_k}{\sum\limits_{k=1}^{n} b_k} \right)^{\beta} \leqslant \alpha \left(\frac{a_k}{\sum\limits_{k=1}^{n} a_k} \right) + \beta \left(\frac{b_k}{\sum\limits_{k=1}^{n} b_k} \right),$$

上述两端求和, 便有

$$\sum_{k=1}^{n}\left(\frac{a_k}{\sum\limits_{k=1}^{n}a_k}\right)^{\alpha}\left(\frac{b_k}{\sum\limits_{k=1}^{n}b_k}\right)^{\beta}\leqslant\alpha\sum_{k=1}^{n}\left(\frac{a_k}{\sum\limits_{k=1}^{n}a_k}\right)+\beta\sum_{k=1}^{n}\left(\frac{b_k}{\sum\limits_{k=1}^{n}b_k}\right)=\alpha+\beta=1,$$

即

$$\frac{\sum\limits_{k=1}^{n}a_k^{\alpha}b_k^{\beta}}{\left(\sum\limits_{k=1}^{n}a_k\right)^{\alpha}\left(\sum\limits_{k=1}^{n}b_k\right)^{\beta}}\leqslant1,$$

从而

$$\sum_{k=1}^{n}a_k^{\alpha}b_k^{\beta}\leqslant\left(\sum_{k=1}^{n}a_k\right)^{\alpha}\left(\sum_{k=1}^{n}b_k\right)^{\beta}. \tag{3.3.16}$$

这便是赫尔德不等式的另一种写法.

欲考虑 $a_k,b_k,\cdots,l_k>0\ (k=1,2,\cdots,n)$, $\alpha,\beta,\cdots,\lambda>0$, 且 $\alpha+\beta+\cdots+\lambda=1$ 时的表达式

$$\frac{\sum\limits_{k=1}^{n}a_k^{\alpha}b_k^{\beta}\cdots l_k^{\lambda}}{\left(\sum\limits_{k=1}^{n}a_k\right)^{\alpha}\left(\sum\limits_{k=1}^{n}b_k\right)^{\beta}\cdots\left(\sum\limits_{k=1}^{n}l_k\right)^{\lambda}}$$

$$=\sum_{k=1}^{n}\left[\left(\frac{a_k}{\sum\limits_{k=1}^{n}a_k}\right)^{\alpha}\left(\frac{b_k}{\sum\limits_{k=1}^{n}b_k}\right)^{\beta}\cdots\left(\frac{l_k}{\sum\limits_{k=1}^{n}l_k}\right)^{\lambda}\right],$$

由 (3.3.14) 式,

$$\left(\frac{a_k}{\sum\limits_{k=1}^{n}a_k}\right)^{\alpha}\left(\frac{b_k}{\sum\limits_{k=1}^{n}b_k}\right)^{\beta}\cdots\left(\frac{l_k}{\sum\limits_{k=1}^{n}l_k}\right)^{\lambda}$$

$$\leqslant\alpha\left(\frac{a_k}{\sum\limits_{k=1}^{n}a_k}\right)+\beta\left(\frac{b_k}{\sum\limits_{k=1}^{n}b_k}\right)+\cdots+\lambda\left(\frac{l_k}{\sum\limits_{k=1}^{n}l_k}\right),$$

从而

$$\frac{\sum\limits_{k=1}^{n} a_k^{\alpha} b_k^{\beta} \cdots l_k^{\lambda}}{\left(\sum\limits_{k=1}^{n} a_k\right)^{\alpha} \left(\sum\limits_{k=1}^{n} b_k\right)^{\beta} \cdots \left(\sum\limits_{k=1}^{n} l_k\right)^{\lambda}}$$

$$\leqslant \sum_{k=1}^{n} \left[\alpha \left(\frac{a_k}{\sum\limits_{k=1}^{n} a_k} \right) + \beta \left(\frac{b_k}{\sum\limits_{k=1}^{n} b_k} \right) + \cdots + \lambda \left(\frac{l_k}{\sum\limits_{k=1}^{n} l_k} \right) \right]$$

$$= \alpha \sum_{k=1}^{n} \left(\frac{a_k}{\sum\limits_{k=1}^{n} a_k} \right) + \beta \sum_{k=1}^{n} \left(\frac{b_k}{\sum\limits_{k=1}^{n} b_k} \right) + \cdots + \lambda \sum_{k=1}^{n} \left(\frac{l_k}{\sum\limits_{k=1}^{n} l_k} \right)$$

$$= \alpha + \beta + \cdots + \lambda = 1,$$

即

$$\sum_{k=1}^{n} a_k^{\alpha} b_k^{\beta} \cdots l_k^{\lambda} \leqslant \left(\sum_{k=1}^{n} a_k\right)^{\alpha} \left(\sum_{k=1}^{n} b_k\right)^{\beta} \cdots \left(\sum_{k=1}^{n} l_k\right)^{\lambda}. \tag{3.3.17}$$

这是赫尔德不等式的一般形式.

例 3.3.9 设 $p_k > 0$, $a_k > 0$ $(k = 1, 2, \cdots, n)$, a_k 不全相等, 证明不等式

$$\frac{\sum\limits_{k=1}^{n} p_k}{\sum\limits_{k=1}^{n} \frac{p_k}{a_k}} < \exp \left(\frac{\sum\limits_{k=1}^{n} p_k \ln a_k}{\sum\limits_{k=1}^{n} p_k} \right) < \frac{\sum\limits_{k=1}^{n} p_k a_k}{\sum\limits_{k=1}^{n} p_k}. \tag{3.3.18}$$

证明 考虑函数 $f(x) = e^{-x}$, 则 $f''(x) = e^{-x} > 0$, 因此 $f(x)$ 在 $(-\infty, +\infty)$ 内是严格凸的. 令

$$q_k = \frac{p_k}{\sum\limits_{k=1}^{n} p_k},$$

则

$$\sum_{k=1}^{n} q_k = 1,$$

由 (3.3.12) 式可知

$$f \left(\frac{\sum\limits_{k=1}^{n} p_k \ln a_k}{\sum\limits_{k=1}^{n} p_k} \right) < \frac{\sum\limits_{k=1}^{n} p_k f(\ln a_k)}{\sum\limits_{k=1}^{n} p_k},$$

即

$$\frac{1}{\exp\left(\dfrac{\sum\limits_{k=1}^{n} p_k \ln a_k}{\sum\limits_{k=1}^{n} p_k}\right)} < \frac{\sum\limits_{k=1}^{n} \dfrac{p_k}{a_k}}{\sum\limits_{k=1}^{n} p_k}.$$

这就是 (3.3.18) 式的左端不等式.

注意到 $f(x) = \mathrm{e}^x$ 在 $(-\infty, +\infty)$ 内也是严格凸函数,

$$\exp\left(\frac{\sum\limits_{k=1}^{n} p_k \ln a_k}{\sum\limits_{k=1}^{n} p_k}\right) < \frac{\sum\limits_{k=1}^{n} p_k a_k}{\sum\limits_{k=1}^{n} p_k},$$

因此这就是不等式 (3.3.18) 的右端.

例 3.3.10　设 $a, b > 0$, $a + b = 1$, $q > 0$, 证明:

$$\left(a + \frac{1}{a}\right)^q + \left(b + \frac{1}{b}\right)^q \geqslant \frac{5^q}{2^{q-1}}.$$

证明　函数

$$f(x) = \left(x + \frac{1}{x}\right)^q \quad (q > 0)$$

在 $0 < x < 1$ 内是凸的, 因为对 $q > 0$ 及 $0 < x < 1$, 有

$$f''(x) = q(q-1)(x + x^{-1})^{q-2}(1 - x^{-2})^2 + 2qx^{-3}(x + x^{-1})^{q-1}$$
$$= q(x + x^{-1})^{q-2}[q(1 - x^{-2})^2 + x^{-4} - 1 + 4x^{-2}] > 0.$$

从而, 对 $a, b > 0$, $a + b = 1$, 有

$$\frac{f(a) + f(b)}{2} \geqslant f\left(\frac{a+b}{2}\right),$$

即

$$\frac{\left(a + \dfrac{1}{a}\right)^q + \left(b + \dfrac{1}{b}\right)^q}{2} \geqslant f\left(\frac{1}{2}\right) = \left(2 + \frac{1}{2}\right)^q = \frac{5^q}{2^q},$$

最后, 再两端乘以 2, 便得所要证的不等式.

利用凸函数的詹森不等式可以导出我们上面所列举的一些基本不等式, 如算术平均值、几何平均值之间不等式, 赫尔德不等式, 另外还可以证明许多比较复杂的不等式, 在此不一一列举; 同时, 凸函数概念也可以推广到 n 维空间的凸区域内, 一样导出一系列形式更加复杂的不等式.

习 题 3.3

1. 证明不等式
$$\frac{1-x}{1+x} < e^{-2x}, \quad x \in (0,1).$$

2. 证明不等式
$$0 \leqslant \sin^n x \cos^m x \leqslant \frac{n^{\frac{n}{2}} m^{\frac{m}{2}}}{(n+m)^{\frac{n+m}{2}}} \quad \left(0 \leqslant x \leqslant \frac{\pi}{2}\right).$$

3. 证明: 对 $x > 0$, 有
$$x(2 + \cos x) > 3 \sin x.$$

4. 若 x 大于 a_k $(k = 1, 2, \cdots, n)$, 证明:
$$\frac{1}{x - a_1} + \frac{1}{x - a_2} + \cdots + \frac{1}{x - a_n} \geqslant \frac{n}{x - \frac{1}{n}\sum\limits_{k=1}^{n} a_k}.$$

5. 设 $0 < x_k < \pi$ $(k = 1, 2, \cdots, n)$, 记 $x = \frac{1}{n}\sum\limits_{k=1}^{n} x_k$, 证明:
$$\frac{\sin x_1}{x_1} \cdot \frac{\sin x_2}{x_2} \cdot \cdots \cdot \frac{\sin x_n}{x_n} \leqslant \left(\frac{\sin x}{x}\right)^{\frac{1}{n}}.$$

6. 设 $a_k > 0$ $(k = 1, 2, \cdots, n)$, $p > 1$, 求证:
$$\left(\frac{a_1 + a_2 + \cdots + a_n}{n}\right)^p \leqslant \left(\frac{p}{p-1}\right)^p \sum\limits_{k=1}^{n} a_k^p.$$

7. 设 $a_k > 0$ $(k = 1, 2, \cdots, n)$, 且 $0 < s < r$, 试证:

(1) $\left(\sum\limits_{k=1}^{n} a_k^r\right)^{\frac{1}{r}} \leqslant \left(\sum\limits_{k=1}^{n} a_k^s\right)^{\frac{1}{s}}$;

(2) $\left(\sum\limits_{k=1}^{n} q_k a_k^r\right)^{\frac{1}{r}} \geqslant \left(\sum\limits_{k=1}^{n} q_k a_k^s\right)^{\frac{1}{s}}$, 其中 $q_k > 0$, $\sum\limits_{k=1}^{n} q_k = 1$.

8. 证明闵可夫斯基不等式的一般形式: 若 $a_k, b_k, \cdots, l_k > 0$ $(k = 1, 2, \cdots, n)$, $p > 1$, 则
$$\left(\sum\limits_{k=1}^{n} (a_k + b_k + \cdots + l_k)^p\right)^{\frac{1}{p}} \leqslant \left(\sum\limits_{k=1}^{n} a_k^p\right)^{\frac{1}{p}} + \left(\sum\limits_{k=1}^{n} b_k^p\right)^{\frac{1}{p}} + \cdots + \left(\sum\limits_{k=1}^{n} l_k^p\right)^{\frac{1}{p}}.$$

9. 证明: $f(x)$ 在 (a, b) 内为凸函数的充要条件是对互异的 $x_1, x_2, x_3 \in (a, b)$,
$$\frac{(x_3 - x_2)f(x_1) + (x_1 - x_3)f(x_2) + (x_2 - x_1)f(x_3)}{(x_1 - x_2)(x_2 - x_3)(x_3 - x_1)} \geqslant 0.$$

10. 证明: 若 $f(x)$ 和 $g(x)$ 都是凸函数, 且 $f(x)$ 递增, 则复合函数 $g(f(x))$ 也是凸函数.

11* 设 $a_k > 0$ $(k = 1, 2, \cdots, n)$, $\sum\limits_{k=1}^{n} a_k = 1$ 及 $0 < x_k < 1$, 证明:

$$\frac{a_1}{1+x_1} + \frac{a_2}{1+x_2} + \cdots + \frac{a_n}{1+x_n} \leqslant \frac{1}{1+x_1^{a_1} x_2^{a_2} \cdots x_n^{a_n}}.$$

12* 设 $a_k > 0$ $(k = 1, 2, \cdots, n)$, 且 $a_{n+1} = a_1$, 证明:

$$\sum_{k=1}^{n} \left(\frac{a_k}{a_{k+1}}\right)^n \geqslant \sum_{k=1}^{n} \frac{a_{k+1}}{a_k}.$$

13* 设 $0 < a < 1$, 证明:

$$\frac{2}{e} < a^{\frac{a}{1-a}} + a^{\frac{1}{1-a}} < 1.$$

14* 若 x, y 是正数, 证明: $x^y + y^x > 1$.

15* 设 $f(x)$ 是开区间 (a, b) 内的凸函数, 证明 $f(x)$ 在 (a, b) 内连续; 若 $f(x)$ 是闭区间 $[a, b]$ 上的凸函数, 是否也能推得 $f(x)$ 在 $[a, b]$ 上连续?

16* 设 $f(x)$ 是凸函数, 证明: $f(x)$ 的左导数 $f'_-(x)$ 和右导数 $f'_+(x)$ 均存在, 并且 $f'_-(x)$ 和 $f'_+(x)$ 是递增的, 同时有 $f'_-(x) \leqslant f'_+(x)$.

3.4　方向导数、偏导数及全微分

这一节我们进一步讨论多元函数微分的一些问题, 给出 n 元函数的导数、偏导数和全微分的概念, 并以二元函数为例来说明它们之间的关系. 最后, 对求偏导数特别是变量代换作一些说明.

3.4.1　方向导数和偏导数

一元函数的导数概念, 对于多元函数最简单形式的推广就是方向导数. 方向导数是函数沿给定方向的变化率问题.

定义 3.4.1　设 $f: E \subset \mathbb{R}^n \to \mathbb{R}$, $P_0 \in E$ 是内点, l 为从 P_0 出发的射线, 对于 l 上含于 E 的任意点 P. 若

$$\lim_{d(P,P_0) \to 0^+} \frac{f(P) - f(P_0)}{d(P, P_0)} \tag{3.4.1}$$

存在, 称此极限值为函数 $f(P)$ 在 P_0 点沿方向 l 的方向导数, 记作

$$\left.\frac{\partial f}{\partial l}\right|_{P_0}, \quad f'_l(P_0), \quad Df_l(P_0).$$

在具体运用中, 经常考虑在直角坐标系下的情况. 若从 $P_0(x_1^0, x_2^0, \cdots, x_n^0)$ 出发的射线与坐标轴 $x_1, x_2, \cdots, x_n$ 的正方向夹角分别为 $\alpha_1, \alpha_2, \cdots, \alpha_n$, 射线 l 的

单位向量 $\boldsymbol{A}$ 由方向余弦所决定, 即 $\boldsymbol{A} = (\cos\alpha_1, \cos\alpha_2, \cdots, \cos\alpha_n)$, $\boldsymbol{l}$ 上的动点可表示为

$$P(x_1, x_2, \cdots, x_n) = P_0 + \rho\boldsymbol{A} \quad (0 \leqslant \rho < +\infty),$$

或

$$\begin{cases} x_1 = x_1^0 + \rho\cos\alpha_1, \\ x_2 = x_2^0 + \rho\cos\alpha_2, \\ \qquad\cdots\cdots \\ x_n = x_n^0 + \rho\cos\alpha_n \end{cases} \quad (0 \leqslant \rho < +\infty),$$

这里的 $\rho = d(P, P_0)$, (3.4.1) 式可改写为

$$\lim_{\rho \to 0^+} \frac{f(P_0 + \rho\boldsymbol{A}) - f(P_0)}{\rho}. \tag{3.4.2}$$

定义 3.4.2 称沿坐标轴正方向的方向导数为关于该坐标的右偏导数; 称沿坐标轴负方向的方向导数的相反数为关于该坐标的左偏导数. 如果函数关于某些坐标轴的左、右偏导数存在且相等, 其公共值称为函数关于该坐标的偏导数, 记为

$$\left.\frac{\partial f}{\partial x_i}\right|_{P_0}, \quad f'_{x_i}(P_0), \quad Df_{x_i}(P_0) \quad (i = 1, 2, \cdots, n).$$

对于二元函数 $f(x, y)$, 称

$$\lim_{\rho \to 0^+} \frac{f(x_0 + \rho, y_0) - f(x_0, y_0)}{\rho} = f'_{x+}(x_0, y_0)$$

为 $f(x, y)$ 在 $P_0(x_0, y_0)$ 点关于 x 的右偏导数; 称

$$\lim_{\rho \to 0^+} \frac{f(x_0 - \rho, y_0) - f(x_0, y_0)}{-\rho} = f'_{x-}(x_0, y_0) \tag{3.4.3}$$

为 $f(x, y)$ 在 $P_0(x_0, y_0)$ 点关于 x 的左偏导数.

$$f'_x(x_0, y_0) = f'_{x+}(x_0, y_0) = f'_{x-}(x_0, y_0) = \lim_{\Delta x \to 0} \frac{f(x_0 + \Delta x, y_0) - f(x_0, y_0)}{\Delta x}. \tag{3.4.4}$$

同样地, 可以写出 $f(x, y)$ 在 P_0 点关于 y 的偏导数为

$$f'_y(x_0, y_0) = f'_{y+}(x_0, y_0) = f'_{y-}(x_0, y_0) = \lim_{\Delta y \to 0} \frac{f(x_0, y_0 + \Delta y) - f(x_0, y_0)}{\Delta y}. \tag{3.4.5}$$

注　从上面的定义可以看到, 方向导数只是考虑沿一个方向的函数变化情况, 而偏导数要考虑沿坐标轴两个方向的函数变化情况; 另一方面偏导数又只是考虑沿坐标轴两个方向的函数变化情况, 而方向导数可以考虑沿任何方向的函数变化状态. 所以, 方向导数存在不能保证偏导数存在; 同样地, 偏导数存在也不能保证沿任何方向的方向导数存在.

例 3.4.1　沿任何方向的方向导数均存在, 但偏导数不存在之例: 设

$$f(x,y) = \begin{cases} \dfrac{|y^3|}{x^2+y^2}, & (x,y) \neq (0,0), \\ 0, & (x,y) = (0,0). \end{cases}$$

它在点 $(0,0)$ 沿方向 $\boldsymbol{A} = (\cos\alpha, \sin\alpha)$ 的方向导数

$$\frac{\partial f}{\partial \boldsymbol{A}}\bigg|_{(0,0)} = \lim_{\rho\to 0^+} \frac{f(\rho\cos\alpha, \rho\sin\alpha) - f(0,0)}{\rho}$$

$$= \lim_{\rho\to 0^+} \left(\frac{|\rho\sin\alpha|^3}{\rho^2} - 0\right)\bigg/\rho = |\sin\alpha|^3,$$

即该函数在点 $(0,0)$ 沿任何方向的方向导数均存在. 但

$$\lim_{\Delta y\to 0^+} \frac{f(0,\Delta y) - f(0,0)}{\Delta y} = \lim_{\Delta y\to 0^+} \frac{\frac{|\Delta y|^3}{(\Delta y)^2} - 0}{\Delta y} = 1,$$

$$\lim_{\Delta y\to 0^-} \frac{f(0,\Delta y) - f(0,0)}{\Delta y} = \lim_{\Delta y\to 0^-} \frac{\frac{|\Delta y|^3}{(\Delta y)^2} - 0}{\Delta y} = -1,$$

因此, 该函数在 $(0,0)$ 点关于 y 的偏导数不存在.

例 3.4.2　偏导数存在, 但有的方向上方向导数不存在之例: 设

$$f(x,y) = \begin{cases} \dfrac{xy}{x^2+y^2}, & (x,y) \neq (0,0), \\ 0, & (x,y) = (0,0). \end{cases}$$

容易看到

$$f'_x(0,0) = \lim_{\Delta x\to 0} \frac{f(\Delta x,0) - f(0,0)}{\Delta x} = \lim_{\Delta x\to 0} \frac{0-0}{\Delta x} = 0;$$

$$f'_y(0,0) = \lim_{\Delta y\to 0} \frac{f(0,\Delta y) - f(0,0)}{\Delta y} = 0,$$

即该函数在点 $(0,0)$ 的偏导均存在, 但沿 $(\cos\alpha, \sin\alpha)$ 的方向有

$$\frac{f(\rho\cos\alpha, \rho\sin\alpha) - f(0,0)}{\rho} = \frac{\cos\alpha\sin\alpha}{\rho},$$

当 $\alpha \neq 0, \dfrac{\pi}{2}, \pi, \dfrac{3}{2}\pi$ 时, 上式在 $\rho \to 0^+$ 时不存在有限极限, 故除四个 (坐标轴正、负) 方向外, 该函数在点 $(0,0)$ 沿其他方向的方向导数均不存在.

注 方向导数只是函数沿某一方向的变化率, 它只与函数在这一方向的一维邻域的局部性质有关, 而与其他地方无关. 多元函数的连续性, 虽然也是在一点附近的局部性质, 但它是多维的局部性, 即它与函数在该点多维邻域的性质有关. 所以, 仅从一维邻域看, 多元函数的方向导数或偏导数存在虽比函数的连续性要求高, 但从整个多维邻域看, 函数的连续性又比方向导数存在的要求高. 从而, 在一点沿任何方向的方向导数存在, 不能保证函数在该点连续; 反之, 函数在一点连续, 也不能保证在这一点的方向导数存在.

例 3.4.3 方向导数和偏导数存在且相等, 但函数不连续之例:

$$f(x,y) = \begin{cases} 1, & 0 < y < x^2, \ -\infty < x < +\infty, \\ 0, & \text{其余部分}, \end{cases}$$

如图 3.4 所示, 记 $\boldsymbol{A} = (\cos\alpha, \sin\alpha)$.

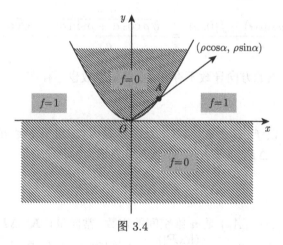

图 3.4

当 $\alpha = \dfrac{\pi}{2}$ 和 $\pi \leqslant \alpha \leqslant 2\pi$ 时, 因为 $f = 0$, 可以看到

$$\left. \frac{\partial f}{\partial \boldsymbol{A}} \right|_{(0,\,0)} = 0.$$

在其余情形, 从原点出发的任何射线 $(\rho\cos\alpha, \rho\sin\alpha)$ 与抛物线必有交点, 交点 A 到原点的距离, 从方程

$$\rho^2\cos^2\alpha + \rho^4\cos^4\alpha = \rho^2$$

可求出

$$|OA| = \rho = \frac{\sin \alpha}{\cos^2 \alpha} > 0 \quad \left(0 < \alpha < \pi,\ \alpha \neq \frac{\pi}{2} \right).$$

当 $0 < \rho' < |OA|$ 时, $f(\rho' \cos \alpha, \rho' \sin \alpha) = 0$, 因此

$$\left. \frac{\partial f}{\partial A} \right|_{(0,0)} = 0 \quad (0 \leqslant \alpha < 2\pi).$$

故可知, 函数在 $(0,0)$ 点的偏导数存在且相等, 即

$$f'_x(0,0) = f'_y(0,0) = 0.$$

但是, 函数在 $(0,0)$ 点不连续, 因为在该点的任何邻域内, 函数既有取值为 0 的点又有取值为 1 的点.

例 3.4.4　函数连续, 但方向导数和偏导数不存在之例:

$$f(x,y) = \sqrt[3]{x+y}.$$

它在 $(0,0)$ 点连续, 但因为

$$\frac{f(\rho \cos \alpha, \rho \sin \alpha) - f(0,0)}{\rho} = \frac{\sqrt[3]{\rho \cos \alpha + \rho \sin \alpha}}{\rho} = \frac{\sqrt[3]{\cos \alpha + \sin \alpha}}{\sqrt[3]{\rho^2}},$$

可见, 其在 $(0,0)$ 点的方向导数不存在, 当然偏导数也不存在.

3.4.2　全微分

定义 3.4.3　设 $f : E \subset \mathbb{R}^n \to \mathbb{R}$, $P_0 \in E$ 是内点, 对于 $P \in E$, 令 $\Delta P = \overrightarrow{OP} - \overrightarrow{OP_0}$, $\Delta f = f(P_0 + \Delta P) - f(P_0)$. 若 Δf 可表示为

$$\Delta f = \boldsymbol{K} \cdot \Delta \boldsymbol{P} + o(|\Delta \boldsymbol{P}|),$$

这里 $\boldsymbol{K} = (A_1, A_2, \cdots, A_n)$ 是 n 维空间的定数 (常向量), $\boldsymbol{K} \cdot \Delta \boldsymbol{P}$ 表示 $\boldsymbol{K}$ 与 $\Delta \boldsymbol{P}$ 的内积 (数量积), 而 $\lim\limits_{|\Delta \boldsymbol{P}| \to 0^+} \dfrac{o(|\Delta \boldsymbol{P}|)}{|\Delta \boldsymbol{P}|} = 0$. 则称 $f(x)$ 在 P_0 点可微, $\boldsymbol{K} \cdot \Delta \boldsymbol{P}$ 称为 $f(x)$ 在 P_0 点的全微分, 记为

$$\mathrm{d}f(P_0) = \boldsymbol{K} \cdot \Delta \boldsymbol{P}.$$

我们写出二元函数的情形. 这时

$$P_0(x_0, y_0),\ P(x,y),\ \Delta \boldsymbol{P} = \overrightarrow{OP} - \overrightarrow{OP_0} = (\Delta x, \Delta y),$$

$$|\Delta \boldsymbol{P}| = \sqrt{(\Delta x)^2 + (\Delta y)^2}, \quad \boldsymbol{K} = (A, B),$$

若

$$\Delta f = f(P_0 + \Delta \boldsymbol{P}) - f(P_0) = \boldsymbol{K} \cdot \Delta \boldsymbol{P} + o(|\Delta \boldsymbol{P}|),$$

或写成坐标形式

$$\Delta f = f(x_0 + \Delta x, y_0 + \Delta y) - f(x_0, y_0) = A\Delta x + B\Delta y + o(\sqrt{(\Delta x)^2 + (\Delta y)^2}),$$

则称 $f(x, y)$ 在 (x_0, y_0) 点可微, 其全微分记为

$$\mathrm{d}f(x_0, y_0) = A\Delta x + B\Delta y.$$

从这个定义可以看到, 与连续性一样, 可微也是从一点的整个邻域来考虑的. 显然, 函数在一点可微, 必须在这一点连续, 并且可用一个线性近似式子来表示函数的变化情况. 自然会想到函数在一点可微与该点的方向导数有什么关系? 可微性是否比方向导数更深刻地刻画了函数的变化情况? 下面的定理回答了这些问题.

定理 3.4.1 如果 n 元函数 $f: E \subset \mathbb{R}^n \to \mathbb{R}$ 在 P_0 点可微, 则 $f(x)$ 在该点关于各坐标的偏导数均存在, 且

$$\boldsymbol{K} = \left(f'_{x_1}(P_0), f'_{x_2}(P_0), \cdots, f'_{x_n}(P_0)\right). \tag{3.4.6}$$

证明 由于 $f(x)$ 在 $P_0(x_1^0, x_2^0, \cdots, x_n^0)$ 点可微, 因此

$$f(x_1^0 + \Delta x_1, x_2^0 + \Delta x_2, \cdots, x_n^0 + \Delta x_n) - f(x_1^0, x_2^0, \cdots, x_n^0)$$
$$= A_1\Delta x_1 + A_2\Delta x_2 + \cdots + A_n\Delta x_n + o\left(\sqrt{(\Delta x_1)^2 + (\Delta x_2)^2 + \cdots + (\Delta x_n)^2}\right).$$

令 $\Delta x_2 = \Delta x_3 = \cdots = \Delta x_n = 0$, 则

$$\lim_{\Delta x_1 \to 0} \frac{f(x_1^0 + \Delta x_1, x_2^0, \cdots, x_n^0) - f(x_1^0, x_2^0, \cdots, x_n^0)}{\Delta x_1}$$
$$= \lim_{\Delta x_1 \to 0} \frac{A_1\Delta x_1 + o(|\Delta x_1|)}{\Delta x_1} = A_1,$$

因而 $f'_{x_1}(P_0) = A_1$. 同理可证, $f'_{x_2}(P_0) = A_2, \cdots, f'_{x_n}(P_0) = A_n$.

定理 3.4.2 若 n 元函数 $f: E \subset \mathbb{R}^n \to \mathbb{R}$ 在 P_0 点可微, 则 $f(x)$ 在该点沿任何方向的方向导数都存在, 且沿方向 $\boldsymbol{l}$ 的方向导数为

$$\left.\frac{\partial f}{\partial \boldsymbol{l}}\right|_{P_0} = \boldsymbol{K} \cdot \boldsymbol{A}, \tag{3.4.7}$$

这里 $\boldsymbol{K} = \left(f'_{x_1}(P_0), f'_{x_2}(P_0), \cdots, f'_{x_n}(P_0)\right)$, $\boldsymbol{A} = (\cos\alpha_1, \cos\alpha_2, \cdots, \cos\alpha_n)$ 为 $\boldsymbol{l}$ 方向的单位向量.

证明　由可微性定义及定理 3.4.1, 有

$$f(P_0 + \Delta P) - f(P_0) = K \cdot \Delta P + o(|\Delta P|),$$

这里 $K = \left(f'_{x_1}(P_0), f'_{x_2}(P_0), \cdots, f'_{x_n}(P_0)\right)$.

取 $\Delta P = \rho A$, 因为 A 是单位向量, 所以 $|\Delta P| = |\rho A| = \rho$, 于是

$$
\begin{aligned}
\left.\frac{\partial f}{\partial l}\right|_{P_0} &= \lim_{\rho \to 0^+} \frac{f(P_0 + \rho A) - f(P_0)}{\rho} \\
&= \lim_{\rho \to 0^+} \frac{K \cdot (\rho A) + o(\rho)}{\rho} = K \cdot A \\
&= f'_{x_1}(P_0) \cos \alpha_1 + f'_{x_2}(P_0) \cos \alpha_2 + \cdots + f'_{x_n}(P_0) \cos \alpha_n.
\end{aligned}
$$

定理 3.4.1 和定理 3.4.2 表明函数在一点可微, 在该点的方向导数和偏导数必存在, 当然在这点也连续, 但反之却不成立.

例 3.4.5　方向导数、偏导数均存在且函数连续, 但不可微之例:

$$
f(x, y) = \begin{cases} \dfrac{x^2 y}{x^2 + y^2}, & (x, y) \neq (0, 0), \\[2mm] 0, & (x, y) = (0, 0). \end{cases}
$$

容易看到, $f'_x(0,0) = f'_y(0,0) = 0$, $\left.\dfrac{\partial f}{\partial A}\right|_{(0,0)} = \cos^2 \alpha \sin \alpha$ $(A = (\cos \alpha, \sin \alpha))$, 且

$$\left| \frac{x^2 y}{x^2 + y^2} - 0 \right| = \left| \frac{1}{2} \frac{2x^2 y}{x^2 + y^2} \right| \leqslant \left| \frac{x}{2} \right| \to 0 \quad ((x, y) \to (0, 0)),$$

因此 $\lim\limits_{(x,y) \to (0,0)} f(x, y) = f(0, 0)$, 即函数在 $(0, 0)$ 点连续. 下面说明 $f(x, y)$ 在 $(0, 0)$ 点不可微, 这是因为: 若 $f(x, y)$ 在 $(0, 0)$ 点可微, 则

$$
\begin{aligned}
\Delta f &= f(\Delta x, \Delta y) - f(0, 0) \\
&= f'_x(0,0)\Delta x + f'_y(0,0)\Delta y + o\left(\sqrt{(\Delta x)^2 + (\Delta y)^2}\right) \\
&= o\left(\sqrt{(\Delta x)^2 + (\Delta y)^2}\right).
\end{aligned}
$$

而

$$f(\Delta x, \Delta y) - f(0, 0) = \frac{(\Delta x)^2 \Delta y}{(\Delta x)^2 + (\Delta y)^2},$$

它不是比 $\sqrt{(\Delta x)^2 + (\Delta y)^2}$ 高阶的无穷小, 事实上

$$\frac{(\Delta x)^2 \Delta y}{(\Delta x)^2 + (\Delta y)^2} \bigg/ \sqrt{(\Delta x)^2 + (\Delta y)^2} = \frac{(\Delta x)^2 \Delta y}{\left((\Delta x)^2 + (\Delta y)^2\right)^{\frac{3}{2}}},$$

取 $\Delta x = \Delta y$, 当 $\Delta x \to 0$ 时,

$$\frac{(\Delta x)^2 \Delta y}{((\Delta x)^2 + (\Delta y)^2)^{\frac{3}{2}}} \to \frac{1}{\sqrt{8}},$$

这与可微性假设矛盾.

如果把这些条件加强些, 有大家所熟知的结论.

定理 3.4.3 若函数 $f : E \subset \mathbb{R}^n \to \mathbb{R}$ 在 $P_0 \in E$ 点的邻域内关于各个坐标的偏导数存在且连续, 则 $f(x)$ 在 P_0 点可微.

证明 考虑函数的改变量

$$f(x_1^0 + \Delta x_1, x_2^0 + \Delta x_2, \cdots, x_n^0 + \Delta x_n) - f(x_1^0, x_2^0, \cdots, x_n^0)$$
$$= \left[f(x_1^0 + \Delta x_1, x_2^0 + \Delta x_2, \cdots, x_n^0 + \Delta x_n) - f(x_1^0, x_2^0 + \Delta x_2, \cdots, x_n^0 + \Delta x_n) \right]$$
$$+ \cdots + [f(x_1^0, x_2^0, \cdots, x_n^0 + \Delta x_n) - f(x_1^0, x_2^0, \cdots, x_n^0)].$$

在上面 n 个方括号内分别应用一元函数的拉格朗日中值定理, 得

$$f(x_1^0 + \Delta x_1, x_2^0 + \Delta x_2, \cdots, x_n^0 + \Delta x_n) - f(x_1^0, x_2^0, \cdots, x_n^0)$$
$$= f_{x_1}'(x_1^0 + \theta_1 \Delta x_1, x_2^0 + \Delta x_2, \cdots, x_n^0 + \Delta x_n) \Delta x_1$$
$$+ f_{x_2}'(x_1^0, x_2^0 + \theta_2 \Delta x_2, \cdots, x_n^0 + \Delta x_n) \Delta x_2 + \cdots$$
$$+ f_{x_n}'(x_1^0, x_2^0, \cdots, x_n^0 + \theta_n \Delta x_n) \Delta x_n,$$

这里 $0 < \theta_i < 1 \ (i = 1, 2, \cdots, n)$. 由于 $f_{x_1}', f_{x_2}', \cdots, f_{x_n}'$ 在 P_0 点连续, 令

$$\beta_1 = f_{x_1}'(x_1^0 + \theta_1 \Delta x_1, x_2^0 + \Delta x_2, \cdots, x_n^0 + \Delta x_n) - f_{x_1}'(x_1^0, x_2^0, \cdots, x_n^0),$$
$$\beta_2 = f_{x_2}'(x_1^0, x_2^0 + \theta_2 \Delta x_2, \cdots, x_n^0 + \Delta x_n) - f_{x_2}'(x_1^0, x_2^0, \cdots, x_n^0),$$
$$\cdots \cdots$$
$$\beta_n = f_{x_n}'(x_1^0, x_2^0, \cdots, x_n^0 + \theta_n \Delta x_n) - f_{x_n}'(x_1^0, x_2^0, \cdots, x_n^0),$$

当 $|\Delta \boldsymbol{P}| = \sqrt{(\Delta x_1)^2 + (\Delta x_2)^2 + \cdots + (\Delta x_n)^2} \to 0^+$ 时, $\beta_i \to 0 \ (i = 1, \cdots, n)$. 从而

$$f(x_1^0 + \Delta x_1, x_2^0 + \Delta x_2, \cdots, x_n^0 + \Delta x_n) - f(x_1^0, x_2^0, \cdots, x_n^0)$$
$$= f_{x_1}'(P_0) \Delta x_1 + f_{x_2}'(P_0) \Delta x_2 + \cdots + f_{x_n}'(P_0) \Delta x_n$$
$$+ \beta_1 \Delta x_1 + \beta_2 \Delta x_2 + \cdots + \beta_n \Delta x_n,$$

由于

$$\left| \frac{\beta_1 \Delta x_1 + \beta_2 \Delta x_2 + \cdots + \beta_n \Delta x_n}{\sqrt{(\Delta x_1)^2 + (\Delta x_2)^2 + \cdots + (\Delta x_n)^2}} \right|$$

$$\leqslant |\beta_1| \frac{|\Delta x_1|}{|\Delta \boldsymbol{P}|} + |\beta_2| \frac{|\Delta x_2|}{|\Delta \boldsymbol{P}|} + \cdots + |\beta_n| \frac{|\Delta x_n|}{|\Delta \boldsymbol{P}|}$$

$$\leqslant |\beta_1| + |\beta_2| + \cdots + |\beta_n|,$$

因此,

$$\lim_{|\Delta \boldsymbol{P}| \to 0^+} \frac{\beta_1 \Delta x_1 + \beta_2 \Delta x_2 + \cdots + \beta_n \Delta x_n}{|\Delta \boldsymbol{P}|} = 0,$$

这样, $\beta_1 \Delta x_1 + \beta_2 \Delta x_2 + \cdots + \beta_n \Delta x_n$ 可以记为 $o(|\Delta \boldsymbol{P}|)$, 所以

$$f(x_1^0 + \Delta x_1, x_2^0 + \Delta x_2, \cdots, x_n^0 + \Delta x_n) - f(x_1^0, x_2^0, \cdots, x_n^0)$$
$$= f'_{x_1}(P_0)\Delta x_1 + f'_{x_2}(P_0)\Delta x_2 + \cdots + f'_{x_n}(P_0)\Delta x_n + o(|\Delta \boldsymbol{P}|).$$

依定义, $f(x)$ 在 P_0 点可微.

定理 3.4.3 是可微的充分条件, 但非必要条件.

例 3.4.6 函数可微, 但偏导数不连续之例:

$$f(x,y) = \begin{cases} (x^2 + y^2) \sin \dfrac{1}{\sqrt{x^2 + y^2}}, & (x,y) \neq (0,0), \\ 0, & (x,y) = (0,0). \end{cases}$$

它在点 $(0,0)$ 可微, 这是因为

$$f'_x(0,0) = \lim_{x \to 0} \frac{x^2 \sin \dfrac{1}{\sqrt{x^2}} - 0}{x} = 0,$$

$$f'_y(0,0) = \lim_{y \to 0} \frac{y^2 \sin \dfrac{1}{\sqrt{y^2}} - 0}{y} = 0.$$

而

$$\Delta f = f(\Delta x, \Delta y) - f(0,0)$$
$$= ((\Delta x)^2 + (\Delta y)^2) \sin \frac{1}{\sqrt{(\Delta x)^2 + (\Delta y)^2}},$$

所以

$$\frac{\Delta f - (f'(x)(0,0)\Delta x + f'y(0,0)\Delta y)}{|\Delta \boldsymbol{P}|} = \frac{|\Delta \boldsymbol{P}|^2 \sin \dfrac{1}{|\Delta \boldsymbol{P}|}}{|\Delta \boldsymbol{P}|} \to 0 \quad (|\Delta \boldsymbol{P}| \to 0^+),$$

即

$$\Delta f = f'_x(0,0)\Delta x + f'_y(0,0)\Delta y + o(|\Delta \boldsymbol{P}|).$$

这说明 $f(x,y)$ 在 $(0,0)$ 点可微.

但 $f'_x(x,y)$, $f'_y(x,y)$ 在 $(0,0)$ 点不连续, 这是因为当 $(x,y) \neq (0,0)$ 时,

$$f'_x(x,y) = 2x \sin \frac{1}{\sqrt{x^2+y^2}} - \frac{x}{\sqrt{x^2+y^2}} \cos \frac{1}{\sqrt{x^2+y^2}}.$$

取 $x = \dfrac{1}{2k\pi}$, $y=0$, 当 $k \to +\infty$ 时, $x \to 0$, 上式趋于 -1, 不等于 $f'_x(0,0)=0$, 因此 $f'_x(x,y)$ 在 $(0,0)$ 点不连续. 同样可证 $f'_y(x,y)$ 在 $(0,0)$ 点也不连续.

3.4.3 混合偏导的一个问题

对于多元函数可以引进高阶偏导数的概念, 由于是多个变量, 就出现了偏导数的次序问题. 以二元函数 $f(x,y)$ 为例, 如先对 x 求偏导后对 y 求偏导是否与先对 y 求偏导后对 x 求偏导相同? 即 $\dfrac{\partial}{\partial y}\left(\dfrac{\partial f}{\partial x}\right)$ 是否等于 $\dfrac{\partial}{\partial x}\left(\dfrac{\partial f}{\partial y}\right)$? 这实质上是累次极限的次序能否交换的问题, 一般的情况, 回答是否定的.

例 3.4.7 混合偏导数的顺序不能交换之例:

$$f(x,y) = \begin{cases} xy\dfrac{x^2-y^2}{x^2+y^2}, & (x,y) \neq (0,0), \\ 0, & (x,y)=(0,0). \end{cases}$$

可以看出

$$f'_x(x,y) = \begin{cases} y\dfrac{x^4+4x^2y^2-y^4}{(x^2+y^2)^2}, & (x,y) \neq (0,0), \\ 0, & (x,y)=(0,0); \end{cases}$$

$$f'_y(x,y) = \begin{cases} x\dfrac{x^4-4x^2y^2-y^4}{(x^2+y^2)^2}, & (x,y) \neq (0,0), \\ 0, & (x,y)=(0,0), \end{cases}$$

但

$$(f'_x)'_y\big|_{(0,0)} = \lim_{\Delta y \to 0} \frac{f'_x(0,\Delta y) - f'_x(0,0)}{\Delta y} = \lim_{\Delta y \to 0} \frac{-(\Delta y)^4}{(\Delta y)^4} = -1,$$

$$(f'_y)'_x\big|_{(0,0)} = \lim_{\Delta x \to 0} \frac{f'_y(\Delta x,0) - f'_y(0,0)}{\Delta x} = \lim_{\Delta x \to 0} \frac{(\Delta x)^4}{(\Delta x)^4} = 1.$$

即

$$f''_{xy}(0,0) \neq f''_{yx}(0,0).$$

在分析中, 已经知道, 如果假定 $f''_{xy}(x,y)$ 和 $f''_{yx}(x,y)$ 都连续, 则必有

$$f''_{xy}(x,y) = f''_{yx}(x,y).$$

上面的例子, 因

$$f''_{xy}(x,y) = (f'_x)'_y = \frac{x^4 + 4x^2y^2 - y^4}{(x^2+y^2)^2} + y\frac{\partial}{\partial y}\left(\frac{x^4+4x^2y^2-y^4}{(x^2+y^2)^2}\right).$$

取 $y=0$, $x \neq 0$, 且 $x \to 0$, 可得 $f''_{xy} \to 1 \neq f''_{xy}(0,0)$, 故 $f''_{xy}(x,y)$ 在 $(0,0)$ 点不连续; 同样地, $f''_{yx}(x,y)$ 在 $(0,0)$ 点也不连续.

不过, 我们不必假定 f''_{xy} 和 f''_{yx} 都连续, 只要假定 f''_{xy} 或 f''_{yx} 在 (x,y) 点存在且连续, 或是假定 f'_x 和 f'_y 在 (x,y) 点可微, 都可以证明 $f''_{xy} = f''_{yx}$, 现在我们来证明前者的结论.

定理 3.4.4　对于二元函数 $f(x,y)$, 若 f'_x, f'_y 和 f''_{xy} 在点 (x_0, y_0) 的某邻域内存在, 且 f''_{xy} 在该点连续, 则 f''_{yx} 在 (x_0, y_0) 点也存在, 且

$$f''_{xy}(x_0, y_0) = f''_{yx}(x_0, y_0).$$

证明　由已知条件, 利用二重极限和累次极限的关系来证明. 为此, 设

$$A = [f(x_0+\Delta x, y_0+\Delta y) - f(x_0+\Delta x, y_0)] - [f(x_0, y_0+\Delta y) - f(x_0, y_0)],$$

令

$$\varphi(x) = f(x, y_0+\Delta y) - f(x, y_0), \tag{3.4.8}$$

则

$$A = \varphi(x_0+\Delta x) - \varphi(x_0).$$

由于 $f(x,y)$ 在 (x_0, y_0) 某邻域内存在关于 x 的偏导数, 所以 $\varphi(x)$ 在 x_0 附近可导. 应用微分中值定理得

$$A = \varphi'(x_0+\theta\Delta x)\Delta x \quad (0 < \theta < 1), \tag{3.4.9}$$

对 (3.4.8) 式两边关于 x 求导,

$$\varphi'(x) = f'_x(x, y_0+\Delta y) - f'_x(x, y_0),$$

把 x 换成 $x_0+\theta\Delta x$, 则

$$\varphi'(x_0+\theta\Delta x) = f'_x(x_0+\theta\Delta x, y_0+\Delta y) - f'_x(x_0+\theta\Delta x, y_0),$$

代入 (3.4.9) 式, 有

$$A = [f'_x(x_0+\theta\Delta x, y_0+\Delta y) - f'_x(x_0+\theta\Delta x, y_0)]\Delta x.$$

由于 f_x' 在 (x_0, y_0) 某邻域内存在关于 y 的偏导数, 对 y 应用中值定理,

$$A = f_{xy}''(x_0 + \theta \Delta x, y_0 + \theta' \Delta y) \Delta x \Delta y \quad (0 < \theta, \ \theta' < 1),$$

或者

$$\frac{A}{\Delta x \Delta y} = f_{xy}''(x_0 + \theta \Delta x, y_0 + \theta' \Delta y).$$

从 f_{xy}'' 在 (x_0, y_0) 的连续性假定知

$$\lim_{(\Delta x, \Delta y) \to (0,0)} \frac{A}{\Delta x \Delta y} = f_{xy}''(x_0, y_0).$$

另一方面,

$$
\begin{aligned}
\lim_{\Delta y \to 0} \frac{A}{\Delta x \Delta y} &= \lim_{\Delta y \to 0} \left[\frac{f(x_0 + \Delta x, y_0 + \Delta y) - f(x_0 + \Delta x, y_0)}{\Delta x \Delta y} \right. \\
&\quad \left. - \frac{f(x_0, y_0 + \Delta y) - f(x_0, y_0)}{\Delta x \Delta y} \right] \\
&= \frac{1}{\Delta x} \lim_{\Delta y \to 0} \frac{f(x_0 + \Delta x, y_0 + \Delta y) - f(x_0 + \Delta x, y_0)}{\Delta y} \\
&\quad - \frac{1}{\Delta x} \lim_{\Delta y \to 0} \frac{f(x_0, y_0 + \Delta y) - f(x_0, y_0)}{\Delta y} \\
&= \frac{f_y'(x_0 + \Delta x, y_0) - f_y'(x_0, y_0)}{\Delta x}.
\end{aligned}
$$

由二重极限和累次极限关系的定理知

$$
\begin{aligned}
&\lim_{\Delta x \to 0} \lim_{\Delta y \to 0} \frac{A}{\Delta x \Delta y} \\
&= \lim_{\Delta x \to 0} \frac{f_y'(x_0 + \Delta x, y_0) - f_y'(x_0, y_0)}{\Delta x} \\
&= f_{yx}''(x_0, y_0) = \lim_{(\Delta x, \Delta y) \to (0,0)} \frac{A}{\Delta x \Delta y} = f_{xy}''(x_0, y_0).
\end{aligned}
$$

3.4.4 含有导数、偏导数式子的变量代换

这一部分的目的在于熟悉变量代换的一些方法, 因为一般的形式书写比较繁杂琐碎, 为此用具体的例子来阐明这些方法, 读者不难从中进行归纳和类推.

设已给含有自变量 x, 其函数 $y = f(x)$ (不知表达式), 以及 y 关于 x 的直至某阶为止的一系列导数的某一表达式为

$$W = F(x, y, y_x', y_{x^2}'', \cdots).$$

现在我们考虑将它变换成新的自变量 t 及其函数 $y = u(t)$ 的表达式, 新旧变换之间由给定的变换公式互相关联着.

例 3.4.8 设已给方程 $x^2 y''_{x^2} + x y'_x + y = 0$, 令 $x = \mathrm{e}^t$, 求变换后的方程式.

解 因为 y 是 x 的函数, x 是 t 的函数, 所以 y 是 t 的函数. 这时可用含参变量求导公式来导出 y'_x 和 y''_{x^2} 的表达式

$$y'_x = \mathrm{e}^{-t} y'_t, \quad y''_{x^2} = \frac{\dfrac{\mathrm{d}y'_x}{\mathrm{d}t}}{\dfrac{\mathrm{d}x}{\mathrm{d}t}} = \mathrm{e}^{-2t}(y''_{t^2} - y'_t),$$

原方程变为更简单的形式

$$y''_{t^2} + y = 0.$$

例 3.4.9 自变量与函数都变换之例.

由 $y = f(x)$ 表示的曲线曲率半径为

$$R = \frac{[1 + (y'_x)^2]^{\frac{3}{2}}}{|y''_{x^2}|},$$

令 $x = r\cos\theta$, $y = r\sin\theta$, 求变换后的表达式.

解 这时自变量 x 和函数 y 都变换了, 因为 y 是 x 的函数, r 与 θ 也将存在函数关系, 所以, 在计算过程中要始终注意 r 是 θ 的函数, 按参变量求导法则, 利用复合函数求导公式可以得出 y'_x 和 y''_{x^2} 的表达式. 从

$$x'_\theta = r'_\theta \cos\theta - r\sin\theta, \qquad\qquad y'_\theta = r'_\theta \sin\theta + r\cos\theta,$$
$$x''_{\theta^2} = r''_{\theta^2}\cos\theta - 2r'_\theta \sin\theta - r\cos\theta, \quad y''_{\theta^2} = r''_{\theta^2}\sin\theta + 2r'_\theta \cos\theta - r\sin\theta,$$

于是

$$y'_x = \frac{y'_\theta}{x'_\theta} = \frac{r'_\theta \sin\theta + r\cos\theta}{r'_\theta \cos\theta - r\sin\theta},$$
$$y''_{x^2} = \frac{x'_\theta y''_{\theta^2} - x''_{\theta^2} y'_\theta}{(x'_\theta)^3} = \frac{r^2 + 2r'^2_\theta - r r''_{\theta^2}}{(r'_\theta \cos\theta - r\sin\theta)^3},$$

代入 R 的表达式得

$$R = \frac{(r^2 + r'^2_\theta)^{\frac{3}{2}}}{|r^2 + 2r'^2_\theta - r r''_{\theta^2}|}.$$

这就是极坐标形式下的曲率半径公式.

例 3.4.10 令 $x = t - y$, 变换表达式

$$W = \frac{y''_{x^2} - y'_x(1 + y'_x)^2}{(1 + y'_x)^3}.$$

解 上述是自变量 x 与函数 y 都在变的情况, 若把变换公式写成 $x = t - u$, $y = u$ 可按上例同样地进行, 不过这时 $y = u$ 可以不写出来.

$$x'_t = 1 - y'_t, \quad y'_x = \frac{y'_t}{x'_t} = \frac{y'_t}{1 - y'_t},$$

$$y''_{x^2} = \left(\frac{y'_t}{1 - y'_t} \right)'_t \cdot \frac{1}{x'_t} = \frac{y''_{t^2}(1 - y'_t) + y'_t y''_{t^2}}{(1 - y'_t)^3} = \frac{y''_{t^2}}{(1 - y'_t)^3},$$

代入 W 的表达式可得

$$W = y''_{t^2} - y'_t.$$

设已给含有自变量 $x_1, x_2, \cdots, x_n$, 其函数 $z = f(x_1, x_2, \cdots, x_n)$ (不知表达式), 以及 z 关于 $x_1, x_2, \cdots, x_n$ 的直至某阶为止的一系列偏导的某一表达式为

$$W = F\left(x_1, \cdots, x_n, \frac{\partial z}{\partial x_1}, \cdots, \frac{\partial z}{\partial x_n}, \frac{\partial^2 z}{\partial x_1^2}, \frac{\partial^2 z}{\partial x_1 \partial x_2}, \cdots \right).$$

与一元函数一样, 考虑将它变换成新的变量 $t_1, t_2, \cdots, t_n$ 及其函数 $z = g(t_1, t_2, \cdots, t_n)$ 的表达式, 新旧变量之间由给定的变换公式互相关联着. 显然, 只要能把旧导数 $\dfrac{\partial z}{\partial x_1}, \dfrac{\partial z}{\partial x_2}, \cdots, \dfrac{\partial z}{\partial x_n}, \dfrac{\partial^2 z}{\partial x_1^2}, \dfrac{\partial^2 z}{\partial x_1 \partial x_2}, \cdots$ 用新导数来表示, 问题即可解决.

例 3.4.11 自变量变换之例:

把表达式

$$W = \frac{\partial^2 z}{\partial x^2} + \frac{\partial^2 z}{\partial y^2}$$

换成极坐标公式.

解 极坐标变换公式是 $x = r\cos\theta$, $y = r\sin\theta$.

(1) **直接法** 把 r, θ 当作自变量, 由复合函数求导公式, 可得

$$\frac{\partial z}{\partial r} = \cos\theta \frac{\partial z}{\partial x} + \sin\theta \frac{\partial z}{\partial y}, \quad \frac{\partial z}{\partial \theta} = -r\sin\theta \frac{\partial z}{\partial x} + r\cos\theta \frac{\partial z}{\partial y},$$

由此解出

$$\frac{\partial z}{\partial x} = \cos\theta \frac{\partial z}{\partial r} - \frac{\sin\theta}{r} \frac{\partial z}{\partial \theta},$$
$$\frac{\partial z}{\partial y} = \sin\theta \frac{\partial z}{\partial r} + \frac{\cos\theta}{r} \frac{\partial z}{\partial \theta}.$$

从而

$$\frac{\partial^2 z}{\partial x^2} = \frac{\partial}{\partial x}\left(\frac{\partial z}{\partial x} \right) = \cos\theta \frac{\partial}{\partial r}\left(\cos\theta \frac{\partial z}{\partial r} - \frac{\sin\theta}{r} \frac{\partial z}{\partial \theta} \right)$$

$$-\frac{\sin\theta}{r}\frac{\partial}{\partial\theta}\left(\cos\theta\frac{\partial z}{\partial r}-\frac{\sin\theta}{r}\frac{\partial z}{\partial\theta}\right)$$

$$=\cos^2\theta\frac{\partial^2 z}{\partial r^2}-\frac{2\sin\theta\cos\theta}{r}\frac{\partial^2 z}{\partial r\partial\theta}+\frac{\sin^2\theta}{r^2}\frac{\partial^2 z}{\partial\theta^2}$$

$$+\frac{2\sin\theta\cos\theta}{r^2}\frac{\partial z}{\partial\theta}+\frac{\sin^2\theta}{r}\frac{\partial z}{\partial r},$$

同样可得

$$\frac{\partial^2 z}{\partial y^2}=\sin^2\theta\frac{\partial^2 z}{\partial r^2}+\frac{2\sin\theta\cos\theta}{r}\frac{\partial^2 z}{\partial r\partial\theta}+\frac{\cos^2\theta}{r^2}\frac{\partial^2 z}{\partial\theta^2}$$

$$-\frac{2\sin\theta\cos\theta}{r^2}\frac{\partial z}{\partial\theta}+\frac{\cos^2\theta}{r}\frac{\partial z}{\partial r}.$$

代入 W 的表达式, 变换成

$$W=\frac{\partial^2 z}{\partial r^2}+\frac{1}{r^2}\frac{\partial^2 z}{\partial\theta^2}+\frac{1}{r}\frac{\partial z}{\partial r}.$$

(2) **反逆法**　把 x,y 当作自变量, 在变换公式中对 x,y 微分 (r,θ 当作 x,y 的函数), 可得

$$1=\cos\theta\frac{\partial r}{\partial x}-r\sin\theta\frac{\partial\theta}{\partial x},\quad 0=\sin\theta\frac{\partial r}{\partial x}+r\cos\theta\frac{\partial\theta}{\partial x}$$

及

$$0=\cos\theta\frac{\partial r}{\partial y}-r\sin\theta\frac{\partial\theta}{\partial y},\quad 1=\sin\theta\frac{\partial r}{\partial y}+r\cos\theta\frac{\partial\theta}{\partial y},$$

从而

$$\frac{\partial r}{\partial x}=\cos\theta,\quad \frac{\partial\theta}{\partial x}=-\frac{\sin\theta}{r},\quad \frac{\partial r}{\partial y}=\sin\theta,\quad \frac{\partial\theta}{\partial y}=\frac{\cos\theta}{r},$$

由

$$\frac{\partial z}{\partial x}=\frac{\partial z}{\partial r}\frac{\partial r}{\partial x}+\frac{\partial z}{\partial\theta}\frac{\partial\theta}{\partial x},\quad \frac{\partial z}{\partial y}=\frac{\partial z}{\partial r}\frac{\partial r}{\partial y}+\frac{\partial z}{\partial\theta}\frac{\partial\theta}{\partial y},$$

同样可得

$$\frac{\partial z}{\partial x}=\cos\theta\frac{\partial z}{\partial r}-\frac{\sin\theta}{r}\frac{\partial z}{\partial\theta},\quad \frac{\partial z}{\partial y}=\sin\theta\frac{\partial z}{\partial r}+\frac{\cos\theta}{r}\frac{\partial z}{\partial\theta}.$$

至于二阶导同 (1) 的方法可求得.

(3) **微分的求法**　利用全微分的表达式进行比较得出旧导数用新导数来表示的式子, 这里把 x,y 看作自变量, 求变换公式的全微分:

$$\mathrm{d}x=\cos\theta\mathrm{d}r-r\sin\theta\mathrm{d}\theta,\quad \mathrm{d}y=\sin\theta\mathrm{d}r+r\cos\theta\mathrm{d}\theta,$$

由此

$$\mathrm{d}r = \cos\theta\mathrm{d}x + \sin\theta\mathrm{d}y, \quad \mathrm{d}\theta = \frac{-\sin\theta\mathrm{d}x + \cos\theta\mathrm{d}y}{r},$$

于是,

$$\mathrm{d}z = \frac{\partial z}{\partial r}\mathrm{d}r + \frac{\partial z}{\partial \theta}\mathrm{d}\theta$$

$$= \left(\cos\theta\frac{\partial z}{\partial r} - \frac{\sin\theta}{r}\frac{\partial z}{\partial \theta}\right)\mathrm{d}x + \left(\sin\theta\frac{\partial z}{\partial r} + \frac{\cos\theta}{r}\frac{\partial z}{\partial \theta}\right)\mathrm{d}y.$$

对 $\mathrm{d}r$ 及 $\mathrm{d}\theta$ 的公式再微分, 可有

$$\mathrm{d}^2 r = \mathrm{d}(\cos\theta\mathrm{d}x + \sin\theta\mathrm{d}y) = -\sin\theta\mathrm{d}\theta\mathrm{d}x + \cos\theta\mathrm{d}\theta\mathrm{d}y$$

$$= \frac{\sin^2\theta\mathrm{d}x^2 - 2\sin\theta\cos\theta\mathrm{d}x\mathrm{d}y + \cos^2\theta\mathrm{d}y^2}{r},$$

$$\mathrm{d}^2\theta = \mathrm{d}\left(\frac{-\sin\theta\mathrm{d}x + \cos\theta\mathrm{d}y}{r}\right)$$

$$= \frac{-r(\cos\theta\mathrm{d}x + \sin\theta\mathrm{d}y)\mathrm{d}\theta + (\sin\theta\mathrm{d}x - \cos\theta\mathrm{d}y)\mathrm{d}r}{r^2}$$

$$= \frac{2\sin\theta\cos\theta\mathrm{d}x^2 - 2(\cos^2\theta - \sin^2\theta)\mathrm{d}x\mathrm{d}y - 2\sin\theta\cos\theta\mathrm{d}y^2}{r^2}.$$

对于 $\mathrm{d}^2 z$ 就有 (记住 r, θ 是 x, y 的函数):

$$\mathrm{d}^2 z = \frac{\partial^2 z}{\partial r^2}\mathrm{d}r^2 + 2\frac{\partial^2 z}{\partial r\partial\theta}\mathrm{d}r\mathrm{d}\theta + \frac{\partial^2 z}{\partial\theta^2}\mathrm{d}\theta^2 + \frac{\partial z}{\partial r}\mathrm{d}^2 r + \frac{\partial z}{\partial\theta}\mathrm{d}^2\theta$$

$$= \left(\cos^2\theta\frac{\partial^2 z}{\partial r^2} - \frac{2\sin\theta\cos\theta}{r}\frac{\partial^2 z}{\partial r\partial\theta} + \frac{\sin^2\theta}{r^2}\frac{\partial^2 z}{\partial\theta^2}\right.$$

$$\left. + \frac{\sin^2\theta}{r}\frac{\partial z}{\partial r} + \frac{2\sin\theta\cos\theta}{r^2}\frac{\partial z}{\partial\theta}\right)\mathrm{d}x^2$$

$$+ 2(\cdots)\mathrm{d}x\mathrm{d}y + (\cdots)\mathrm{d}y^2,$$

从而导出 $\dfrac{\partial^2 z}{\partial x^2}, \dfrac{\partial^2 z}{\partial y^2}$ 的表达式.

当然, 把 r, θ 看成自变量也可以, 这时 x, y 就是 r, θ 的函数了, 同样地可导出 $\dfrac{\partial^2 z}{\partial x^2}, \dfrac{\partial^2 z}{\partial y^2}$ 的表达式.

例 3.4.12 自变量和函数都变换之例:

变换方程 $x^2\dfrac{\partial z}{\partial x} + y^2\dfrac{\partial z}{\partial y} = z^2$, 设

$$x = t, \quad y = \frac{t}{1+tu}, \quad z = \frac{t}{1+tv}.$$

解　(1) **直接法**　自变量为 t, u. 把变换公式的第三式对 t 及 u 微分, 这时 z 及 v 都看成 t, u 的函数 (前者借 x, y 为中间变量), 就得

$$\frac{\partial z}{\partial x} + \frac{\partial z}{\partial y} \cdot \frac{1}{(1+tu)^2} = \frac{1 - t^2 \dfrac{\partial v}{\partial t}}{(1+tv)^2},$$

$$\frac{\partial z}{\partial y} \cdot \frac{-t^2}{(1+tu)^2} = -\frac{t^2}{(1+tv)^2} \frac{\partial v}{\partial u},$$

从而

$$\frac{\partial z}{\partial x} = \frac{1}{(1+tv)^2} \left(1 - t^2 \frac{\partial v}{\partial t} - \frac{\partial v}{\partial u} \right),$$

$$\frac{\partial z}{\partial y} = \frac{(1+tu)^2}{(1+tv)^2} \frac{\partial v}{\partial u}.$$

变化后的方程经化简就成为

$$\frac{\partial v}{\partial t} = 0.$$

(2) **反逆法**　由变换公式解出新变元

$$t = x, \quad u = \frac{1}{y} - \frac{1}{x}, \quad v = \frac{1}{z} - \frac{1}{x},$$

而把 x, y 看作自变量. 对 x 及 y 微分第三式 (v 借 t, u 为媒介而成为 x, y 的函数), 求得

$$\frac{\partial v}{\partial t} + \frac{\partial v}{\partial u} \cdot \frac{1}{x^2} = -\frac{1}{z^2} \frac{\partial z}{\partial x} + \frac{1}{x^2},$$

$$-\frac{\partial v}{\partial u} \frac{1}{y^2} = -\frac{1}{z^2} \frac{\partial z}{\partial y},$$

从而

$$\frac{\partial z}{\partial x} = z^2 \left(\frac{1}{x^2} - \frac{\partial v}{\partial t} - \frac{1}{x^2} \frac{\partial v}{\partial u} \right),$$

$$\frac{\partial z}{\partial y} = \frac{z^2}{y^2} \frac{\partial v}{\partial u}.$$

同样, 可得变换后的方程为

$$\frac{\partial v}{\partial t} = 0.$$

(3) **微分的求法**　t, u 是自变量, 对变换公式施行微分, 可得

$$\mathrm{d}x = \mathrm{d}t, \quad \mathrm{d}y = \frac{1}{(1+tu)^2} \mathrm{d}t + \frac{-t^2}{(1+tu)^2} \mathrm{d}u,$$

$$\mathrm{d}z = \frac{1}{(1+tv)^2}\mathrm{d}t + \frac{-t^2}{(1+tv)^2}\mathrm{d}v.$$

另一方面,

$$\mathrm{d}z = \frac{\partial z}{\partial x}\mathrm{d}x + \frac{\partial z}{\partial y}\mathrm{d}y$$

$$= \frac{\partial z}{\partial x}\mathrm{d}t + \frac{\partial z}{\partial y}\left[\frac{1}{(1+tu)^2}\mathrm{d}t - \frac{t^2}{(1+tu)^2}\mathrm{d}u\right].$$

注意到 $\mathrm{d}v = \dfrac{\partial v}{\partial t}\mathrm{d}t + \dfrac{\partial v}{\partial u}\mathrm{d}u$, 比较两个 $\mathrm{d}z$ 的表达式, 求得

$$\frac{\partial z}{\partial x} = \frac{1}{(1+tv)^2}\left(1 - t^2\frac{\partial v}{\partial t} - \frac{\partial v}{\partial u}\right),$$

$$\frac{\partial z}{\partial y} = \frac{(1+tu)^2}{(1+tv)^2}\frac{\partial v}{\partial u}.$$

与 (1) 法完全一样.

习 题 3.4

1. 求函数 $z = x^2 - xy + y^2$ 在点 $M(1,1)$ 沿与 x 轴的正方向成 α 的方向 l 上的方向导数, 并指出在怎样的方向上有: (1) 最大值; (2) 最小值; (3) 等于 0.

2. 设 $u = f(x,y,z)$ 具有二阶连续偏导数, l 是由单位球面上的点 $A(a_1, a_2, a_3)$ 所确定的方向, 试求

$$\frac{\partial^2 u}{\partial l^2}\left(= \frac{\partial}{\partial l}\left(\frac{\partial u}{\partial l}\right)\right).$$

3. 直接按定义验证 $f(x,y) = xy + \dfrac{x}{y}$ 在 $(0,1)$ 点可微.

4. 函数

$$f(x,y) = \begin{cases} \dfrac{x^3 - y^3}{x^2 + y^2}, & (x,y) \neq (0,0), \\ 0, & (x,y) = (0,0) \end{cases}$$

在 $(0,0)$ 点是否可微?

5. 设函数 $z = f(x,y)$ 在点 (x_0, y_0) 某邻域内对变量 x 连续, 对变量 y 有有界的偏导数, 试证函数 $z = f(x,y)$ 在点 (x_0, y_0) 连续.

6. 证明: 由 $u = \sqrt{|xy|}$, $x = s - at$, $y = s + at$ 复合而成的函数, 在点 $(s,t) = (0,0)$ 不满足复合函数的求导法则.

7. 函数 $u = u(x,y)$ 可微, 且当 $y = x^2$ 时有

$$u(x,y) = 1 \quad \text{及} \quad \frac{\partial u}{\partial x} = x,$$

求当 $y = x^2$ 时的 $\dfrac{\partial u}{\partial y}$.

8. 证明: 若 $u = \sqrt{x^2 + y^2 + z^2}$, 则 $\mathrm{d}^2 u \geqslant 0$.

9. 作变换 $u = x + y$, $v = x - y$, $w = xy - z$, 变换方程

$$\frac{\partial^2 z}{\partial x^2} + 2\frac{\partial^2 z}{\partial x \partial y} + \frac{\partial^2 z}{\partial y^2} = 0$$

为 w 关于 u, v 的偏微分方程.

10. 取 $\xi = y + ze^{-x}$, $\eta = x + ze^{-y}$ 作为新的自变量, 变换式子

$$(z + \mathrm{e}^x)\frac{\partial z}{\partial x} + (z + \mathrm{e}^y)\frac{\partial z}{\partial y} - (z^2 - \mathrm{e}^{x+y}).$$

11. 若 $u = u(x, y)$ 满足方程

$$\frac{\partial^2 u}{\partial x^2} - \frac{\partial^2 u}{\partial y^2} + \alpha\frac{\partial u}{\partial x} + \beta\frac{\partial u}{\partial y} = 0.$$

(1) 选择参数 α, β, 通过变换 $u(x, y) = v(x, y)\mathrm{e}^{\alpha x + \beta y}$ 把原方程变形, 消去新方程中的一阶偏导数项;

(2) 对新方程再令 $\xi = x + y$, $\eta = x - y$ 变换方程.

12. 设 $x = r\sin\theta\cos\varphi$, $y = r\sin\theta\sin\varphi$, $z = r\cos\theta$, 变换

$$\Delta_1 u = \left(\frac{\partial u}{\partial x}\right)^2 + \left(\frac{\partial u}{\partial y}\right)^2 + \left(\frac{\partial u}{\partial z}\right)^2,$$

$$\Delta_2 u = \frac{\partial^2 u}{\partial x^2} + \frac{\partial^2 u}{\partial y^2} + \frac{\partial^2 u}{\partial z^2}.$$

13* 设 f'_x, f'_y 在点 (x, y) 的某邻域内存在且可微, 试证:

$$f''_{xy}(x_0, y_0) = f''_{yx}(x_0, y_0).$$

14* 证明: 若 $f'_y(x_0, y_0)$ 存在, 且 $f'_x(x, y)$ 在点 (x_0, y_0) 连续, 则 $f(x, y)$ 在点 (x_0, y_0) 可微.

15* 证明: 于某凸形域 D 内有有界连续偏导函数 f'_x 和 f'_y 的函数在 D 内一致连续 (凸形域是指域内任意两点间的连接线段上的所有点仍属于此域).

16* 设 $f(x, y)$ 在点 $(0, 0)$ 某邻域内连续, 并有连续的一阶和二阶偏导, 试证:

$$f''_{xx}(0, 0) = \lim_{h \to 0^+}\frac{f\left(2h, \mathrm{e}^{-\frac{1}{2h}}\right) - 2f\left(h, \mathrm{e}^{-\frac{1}{h}}\right) + f(0, 0)}{h^2}.$$

17* 已知 $u = u(\sqrt{x^2 + y^2})$ 有连续二阶偏导数, 且满足

$$\frac{\partial^2 u}{\partial x^2} + \frac{\partial^2 u}{\partial y^2} = x^2 + y^2,$$

试求 u.

18* 以定点 (a, b, c) 为顶点, xOy 平面上定曲线 $f(x, y) = 0$ 为导线的锥面方程为

$$f\left(\frac{z - c}{x - a}, \frac{z - c}{y - b}\right) = 0,$$

求锥面所满足的微分方程式. 由此可进一步得出什么结论?

3.5 隐函数理论

隐函数理论以及雅可比 (Jacobi) 行列式进一步刻画了多元函数微分学的本质, 本节利用压缩映像原理论证隐函数的存在性, 进而讨论雅可比行列式的性质.

3.5.1 压缩映像原理

先看一个例子.

例 3.5.1 设 $f : [a, b] \to [a, b]$, 且对任何 $x, y \in [a, b]$, 有

$$|f(x) - f(y)| \leqslant k|x - y|$$

成立, 其中 $0 < k < 1$. 则

(1) 在 $[a, b]$ 上存在唯一一点 c, 使 $f(c) = c$;

(2) 令 $x_1 \in [a, b]$ 的任意一点, $x_2 = f(x_1), \cdots, x_{n+1} = f(x_n), \cdots$, 数列 $\{x_n\}$ 有极限, 且

$$\lim_{n \to \infty} x_n = c.$$

证明 (1) 考虑函数 $g(x) = f(x) - x$, 显然 $g(x)$ 也在 $[a, b]$ 上连续, 由题设

$$g(a) = f(a) - a \geqslant 0, \quad g(b) = f(b) - b \leqslant 0.$$

如果以上两式的等号有一个成立, 即

$$f(a) = a \quad \text{或} \quad f(b) = b,$$

那么 a 或 b 即为所求; 现设等号皆不成立, 即

$$g(a) > 0, \quad g(b) < 0,$$

由连续函数的介值定理知, 必存在一点 $c \in (a, b)$, 使得

$$g(c) = 0, \quad \text{即} \quad f(c) = c.$$

再证满足上式的 c 是唯一的. 事实上, 若存在 $c_1, c_2 \in [a, b]$, 使

$$c_1 = f(c_1), \quad c_2 = f(c_2),$$

由题设条件知

$$|c_1 - c_2| = |f(c_1) - f(c_2)| \leqslant k|c_1 - c_2| < |c_1 - c_2|,$$

这是不可能的. 故满足 $f(c) = c$ 的 c 是唯一的.

(2) 因为

$$|x_{n+1} - c| = |f(x_n) - f(c)| \leqslant k|x_n - c|,$$
$$|x_n - c| = |f(x_{n-1}) - f(c)| \leqslant k|x_{n-1} - c|,$$

所以

$$|x_{n+1} - c| \leqslant k|x_n - c| \leqslant k^2|x_{n-1} - c| \leqslant \cdots \leqslant k^n|x_1 - c|.$$

注意到 $0 < k < 1$, 即得 $\lim\limits_{n \to \infty} x_n = c$.

注　满足 $x = f(x)$ 的点 x 称为函数 $f(x)$ 的不动点, 上面例题的条件保证了不动点的存在性和唯一性. 这就是著名的 "压缩映像原理" 的最简单情形.

把它推广到 n 维空间, 先要把连续的概念推广到映射 $f : \mathbb{R}^n \to \mathbb{R}^m$ 的情况.

定义 3.5.1　映射 $f : E \subset \mathbb{R}^n \to \mathbb{R}^m$ 称为在点 $a \in E$ 连续, 如果对于任给 $\varepsilon > 0$, 存在 $\delta > 0$, 当 $d^{(n)}(x, a) < \delta$ 且 $x \in E$ 时, 便有

$$d^{(m)}(f(x), f(a)) < \varepsilon. \tag{3.5.1}$$

与函数 $f : E \subset \mathbb{R}^n \to \mathbb{R}$ 在点 $a \in E$ 连续定义对照, 几乎完全一致, 只是改变了一下像的空间. 为此, 连续函数的性质几乎完全可以平移地用于连续映射 f 之上.

定理 3.5.1 (压缩映像原理)　设映射 $f : E \subset \mathbb{R}^n \to E$, E 是 $\mathbb{R}^n$ 中的有界闭集, 且对任意 $x, y \in E$, 有

$$d(f(x), f(y)) \leqslant kd(x, y), \tag{3.5.2}$$

其中 $0 < k < 1$, 那么存在唯一的一点 $x_0 \in E$, 使 $f(x_0) = x_0$, 且对 $x_1 \in E$, 令 $x_{n+1} = f(x_n)$, 所得的序列 $\{x_n\}$, 都有 $\lim\limits_{n \to \infty} x_n = x_0$ 成立.

满足 (3.5.2) 式的自身到自身的映射称为压缩映射.

证明　由 (3.5.2) 式给出的条件, 显然 $f(x)$ 在 E 上连续.

于 E 内任取 x_1, 令 $x_{n+1} = f(x_n)$, $n = 1, 2, \cdots$. 由题设的 (3.5.2) 式条件,

$$d(x_2, x_3) = d(f(x_1), f(x_2)) \leqslant kd(x_1, x_2),$$
$$d(x_3, x_4) \leqslant kd(x_2, x_3) \leqslant k^2 d(x_1, x_2),$$
$$\cdots\cdots$$

一般地, 有 $d(x_n, x_{n+1}) \leqslant k^{n-1}d(x_1, x_2)$.

设 $m > n$, 由距离的三角不等式

$$d(x_n, x_m) \leqslant d(x_n, x_{n+1}) + d(x_{n+1}, x_{n+2}) + \cdots + d(x_{m-1}, x_m),$$

从而

$$d(x_n, x_m) \leqslant d(x_1, x_2)(k^{n-1} + k^n + \cdots + k^{m-2})$$
$$= d(x_1, x_2)k^{n-1}(1 + k + \cdots + k^{m-n-1}),$$

因此

$$d(x_n, x_m) < d(x_1, x_2)\frac{k^{n-1}}{1-k}.$$

这说明, 对任给 $\varepsilon > 0$, 存在 N, 当 $n > N$ 时, 有

$$d(x_n, x_m) < \varepsilon,$$

即 $\{x_n\}$ 是柯西序列. 由 E 是有界闭集, 序列 $\{x_n\}$ 有极限 x_0, 且 $x_0 \in E$. 再由 $f(x)$ 的连续性, 对 $x_{n+1} = f(x_n)$ 取极限便得

$$x_0 = f(x_0).$$

现证不动点是唯一的. 假定另有 $x' \in E$, 也满足 $x' = f(x')$. 由条件 (3.5.2) 应有

$$d(x_0, x') = d(f(x_0), f(x')) \leqslant kd(x_0, x').$$

然而 $0 < k < 1$, 必有 $d(x_0, x') = 0$, 即 $x_0 = x'$.

压缩映像存在不动点, 我们在下面用它证明隐函数存在定理, 也可以用来证明常微分方程解的存在唯一性定理. 至于寻求更一般的不动点定理, 用于研究各种方程的解的存在性, 已经成现代分析的重要内容.

3.5.2 隐函数定理

定理 3.5.2 设函数 $F: G \subset \mathbb{R}^{n+1} \to \mathbb{R}$ 在开集 G 内连续, 且满足

(1) 对任意 $P(x_1, \cdots, x_n, y) \in G$, 偏导数 $F'_{x_1}, \cdots, F'_{x_n}, F'_y$ 存在且连续;

(2) 设 $P_0(x_1^0, \cdots, x_n^0, y^0) \in G$, 且 $F(P_0) = 0$, $F'_y(P_0) \neq 0$,

那么, 在 P_0 的某一邻域 $U(P_0, h) \subset G$ 内, 方程 $F(x_1, \cdots, x_n, y) = 0$ 唯一地确定了一个定义在 $x_0(x_1^0, \cdots, x_n^0)$ 的某邻域 $U(x_0, \delta) \subset \mathbb{R}^n$ 内的 n 元连续函数 (隐函数)

$$y = f(x_1, \cdots, x_n) = f(x),$$

使得

(i) 当 $x(x_1, x_2, \cdots, x_n) \in U(x_0, \delta)$ 时, $(x, f(x)) \in U(P_0, h)$, 且 $F(x, f(x)) \equiv 0$, $y_0 = f(x_0)$;

(ii) $y = f(x)$ 在 $U(x_0, \delta)$ 内有连续偏导 $f'_{x_1}, f'_{x_2}, \cdots, f'_{x_n}$, 而且

$$f'_{x_1} = -\frac{F'_{x_1}}{F'_y}, f'_{x_2} = -\frac{F'_{x_2}}{F'_y}, \cdots, f'_{x_n} = -\frac{F'_{x_n}}{F'_y}. \tag{3.5.3}$$

证明 (1) 存在唯一的 $f(x)$ 满足 (i) 的要求. 令

$$A_1 = F'_{x_1}(P_0), A_2 = F'_{x_2}(P_0), \cdots, A_n = F'_{x_n}(P_0), \quad B = F'_y(P_0),$$

且定义 $\varphi(P)$ 为

$$\varphi(P) = F(P) - \sum_{k=1}^{n} A_k(x_k - x_k^0) - B(y - y^0),$$

由假设 $B = F'_y(P_0) \neq 0$, 令

$$C_1 = \frac{A_1}{B}, C_2 = \frac{A_2}{B}, \cdots, C_n = \frac{A_n}{B}, \quad \psi(P) = \frac{1}{B}\varphi(P), \quad H(P) = \frac{1}{B}F(P).$$

则

$$H(P) = (y - y^0) + \sum_{k=1}^{n} C_k(x_k - x_k^0) + \psi(P).$$

由偏导数 $F'_{x_1}, F'_{x_2}, \cdots, F'_{x_n}, F'_y$ 的连续性, $H(P)$ 和 $\psi(P)$ 同样有连续偏导数, 且

$$\psi(P_0) = 0, \ \psi'_{x_1}(P_0) = 0, \cdots, \psi'_{x_n}(P_0) = 0, \ \psi'_y(P_0) = 0.$$

由连续性, 存在 P_0 的邻域 $U(P_0, h_1) \subset G$, 使得 $\forall P \in U(P_0, h_1)$, 有

$$|\psi'_{x_1}(P)| < \frac{1}{n}, \cdots, |\psi'_{x_n}(P)| < \frac{1}{n}, \ |\psi'_y(P)| < \frac{1}{n}. \tag{3.5.4}$$

记点 $P(x_1, x_2, \cdots, x_n, y)$ 为 $P(x, y)$, $x(x_1, x_2, \cdots, x_n) \in \mathbb{R}^n$, 对于闭域

$$\overline{U(P_0, h)} \subset U(P_0, h_1) \quad (h < h_1)$$

中每一个确定的 x, 定义一元函数

$$T_x(y) = y^0 - \sum_{k=1}^{n} C_k(x_k - x_k^0) - \psi(P),$$

这时, $F(x,y) = 0 \Leftrightarrow H(x,y) = 0 \Leftrightarrow T_x(y) = y$. 换句话说, 对固定的 x, $F(x,y) = 0$ 的解是 $y = T_x(y)$ 的不动点. 我们现在证明存在 x_0 的一个邻域 $U(x_0, \delta) \subset \mathbb{R}^n$, 对于 $\forall x \in U(x_0, \delta)$, T_x 有不动点存在. 由 (3.5.4) 及多元函数中值定理得

$$
\begin{aligned}
|T_x(y) - y^0| &= \left| \sum_{k=1}^{n} C_k(x_k - x_k^0) + \psi(P) \right| \\
&\leqslant \sum_{k=1}^{n} |C_k||x_k - x_k^0| + |\psi(P) - \psi(P_0)| \\
&\leqslant \sum_{k=1}^{n} |C_k||x_k - x_k^0| + |\psi'_{x_1}(P)||x_1 - x_1^0| \\
&\quad + \cdots + |\psi'_{x_n}(P)||x_n - x_n^0| + |\psi'_y(P)||y - y^0|, \quad P \in \overline{U(P_0, h)},
\end{aligned}
$$

为了使上式右端小于 h, 由于 $P(x,y) \in \overline{U(P_0, h)}$ 以及

$$
|\psi'_{x_1}(P)| < \frac{1}{n}, \cdots, |\psi'_{x_n}(P)| < \frac{1}{n}, \quad |\psi'_y(P)| < \frac{1}{n},
$$

从而 $|x_k - x_k^0| \leqslant h \ (k = 1, 2, \cdots, n)$, $|y - y^0| \leqslant h$. 为此, 取

$$
\delta < \frac{\dfrac{n-1}{n}h}{\sum\limits_{k=1}^{n} |C_k| + 1},
$$

对于 $x \in U(x_0, \delta)$, 有

$$
|T_x(y) - y^0| \leqslant \delta \sum_{k=1}^{n} |C_k| + \delta \sum_{k=1}^{n} \frac{1}{n} + \frac{h}{n} < \frac{n-1}{n}h + \frac{h}{n} = h.
$$

这说明 $T_x(y)$ 是 $J := \{y | y - y^0| \leqslant h\} \to J$ 的映像, 且对于任意 $y_1, y_2 \in J$, 由拉格朗日中值定理有

$$
|T_x(y_1) - T_x(y_2)| = |-\psi(x, y_1) + \psi(x, y_2)| < \frac{1}{n}|y_1 - y_2|.
$$

因此, 对任意的 $x \in U(x_0, \delta)$, T_x 是 J 到 J 的压缩映像. 根据压缩映像定理, J 内存在唯一的 y, 使 $T_x(y) = y$, 即存在 y 使 $F(x,y) = 0$ 成立, y 是由 $F(P) = 0$ 确定的定义于 $U(x_0, \delta)$ 的 x 的函数.

(2) 隐函数 $f(x)$ 在 $U(x_0, \delta)$ 内连续, 对任给 $\varepsilon > 0$, 且 $\varepsilon < h$, 代替 (1) 的证明中 $\overline{U(P_0, h)}$ 为 $\overline{U(P_0, \varepsilon)}$, 取

$$
\delta < \frac{\dfrac{n-1}{n}\varepsilon}{\sum\limits_{k=1}^{n} |C_k| + 1},
$$

这样, 对 $x \in U(x_0, \delta)$, 重复上述过程同样可证 $f(x)$ 也是连续的.

(3) 隐函数 $f(x)$ 在 $U(x_0, \delta)$ 内偏导存在且连续. 设 $x(x_1, x_2, \cdots, x_n) \in U(x_0, \delta)$, 选取 Δx_1, 使 $(x_1 + \Delta x_1, x_2, \cdots, x_n) \in U(x_0, \delta)$, 那么 $F(x, f(x)) = 0$,

$$F(x_1 + \Delta x_1, x_2, \cdots, x_n, f(x_1 + \Delta x_1, x_2, \cdots, x_n)) = 0.$$

记 $\Delta f = f(x_1 + \Delta x_1, x_2, \cdots, x_n) - f(x_1, x_2, \cdots, x_n)$, 由微分的定义

$$F(x_1 + \Delta x_1, x_2, \cdots, x_n, f(x_1 + \Delta x_1, x_2, \cdots, x_n)) - F(x, f(x))$$
$$= F'_{x_1}(x, f(x))\Delta x_1 + F'(x, f(x))\Delta f + \varepsilon_1 \Delta x_1 + \varepsilon_{n+1}\Delta f = 0,$$

所以

$$\frac{\Delta f}{\Delta x_1} = -\frac{F'_x(x, f(x)) + \varepsilon_1}{F'_y(x, f(x)) + \varepsilon_{n+1}}.$$

故

$$\lim_{\Delta x_1 \to 0} \frac{\Delta f}{\Delta x_1} = \lim_{\Delta x_1 \to 0}\left(-\frac{F'_x(x, f(x)) + \varepsilon_1}{F'_y(x, f(x)) + \varepsilon_{n+1}}\right) = -\frac{F'_x(x, f(x))}{F'_y(x, f(x))},$$

因为右端连续, 所以 f'_{x_1} 是连续的.

同理可证其他偏导数的情形.

注 1 定理 3.5.2 的条件仅仅是充分的, 而不是必要的, 如方程

$$F(x, y) = y^3 - x^3 = 0$$

在点 $(0, 0)$ 不满足条件 (2), 因 $F'_y(0, 0) = 3y^2|_{(0,0)} = 0$, 但它仍能确定唯一的连续可微函数 $y = x$.

注 2 若方程 $F(x_1, x_2, \cdots, x_n, y) = 0$ 确实存在连续可微的隐函数 $y = f(x_1, x_2, \cdots, x_n)$, 求隐函数的偏导可用复合函数求导法则, 把 y 看作 $x(x_1, x_2, \cdots, x_n)$ 的函数, 对方程两端求导得到

$$F'_{x_1}(x_1, x_2, \cdots, x_n, y) + y'_{x_1}F'_y(x_1, x_2, \cdots, x_n, y) = 0.$$

因为 $F'_y \neq 0$, 可得

$$y'_{x_1} = -\frac{F'_{x_1}}{F'_y}.$$

其他偏导数类似导出.

例 3.5.2 方程 $x^2 + y^2 = 1$ 代表单位圆, 在单位圆上哪些点的邻域内可确定 y 为 x 的隐函数?

解 显然, 函数 $F(x,y) = x^2 + y^2 - 1$ 在任意点满足条件 (1). 设 (x_0, y_0) 为满足条件

$$x_0^2 + y_0^2 - 1 = 0$$

的任意点, 由于 $F_y'(x,y) = 2y$, 因此单位圆上除了点 $(1,0)$, $(-1,0)$ 外, 其他的点都满足条件 (2). 由定理 3.5.2 知, 在点 (x_0, y_0) 的某邻域内可唯一确定 y 为 x 的隐函数. 当点 (x_0, y_0) 在 y 轴上方时, 此函数为 $y = \sqrt{1 - x^2}$, 当 (x_0, y_0) 在 x 轴的下方时, 此函数为 $y = -\sqrt{1 - x^2}$.

当 $(x_0, y_0) = (1,0)$ 时, 在其任何邻域内都无法确定 y 为 x 的函数. 对点 $x_0 = 1$ 右方的 x, 不论与 1 多接近, 都不存在 y 使 $F(x,y) = 0$; 而对点 $x_0 = 1$ 左方的 x, 不论与 1 多接近, 都有两个 y, 使 $F(x,y) = 0$.

但在点 $(1,0)$ 的某邻域, 方程可以确定形为 $x = \varphi(y) = \sqrt{1 - y^2}$ 的隐函数.

例 3.5.3 讨论笛卡儿 (Descartes) 叶形线 (图 3.5)

$$x^3 + y^3 - 3axy = 0$$

所确定的隐函数 $y = f(x)$ 的一阶与二阶导数.

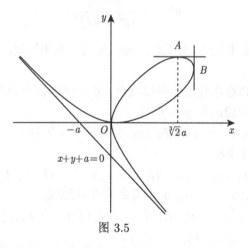

图 3.5

解 令 $F(x,y) = x^3 + y^3 - 3axy$, 由隐函数定理知, 使得

$$F_y'(x,y) = 3(y^2 - ax) \neq 0$$

的点 (x,y) 近旁, 方程都能确定隐函数 $y = f(x)$. 现求它的一阶和二阶导数.

对方程两端求 x 的导数得

$$3x^2 + 3y^2 y' - 3ay - 3axy' = 0,$$

即

$$(x^2 - ay) + (y^2 - ax)y' = 0, \tag{3.5.5}$$

于是

$$y' = \frac{ay - x^2}{y^2 - ax} \quad (y^2 - ax \neq 0).$$

再对 (3.5.5) 式两边求导, 得

$$2x - ay' + (2yy' - a)y' + (y^2 - ax)y'' = 0,$$

即

$$y''(y^2 - ax) = 2ay' - 2yy'^2 - 2x,$$

把 y' 的表达式代入上式右边, 得

$$2ay' - 2yy'^2 - 2x = \frac{-2a^3xy - 2xy(x^3 + y^3 - 3axy)}{(y^2 - ax)^2},$$

注意到 $x^3 + y^3 - 3axy = 0$, 可得

$$y'' = -\frac{2a^3xy}{(y^2 - ax)^3}.$$

由 y' 的表达式, 易见曲线在 $A(\sqrt[3]{2}a, \sqrt[3]{4}a)$ 处有一水平切线. 在 $B(\sqrt[3]{4}a, \sqrt[3]{2}a)$ 处有一垂直切线.

注意, 在点 B 和原点处的任何邻域内, 每一个 x 所对应的 y 值不唯一, 所以 $F(x, y) = 0$ 不能确定隐函数 $y = f(x)$.

定理 3.5.3　设 m 个函数, $F_k : G \subset \mathbb{R}^{m+n} \to \mathbb{R}$ $(k = 1, 2, \cdots, m)$, $m \leqslant n$, 在开集 G 内连续, 且满足

(1) 对任意 $P(x_1, x_2, \cdots, x_n, u_1, u_2, \cdots, u_m) \in G$, $F_1, F_2, \cdots, F_m$ 关于各变量 $x_1, x_2, \cdots, x_n, u_1, u_2, \cdots, u_m$ 的偏导数存在且连续;

(2) 在点 $P_0(x_1^0, x_2^0, \cdots, x_n^0, u_1^0, u_2^0, \cdots, u_m^0) \in G$, 有 $F_k(P_0) = 0$ $(k = 1, 2, \cdots, m)$, 且雅可比行列式 $\left. \dfrac{\partial(F_1, F_2, \cdots, F_m)}{\partial(u_1, u_2, \cdots, u_m)} \right|_{P_0} \neq 0$, 那么, 在 P_0 的某一邻域 $U(P_0, h) \subset G$ 内, 方程组

$$F_k(x_1, x_2, \cdots, x_n, u_1, u_2, \cdots, u_m) = 0 \quad (k = 1, 2, \cdots, m)$$

唯一地确定了一组定义在 $x_0(x_1^0, x_2^0, \cdots, x_n^0)$ 的某邻域 $U(x_0, \delta) \subset \mathbb{R}^n$ 内的 m 个 n 元连续函数 (隐含数组), $u_k = f_k(x_1, x_2, \cdots, x_n) = f_k(x)$ $(k = 1, 2, \cdots, m)$, 使得

(i) 当 $x(x_1, x_2, \cdots, x_n) \in U(x_0, \delta)$ 时,

$$(x_1, x_2, \cdots, x_n, f_1(x), f_2(x), \cdots, f_m(x)) \in U(P_0, h),$$

$$F_k(x_1, x_2, \cdots, x_n, f_1(x), f_2(x), \cdots, f_m(x)) \equiv 0 \quad (k = 1, 2, \cdots, m),$$

$$u_k^0 = f_k(x_0) \quad (k = 1, 2, \cdots, m);$$

(ii) $u_k = f_k(x)$ $(k = 1, 2, \cdots, m)$ 在 $U(x_0, \delta)$ 内有连续偏导, 且

$$\frac{\partial f_1}{\partial x_j} = -\frac{\dfrac{\partial(F_1, F_2, \cdots, F_m)}{\partial(x_j, u_2, \cdots, u_m)}}{\dfrac{\partial(F_1, F_2, \cdots, F_m)}{\partial(u_1, u_2, \cdots, u_m)}}, \cdots,$$

$$\frac{\partial f_m}{\partial x_j} = -\frac{\dfrac{\partial(F_1, F_2, \cdots, F_m)}{\partial(u_1, u_2, \cdots, u_{m-1}, x_j)}}{\dfrac{\partial(F_1, F_2, \cdots, F_m)}{\partial(u_1, u_2, \cdots, u_m)}} \quad (j = 1, 2, \cdots, m).$$

这个定理的证明要用到一些矩阵的知识, 这里从略. 具体运用时, 求隐函数的偏导可借助于复合函数求导法则, 通过解方程组得到.

例 3.5.4 设方程组

$$\begin{cases} F_1(x, y, u, v) = x^4 + y^4 + u^4 + v^4 - 4 = 0, \\ F_2(x, y, u, v) = x - y + u - v = 0. \end{cases} \tag{3.5.6}$$

试证: 在 $P_0(1, 1, 1, 1)$ 点某个邻域 $U(P_0, h)$ 内, 由方程组 (3.5.6) 可以确定唯一的连续函数组

$$\begin{cases} u = f_1(x, y), \\ v = f_2(x, y), \end{cases}$$

使得 $f_1(1, 1) = 1$, $f_2(1, 1) = 1$, 并求

$$\frac{\partial f_1}{\partial x}, \quad \frac{\partial f_2}{\partial x}, \quad \frac{\partial f_1}{\partial y}, \quad \frac{\partial f_2}{\partial y}.$$

证明 由于存在 F_1 与 F_2 对于变量 x, y, u, v 的连续偏导数:

$$\frac{\partial F_1}{\partial x} = 4x^3, \quad \frac{\partial F_1}{\partial y} = 4y^3, \quad \frac{\partial F_1}{\partial u} = 4u^3, \quad \frac{\partial F_1}{\partial v} = 4v^3;$$

$$\frac{\partial F_2}{\partial x} = 1, \quad \frac{\partial F_2}{\partial y} = -1, \quad \frac{\partial F_2}{\partial u} = 1, \quad \frac{\partial F_2}{\partial v} = -1,$$

且在点 P_0 处, 雅可比行列式

$$\frac{\partial(F_1, F_2)}{\partial(u, v)}\bigg|_{P_0} = \begin{vmatrix} \dfrac{\partial F_1}{\partial u} & \dfrac{\partial F_1}{\partial v} \\[3mm] \dfrac{\partial F_2}{\partial u} & \dfrac{\partial F_2}{\partial v} \end{vmatrix}_{P_0} = \begin{vmatrix} 4 & 4 \\ 1 & -1 \end{vmatrix} \neq 0,$$

$$F_1(1, 1, 1, 1) = F_2(1, 1, 1, 1) = 0.$$

所以, 由定理 3.5.3, 在点 P_0 的某个邻域内, 方程组 (3.5.6) 可以确定唯一的连续函数组

$$\begin{cases} u = f_1(x, y), \\ v = f_2(x, y). \end{cases}$$

方程组 (3.5.6) 中各个方程的两端对 x 求导得

$$\begin{cases} 4x^3 + 4u^3 \dfrac{\partial u}{\partial x} + 4v^3 \dfrac{\partial v}{\partial x} = 0, \\[3mm] 1 + \dfrac{\partial u}{\partial x} - \dfrac{\partial v}{\partial x} = 0, \end{cases}$$

解之即得

$$\frac{\partial u}{\partial x} = \frac{x^3 + v^3}{u^3 + v^3}, \qquad \frac{\partial v}{\partial x} = \frac{u^3 - x^3}{u^3 + v^3};$$

方程组 (3.5.6) 中各个方程的两端对 y 求导得

$$\begin{cases} 4y^3 + 4u^3 \dfrac{\partial u}{\partial y} + 4v^3 \dfrac{\partial v}{\partial y} = 0, \\[3mm] -1 + \dfrac{\partial u}{\partial y} - \dfrac{\partial v}{\partial y} = 0, \end{cases}$$

解之即得

$$\frac{\partial u}{\partial y} = \frac{v^3 - y^3}{u^3 + v^3}, \qquad \frac{\partial v}{\partial y} = -\frac{u^3 + y^3}{u^3 + v^3}.$$

例 3.5.5　求方程组

$$\begin{cases} x = r\cos\theta, \\ y = r\sin\theta \end{cases} \tag{3.5.7}$$

所确定的函数组

$$\begin{cases} r = r(x, y), \\ \theta = \theta(x, y) \end{cases}$$

中的偏导数 $\dfrac{\partial r}{\partial x}$, $\dfrac{\partial r}{\partial y}$, $\dfrac{\partial \theta}{\partial x}$, $\dfrac{\partial \theta}{\partial y}$ 以及 $\dfrac{\partial^2 r}{\partial x^2}$, $\dfrac{\partial^2 \theta}{\partial x^2}$.

解 方程组 (3.5.7) 中各个方程两端对 x 求导得

$$1 = \frac{\partial r}{\partial x}\cos\theta - r\sin\theta\frac{\partial \theta}{\partial x},$$

$$0 = \frac{\partial r}{\partial x}\sin\theta + r\cos\theta\frac{\partial \theta}{\partial x},$$

解之即得

$$\frac{\partial r}{\partial x} = \cos\theta, \quad \frac{\partial \theta}{\partial x} = -\frac{\sin\theta}{r} \ (r \neq 0);$$

方程组 (3.5.7) 中各个方程两端对 y 求导得

$$\begin{cases} 0 = \dfrac{\partial r}{\partial y}\cos\theta - r\sin\theta\dfrac{\partial \theta}{\partial y}, \\[2mm] 1 = \dfrac{\partial r}{\partial y}\sin\theta + r\cos\theta\dfrac{\partial \theta}{\partial y}, \end{cases}$$

解之即得

$$\frac{\partial r}{\partial y} = \sin\theta, \quad \frac{\partial \theta}{\partial y} = \frac{\cos\theta}{r} \ (r \neq 0).$$

于是

$$\frac{\partial^2 r}{\partial x^2} = \frac{\partial}{\partial x}\left(\frac{\partial r}{\partial x}\right) = \frac{\partial}{\partial x}(\cos\theta) = -\sin\theta\frac{\partial \theta}{\partial x} = \frac{\sin^2\theta}{r^2} \quad (r \neq 0),$$

$$\frac{\partial^2 \theta}{\partial x^2} = \frac{\partial}{\partial x}\left(\frac{\partial \theta}{\partial x}\right) = \frac{\partial}{\partial x}\left(-\frac{\sin\theta}{r}\right) = \frac{r\cos\theta\dfrac{\partial \theta}{\partial x} - \sin\theta\dfrac{\partial r}{\partial x}}{r^2} = \frac{\sin 2\theta}{r^2} \quad (r \neq 0).$$

从这两个例子可以看出, 由方程组定义隐函数组及隐函数组求导时, 应先确定哪些变量是自变量, 哪些变量是因变量, 然后再进行讨论.

3.5.3 反函数组与坐标变换

映射 $T : E \subset \mathbb{R}^m \to \mathbb{R}^m$, 实际上表示定义于 m 维空间点集 E 上的 m 个函数组

$$\begin{cases} u_1 = u_1(x_1, x_2, \cdots, x_m), \\ \qquad \cdots\cdots \qquad\qquad\qquad x(x_1, x_2, \cdots, x_m) \in E. \\ u_m = u_m(x_1, x_2, \cdots, x_m), \end{cases}$$

若 T 是一一映射, 我们可以确定一个定义在像集 $T(E) = \{u | u = T(x),\ x \in E\}$ 上的逆映射 $T^{-1} : T(E) \subset \mathbb{R}^m \to \mathbb{R}^m$, 它也可以表示为定义于 $T(E)$ 上的 m 个函数组:

$$\begin{cases} x_1 = x_1(u_1, u_2, \cdots, u_m), \\ \qquad \cdots\cdots \qquad\qquad u(u_1, u_2, \cdots, u_m) \in T(E). \\ x_m = x_m(u_1, u_2, \cdots, u_m), \end{cases}$$

存在逆映射的映射称为变换, 那么逆映射就是逆变换.

在什么条件下会有反函数组或逆映射存在呢? 我们只要把函数组改写为方程组的形式

$$\begin{cases} F_1(x_1, x_2, \cdots, x_m, u_1, u_2, \cdots, u_m) = u_1 - u_1(x_1, x_2, \cdots, x_m) = 0, \\ \qquad\qquad\cdots\cdots \\ F_m(x_1, x_2, \cdots, x_m, u_1, u_2, \cdots, u_m) = u_m - u_m(x_1, x_2, \cdots, x_m) = 0. \end{cases}$$

应用定理 3.5.3 立即得到如下定理.

定理 3.5.4 (反函数定理) 设 m 个函数 $u_1 = u_1(x), u_2 = u_2(x), \cdots, u_m = u_m(x)$ 在点 $x_0(x_1^0, x_2^0, \cdots, x_m^0)$ 的某邻域内具有一阶的连续偏导, 且 $u_1^0 = u_1(x_0)$, $u_2^0 = u_2(x_0), \cdots, u_m^0 = u_m(x_0)$ 及

$$\left. \frac{\partial(u_1, u_2, \cdots, u_m)}{\partial(x_1, x_2, \cdots, x_m)} \right|_{x_0} \neq 0,$$

则在点 $u_0(u_1^0, u_2^0, \cdots, u_m^0)$ 的某邻域内存在唯一的一组反函数组

$$\begin{cases} x_1 = x_1(u_1, u_2, \cdots, u_m), \\ \qquad \cdots\cdots \\ x_m = x_m(u_1, u_2, \cdots, u_m), \end{cases}$$

使

$$\begin{cases} u_1 \equiv u_1(x_1(u_1, u_2, \cdots, u_m), \cdots, x_m(u_1, u_2, \cdots, u_m)), \\ \qquad\qquad\cdots\cdots \\ u_m \equiv u_m(x_1(u_1, u_2, \cdots, u_m), \cdots, x_m(u_1, u_2, \cdots, u_m)) \end{cases}$$

和 $x_1^0 = x_1(u_1^0, u_2^0, \cdots, u_m^0), \cdots, x_m^0 = x_m(u_1^0, u_2^0, \cdots, u_m^0)$. 这组函数在 u_0 的某个邻域内有连续的一阶偏导数, 且用复合函数求导法则从所给函数组中通过计算直接求出.

例 3.5.6 直角坐标 (x, y, z) 与球坐标 (r, θ, φ) 之间的变换公式为

$$x = r \sin\theta\cos\varphi, \quad y = r \sin\theta\sin\varphi, \quad z = r \cos\theta.$$

由于

$$\frac{\partial(x,y,z)}{\partial(r,\theta,\varphi)} = \begin{vmatrix} \sin\theta\cos\varphi & r\cos\theta\cos\varphi & -r\sin\theta\sin\varphi \\ \sin\theta\sin\varphi & r\cos\theta\sin\varphi & r\sin\theta\cos\varphi \\ \cos\theta & -r\sin\theta & 0 \end{vmatrix} = r^2\sin\theta,$$

所以在 $r^2\sin\theta \neq 0$, 即不落在 z 轴上的一切点, 可确定逆变换

$$r = \sqrt{x^2 + y^2 + z^2}, \quad \theta = \arccos\frac{z}{r},$$

$$\varphi = \begin{cases} \arctan\dfrac{y}{x}, & x > 0, \\ \pi + \arctan\dfrac{y}{x}, & x < 0. \end{cases}$$

这个例子说明, 从另一个观点来看, 当把映射 T 的函数组看作方程组时, 它是把直角坐标 $(x_1, x_2, \cdots, x_m)$ 变换成曲线坐标 $(u_1, u_2, \cdots, u_m)$ 的坐标变换; 而把逆映射 T^{-1} 的函数组作为方程组, 是把曲线坐标 $(u_1, u_2, \cdots, u_m)$ 变换成直角坐标 $(x_1, x_2, \cdots, x_m)$ 的坐标变换.

3.5.4 雅可比行列式的性质

雅可比行列式从某种意义上说可以看成一元函数中导数概念的推广, 我们在隐函数组定理中已看到它的端倪, 下列的一些性质就看得更明白.

性质 3.5.1 设函数组 $u_k = u_k(x_1, x_2, \cdots, x_n)$ $(k = 1, 2, \cdots, n)$ 定义在 n 维空间的区域 S 上, 并有一阶连续偏导数; 又函数组 $x_j = x_j(t_1, t_2, \cdots, t_n)$ $(j = 1, 2, \cdots, n)$ 定义在 n 维空间的区域 T 上并有一阶连续偏导数, 且当 $t(t_1, t_2, \cdots, t_n) \in T$ 时, 对应的点 $x(x_1(t), x_2(t), \cdots, x_n(t)) \in S$, 则 $u_1, u_2, \cdots, u_n$ 通过中间变量 x 是 $t(t_1, t_2, \cdots, t_n)$ 的复合函数, 且有

$$\frac{\partial(u_1, \cdots, u_n)}{\partial(t_1, \cdots, t_n)} = \frac{\partial(u_1, \cdots, u_n)}{\partial(x_1, \cdots, x_n)} \cdot \frac{\partial(x_1, \cdots, x_n)}{\partial(t_1, \cdots, t_n)}. \tag{3.5.8}$$

证明 应用行列式乘法法则和复合函数求导法则:

$$\frac{\partial(u_1, \cdots, u_n)}{\partial(x_1, \cdots, x_n)} \cdot \frac{\partial(x_1, \cdots, x_n)}{\partial(t_1, \cdots, t_n)} = \begin{vmatrix} \dfrac{\partial u_1}{\partial x_1} & \cdots & \dfrac{\partial u_1}{\partial x_n} \\ \vdots & & \vdots \\ \dfrac{\partial u_n}{\partial x_1} & \cdots & \dfrac{\partial u_n}{\partial x_n} \end{vmatrix} \begin{vmatrix} \dfrac{\partial x_1}{\partial t_1} & \cdots & \dfrac{\partial x_1}{\partial t_n} \\ \vdots & & \vdots \\ \dfrac{\partial x_n}{\partial t_1} & \cdots & \dfrac{\partial x_n}{\partial t_n} \end{vmatrix}$$

$$= \begin{vmatrix} \displaystyle\sum_{i=1}^{n} \dfrac{\partial u_1}{\partial x_i}\dfrac{\partial x_i}{\partial t_1} & \cdots & \displaystyle\sum_{i=1}^{n} \dfrac{\partial u_1}{\partial x_i}\dfrac{\partial x_i}{\partial t_n} \\ \vdots & & \vdots \\ \displaystyle\sum_{i=1}^{n} \dfrac{\partial u_n}{\partial x_i}\dfrac{\partial x_i}{\partial t_1} & \cdots & \displaystyle\sum_{i=1}^{n} \dfrac{\partial u_n}{\partial x_i}\dfrac{\partial x_i}{\partial t_n} \end{vmatrix} = \begin{vmatrix} \dfrac{\partial u_1}{\partial t_1} & \cdots & \dfrac{\partial u_1}{\partial t_n} \\ \vdots & & \vdots \\ \dfrac{\partial u_n}{\partial t_1} & \cdots & \dfrac{\partial u_n}{\partial t_n} \end{vmatrix} = \frac{\partial(u_1, \cdots, u_n)}{\partial(t_1, \cdots, t_n)}.$$

当 $n = 1$ 时, u 为 x 的函数, x 为 t 的函数, 这时 (3.5.8) 式就是一元函数的复合函数求导公式

$$\frac{\mathrm{d}y}{\mathrm{d}t} = \frac{\mathrm{d}y}{\mathrm{d}x} \cdot \frac{\mathrm{d}x}{\mathrm{d}t}.$$ (3.5.9)

因此公式 (3.5.8) 可以看作是公式 (3.5.9) 的推广.

性质 3.5.2　设函数组 $u_k = u_k(x_1, \cdots, x_n)\ (k = 1, \cdots, n)$ 满足反函数定理 3.5.4 的条件, 则

$$\frac{\partial(u_1, \cdots, u_n)}{\partial(x_1, \cdots, x_n)} \cdot \frac{\partial(x_1, \cdots, x_n)}{\partial(u_1, \cdots, u_n)} = 1.$$ (3.5.10)

证明　在性质 3.5.1 中取 $t_1 = u_1, \cdots, t_n = u_n$, 由 (3.5.8) 式得

$$\frac{\partial(u_1, \cdots, u_n)}{\partial(u_1, \cdots, u_n)} = \frac{\partial(u_1, \cdots, u_n)}{\partial(x_1, \cdots, x_n)} \cdot \frac{\partial(x_1, \cdots, x_n)}{\partial(u_1, \cdots, u_n)},$$

而显然

$$\frac{\partial(u_1, \cdots, u_n)}{\partial(u_1, \cdots, u_n)} = \begin{vmatrix} 1 & \cdots & 0 \\ \vdots & & \vdots \\ 0 & \cdots & 1 \end{vmatrix} = 1.$$

公式 (3.5.10) 是反函数求导公式

$$\frac{\mathrm{d}x}{\mathrm{d}y} = \left(\frac{\mathrm{d}y}{\mathrm{d}x}\right)^{-1} \quad \text{或} \quad \frac{\mathrm{d}y}{\mathrm{d}x} \cdot \frac{\mathrm{d}x}{\mathrm{d}y} = 1$$

的推广.

性质 3.5.3　变换 $T : u_k = u_k(x_1, \cdots, x_n)\ (k = 1, \cdots, n)$ 在点 $P_0(x_1^0, \cdots, x_n^0)$ 的某邻域内具有对于 $x_1, \cdots, x_n$ 的连续偏导, 且

$$J(x_1^0, \cdots, x_n^0) = \frac{\partial(u_1, \cdots, u_n)}{\partial(x_1, \cdots, x_n)}\bigg|_{P_0} \neq 0.$$

设

$$A = \{(x_1, \cdots, x_n) \mid |x_1 - x_1^0| < \rho, \cdots, |x_n - x_n^0| < \rho\}$$

为以 P_0 为中心的 n 维正方体, $A_T = T(A)$ 为它的像集, 则有

$$\lim_{\rho \to 0^+} \frac{\Delta A_T}{\Delta A} = |J(x_1^0, \cdots, x_n^0)|,$$ (3.5.11)

其中 ΔA 与 ΔA_T 分别表示 n 维立体的体积.

证明 (1) 先对二维的情况进行证明. 由于 $u_1(x_1, x_2)$, $u_2(x_1, x_2)$ 在 $P_0(x_1^0, x_2^0)$ 点可微, 故

$$\begin{cases} u_1(x_1, x_2) = u_1(x_1^0, x_2^0) + \dfrac{\partial u_1}{\partial x_1}\bigg|_{P_0} \Delta x_1 + \dfrac{\partial u_1}{\partial x_2}\bigg|_{P_0} \Delta x_2 + \xi_1 \rho, \\[3mm] u_2(x_1, x_2) = u_2(x_1^0, x_2^0) + \dfrac{\partial u_2}{\partial x_1}\bigg|_{P_0} \Delta x_1 + \dfrac{\partial u_2}{\partial x_2}\bigg|_{P_0} \Delta x_2 + \xi_2 \rho, \end{cases} \quad (3.5.12)$$

这里 $\Delta x_1 = x_1 - x_1^0$, $\Delta x_2 = x_2 - x_2^0$, $\rho = \max\{|\Delta x_1|, |\Delta x_2|\}$, 当 $\rho \to 0^+$ 时, $\xi_1, \xi_2 \to 0$.

现在考虑相应的仿射变换 $\overline{T}$:

$$\begin{cases} \overline{u}_1(x_1, x_2) = u_1(P_0) + \dfrac{\partial u_1}{\partial x_1}\bigg|_{P_0} \Delta x_1 + \dfrac{\partial u_1}{\partial x_2}\bigg|_{P_0} \Delta x_2, \\[3mm] \overline{u}_2(x_1, x_2) = u_2(P_0) + \dfrac{\partial u_2}{\partial x_1}\bigg|_{P_0} \Delta x_1 + \dfrac{\partial u_2}{\partial x_2}\bigg|_{P_0} \Delta x_2. \end{cases} \quad (3.5.13)$$

由解析几何知, 仿射变换把直线变为直线, 平行直线变为平行直线, 令 $u_1^0 = u_1(x_1^0, x_2^0)$, $u_2^0 = u_2(x_1^0, x_2^0)$, 则 $\overline{T}$ 把 x_1, x_2 平面上以 $P_0(x_1^0, x_2^0)$ 为中心的正方形 A, 变换为 $u_1 u_2$ 平面上以 $Q_0(u_1^0, u_2^0)$ 为中心的平行四边形 $A_{\overline{T}}$. 比较变换 T 与 $\overline{T}$, 可见 (3.5.12) 式比 (3.5.13) 式多了一项 $\xi_1 \rho$ 和 $\xi_2 \rho$, 因此正方形 A 按变换得到的是一个很接近 $A_{\overline{T}}$ 的曲面四边形 A_T(图 3.6).

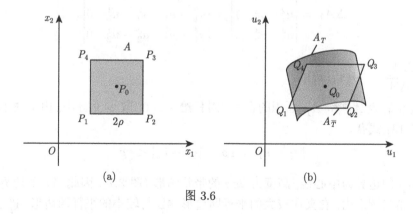

图 3.6

正方形 $A(P_1 P_2 P_3 P_4)$ 的面积为 $4\rho^2$, 它的四个顶点的坐标

$$P_1(x_1^0 - \rho, x_2^0 - \rho), \quad P_2(x_1^0 + \rho, x_2^0 - \rho), \quad P_3(x_1^0 + \rho, x_2^0 + \rho), \quad P_4(x_1^0 - \rho, x_2^0 + \rho).$$

通过变换 $\overline{T}$, 可以算出平行四边形 $A_{\overline{T}}(Q_1Q_2Q_3Q_4)$ 的顶点坐标为 $Q_i(u_1^i, u_2^i) = \overline{T}(P_i)(i = 1, 2, 3, 4)$, 即

$$u_1^1 = u_1(P_0) + \frac{\partial u_1}{\partial x_1}\Big|_{P_0}(x_1^0 - \rho - x_1^0) + \frac{\partial u_1}{\partial x_2}\Big|_{P_0}(x_2^0 - \rho - x_2^0),$$

$$= u_1(P_0) - \frac{\partial u_1}{\partial x_1}\Big|_{P_0} \cdot \rho - \frac{\partial u_1}{\partial x_2}\Big|_{P_0} \cdot \rho,$$

$$u_2^1 = u_2(P_0) - \frac{\partial u_2}{\partial x_1}\Big|_{P_0} \cdot \rho - \frac{\partial u_2}{\partial x_2}\Big|_{P_0} \cdot \rho,$$

$$u_1^2 = u_1(P_0) + \frac{\partial u_1}{\partial x_1}\Big|_{P_0} \cdot \rho - \frac{\partial u_1}{\partial x_2}\Big|_{P_0} \cdot \rho,$$

$$u_2^2 = u_2(P_0) + \frac{\partial u_2}{\partial x_1}\Big|_{P_0} \cdot \rho - \frac{\partial u_2}{\partial x_2}\Big|_{P_0} \cdot \rho,$$

$$u_1^4 = u_1(P_0) - \frac{\partial u_1}{\partial x_1}\Big|_{P_0} \cdot \rho + \frac{\partial u_1}{\partial x_2}\Big|_{P_0} \cdot \rho,$$

$$u_2^4 = u_2(P_0) - \frac{\partial u_2}{\partial x_1}\Big|_{P_0} \cdot \rho + \frac{\partial u_2}{\partial x_2}\Big|_{P_0} \cdot \rho,$$

而平行四边形 $A_{\overline{T}}(Q_1Q_2Q_3Q_4)$ 的面积

$$\Delta A_{\overline{T}} = \begin{vmatrix} u_1^1 & u_2^1 & 1 \\ u_1^2 & u_2^2 & 1 \\ u_1^4 & u_2^4 & 1 \end{vmatrix} = \begin{vmatrix} u_1^1 & u_2^1 & 1 \\ u_1^2 - u_1^1 & u_2^2 - u_2^1 & 0 \\ u_1^4 - u_1^1 & u_2^4 - u_2^1 & 0 \end{vmatrix}.$$

故有 $\dfrac{\Delta A_{\overline{T}}}{\Delta A} = |J(x_1^0, x_2^0)|.$

现在估计 A_T 和 $A_{\overline{T}}$ 面积的误差. 对任给 $\varepsilon > 0$, 取 ρ 充分小, 由 (3.5.12) 式和 (3.5.13) 式有

$$|u_1 - \overline{u}_1| < \varepsilon\rho, \quad |u_2 - \overline{u}_2| < \varepsilon\rho.$$

作以 $A_{\overline{T}}$ 的边界为中心线, 高度为 $2\varepsilon\rho$ 的带状图形 (图 3.7), 因此 A_T 的边界曲线必落在带状图形内, 它夹在较大的平行四边形 $A'_{\overline{T}}$ 与较小的平行四边形 $A''_{\overline{T}}$ 之间, 所以 $A_T, A'_{\overline{T}}, A''_{\overline{T}}$ 的面积有关系

$$\Delta A''_{\overline{T}} < \Delta A_T < \Delta A'_{\overline{T}}.$$

因而
$$|\Delta A_T - \Delta A_{\overline{T}}| < \Delta A'_{\overline{T}} - \Delta A''_{\overline{T}}.$$

由初等几何容易证明 $\Delta A'_{\overline{T}} - \Delta A''_{\overline{T}}$ 等于 $A_{\overline{T}}$ 的周长与 $2\varepsilon\rho$ 的乘积, 从上面计算 $A_{\overline{T}}$ 的顶点坐标的结果还可以看到, $A_{\overline{T}}$ 的周长与 ρ 成正比, 其比例系数仅与 u_1, u_2 在 P_0 点的偏导数的值有关, 因此可以记 $A_{\overline{T}}$ 的周长为 $M\rho$ (这里 M 只是与 P_0 点有关的定数). 这样, $|\Delta A_T - \Delta A_{\overline{T}}| < 2M\varepsilon\rho^2$. 注意到
$$\Delta A = 4\rho^2, \quad \frac{\Delta A_{\overline{T}}}{\Delta A} = \left| J(x_1^0, x_2^0) \right|,$$

故
$$\left| \frac{\Delta A_T}{\Delta A} - \frac{\Delta A_{\overline{T}}}{\Delta A} \right| = \left| \frac{\Delta A_T}{\Delta A} - \left| J(x_1^0, x_2^0) \right| \right| < \frac{M\varepsilon}{2},$$

由 ε 的任意性, 就得到
$$\lim_{\rho \to 0^+} \frac{\Delta A_T}{\Delta A} = \left| J(x_1^0, x_2^0) \right|.$$

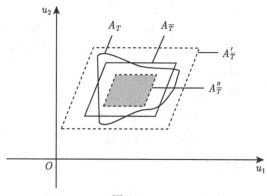

图 3.7

(2) 对 n 维的情况, 先设 $n-1$ 维时公式 (3.5.11) 成立.

不失一般性, 可以假定 $\left. \dfrac{\partial u_1}{\partial x_1} \right|_{P_0} \neq 0$, 由隐函数定理 3.5.2, 将变换 T 中第一个方程对变量 x_1 解出, 表示为 $u_1, x_2, \cdots, x_n$ 的函数:
$$x_1 = \bar{x}_1(u_1, x_2, \cdots, x_n),$$

并将这一式子代入其余的变换中, 这样, 我们获得一个新的变换 T':
$$u_2 = u_2(\bar{x}_1(u_1, x_2, \cdots, x_n), x_2, \cdots, x_n) = \bar{u}_2(u_1, x_2, \cdots, x_n),$$
$$\cdots\cdots$$

$$u_n = u_n(\bar{x}_1(u_1, x_2, \cdots, x_n), x_2, \cdots, x_n) = \bar{u}_n(u_1, x_2, \cdots, x_n),$$

显然, 对于固定 u_1, $T' : \mathbb{R}^{n-1} \to \mathbb{R}^{n-1}$, 因为

$$\frac{\partial \bar{u}_k}{\partial x_i} = \frac{\partial u_k}{\partial x_i} + \frac{\partial u_k}{\partial x_1} \cdot \frac{\partial \bar{x}_1}{\partial x_i} = \frac{\partial u_k}{\partial x_i} - \frac{\dfrac{\partial u_k}{\partial x_1} \dfrac{\partial u_1}{\partial x_i}}{\dfrac{\partial u_1}{\partial x_1}} \quad (i, k = 2, \cdots, n),$$

所以, 如在行列式 $J(x_1^0, \cdots, x_n^0)$ 中第 i 列元素上 $(i = 1, \cdots, n)$ 加上相对应的第一列元素的

$$-\frac{\partial u_1}{\partial x_i} \Big/ \frac{\partial u_1}{\partial x_1}$$

倍, 则它变为

$$J(x_1^0, \cdots, x_n^0) = \begin{vmatrix} \dfrac{\partial u_1}{\partial x_1} & 0 & \cdots & 0 \\ \dfrac{\partial u_2}{\partial x_1} & \dfrac{\partial \bar{u}_2}{\partial x_2} & \cdots & \dfrac{\partial \bar{u}_2}{\partial x_n} \\ \vdots & \vdots & & \vdots \\ \dfrac{\partial u_n}{\partial x_1} & \dfrac{\partial \bar{u}_n}{\partial x_2} & \cdots & \dfrac{\partial \bar{u}_n}{\partial x_n} \end{vmatrix}_{P_0}, \tag{3.5.14}$$

由 $J(x_1^0, \cdots, x_n^0) \neq 0$, $\dfrac{\partial u_1}{\partial x_1}\Big|_{P_0} \neq 0$, 可知

$$\frac{\partial(\bar{u}_2, \cdots, \bar{u}_n)}{\partial(x_2, \cdots, x_n)}\Big|_{P_0} \neq 0,$$

由假设, 这时 (3.5.11) 成立, 即

$$\lim_{\rho \to 0^+} \frac{\Delta A_{T'}'}{\Delta A'} = |J'| = \left|\frac{\partial(\bar{u}_2, \cdots, \bar{u}_n)}{\partial(x_2, \cdots, x_n)}\Big|_{P_0}\right|,$$

其中 A' 是以 $P_0(x_1^0, \cdots, x_n^0)$ 为中心的 $n-1$ 维正方体, $A_{T'}' = T'(A')$ 是它的像集. 注意到

$$\Delta A = \Delta A' \cdot 2\rho, \quad \Delta A_T = \Delta A_{T'}' \cdot \left|\frac{\partial u_1}{\partial x_1}\Big|_{P_0} \cdot 2\rho + o(2\rho)\right|,$$

从而

$$\lim_{\rho \to 0} \frac{\Delta A_T}{\Delta A} = \lim_{\rho \to 0} \frac{\Delta A_{T'}' \left|\dfrac{\partial u_1}{\partial x_1}\Big|_{P_0} \cdot 2\rho + o(2\rho)\right|}{\Delta A' \cdot 2\rho}$$

$$= \left| \left. \frac{\partial u_1}{\partial x_1} \right|_{P_0} \cdot J' \right| = \left| \left. \frac{\partial u_1}{\partial x_1} \right|_{P_0} \cdot \left. \frac{\partial(\bar{u}_2, \cdots, \bar{u}_n)}{\partial(\bar{x}_2, \cdots, \bar{x}_n)} \right|_{P_0} \right|,$$

从 (3.5.14) 式即知

$$\left. \frac{\partial u_1}{\partial x_1} \right|_{P_0} \cdot \left. \frac{\partial(\bar{u}_2, \cdots, \bar{u}_n)}{\partial(\bar{x}_2, \cdots, \bar{x}_n)} \right|_{P_0} = J(x_1^0, \cdots, x_n^0).$$

习 题 3.5

1. 方程 $y^2 - x^2(1 - x^2) = 0$ 在哪些点的邻域内可唯一地确定连续可导的隐函数 $y = f(x)$.

2. 方程 $xy + z \ln y + \mathrm{e}^{xz} = 1$ 在点 $(0, 1, 1)$ 的某邻域内能否确定出一个变量为另两个变量的函数.

3. 求下列方程所确定的隐函数的导数:

(1) $\ln \sqrt{x^2 + y^2} = \arctan \dfrac{y}{x}$, 求 $\left. \dfrac{\mathrm{d}y}{\mathrm{d}x} \right|_{x=1}$;

(2) $\mathrm{e}^{-xy} - 2z + \mathrm{e}^z = 0$, 求 $\dfrac{\partial z}{\partial x}$;

(3) $a + \sqrt{a^2 - y^2} = y\mathrm{e}^u$, $u = \dfrac{x + \sqrt{a^2 - y^2}}{a}$ $(a > 0)$, 求 $\dfrac{\mathrm{d}y}{\mathrm{d}x}$, $\dfrac{\mathrm{d}^2 y}{\mathrm{d}x^2}$;

(4) $x + y + z = \mathrm{e}^{-(x+y+z)}$, 求 $\dfrac{\partial z}{\partial x}$, $\dfrac{\partial z}{\partial y}$, $\dfrac{\partial^2 z}{\partial x^2}$, $\dfrac{\partial^2 z}{\partial y^2}$;

(5) $F(x, x+y, x+y+z) = 0$, 求 $\dfrac{\partial z}{\partial x}$, $\dfrac{\partial z}{\partial y}$, $\dfrac{\partial^2 z}{\partial x^2}$;

(6) $z = f(x+y+z, xyz)$, 求 $\dfrac{\partial z}{\partial x}$, $\dfrac{\partial x}{\partial y}$, $\dfrac{\partial y}{\partial z}$.

4. 讨论方程组

$$\begin{cases} x^2 + y^2 = \dfrac{z^2}{2}, \\ x + y + z = 2 \end{cases}$$

在点 $(1, -1, 2)$ 的附近能否确定形如 $x = f(z)$, $y = g(z)$ 的隐函数组.

5. 已知函数组 $y = y(x)$, $z = z(x)$ 由方程组

$$\begin{cases} x^2 + y^2 + z^2 = a^2, \\ x^2 + y^2 = ax \end{cases}$$

所确定, 求 $\dfrac{\mathrm{d}y}{\mathrm{d}x}$, $\dfrac{\mathrm{d}z}{\mathrm{d}x}$.

第 4 章 级 数

与级数研究紧密相关的是一致收敛性. 本章先讨论二元函数的一致收敛性, 这个一般性原则对以后各章的学习都大有影响. 在此基础上展开对级数的进一步讨论, 在复习已学有关级数知识的同时, 引入一些性质, 以期加深对级数的认识.

4.1 一致收敛性与累次极限

2.2 节已经探讨了多元函数的极限问题, 虽然它的定义与一元函数的极限情况几乎完全一致, 但是多维空间点 $M(x_1, x_2, \cdots, x_n)$ 趋于点 $M_0(x_1^0, x_2^0, \cdots, x_n^0)$ 比一维空间点 x 趋于点 x_0 要复杂得多, 从而产生了多元函数极限所具有的独特问题, 即重极限和累次极限. 一般来说, 各种累次极限和重极限不尽相同, 但在一定的条件下, 累次极限的次序可以交换, 这种次序的可交换性与级数的一致收敛性有紧密的联系. 这一节我们以二元级数为例来阐述这方面的结果, 先从函数列 (即一个变量为整序变量, 另一个变量为连续变量的函数) 的情况开始.

4.1.1 函数列的一致收敛性

定义 4.1.1 设函数列 $\{f_n(x)\}$ 与函数 $f(x)$ 定义在同一数集 E 上, 若对任给 $\varepsilon > 0$, 总存在正整数 N, 使得当 $n > N$ 时, 对一切 $x \in E$ 都有

$$|f_n(x) - f(x)| < \varepsilon, \tag{4.1.1}$$

称函数列 $\{f_n(x)\}$ 在 E 上一致收敛于 $f(x)$, 记作

$$f_n(x) \rightrightarrows f(x) \quad (n \to \infty), \quad x \in E$$

用逻辑符号表示就是

$$f_n(x) \rightrightarrows f(x) \quad (n \to \infty), x \in E := \forall \varepsilon > 0, \exists N \in \mathbb{N}_+ (\text{正整数集})$$

$$((n > N) \wedge (n \in \mathbb{N}_+) \wedge (x \in E) \Rightarrow |f_n(x) - f(x)| < \varepsilon).$$

从这个定义可以看出, 如果函数列 $\{f_n(x)\}$ 在 E 上一致收敛, 那么对于所给 ε, 不管 E 上哪一点 x, 都存在着共同的 N, 只要 $n > N$, 都有

$$|f_n(x) - f(x)| < \varepsilon.$$

因此, 在 E 上一致收敛的函数列, 必在 E 上逐点收敛; 反之, 在 E 上逐点收敛, 却不一定在 E 上一致收敛.

回想一下, 不难发现, 函数列的一致收敛概念有点像函数的一致连续概念. 我们知道, 在区间 I 上连续的函数不一定是一致连续的, 因为函数在 I 上逐点连续, 只要求对于给定的 ε, 就每一点来看, 能找到一个适用于这一点的 δ 就可以了, 而一致连续则要求找到一个适用于 I 的所有点的公共 δ, 不过, 一致收敛与一致连续却是两个不相干的概念.

对照定义 4.1.1, 函数列 $\{f_n(x)\}$ 在 E 上不一致收敛于 $f(x)$ 的说法就是: 存在 $\varepsilon_0 > 0$, 对任意的正整数 N, 总存在 $n_0 \geqslant N$ 和 $x_0 \in E$, 使得

$$|f_{n_0}(x_0) - f(x_0)| \geqslant \varepsilon_0. \tag{4.1.2}$$

用逻辑符号表示就是: $\{f_n(x)\}$ 在 E 上不一致收敛于 $f(x)$

$$\Leftrightarrow \neg(\forall \varepsilon > 0, \exists N \in \mathbb{N}^+, (n > N) \wedge (n \in \mathbb{N}^+) \wedge (x \in E) \Rightarrow (|f_n(x) - f(x)| < \varepsilon))$$

$$\Leftrightarrow \exists \varepsilon_0 > 0, \forall N \in \mathbb{N}^+, (\exists n_0 \in \mathbb{N}^+) \wedge (n_0 \geqslant N) \wedge (\exists x_0 \in E) \wedge (|f_{n_0}(x_0) - f(x_0)| \geqslant \varepsilon_0).$$

例 4.1.1 考察定义在 $(-\infty, +\infty)$ 的函数列

$$f_n(x) = \frac{\sin nx}{n} \quad (n = 1, 2, \cdots).$$

由于对任何实数 x, 都有

$$\left| \frac{\sin nx}{n} \right| \leqslant \frac{1}{n} \to 0 \quad (n \to \infty).$$

因此, 函数列 $\{f_n(x)\}$ 在 $(-\infty, +\infty)$ 内逐点收敛, 且收敛于极限函数 $f(x) = 0$.

进一步, 对于任意 $\varepsilon > 0$, 只要 $n > N = \left[\dfrac{1}{\varepsilon}\right] + 1$, 不管 x 取 $(-\infty, +\infty)$ 内什么值, 都一定有

$$\left| \frac{\sin nx}{n} - 0 \right| < \varepsilon,$$

这里 N 仅与 ε 有关, 与 x 无关, 所以函数列 $\left\{\dfrac{\sin nx}{n}\right\}$ 在 $(-\infty, +\infty)$ 内一致收敛于函数 $f(x)$.

例 4.1.2 研究函数列 $f_n(x) = x^n \ (n = 1, 2, \cdots)$ 在它的收敛域上的一致收敛性.

解 我们知道, 函数列 $\{x^n\}$ 当 $x \in (-1, 1]$ 时收敛, 在其他点处发散, 并且

$$\lim_{n \to \infty} x^n = \begin{cases} 0, & |x| < 1, \\ 1, & x = 1. \end{cases}$$

因此, 函数列 $f_n(x) = x^n \ (n = 1, 2, \cdots)$ 的收敛域为 $(-1, 1]$, 收敛的极限函数为

$$f(x) = \begin{cases} 0, & |x| < 1, \\ 1, & x = 1. \end{cases}$$

现在我们来讨论函数列在 $E = \{x \,|-1 < x \leqslant 1\}$ 上的一致收敛性问题. 先直观地分析一下, 任给 $\varepsilon > 0$, 在 $x = 1$ 和 $x = 0$ 的情形下, 对所有正整数 n 都有

$$|f_n(1) - f(1)| = |1^n - 1| = 0 < \varepsilon$$

和

$$|f_n(0) - f(0)| = |0^n - 0| = 0 < \varepsilon.$$

在 $0 < |x| < 1$ 的情形下, 要使得

$$|f_n(x) - f(x)| = |x^n - 0| = |x|^n < \varepsilon,$$

只要取 $N = \left[\dfrac{\ln \varepsilon}{\ln |x|}\right]$, 当 $n > N$ 时, 就有

$$|f_n(x) - f(x)| = |x^n - 0| < \varepsilon.$$

但是, 当 $|x|$ 无限接近于 1 时, N 的值就无限地增大, 从而不存在一个适合于 $(-1, 1)$ 内所有 x 的正整数 N, 当 $n > N$ 时, 能使 $|x^n| < \varepsilon$ 成立. 这样, $\{x^n\}$ 在 $(-1, 1)$ 上可能不一致收敛.

下面按照 "ε-N" 语言来加以证明. 取 $\varepsilon_0 = \dfrac{1}{2}$, 对于任意 N, 取 $n_0 = N$ 和 $x_0 = \left(\dfrac{1}{2}\right)^{\frac{1}{n_0}}$. 显然, $0 < \left(\dfrac{1}{2}\right)^{\frac{1}{n_0}} < 1$, 于是 $f(x_0) = f\left(\left(\dfrac{1}{2}\right)^{\frac{1}{n_0}}\right) = 0$. 而

$$|f_{n_0}(x_0) - f(x_0)| = \left|\left(\left(\dfrac{1}{2}\right)^{\frac{1}{n_0}}\right)^{n_0} - 0\right| = \dfrac{1}{2} = \varepsilon_0,$$

由此可知, $\{x^n\}$ 在 $E = (-1, 1]$ 上是不一致收敛的.

如果我们讨论的是收敛域 E 的一个子集 $D = \{x\,||x| \leqslant C, C < 1\}$, 那么 $\{x^n\}$ 在 D 上就一致收敛了.

这是因为, 对于任给 $\varepsilon > 0$, 取 $N = \left[\dfrac{\ln \varepsilon}{\ln C}\right]$, 则当 $n > N$ 时,

$$|f_n(x) - f(x)| = |x^n - 0| < \varepsilon, \quad x \in D.$$

这说明, 函数列的一致收敛性是与给定的讨论集有关, 在大范围的集上不一致收敛, 范围缩小以后就有可能一致收敛了.

应用定义来判断一致收敛性往往十分麻烦, 下面介绍两个判定定理.

定理 4.1.1 (函数列一致收敛的柯西准则) 函数列 $\{f_n(x)\}$ 在数集 E 上一致收敛的充要条件是: 对于任给 $\varepsilon > 0$, 总存在正整数 N, 使得当 $n, m > N$ 时, 对于一切 $x \in E$, 都有

$$|f_n(x) - f_m(x)| < \varepsilon. \tag{4.1.3}$$

证明从略.

定理 4.1.2 函数列 $\{f_n(x)\}$ 在数集 E 上一致收敛于 $f(x)$ 的充要条件是

$$\lim_{n \to \infty} \sup_{x \in E} |f_n(x) - f(x)| = 0. \tag{4.1.4}$$

上式左端的意思是: 先固定 n, 取 $|f_n(x) - f(x)|$ 在 E 上的上确界, 然后使 n 趋于无穷大, 而 $f(x)$ 是 $\{f_n(x)\}$ 在 E 上的极限函数.

证明 必要性 若 $f_n(x) \rightrightarrows f(x)\ (n \to \infty)$, $x \in E$, 则对 $\forall \varepsilon > 0$, $\exists N$(不依赖于 x), 当 $n > N$ 时, 有

$$|f_n(x) - f(x)| < \varepsilon, \quad x \in E,$$

因此, 当 $n > N$ 时, ε 是 $|f_n(x) - f(x)|$ 在 E 上的一个上界, 由上确界的性质, 当 $n > N$ 时,

$$\sup_{x \in E} |f_n(x) - f(x)| \leqslant \varepsilon,$$

这就证得了

$$\lim_{n \to \infty} \sup_{x \in E} |f_n(x) - f(x)| = 0.$$

充分性 由假设, $\forall \varepsilon > 0$, $\exists N$, 当 $n > N$ 时

$$\sup_{x \in E} |f_n(x) - f(x)| < \varepsilon,$$

因为对于一切 $x \in E$, 总有

$$|f_n(x) - f(x)| \leqslant \sup_{x \in E} |f_n(x) - f(x)|,$$

从而, 当 $n > N$ 时, 对 $\forall x \in E$ 都有

$$|f_n(x) - f(x)| < \varepsilon.$$

这就表明 $\{f_n(x)\}$ 在 E 上一致收敛.

这个定理用来判定函数列的一致收敛性往往比较方便, 在解题时不一定要求出它的上确界, 如果求出与 n 有关的一个上界, 当 n 趋于无穷时, 此上界趋于零, 那就一致收敛.

例 4.1.3　研究 $f_n(x) = \dfrac{x}{1+n^2x^2}$ $(n=1,2,\cdots)$在 $[0,1]$ 上的一致收敛性.

解　显然, $\lim\limits_{n\to\infty} f_n(x) = \lim\limits_{n\to\infty} \dfrac{x}{1+n^2x^2} = 0, x \in [0,1]$, 故 $\{f_n(x)\}$ 的极限函数 $f(x) \equiv 0, x \in [0,1]$. 现在我们来求

$$|f_n(x) - f(x)| = \left| \frac{x}{1+n^2x^2} - 0 \right| = \frac{x}{1+n^2x^2}$$

在 $[0,1]$ 上的最大值. 令

$$f_n'(x) = \frac{1+n^2x^2 - 2n^2x^2}{(1+n^2x^2)^2} = 0,$$

即 $1 - n^2x^2 = 0$, 解得 $x = \dfrac{1}{n}$ $\left(-\dfrac{1}{n} \notin [0,1]\right)$. 当 $x > \dfrac{1}{n}$ 时, $f_n'(x) < 0$; 当 $x < \dfrac{1}{n}$ 时, $f_n'(x) > 0$, 因此, $f_n(x)$ 在 $x = \dfrac{1}{n}$ 处达到极大值, 也就是最大值, 故有

$$\sup_{x\in[0,1]} |f_n(x) - f(x)| = \frac{\dfrac{1}{n}}{1+n^2\left(\dfrac{1}{n}\right)^2} = \frac{1}{2n}.$$

从而 $\lim\limits_{n\to\infty} \sup\limits_{x\in[0,1]} |f_n(x) - f(x)| = \lim\limits_{n\to\infty} \dfrac{1}{2n} = 0$, 由定理 4.1.2 知 $\{f_n(x)\}$ 在 $[0,1]$ 上一致收敛于 $f(x) = 0$.

另解　由于对于任意固定的 n, 对任意 $x \in [0,1]$, 有

$$0 \leqslant f_n(x) = \frac{x}{1+n^2x^2} = \frac{1}{2n} \cdot \frac{2nx}{1+n^2x^2} < \frac{1}{n},$$

从而

$$\sup_{x\in[0,1]} |f_n(x) - f(x)| = \sup_{x\in[0,1]} f_n(x) \leqslant \frac{1}{n} \to 0 \quad (n \to \infty),$$

故

$$f_n(x) \rightrightarrows 0 \ (n \to \infty), \quad x \in [0,1].$$

例 4.1.4　研究 $f_n(x) = \dfrac{1}{1+nx}$ $(n=1,2,\cdots)$ 在 $(0,1)$ 上的一致收敛性.

解 显然, 当 $x \in (0,1)$ 时, $\lim\limits_{n\to\infty} \dfrac{1}{1+nx} = 0$. 取 $x = \dfrac{1}{n}$, 则 $\dfrac{1}{n} \in (0,1)$, 因

$$\left| f_n\left(\frac{1}{n}\right) - f\left(\frac{1}{n}\right) \right| = \frac{1}{1+n\left(\dfrac{1}{n}\right)} = \frac{1}{2},$$

于是

$$\sup_{x\in(0,1)} |f_n(x) - f(x)| = \sup_{x\in(0,1)} f_n(x) \geqslant \frac{1}{2}.$$

从而, 当 $n \to \infty$ 时, $\sup\limits_{x\in(0,1)} |f_n(x) - f(x)|$ 不趋于零, 故 $\{f_n(x)\}$ 在 $(0,1)$ 上不一致收敛.

定理 4.1.3 (迪尼 (Dini) 定理) 设函数列 $\{f_n(x)\}$ 在闭区间 $[a,b]$ 上单调递增, 即

$$f_{n+1}(x) \geqslant f_n(x) \ (n = 1, 2, \cdots), \quad x \in [a,b],$$

其收敛的极限函数 $f(x)$ 以及 $f_n(x) \ (n = 1, 2, \cdots)$ 都在 $[a,b]$ 上连续, 则 $\{f_n(x)\}$ 在 $[a,b]$ 上一致收敛于 $f(x)$.

证明 令 $g_n(x) = f(x) - f_n(x)$, 由于 $f_n(x)$ 随 n 递增, 我们有

$$g_1(x) \geqslant g_2(x) \geqslant \cdots \geqslant g_n(x) \geqslant \cdots \geqslant 0.$$

此外, 由于 $f_n(x)$ 收敛于 $f(x)$, 故

$$\lim_{n\to\infty} g_n(x) = 0, \quad x \in [a,b],$$

现只需证明 $g_n(x)$ 在 $[a,b]$ 上一致收敛于 0 即可.

取定 $\varepsilon > 0$, 若 $x_0 \in [a,b]$, 由于 $\lim\limits_{n\to\infty} g_n(x_0) = 0$, 存在与 x_0 有关的正整数 N, 记为 $N(x_0)$, 使得

$$0 \leqslant g_{N(x_0)}(x_0) < \frac{\varepsilon}{2}, \tag{4.1.5}$$

因为 $g_{N(x_0)}(x)$ 在 x_0 点连续, 所以有一个以 x_0 为中心的邻域 $U(x_0)$, 使当 $y \in U(x_0)$ 时,

$$|g_{N(x_0)}(x_0) - g_{N(x_0)}(y)| < \frac{\varepsilon}{2},$$

联系 (4.1.5) 式得

$$g_{N(x_0)}(y) < \varepsilon, \quad y \in U(x_0),$$

当 x_0 取遍 $[a,b]$ 上一切值时, 开邻域集

$$H = \{U(x) | x \in [a,b]\}$$

覆盖了 $[a, b]$. 由有限覆盖原理, 存在有限个邻域

$$U(x_1), U(x_2), \cdots, U(x_K)$$

也覆盖了 $[a, b]$, 令

$$N = \max\{N(x_1), N(x_2), \cdots, N(x_K)\},$$

如果 y 是 $[a, b]$ 上任一点, 则存在某个 i $(1 \leqslant i \leqslant K)$, 使 $y \in U(x_i)$, 于是

$$g_{N(x_i)}(y) < \varepsilon. \tag{4.1.6}$$

但是 $N(x_i) \leqslant N$, 由 $g_n(x)$ 关于 n 的递减性知

$$g_N(y) \leqslant g_{N(x_i)}(y),$$

由 (4.1.6) 式,

$$0 \leqslant g_N(y) < \varepsilon,$$

这里 y 是 $[a, b]$ 上的任意点, 又据 $g_n(x)$ 关于 n 的递减性, 即有 $n > N$ 时,

$$0 \leqslant g_n(y) < \varepsilon, \quad y \in [a, b],$$

所以, $g_n(x) \rightrightarrows 0$ $(n \to \infty)$, $x \in [a, b]$, 这等价于

$$f_n(x) \rightrightarrows f(x) \quad (n \to \infty), \quad x \in [a, b].$$

注   若把 $\{f_n(x)\}$ 在 $[a, b]$ 上单调递增改为单调递减, 定理也是成立的; 但若把闭区间 $[a, b]$ 改为开区间 (a, b), 定理就不成立, 这可从例 4.1.4 看到.

利用一致收敛性可以进一步讨论各种极限形式的次序交换问题, 分别叙述如下:

定理 4.1.4   若函数列 $\{f_n(x)\}$ 在 x_0 点某空心邻域

$$U^\circ(x_0) = \{x | 0 < |x - x_0| < \delta\}$$

内一致收敛于 $f(x)$, 且对每个固定的 n, $\lim\limits_{x \to x_0} f_n(x) = A_n$, 则有

$$\lim_{x \to x_0} \lim_{n \to \infty} f_n(x) = \lim_{n \to \infty} \lim_{x \to x_0} f_n(x).$$

证明   因为 $f_n(x) \rightrightarrows f(x)$ $(n \to \infty)$, $x \in U^\circ(x_0)$, 故对 $\forall \varepsilon > 0$, $\exists N$, 当 $n, m > N$ 时,

$$|f_n(x) - f_m(x)| < \varepsilon, \quad x \in U^\circ(x_0),$$

又因为对任意固定的 k, $\lim\limits_{x \to x_0} f_k(x) = A_k$, 所以存在 $\delta_1 > 0$ ($\delta_1 < \delta$), 当 $0 < |x - x_0| < \delta_1$ 时,

$$|f_n(x) - A_n| < \varepsilon, \quad |f_m(x) - A_m| < \varepsilon,$$

这样, $|A_n - A_m| \leqslant |A_n - f_n(x)| + |f_n(x) - f_m(x)| + |f_m(x) - A_m| < 3\varepsilon$. 由数列收敛的柯西收敛准则, 当 $n \to \infty$ 时, A_n 趋于确定的极限. 设

$$\lim_{n \to \infty} A_n = A,$$

即

$$\lim_{n \to \infty} \lim_{x \to x_0} f_n(x) = A.$$

另一方面,

$$|f(x) - A| \leqslant |f(x) - f_n(x)| + |f_n(x) - A_n| + |A_n - A|,$$

由上面所证, 当 n 充分大时, 存在 $\delta_1 < \delta$, 当 $0 < |x - x_0| < \delta_1$ 时, 有

$$|f(x) - A| < 3\varepsilon,$$

这就是说 $\lim\limits_{x \to x_0} f(x) = A$, 即

$$\lim_{n \to \infty} \lim_{x \to x_0} f_n(x) = \lim_{x \to x_0} \lim_{n \to \infty} f_n(x).$$

这个定理说明了满足定理 4.1.4 的条件, 极限的次序可以交换.

一致收敛函数列极限函数的连续性、可积性、可微性实质上也是极限运算的次序交换问题, 是大家所熟悉的, 现列出来, 以便与二元函数及函数项级数的相关内容比较.

定理 4.1.5 (连续性) 若在区间 I 上函数列 $\{f_n(x)\}$ 的每一项 $f_n(x)$ 都连续, 且 $\{f_n(x)\}$ 在 I 上一致收敛于 $f(x)$, 则其极限函数 $f(x)$ 也在 I 上连续.

定理 4.1.6 (可积性) 设函数列 $\{f_n(x)\}$ 在区间 I 上一致收敛于 $f(x)$, 又 $[\alpha, \beta] \subset I$, 而每个 $f_n(x)$ 在 $[\alpha, \beta]$ 上连续, 那么

$$\lim_{n \to \infty} \int_\alpha^\beta f_n(x)\mathrm{d}x = \int_\alpha^\beta f(x)\mathrm{d}x = \int_\alpha^\beta (\lim_{n \to \infty} f_n(x))\mathrm{d}x.$$

定理 4.1.7 (可导性) 若在区间 I 上函数列 $\{f_n(x)\}$ 的每一项都有连续导数, $\{f_n(x)\}$ 收敛于 $f(x)$, $\{f_n'(x)\}$ 一致收敛于 $\sigma(x)$, 则

$$f'(x) = \sigma(x),$$

亦即

$$(\lim_{n\to\infty} f_n(x))' = \lim_{n\to\infty} f_n'(x).$$

4.1.2 累次极限

因为多维空间点的趋向比较复杂, 除了 2.2 节中引入的极限概念外, 可以进一步引进称为累次极限的概念, 所谓累次极限就是指各个自变量先后相续地按一定顺序趋于各自的极限时函数的变化趋势. 为了区别起见, 我们把 2.2 节中定义的极限称为重极限.

为了简单起见, 下面以二元函数为例进行讨论.

定义 4.1.2 设函数 $f(x,y)$ 定义在平面点集 $D = X \times Y$ (这里 X 和 Y 表示数集, $x \in X, y \in Y$) 上, X 中有聚点 x_0, Y 中有聚点 y_0. 若对 Y 中的任一固定的 $y(\neq y_0)$, 函数 $f(x,y)$ 在 $x \in X$, 且 $x \to x_0$ 时有极限 $\varphi(y)$, 并且函数 $\varphi(y)$ 在 $y \in Y$, 且 $y \to y_0$ 时有极限 A, 称 A 为二元函数 $f(x,y)$ 在 (x_0, y_0) 先对 x 后对 y 的累次极限, 记作

$$\lim_{y\to y_0} \lim_{x\to x_0} f(x,y) = A.$$

类似地, 可以定义 $f(x,y)$ 在 (x_0, y_0) 先对 y 后对 x 的累次极限

$$\lim_{x\to x_0} \lim_{y\to y_0} f(x,y).$$

重极限与累次极限是两个不同的概念, 它们之间有什么关系呢? 我们看几个不同的例子.

(1) 两个累次极限都不存在, 而重极限存在. 例如

$$f(x,y) = x\sin\frac{1}{y} + y\sin\frac{1}{x},$$

$x \to 0$ 或 $y \to 0$ 极限都不存在, 因此在 $(0,0)$ 点两个累次极限都不存在, 但重极限存在.

(2) 两个累次极限存在且相等, 而重极限不存在. 例如

$$f(x,y) = \frac{xy}{x^2+y^2},$$

$$\lim_{x\to 0}\lim_{y\to 0} f(x,y) = \lim_{y\to 0}\lim_{x\to 0} f(x,y) = 0,$$

但在 $(0,0)$ 点重极限不存在.

(3) 两个累次极限都存在且不相等, 重极限也不存在. 例如

$$f(x,y) = \frac{x-y+x^2+y^2}{x+y},$$

$$\lim_{y \to 0} \lim_{x \to 0} f(x,y) = -1, \quad \lim_{x \to 0} \lim_{y \to 0} f(x,y) = 1,$$

同样地, 在 $(0,0)$ 点的重极限不存在.

虽然如此, 在一定的条件上, 它们是互相联系的.

定理 4.1.8 若 $f(x,y)$ 在点 $M_0(x_0,y_0)$ 的重极限

$$\lim_{(x,y) \to (x_0,y_0)} f(x,y) = A \quad ((x,y) \in D)$$

存在 (A 有限或无限), 且对 Y 中任意固定的 $y(\neq y_0)$, 单重极限

$$\lim_{x \to x_0} f(x,y) = \varphi(y) \quad (x \in X)$$

存在, 则累次极限

$$\lim_{y \to y_0} \lim_{x \to x_0} f(x,y) = \lim_{y \to y_0} \varphi(y)$$

存在且等于 A.

证明 只就 A 为有限时加以证明. 由于

$$\lim_{(x,y) \to (x_0,y_0)} f(x,y) = A,$$

故对 $\forall \varepsilon > 0, \exists \delta > 0$, 当 $0 < d(M,M_0) < \delta \ (M(x,y) \in D)$ 时, 有

$$|f(x,y) - A| < \frac{\varepsilon}{2},$$

现在固定 $y \in Y, y \neq y_0$, 在上式令 $x \to x_0 \ (x \in X)$, 这时 $f(x,y) \to \varphi(y)$, 即得

$$|\varphi(y) - A| \leqslant \frac{\varepsilon}{2} < \varepsilon,$$

这说明, 当 $0 < |y - y_0| < \delta$ 时, 上式成立, 即

$$\lim_{y \to y_0} \varphi(y) = \lim_{y \to y_0} \lim_{x \to x_0} f(x,y) = A.$$

由本定理可推得如下两个推论.

推论 4.1.1 若重极限和两个累次极限都存在, 则三者相等.

推论 4.1.2 若两个累次极限存在但不相等, 则重极限一定不存在.

例 4.1.5 函数

$$f(x,y) = \frac{x \sin \dfrac{1}{x} + y}{x + y},$$

则 $\lim\limits_{y \to 0} \lim\limits_{x \to 0} f(x,y) = 1$; 而 $\lim\limits_{y \to 0} f(x,y) = \sin \dfrac{1}{x}$, 从而累次极限 $\lim\limits_{x \to 0} \lim\limits_{y \to 0} f(x,y)$ 不存在. 由定理即知重极限 $\lim\limits_{(x,y) \to (0,0)} f(x,y)$ 也不存在.

例 4.1.6　考察函数

$$f(x,y) = x \sin \frac{1}{y},$$

则 $\lim\limits_{y\to 0}\lim\limits_{x\to 0} f(x,y) = 0$, 而 $\lim\limits_{y\to 0} f(x,y)$ 不存在, 所以累次极限 $\lim\limits_{x\to 0}\lim\limits_{y\to 0} f(x,y)$ 是不存在的. 但是, 从 $|f(x,y)| \leqslant |x|$ 即可推出重极限 $\lim\limits_{(x,y)\to(0,0)} f(x,y) = 0$.

上面的讨论使我们看到, 交换关于两个不同变量的极限过程次序要特别谨慎小心, 错误推断就是常常发生于这种不合适的交换. 但是, 分析中许多重要问题却正好依赖于极限过程的互换, 这从函数列的分析性质可见一斑, 需要特别注意的是, 每一次互换的合法性应当加以证明.

4.1.3　二元函数的一致收敛性

为了深入地研究累次极限以及以后的运用, 我们需要进一步阐述二元函数的单重极限问题, 引入一致收敛性的概念.

定义 4.1.3　设 $f(x,y)$ 定义在平面点集 $D = X \times Y$ 上, y_0 是 Y 的聚点. 若对任意给定的 $\varepsilon > 0$, 总存在 $\delta > 0$, 当 $0 < |y - y_0| < \delta \,(y \in Y)$ 时, 对一切 $x \in X$, 有不等式

$$|f(x,y) - \varphi(x)| < \varepsilon, \tag{4.1.7}$$

则称 $f(x,y)$ 当 $y \to y_0$ 时关于 x 在 X 上一致收敛于极限函数 $\varphi(x)$. 记为

$$f(x,y) \rightrightarrows \varphi(x) \,(y \to y_0), \quad x \in X.$$

用逻辑符号表示就是

$$f(x,y) \rightrightarrows \varphi(x) \,(y \to y_0), x \in X := \forall \varepsilon > 0, \exists \delta > 0,$$

$$(0 < |y - y_0| < \delta) \wedge (y \in Y) \wedge (x \in X) \Rightarrow (|f(x,y) - \varphi(x)| < \varepsilon).$$

对照这个定义, $f(x,y)$ 当 $y \to y_0$ 时关于 x 在 X 上不一致收敛的说法就是: 存在 $\varepsilon_0 > 0$, 对任意的 $\delta > 0$, 存在 $y' \in Y$ 满足 $0 < |y' - y_0| < \delta$, 存在 $x' \in X$, 使不等式

$$|f(x',y') - \varphi(x')| \geqslant \varepsilon_0$$

成立.

用逻辑符号表示就是

$$f(x,y) \not\rightrightarrows \varphi(x), y \to y_0, x \in X \Leftrightarrow \exists \varepsilon_0, \forall \delta > 0,$$

$$(\exists y' \in Y) \wedge (0 < |y' - y| < \delta) \wedge (\exists x' \in X) \wedge (|f(x',y') - \varphi(x')| \geqslant \varepsilon_0).$$

函数列 $\{f_n(x)\}$ 的一致收敛性概念是上述定义的特殊情况, 在那里 Y 是自然数集合. 为此, 我们先建立这两者之间的联系.

定理 4.1.9 $f(x,y)$ 当 $y \to y_0$ 时关于 x 在 X 上一致收敛于函数 $\varphi(x)$ 的充要条件是: 对于任意的 $y_n \to y_0$ $(y_n \in Y, y_n \neq y_0)$, 函数列 $\{f(x,y_n)\}$ 在 X 上一致收敛于 $\varphi(x)$.

证明　必要性　因为 $f(x,y)$ 当 $y \to y_0$ 时关于 x 一致收敛于 $\varphi(x)$, 按定义, 对 $\forall \varepsilon > 0$, 存在 $\delta > 0$, 当 $0 < |y - y_0| < \delta$ $(y \in Y)$ 时, 有不等式

$$|f(x,y) - \varphi(x)| < \varepsilon, \quad x \in X,$$

由 $y_n \to y_0$ $(n \to \infty)$, 对这样的 $\delta > 0$, $\exists N$, 当 $n > N$ 时,

$$0 < |y_n - y_0| < \delta,$$

从而, 当 $n > N$ 时,

$$|f(x,y_n) - \varphi(x)| < \varepsilon, \quad x \in X.$$

这说明 $\{f(x,y_n)\}$ 在 X 上一致收敛于 $\varphi(x)$.

充分性　用反证法. 假定结论不成立, 即 $f(x,y)$ 当 $y \to y_0$ 时关于 x 在 X 上不一致收敛于 $\varphi(x)$, 按照不一致收敛的说法就是: $\exists \varepsilon_0 > 0$, 对于任意的 n, 存在 $y_n \in Y$ 且满足 $0 < |y_n - y_0| < \dfrac{1}{n}$, 存在 $x_n \in X$, 但

$$|f(x_n,y_n) - \varphi(x_n)| \geqslant \varepsilon_0,$$

显然, 当 $n \to \infty$ 时, $y_n \to y_0$, 上式说明函数列 $\{f(x,y_n)\}$ 在 X 上不一致收敛于 $\varphi(x)$, 与所设条件矛盾.

有了这个关系后, 有关函数列的一致收敛性的许多判定法则和性质, 都可转移到函数的情形中来.

定理 4.1.10 (函数一致收敛的柯西准则)　$f(x,y)$ 当 $y \to y_0$ 时关于 x 在 X 上一致收敛的充要条件是: 任给 $\varepsilon > 0$, 存在 $\delta > 0$, 只要

$$0 < |y' - y_0| < \delta, \quad 0 < |y'' - y_0| < \delta, \quad y', y'' \in Y$$

都有

$$|f(x,y') - f(x,y'')| < \varepsilon, \quad x \in X.$$

证明　必要性　设 $f(x,y) \rightrightarrows \varphi(x)$ $(y \to y_0)$, $x \in X$. 由一致收敛性的定义, $\forall \varepsilon > 0$, $\exists \delta > 0$, 当 $0 < |y' - y_0| < \delta, 0 < |y'' - y_0| < \delta$ $(y', y'' \in Y)$ 时, 有

$$|f(x,y') - \varphi(x)| < \frac{\varepsilon}{2}, \quad |f(x,y'') - \varphi(x)| < \frac{\varepsilon}{2}, \quad x \in X.$$

从而

$$|f(x,y') - f(x,y'')| = |f(x,y') - \varphi(x) + \varphi(x) - f(x,y'')|$$

$$\leqslant |f(x,y') - \varphi(x)| + |f(x,y'') - \varphi(x)|$$
$$< \frac{\varepsilon}{2} + \frac{\varepsilon}{2} = \varepsilon, \quad x \in X.$$

充分性 对于固定的 $x \in X$, 由所给的条件, 根据函数极限的柯西准则, 极限 $\lim\limits_{\substack{y \to y_0 \\ y \in Y}} f(x,y) = \varphi(x)$ 存在. 因此, 在

$$|f(x,y') - f(x,y'')| < \varepsilon, \quad x \in X$$

中固定 y', 令 $y'' \to y_0$, 可得

$$|f(x,y') - \varphi(x)| \leqslant \varepsilon, \quad x \in X.$$

按一致收敛的定义, 说明 $f(x,y)$ 当 $y \to y_0$ 时关于 x 在 X 上一致收敛.

定理 4.1.11 当 $y \to y_0$ 时, $f(x,y)$ 关于 x 在 X 上一致收敛于 $\varphi(x)$ 的充要条件是

$$\lim_{Y \ni y \to y_0} \sup_{x \in X} |f(x,y) - \varphi(x)| = 0.$$

证明 **必要性** 设 $f(x,y) \rightrightarrows \varphi(x)\ (y \to y_0), x \in X$. 那么, $\forall \varepsilon > 0, \exists \delta > 0$, 当 $0 < |y - y_0| < \delta\ (y \in Y)$ 时, 对任意的 $x \in X$,

$$|f(x,y) - \varphi(x)| < \varepsilon,$$

因此, 当 $0 < |y - y_0| < \delta\ (y \in Y)$ 时,

$$\sup_{x \in X} |f(x,y) - \varphi(x)| \leqslant \varepsilon.$$

这就证得了 $\lim\limits_{\substack{y \to y_0 \\ y \in Y}} \sup\limits_{x \in X} |f(x,y) - \varphi(x)| = 0.$

充分性 由假设, 对 $\forall \varepsilon > 0, \exists \delta > 0$, 当 $0 < |y - y_0| < \delta\ (y \in Y)$ 时,

$$\sup_{x \in X} |f(x,y) - \varphi(x)| < \varepsilon.$$

因为对一切 $x \in X$, 总有

$$|f(x,y) - \varphi(x)| \leqslant \sup_{x \in X} |f(x,y) - \varphi(x)|,$$

从而, 当 $0 < |y - y_0| < \delta\ (y \in Y)$ 时,

$$|f(x,y) - \varphi(x)| < \varepsilon, \quad x \in X.$$

此即说明 $f(x,y) \rightrightarrows \varphi(x)\ (y \to y_0),\ x \in X.$

定理 4.1.12 (推广的迪尼定理)　设对于任意的 y, 函数 $f(x,y)$ 对 x 在 $[a,b]$ 上连续, 并且对于固定的 x, 当 y 单调增加趋于 y_0 时, $f(x,y)$ 也单调增加而趋于连续的极限函数 $\varphi(x)$, 则 $f(x,y)$ 当 $y \to y_0$ 时关于 x 在 $[a,b]$ 上一致收敛于 $\varphi(x)$.

证明　设 $\{y_n\}$ 是单调增加且趋于 y_0 的任何数列, 则相应的函数列

$$F_n(x) = f(x, y_n), \quad n = 1, 2, \cdots$$

也随 n 单调递增, 且 $\lim\limits_{n \to \infty} F_n(x) = \varphi(x)$, 而函数列 $\{F_n(x)\}$ 的每一项和 $\varphi(x)$ 均在 $[a,b]$ 上连续, 由定理 4.1.3 (迪尼定理) 知

$$f(x, y_n) \rightrightarrows \varphi(x)\,(n \to \infty), \quad x \in [a,b],$$

因此, $\forall \varepsilon > 0, \exists n_0$, 使得

$$|f(x, y_{n_0}) - \varphi(x)| < \varepsilon, \quad x \in [a,b]$$

成立. 取 $\delta = y_0 - y_{n_0}$, 当 $0 < y_0 - y < \delta$ 时, $y_{n_0} < y < y_0$, 由函数 $f(x,y)$ 随 y 单调增加, 就有

$$|f(x,y) - \varphi(x)| < \varepsilon, \quad x \in [a,b].$$

有了这些准备后, 我们建立累次极限和重极限相等的条件.

定理 4.1.13　设函数 $f(x,y)$ 定义在平面点集 $D = X \times Y$ 上, X 中有聚点 x_0, Y 中有聚点 y_0, 如果

(1) $f(x,y) \rightrightarrows \varphi(x)\,(y \to y_0), x \in X$;

(2) $f(x,y) \to \psi(y)\,(x \to x_0), y \in Y$,

则 $\lim\limits_{y \to y_0} \lim\limits_{x \to x_0} f(x,y)$, $\lim\limits_{x \to x_0} \lim\limits_{y \to y_0} f(x,y)$, $\lim\limits_{(x,y) \to (x_0,y_0)} f(x,y)$ 都存在, 并且极限值相等.

证明　因为 $f(x,y) \rightrightarrows \varphi(x)\,(y \to y_0), x \in X$, 由柯西准则, 对 $\forall \varepsilon > 0, \exists \delta > 0$, 当 $0 < |y' - y_0| < \delta, 0 < |y'' - y_0| < \delta, y', y'' \in Y$ 时, 对一切 $x \in X$,

$$|f(x, y') - f(x, y'')| < \varepsilon.$$

由条件 (2), 令 $x \to x_0\,(x \in X)$, 则得

$$|\psi(y') - \psi(y'')| \leqslant \varepsilon.$$

根据函数极限的柯西准则, 当 $y \to y_0\,(y \in Y)$ 时 $\psi(y)$ 有极限, 设

$$\lim_{y \to y_0} \psi(y) = A, \tag{4.1.8}$$

或
$$\lim_{y \to y_0} \lim_{x \to x_0} f(x, y) = A.$$

再由条件 (1), 对 $\forall \varepsilon > 0, \exists \delta_1 > 0$, 当 $0 < |y - y_0| < \delta_1 \ (y \in Y)$ 时,
$$|\varphi(x) - f(x, y)| < \frac{\varepsilon}{3}, \quad x \in X,$$

由 (4.1.8) 式知, $\exists \delta_2 > 0$, 当 $0 < |y - y_0| < \delta_2 \ (y \in Y)$ 时,
$$|\psi(y) - A| < \frac{\varepsilon}{3},$$

令 $\delta' = \min(\delta_1, \delta_2)$, 取定 $y_1 \in Y$, 满足 $0 < |y_1 - y_0| < \delta'$, 由条件 (2), $\exists \delta > 0$, 当 $0 < |x - x_0| < \delta$ 时,
$$|f(x, y_1) - \psi(y_1)| < \frac{\varepsilon}{3},$$

综上所述, 当 $0 < |x - x_0| < \delta$ 时,
$$\begin{aligned}
|\varphi(x) - A| &\leqslant |\varphi(x) - f(x, y_1)| + |f(x, y_1) - \psi(y_1)| + |\psi(y_1) - A| \\
&< \frac{\varepsilon}{3} + \frac{\varepsilon}{3} + \frac{\varepsilon}{3} = \varepsilon,
\end{aligned}$$

即 $\lim\limits_{x \to x_0} \varphi(x) = \lim\limits_{x \to x_0} \lim\limits_{y \to y_0} f(x, y) = A.$

又
$$|f(x, y) - A| \leqslant |f(x, y) - \varphi(x)| + |\varphi(x) - A|,$$

当 $0 < |x - x_0| < \delta$ 时, $|\varphi(x) - A| < \dfrac{\varepsilon}{2}$; 当 $0 < |y - y_0| < \delta_1$ 时, 对任意的 $x \in X$, $|f(x, y) - \varphi(x)| < \dfrac{\varepsilon}{2}$. 也就是说
$$\lim_{(x, y) \to (x_0, y_0)} f(x, y) = A.$$

利用一致收敛性, 完全类似地可以证得与函数列一致收敛性所具有的分析性质相应的定理, 即与定理 4.1.5、定理 4.1.6 和定理 4.1.7 相似, 不过在定理 4.1.7 中的导数应改为偏导数.

习　题　4.1

1. 判断下列函数列的一致收敛性:

(1) $f_n(x) = \begin{cases} -(n+1)x + 1, & 0 \leqslant x \leqslant \dfrac{1}{n+1}, \\ 0, & \dfrac{1}{n+1} < x \leqslant 1, \end{cases} \quad n = 1, 2, \cdots;$

(2) $f_n(x) = \ln x + \dfrac{1}{n}$, $n = 1, 2, \cdots$, $x \in (0, +\infty)$;

(3) $f_n(x) = \left(\ln x + \dfrac{1}{n} \right)^2$, $n = 1, 2, \cdots$, $x \in (0, +\infty)$.

2. 设 $f_n(x) \to f(x)$ $(n \to \infty)$, $x \in E$; $a_n \to 0$ $(n \to \infty)$, $a_n > 0$. 若对每一个正整数 n 有

$$|f_n(x) - f(x)| \leqslant a_n, \quad x \in E,$$

则 $\{f_n(x)\}$ 在 E 上一致收敛于 $f(x)$.

3. 研究下列函数的一致收敛性:

(1) $f(x, y) = (1 - x)^y$ $(x \to 1)$,

(i) $y \in [a, +\infty]$ $(a > 0)$;

(ii) $y \in (0, +\infty)$.

(2) $f(x, y) = \begin{cases} \dfrac{y}{1 - 3x}, & x < 0, \\[3mm] \dfrac{y}{1 + 5x} & x > 0, \end{cases}$ $(x \to 0)$, $y \in [-l, l]$.

4. 研究下列函数的重极限与累次极限:

(1) $f(x, y) = \dfrac{x^2 - y^2}{x^2 + y^2}$ $(x \to 0, y \to 0)$;

(2) $f(x, y) = \dfrac{\sin(x^3 + y^3)}{x^2 + y^2}$ $(x \to 0, y \to 0)$;

(3) $f(x, y) = \dfrac{x(y - 1)^3 - 2x^4}{x^2 + (y - 1)^4}$ $(x \to 0, y \to 0)$.

5. 若 $\{f_n(x)\}$ 在 $[a, c]$ 与 $[c, b]$ 上都一致收敛, $\{f_n(x)\}$ 在 $[a, b]$ 上是否一致收敛?

6. 设函数 $f(u)$ 在区间 I 上一致连续, 函数列 $\{g_n(x)\}$ 在 D 上一致收敛于 $g(x)$, 当 $x \in D$ 时, $g_n(x), g(x) \in I$, 证明: $\{f(g_n(x))\}$ 在 D 上一致收敛于 $f(g(x))$.

7. 设 $\{f_n(x)\}$ 在 X 上一致收敛于 $f(x)$, r 为常数, 若存在 $\alpha > 0$, 使得对任意的 $x \in X$, 都有 $f(x) \geqslant r + \alpha$ 成立, 则存在 N, 当 $n > N$ 时且对任意 $x \in X$, 恒有 $f_n(x) > r$ 成立; 反之, 若存在 N, 当 $n > N$ 时且对任意 $x \in X$, 恒有 $f_n(x) \geqslant r$ 成立, 则对任何 $x \in X$, 都有 $f(x) \geqslant r$ 成立.

8. 设存在 $\delta > 0$, 当 $0 < |x - a| < \delta$ 时, $f(x, y) \leqslant g(x, y) \leqslant h(x, y)$, 且当 $x \to a$ 时, $f(x, y)$ 与 $h(x, y)$ 均关于 y 在集 Y 上一致收敛于 $\varphi(y)$. 证明: 当 $x \to a$ 时, $g(x, y)$ 关于 y 在 Y 上也一致收敛于 $\varphi(y)$.

9. 若 $\{f_n(x)\}$ 与 $\{g_n(x)\}$ 在 E 上一致收敛, 证明:

(1) $\{f_n(x) + g_n(x)\}$ 在 E 上一致收敛;

(2) 若 $\{f_n(x)\}$ 与 $\{g_n(x)\}$ 还是有界序列, 则 $\{f_n(x) \cdot g_n(x)\}$ 在 E 上一致收敛.

10. 设 $f(x)$ 为定义在 $\left[\dfrac{1}{2}, 1 \right]$ 上的连续函数, 证明:

(1) $\{x^n f(x)\}$ 在 $\left[\dfrac{1}{2}, 1 \right]$ 上收敛;

(2) $\{x^n f(x)\}$ 在 $\left[\dfrac{1}{2}, 1\right]$ 上一致收敛的充要条件是 $f(1) = 0$.

11* 当 k 为何值时, 函数列 $f_n(x) = n^k e^{-nx}$, $n = 1, 2, \cdots$,

(1) 在 $[0, 1]$ 上收敛;

(2) 在 $[0, 1]$ 上一致收敛;

(3) $\lim\limits_{n \to \infty} \displaystyle\int_0^1 f_n(x)\mathrm{d}x = \int_0^1 \lim\limits_{n \to \infty} f_n(x)\mathrm{d}x$.

12* 设连续函数列 $\{f_n(x)\}$ 在集合 E 上一致收敛于 $f(x)$, 试证对每一个点列 $x_n \in E$, $x_n \to x \in E \ (n \to \infty)$, 必有

$$\lim_{n \to \infty} f_n(x_n) = f(x).$$

13* 设 $f_0(x)$ 在 $[0, a]$ 上可积, 且

$$f_n(x) = \int_0^x f_{n-1}(t)\mathrm{d}t, \quad 0 \leqslant x \leqslant a,$$

证明: $\{f_n(x)\}$ 在 $[0, a]$ 上一致收敛.

14* 设 $f_0(x) = x$, $f_n(x) = \arctan f_{n-1}(x)$, 求证: $\{f_n(x)\}$ 在 $(0, +\infty)$ 内一致收敛.

15* 设 $f(x)$ 在 $(-\infty, +\infty)$ 内有任意阶导数, 记 $F_n(x) = f^{(n)}(x)$, 且在任何有限区间内

$$F_n(x) \rightrightarrows \varphi(x) \quad (n \to \infty).$$

试证: $\varphi(x) = Ce^x (C为常数)$.

16* 设 $\varphi_n(x)$ 在 $[-1, 1]$ 上非负连续, 且 $\lim\limits_{n \to \infty} \displaystyle\int_{-1}^1 \varphi_n(x)\mathrm{d}x = 1$; 对任何 $c \ (0 < c < 1)$, $\varphi_n(x)$ 在 $[-1, -c]$ 及 $[c, 1]$ 上一致收敛于零. 试证: 对于 $[-1, 1]$ 上连续的函数 $g(x)$, 有

$$\lim_{n \to \infty} \int_{-1}^1 g(x)\varphi_n(x)\mathrm{d}x = g(0).$$

4.2 等度连续

我们知道, 每个有界数列必有收敛的子列, 对于函数列, 自然会提出问题: 类似的结论是否仍然成立? 为了把问题说得更确切, 首先引入两种有界性.

定义 4.2.1 设 $\{f_n(x)\}$ 是定义在数集 E 上的函数列, 我们称 $\{f_n(x)\}$ 在 E 上点式有界, 如果对于每一固定的 $x \in E$, 函数列 $\{f_n(x)\}$ 有界, 就是说, 如果存在定义于 E 上的有限值函数 $h(x)$, 使得对所有 $x \in E$ 及 $n = 1, 2, \cdots$ 有

$$|f_n(x)| \leqslant h(x).$$

我们说 $\{f_n(x)\}$ 在 E 上一致有界, 如果存在实数 M, 使得

$$|f_n(x)| \leqslant M \ (n = 1, 2, \cdots), \quad x \in E.$$

用逻辑符号表示:

$\{f_n(x)\}$ 在 E 上点式有界 $:= \exists h(x), (n \in \mathbb{N}^+) \wedge (x \in E) \Rightarrow (|f_n(x)| \leqslant h(x))$;

$\{f_n(x)\}$ 在 E 上一致有界 $:= \exists M, (n \in \mathbb{N}^+) \wedge (x \in E) \Rightarrow (|f_n(x)| \leqslant M)$.

从定义上可以看出, 一致有界的函数列一定是点式有界; 反之, 点式有界的函数列不一定是一致有界. 例如, 函数列 $\left\{\dfrac{\sin nx}{x}\right\}$ 在 $E = (0,1)$ 内有

$$\left|\frac{\sin nx}{x}\right| \leqslant \frac{1}{x},$$

在 $(0,1)$ 内是点式有界的, 但不是一致有界的.

同时, 一致有界的要求看来条件较强, 但我们讨论的是能否有收敛的子函数列, 这是指 E 上各点都收敛的子函数列, 并不是只论及一点的情况, 这种情况就复杂多了. 即使 $\{f_n(x)\}$ 在 E 上一致有界, 也未必有在 E 上逐点收敛的子函数列. 但在一定的条件下, 却可以获得一致收敛的子列.

定义 4.2.2 设 $\{f_n(x)\}$ 是定义在数集 E 上的函数列, 若对任意的 $\varepsilon > 0$, 存在 $\delta > 0$, 当 $|x - y| < \delta$ $(x, y \in E)$ 时, 有

$$|f_n(x) - f_n(y)| < \varepsilon, \quad n = 1, 2, \cdots$$

成立, 则称 $\{f_n(x)\}$ 在 E 上等度连续.

用逻辑符号表示:

$\{f_n(x)\}$ 在 E 上等度连续 $:= \forall \varepsilon > 0, \exists \delta > 0, (x \in E) \wedge (y \in E) \wedge (|x - y| < \delta) \wedge (n \in \mathbb{N}^+) \Rightarrow (|f_n(x) - f_n(y)| < \varepsilon)$.

注 1 若 $\{f_n(x)\}$ 在 E 上等度连续, 那么每一函数 $f_n(x)$ 在 E 上是一致连续的.

注 2 等度连续定义中的 δ 不仅与 x 的选取无关, 同时与 n 也无关, 就是说对函数列的每一个函数都适合, 可以说这是称为等度连续的原因所在.

例 4.2.1 考察定义在 $(-\infty, +\infty)$ 上的函数列

$$f_n(x) = \frac{\sin nx}{n}, \quad n = 1, 2, \cdots.$$

因为

$$|f_n(x) - f_n(y)| = \left|\frac{\sin nx}{n} - \frac{\sin ny}{n}\right|$$
$$= \frac{2}{n}\left|\cos \frac{n(x+y)}{2} \sin \frac{n(x-y)}{2}\right|$$
$$\leqslant \frac{2}{n} \cdot \frac{n}{2}|x - y| = |x - y|,$$

对 $\forall \varepsilon > 0$, 取 $\delta = \varepsilon$, 当 $|x - y| < \delta$ 时, 对任意的 $n \in \mathbb{N}^+$, 有

$$|f_n(x) - f_n(y)| \leqslant |x - y| < \varepsilon,$$

即 $\left\{ \dfrac{\sin nx}{n} \right\}$ 在 $(-\infty, +\infty)$ 内等度连续, 由 4.1 节知它也是一致收敛的.

例 4.2.2 试证: 函数列 $f_n(x) = \dfrac{1}{1 + nx}$ $(n = 1, 2, \cdots)$ 在 $(0, 1)$ 内不是等度连续的.

证明 按等度连续的定义, 在 E 上函数列 $\{f_n(x)\}$ 不等度连续 "ε-δ" 的说法是: $\exists \varepsilon_0 > 0$, 对 $\forall \delta > 0$, 存在 $x, y \in E$ 且 $|x - y| < \delta$, $\exists n_0 \in \mathbb{N}^+$, 使得

$$|f_{n_0}(x) - f_{n_0}(y)| \geqslant \varepsilon_0.$$

取 $\varepsilon_0 = \dfrac{1}{4}$, 对 $\forall \delta > 0$, 当 n 充分大时, 取 $x = \dfrac{1}{n}, y = \dfrac{3}{n}$, 则 $\dfrac{1}{n}, \dfrac{3}{n} \in (0, 1)$ 且 $|x - y| = \dfrac{2}{n} < \delta$, 同时取 $n_0 = n$, 这样

$$\begin{aligned}
|f_{n_0}(x) - f_{n_0}(y)| &= \left| \frac{1}{1 + n \cdot \dfrac{1}{n}} - \frac{1}{1 + n \cdot \dfrac{3}{n}} \right| \\
&= \left| \frac{1}{2} - \frac{1}{4} \right| = \frac{1}{4} = \varepsilon_0.
\end{aligned}$$

这说明 $\{f_n(x)\}$ 在 $(0, 1)$ 内不是等度连续的. 从例 4.1.4 中知它在 $(0, 1)$ 内也不是一致收敛的.

一致收敛与等度连续之间有什么关系呢? 下面的定理回答了这个问题.

定理 4.2.1 若 $\{f_n(x)\}$ 是在闭区间 $[a, b]$ 上一致收敛的连续函数列, 则 $\{f_n(x)\}$ 在 $[a, b]$ 上等度连续.

证明 由 $\{f_n(x)\}$ 的一致收敛性, 对 $\forall \varepsilon > 0$, $\exists n_0$, 当 $n > n_0$ 时, 对所有 $x \in [a, b]$, 有

$$|f_n(x) - f_{n_0}(x)| < \frac{\varepsilon}{3},$$

由于 $f_n(x)$ 在 $[a, b]$ 上连续, 也就是一致连续, 从而 $\exists \delta > 0$, 对 $1 \leqslant k \leqslant n_0$ 及 $|x - y| < \delta$ $(x, y \in [a, b])$, 有

$$|f_k(x) - f_k(y)| < \frac{\varepsilon}{3}, \tag{4.2.1}$$

而对 $n > n_0$ 的情况, 我们有

$$|f_n(x) - f_n(y)| \leqslant |f_n(x) - f_{n_0}(x)| + |f_{n_0}(x) - f_{n_0}(y)|$$

$$+ |f_{n_0}(y) - f_n(y)| < \frac{\varepsilon}{3} + \frac{\varepsilon}{3} + \frac{\varepsilon}{3} = \varepsilon,$$

上式与 (4.2.1) 式结合起来, 说明对一切 n, 当 $|x - y| < \delta$ 时, 有

$$|f_n(x) - f_n(y)| < \varepsilon$$

成立, 即 $\{f_n(x)\}$ 在 $[a,b]$ 上等度连续.

定理 4.2.2 若 $\{f_n(x)\}$ 在 $[a,b]$ 上点式有界且等度连续, 则 $\{f_n(x)\}$ 在 $[a,b]$ 上一致有界.

证明 我们定义

$$g(x) = \sup_n \{|f_n(x)|\},$$

从点式有界性的定义, $g(x)$ 在 $[a,b]$ 上取有限值.

由 $\{f_n(x)\}$ 在 $[a,b]$ 上等度连续知, 对 $\forall \varepsilon > 0, \exists \delta > 0$, 当 $|x - y| < \delta$ $(x, y \in [a,b])$ 时, 有

$$|f_n(x) - f_n(y)| < \varepsilon, \quad n = 1, 2, \cdots,$$

如果我们固定 x 与 y, 从不等式

$$|f_n(y)| < |f_n(x)| + \varepsilon$$

可导出

$$g(y) \leqslant g(x) + \varepsilon;$$

从不等式

$$|f_n(x)| < |f_n(y)| + \varepsilon$$

又可导出

$$g(x) \leqslant g(y) + \varepsilon,$$

因此, 当 $|x - y| < \delta$ $(x, y \in [a,b])$ 时, 有

$$|g(x) - g(y)| \leqslant \varepsilon,$$

故 $g(x)$ 在 $[a,b]$ 上连续, 所以 $g(x)$ 在 $[a,b]$ 上有界, 从而 $\{f_n(x)\}$ 在 $[a,b]$ 上一致有界.

定理 4.2.3 设 $\{f_n(x)\}$ 在闭区间 $[a,b]$ 上点式有界且等度连续, 则 $\{f_n(x)\}$ 有一子函数列在 $[a,b]$ 上一致收敛.

证明　设 E 为 $[a, b]$ 上的所有有理点之集, 则 E 是可数的, 并且在 $[a, b]$ 上是处处稠密的.

设 $E = \{x_1, x_2, \cdots\}$, 则 $\{f_n(x_1)\}$ 是有界数列, 由致密性定理, 首先可选出 $\{f_n(x)\}$ 的一个子列 $\{f_{1,n}(x)\}$, 使得

$$\{f_{1,n}(x_1)\}$$

收敛, 设 $\lim\limits_{n \to \infty} f_{1,n}(x_1) = A_1$; 其次, 考虑数列 $\{f_{1,n}(x_2)\}$, 仍由致密性定理, 可以在 $\{f_{1,n}(x)\}$ 中选出子列 $\{f_{2,n}(x)\}$, 使

$$\lim_{n \to \infty} f_{2,n}(x_2) = A_2.$$

继续这个过程, 我们得到子函数列

$$\{f_{m,n}(x)\} \quad (m = 1, 2, \cdots),$$

使

$$\lim_{n \to \infty} f_{m,n}(x_m) = A_m \quad (m = 1, 2, \cdots).$$

这样, 我们得出一串函数列, 可以用阵列出来

$$
\begin{array}{lllll}
S_1: & f_{1,1}, & f_{1,2}, & f_{1,3}, & f_{1,4}, & \cdots \\
S_2: & f_{2,1}, & f_{2,2}, & f_{2,3}, & f_{2,4}, & \cdots \\
S_3: & f_{3,1}, & f_{3,2}, & f_{3,3}, & f_{3,4}, & \cdots \\
& \vdots & \vdots & \vdots & \vdots & \vdots
\end{array}
$$

对于每个 n, $\{f_{n,k}(x)\}$ 是 $\{f_{n-1,k}(x)\}$ 的子列; 并且当 n 固定, $k \to \infty$ 时, $\{f_{n,k}(x_n)\}$ 收敛.

现在取阵列对角线上这列函数, 即考虑函数列

$$S: f_{1,1}, f_{2,2}, f_{3,3}, f_{4,4}, \cdots,$$

对固定的 k, $\{f_{n,n}(x_k)\}$ 是 $\{f_{k,n}(x_k)\}$ 的子列 (可能除前 $k-1$ 项以外), 故 $\{f_{n,n}(x_k)\}$ 收敛于 A_k, 因而, $\{f_{n,n}(x)\}$ 在可数集 $E = \{x_1, x_2, \cdots, x_n, \cdots\}$ 上点式收敛.

对 $\forall \varepsilon > 0$, 由于 $\{f_n(x)\}$ 在 $[a, b]$ 上等度连续, $\exists \delta > 0$, 当 $|x - y| < \delta$ $(x, y \in [a, b])$ 时, 有

$$|f_n(x) - f_n(y)| < \frac{\varepsilon}{3}, \quad n = 1, 2, \cdots,$$

对于 $E = \{x_1, x_2, \cdots, x_n, \cdots\}$ 中任一 x_j, 都可作出一个开区间

$$\tau(x_j) = (x_j - \delta, x_j + \delta), \quad j = 1, 2, \cdots,$$

并且这些开区间的全体覆盖了 $[a,b]$(E 在 $[a,b]$ 上处处稠密), 由有限覆盖定理, 存在有限个开区间

$$\tau(x_1), \tau(x_2), \cdots, \tau(x_p)$$

也覆盖了 $[a,b]$.

由于当 $n > p$ 时, $\{f_{n,n}(x)\}$ 在 $x_1, x_2, \cdots, x_p$ 上收敛, 由柯西准则, $\exists n_0$, 当 $n, m > n_0$ 时,

$$|f_{n,n}(x_j) - f_{m,m}(x_j)| < \frac{\varepsilon}{3}, \quad j = 1, 2, \cdots, p.$$

对于任意的 $x \in [a,b]$, 存在某 x_j $(1 \leqslant j \leqslant p)$, 使 $x \in \tau(x_j)$, 因此, 当 $n, m > n_0$ 时

$$|f_{n,n}(x) - f_{m,m}(x)| \leqslant |f_{n,n}(x) - f_{n,n}(x_j)| + |f_{n,n}(x_j) - f_{m,m}(x_j)|$$
$$+ |f_{m,m}(x_j) - f_{m,m}(x)|$$
$$< \frac{\varepsilon}{3} + \frac{\varepsilon}{3} + \frac{\varepsilon}{3} = \varepsilon.$$

这样, $\{f_{n,n}(x)\}$ 在 $[a,b]$ 上一致收敛.

习 题 4.2

1. 设 $\{f_n(x)\}$ 是 $[0,1]$ 上可微函数列, 对某个 $x_0 \in [0,1]$, $\{f'_n(x_0)\}$ 收敛. 证明: 若导函数列 $\{f'_n(x)\}$ 在 $[0,1]$ 上一致有界, 则 $\{f_n(x)\}$ 含有 $[0,1]$ 上一致收敛的子列.

2. 设 $\{f_n(x)\}$ 在 $[a,b]$ 上一致有界, 且对于每个 $f_n(x)$ 在 $[a,b]$ 上可积, 设

$$F_n(x) = \int_a^x f_n(t)\mathrm{d}t,$$

证明: $\{F_n(x)\}$ 含有在 $[a,b]$ 上一致收敛的子列.

3. 设 $\{f_n(x)\}$ 是在 $[a,b]$ 上等度连续的函数列, 又 $\{f_n(x)\}$ 在 $[a,b]$ 上逐点收敛, 试证: $\{f_n(x)\}$ 在 $[a,b]$ 上一致收敛.

4. 证明: 在 $[0,1]$ 上一致有界且逐点收敛的连续函数列

$$f_n(x) = \frac{x^2}{x^2 + (1 - nx)}, \quad n = 1, 2, \cdots,$$

没有在 $[0,1]$ 上一致收敛的子列.

4.3 数项级数和二重级数

这一节先复习一下数项级数的有关知识, 接着介绍正项级数的库默尔 (Kummer) 判别法, 引入平均求和概念, 讨论级数收敛和发散的进一步性质, 最后简单地探讨一下二重级数的一些问题.

4.3.1 数项级数

级数

$$\sum_{n=1}^{\infty} u_n = u_1 + u_2 + \cdots + u_n + \cdots \tag{4.3.1}$$

的收敛与发散是通过它的部分和

$$S_n = u_1 + u_2 + \cdots + u_n$$

组成的数列 $\{S_n\}$ 的收敛或发散来定义的. 因此从数列的某些结果很容易导出级数的一些性质:

(1) 收敛级数关于线性运算是封闭的. 即若级数 $\sum\limits_{n=1}^{\infty} u_n$ 和 $\sum\limits_{n=1}^{\infty} v_n$ 收敛, 则 $\sum\limits_{n=1}^{\infty}(Au_n + Bv_n)$ 也收敛 (其中 A, B 为常数), 且 $\sum\limits_{n=1}^{\infty}(Au_n + Bv_n) = A\sum\limits_{n=1}^{\infty} u_n + B\sum\limits_{n=1}^{\infty} v_n$;

(2) 级数 $\sum\limits_{n=1}^{\infty} u_n$ 收敛的必要条件是通项 $u_n \to 0 \ (n \to \infty)$;

(3) (柯西收敛准则)　级数 $\sum\limits_{n=1}^{\infty} u_n$ 收敛的充分必要条件是

$$\forall \varepsilon > 0, \exists N, (\forall n > N) \wedge (\forall p \in \mathbb{N}^+) \Rightarrow (|u_{n+1} + \cdots + u_{n+p}| < \varepsilon).$$

但是, 级数毕竟是一个研究的新对象, 它具有自己的特殊性质和研究内容.

1. 正项级数收敛的判别法则

定理 4.3.1　正项级数 $\sum\limits_{n=1}^{\infty} u_n \ (u_n \geqslant 0)$ 收敛的充要条件是部分和数列 $\{S_n\}$ 有界.

推论 4.3.1 (比较判别法)　若 $\sum\limits_{n=1}^{\infty} a_n$, $\sum\limits_{n=1}^{\infty} b_n$ 为正项级数, 存在正整数 N, 当 $n > N$ 时, 都有

$$a_n \leqslant b_n,$$

则

(1) 若级数 $\sum\limits_{n=1}^{\infty} b_n$ 收敛, 则级数 $\sum\limits_{n=1}^{\infty} a_n$ 也收敛;

(2) 若级数 $\sum\limits_{n=1}^{\infty} a_n$ 发散, 则级数 $\sum\limits_{n=1}^{\infty} b_n$ 也发散.

这是大家所熟知的结论, 下面给出另一种充要条件.

定理 4.3.2 设 $a_1 \geqslant a_2 \geqslant \cdots \geqslant 0$, 则正项级数 $\sum\limits_{n=1}^{\infty} a_n$ 收敛的充要条件是级数

$$\sum_{k=0}^{\infty} 2^k a_{2^k} = a_1 + 2a_2 + 4a_4 + 8a_8 + \cdots \tag{4.3.2}$$

收敛.

证明 设 $S_n = a_1 + a_2 + \cdots + a_n$, $t_k = a_1 + 2a_2 + \cdots + 2^k a_{2^k}$, 对于任意的 n, 存在 k, 使得 $n < 2^{k+1}$, 因此

$$S_n = a_1 + a_2 + \cdots + a_n \leqslant a_1 + (a_2 + a_3) + \cdots + (a_{2^k} + a_{2^k+1} + \cdots + a_{2^{k+1}-1})$$
$$\leqslant a_1 + 2a_2 + \cdots + 2^k a_{2^k} = t_k.$$

从定理 4.3.1 知, 若 $\sum\limits_{k=1}^{\infty} 2^k a_{2^k}$ 收敛, 则 $\sum\limits_{n=1}^{\infty} a_n$ 收敛.

反之, 对于任意 k, 存在 n, 使得 $n > 2^k$, 由于 $a_1 \leqslant 2a_1, 2a_2 \leqslant 2a_2, 4a_4 \leqslant 2(a_3+a_4), 8a_8 \leqslant 2(a_5+a_6+a_7+a_8), \cdots, 2^k a_{2^k} \leqslant 2(a_{2^{k-1}+1}+a_{2^{k-1}+2}+\cdots+a_{2^k})$, 因此

$$t_k \leqslant 2S_n.$$

同样地, 若 $\sum\limits_{k=1}^{\infty} a_n$ 收敛, 则 $\sum\limits_{n=1}^{\infty} 2^k a_{2^k}$ 收敛.

下面给出一系列的充分性判别法.

定理 4.3.3 (比值判别法) 对正项级数 $\sum\limits_{n=1}^{\infty} u_n$,

(1) 如果 $\overline{\lim\limits_{n\to\infty}} \dfrac{u_{n+1}}{u_n} = \overline{A} < 1$, 则级数 $\sum\limits_{n=1}^{\infty} u_n$ 收敛;

(2) 如果 $\underline{\lim\limits_{n\to\infty}} \dfrac{u_{n+1}}{u_n} = \underline{A} > 1$, 则级数 $\sum\limits_{n=1}^{\infty} u_n$ 发散.

证明 (1) 假定 $\overline{\lim\limits_{n\to\infty}} \dfrac{u_{n+1}}{u_n} = \overline{A} < 1$, 由于 $\overline{A} < 1$, 我们可以选取一个 B, 使得 $\overline{A} < B < 1$. 从而由定理 2.3.2 知存在某一正整数 N, 当 $n \geqslant N$ 时,

$$\frac{u_{n+1}}{u_n} \leqslant B,$$

于是, $\dfrac{u_{N+2}}{u_N} = \dfrac{u_{N+2}}{u_{N+1}} \cdot \dfrac{u_{N+1}}{u_N} \leqslant B^2$, 同理, 对任意的自然数 $p \geqslant 1$, 我们有

$$\frac{u_{N+p}}{u_N} = \frac{u_{N+p}}{u_{N+p-1}} \cdots \frac{u_{N+1}}{u_N} \leqslant B^p,$$

这样就有

$$u_{N+p} \leqslant u_N B^p.$$

令 $n = N + p$, 当 $n > N$ 时, 我们得到

$$u_n \leqslant u_N B^{-N} B^n,$$

而 $u_N B^{-N}$ 是定数, $0 < B < 1$, 因此级数 $\sum\limits_{n=1}^{\infty} n_N B^{-N} B^n$ 收敛, 由定理 4.3.1 即知

级数 $\sum\limits_{n=1}^{\infty} u_n$ 收敛.

(2) 若 $\varliminf\limits_{n \to \infty} \dfrac{u_{n+1}}{u_n} = \underline{A} > 1$, 也从定理 2.3.3 知, 存在某一正整数 N, 当 $n > N$

时, $\dfrac{u_{n+1}}{u_n} > 1$, 即 $u_{n+1} > u_n$. 这说明 $\{u_n\}$ 不会收敛于 0, 不满足收敛的必要条

件, 故级数 $\sum\limits_{n=1}^{\infty} u_n$ 发散.

例 4.3.1　研究级数

$$1 + b + bc + b^2 c + b^2 c^2 + \cdots + b^n c^{n-1} + b^n c^n + \cdots$$

的敛散性, 其中 $0 < b < c$.

解　由于

$$\frac{u_{n+1}}{u_n} = \begin{cases} b, & n \text{ 为奇数}, \\ c, & n \text{ 为正偶数}. \end{cases}$$

故有 $\varlimsup\limits_{n \to \infty} \dfrac{u_{n+1}}{u_n} = c$, $\varliminf\limits_{n \to \infty} \dfrac{u_{n+1}}{u_n} = b$. 由比值判别法知, 当 $c < 1$ 时级数收

敛; 当 $b > 1$ 时级数发散. 但当 $b < 1 < c$ 时, 比值判别法无法判定级数的敛散性.

定理 4.3.4 (根值判别法)　对于正项级数 $\sum\limits_{n=1}^{\infty} u_n$, 若 $\varlimsup\limits_{n \to \infty} \sqrt[n]{u_n} = \overline{B}$, 那么

(1) 当 $\overline{B} < 1$ 时, 级数 $\sum\limits_{n=1}^{\infty} u_n$ 收敛;

(2) 当 $\overline{B} > 1$ 时, 级数 $\sum\limits_{n=1}^{\infty} u_n$ 发散.

证明　(1) 如果 $\overline{B} < 1$, 便可选出一个数 B 和一个正整数 N, 当 $n > N$ 时,

使得

$$\sqrt[n]{u_n} < B < 1,$$

即 $u_n < B^n$. 由 $0 < B < 1$, 可知级数 $\sum\limits_{n=1}^{\infty} B^n$ 收敛, 故级数 $\sum\limits_{n=1}^{\infty} u_n$ 收敛.

(2) 如果 $\overline{B} > 1$, 则有无穷多个 n 使 $\sqrt[n]{u_n} > 1$, 这说明有无穷多个 n, 使得

$u_n > 1$. 显然级数收敛的必要条件: $u_n \to 0 \ (n \to \infty)$ 不能成立, 故级数 $\sum\limits_{n=1}^{\infty} u_n$

发散.

例 4.3.2 研究级数

$$b + c + b^2 + c^2 + \cdots + b^n + c^n + \cdots$$

的敛散性, 其中 $0 < b < c < 1$.

证明 由于

$$\sqrt[n]{u_n} = \begin{cases} (c^m)^{\frac{1}{2m}} \to \sqrt{c}, & n = 2m, \\ (b^{m+1})^{\frac{1}{2m+1}} \to \sqrt{b}, & n = 2m+1 \end{cases} \quad (m \to \infty),$$

所以 $\varlimsup\limits_{n\to\infty} \sqrt[n]{u_n} = \sqrt{c} < 1$. 这说明级数收敛, 但若用比值判别法, 由于

$$\varlimsup_{n\to\infty} \frac{u_{n+1}}{u_n} = \lim_{n\to\infty} \frac{c^n}{b^n} = +\infty > 1,$$

$$\varliminf_{n\to\infty} \frac{u_{n+1}}{u_n} = \lim_{n\to\infty} \frac{b^{n+1}}{c^n} = 0 < 1,$$

无法判定其敛散性.

由习题 2.3 第 6 题知

$$\varliminf_{n\to\infty} \frac{u_{n+1}}{u_n} \leqslant \varliminf_{n\to\infty} \sqrt[n]{u_n} \leqslant \varlimsup_{n\to\infty} \sqrt[n]{u_n} \leqslant \varlimsup_{n\to\infty} \frac{u_{n+1}}{u_n}, \tag{4.3.3}$$

这说明根值判别法较之比值判别法适用范围更为广泛. 换句话说, 能用比值判别法判定级数敛散性的, 一定能用根值判别法判定; 但是根式判定法可以判定的, 比值判别法可能就不行, 例 4.3.2 就是一个说明. 虽然如此, 比值判别法仍是有价值的, 因为它用起来有时较简单容易.

定理 4.3.5 (库默尔判别法) 设 $\sum\limits_{n=1}^{\infty} c_n$ 为一正项级数,

(1) 若 $\varliminf\limits_{n\to\infty} \left(\dfrac{u_n}{u_{n+1}} c_n - c_{n+1} \right) > 0$, 则级数 $\sum\limits_{n=1}^{\infty} u_n$ 收敛;

(2) 若 $\sum\limits_{n=1}^{\infty} \dfrac{1}{c_n}$ 发散, 且 $\varlimsup\limits_{n\to\infty} \left(\dfrac{u_n}{u_{n+1}} c_n - c_{n+1} \right) < 0$, 则级数 $\sum\limits_{n=1}^{\infty} u_n$ 发散.

证明 (1) 由于 $\varliminf\limits_{n\to\infty} \left(\dfrac{u_n}{u_{n+1}} c_n - c_{n+1} \right) > 0$, 那么存在 $\alpha > 0$ 和正整数 N, 当 $n > N$ 时,

$$\frac{u_n}{u_{n+1}} c_n - c_{n+1} > \alpha,$$

或

$$u_n c_n - u_{n+1} c_{n+1} > \alpha u_{n+1}, \tag{4.3.4}$$

注意到 $\alpha u_{n+1} > 0$, 也就有

$$u_n c_n - u_{n+1} c_{n+1} > 0,$$

或

$$u_n c_n > u_{n+1} c_{n+1},$$

由此推知, 数列 $\{u_n c_n\}$ 单调递减 (当 n 充分大时) 且有下界 (零是它的一个下界), 因而 $\{u_n c_n\}$ 收敛, 设

$$\lim_{n \to \infty} u_n c_n = A,$$

考虑级数 $\sum\limits_{n=1}^{\infty} (u_n c_n - u_{n+1} c_{n+1})$ 的部分和

$$S_n = \sum_{k=1}^{n} (u_k c_k - u_{k+1} c_{k+1}) = u_1 c_1 - u_{n+1} c_{n+1},$$

则 $\lim\limits_{n \to \infty} S_n = u_1 c_1 - A$, 从而级数 $\sum\limits_{n=1}^{\infty} (u_n c_n - u_{n+1} c_{n+1})$ 收敛, 由 (4.3.4) 式和定理 4.3.1 可知, $\sum\limits_{n=1}^{\infty} \alpha u_{n+1}$ 收敛, 即级数 $\sum\limits_{n=1}^{\infty} u_n$ 收敛.

(2) 设 $\varlimsup\limits_{n \to \infty} \left(\dfrac{u_n}{u_{n+1}} c_n - c_{n+1} \right) < 0$, 那么存在 $\alpha > 0$ 和正整数 N, 当 $n > N$ 时,

$$\frac{u_n}{u_{n+1}} c_n - c_{n+1} < -\alpha,$$

即

$$u_n c_n < u_{n+1} c_{n+1},$$

或

$$\frac{u_{n+1}}{u_n} > \frac{c_n}{c_{n+1}},$$

这样

$$\frac{u_{n+p}}{u_n} = \frac{u_{n+1}}{u_n} \cdot \frac{u_{n+2}}{u_{n+1}} \cdots \frac{u_{n+p}}{u_{n+p-1}} > \frac{c_n}{c_{n+1}} \cdot \frac{c_{n+1}}{c_{n+2}} \cdots \frac{c_{n+p-1}}{c_{n+p}},$$

所以

$$u_{n+p} > \frac{u_n c_n}{c_{n+p}}.$$

注意到 $u_n c_n$ 是不依赖于 p 的正数, 若 $\sum\limits_{n=1}^{\infty} \dfrac{1}{c_n}$ 发散, 则 $\sum\limits_{p=1}^{\infty} \dfrac{u_n c_n}{c_{n+p}}$ 也发散, 再由比较判别法知 $\sum\limits_{p=1}^{\infty} u_{n+p}$ 发散, 从而得知, $\sum\limits_{n=1}^{\infty} u_n$ 发散.

　　库默尔判别法是一个十分普遍的判别法, 许多判别法都可以看作它的特殊情况.

　　如果取级数 $\sum\limits_{n=1}^{\infty} c_n$ 的不同情况, 就可以引出一些不同的具体判别法. 例如, 取 $c_n = 1$, 则 $\sum\limits_{n=1}^{\infty} \dfrac{1}{c_n}$ 发散, 这时 $k_n = \dfrac{u_n}{u_{n+1}} c_n - c_{n+1}$ 就变为 $k_n = \dfrac{u_n}{u_{n+1}} - 1$, 库默尔判别法就是比值判别法:

$$\begin{cases} \varlimsup\limits_{n\to\infty} \dfrac{u_{n+1}}{u_n} < 1, & 级数收敛, \\[2mm] \varliminf\limits_{n\to\infty} \dfrac{u_{n+1}}{u_n} > 1, & 级数发散. \end{cases}$$

　　若取 $c_n = n$, 则 $k_n = n\dfrac{u_n}{u_{n+1}} - (n+1) = n\left(\dfrac{u_n}{u_{n+1}} - 1\right) - 1$. 从库默尔判别法导出拉贝 (Raabe) 判别法:

$$\begin{cases} \varliminf\limits_{n\to\infty} n\left(\dfrac{u_n}{u_{n+1}} - 1\right) > 1, & 级数收敛, \\[2mm] \varlimsup\limits_{n\to\infty} n\left(\dfrac{u_n}{u_{n+1}} - 1\right) < 1, & 级数发散. \end{cases}$$

　　适当选取 c_n, 还可以获得比拉贝判别法更细致的判别法, 若取 $c_n = n\ln n$, 在这种情况下,

$$k_n = \dfrac{u_n}{u_{n+1}} n\ln n - (n+1)\ln(n+1) = \ln n\left[n\left(\dfrac{u_n}{u_{n+1}} - 1\right) - 1\right] - \ln\left(1 + \dfrac{1}{n}\right)^{n+1},$$

因为

$$\lim\limits_{n\to\infty} \ln\left(1 + \dfrac{1}{n}\right)^{n+1} = 1,$$

从库默尔判别法导出贝特朗 (Bertrand) 判别法:

$$\begin{cases} \varliminf\limits_{n\to\infty} \ln n\left[n\left(\dfrac{u_n}{u_{n+1}} - 1\right) - 1\right] > 1, & 级数收敛, \\[2mm] \varlimsup\limits_{n\to\infty} \ln n\left[n\left(\dfrac{u_n}{u_{n+1}} - 1\right) - 1\right] < 1, & 级数发散. \end{cases} \tag{4.3.5}$$

　　同样, 我们可以作出比贝特朗更细致的判别法, 并且可以无限制地继续下去.

　　不过, 这些判别法都是基于定理 4.3.1而导出的比较判别法, 如像库默尔判别法在判定收敛时是用一个收敛级数

$$\sum_{n=1}^{+\infty} (c_n u_n - c_{n+1} u_{n+1})$$

与之比较; 判定发散时是用发散级数 $\sum\limits_{n=1}^{\infty} \dfrac{1}{c_n}$ 与之比较, 下面证明一个重要定理, 它说明不可能存在一个万能的正项级数, 可以用来比较任何正项级数的敛散性.

定理 4.3.6　若正项级数 $\sum\limits_{n=1}^{\infty} a_n$ 发散, 必存在发散的正项级数 $\sum\limits_{n=1}^{\infty} b_n$, 使得当 n 充分大时,

$$b_n < a_n;$$

若级数 $\sum\limits_{n=1}^{\infty} a_n$ 收敛, 也存在收敛级数 $\sum\limits_{n=1}^{\infty} b_n$, 使得当 n 充分大时,

$$a_n < b_n.$$

这就是说, 任何发散级数, 总存在比它发散更慢的级数; 反之, 任何收敛级数, 也总存在比它收敛更慢的级数.

证明　若 $\sum\limits_{n=1}^{\infty} a_n$ 发散, 令 $S_n = a_1 + a_2 + \cdots + a_n$, 有 $\{S_n\}$ 发散于 $+\infty$, 设 $b_n = \dfrac{a_n}{S_n}$, 则当 n 充分大时,

$$b_n < a_n.$$

下面证明级数 $\sum\limits_{n=1}^{\infty} b_n$ 也发散. 取 $\varepsilon_0 = \dfrac{1}{2}$, 对于任意固定的 n, 有

$$\frac{a_n}{S_n} + \frac{a_{n+1}}{S_{n+1}} + \cdots + \frac{a_{n+p}}{S_{n+p}} \geqslant \frac{a_n + a_{n+1} + \cdots + a_{n+p}}{S_{n+p}}$$

$$= \frac{S_{n+p} - S_{n-1}}{S_{n+p}} = 1 - \frac{S_{n-1}}{S_{n+p}}.$$

因为 $\lim\limits_{n\to\infty} S_{n+p} = +\infty$, 总可选到某一 p, 使得

$$\frac{S_{n-1}}{S_{n+p}} < \frac{1}{2},$$

于是

$$\frac{a_n}{S_n} + \frac{a_{n+1}}{S_{n+1}} + \cdots + \frac{a_{n+p}}{S_{n+p}} > 1 - \frac{1}{2} = \varepsilon_0.$$

这说明级数 $\sum\limits_{n=1}^{\infty} \dfrac{a_n}{S_n}$ 不满足柯西收敛准则, 因而级数 $\sum\limits_{n=1}^{\infty} \dfrac{a_n}{S_n}$ 发散.

反之, 若级数 $\sum\limits_{n=1}^{\infty} a_n$ 收敛, 令

$$R_n = a_n + a_{n+1} + \cdots$$

及 $b_n = \dfrac{a_n}{\sqrt{R_n}}$, 当 n 充分大时, 总可使 $R_n < 1$, 因而

$$b_n = \frac{a_n}{\sqrt{R_n}} > a_n.$$

下面证明 $\sum\limits_{n=1}^{\infty} b_n$ 也收敛. 由于

$$\frac{a_n}{\sqrt{R_n}} = \frac{R_n - R_{n+1}}{\sqrt{R_n}} = \frac{(\sqrt{R_n} - \sqrt{R_{n+1}})(\sqrt{R_n} + \sqrt{R_{n+1}})}{\sqrt{R_n}}$$
$$< 2(\sqrt{R_n} - \sqrt{R_{n+1}}),$$

而级数 $\sum\limits_{n=1}^{\infty}(\sqrt{R_n} - \sqrt{R_{n+1}})$ 也是正项级数, 其部分和为

$$S_n = (\sqrt{R_1} - \sqrt{R_2}) + (\sqrt{R_2} - \sqrt{R_3}) + \cdots + (\sqrt{R_n} - \sqrt{R_{n+1}})$$
$$= \sqrt{R_1} - \sqrt{R_{n+1}} < \sqrt{R_1},$$

即 $\{S_n\}$ 有上界 $\sqrt{R_1}$, 故 $\sum\limits_{n=1}^{\infty}(\sqrt{R_n} - \sqrt{R_{n+1}})$ 收敛. 再由比较判别法知, $\sum\limits_{n=1}^{\infty} \dfrac{a_n}{\sqrt{R_n}}$ 也收敛.

例 4.3.3 设 $a_1 \geqslant a_2 \geqslant \cdots \geqslant a_n \geqslant \cdots \geqslant 0$.

(1) 若 $\sum\limits_{n=1}^{\infty} a_n$ 收敛, 则 $\lim\limits_{n\to\infty} na_n = 0$;

(2) 若 $\lim\limits_{n\to\infty} na_n = 0$, 能否推得 $\sum\limits_{n=1}^{\infty} a_n$ 收敛;

(3) 若不假定 $\{a_n\}$ 单调递减, (1) 是否也能成立?

证明 (1) 令 $S_n = a_1 + a_2 + \cdots + a_n$, 由于 $\sum\limits_{n=1}^{\infty} a_n$ 收敛, 依柯西准则, 对任意 $\varepsilon > 0$, 存在正整数 N, 当 $n > N$ 时, 对一切正整数 p, 都有

$$|S_{n+p} - S_n| = a_{n+1} + a_{n+2} + \cdots + a_{n+p} < \frac{\varepsilon}{2},$$

取 $p = n$, 则

$$a_{n+1} + a_{n+2} + \cdots + a_{2n} \geqslant na_{2n},$$

因此

$$2na_{2n} < \varepsilon,$$

即

$$\lim_{n\to\infty} 2na_{2n} = 0;$$

而

$$(2n+1)a_{2n+1} \leqslant \frac{2n+1}{2n} \cdot 2n \cdot a_{2n} \to 0 \quad (n \to \infty),$$

故有

$$\lim_{n\to\infty} na_n = 0.$$

(2) 若 $\{a_n\}$ 单调递减且非负, 虽然 $\lim\limits_{n\to\infty} na_n = 0$, 也不能推出 $\sum\limits_{n=1}^{\infty} a_n$ 收敛. 事实上,

$$na_n = \dfrac{a_n}{\dfrac{1}{n}},$$

而 $\sum\limits_{n=1}^{\infty} \dfrac{1}{n}$ 发散, 由定理 4.3.6 知, 我们可作出比 $\sum\limits_{n=1}^{\infty} \dfrac{1}{n}$ 发散更慢的级数. 如令

$$a_n = \dfrac{1}{n\left(1 + \dfrac{1}{2} + \cdots + \dfrac{1}{n}\right)},$$

显然

$$na_n = \dfrac{1}{1 + \dfrac{1}{2} + \cdots + \dfrac{1}{n}} \to 0 \quad (n \to \infty),$$

且 $a_1 > a_2 > \cdots > a_n > \cdots > 0$. 正如定理 4.3.6 所证, $\sum\limits_{n=1}^{\infty} a_n$ 发散.

(3) 若不假定 $\{a_n\}$ 递减, (1) 式不一定成立. 例如级数

$$1 + \dfrac{1}{2^2} + \dfrac{1}{3^2} + \dfrac{1}{4} + \dfrac{1}{5^2} + \dfrac{1}{6^2} + \dfrac{1}{7^2} + \dfrac{1}{8^2} + \dfrac{1}{9} + \cdots$$

与级数 $\sum\limits_{n=1}^{\infty} \dfrac{1}{n^2}$ 比较, 它的收敛性是明显的. 但是, 当 n 不是完全平方时, $na_n = \dfrac{1}{n}$; 在相反的情况下, $na_n = 1$, 这说明当 $n \to \infty$ 时, na_n 的极限不存在.

2. 一般项级数收敛的判别法则

1) 绝对收敛判别法

若级数 $\sum\limits_{n=1}^{\infty} u_n$ 的每一项取绝对值组成的级数 $\sum\limits_{n=1}^{\infty} |u_n|$ 收敛, 称级数 $\sum\limits_{n=1}^{\infty} u_n$ 绝对收敛. 根据绝对收敛必收敛的定理, 只要判定正项级数 $\sum\limits_{n=1}^{\infty} |u_n|$ 收敛, 则原来的级数 $\sum\limits_{n=1}^{\infty} u_n$ 也收敛. 这就回到正项级数的问题了. 反之, 若级数 $\sum\limits_{n=1}^{\infty} |u_n|$ 发散, 不能说原级数 $\sum\limits_{n=1}^{\infty} u_n$ 也一定发散, 当级数 $\sum\limits_{n=1}^{\infty} u_n$ 收敛时, 称级数 $\sum\limits_{n=1}^{\infty} u_n$ 条件收敛.

2) 交错级数莱布尼茨 (Leibniz) 判别法

对交错级数 $\sum\limits_{n=1}^{\infty} (-1)^{n+1} u_n \ (u_n > 0)$ 满足条件:

(1) 数列 $\{u_n\}$ 单调递减;

(2) $\lim\limits_{n\to\infty} u_n = 0$,

则级数 $\sum\limits_{n=1}^{\infty}(-1)^{n+1}u_n\ (u_n>0)$ 收敛.

3) 条件收敛的两个判别法

阿贝尔判别法: 若 $\{a_n\}$ 为单调有界数列, 且级数 $\sum\limits_{n=1}^{\infty}b_n$ 收敛, 则级数 $\sum\limits_{n=1}^{\infty}a_nb_n$ 收敛.

狄利克雷 (Dirichlet) 判别法: 若 $\{a_n\}$ 单调递减, 且 $\lim\limits_{n\to\infty}a_n=0$, 又级数 $\sum\limits_{n=1}^{\infty}b_n$ 的部分和数列有界, 则级数 $\sum\limits_{n=1}^{\infty}a_nb_n$ 收敛.

例 4.3.4 研究级数 $\sum\limits_{n=2}^{\infty}\dfrac{\sin(nx)}{\ln n}$ 的收敛性.

解 当 $x=k\pi$ 时 (k 为整数), 级数各项皆为零, 显然绝对收敛.

当 $x\neq k\pi$ 时, 注意到 $\left\{\dfrac{1}{\ln n}\right\}$ 单调递减, 且 $\lim\limits_{n\to\infty}\dfrac{1}{\ln n}=0$, 以及

$$\left|\sum_{j=1}^{n}\sin jx\right|\leqslant\frac{1}{\left|\sin\dfrac{x}{2}\right|},$$

由狄利克雷判别法知, 级数 $\sum\limits_{n=2}^{\infty}\dfrac{\sin nx}{\ln n}$ 收敛. 但是

$$\left|\frac{\sin nx}{\ln n}\right|\geqslant\frac{\sin^2 nx}{\ln n}=\frac{1}{2\ln n}-\frac{\cos 2nx}{2\ln n},$$

同样地, $\left|\sum\limits_{j=1}^{n}\cos 2jx\right|\leqslant\dfrac{1}{|\sin x|}$, 以及 $\left\{\dfrac{1}{2\ln n}\right\}$ 单调递减趋于零, 由狄利克雷判别法知, 级数 $\sum\limits_{n=2}^{\infty}\dfrac{\cos 2nx}{2\ln n}$ 收敛. 而级数 $\sum\limits_{n=2}^{\infty}\dfrac{1}{\ln n}$ 发散, 于是 $\sum\limits_{n=2}^{\infty}\dfrac{\sin^2 nx}{\ln n}$ 发散, 这样, 级数 $\sum\limits_{n=2}^{\infty}\dfrac{\sin nx}{\ln n}$ 非绝对收敛. 总结一下, 级数 $\sum\limits_{n=2}^{\infty}\dfrac{\sin nx}{\ln n}$ 在 $x\neq k\pi$ 时条件收敛.

3. 绝对收敛和条件收敛的性质

收敛级数可分为绝对收敛与条件收敛两大类, 下面将注意到这两类级数有着截然不同的特性, 对于绝对收敛的级数, 完全可以像有限项的和那样进行计算, 可以改变加项的次序而不影响级数的和, 也可以逐项相乘. 然而, 对于条件收敛就不正确了, 因此区分这两类级数是重要的.

所谓级数 $\sum\limits_{n=1}^{\infty}v_n$ 是级数 $\sum\limits_{n=1}^{\infty}u_n$ 的重排, 直观地说, 就是把 $\sum\limits_{n=1}^{\infty}u_n$ 各项的次序重新排列而成的级数, 它的项不变但项的次序改变了. 对于绝对收敛的级数, 经重排后不会改变它的绝对收敛性, 也不会改变它的和, 但对条件收敛级数却无此性

质. 如果我们把级数 $\sum\limits_{n=1}^{\infty} u_n$ 分成正的 u_n 组成的级数 $\sum\limits_{n=1}^{\infty} u_n^+$ 和负的 u_n 组成的级数 $\sum\limits_{n=1}^{\infty} u_n^-$, 就可揭示出它们的重要区别. 确切地说, 设

$$u_n^+ = \max\{u_n, 0\} = \frac{u_n + |u_n|}{2},$$
$$u_n^- = \min\{u_n, 0\} = \frac{u_n - |u_n|}{2},$$

显然, $u_n = u_n^+ + u_n^-$, 这样, $\sum\limits_{n=1}^{\infty} u_n^+$ 为正项的级数, $\sum\limits_{n=1}^{\infty} u_n^-$ 为负项的级数, 就有

定理 4.3.7　(1) 若 $\sum\limits_{n=1}^{\infty} u_n$ 绝对收敛, 则 $\sum\limits_{n=1}^{\infty} u_n^+$, $\sum\limits_{n=1}^{\infty} u_n^-$ 都收敛;

(2) 若 $\sum\limits_{n=1}^{\infty} u_n$ 条件收敛, 则 $\sum\limits_{n=1}^{\infty} u_n^+$, $\sum\limits_{n=1}^{\infty} u_n^-$ 都发散.

证明　(1) 若 $\sum\limits_{n=1}^{\infty} u_n$ 绝对收敛, 从而 $\sum\limits_{n=1}^{\infty} |u_n|$ 和 $\sum\limits_{n=1}^{\infty} u_n$ 都收敛, 即导出级数 $\sum\limits_{n=1}^{\infty} (|u_n| + u_n)$ 也收敛, 因此

$$\sum_{n=1}^{\infty} u_n^+ = \sum_{n=1}^{\infty} \frac{u_n + |u_n|}{2}$$

也收敛. 同理可证 $\sum\limits_{n=1}^{\infty} u_n^-$ 收敛.

(2) 假定 $\sum\limits_{n=1}^{\infty} u_n$ 为条件收敛, 那么 $\sum\limits_{n=1}^{\infty} |u_n|$ 发散. 由于 $|u_n| = 2u_n^+ - u_n$, 若 $\sum\limits_{n=1}^{\infty} u_n^+$ 收敛, 则 $\sum\limits_{n=1}^{\infty} |u_n| = \sum\limits_{n=1}^{\infty} (2u_n^+ - u_n)$ 也收敛, 这与假定的 $\sum\limits_{n=1}^{\infty} |u_n|$ 发散矛盾, 因此 $\sum\limits_{n=1}^{\infty} u_n^+$ 发散. 同理可证 $\sum\limits_{n=1}^{\infty} u_n^-$ 也发散.

定理 4.3.8　若 $\sum\limits_{n=1}^{\infty} u_n$ 绝对收敛, 且其和等于 A, 则级数 $\sum\limits_{n=1}^{\infty} u_n$ 的任意重排后的级数 $\sum\limits_{n=1}^{\infty} v_n$ 也绝对收敛, 它的和也是 A.

证明　我们先证明级数 $\sum\limits_{n=1}^{\infty} u_n$ 为正项级数的情形. 设

$$s_n = \sum_{k=1}^{n} u_k, \quad \sigma_m = \sum_{k=1}^{m} v_k,$$

因为 $\sum\limits_{n=1}^{\infty} v_n$ 是 $\sum\limits_{n=1}^{\infty} u_n$ 的重排, 所以对于每一 v_k $(1 \leqslant k \leqslant m)$ 都等于某个 u_{n_k}, 记

$$n = \max\{n_1, n_2, \cdots, n_m\},$$

则对于任何 m, 都存在 n, 使得

$$\sigma_m \leqslant s_n,$$

由于 $\sum\limits_{n=1}^{\infty} u_n = A$, 所以有 $\sigma_m \leqslant A$, 再由定理 4.3.1 知级数 $\sum\limits_{n=1}^{\infty} v_n$ 收敛, 设 $\sum\limits_{n=1}^{\infty} v_n = B$, 则 $B \leqslant A$.

另一方面, $\sum\limits_{n=1}^{\infty} u_n$ 也可以看作是 $\sum\limits_{n=1}^{\infty} v_n$ 的重排, 只要交换 $\sum\limits_{n=1}^{\infty} u_n$ 和 $\sum\limits_{n=1}^{\infty} v_n$ 的位置, 上述论证说明 $A \leqslant B$. 因此 $A = B$.

现在考虑一般情形. 设 $\sum\limits_{n=1}^{\infty} u_n$ 绝对收敛, 由定理 4.3.7 知 $\sum\limits_{n=1}^{\infty} u_n^+$ 和 $\sum\limits_{n=1}^{\infty} u_n^-$ 都收敛, 从而

$$A = \sum_{n=1}^{\infty} u_n = \sum_{n=1}^{\infty} u_n^+ + \sum_{n=1}^{\infty} u_n^-.$$

对于重排后的级数 $\sum\limits_{n=1}^{\infty} v_n$, 也可表示为

$$\sum_{n=1}^{\infty} v_n = \sum_{n=1}^{\infty} v_n^+ + \sum_{n=1}^{\infty} v_n^-,$$

其中 $\sum\limits_{n=1}^{\infty} v_n^+$ 和 $\sum\limits_{n=1}^{\infty} v_n^-$ 分别是 $\sum\limits_{n=1}^{\infty} u_n^+$ 和 $\sum\limits_{n=1}^{\infty} u_n^-$ 的重排. 前面已证明同号级数重排后的和不变, 从而得到

$$\sum_{n=1}^{\infty} v_n = \sum_{n=1}^{\infty} v_n^+ + \sum_{n=1}^{\infty} v_n^- = \sum_{n=1}^{\infty} u_n^+ + \sum_{n=1}^{\infty} u_n^- = \sum_{n=1}^{\infty} u_n = A.$$

对于条件收敛级数, 这个结论不成立. 例如交错级数 $\sum\limits_{n=1}^{\infty} (-1)^{n+1} \dfrac{1}{n}$ 是条件收敛的, 设其和为

$$A = 1 - \frac{1}{2} + \frac{1}{3} - \frac{1}{4} + \frac{1}{5} - \frac{1}{6} + \frac{1}{7} - \frac{1}{8} + \cdots, \tag{4.3.6}$$

乘以 $\dfrac{1}{2}$ 以后, 有

$$\frac{A}{2} = \frac{1}{2} - \frac{1}{4} + \frac{1}{6} - \frac{1}{8} + \frac{1}{10} - \frac{1}{12} + \frac{1}{14} - \frac{1}{16} + \cdots,$$

也一定有

$$\frac{A}{2} = 0 + \frac{1}{2} + 0 - \frac{1}{4} + 0 + \frac{1}{6} + 0 - \frac{1}{8} + 0 + \frac{1}{10} + 0 - \frac{1}{12} + 0 + \cdots, \tag{4.3.7}$$

将 (4.3.6) 式和 (4.3.7) 式相加, 可得

$$\frac{3}{2}A = 1 + \frac{1}{3} - \frac{1}{2} + \frac{1}{5} + \frac{1}{7} - \frac{1}{4} + \frac{1}{9} + \frac{1}{11} - \frac{1}{6} + \cdots, \tag{4.3.8}$$

而 (4.3.8) 式的右端是 (4.3.6) 式右端的重排, 但它们收敛于不同的和.

定理 4.3.9 (黎曼 (Riemann) 定理) 若级数 $\sum\limits_{n=1}^{\infty} u_n$ 条件收敛, 那么经过适当重排后总可使它收敛于任何预先给定的数 s, 也可使它以任何方式发散.

证明 这里只证明级数经重排后可收敛于任何正数 s, 其他情形基本思想相似, 就不赘述了.

由定理 4.3.7 知条件收敛级数的正项级数 $\sum\limits_{n=1}^{\infty} u_n^+$ 发散于 $+\infty$, 负项级数 $\sum\limits_{n=1}^{\infty} u_n^-$ 发散于 $-\infty$. 现先放置正项

$$u_1^+ + u_2^+ + \cdots + u_{m_1}^+,$$

使其和刚好大于 s, 即

$$u_1^+ + u_2^+ + \cdots + u_{m_1-1}^+ \leqslant s < u_1^+ + u_2^+ + \cdots + u_{m_1}^+, \tag{4.3.9}$$

然后放置负项, 使得

$$u_1^+ + u_2^+ + \cdots + u_{m_1}^+ + u_1^- + u_2^- + \cdots + u_{n_1}^-$$

刚好小于 s, 即

$$u_1^+ + u_2^+ + \cdots + u_{m_1}^+ + u_1^- + u_2^- + \cdots + u_{n_1}^- < s$$
$$\leqslant u_1^+ + u_2^+ + \cdots + u_{m_1}^+ + u_1^- + u_2^- + \cdots + u_{n_1-1}^-. \tag{4.3.10}$$

我们再接上正项

$$u_{m_1+1}^+ + u_{m_1+2}^+ + \cdots + u_{m_2}^+,$$

使得整个部分和刚好大于 s, 然后是负项

$$u_{n_1+1}^- + u_{n_1+2}^- + \cdots + u_{n_2}^-,$$

而整个部分和刚好小于 s, 如此继续下去, 各步都是可行的, 因为 $\sum\limits_{n=1}^{\infty} u_n^+ = +\infty$, $\sum\limits_{n=1}^{\infty} u_n^- = -\infty$, 并且级数 $\sum\limits_{n=1}^{\infty} u_n$ 中的任何一项都会在某一位置出现, 因此 $u_1^+ + u_2^+ + \cdots + u_{m_1}^+ + u_1^- + u_2^- + \cdots + u_{n_1}^- + u_{m_1+1}^+ + u_{m_1+2}^+ + \cdots + u_{m_2}^+ + u_{n_1+1}^- + u_{n_1+2}^- + \cdots + u_{n_2}^- + \cdots + u_{m_{i+1}}^+ + u_{m_{i+2}}^+ + \cdots + u_{m_{i+1}}^+ + u_{n_{i+1}}^- + u_{n_{i+2}}^- + \cdots + u_{n_{i+1}}^- + \cdots$ 是 $\sum\limits_{n=1}^{\infty} u_n$ 的重排.

现在要证明这个级数是收敛的, 且收敛于 s. 事实上, 假定这个级数的某一部分和大于 s, 则此部分和与 s 之间的差不大于取自 $\sum\limits_{n=1}^{\infty} u_n^+$ 的最后一个正项. 为了说明这一点, 我们观察前面几组的情形, 比如在 (4.3.10) 式的右端, 取到部分和

$$u_1^+ + u_2^+ + \cdots + u_{m_1}^+ + u_1^- + u_2^- + \cdots + u_i^- > s \quad (i < n_1),$$

注意到 $u_1^-, u_2^-, \cdots, u_i^-$ 均是非正的, 联系 (4.3.9) 式得到

$$u_1^+ + u_2^+ + \cdots + u_{m_1-1}^+ \leqslant s < u_1^+ + u_2^+ + \cdots + u_{m_1}^+ + u_1^- + u_2^- + \cdots + u_i^-$$
$$\leqslant u_1^+ + u_2^+ + \cdots + u_{m_1}^+,$$

因此

$$u_1^+ + u_2^+ + \cdots + u_{m_1}^+ + u_1^- + u_2^- + \cdots + u_i^- - s$$
$$\leqslant u_1^+ + u_2^+ + \cdots + u_{m_1}^+ - (u_1^+ + u_2^+ + \cdots + u_{m_1-1}^+) = u_{m_1}^+.$$

相似地, 假定一个部分和小于 s, 则它与 s 的差不超过选自级数 $\sum\limits_{n=1}^{\infty} u_n^-$ 的最后一项的绝对值. 根据已知级数收敛性的假定, $\lim\limits_{n\to\infty} u_n = 0$, 从而 $\lim\limits_{n\to\infty} u_n^+ = \lim\limits_{n\to\infty} u_n^- = 0$. 这就说明项数充分大时, 部分和与 s 之差可以任意小, 于是所构造的级数收敛于 s.

定理 4.3.10 (柯西定理) 设级数 $\sum\limits_{n=1}^{\infty} u_n$ 和级数 $\sum\limits_{n=1}^{\infty} v_n$ 都是绝对收敛的, 且其和分别为 A 和 B, 则它们各项之积 $u_i v_k (i = 1, 2, \cdots; k = 1, 2, \cdots)$ 按照任何方式排列所构成的级数也绝对收敛, 且其和为 $A \cdot B$.

用绝对收敛级数的可重排性, 可以获得证明, 一般教科书中都给出了证明, 这里从略.

定理 4.3.8 和定理 4.3.10 告诉我们, 绝对收敛级数具有相仿于有限项运算的两个性质——交换律和分配律, 但条件收敛级数却无此性质.

例 4.3.5 级数

$$1 - \frac{1}{\sqrt{2}} + \frac{1}{\sqrt{3}} - \cdots + (-1)^{n-1}\frac{1}{\sqrt{n}} + \cdots$$

是条件收敛的, 按对角线顺序自乘

$$\omega_n = (-1)^{n-1}\frac{1}{\sqrt{n}} \cdot 1 + (-1)^{n-2}\frac{1}{\sqrt{n-1}} \cdot (-1)\frac{1}{\sqrt{2}}$$
$$+ (-1)^{n-3}\frac{1}{\sqrt{n-2}} \cdot (-1)^2\frac{1}{\sqrt{3}} + \cdots + (-1)^{n-1}\frac{1}{\sqrt{n}} \cdot 1$$

$$= (-1)^{n-1}\left(\frac{1}{\sqrt{n}\sqrt{1}} + \frac{1}{\sqrt{n-1}\sqrt{2}} + \cdots + \frac{1}{\sqrt{1}\sqrt{n}}\right),$$

则有 $|\omega_n| > \dfrac{1}{\sqrt{n}\sqrt{n}} + \dfrac{1}{\sqrt{n}\sqrt{n}} + \cdots + \dfrac{1}{\sqrt{n}\sqrt{n}} = 1$, 由级数收敛的必要条件知, 级数 $\sum\limits_{n=1}^{\infty} \omega_n$ 是发散的.

4.3.2　平均求和

无穷级数这一领域的一重要分支是研究发散级数的可和性. 这一研究是试图把一个可能不收敛的级数与某一数值联系起来, 即试图推广收敛级数和的概念. 当然, 这种新的意义和必须包含古典的 (柯西意义下的) 收敛级数的和作为其特例. 也就是说, 若一级数是收敛的, 那么它按新的广义下的和应该等于古典意义下的和, 这样就不会引起混乱. 满足这种要求的发散级数的求和法称为正规的方法. 另外, 级数 $\sum\limits_{n=1}^{\infty} a_n$ 与 $\sum\limits_{n=1}^{\infty} b_n$ 分别有广义和 A 与 B, 则级数 $\sum\limits_{n=1}^{\infty} (pa_n + qb_n)$ 必须取 $pA+qB$ 为广义和, 具有此性质的求和法, 称为线性的. 这种推广按不同意义有各种方法, 这里介绍一个最简单的求和法则称为平均求和法, 亦称为 $(c,1)$ 求和法 (c 表示切萨罗 (Cesáro)). 这个求和法在傅里叶级数一节里将会看到它的应用.

下面两个级数
$$1+2+4+6+\cdots+2n+\cdots,$$
$$1-1+1-1+\cdots$$

有着非常不同的性质, 前者的部分和当 n 趋于无穷大时发散于无穷大, 后者的部分和总是在 0 与 1 之间摆动, 它们两个的平均值为 $\dfrac{1}{2}$, 我们称它的平均和 (广义和) 为 $\dfrac{1}{2}$.

定义 4.3.1　设级数 $\sum\limits_{n=0}^{\infty} a_n = a_0 + a_1 + \cdots$ 的部分和为
$$s_n = \sum_{k=0}^{n} a_k = a_0 + a_1 + \cdots + a_n,$$
令
$$\sigma_m = \frac{s_0 + s_1 + \cdots + s_m}{m+1},$$
若 $\lim\limits_{m\to\infty} \sigma_m = s$, 称级数 $\sum\limits_{n=0}^{\infty} a_n$ 可以平均求和, 其平均和为 s, 记作
$$\sum_{n=0}^{\infty} a_n = s \quad (c,1).$$

$(c, 1)$ 求和显然是线性的, 而且也是正规的.

例 4.3.6 求级数 $1 - 1 + 1 - 1 + \cdots$.

解 因为 $s_0 = 1, s_1 = 0, s_2 = 1, \cdots, s_{2n-1} = 0, s_{2n} = 1, \cdots$, 所以

$$\sigma_0 = 1, \sigma_1 = \frac{1+0}{2}, \sigma_3 = \frac{1+0+1}{3} = \frac{2}{3}, \cdots,$$

$$\sigma_{2n-1} = \frac{n}{2n}, \sigma_{2n} = \frac{n+1}{2n+1}, \cdots,$$

故 $\lim\limits_{m \to \infty} \sigma_m = \dfrac{1}{2}$, 即

$$1 - 1 + 1 - 1 + \cdots + (-1)^{n-1} + \cdots = \frac{1}{2} \quad (c, 1).$$

又如 $1 + 2 + 4 + 6 + \cdots + 2n + \cdots$, 这时 $s_0 = 1, s_1 = 3, s_2 = 7, \cdots, s_n = 1 + n(n+1)$, 从而

$$\lim_{n \to \infty} \sigma_n = \frac{1 + 3 + 7 + \cdots + [1 + n(n+1)]}{n+1} = +\infty.$$

因此, 级数不是平均可和的.

下面来研究平均可和的必要条件.

定理 4.3.11 级数 $\sum\limits_{n=0}^{\infty} a_n$ 平均可和的必要条件是

$$a_n = o(n) \quad (n \to \infty).$$

证明 设 $\lim\limits_{n \to \infty} \sigma_n = s$, 则

$$\lim_{n \to \infty} \frac{s_n}{n} = \lim_{n \to \infty} \frac{(n+1)\sigma_n - n\sigma_{n-1}}{n} = s - s = 0,$$

从而

$$\lim_{n \to \infty} \frac{a_n}{n} = \lim_{n \to \infty} \frac{s_n - s_{n-1}}{n} = \lim_{n \to \infty} \left(\frac{s_n}{n} - \frac{n-1}{n} \frac{s_{n-1}}{n-1} \right) = 0,$$

即

$$a_n = o(n) \quad (n \to \infty).$$

我们知道, 两个收敛级数按照柯西意义下的乘积未必收敛, 但在平均可和的意义下就不同了.

定理 4.3.12　若级数 $\sum\limits_{n=0}^{\infty} a_n$ 与 $\sum\limits_{n=0}^{\infty} b_n$ 收敛, 其和分别为 A 与 B, 则它们的乘积级数

$$\sum_{n=0}^{\infty} c_n = \sum_{n=0}^{\infty} (a_0 b_n + a_1 b_{n-1} + \cdots + a_n b_0)$$

必可用平均求和法求和, 且其和为 $A \cdot B$, 即

$$\sum_{n=0}^{\infty} c_n = A \cdot B \quad (c, 1).$$

证明　令 $A_n = \sum\limits_{k=0}^{n} a_k, B_n = \sum\limits_{k=0}^{n} b_k, D_n = \sum\limits_{k=0}^{n} c_k$, 有

$$D_m = \sum_{k=0}^{m} (a_0 b_k + a_1 b_{k-1} + \cdots + a_k b_0) = a_0 B_m + a_1 B_{m-1} + \cdots + a_{m-1} B_1 + a_m B_0,$$

$$D_0 + D_1 + \cdots + D_n = A_0 B_n + A_1 B_{n-1} + \cdots + A_{n-1} B_1 + A_n B_0.$$

我们用和式 $(A_m - A)B_{n-m} + A B_{n-m}$ 代替上式右端的每一项, 且用 $n+1$ 除等式的两端, 即得

$$\frac{D_0 + D_1 + \cdots + D_n}{n+1} = \frac{\sum\limits_{m=0}^{n} B_{n-m}(A_m - A)}{n+1} + \frac{A \sum\limits_{m=0}^{n} B_{n-m}}{n+1},$$

因为 $\lim\limits_{n\to\infty} B_n = B$, 所以

$$\lim_{n\to\infty} \frac{\sum\limits_{m=0}^{n} B_{n-m}}{n+1} = \lim_{n\to\infty} \frac{\sum\limits_{m=0}^{n} B_n}{n+1} = B.$$

现设 $|B_n| \leqslant L$, 则

$$\left| \frac{\sum\limits_{m=0}^{n} B_{n-m}(A_m - A)}{n+1} \right| \leqslant L \frac{\sum\limits_{m=0}^{n} |A_m - A|}{n+1},$$

因为 $\lim\limits_{m\to\infty} |A_m - A| = 0$, 所以上式右端当 $n \to \infty$ 时趋于零, 于是得到

$$\lim_{n\to\infty} \frac{D_0 + D_1 + \cdots + D_n}{n+1} = AB.$$

4.3.3 二重级数

设给定由两个正整数组成的下角标决定的无穷数集

$$\{a_{ij}\} \quad (i,j = 1, 2, \cdots),$$

将它排成无穷矩阵的形式

$$
\begin{array}{ccccc}
a_{11} & a_{12} & a_{13} & a_{14} & \cdots \\
a_{21} & a_{22} & a_{23} & a_{24} & \cdots \\
a_{31} & a_{32} & a_{33} & a_{34} & \cdots \\
a_{41} & a_{42} & a_{43} & a_{44} & \cdots \\
\vdots & \vdots & \vdots & \vdots &
\end{array}
$$

我们考虑 a_{ij} 为项的级数, 这种级数称为二重级数, 形式地记为

$$\sum_{m,n=1}^{\infty} a_{mn}.$$

对于二重级数, 它的和的意义就不像一重级数那样自然明确, 我们可以用不同方式来构造其部分和, 与此相应的就有不同意义的和. 例如:

(a) 三角形求和: $\displaystyle\lim_{N\to\infty} \sum_{k=2}^{N} \left(\sum_{m+n=k} a_{mn} \right)$;

(b) 正方形求和: $\displaystyle\lim_{N\to\infty} \left(\sum_{m=1}^{N} \sum_{n=1}^{N} a_{mn} \right)$;

(c) 长方形求和: $\displaystyle\lim_{(N,M)\to(\infty,\infty)} \left(\sum_{m=1}^{M} \sum_{n=1}^{N} a_{mn} \right)$;

(d) 圆形求和: $\displaystyle\lim_{N\to\infty} \left(\sum_{m^2+n^2 \leqslant N^2} a_{mn} \right)$;

(e) 按行求和: $\displaystyle\lim_{M\to\infty} \left(\lim_{N\to\infty} \sum_{m=1}^{M} \sum_{n=1}^{N} a_{mn} \right) = \sum_{m=1}^{\infty} \sum_{n=1}^{\infty} a_{mn}$;

(f) 按列求和: $\displaystyle\lim_{N\to\infty} \left(\lim_{M\to\infty} \sum_{n=1}^{N} \sum_{m=1}^{M} a_{mn} \right) = \sum_{n=1}^{\infty} \sum_{m=1}^{\infty} a_{mn}$.

若记 $A_{mn} = \displaystyle\sum_{k=1}^{m} \sum_{j=1}^{n} a_{kj}$, 则 (e) 和 (f) 可分别改写为

$$\lim_{m\to\infty} \lim_{n\to\infty} A_{mn} = \sum_{m=1}^{\infty} \sum_{n=1}^{\infty} a_{mn}, \tag{4.3.11}$$

$$\lim_{n \to \infty} \lim_{m \to \infty} A_{mn} = \sum_{n=1}^{\infty} \sum_{m=1}^{\infty} a_{mn}. \tag{4.3.12}$$

(4.3.11) 和 (4.3.12) 式左端不是别的, 正是在 4.1 节中所提及的累次极限.

定义 4.3.2 设 $A_{mn} = \sum_{k=1}^{m} \sum_{j=1}^{n} a_{kj}$, 若重极限

$$\lim_{(n,m) \to (\infty,\infty)} A_{mn}$$

存在, 且其极限为 A, 称二重级数 $\sum_{m,n=1}^{\infty} a_{mn}$ 收敛, 并有和 A.

用不等式的形式就是: $\forall \varepsilon > 0, \exists N$ 和 M, 当 $n > N, m > M$ 时, 都有

$$\left| \sum_{k=1}^{m} \sum_{j=1}^{n} a_{kj} - A \right| < \varepsilon.$$

由此定义看到, 若二重级数收敛, 则按 (a), (b), (c) 和 (d) 的意义规定它的和, 都收敛于同一的和, 但按 (e) 和 (f) 要另外加以考虑.

例 4.3.7

$$\frac{1}{\sqrt{2}} = 1 - \frac{1}{2} + \frac{1 \cdot 3}{2 \cdot 4} + \cdots + (-1)^m \frac{(2m-1)!!}{2m!!} + \cdots = \sum_{m=0}^{\infty} a_m,$$

作二重级数 $\sum_{m,n=0}^{\infty} c_{mn} = \sum_{m,n=0}^{\infty} a_m a_n$, 若按三角形求和就是柯西定义下的级数 $\sum_{m=0}^{\infty} a_m$ 的自乘, 它是一个发散级数

$$1 - 1 + 1 - 1 + 1 - \cdots + (-1)^n + \cdots;$$

但若按正方形求和, 则此时二重级数的部分和就是级数 $\sum_{n=0}^{\infty} a_n$ 的部分和的平方, 它收敛于 $\left(\frac{1}{\sqrt{2}} \right)^2 = \frac{1}{2}$, 由此看到

$$\sum_{m,n=0}^{\infty} a_m a_n$$

发散.

定义 4.3.3 若 $\lim_{m \to \infty} \lim_{n \to \infty} A_{mn}$ 收敛于 α, 则称

$$\sum_{m=1}^{\infty} \sum_{n=1}^{\infty} a_{mn}$$

先对 n 后对 m 的累次级数的和为 α; 同样, 若 $\displaystyle\lim_{n\to\infty}\lim_{m\to\infty} A_{mn}$ 收敛于 β, 则称

$$\sum_{n=1}^{\infty}\sum_{m=1}^{\infty} a_{mn}$$

先对 m 后对 n 的累次级数的和为 β.

完全类似于二重极限与累次极限的关系, 可以得到如下定理.

定理 4.3.13 如果二重级数 $\displaystyle\sum_{m,n=1}^{\infty} a_{mn}$ 收敛, 而且对每一 m, 级数 $\displaystyle\sum_{n=1}^{\infty} a_{mn}$ 收敛, 则累次级数 $\displaystyle\sum_{m=1}^{\infty}\sum_{n=1}^{\infty} a_{mn}$ 收敛, 且与二重级数有相同的和, 即

$$\sum_{m=1}^{\infty}\sum_{n=1}^{\infty} a_{mn} = \alpha = \sum_{m,n=1}^{\infty} a_{mn}.$$

证明 由于 $\displaystyle\sum_{m,n=1}^{\infty} a_{mn} = \alpha$, 故对任给 $\varepsilon > 0$, 存在 N 和 M, 当 $n > N, m > M$ 时, 有

$$\left|\sum_{k=1}^{m}\sum_{j=1}^{n} a_{kj} - \alpha\right| < \frac{\varepsilon}{2}, \tag{4.3.13}$$

由题设对每一 m, 级数 $\displaystyle\sum_{n=1}^{\infty} a_{mn}$ 收敛, 可令 $\displaystyle\sum_{n=1}^{\infty} a_{mn} = A_m$, 这样在 (4.3.13) 式中令 $n \to \infty$, 即得

$$\left|\sum_{k=1}^{m} A_k - \alpha\right| \leqslant \frac{\varepsilon}{2} < \varepsilon,$$

从而, 当 $m > M$ 时,

$$\left|\sum_{k=1}^{m} A_k - \alpha\right| < \varepsilon$$

成立, 即

$$\sum_{m=1}^{\infty} A_m = \sum_{m=1}^{\infty}\sum_{n=1}^{\infty} a_{mn} = \alpha.$$

由本定理可推得如下两个推论.

推论 4.3.2 若二重级数和两个累次级数都存在, 则三者相等.

推论 4.3.3 若两个累次级数存在但不等, 则二重级数不存在.

对于正项的二重级数, $a_{mn} \geqslant 0 \, (n, m = 1, 2, \cdots)$ 情况就比较简单, 此时各种求和方法都是等价的, 我们有如下一些定理.

定理 4.3.14　若对一切 m, n 有 $a_{mn} \geqslant 0$, 则二重级数 $\sum\limits_{m,n=1}^{\infty} a_{mn}$ 收敛的充要条件是它的部分和有界.

证明　必要性是明显的. 现证充分性, 设 $A_{mn} \leqslant L$, 那么和数 A_{mn} 组成的集合有上确界, 令

$$A = \sup\{A_{mn}\},$$

现在来证明这个上确界就是所给二重级数的和.

给定正数 ε, 依上确界定义, 可以找到某部分和 $A_{m_0 n_0}$, 使得

$$A_{m_0 n_0} > A - \varepsilon,$$

如果 $m > m_0, n > n_0$, 由 $a_{mn} \geqslant 0$ 知

$$A_{mn} \geqslant A_{m_0 n_0} > A - \varepsilon,$$

又因为对于每一部分和都不超过 A, 所以当 $m > m_0$, $n > n_0$ 时, 有

$$|A_{mn} - A| < \varepsilon,$$

这就表示

$$A = \lim_{(n,m)\to(\infty,\infty)} A_{mn},$$

亦即, 级数 $\sum\limits_{m,n=1}^{\infty} a_{mn}$ 收敛.

定理 4.3.15　若对一切 m, n 有 $a_{mn} \geqslant b_{mn} \geqslant 0$, 则当二重级数 $\sum\limits_{m,n=1}^{\infty} a_{mn}$ 收敛时, 二重级数 $\sum\limits_{m,n=1}^{\infty} b_{mn}$ 也收敛; 当二重级数 $\sum\limits_{m,n=1}^{\infty} b_{mn}$ 发散时, 二重级数 $\sum\limits_{m,n=1}^{\infty} a_{mn}$ 也发散.

这是定理 4.3.14 的简单推论.

定理 4.3.16　如果 $a_{mn} \geqslant 0$, 当三个级数

$$\sum_{m,n=1}^{\infty} a_{mn}, \quad \sum_{m=1}^{\infty}\sum_{n=1}^{\infty} a_{mn}, \quad \sum_{n=1}^{\infty}\sum_{m=1}^{\infty} a_{mn}$$

中的一个级数收敛时, 则其余两个级数也收敛, 并且具有相同的和.

证明　设 $\sum\limits_{m,n=1}^{\infty} a_{mn} = A$, 从定理 4.3.14 的证明过程中知, 对于任意的 m, n,

$$\sum_{k=1}^{m}\sum_{j=1}^{n} a_{kj} = A_{mn} \leqslant A,$$

所以

$$\sum_{k=1}^{m}\sum_{j=1}^{\infty}a_{kj} \leqslant A,$$

以及

$$\sum_{k=1}^{\infty}\sum_{j=1}^{\infty}a_{kj} \leqslant A.$$

这就证明了 $\displaystyle\sum_{m=1}^{\infty}\sum_{n=1}^{\infty}a_{mn}$ 收敛且它的和 B 不会超过 A.

反之, 若 $\displaystyle\sum_{m=1}^{\infty}\sum_{n=1}^{\infty}a_{mn}=B$, 则

$$A_{mn}=\sum_{k=1}^{m}\sum_{j=1}^{n}a_{kj} \leqslant \sum_{k=1}^{m}\sum_{j=1}^{\infty}a_{kj} \leqslant B.$$

于是, $\displaystyle\sum_{m,n=1}^{\infty}a_{mn}$ 的部分和有界, 再由定理 4.3.14, 二重级数 $\displaystyle\sum_{m,n=1}^{\infty}a_{mn}$ 收敛且它的 和 A 也不会超过 B, 这就得到了

$$A=B.$$

对于另一累次级数用同样的方法也可以证明.

定理 4.3.17 若二重级数 $\displaystyle\sum_{m,n=1}^{\infty}|a_{mn}|$ 收敛, 则二重级数 $\displaystyle\sum_{m,n=1}^{\infty}a_{mn}$ 也收敛.

证明 将 a_{mn} 表示成下面的形状:

$$a_{mn}=p_{mn}-q_{mn},$$

这里

$$p_{mn}=\frac{|a_{mn}|+a_{mn}}{2}, \quad q_{mn}=\frac{|a_{mn}|-a_{mn}}{2}.$$

显然 $0 \leqslant p_{mn} \leqslant |a_{mn}|, 0 \leqslant q_{mn} \leqslant |a_{mn}|$, 由 $\displaystyle\sum_{m,n=1}^{\infty}|a_{mn}|$ 收敛知, $\displaystyle\sum_{m,n=1}^{\infty}p_{mn}$ 与 $\displaystyle\sum_{m,n=1}^{\infty}q_{mn}$ 也收敛, 因此级数

$$\sum_{m,n=1}^{\infty}a_{mn}=\sum_{m,n=1}^{\infty}(p_{mn}-q_{mn})$$

也收敛.

定义 4.3.4 若二重级数 $\sum\limits_{m,n=1}^{\infty} |a_{mn}|$ 收敛, 则称二重级数 $\sum\limits_{m,n=1}^{\infty} a_{mn}$ 绝对收敛; 若级数 $\sum\limits_{m,n=1}^{\infty} a_{mn}$ 收敛, 而 $\sum\limits_{m,n=1}^{\infty} |a_{mn}|$ 发散, 则称二重级数 $\sum\limits_{m,n=1}^{\infty} a_{mn}$ 条件收敛.

对于绝对收敛的二重级数, 利用上面的分解法:

$$a_{mn} = p_{mn} - q_{mn},$$

$$p_{mn} = \frac{|a_{mn}| + a_{mn}}{2}, \quad q_{mn} = \frac{|a_{mn}| - a_{mn}}{2},$$

很容易把正项级数的基本性质推广到绝对收敛级数上去. 我们有

如果二重级数 $\sum\limits_{m,n=1}^{\infty} a_{mn}$ 绝对收敛, 则其累次级数也绝对收敛, 且累次级数绝对收敛于相同的和;

绝对收敛的二重级数的项可以任意改变其排列次序而不改变其敛散性.

例 4.3.8 考察累次级数 $\sum\limits_{m=1}^{\infty} \sum\limits_{n=1}^{\infty} \frac{1}{m^\alpha + n^\alpha}$ 的敛散性.

解 因

$$\frac{1}{m^\alpha + n^\alpha} > 0 \quad (m,n = 1,2,\cdots),$$

由定理 4.3.16 知, 此累次级数的收敛性与二重级数

$$\sum\limits_{m,n=1}^{\infty} \frac{1}{m^\alpha + n^\alpha}$$

相同, 而且讨论二重级数的敛散性只需考虑一种特殊的求和方法就可以了. 我们考虑三角形求和法,

$$\sum\limits_{p=2}^{\infty} \left(\sum\limits_{m+n=p} \frac{1}{m^\alpha + n^\alpha} \right).$$

若 $\alpha \leqslant 1$, 显然发散;

若 $\alpha > 1$, 当 $m + n = p$ 时, 有

$$2p^\alpha \geqslant m^\alpha + n^\alpha \geqslant 2\left(\frac{1}{2}p\right)^\alpha,$$

$$\frac{p-1}{2p^\alpha} \leqslant \sum\limits_{m+n=p} \frac{1}{m^\alpha + n^\alpha} \leqslant \frac{p-1}{2\left(\frac{1}{2}p\right)^\alpha},$$

因此, 上述二重级数与 $\sum\limits_{p=1}^{\infty} \dfrac{1}{p^{\alpha-1}}$ 同时收敛与发散, 而级数 $\sum\limits_{p=1}^{\infty} \dfrac{1}{p^{\alpha-1}}$ 当 $\alpha > 2$ 时收敛, 当 $\alpha \leqslant 2$ 时发散, 所以, 最后累次级数

$$\sum_{m=1}^{\infty}\sum_{n=1}^{\infty} \frac{1}{m^\alpha + n^\alpha},$$

当 $\alpha > 2$ 时收敛, 当 $\alpha \leqslant 2$ 时发散.

例 4.3.9 证明

$$\sum_{n=1}^{\infty} \frac{x^n}{1-x^n} = \sum_{n=1}^{\infty} \tau(n)x^n, \quad |x| < 1,$$

这里 $\tau(n)$ 表示正整数 n 的正整数因子的个数.

证明 当 $|x| < 1$ 时, $\sum\limits_{n=1}^{\infty} \dfrac{x^n}{1-x^n}$ 绝对收敛, 又

$$\frac{x^n}{1-x^n} = x^n + x^{2n} + \cdots + x^{mn} + \cdots = \sum_{m=1}^{\infty} x^{mn},$$

因此

$$\sum_{n=1}^{\infty} \frac{x^n}{1-x^n} = \sum_{n=1}^{\infty}\sum_{m=1}^{\infty} x^{mn},$$

把二重级数作成无穷矩阵

$$\begin{pmatrix} x & x^2 & x^3 & x^4 & \cdots & x^m & \cdots \\ 0 & x^2 & 0 & x^4 & \cdots & * & \cdots \\ 0 & 0 & x^3 & 0 & \cdots & * & \cdots \\ 0 & 0 & 0 & x^4 & \cdots & * & \cdots \\ \vdots & \vdots & \vdots & \vdots & & \vdots & \end{pmatrix}.$$

上述无穷矩阵组成的按行相加的累次级数绝对收敛, 因此按列求和的累次级数也收敛且有相同的和, 从而

$$\sum_{n=1}^{\infty} \frac{x^n}{1-x^n} = x + 2x^2 + 2x^3 + 3x^4 + \cdots + a_n x^n + \cdots,$$

现在我们来计算 a_n, 设 n 有 $\tau(n)$ 个正整数因子

$$m_1, m_2, \cdots, m_{\tau(n)},$$

则在级数
$$x^{m_i} + x^{2m_i} + \cdots + x^{km_i} + \cdots \quad (i = 1, 2, \cdots, \tau(n))$$
中含有 x^n, 且仅在这些级数中含有 x^n, 从而 $a_n = \tau(n)$, 即
$$\sum_{n=1}^{\infty} \frac{x^n}{1 - x^n} = \sum_{n=1}^{\infty} \tau(n) x^n.$$

习　题　4.3

1. 应用级数的柯西收敛准则判定下列级数的敛散性.

(1) $\displaystyle\sum_{n=1}^{\infty} \frac{\sin 2^n}{2^n}$;

(2) $\displaystyle\sum_{n=1}^{\infty} \frac{1}{\sqrt{n + n^2}}$.

2. 研究下列级数的敛散性.

(1) $\displaystyle\sum_{n=1}^{\infty} \frac{n!}{n^n}$;

(2) $\displaystyle\sum_{n=2}^{\infty} \frac{1}{(\ln n)^{\ln n}}$;

(3) $\displaystyle\sum_{n=2}^{\infty} \frac{1}{\ln n}$;

(4) $\displaystyle\sum_{n=1}^{\infty} \frac{\sqrt{n}}{2n^2 + n + 2}$;

(5) $\displaystyle\sum_{n=2}^{\infty} \frac{1}{n(\ln n)^2}$;

(6) $\displaystyle\sum_{n=1}^{\infty} \frac{\sin x}{n^{\alpha}}\ (\alpha > 0), x \in (0, 2\pi)$;

(7) $\left(\dfrac{1}{2}\right)^0 + \left(\dfrac{1}{4}\right)^1 + \left(\dfrac{1}{2}\right)^2 + \left(\dfrac{1}{4}\right)^3 + \left(\dfrac{1}{2}\right)^4 + \cdots$;

(8) $\displaystyle\sum_{n=1}^{\infty} \frac{(-1)^n}{n} \frac{x^n}{1 + x^n}\ (x > 0)$;

(9) $\displaystyle\sum_{n=1}^{\infty} \frac{2 + (-1)^n}{2^n}$;

(10) $\displaystyle\sum_{n=1}^{\infty} \frac{3^n + (-2)^n}{n} x^n$;

(11) $\displaystyle\sum_{n=1}^{\infty} \sin n^2$.

3. 证明: 若正项级数 $\displaystyle\sum_{n=1}^{\infty} a_n$ 收敛, 则 $\displaystyle\sum_{n=1}^{\infty} a_n^2$ 也收敛, 反之是否成立.

4. 若 $\displaystyle\sum_{n=1}^{\infty} a_n^2, \sum_{n=1}^{\infty} b_n^2$ 收敛, 证明:
$$\sum_{n=1}^{\infty} |a_n b_n|, \quad \sum_{n=1}^{\infty} (a_n + b_n)^2, \quad \sum_{n=1}^{\infty} \frac{|a_n|}{n}$$
也都收敛.

5. 证明: 若 $\displaystyle\lim_{n\to\infty} na_n = a \neq 0$, 则级数 $\displaystyle\sum_{n=1}^{\infty} a_n$ 发散.

6. 若级数 $\displaystyle\sum_{n=1}^{\infty} a_n$ 收敛, 并且 $\displaystyle\lim_{n\to\infty} \frac{b_n}{a_n} = 1$, 能否判定级数 $\displaystyle\sum_{n=1}^{\infty} b_n$ 也一定收敛.

7. 若 $\displaystyle\sum_{n=0}^{\infty} \frac{a^n}{n!}$ 与 $\displaystyle\sum_{n=0}^{\infty} \frac{b^n}{n!}$ 绝对收敛, 试证: 它们的乘积等于
$$\sum_{n=0}^{\infty} \frac{(a+b)^n}{n!}.$$

8. 证明级数

$$\sum_{n=1}^{\infty}(-1)^n \sin\frac{x}{n}$$

对任意的 $x\,(\neq 0)$ 条件收敛.

9. 设 $a_n \neq 0$, $\lim\limits_{n\to\infty} a_n = a \neq 0$, 试证下列两个级数

$$\sum_{n=1}^{\infty}|a_{n+1}-a_n| \quad \text{与} \quad \sum_{n=1}^{\infty}\left|\frac{1}{a_{n+1}}-\frac{1}{a_n}\right|$$

同时收敛或同时发散.

10. 若正项级数 $\sum\limits_{n=1}^{\infty} a_n$ 与 $\sum\limits_{n=1}^{\infty} b_n$ 都收敛, 且 $p>1, \dfrac{1}{p}+\dfrac{1}{q}=1$, 证明:

(1) $\sum\limits_{n=1}^{\infty} a_n b_n \leqslant \left(\sum\limits_{n=1}^{\infty} a_n^p\right)^{\frac{1}{p}} \cdot \left(\sum\limits_{n=1}^{\infty} b_n^q\right)^{\frac{1}{q}}$;

(2) $\left[\sum\limits_{n=1}^{\infty}(a_n+b_n)^p\right]^{\frac{1}{p}} \leqslant \left(\sum\limits_{n=1}^{\infty} a_n^p\right)^{\frac{1}{p}} + \left(\sum\limits_{n=1}^{\infty} b_n^p\right)^{\frac{1}{p}}$.

11. 若 $\sum\limits_{n=1}^{\infty} a_n \, (c,1)$ 可和, 则 $\{a_n\} \, (c,1)$ 可和于 0, 即

$$\lim_{n\to\infty}\frac{a_1+a_2+\cdots+a_n}{n}=0.$$

12. 证明: 级数 $1+0-1+1+0-1+\cdots (c,1)$ 可和, 其和为 $\dfrac{2}{3}$.

13. 若 $a_n \geqslant 0$, $\sum\limits_{n=1}^{\infty} a_n$ 收敛, 证明: $\sum\limits_{n=1}^{\infty} \dfrac{\sqrt{a_n}}{n}$ 也收敛.

14. 假定 $a_n > 0$, $\sum\limits_{n=1}^{\infty} a_n$ 发散, $S_n = \sum\limits_{k=1}^{n} a_k$, 试证:

(1) $\sum\limits_{n=1}^{\infty} \dfrac{a_n}{1+a_n}$ 发散;

(2) $\sum\limits_{n=1}^{\infty} \dfrac{a_n}{S_n}$ 发散;

(3) $\sum\limits_{n=1}^{\infty} \dfrac{a_n}{S_n^2}$ 收敛.

15. 设 $a_n > 0$, $\sum\limits_{n=1}^{\infty} a_n$ 收敛, 令 $r_n = \sum\limits_{m=n}^{\infty} a_m$, 试证:

(1) $\sum\limits_{n=1}^{\infty} \dfrac{a_n}{r_n}$ 发散;

(2) $\sum\limits_{n=1}^{\infty} \dfrac{a_n}{\sqrt{r_n}}$ 收敛;

(3) $\lim\limits_{n\to\infty} \dfrac{1}{n}\sum\limits_{k=1}^{n} ka_k = 0$.

16. 当 α 取何值时, 级数

$$1 - \frac{1}{2^\alpha} + \frac{1}{3} - \frac{1}{4^\alpha} + \cdots + \frac{1}{2n-1} - \frac{1}{(2n)^\alpha} + \cdots$$

收敛.

17. 举一级数 $\sum\limits_{n=1}^{\infty} a_n$, 它的部分和有界, 且 $\lim\limits_{n\to\infty} a_n = 0$, 但级数发散.

18. 若 $a_n \geqslant 0$, $\sum\limits_{n=1}^{\infty} a_n$ 收敛, 试证: $\varliminf\limits_{n\to\infty} n a_n = 0$.

19. 设 $p_n > 0$, 若级数 $\sum\limits_{n=1}^{\infty} \frac{1}{p_n}$ 收敛, 求证: 级数

$$\sum_{n=1}^{\infty} \frac{n^2}{(p_1 + \cdots + p_n)^2} p_n$$

也收敛.

20*. 若 $\lim\limits_{n\to\infty} \left(n^{2n \sin \frac{1}{n}} \cdot a_n \right) = 1$, 试证: 级数 $\sum\limits_{n=1}^{\infty} a_n$ 收敛.

21*. 设 $\sum\limits_{n=1}^{\infty} u_n$ 为收敛的正项级数, 求证:

(1) $\lim\limits_{n\to\infty} \dfrac{u_1 + 2u_2 + \cdots + n u_n}{n} = 0$;

(2) $\sum\limits_{n=1}^{\infty} \dfrac{u_1 + 2u_2 + \cdots + n u_n}{n(n+1)} = \sum\limits_{n=1}^{\infty} u_n$;

(3) $\lim\limits_{n\to\infty} (n! u_1 \cdots u_n)^{\frac{1}{n}} = 0$;

(4) $\sum\limits_{n=1}^{\infty} \dfrac{(n! u_1 \cdots u_n)^{\frac{1}{n}}}{n+1} \leqslant \sum\limits_{n=1}^{\infty} u_n$.

22*. 证明: $1 + 1 - 1 + 1 + 1 - 1 + 1 + 1 - 1 + \cdots$ 不 $(c,1)$ 可和.

23*. 若 $\sum\limits_{n=1}^{\infty} u_n\ (c,1)$ 可和, 且 $u_n = o\left(\dfrac{1}{n}\right)$, 证明: $\sum\limits_{n=1}^{\infty} u_n$ 收敛.

24*. 求二重级数 $\sum\limits_{m=0}^{\infty} \sum\limits_{n=0}^{\infty} 2^{-3n-m-(m+n)^2}$ 的和.

25*. 已知 $S_n = \dfrac{1}{2^n} + \dfrac{1}{3^n} + \dfrac{1}{4^n} + \cdots$, 求证:

(1) $S_2 + S_3 + S_4 + \cdots = 1$;

(2) $S_2 + S_4 + S_6 + \cdots = \dfrac{3}{4}$;

(3) $\dfrac{1}{2} S_2 + \dfrac{1}{3} S_3 + \cdots = 1 - c \left(c = \lim\limits_{n\to\infty} \left(1 + \dfrac{1}{2} + \dfrac{1}{3} + \cdots + \dfrac{1}{n} - \ln n \right) \text{ 称为欧拉常数} \right)$;

(4) $S_2 + \dfrac{1}{2} S_4 + \dfrac{1}{3} S_6 + \cdots = \ln 2$.

4.4 函数项级数的一致收敛性

设 $\{u_n(x)\}$ 是定义在数集 E 上的函数列, 和式

$$\sum_{n=1}^{\infty} u_n(x) = u_1(x) + u_2(x) + \cdots + u_n(x) + \cdots \tag{4.4.1}$$

称为定义在 E 上的函数项级数. 同样地, 称

$$S_n(x) = \sum_{k=1}^{n} u_k(x) = u_1(x) + u_2(x) + \cdots + u_n(x) \tag{4.4.2}$$

为级数 (4.4.1) 的前 n 项部分和函数. 级数 (4.4.1) 的收敛与发散也是通过它的部分和 $S_n(x)$ 所组成的函数列 $\{S_n(x)\}$ 的收敛或发散来定义. 由此, 函数项级数的收敛性问题完全归结为讨论它的部分和函数列 $\{S_n(x)\}$ 的收敛性.

定义4.4.1 设 $\{S_n(x)\}$ 是函数项级数 $\sum_{n=1}^{\infty} u_n(x)$ 的部分和函数列, 若 $\{S_n(x)\}$ 在 E 上一致收敛于函数 $S(x)$, 称函数项级数 $\sum_{n=1}^{\infty} u_n(x)$ 在 E 上一致收敛于 $S(x)$, 或称函数项级数 $\sum_{n=1}^{\infty} u_n(x)$ 在 E 上一致收敛.

定理 4.4.1 (函数项级数一致收敛的柯西准则) 函数项级数 $\sum_{n=1}^{\infty} u_n(x)$ 在数集 E 上一致收敛的充要条件是: 对任意正数 ε, 总存在正整数 N, 当 $n > N$ 时, 对一切 $x \in E$ 和一切正整数 p, 都有

$$|S_{n+p}(x) - S_n(x)| < \varepsilon,$$

或

$$|u_{n+1}(x) + \cdots + u_{n+p}(x)| < \varepsilon.$$

此定理中, 设 $p = 1$ 时, 得到函数项级数一致收敛的必要条件.

推论 4.4.1 函数项级数 $\sum_{n=1}^{\infty} u_n(x)$ 在数集 E 上一致收敛的必要条件是: 函数列 $\{u_n(x)\}$ 在 E 上一致收敛于零, 即

$$u_n(x) \rightrightarrows 0 \quad (n \to \infty), \quad x \in E.$$

定理 4.4.2 函数项级数 $\sum_{n=1}^{\infty} u_n(x)$ 在 E 上一致收敛于 $S(x)$ 的充要条件是

$$\lim_{n \to \infty} \sup_{x \in E} |S(x) - S_n(x)| = 0.$$

定理 4.4.3 (迪尼定理)　设函数列 $\{u_n(x)\}$ 的各项都在 $[a,b]$ 上连续且同号, 级数 $\sum\limits_{n=1}^{\infty} u_n(x)$ 在 $[a,b]$ 上收敛于连续函数 $S(x)$, 则函数项级数 $\sum\limits_{n=1}^{\infty} u_n(x)$ 在 $[a,b]$ 上一致收敛.

除了通过考察函数项级数的部分和函数列来判定函数项级数的一致收敛性外, 还可直接根据级数的各项特性来判别. 下面列出几个定理, 它们都是在数学分析中学习过的.

定理 4.4.4 (魏尔斯特拉斯判别法, M-判别法)　设 $\sum\limits_{n=1}^{\infty} u_n(x)$ 是定义在数集 E 上的函数项级数, 若对所有 $x \in E$,

$$|u_n(x)| \leqslant M_n \quad (n = 1, 2, \cdots),$$

则当数项级数 $\sum\limits_{n=1}^{\infty} M_n$ 收敛时, 函数项级数 $\sum\limits_{n=1}^{\infty} u_n(x)$ 在 E 上一致收敛.

这个判别法是一致收敛最常用的判别法, 但只能判定 $\sum\limits_{n=1}^{\infty} u_n(x)$ 和 $\sum\limits_{n=1}^{\infty} |u_n(x)|$ 都一致收敛的情形, 对于 $\sum\limits_{n=1}^{\infty} |u_n(x)|$ 不收敛或不一致收敛的情形, 就无法应用此方法来研究 $\sum\limits_{n=1}^{\infty} u_n(x)$ 的一致收敛性.

与数项级数一样, 下面两种判别法可用来判定非绝对收敛函数项级数的一致收敛性.

定理 4.4.5 (阿贝尔判别法)　设

(1) 函数项级数 $\sum\limits_{n=1}^{\infty} u_n(x)$ 在区间 I 上一致收敛;

(2) 对于每一个 $x \in I$, $\{v_n(x)\}$ 是单调的;

(3) $\{v_n(x)\}$ 在 I 上一致有界, 即存在正数 M, 对一切 $x \in I$ 和正整数 n, 均有

$$|v_n(x)| \leqslant M,$$

则函数项级数 $\sum\limits_{n=1}^{\infty} u_n(x)v_n(x)$ 在 I 上一致收敛.

定理 4.4.6 (狄利克雷判别法)　设

(1) 函数项级数 $\sum\limits_{n=1}^{\infty} u_n(x)$ 的部分和函数列 $S_n(x) = \sum\limits_{k=1}^{n} u_k(x)$ $(n = 1, 2, \cdots)$ 在 I 上一致有界;

(2) 对于每一个 $x \in I$, $\{v_n(x)\}$ 是单调的;

(3) 在 I 上 $\{v_n(x)\}$ 一致地收敛于零,

则函数项级数 $\sum\limits_{n=1}^{\infty} u_n(x)v_n(x)$ 在 I 上一致收敛.

例 4.4.1 证明函数项级数 $\sum\limits_{n=1}^{\infty} x^{n-1}$ 在区间 $[-a, a]$ $(a < 1)$ 上一致收敛, 而在 $(-1, 1)$ 内不一致收敛.

证明

$$S_n(x) = \sum_{k=1}^{n} x^{k-1} = \frac{1-x^n}{1-x}, \quad S(x) = \frac{1}{1-x}, \quad |x| < 1.$$

在 $[-a, a]$ 上,

$$\sup_{x \in [-a, a]} |S_n(x) - S(x)| = \sup_{x \in [-a, a]} \left| \frac{1-x^n}{1-x} - \frac{1}{1-x} \right|$$

$$= \sup_{x \in [-a, a]} \left| \frac{x^n}{1-x} \right| \leqslant \frac{a^n}{1-a} \to 0 \quad (n \to \infty);$$

在 $(-1, 1)$ 内

$$\sup_{x \in (-1, 1)} |S_n(x) - S(x)| = \sup_{x \in (-1, 1)} \left| \frac{x^n}{1-x} \right| \geqslant \left| \frac{\left(\dfrac{1}{\sqrt[n]{2}} \right)^n}{1 - \dfrac{1}{\sqrt[n]{2}}} \right|$$

$$= \frac{1}{2} \frac{1}{1 - \dfrac{1}{\sqrt[n]{2}}} \to \infty \quad (n \to \infty),$$

故在 $[-a, a]$ $(a < 1)$ 上一致收敛, 而在 $(-1, 1)$ 上不一致收敛.

例 4.4.2 若数列 $\{a_n\}$ 单调, 且收敛于零, 试证函数项级数

$$\sum_{n=1}^{\infty} a_n \sin nx$$

在 $[\alpha, 2\pi - \alpha]$ $(0 < \alpha < \pi)$ 上一致收敛.

证明 由于 $2 \sin \dfrac{x}{2} \sum\limits_{k=1}^{n} \sin kx = \cos \dfrac{x}{2} - \cos \left(n + \dfrac{1}{2} \right) x$, 在区间 $[\alpha, 2\pi - \alpha]$ $(0 < \alpha < \pi)$ 上有

$$\left| \sum_{k=1}^{n} \sin kx \right| = \left| \frac{\cos \dfrac{x}{2} - \cos \left(n + \dfrac{1}{2} \right) x}{2 \sin \dfrac{x}{2}} \right| \leqslant \frac{1}{\sin \dfrac{\alpha}{2}},$$

所以函数项级数 $\sum\limits_{n=1}^{\infty} \sin nx$ 的部分和在区间 $[\alpha, 2\pi - \alpha]$ 上一致有界, 于是记 $u_n(x) = \sin nx$, $v_n(x) = a_n$, 由狄利克雷判别法可知函数项级数 $\sum\limits_{n=1}^{\infty} a_n \sin nx$ 在 $[\alpha, 2\pi - \alpha]$ 上一致收敛.

下面研究一致收敛级数的分析性质.

定理 4.4.7 (逐项求极限定理)　若函数项级数 $\sum\limits_{n=1}^{\infty} u_n(x)$ 在点 x_0 的某空心邻域内一致收敛, 且每一项 $u_n(x)$ 的极限 $\lim\limits_{x \to x_0} u_n(x)$ 都存在, 则

$$\lim_{x \to x_0} \sum_{n=1}^{\infty} u_n(x) = \sum_{n=1}^{\infty} \lim_{x \to x_0} u_n(x).$$

运用定理 4.1.4 即得此定理, 证明从略.

为了把下面三个定理的条件适当地放宽些, 我们引进内闭收敛 (或内闭一致收敛) 的概念.

定义 4.4.2　设 X 为一区间 (开、闭或半开半闭), 对于任何有限闭区间 $[a, b] \subset X$, 函数项级数 $\sum\limits_{n=1}^{\infty} u_n(x)$ 在 $[a, b]$ 上收敛 (或一致收敛), 称函数项级数 $\sum\limits_{n=1}^{\infty} u_n(x)$ 在 X 内闭收敛 (或内闭一致收敛).

若 X 本身是有限闭区间, 也可以认为 $X \subset X$, 这时在 X 内闭收敛 (或内闭一致收敛) 就是在 X 上收敛 (或一致收敛).

定理 4.4.8 (连续性定理)　若函数项级数 $\sum\limits_{n=1}^{\infty} u_n(x)$ 在 X 内闭一致收敛, 且对每项 $u_n(x)$ 在 X 上连续, 则函数项级数 $\sum\limits_{n=1}^{\infty} u_n(x)$ 的和函数 $S(x)$ 在 X 上连续.

证明　对于任意的 $x_0 \in X$, 由于级数在 X 内闭一致收敛, 因此总存在闭区间 $[a, b] \subset X$, 使得 $x_0 \in [a, b]$, 且级数在 $[a, b]$ 上一致收敛. 设

$$\sum_{n=1}^{\infty} u_n(x) = S(x), \quad S_n(x) = \sum_{k=1}^{n} u_k(x), \quad x \in [a, b],$$

我们有

$$|S(x) - S(x_0)| = |S(x) - S_n(x) + S_n(x) - S_n(x_0) + S_n(x_0) - S(x_0)|,$$

由于 $\sum\limits_{n=1}^{\infty} u_n(x)$ 在 $[a, b]$ 上一致收敛于 $S(x)$, 故对于给定的 $\varepsilon > 0$, $\exists n$, 对一切 $x \in [a, b]$, 都有

$$|S(x) - S_n(x)| < \frac{\varepsilon}{3},$$

特别地,

$$|S(x_0) - S_n(x_0)| < \frac{\varepsilon}{3},$$

又由于 $S_n(x) = \sum\limits_{k=1}^{n} u_k(x)$ 在 $[a, b]$ 上连续, 对于所给 ε, $\exists \delta > 0$, 当 $|x - x_0| < \delta$ $(x \in [a, b])$ 时, 有

$$|S_n(x) - S_n(x_0)| < \frac{\varepsilon}{3}.$$

于是

$$|S(x) - S(x_0)| < \varepsilon,$$

只要 $|x - x_0| < \delta$ $(x \in [a,b])$. 这就是说, 和函数 $S(x)$ 在 x_0 点连续, 而 x_0 是 X 上任意的点, 故 $S(x)$ 在 X 上连续.

一致收敛性只是和函数连续的充分条件而不是必要条件.

例如, 级数的部分和为

$$S_n(x) = \frac{1}{1 + nx}, \quad x \in (0,1),$$

显然和函数 $S(x) = 0$ 在 $(0,1)$ 上连续, 由例 4.1.4知它在 $(0,1)$ 上不一致收敛. 实际上, 在我们的证明过程中可以看到, 并未充分利用到一致收敛性, 对于给定的 $\varepsilon > 0$, 只要能找到某个 n, 使得对一切 $x \in [a,b]$, 有

$$|S(x) - S_n(x)| < \frac{\varepsilon}{3}$$

即可, 不必对自某项后的一切项 (即 $n > N$ 时) 都要使上式成立.

本定理也可以用来判定非一致收敛性.

例 4.4.3 设 $u_n(x) = \sin^n x - \sin^{n+1} x, x \in \left(0, \frac{\pi}{2}\right]$. 显然, $u_n(x)$ 在 $\left(0, \frac{\pi}{2}\right]$ 上连续, 而

$$S(x) = \sum_{n=1}^{\infty} (\sin^n x - \sin^{n+1} x) = \begin{cases} \sin x, & 0 < x < \frac{\pi}{2}, \\ 0, & x = \frac{\pi}{2}. \end{cases}$$

$S(x)$ 在 $x = \frac{\pi}{2}$ 时不连续, 依本定理, $\sum_{n=1}^{\infty} u_n(x)$ 在 $\left(0, \frac{\pi}{2}\right]$ 上不一致收敛.

定理 4.4.9 (逐项求积定理) 设函数项级数 $\sum_{n=1}^{\infty} u_n(x)$ 在区间 X 内闭一致收敛于 $S(x)$, 又对任意的自然数 n 和闭区间 $[\alpha, \beta] \subset X, u_n(x)$ 在 $[\alpha, \beta]$ 上可积, 则和函数 $S(x)$ 在 $[\alpha, \beta]$ 上可积, 且

$$\int_{\alpha}^{\beta} S(x)\mathrm{d}x = \int_{\alpha}^{\beta} \sum_{n=1}^{\infty} u_n(x)\mathrm{d}x = \sum_{n=1}^{\infty} \int_{\alpha}^{\beta} u_n(x)\mathrm{d}x.$$

证明 任取 $[\alpha, \beta] \subset X$, 先证明 $S(x)$ 在 $[\alpha, \beta]$ 上可积. 由于函数项级数 $\sum_{n=1}^{\infty} u_n(x)$ 在 $[\alpha, \beta]$ 上一致收敛, $\forall \varepsilon > 0, \exists N$, 当 $n > N$ 时, 对一切 $x \in [\alpha, \beta]$, 恒有

$$|S_n(x) - S(x)| < \varepsilon \tag{4.4.3}$$

成立.

又由已知, $S_n(x)$ 在 $[\alpha, \beta]$ 上可积, 再依函数可积的充要条件: $\forall \varepsilon > 0$, 存在 $[\alpha, \beta]$ 上的一个分割 T, $\alpha < x_1 < x_2 < \cdots < x_n = \beta$, 使得

$$\sum_{k=1}^{n} \omega_k \Delta x_k < \varepsilon,$$

此处 ω_k 表示 $S_n(x)$ 在 $[x_{k-1}, x_k]$ 上的振幅, 即

$$\omega_k = M_k - m_k,$$

其中 M_k 和 m_k 分别表示 $S_n(x)$ 在 $[x_{k-1}, x_k]$ 上的上确界和下确界. 由 (4.4.3) 式

$$S_n(x) - \varepsilon < S(x) < S_n(x) + \varepsilon, \quad x \in [\alpha, \beta],$$

故有

$$m_k - \varepsilon < S(x) < M_k + \varepsilon, \quad x \in [x_{k-1}, x_k].$$

设 Ω_k 表示 $S(x)$ 在 $[x_{k-1}, x_k]$ 上的振幅, 则有

$$\Omega_k \leqslant (M_k + \varepsilon) - (m_k - \varepsilon) = \omega_k + 2\varepsilon,$$

因而

$$\sum_{k=1}^{n} \Omega_k \Delta x_k \leqslant \sum_{k=1}^{n} \omega_k \Delta x_k + \sum_{k=1}^{n} 2\varepsilon \Delta x_k < \varepsilon + 2\varepsilon(\beta - \alpha) = \varepsilon[1 + 2(\beta - \alpha)],$$

注意到 $1 + 2(\beta - \alpha)$ 是定数, ε 可以是任意小的正数, 再依可积性的条件, $S(x)$ 在 $[\alpha, \beta]$ 上可积.

现在来证明

$$\lim_{n \to \infty} \int_{\alpha}^{\beta} S_n(x) \mathrm{d}x = \int_{\alpha}^{\beta} S(x) \mathrm{d}x.$$

由于

$$\left| \int_{\alpha}^{\beta} S_n(x) \mathrm{d}x - \int_{\alpha}^{\beta} S(x) \mathrm{d}x \right| \leqslant \int_{\alpha}^{\beta} |S_n(x) - S(x)| \, \mathrm{d}x < \varepsilon(\alpha - \beta) \quad (n > N),$$

此即

$$\sum_{n=1}^{\infty} \int_{\alpha}^{\beta} u_n(x) \mathrm{d}x = \int_{\alpha}^{\beta} \sum_{n=1}^{\infty} u_n(x) \mathrm{d}x.$$

定理 4.4.10 (逐项求导定理) 设每个 $u_n(x)$ 在区间 X 内有连续的导函数 $u_n'(x)$, 函数项级数 $\sum\limits_{n=1}^{\infty} u_n(x)$ 在 $x_0 \in X$ 收敛, 且函数项级数 $\sum\limits_{n=1}^{\infty} u_n'(x)$ 在 X 内闭一致收敛于 $g(x)$, 则函数项级数 $\sum\limits_{n=1}^{\infty} u_n(x)$ 在 X 内闭一致收敛, 且

$$\sum_{n=1}^{\infty} u_n'(x) = \left(\sum_{n=1}^{\infty} u_n(x) \right)', \quad x \in X.$$

证明 先证明函数项级数 $\sum\limits_{n=1}^{\infty} u_n(x)$ 在 X 内闭一致收敛. 由于 $x_0 \in X$, 总可找到闭区间 $[a,b]$, 使得

$$x_0 \in [a,b], \quad \text{且} \quad [a,b] \subset X.$$

由于函数项级数 $\sum\limits_{n=1}^{\infty} u_n(x)$ 在 x_0 收敛, 故可设

$$S_n(x_0) \to A \quad (n \to \infty),$$

由微积分基本定理, 对于任意的 $x \in [a,b]$, 有

$$S_n(x) = S_n(x_0) + \int_{x_0}^{x} S_n'(t)\mathrm{d}t, \tag{4.4.4}$$

再由定理 4.4.9,

$$\lim_{n \to \infty} \int_{x_0}^{x} S_n'(t)\mathrm{d}t = \int_{x_0}^{x} \lim_{n \to \infty} S_n'(t)\mathrm{d}t = \int_{x_0}^{x} g(t)\mathrm{d}t,$$

因此

$$\lim_{n \to \infty} S_n(x) = A + \int_{x_0}^{x} g(t)\mathrm{d}t, \quad x \in [a,b].$$

这说明了 $\{S_n(x)\}$ 在 $[a,b]$ 上逐点收敛于

$$S(x) = A + \int_{x_0}^{x} g(t)\mathrm{d}t. \tag{4.4.5}$$

现在证明 $S_n(x) \rightrightarrows S(x) \ (n \to \infty), x \in [a,b]$. 把 (4.4.4) 式与 (4.4.5) 式相减并取绝对值, 可得下列不等式

$$|S_n(x) - S(x)| \leqslant |S_n(x_0) - A| + \left| \int_{x_0}^{x} [S_n'(t) - g(t)]\,\mathrm{d}t \right|.$$

给定 $\varepsilon > 0$, 由于 $S_n(x_0) \to A \, (n \to \infty)$, 存在 N_1, 当 $n > N_1$ 时,

$$|S_n(x_0) - A| < \varepsilon;$$

又 $S_n'(x) \rightrightarrows g(x) \, (n \to \infty), x \in [a,b]$, 所以存在 N_2, 当 $n > N_2$ 时,

$$|S_n'(x) - g(x)| < \varepsilon, \quad x \in [a,b],$$

于是, 当 $n > \max\{N_1, N_2\}$ 时, 对于任意的 $x \in [a,b]$, 都有

$$|S_n(x) - S(x)| < \varepsilon + \varepsilon(b-a),$$

此即

$$S_n(x) \rightrightarrows S(x) \, (n \to \infty), \quad x \in [a,b].$$

由于 $[a,b]$ 可以是 X 的任意一个闭区间, 从而 $\sum\limits_{n=1}^{\infty} u_n(x)$ 在 X 内闭一致收敛.

由定理 4.4.8 知, $g(t)$ 在 $[a,b]$ 上连续, 并由变上限连续函数的可微性定理, 对 (4.4.5) 式求导得

$$S'(x) = g(x), \quad x \in [a,b],$$

此即

$$\sum_{n=1}^{\infty} u_n'(x) = \left(\sum_{n=1}^{\infty} u_n(x)\right)', \quad x \in [a,b],$$

而 $[a,b]$ 是 X 内的任意闭区间, 故

$$\sum_{n=1}^{\infty} u_n'(x) = \left(\sum_{n=1}^{\infty} u_n(x)\right)', \quad x \in X.$$

例 4.4.4 研究函数 $S(x) = \sum\limits_{n=1}^{\infty} \dfrac{1}{n^3} \ln(1 + n^2 x^2)$ 在区间 $[0,1]$ 上的连续性、可积性及可微性.

解 $u_n(x) = \dfrac{1}{n^3} \ln(1 + n^2 x^2)$ 在 $[0,1]$ 上连续, 又由对数函数的单调性,

$$u_n(x) = \frac{1}{n^3} \ln(1 + n^2 x^2) \leqslant \frac{1}{n^3} \ln(1 + n^2),$$

级数 $\sum\limits_{n=1}^{\infty} \dfrac{1}{n^3} \ln(1+n^2)$ 是收敛的, 下面我们来证明此结论. 令 $f(x) = x - \ln(1+x^2)$, 有 $f'(x) = 1 - \dfrac{2x}{1+x^2} \geqslant 0$(因 $2x \leqslant 1 + x^2$), 故 $f(x)$ 单调递增; 又 $f(0) = 0$, 于是

$$f(x) = x - \ln(1+x^2) \geqslant 0 \quad (x \geqslant 0),$$

那么 $n - \ln(1 + n^2) \geqslant 0$, 或 $0 \leqslant \dfrac{\ln(1 + n^2)}{n} \leqslant 1$, 从而

$$\frac{1}{n^3} \ln(1 + n^2) \leqslant \frac{1}{n^2},$$

由于 $\displaystyle\sum_{n=1}^{\infty} \frac{1}{n^2}$ 收敛, 证得 $\displaystyle\sum_{n=1}^{\infty} \frac{1}{n^3} \ln(1 + n^2)$ 也收敛.

根据 M-判别法, 函数项级数 $\displaystyle\sum_{n=1}^{\infty} \frac{1}{n^3} \ln(1 + n^2 x^2)$ 在 $[0, 1]$ 上一致收敛, 由连续性定理, 和函数 $S(x)$ 在 $[0, 1]$ 上连续, 当然也可积.

下面研究可微性问题, 考虑函数项级数 $\displaystyle\sum_{n=1}^{\infty} u_n'(x)$, 由于

$$u_n'(x) = \frac{2n^2 x}{n^3(1 + n^2 x^2)} \leqslant \frac{1}{n^2}, \quad x \in [0, 1],$$

同样地, 由级数 $\displaystyle\sum_{n=1}^{\infty} \frac{1}{n^2}$ 收敛, 可知函数项级数 $\displaystyle\sum_{n=1}^{\infty} u_n'(x)$ 在 $[0, 1]$ 上一致收敛, 根据逐项求导定理, 和函数 $S(x)$ 在 $[0, 1]$ 上可微.

例 4.4.5 考察函数项级数

$$\sum_{n=1}^{\infty} x(1 - x)^{n-1}(1 - nx), \quad x \in [0, 1]$$

的一致收敛性以及逐项求积性.

解 因为

$$\begin{aligned}
u_n(x) &= x(1 - x)^{n-1}(1 - nx) \\
&= x(1 - x)^{n-1}(1 - n + n - nx) \\
&= nx(1 - x)^n - (n - 1)x(1 - x)^{n-1},
\end{aligned}$$

所以, $S_n(x) = \displaystyle\sum_{k=1}^{n} u_k(x) = nx(1 - x)^n$. 显然, $\displaystyle\lim_{n \to \infty} S_n(x) = 0$, $x \in [0, 1]$, 从而

$$|S_n(x) - S(x)| = nx(1 - x)^n.$$

通过求导,

$$S_n'(x) = n(1 - x)^n - n^2 x(1 - x)^{n-1} = n(1 - x)^{n-1}(1 - x - nx),$$

$S_n(x)$ 在 $x = \dfrac{1}{n+1}$ 时取最大值 $\left(\dfrac{n}{n+1}\right)^{n+1}$, 从而

$$\lim_{n \to \infty} \sup_{x \in [0, 1]} |S_n(x) - S(x)| = \frac{1}{\mathrm{e}} \neq 0,$$

由定理 4.4.2 知函数项级数 $\sum\limits_{n=1}^{\infty} x(1-x)^{n-1}(1-nx)$ 在 $[0,1]$ 上不一致收敛. 但是

$$
\begin{aligned}
\int_0^1 nx(1-x)^n \mathrm{d}x &= n\int_0^1 (1-t)t^n \mathrm{d}t \quad (\diamondsuit\ t=1-x) \\
&= \frac{n}{n+1} - \frac{n}{n+2},
\end{aligned}
$$

从而

$$
\lim_{n\to\infty} \int_0^1 S_n(x)\mathrm{d}x = \int_0^1 S(x)\mathrm{d}x = 0,
$$

这说明, 虽然级数不一致收敛, 但也可逐项求积, 即一致收敛并非级数逐项积分的必要条件. 这就引导我们去研究能进行逐项积分的更广泛的级数类.

定义 4.4.3 称函数项级数

$$
\sum_{n=1}^{\infty} u_n(x)
$$

在区间 $[a,b]$ 上是有界收敛的, 若它在区间 $[a,b]$ 上任何一点处都收敛, 且部分和函数列 $\{S_n(x)\}$ 在 $[a,b]$ 上一致有界.

有界收敛函数项级数的和函数显然有界, 但还不足以保证可逐项求积分, 必须与其他条件结合起来.

如不论 $\delta > 0$ 如何小, 级数在 $[a, c-\delta], [c+\delta, b]$ 上一致收敛, 称级数在 $[a,b]$ 上除了 c 的邻近外一致收敛. 于是, 有下面的定理.

定理 4.4.11 设函数项级数 $\sum\limits_{n=1}^{\infty} u_n(x)$ 的每一项 $u_n(x)$ 在 $[a,b]$ 上连续, 若此级数在区间 $[a,b]$ 上有界收敛, 且除了有限多个点的邻近外, 级数一致收敛, 则函数项级数 $\sum\limits_{n=1}^{\infty} u_n(x)$ 在 $[a,b]$ 上可逐项求积分.

证明 不失一般性, 可以假定仅有一个例外点 c 的情况. 由有界收敛的条件, 可设

$$
|S_n(x)| \leqslant M,\ x\in[a,b], \quad n\in\mathbb{N}_+,
$$

从而

$$
|S(x)| \leqslant M, \quad x\in[a,b].
$$

又由连续性定理, 和函数 $S(x)$ 仅在 c 点不连续, 可知和函数 $S(x)$ 可积, 即

$$
\int_a^b S(x)\mathrm{d}x
$$

存在. 于是

$$
\left|\int_a^b [S(x)-S_n(x)]\mathrm{d}x\right| \leqslant \left|\int_a^{c-\delta}[S(x)-S_n(x)]\mathrm{d}x\right| + \left|\int_{c+\delta}^b [S(x)-S_n(x)]\mathrm{d}x\right|
$$

$$
+\left|\int_{c-\delta}^{c+\delta}S(x)\mathrm{d}x\right| + \left|\int_{c-\delta}^{c+\delta}S_n(x)\mathrm{d}x\right|
$$

$$
\leqslant \left|\int_a^{c-\delta}[S(x)-S_n(x)]\mathrm{d}x\right| + \left|\int_{c+\delta}^b [S(x)-S_n(x)]\mathrm{d}x\right| + 4\delta M,
$$

对 $\forall \varepsilon > 0$, 取 $\delta < \dfrac{\varepsilon}{8M}$, 由于 $S_n(x)$ 在 $[a,c-\delta]$, $[c+\delta,b]$ 上一致收敛于 $S(x)$, 故可取 n 适当大, 使上面不等式右边的两个积分之和小于 $\dfrac{\varepsilon}{2}$. 这就表明

$$
\lim_{n\to\infty}\int_a^b S_n(x)\mathrm{d}x = \int_a^b \lim_{n\to\infty} S_n(x)\mathrm{d}x = \int_a^b S(x)\mathrm{d}x.
$$

例 4.4.5 所示级数除了在 $x=0$ 邻近外是一致收敛的, 并且在整个区间 $[0,1]$ 上是有界收敛的, 符合上述定理条件, 所以是可以逐项求积的.

例 4.4.6 研究函数项级数 $\displaystyle\sum_{n=1}^{\infty} \dfrac{\sin nx}{n}$.

由例 4.4.2 可知, 此级数除了在 $x=0,\pm2\pi,\pm4\pi,\cdots$ 点附近外是一致收敛的. 现在我们证明它在任何区间有界收敛, 并求出其和.

因为级数的每一项都是以 2π 为周期的周期函数, 所以只需研究区间 $[-\pi,\pi]$ 上的情况, 有

$$
S_n(x) = \sum_{k=1}^n \frac{\sin kx}{k} = \int_0^x (\cos t + \cos 2t + \cdots + \cos nt)\,\mathrm{d}t
$$

$$
= \int_0^x \frac{\sin\left(n+\frac{1}{2}\right)t - \sin\frac{t}{2}}{2\sin\frac{t}{2}}\mathrm{d}t
$$

$$
= \int_0^x \frac{\sin\left(n+\frac{1}{2}\right)t}{t}\mathrm{d}t + \int_0^x \left(\frac{1}{2\sin\frac{t}{2}} - \frac{1}{t}\right)\sin\left(n+\frac{1}{2}\right)t\,\mathrm{d}t - \frac{1}{2}x
$$

$$
= \int_0^{\left(n+\frac{1}{2}\right)x} \frac{\sin u}{u}\mathrm{d}u + \int_0^x \left(\frac{1}{2\sin\frac{t}{2}} - \frac{1}{t}\right)\sin\left(n+\frac{1}{2}\right)t\,\mathrm{d}t - \frac{1}{2}x,
$$

$$
\tag{4.4.6}
$$

注意到

$$\int_0^{\left(n+\frac{1}{2}\right)x} \frac{\sin u}{u} du = \int_0^{\pi} \frac{\sin u}{u} du + \int_{\pi}^{2\pi} \frac{\sin u}{u} du + \cdots + \int_{k\pi}^{\left(n+\frac{1}{2}\right)x} \frac{\sin u}{u} du$$

$$\left(k\pi \leqslant \left(n+\frac{1}{2}\right)x \leqslant (k+1)\pi\right),$$

上式第一项为正, 第二项为负, $\cdots$, 且绝对值是递减的, 从而

$$\int_0^{\left(n+\frac{1}{2}\right)x} \frac{\sin u}{u} du \leqslant \int_0^{\pi} \frac{\sin u}{u} du,$$

这样,

$$|S_n(x)| \leqslant \int_0^{\pi} \frac{\sin u}{u} du + \int_0^{\pi} \left(\frac{1}{2\sin\frac{t}{2}} - \frac{1}{t}\right) dt + \frac{\pi}{2} = M,$$

亦即级数在 $[0,\pi]$ 上有界收敛. 又因级数的每一项都是奇函数, 故级数在 $[-\pi,0]$ 上也是有界收敛的, 由周期性可知, 在任何区间上有界收敛.

现在来求该级数的和. 固定 $x\ (0 < x < 2\pi)$, 令 $n \to \infty$, 极限

$$\lim_{n\to\infty} \int_0^{\left(n+\frac{1}{2}\right)x} \frac{\sin u}{u} du = \int_0^{\infty} \frac{\sin u}{u} du$$

存在, 用 I 表示此积分值, 又

$$\int_0^x \left(\frac{1}{2\sin\frac{t}{2}} - \frac{1}{t}\right) \sin\left(n+\frac{1}{2}\right)t\, dt$$

$$= -\left(\frac{1}{2\sin\frac{x}{2}} - \frac{1}{x}\right) \frac{\cos\left(n+\frac{1}{2}\right)x}{n+\frac{1}{2}}$$

$$+ \frac{1}{n+\frac{1}{2}} \int_0^x \left(\frac{1}{t^2} - \frac{\cos\frac{t}{2}}{4\sin^2\frac{t}{2}}\right) \cos\left(n+\frac{1}{2}\right)t\, dt,$$

因为分母含有因子 $\left(n+\frac{1}{2}\right)$, 而其他因子都有界, 所以当 $n \to \infty$ 时必趋于零. 回到 (4.4.6) 式, 就有

$$S(x) = \lim_{n\to\infty} S_n(x) = I - \frac{x}{2} \quad (0 < x < 2\pi),$$

因 $S(\pi) = 0$, 可知 $I = \dfrac{\pi}{2}$, 最后得到

$$S(x) = \begin{cases} 0, & x = 0, 2\pi, \\ \dfrac{\pi}{2} - \dfrac{x}{2}, & x \in (0, 2\pi). \end{cases}$$

下面介绍判定函数项级数不一致收敛的一种常用方法来结束这一节的讨论.

定理 4.4.12 设 $u_n(x)(n = 1, 2, \cdots)$ 在闭区间 $[a, b]$ 上连续, 若级数 $\sum\limits_{n=1}^{\infty} u_n(a)$

$\left(\text{或} \sum\limits_{n=1}^{\infty} u_n(b)\right)$ 发散, 则函数项级数 $\sum\limits_{n=1}^{\infty} u_n(x)$ 在 (a, b) 内不一致收敛.

证明 用反证法. 若函数项级数 $\sum\limits_{n=1}^{\infty} u_n(x)$ 在 (a, b) 内一致收敛, 由一致收敛的柯西准则, $\forall \varepsilon > 0, \exists N$, 当 $n > N$ 时, 对于任意的正整数 p 及 $x \in (a, b)$, 有

$$|u_{n+1}(x) + u_{n+2}(x) + \cdots + u_{n+p}(x)| < \varepsilon.$$

由于每个 $u_n(x)$ 在 $[a, b]$ 上连续, 因此在 $x = a$ 右连续 (或在 b 点左连续), 而上式只有有限项, 故可用极限可加性定理得

$$\lim_{x \to a^+} |u_{n+1}(x) + u_{n+2}(x) + \cdots + u_{n+p}(x)| = |u_{n+1}(a) + u_{n+2}(a) + \cdots + u_{n+p}(a)| \leqslant \varepsilon.$$

再由数项级数收敛的柯西准则知 $\sum\limits_{n=1}^{\infty} u_n(a)$ 收敛, 这与假设矛盾.

但要注意, 不能认为在端点处收敛就会一致收敛.

例 4.4.7 研究函数项级数 $\sum\limits_{n=0}^{\infty} x\mathrm{e}^{-nx}$ 在 $[0, +\infty)$ 上的一致收敛性.

解 因为 $S_n(0) = 0, n = 1, 2, \cdots$, 故有 $S(0) = 0$, 对于 $x > 0$,

$$S_n(x) = x + x\mathrm{e}^{-x} + \cdots + x\mathrm{e}^{-(n-1)x} = x\frac{1 - \mathrm{e}^{-nx}}{1 - \mathrm{e}^{-x}},$$

于是

$$S(x) = \lim_{n \to \infty} S_n(x) = \lim_{n \to \infty} x\frac{1 - \mathrm{e}^{-nx}}{1 - \mathrm{e}^{-x}} = \frac{x}{1 - \mathrm{e}^{-x}},$$

而

$$\lim_{n \to \infty} \sup_{0 \leqslant x < +\infty} |S_n(x) - S(x)| = \lim_{n \to \infty} \sup_{0 \leqslant x < +\infty} \left| x\frac{1 - \mathrm{e}^{-nx}}{1 - \mathrm{e}^{-x}} - \frac{x}{1 - \mathrm{e}^{-x}} \right|$$

$$= \lim_{n \to \infty} \sup_{0 \leqslant x < +\infty} \left| \frac{x\mathrm{e}^{-nx}}{1 - \mathrm{e}^{-x}} \right|,$$

取 $x = \dfrac{1}{n}$, 则

$$\lim_{n \to \infty} \sup_{0 \leqslant x < +\infty} |S_n(x) - S(x)| \geqslant \lim_{n \to \infty} \left| \frac{\dfrac{1}{n} \cdot \mathrm{e}^{-1}}{1 - \mathrm{e}^{-\frac{1}{n}}} \right| = \frac{1}{\mathrm{e}} > 0.$$

故级数在含有 $x = 0$ 的任何区间上都不一致收敛, 虽然级数在 $x = 0$ 点收敛.

实际上, 我们也证明了级数在 $(0, +\infty)$ 内也不一致收敛.

例 4.4.8 证明函数 $\zeta(x) = \sum\limits_{n=1}^{\infty} \dfrac{1}{n^x}$ 在 $(1, +\infty)$ 内连续, 且有连续的导函数.

证明 当 $x = 1$ 时, 级数 $\sum\limits_{n=1}^{\infty} \dfrac{1}{n}$ 发散, 由定理 4.4.12 知, 函数项级数 $\sum\limits_{n=1}^{\infty} \dfrac{1}{n^x}$ 在 $(1, +\infty)$ 内不一致收敛. 但我们可以证明它在 $(1, +\infty)$ 内闭一致收敛, 设 $[a, b] \subset (1, +\infty)$, 则 $1 < a$, 由于

$$0 < \frac{1}{n^x} \leqslant \frac{1}{n^a}, \quad x \in [a, b],$$

而级数 $\sum\limits_{n=1}^{\infty} \dfrac{1}{n^a}$ $(a > 1)$ 收敛, 由 M-判别法知, 级数在 $[a, b]$ 上一致收敛, 再由连续性定理, $\zeta(x)$ 在 $(1, +\infty)$ 内连续.

函数项级数 $\sum\limits_{n=1}^{\infty} \dfrac{1}{n^x}$ 逐项求导后得到函数项级数 $\sum\limits_{n=1}^{\infty} \dfrac{-\ln n}{n^x}$, 此级数也在 $(1, +\infty)$ 内闭一致收敛, 这是因为, 若 $[a, b] \subset (1, +\infty)$, 则

$$0 < \frac{\ln n}{n^x} \leqslant \frac{\ln n}{n^a}, \quad x \in [a, b],$$

而级数 $\sum\limits_{n=1}^{\infty} \dfrac{\ln n}{n^a}$ $(a > 1)$ 收敛, 并注意到 $\dfrac{\ln n}{n^x}$ 在 $(1, +\infty)$ 内连续, 由逐项求导定理即知, 函数项级数 $\sum\limits_{n=1}^{\infty} \dfrac{1}{n^x}$ 在 $(1, +\infty)$ 内可逐项求导, 且

$$\zeta'(x) = -\sum_{n=1}^{\infty} \frac{\ln n}{n^x},$$

且 $\zeta'(x)$ 在 $(1, +\infty)$ 内连续.

对于幂级数而言, 端点处收敛都可导出一致收敛性.

定理 4.4.13 (阿贝尔定理) 若幂级数 $\sum\limits_{n=0}^{\infty} a_n x^n$ 的收敛半径为 R $(R > 0)$, 且 $\sum\limits_{n=0}^{\infty} a_n R^n$ 收敛, 则

(1) $\sum\limits_{n=0}^{\infty} a_n x^n$ 在 $[0, R]$ 上一致收敛;

(2) 若 $f(x) = \sum\limits_{n=0}^{\infty} a_n x^n$, 则 $\lim\limits_{x \to R^-} f(x) = \sum\limits_{n=0}^{\infty} a_n R^n$.

证明 因为

$$\sum_{n=0}^{\infty} a_n x^n = \sum_{n=0}^{\infty} a_n R^n \left(\frac{x}{R} \right)^n,$$

由假设, 幂级数 $\sum\limits_{n=0}^{\infty} a_n R^n$ 收敛, 且 $\left(\dfrac{x}{R}\right)^n$ 单调递减及 $\left|\dfrac{x}{R}\right|^n \leqslant 1$, 即 $\left\{\left(\dfrac{x}{R}\right)^n\right\}$ 单调递减且一致有界, 由阿贝尔判别法知, 幂级数 $\sum\limits_{n=0}^{\infty} a_n x^n$ 在 $[0, R]$ 上一致收敛.

再由连续性定理, 即有

$$\lim_{x \to R^-} f(x) = f(R) = \sum_{n=0}^{\infty} a_n R^n.$$

例 4.4.9 求级数 $\sum\limits_{n=0}^{\infty} \dfrac{(-1)^n}{3n+1} = 1 - \dfrac{1}{4} + \dfrac{1}{7} - \dfrac{1}{10} + \cdots$ 之和.

解 幂级数 $\sum\limits_{n=0}^{\infty} \dfrac{(-1)^n x^{3n+1}}{3n+1}$ 的收敛半径为 1, 且当 $x = 1$ 时级数收敛, 由定理 4.4.13,

$$\sum_{n=0}^{\infty} \frac{(-1)^n}{3n+1} = \lim_{x \to 1^-} \sum_{n=0}^{\infty} \frac{(-1)^n x^{3n+1}}{3n+1},$$

设

$$\sum_{n=0}^{\infty} \frac{(-1)^n x^{3n+1}}{3n+1} = x - \frac{x^4}{4} + \frac{x^7}{7} + \cdots = f(x),$$

则

$$f'(x) = 1 - x^3 + x^6 - \cdots = \frac{1}{1+x^3},$$

注意到 $f(0) = 0$, 于是

$$f(x) = \int_0^x \frac{1}{1+t^3} \mathrm{d}t = \frac{1}{6} \ln \frac{(x+1)^2}{x^2 - x + 1} + \frac{1}{\sqrt{3}} \arctan \frac{2x-1}{\sqrt{3}},$$

故

$$\sum_{n=0}^{\infty} \frac{(-1)^n}{3n+1} = \frac{1}{3} \ln 2 + \frac{1}{\sqrt{3}} \frac{\pi}{3}.$$

习 题 4.4

1. 研究下列函数项级数在所示区间上的一致收敛性.

(1) $\sum\limits_{n=1}^{\infty} \dfrac{1-2n}{(x^2+n^2)[x^2+(n-1)^2]}$, $D = [-1, 1]$;

(2) $\sum\limits_{n=1}^{\infty} \dfrac{x^2}{(1+x^2)^{n-1}}$;

(i) $D = (-\infty, +\infty)$,

(ii) $D = \left(\dfrac{1}{10}, 10 \right)$;

(3) $\displaystyle\sum_{n=1}^{\infty} \dfrac{1}{n(n+1)x}, x \in (0,1)$;

(4) $\displaystyle\sum_{n=1}^{\infty} \dfrac{(-1)^{n-1}x^2}{(1+x^2)^n}, x \in (-\infty, +\infty)$;

(5) $\displaystyle\sum_{n=1}^{\infty} \dfrac{n}{x^n}, |x| \geqslant r > 0$;

(6) $\displaystyle\sum_{n=2}^{\infty} \dfrac{(-1)^n}{n + \sin x}, 0 \leqslant x \leqslant 2\pi$.

2. 证明: 函数 $f(x) = \displaystyle\sum_{n=1}^{\infty} \dfrac{\sin nx}{n^3}$ 在 $(-\infty, +\infty)$ 内具有连续的导函数, 并求出此导函数.

3. 设函数项级数 $\displaystyle\sum_{n=1}^{\infty} u_n(x)$ 在 D 上一致收敛于 $S(x)$, 函数 $g(x)$ 在 D 上有界, 证明: 函数项级数 $\displaystyle\sum_{n=1}^{\infty} g(x)u_n(x)$ 在 D 上一致收敛于 $g(x)S(x)$.

4. 证明函数项级数

$$\sum_{n=1}^{\infty} \dfrac{\ln(1 + nx)}{nx^3} :$$

(1) 在任何区间 $[1 + \alpha, +\infty)\ (\alpha > 0)$ 内一致收敛;

(2) 和函数在 $(1, +\infty)$ 内连续.

5. 研究函数项级数

$$\sum_{n=1}^{\infty} \dfrac{1}{1 + n^2 x} :$$

(1) 绝对收敛的范围.

(2) 一致收敛的闭区间.

(3) 收敛点的和函数是否连续?

(4) 和函数是否有界?

6. 求幂级数 $\displaystyle\sum_{n=1}^{\infty} \dfrac{x^n}{n(n+1)(n+2)}$ 的收敛域与和函数.

7. 试证恒等式:

$$\sum_{n=1}^{\infty} \dfrac{(-1)^{n-1}x^n}{n!n} = \mathrm{e}^{-x} \sum_{n=1}^{\infty} \left(1 + \dfrac{1}{2} + \cdots + \dfrac{1}{n} \right) \dfrac{x^n}{n!}.$$

8. 设 $f(x) = \displaystyle\sum_{n=0}^{\infty} a_n x^n$ 的收敛半径为 1, $a_n \geqslant 0\ (n = 0, 1, \cdots)$, 且 $f(x) \leqslant M\ (0 \leqslant x \leqslant 1)$, 证明: 幂级数 $\displaystyle\sum_{n=0}^{\infty} a_n x^n$ 在 $[0,1]$ 上一致收敛.

9. 求下列级数的和.

(1) $\displaystyle\sum_{n=0}^{\infty} \dfrac{(2n+1)x^{2n}}{n!}$;

(2) $\sum\limits_{n=1}^{\infty} \dfrac{(-1)^{n-1}}{2n-1}$;

(3) $\sum\limits_{n=0}^{\infty} (-1)^n \dfrac{(2n-1)!!}{2n!!}$.

10. 设函数项级数 $\sum\limits_{n=1}^{\infty} u_n(x)$ 在 $[a,b]$ 上收敛, $u_n(x)$ 在 $[a,b]$ 上有连续的导函数, 且有常数 M 使 $\left| \sum\limits_{k=1}^{n} u_k'(x) \right| \leqslant M$ 对一切正整数 n 成立, 求证: 函数项级数 $\sum\limits_{n=1}^{\infty} u_n(x)$ 在 $[a,b]$ 上一致收敛.

11. 设幂级数 $\sum\limits_{n=0}^{\infty} a_n x^n$ 在 $|x| < R$ 内收敛, 若 $S(x) = \sum\limits_{n=0}^{\infty} a_n x^n$ 的零点以 $x = 0$ 为聚点, 试证: $S(x) \equiv 0 \ (|x| < R)$.

12. 若函数项级数 $\sum\limits_{n=1}^{\infty} u_n(x)$ 在 $[a,b]$ 上收敛于 $S(x)$, 而且每个 $u_n(x)$ 都是非负连续, 求证: $S(x)$ 必在 $[a,b]$ 上达到最小值.

13. 设数列 $\{a_n\}$ 单调递减.

(1) 若 $\{a_n\}$ 收敛于 0, 则级数 $\sum\limits_{n=1}^{\infty} a_n \sin nx$ 在不包含 2π 的整数倍区间内闭一致收敛;

(2) $a_n = o\left(\dfrac{1}{n}\right)$ 是 $\sum\limits_{n=1}^{\infty} a_n \sin nx$ 在任何区间上都一致收敛的充要条件.

14. 设 $u_n(x) \ (n = 1, 2, \cdots)$ 皆是 $[a,b]$ 上的单调函数, 若函数项级数 $\sum\limits_{n=1}^{\infty} u_n(x)$ 在 $[a,b]$ 的端点为绝对收敛, 试证此级数在 $[a,b]$ 上一致收敛.

15. 若函数项级数 $\sum\limits_{n=1}^{\infty} f_n(x)$ 在 $[a,b]$ 上一致收敛, 求证适当加括号后, 可使新函数项级数 $\sum\limits_{n=1}^{\infty} F_n(x)$ 在 $[a,b]$ 上一致收敛.

4.5 三角函数系与傅里叶级数

函数列
$$1, \cos x, \sin x, \cos 2x, \sin 2x, \cdots, \cos nx, \sin nx, \cdots \tag{4.5.1}$$
称为三角函数系.

容易看到, 三角函数系具有共同的周期 2π, 并且对非负整数 k, n, 有
$$\int_{-\pi}^{\pi} \cos kx \cos nx \, \mathrm{d}x = \begin{cases} 0, & k \neq n, \\ \pi, & k = n \geqslant 1, \\ 2\pi, & k = n = 0; \end{cases}$$
$$\int_{-\pi}^{\pi} \sin kx \sin nx \, \mathrm{d}x = \begin{cases} 0, & k \neq n, \\ \pi, & k = n \geqslant 1; \end{cases}$$
$$\int_{-\pi}^{\pi} \cos kx \sin nx \, \mathrm{d}x = 0.$$

通常两个函数 $\varphi(x), \psi(x)$ 在 $[a,b]$ 上可积, 且

$$\int_a^b \varphi(x)\psi(x)\mathrm{d}x = 0,$$

称函数 $\varphi(x)$ 与 $\psi(x)$ 在 $[a,b]$ 上正交. 由此, 我们说三角函数系 (4.5.1) 在 $[-\pi,\pi]$ 上具有正交性, 或说 (4.5.1) 是正交函数系.

定义 4.5.1　设 $f(x)$ 是定义在 $(-\infty,+\infty)$ 内周期为 2π 的函数, $f(x)$ 在长度为 2π 的区间上可积, 称函数项级数

$$\frac{a_0}{2} + \sum_{k=1}^{\infty}(a_k \cos kx + b_k \sin kx)$$

为 $f(x)$ 的傅里叶 (Fourier) 级数, 其中

$$\begin{cases} a_k = \dfrac{1}{\pi}\displaystyle\int_{-\pi}^{\pi} f(x)\cos kx\mathrm{d}x, & k = 0,1,2,\cdots, \\[3mm] b_k = \dfrac{1}{\pi}\displaystyle\int_{-\pi}^{\pi} f(x)\sin kx\mathrm{d}x, & k = 1,2,\cdots, \end{cases} \tag{4.5.2}$$

a_k, b_k 叫做 $f(x)$ 的傅里叶系数. 我们用

$$f(x) \sim \frac{a_0}{2} + \sum_{k=1}^{\infty}(a_k \cos kx + b_k \sin kx)$$

表示, 右端的级数是 $f(x)$ 的傅里叶级数. 注意我们用 "~" 而不用 "=", 因为右端级数是否收敛, 若收敛是否收敛于 $f(x)$ 尚不得而知, 这正是我们下面要展开讨论的问题.

先介绍两个引理.

引理 4.5.1 (贝塞尔 (Bessel) 不等式)　设函数 $f(x)$ 在 $[-\pi,\pi]$ 上可积, 则

$$\frac{a_0^2}{2} + \sum_{k=1}^{\infty}(a_k^2 + b_k^2) \leqslant \frac{1}{\pi}\int_{-\pi}^{\pi} f^2(x)\mathrm{d}x, \tag{4.5.3}$$

其中 a_k, b_k 为 $f(x)$ 的傅里叶系数, (4.5.3) 式称为贝塞尔不等式.

证明　令

$$s_n(x) = \frac{a_0}{2} + \sum_{k=1}^{n}(a_k \cos kx + b_k \sin kx),$$

考察积分

$$\int_{-\pi}^{\pi}[f(x)-s_n(x)]^2\mathrm{d}x = \int_{-\pi}^{\pi}f^2(x)\mathrm{d}x - 2\int_{-\pi}^{\pi}f(x)s_n(x)\mathrm{d}x + \int_{-\pi}^{\pi}s_n^2(x)\mathrm{d}x, \tag{4.5.4}$$

由于

$$\int_{-\pi}^{\pi} f(x)s_n(x)\mathrm{d}x = \frac{a_0}{2}\int_{-\pi}^{\pi} f(x)\mathrm{d}x$$
$$+ \sum_{k=1}^{n}\left(a_k\int_{-\pi}^{\pi} f(x)\cos kx\mathrm{d}x + b_k\int_{-\pi}^{\pi} f(x)\sin kx\mathrm{d}x\right),$$

根据傅里叶系数公式得到

$$\int_{-\pi}^{\pi} f(x)s_n(x)\mathrm{d}x = \frac{\pi}{2}a_0^2 + \pi\sum_{k=1}^{n}(a_k^2+b_k^2), \tag{4.5.5}$$

对于 $s_n^2(x)$ 的积分, 应用三角函数系的正交性, 有

$$\int_{-\pi}^{\pi} s_n^2(x) = \int_{-\pi}^{\pi}\left[\frac{a_0}{2} + \sum_{k=1}^{n}(a_k\cos kx + b_k\sin kx)\right]^2\mathrm{d}x$$
$$= \left(\frac{a_0}{2}\right)^2\int_{-\pi}^{\pi}\mathrm{d}x + \sum_{k=1}^{n}\left[a_k^2\int_{-\pi}^{\pi}\cos^2 kx\mathrm{d}x + b_k^2\int_{-\pi}^{\pi}\sin^2 kx\mathrm{d}x\right]$$
$$= \frac{\pi a_0^2}{2} + \pi\sum_{k=1}^{n}\left(a_k^2+b_k^2\right), \tag{4.5.6}$$

将 (4.5.5), (4.5.6) 式代入 (4.5.4) 式, 得到

$$0 \leqslant \int_{-\pi}^{\pi}[f(x)-s_n(x)]^2\mathrm{d}x = \int_{-\pi}^{\pi} f^2(x)\mathrm{d}x - \frac{\pi a_0^2}{2} - \pi\sum_{k=1}^{n}\left(a_k^2+b_k^2\right),$$

因而

$$\frac{a_0^2}{2} + \sum_{k=1}^{n}\left(a_k^2+b_k^2\right) \leqslant \frac{1}{\pi}\int_{-\pi}^{\pi} f^2(x)\mathrm{d}x.$$

它对任何正整数 n 都成立, 而右端又是与 n 无关的数, 所以 (4.5.3) 式成立.

引理 4.5.2 (黎曼定理) 若 $f(x)$ 在 $[a,b]$ 上可积, 则

$$\lim_{\lambda\to+\infty}\int_{a}^{b} f(x)\cos\lambda x\mathrm{d}x = 0;$$

$$\lim_{\lambda\to+\infty}\int_{a}^{b} f(x)\sin\lambda x\mathrm{d}x = 0.$$

证明 对区间作分割 T:

$$a = x_0 < x_1 < x_2 < \cdots < x_{n-1} < x_n = b,$$

M_i, m_i 分别表示 $f(x)$ 在 $[x_{i-1},x_i]$ 的上、下确界, $\omega_i = M_i - m_i$, 我们有

$$\left|\int_{a}^{b} f(x)\sin\lambda x\mathrm{d}x\right| = \left|\sum_{i=1}^{n}\int_{x_{i-1}}^{x_i} f(x)\sin\lambda x\mathrm{d}x\right|$$

$$= \left| \sum_{i=1}^{n} \int_{x_{i-1}}^{x_i} (f(x) - m_i) \sin \lambda x \mathrm{d}x + \sum_{i=1}^{n} \int_{x_{i-1}}^{x_i} m_i \sin \lambda x \mathrm{d}x \right|$$

$$\leqslant \sum_{i=1}^{n} \int_{x_{i-1}}^{x_i} |f(x) - m_i| \mathrm{d}x + \sum_{i=1}^{n} |m_i| \left| \int_{x_{i-1}}^{x_i} \sin \lambda x \mathrm{d}x \right|$$

$$\leqslant \sum_{i=1}^{n} \omega_i \Delta x_i + \sum_{i=1}^{n} |m_i| \left| \int_{x_{i-1}}^{x_i} \sin \lambda x \mathrm{d}x \right|, \tag{4.5.7}$$

由于 $f(x)$ 在 $[a, b]$ 上可积, $\forall \varepsilon > 0, \exists$ 分割 T, 使

$$\sum_{i=1}^{n} \omega_i \Delta x_i < \frac{\varepsilon}{2},$$

又注意到

$$\left| \int_{x_{i-1}}^{x_i} \sin \lambda x \mathrm{d}x \right| = \left| \frac{-\cos \lambda x_i + \cos \lambda x_{i-1}}{\lambda} \right| \leqslant \frac{2}{\lambda},$$

而 $\sum\limits_{i=1}^{n} |m_i|$ 已定, $\exists \lambda_0$, 当 $\lambda > \lambda_0$ 时, 可使

$$\frac{2}{\lambda} \sum_{i=1}^{n} |m_i| < \frac{\varepsilon}{2},$$

因此, 只要 $\lambda > \lambda_0$,

$$\sum_{i=1}^{n} \left| \int_{x_{i-1}}^{x_i} m_i \sin \lambda x \mathrm{d}x \right| \leqslant \frac{2}{\lambda} \sum_{i=1}^{n} |m_i| < \frac{\varepsilon}{2},$$

代入 (4.5.7) 式, 则

$$\left| \int_{a}^{b} f(x) \sin \lambda x \mathrm{d}x \right| < \frac{\varepsilon}{2} + \frac{\varepsilon}{2} = \varepsilon,$$

此即

$$\lim_{\lambda \to +\infty} \int_{a}^{b} f(x) \sin \lambda x \mathrm{d}x = 0.$$

同理可证

$$\lim_{\lambda \to +\infty} \int_{a}^{b} f(x) \cos \lambda x \mathrm{d}x = 0.$$

引理 4.5.3　对任意实数 x, 有

$$\frac{1}{2} + \sum_{k=1}^{n} \cos kx = \frac{\sin \left(n + \dfrac{1}{2} \right) x}{2 \sin \dfrac{x}{2}}, \tag{4.5.8}$$

其中, 对 $\sin\dfrac{x}{2}=0$ 的 x, 则右端不定式由

$$\lim_{x\to 0}\frac{\sin\left(n+\dfrac{1}{2}\right)x}{2\sin\dfrac{x}{2}}$$

的值来确定.

证明　由三角恒等式

$$2\cos A\sin B=\sin(A+B)-\sin(A-B),$$

可推得

$$2\sin\frac{x}{2}\left(\frac{1}{2}+\sum_{k=1}^{n}\cos kx\right)=\sin\frac{x}{2}+\sum_{k=1}^{n}2\cos kx\sin\frac{x}{2}$$

$$=\sin\frac{x}{2}+\sum_{k=1}^{n}\left[\sin\left(k+\frac{1}{2}\right)x-\sin\left(k-\frac{1}{2}\right)x\right]=\sin\left(n+\frac{1}{2}\right)x,$$

当 $\sin\dfrac{x}{2}\neq 0$ 时, 上式两端除以 $2\sin\dfrac{x}{2}$, 即得 (4.5.8) 式, 当 $x=2j\pi$ $(j=0,\pm 1,\pm 2,\cdots)$ 时, (4.5.8) 式右端的不定式极限为

$$\lim_{x\to 0}\frac{\sin\left(n+\dfrac{1}{2}\right)x}{2\sin\dfrac{x}{2}},$$

这正是 (4.5.8) 式左端的和.

推论 4.5.1　$\dfrac{1}{\pi}\displaystyle\int_{-\pi}^{\pi}\dfrac{\sin\left(n+\dfrac{1}{2}\right)x}{2\sin\dfrac{x}{2}}\mathrm{d}x=1.$

这只要把 (4.5.8) 式两边求积分即得.

引理 4.5.4　若 $f(x)$ 是以 2π 为周期的函数, 且在 $[-\pi,\pi]$ 上可积, 则它的傅里叶级数部分和 $s_n(x)$ 可写成

$$s_n(x)=\frac{1}{\pi}\int_{-\pi}^{\pi}f(x+t)\frac{\sin\left(n+\dfrac{1}{2}\right)t}{2\sin\dfrac{t}{2}}\mathrm{d}t.$$

证明　在傅里叶级数部分和

$$s_n(x)=\frac{a_0}{2}+\sum_{k=1}^{n}(a_k\cos kx+b_k\sin kx)$$

中, 用傅里叶系数公式 (4.5.2) 代入, 可得

$$
\begin{aligned}
s_n(x) =& \frac{1}{2\pi} \int_{-\pi}^{\pi} f(u)\mathrm{d}u \\
& + \frac{1}{\pi} \sum_{k=1}^{n} \left[\int_{-\pi}^{\pi} f(u)\cos ku \cos kx \mathrm{d}u + \int_{-\pi}^{\pi} f(u)\sin ku \sin kx \mathrm{d}u \right] \\
=& \frac{1}{\pi} \int_{-\pi}^{\pi} f(u) \left[\frac{1}{2} + \sum_{k=1}^{n} (\cos ku \cos kx + \sin ku \sin kx) \right] \mathrm{d}u \\
=& \frac{1}{\pi} \int_{-\pi}^{\pi} f(u) \left[\frac{1}{2} + \sum_{k=1}^{n} \cos k(u-x) \right] \mathrm{d}u,
\end{aligned}
$$

作代换 $u - x = t$, 得

$$
s_n(x) = \frac{1}{\pi} \int_{-\pi-x}^{\pi-x} f(x+t) \left[\frac{1}{2} + \sum_{k=1}^{n} \cos kt \right] \mathrm{d}t,
$$

因为被积函数是周期为 2π 的函数, 所以在 $[-\pi-x, \pi-x]$ 上的积分等于 $[-\pi, \pi]$ 上的积分, 再由 (4.5.8) 式就得到

$$
s_n(x) = \frac{1}{\pi} \int_{-\pi}^{\pi} f(x+t) \frac{\sin\left(n+\dfrac{1}{2}\right)t}{2\sin\dfrac{t}{2}} \mathrm{d}t.
$$

推论 4.5.2　设 $f(x)$ 是以 2π 为周期的函数, 且在 $[-\pi, \pi]$ 上可积, 则

$$
s_n(x) = \frac{1}{2\pi} \int_{0}^{\pi} \frac{\sin\left(n+\dfrac{1}{2}\right)t}{\sin\dfrac{t}{2}} [f(x+t) + f(x-t)] \mathrm{d}t. \tag{4.5.9}
$$

证明　由引理 4.5.4, 有

$$
\begin{aligned}
s_n(x) =& \frac{1}{2\pi} \int_{-\pi}^{\pi} f(x+t) \frac{\sin\left(n+\dfrac{1}{2}\right)t}{\sin\dfrac{t}{2}} \mathrm{d}t \\
=& \frac{1}{2\pi} \left[\int_{0}^{\pi} f(x+t) \frac{\sin\left(n+\dfrac{1}{2}\right)t}{\sin\dfrac{t}{2}} \mathrm{d}t + \int_{-\pi}^{0} f(x+t) \frac{\sin\left(n+\dfrac{1}{2}\right)t}{\sin\dfrac{t}{2}} \mathrm{d}t \right],
\end{aligned}
$$

在右端第二个积分中令 $t = -v$, 则

$$\int_{-\pi}^{0} \frac{\sin\left(n + \frac{1}{2}\right)t}{\sin \frac{t}{2}} f(x+t)\mathrm{d}t = \int_{0}^{\pi} \frac{\sin\left(n + \frac{1}{2}\right)v}{\sin \frac{v}{2}} f(x-v)\mathrm{d}v.$$

因而得到 (4.5.9) 式.

定义 4.5.2 若 $f(x)$ 的导函数 $f'(x)$ 在 $[a,b]$ 上连续, 称 $f(x)$ 在 $[a,b]$ 上光滑. 若在 $[a,b]$ 除了有限个点外, $f(x)$ 的导函数均存在且连续, 并且在这有限个点上导函数 $f'(x)$ 的左右极限存在, 称 $f(x)$ 在 $[a,b]$ 上按段光滑.

从几何上看, 光滑函数所表示的曲线, 在其每一点处都可作切线, 且切线也是连续变化的, 这种曲线称为光滑曲线. 按段光滑函数, 是由有限条光滑曲线所组成的, 它至多有有限个第一类间断点与导数不存在的点. 这样, 按段光滑函数 $f(x)$ 和它的导函数在 $[a,b]$ 上都是可积的.

定理 4.5.1 (收敛性定理) 若以 2π 为周期的函数 $f(x)$ 在 $[-\pi, \pi]$ 上按段光滑, 则 $f(x)$ 的傅里叶级数在每一点 $x \in [-\pi, \pi]$ 处收敛于函数 $f(x)$ 在点 x 的左、右极限的算术平均值, 即

$$\frac{f(x+0) + f(x-0)}{2} = \frac{a_0}{2} + \sum_{n=1}^{\infty}(a_n \cos nx + b_n \sin nx),$$

其中 a_n, b_n 为 $f(x)$ 的傅里叶系数, 用 (4.5.2) 式所定义.

证明 我们要证明在每一点 x 处下述极限成立,

$$\lim_{n \to \infty}\left[\frac{f(x+0) + f(x-0)}{2} - s_n(x)\right] = 0.$$

由推论 4.5.2,

$$\frac{f(x+0) + f(x-0)}{2} - s_n(x)$$

$$= \frac{f(x+0) + f(x-0)}{2} - \frac{1}{2\pi}\int_{0}^{\pi}[f(x+t) + f(x-t)]\frac{\sin\left(n + \frac{1}{2}\right)t}{\sin \frac{t}{2}}\mathrm{d}t,$$

$$(4.5.10)$$

再由推论 4.5.1, 并注意到 $\dfrac{\sin\left(n+\dfrac{1}{2}\right)t}{\sin\dfrac{t}{2}}$ 为偶函数, 得

$$\frac{1}{\pi}\int_0^\pi \frac{\sin\left(n+\dfrac{1}{2}\right)t}{\sin\dfrac{t}{2}}\mathrm{d}t = 1,$$

两端乘以 $\dfrac{f(x+0)+f(x-0)}{2}$ 得

$$\frac{f(x+0)+f(x-0)}{2} = \frac{1}{2\pi}\int_0^\pi [f(x+0)+f(x-0)]\frac{\sin\left(n+\dfrac{1}{2}\right)t}{\sin\dfrac{t}{2}}\mathrm{d}t,$$

把它代入 (4.5.10) 式得到

$$\frac{f(x+0)+f(x-0)}{2} - s_n(x)$$

$$=\frac{1}{2\pi}\int_0^\pi [f(x+0)+f(x-0)-f(x+t)-f(x-t)]\frac{\sin\left(n+\dfrac{1}{2}\right)t}{\sin\dfrac{t}{2}}\mathrm{d}t,$$

令

$$\varphi(t) = \frac{f(x+0)+f(x-0)-f(x+t)-f(x-t)}{\sin\dfrac{t}{2}}, \quad t\in(0,\pi),$$

由 $f(x)$ 的按段光滑性, $\varphi(t)$ 在 $(0,\pi)$ 内至多有有限个第一类间断点, 但当 $t=0$ 时, $\varphi(x)$ 的分母也为零, 即是 $\varphi(t)$ 的一个间断点. 现在我们要研究当 $t\to 0^+$ 时 $\varphi(t)$ 的极限, 应用洛必达法则得

$$\lim_{t\to 0^+}\varphi(t) = \lim_{t\to 0^+}\frac{-f'(x+t)+f'(x-t)}{\dfrac{1}{2}\cos\dfrac{t}{2}} = 2\left[f'(x-0)-f'(x+0)\right],$$

取 $\varphi(0) = 2\left[f'(x-0)-f'(x+0)\right]$, 则 $\varphi(t)$ 在 $t=0$ 点右连续, 于是 $\varphi(x)$ 在 $[0,\pi]$ 上可积, 由引理 4.5.2 可知

$$\lim_{n\to\infty}\left[\frac{f(x+0)+f(x-0)}{2}-s_n(x)\right] = \lim_{n\to\infty}\frac{1}{2\pi}\int_0^\pi \varphi(t)\sin\left(n+\frac{1}{2}\right)t\mathrm{d}t = 0.$$

推论 4.5.3 若 $f(x)$ 是以 2π 为周期的连续函数, 且在 $[-\pi, \pi]$ 上按段光滑, 则 $f(x)$ 的傅里叶级数在 $(-\infty, +\infty)$ 内收敛于 $f(x)$, 即

$$f(x) = \frac{a_0}{2} + \sum_{n=1}^{\infty} (a_n \cos nx + b_n \sin nx), \quad x \in (-\infty, +\infty).$$

这是因为当 $f(x)$ 连续时, $f(x) = \dfrac{f(x+0) + f(x-0)}{2}$.

为了下面进一步讨论的需要, 再证明几个引理.

引理 4.5.5 (推广的微积分基本定理) 若函数 $u(x)$ 在 $[a, b]$ 上连续, 且按段光滑, 则

$$\int_a^b u'(x)\mathrm{d}x = u(b) - u(a).$$

证明 设 $u'(x)$ 在 $[a, b]$ 内的有限个点 $x_1, x_2, \cdots, x_m$ 上不存在, 且

$$a < x_1 < x_2 < \cdots < x_m < b.$$

对充分小的 $h > 0$, 有

$$\int_a^{x_1-h} u'(x)\mathrm{d}x = u(x_1 - h) - u(a),$$

$$\int_{x_k+h}^{x_{k+1}-h} u'(x)\mathrm{d}x = u(x_{k+1} - h) - u(x_k + h), \quad k = 1, 2, \cdots, m-1,$$

$$\int_{x_m+h}^{b} u'(x)\mathrm{d}x = u(b) - u(x_m + h).$$

由于 $u'(x)$ 在 $[a, x_1], [x_k, x_{k+1}]$ $(k = 1, 2, \cdots, m-1)$ 及 $[x_m, b]$ 上可积, 所以上述各个积分作为 h 的函数, 它们都是连续的, 从而当 $h \to 0^+$ 时, 就分别有

$$\int_a^{x_1} u'(x)\mathrm{d}x = u(x_1) - u(a),$$

$$\int_{x_k}^{x_{k+1}} u'(x)\mathrm{d}x = u(x_{k+1}) - u(x_k), \quad k = 1, 2, \cdots, m-1,$$

$$\int_{x_m}^{b} u'(x)\mathrm{d}x = u(b) - u(x_m).$$

把这些等式两边逐个相加就得到所要证明的结论.

引理 4.5.6 (推广的分部积分公式) 若 $u(x), v(x)$ 在 $[a, b]$ 上连续, 且按段光滑, 则

$$\int_a^b u(x)v'(x)\mathrm{d}x = \left[u(x)v(x)\right]\Big|_a^b - \int_a^b u'(x)v(x)\mathrm{d}x.$$

证明　因为

$$[u(x)v(x)]' = u(x)v'(x) + u'(x)v(x),$$

右边每一项都是在 $[a,b]$ 上除有限个点外是连续的两个有界函数的乘积, 因而都是可积的, 由引理 4.5.5 推得

$$\int_a^b [u(x)v'(x) + u'(x)v(x)] \, \mathrm{d}x = [u(x)v(x)]\Big|_a^b,$$

即

$$\int_a^b u(x)v'(x)\mathrm{d}x + \int_a^b u'(x)v(x)\mathrm{d}x = [u(x)v(x)]\Big|_a^b,$$

所以

$$\int_a^b u(x)v'(x)\mathrm{d}x = [u(x)v(x)]\Big|_a^b - \int_a^b u'(x)v(x)\mathrm{d}x.$$

引理 4.5.7　设函数 $f(x)$ 在 $[-\pi, \pi]$ 上连续且按段光滑, $f(\pi) = f(-\pi)$, a_n, b_n 为 $f(x)$ 的傅里叶系数, a'_n, b'_n 为 $f'(x)$ 的傅里叶系数, 则

$$a'_0 = 0, \quad a'_n = nb_n, \quad b'_n = -na_n, \quad n = 1, 2, \cdots.$$

证明　按傅里叶系数的定义及引理 4.5.5

$$a'_0 = \frac{1}{\pi} \int_{-\pi}^{\pi} f'(x)\mathrm{d}x = \frac{1}{\pi} [f(\pi) - f(-\pi)] = 0;$$

再由引理 4.5.6, 对任何正整数 n, 可推得

$$a'_n = \frac{1}{\pi} \int_{-\pi}^{\pi} f'(x) \cos nx \mathrm{d}x$$

$$= \frac{1}{\pi} f(x) \cos nx \Big|_{-\pi}^{\pi} + \frac{n}{\pi} \int_{-\pi}^{\pi} f(x) \sin nx \mathrm{d}x$$

$$= \frac{1}{\pi} [f(\pi) \cos n\pi - f(-\pi) \cos(-n\pi)] + nb_n = nb_n;$$

$$b'_n = \frac{1}{\pi} \int_{-\pi}^{\pi} f'(x) \sin nx \mathrm{d}x$$

$$= \frac{1}{\pi} f(x) \sin nx \Big|_{-\pi}^{\pi} - \frac{n}{\pi} \int_{-\pi}^{\pi} f(x) \cos nx \mathrm{d}x = -na_n.$$

定理 4.5.2 (逐项求积定理)　设 $f(x)$ 是以 2π 为周期的在 $[-\pi, \pi]$ 上按段连续 (即 $f(x)$ 在 $[-\pi, \pi]$ 上至多有有限个第一类间断点) 的函数, 若

$$f(x) \sim \frac{a_0}{2} + \sum_{n=1}^{\infty} (a_n \cos nx + b_n \sin nx),$$

则对任意实数 a, b, 有

$$\int_a^b f(x)\mathrm{d}x = \int_a^b \frac{a_0}{2}\mathrm{d}x + \sum_{n=1}^{\infty} \int_a^b (a_n \cos nx + b_n \sin nx)\mathrm{d}x$$

$$= \frac{a_0}{2}(b-a) + \sum_{n=1}^{\infty} \frac{1}{n}\left[a_n(\sin nb - \sin na) - b_n(\cos nb - \cos na)\right].$$

注 这里只假定 $f(x)$ 按段连续, 没有假定 $f(x)$ 按段光滑, 因此 $f(x)$ 的傅里叶级数不一定收敛, 更谈不上收敛于 $f(x)$, 但是逐项积分后却是收敛的, 而且恰好收敛于 $f(x)$ 的积分.

证明 记

$$F(x) = \int_0^x \left[f(t) - \frac{a_0}{2}\right]\mathrm{d}t, \tag{4.5.11}$$

由于 $f(t)$ 在 $[-\pi, \pi]$ 上按段连续, 所以 $F(x)$ 在 $[-\pi, \pi]$ 上不仅连续, 而且按段光滑, 又因为

$$F(x + 2\pi) = \int_0^x \left[f(t) - \frac{a_0}{2}\right]\mathrm{d}t + \int_x^{x+2\pi} \left[f(t) - \frac{a_0}{2}\right]\mathrm{d}t$$

$$= F(x) + \int_{-\pi}^{\pi} \left[f(t) - \frac{a_0}{2}\right]\mathrm{d}t$$

$$= F(x) + \int_{-\pi}^{\pi} f(t)\mathrm{d}t - \pi a_0 = F(x),$$

所以 $F(x)$ 还是以 2π 为周期的连续函数. 由收敛定理的推论知, $F(x)$ 可以展开成傅里叶级数

$$F(x) = \frac{A_0}{2} + \sum_{n=1}^{\infty} \left(A_n \cos nx + B_n \sin nx\right), \tag{4.5.12}$$

其中 A_n, B_n 为 $F(x)$ 的傅里叶系数. 由于 $F'(x) = f(x) - \dfrac{a_0}{2}$ 及引理 4.5.7 可得

$$A_n = -\frac{b_n}{n}, \quad B_n = \frac{a_n}{n}, \quad n = 1, 2, \cdots,$$

将它们代入 (4.5.12) 式, 得

$$F(x) = \frac{A_0}{2} + \sum_{n=1}^{\infty} \frac{a_n \sin nx - b_n \cos nx}{n},$$

由 (4.5.11) 式, 则有

$$\int_0^x f(t)\mathrm{d}t = \frac{a_0 x}{2} + \frac{A_0}{2} + \sum_{n=1}^{\infty} \frac{a_n \sin nx - b_n \cos nx}{n},$$

现分别以 $x = b$ 和 $x = a$ 代入上式, 然后把得到的两个级数相减就得到所要证的等式.

傅里叶级数逐项求导一般是不可以的, 但下面定理成立.

定理 4.5.3 (逐项求导定理)　设 $f(x)$ 是以 2π 为周期的连续函数, $f'(x)$ 在 $[-\pi, \pi]$ 上按段光滑, 且

$$f(x) \sim \frac{a_0}{2} + \sum_{n=1}^{\infty} (a_n \cos nx + b_n \sin nx),$$

则

$$\frac{f'(x+0) + f'(x-0)}{2} = \sum_{n=1}^{\infty} (nb_n \cos nx - na_n \sin nx).$$

证明　由于 $f'(x)$ 在 $[-\pi, \pi]$ 上按段光滑, 根据收敛定理可得

$$\frac{f'(x+0) + f'(x-0)}{2} = \frac{a_0'}{2} + \sum_{n=1}^{\infty} (a_n' \cos nx + b_n' \sin nx), \tag{4.5.13}$$

这里 a_0', a_n', b_n' 为 $f'(x)$ 的傅里叶系数, 由引理 4.5.7 知道

$$a_0' = 0, \quad a_n' = nb_n, \quad b_n' = -na_n, \quad n = 1, 2, \cdots,$$

将它们代入 (4.5.13) 式即为所求.

定理 4.5.4 (一致收敛定理)　若 $f(x)$ 是以 2π 为周期的连续函数, 且在 $[-\pi, \pi]$ 上按段光滑, 则 $f(x)$ 的傅里叶级数在 $(-\infty, +\infty)$ 上绝对收敛, 且一致收敛于 $f(x)$.

证明　由定理条件可知, $f(x)$ 可以展成傅里叶级数

$$f(x) = \frac{a_0}{2} + \sum_{n=1}^{\infty} (a_n \cos nx + b_n \sin nx), \quad x \in (-\infty, +\infty),$$

如果我们能证得级数

$$\sum_{n=1}^{\infty} (|a_n| + |b_n|) \tag{4.5.14}$$

收敛, 则由 M-判别法知级数绝对收敛, 且一致收敛于 $f(x)$.

又由定理的条件知, $f'(x)$ 在 $[-\pi, \pi]$ 上可积, $f'(x)$ 的傅里叶系数为

$$a_n' = \frac{1}{\pi} \int_{-\pi}^{\pi} f'(x) \cos nx \mathrm{d}x, \quad b_n' = \frac{1}{\pi} \int_{-\pi}^{\pi} f'(x) \sin nx \mathrm{d}x,$$

根据贝塞尔不等式推得, 级数

$$\sum_{n=1}^{\infty} \left({a'_n}^2 + {b'_n}^2 \right) \tag{4.5.15}$$

收敛.

由引理 4.5.7可知

$$a_n = -\frac{b'_n}{n}, \quad b_n = \frac{a'_n}{n},$$

由不等式 $|\alpha||\beta| \leqslant \dfrac{1}{2}(\alpha^2 + \beta^2)$, 得

$$\frac{|a'_n|}{n} \leqslant \frac{1}{2} \left({a'_n}^2 + \frac{1}{n^2} \right), \quad \frac{|b'_n|}{n} \leqslant \frac{1}{2} \left({b'_n}^2 + \frac{1}{n^2} \right),$$

于是有

$$|a_n| + |b_n| = \frac{|a'_n|}{n} + \frac{|b'_n|}{n} \leqslant \frac{1}{2} \left({a'_n}^2 + {b'_n}^2 + \frac{1}{n^2} \right).$$

由级数 (4.5.15) 与级数 $\displaystyle\sum_{n=1}^{\infty} \frac{1}{n^2}$ 的收敛性, 即可推得级数 (4.5.14) 收敛.

定理 4.5.5 (费耶 (Fejér) 定理) 设 $f(x)$ 是以 2π 为周期的连续函数, $s_n(x)$ 是 $f(x)$ 的傅里叶级数的部分和. 令

$$\sigma_n(x) = \frac{s_0(x) + s_1(x) + \cdots + s_{n-1}(x)}{n},$$

则 $\{\sigma_n(x)\}$ 在 $(-\infty, +\infty)$ 上一致收敛于 $f(x)$.

用平均求和的概念来说就是: 以 2π 为周期的连续函数的傅里叶级数不一定收敛于 $f(x)$, 但是可以 $(c, 1)$ 求和, 不仅如此, 它们的和平均且一致收敛于 $f(x)$.

证明 由推论 4.5.2,

$$s_n(x) = \frac{1}{2\pi} \int_0^{\pi} \frac{\sin\left(n + \dfrac{1}{2}\right)t}{\sin \dfrac{t}{2}} [f(x+t) + f(x-t)] \, \mathrm{d}t,$$

作代换 $t = 2u$, 得

$$s_n(x) = \frac{1}{\pi} \int_0^{\frac{\pi}{2}} \frac{\sin(2n+1)u}{\sin u} [f(x+2u) + f(x-2u)] \, \mathrm{d}u,$$

因此

$$\sigma_n(x) = \frac{1}{n\pi} \int_0^{\frac{\pi}{2}} \frac{f(x+2u) + f(x-2u)}{\sin u} \sum_{k=0}^{n-1} \sin(2k+1)u \, \mathrm{d}u,$$

因为

$$2 \sin A \sin B = \cos(A - B) - \cos(A + B),$$

$$2 \sin u \sum_{k=0}^{n-1} \sin(2k+1)u = \sum_{k=0}^{n-1} [\cos 2ku - \cos(2k+2)u]$$

$$= 1 - \cos 2nu = 2 \sin^2 nu,$$

故

$$\sum_{k=0}^{n-1} \sin(2k+1)u = \frac{\sin^2 nu}{\sin u},$$

这样一来

$$\sigma_n(x) = \frac{1}{n\pi} \int_0^{\frac{\pi}{2}} [f(x+2u) + f(x-2u)] \left(\frac{\sin nu}{\sin u} \right)^2 \mathrm{d}u. \tag{4.5.16}$$

若取 $f(x) \equiv 1$, 则 $a_0 = 2, a_n = b_n = 0$ $(n = 1, 2, \cdots)$, 故 $f(x) \equiv 1$ 的傅里叶级数为

$$1 + \sum_{n=1}^{\infty} 0,$$

于是 $s_n(x) = 1$ $(n = 0, 1, 2, \cdots)$, 因而 $\sigma_n(x) = 1$. 在 (4.5.16) 式中取 $f(x) \equiv 1$, 则

$$1 = \frac{1}{n\pi} \int_0^{\frac{\pi}{2}} 2 \left(\frac{\sin nu}{\sin u} \right)^2 \mathrm{d}u, \tag{4.5.17}$$

(4.5.17) 式乘以 $f(x)$ 并与 (4.5.16) 式相减得

$$\sigma_n(x) - f(x) = \frac{1}{n\pi} \int_0^{\frac{\pi}{2}} [f(x+2u) + f(x-2u) - 2f(x)] \left(\frac{\sin nu}{\sin u} \right)^2 \mathrm{d}u, \tag{4.5.18}$$

因为 $f(x)$ 在 $(-\infty, +\infty)$ 内一致连续, 于是 $\forall \varepsilon > 0, \exists \delta > 0$, 当 $|x_1 - x_2| < 2\delta$ 时, $|f(x_1) - f(x_2)| < \dfrac{\varepsilon}{2}$. 如果我们把上式的积分区间 $\left[0, \dfrac{\pi}{2} \right]$ 分成两个区间 $[0, \delta]$ 和 $\left[\delta, \dfrac{\pi}{2} \right]$, 那么在 $[0, \delta]$ 上,

$$|f(x+2u) + f(x-2u) - 2f(x)| \leqslant |f(x+2u) - f(x)| + |f(x-2u) - f(x)| < \frac{\varepsilon}{2} + \frac{\varepsilon}{2} = \varepsilon,$$

因而由 (4.5.17) 式得到

$$\left| \frac{1}{n\pi} \int_0^{\delta} [f(x+2u) + f(x-2u) - 2f(x)] \left(\frac{\sin nu}{\sin u} \right)^2 \mathrm{d}u \right|$$

$$\leqslant \frac{\varepsilon}{n\pi} \int_0^{\frac{\pi}{2}} \left(\frac{\sin nu}{\sin u} \right)^2 \mathrm{d}u = \frac{\varepsilon}{2}, \tag{4.5.19}$$

在 $\left[\delta, \dfrac{\pi}{2} \right]$ 上,

$$| [f(x+2u) + f(x-2u) - 2f(x)] | \leqslant 4M,$$

其中 $M = \max\limits_{-\pi \leqslant x \leqslant \pi} |f(x)|$, 又

$$\left(\frac{\sin nu}{\sin u} \right)^2 \leqslant \frac{1}{\sin^2 \delta},$$

故有

$$\left| \frac{1}{n\pi} \int_\delta^{\frac{\pi}{2}} [f(x+2u) + f(x-2u) - 2f(x)] \left(\frac{\sin nu}{\sin u} \right)^2 \mathrm{d}u \right|$$

$$\leqslant \frac{1}{n\pi} \frac{4M}{\sin^2 \delta} \cdot \frac{\pi}{2} = \frac{2M}{n \sin^2 \delta},$$

对充分大的 n, 有

$$\frac{M}{n \sin^2 \delta} < \frac{\varepsilon}{4},$$

结合 (4.5.18) 式和 (4.5.19) 式可知, 当 $x \in (-\infty, +\infty)$ 时,

$$|\sigma_n(x) - f(x)| < \frac{\varepsilon}{2} + \frac{\varepsilon}{2} = \varepsilon.$$

定理 4.5.6 (魏尔斯特拉斯 (Weierstrass) 第一逼近定理) 若 $f(x)$ 是以 2π 为周期的连续函数, 则对任给正数 ε, 存在三角多项式

$$T_n(x) = c_0 + \sum_{k=1}^n (c_k \cos kx + d_k \sin kx),$$

使得不等式

$$|f(x) - T_n(x)| < \varepsilon$$

在 $(-\infty, +\infty)$ 内成立.

证明 这是费耶定理的直接推论. 因为

$$\sigma_n(x) = \frac{s_0(x) + s_1(x) + \cdots + s_{n-1}(x)}{n}$$

在 $(-\infty, +\infty)$ 内一致收敛于 $f(x)$, 于是 $\forall \varepsilon > 0, \exists \sigma_n(x)$, 使得

$$|\sigma_n(x) - f(x)| < \varepsilon,$$

在 $(-\infty, +\infty)$ 内成立, 而 $\sigma_n(x)$ 是三角多项式的组合, 还是一个三角多项式, 总可把它记为

$$\sigma_n(x) = c_0 + \sum_{k=1}^{n} (c_k \cos kx + d_k \sin kx).$$

定理 4.5.7 (魏尔斯特拉斯第二逼近定理) 若 $f(x)$ 在闭区间 $[a,b]$ 上连续, 则对任给 $\varepsilon > 0$, 存在多项式 $P_n(x)$, 对一切 $x \in [a,b]$,

$$|f(x) - P_n(x)| < \varepsilon.$$

证明 先作变量替换 $x = a + \dfrac{b-a}{\pi} u$, 它把定义在 $[a,b]$ 上的函数 $f(x)$, 变换到定义在 $[0,\pi]$ 上的函数

$$f(x) = f\left(a + \frac{b-a}{\pi} u\right) = F(u),$$

显然 $F(u)$ 在 $[0,\pi]$ 上连续. $F(u)$ 作以 2π 为周期的偶式延拓后, $F(x)$ 满足魏尔斯特拉斯第一逼近定理的条件, 因此对所给的 $\varepsilon > 0$, 存在以余弦函数 $\cos ku$ $(k = 0,1,2,\cdots,m)$ 组成的三角多项式 $T_m(u)$, 使得

$$|F(u) - T_m(u)| < \frac{\varepsilon}{2}, \quad -\pi \leqslant u \leqslant \pi,$$

又由于 $T_m(u)$ 可以在 $u = 0$ 处展开成泰勒级数, 这泰勒级数在 $[-\pi,\pi]$ 上一致地收敛于 $T_m(u)$ (因为余弦函数 $\cos ku$ 的泰勒级数在 $[-\pi,\pi]$ 上一致收敛, 而且一致收敛级数具有有限可加性), 当 n 充分大时, 这级数的部分和 —— n 次多项式 $s_n(u)$ 满足不等式

$$|T_m(u) - s_n(u)| < \frac{\varepsilon}{2}, \quad -\pi \leqslant u \leqslant \pi,$$

由此得到

$$|F(u) - s_n(u)| \leqslant |F(u) - T_m(u)| + |T_m(u) - s_n(u)| < \frac{\varepsilon}{2} + \frac{\varepsilon}{2} = \varepsilon.$$

当把 u 仍换回变量 x 后, 就得多项式

$$P_n(x) = s_n\left(\frac{\pi}{b-a} x - \frac{a\pi}{b-a}\right),$$

它在 $[a,b]$ 上满足不等式

$$|f(x) - P_n(x)| < \varepsilon.$$

定理 4.5.8 (完全性) 若 $f(x)$ 是以 2π 为周期的连续函数且与三角函数系的每一个函数正交, 则在 $(-\infty, +\infty)$ 上, $f(x) \equiv 0$.

证明 设 $a_k\ (k = 0, 1, 2, \cdots)$, $b_k\ (k = 1, 2, \cdots)$ 为 $f(x)$ 的傅里叶系数, 由于 $f(x)$ 与三角函数系的每个函数都正交, 因此

$$a_0 = \frac{1}{\pi} \int_{-\pi}^{\pi} f(x) \mathrm{d}x = 0,$$

$$a_k = \frac{1}{\pi} \int_{-\pi}^{\pi} f(x) \cos kx \mathrm{d}x = 0, \quad k = 1, 2, \cdots,$$

$$b_k = \frac{1}{\pi} \int_{-\pi}^{\pi} f(x) \sin kx \mathrm{d}x = 0, \quad k = 1, 2, \cdots.$$

从而 $f(x)$ 的所有傅里叶系数皆为零.

这样, $f(x)$ 的傅里叶级数的部分和 $s_n(x) = 0$, 因此

$$\sigma_n(x) = \frac{s_0(x) + s_1(x) + \cdots + s_{n-1}(x)}{n} = 0 \quad (n = 1, 2, \cdots),$$

即有

$$\sigma_n(x) \rightrightarrows 0, \quad x \in (-\infty, +\infty).$$

另一方面, 由费耶定理,

$$\sigma_n(x) \rightrightarrows f(x), \quad x \in (-\infty, +\infty),$$

故有

$$f(x) \equiv 0, \quad x \in (-\infty, +\infty).$$

推论 4.5.4 (唯一性) 若两个以 2π 为周期的连续函数具有相同的傅里叶级数, 则这两个函数相等.

两个函数具有相同的傅里叶级数, 就是说它们两个的傅里叶系数完全相同, 那么它们的差与三角函数系的每个函数正交, 由定理 4.5.8 即得结论.

定理 4.5.9 设 $f(x)$ 为 $[-\pi, \pi]$ 上可积函数, 令

$$\sigma_n(x) = \frac{s_0(x) + s_1(x) + \cdots + s_{n-1}(x)}{n},$$

这里 $s_k(x)\ (k = 0, 1, \cdots, n-1)$ 为 $f(x)$ 的傅里叶级数的部分和. 如果

$$\lim_{n \to \infty} \int_{-\pi}^{\pi} [\sigma_n(x) - f(x)]^2 \, \mathrm{d}x = 0,$$

则帕塞瓦尔 (Parseval) 等式

$$\frac{a_0^2}{2} + \sum_{n=1}^{\infty} (a_n^2 + b_n^2) = \frac{1}{\pi} \int_{-\pi}^{\pi} f^2(x) \mathrm{d}x$$

成立.

证明　由于

$$s_0(x) + s_1(x) + \cdots + s_{n-1}(x) = \frac{na_0}{2} + \sum_{k=1}^{n-1} (n-k)[a_k \cos kx + b_k \sin kx],$$

于是

$$\sigma_n(x) = \frac{a_0}{2} + \sum_{k=1}^{n-1} \left(\frac{n-k}{n} \right) [a_k \cos kx + b_k \sin kx],$$

又

$$\frac{1}{\pi} \int_{-\pi}^{\pi} [\sigma_n(x) - f(x)]^2 \, \mathrm{d}x$$

$$= \frac{1}{\pi} \int_{-\pi}^{\pi} f^2(x) \mathrm{d}x$$

$$- \frac{2}{\pi} \int_{-\pi}^{\pi} f(x) \left[\frac{a_0}{2} + \sum_{k=1}^{n-1} \left(\frac{n-k}{n} \right) (a_k \cos kx + b_k \sin kx) \right] \mathrm{d}x$$

$$+ \frac{1}{\pi} \int_{-\pi}^{\pi} \left[\frac{a_0}{2} + \sum_{k=1}^{n-1} \left(\frac{n-k}{n} \right) (a_k \cos kx + b_k \sin kx) \right]^2 \mathrm{d}x$$

$$= \frac{1}{\pi} \int_{-\pi}^{\pi} f^2(x) \mathrm{d}x - \frac{a_0^2}{2} + \sum_{k=1}^{n-1} \left[\left(\frac{n-k}{n} \right)^2 - 2 \left(\frac{n-k}{n} \right) \right] (a_k^2 + b_k^2)$$

$$= \frac{1}{\pi} \int_{-\pi}^{\pi} f^2(x) \mathrm{d}x - \frac{a_0^2}{2} - \sum_{k=1}^{n-1} (a_k^2 + b_k^2) + \frac{1}{n^2} \sum_{k=1}^{n-1} k^2 (a_k^2 + b_k^2). \qquad (4.5.20)$$

由贝塞尔不等式

$$\frac{1}{\pi} \int_{-\pi}^{\pi} f^2(x) \mathrm{d}x - \frac{a_0^2}{2} - \sum_{k=1}^{n-1} (a_k^2 + b_k^2) \geqslant 0,$$

(4.5.20) 式最后一个和式也非负, 由定理所给条件

$$\lim_{n \to \infty} \frac{1}{\pi} \int_{-\pi}^{\pi} [\sigma_n(x) - f(x)]^2 \mathrm{d}x = 0,$$

即可知

$$\frac{1}{\pi} \int_{-\pi}^{\pi} f^2(x) \mathrm{d}x - \frac{a_0^2}{2} - \sum_{k=1}^{\infty} (a_k^2 + b_k^2) = 0,$$

或

$$\frac{1}{\pi} \int_{-\pi}^{\pi} f^2(x) \mathrm{d}x = \frac{a_0^2}{2} + \sum_{n=1}^{\infty} (a_n^2 + b_n^2).$$

推论 4.5.5　若 $f(x)$ 是以 2π 为周期的连续函数, 则帕塞瓦尔等式也成立.

证明　由费耶定理, $\sigma_n(x) \rightrightarrows f(x), x \in (-\infty, +\infty)$. 因此, 对 $\forall \varepsilon > 0, \exists N$, 当 $n > N$ 时,

$$|\sigma_n(x) - f(x)| < \sqrt{\frac{\varepsilon}{2\pi}},$$

于是, 当 $n > N$ 时,

$$\int_{-\pi}^{\pi} [\sigma_n(x) - f(x)]^2 \mathrm{d}x < \int_{-\pi}^{\pi} \left(\sqrt{\frac{\varepsilon}{2\pi}}\right)^2 \mathrm{d}x = \varepsilon,$$

此即

$$\lim_{n\to\infty} \int_{-\pi}^{\pi} [\sigma_n(x) - f(x)]^2 \mathrm{d}x = 0.$$

再由定理 4.5.9 知, 帕塞瓦尔等式成立.

其实, 我们可以证明, 任何在 $[-\pi, \pi]$ 上的可积函数 $f(x)$, 都有

$$\lim_{n\to\infty} \int_{-\pi}^{\pi} [\sigma_n(x) - f(x)]^2 \mathrm{d}x = 0.$$

换句话说, 对任何在 $[-\pi, \pi]$ 上的可积函数, 帕塞瓦尔等式成立.

定理 4.5.10 (完备性)　若 $f(x)$ 是 $[-\pi, \pi]$ 上的可积函数, 则

(1) $\displaystyle\lim_{n\to\infty} \int_{-\pi}^{\pi} [\sigma_n(x) - f(x)]^2 \mathrm{d}x = 0$;

(2) 帕塞瓦尔等式

$$\frac{a_0^2}{2} + \sum_{k=1}^{\infty} (a_k^2 + b_k^2) = \frac{1}{\pi} \int_{-\pi}^{\pi} f^2(x)\mathrm{d}x$$

成立.

证明　由于

$$s_n(x) = \frac{a_0}{2} + \sum_{k=1}^{n} (a_k \cos kx + b_k \sin kx)$$

$$= \frac{1}{2\pi} \int_{-\pi}^{\pi} f(t)\mathrm{d}t + \sum_{k=1}^{n} \frac{1}{\pi} \int_{-\pi}^{\pi} [f(t)\cos kt \cos kx + f(t)\sin kt \sin kx]\,\mathrm{d}t$$

$$= \frac{1}{2\pi} \int_{-\pi}^{\pi} f(x) \left[1 + 2\sum_{k=1}^{n} \cos k(t-x)\right] \mathrm{d}t,$$

仿照引理 4.5.3 所证,

$$1 + 2\sum_{k=1}^{n} \cos k(t-x) = \frac{\sin\left(n + \dfrac{1}{2}\right)(t-x)}{\sin\dfrac{t-x}{2}}$$

$$\sum_{k=0}^{n-1} \frac{\sin\left(k+\frac{1}{2}\right)(t-x)}{\sin\frac{t-x}{2}} = \frac{\sin^2\frac{n(t-x)}{2}}{\sin^2\frac{t-x}{2}},$$

故

$$\sigma_n(x) = \frac{1}{2n\pi} \int_{-\pi}^{\pi} f(t) \frac{\sin^2\frac{n(t-x)}{2}}{\sin^2\frac{t-x}{2}} dt,$$

取 $f(t)=1$, 则得

$$\int_{-\pi}^{\pi} \frac{\sin^2\frac{n(t-x)}{2}}{\sin^2\frac{t-x}{2}} dt = 2n\pi,$$

从而

$$\sigma_n(x) - f(x) = \frac{1}{2n\pi} \int_{-\pi}^{\pi} [f(t)-f(x)] \frac{\sin^2\frac{n(t-x)}{2}}{\sin^2\frac{t-x}{2}} dt, \qquad (4.5.21)$$

即

$$|\sigma_n(x) - f(x)| \leqslant M - m. \qquad (4.5.22)$$

这里 M, m 分别是 $f(x)$ 在 $[-\pi,\pi]$ 上的上确界与下确界, x 是 $[-\pi,\pi]$ 上的任一点.

因为 $f(x)$ 在 $[-\pi,\pi]$ 上可积, 由积分存在的充要条件: 对于 $\forall \beta > 0$ 及 $\forall \varepsilon' > 0$, 存在 $[-\pi,\pi]$ 上的分割 T, 使 $f(x)$ 的振幅 $\geqslant \beta$ 的子区间长度之和小于 ε'. 记 Δ 为分割 T 使 $f(x)$ 的振幅 $\geqslant \beta$ 的那些区间之集, δ 表示其余区间之集, 于是

$$\int_{-\pi}^{\pi} [\sigma_n(x) - f(x)]^2 dx = \sum_{\Delta} \int_{\Delta} [\sigma_n(x)-f(x)]^2 dx + \sum_{\delta} \int_{\delta} [\sigma_n(x)-f(x)]^2 dx,$$

$$(4.5.23)$$

由 (4.5.22) 式知

$$\sum_{\Delta} \int_{\Delta} [\sigma_n(x) - f(x)]^2 dx \leqslant \varepsilon'(M-m)^2; \qquad (4.5.24)$$

现在我们来估计

$$\sum_{\delta} \int_{\delta} [\sigma_n(x) - f(x)]^2 dx.$$

设区间 (x'_{j-1}, x'_j) 是在区间集 δ 的某个区间 $(x_{j-1}, x_j)(j$ 为有限正整数) 的内部, 对任意的 $x \in (x'_{j-1}, x'_j)$, 由 (4.5.21) 式,

$$\sigma_n(x) - f(x) = \frac{1}{2n\pi} \left(\int_{-\pi}^{x_{j-1}} + \int_{x_{j-1}}^{x_j} + \int_{x_j}^{\pi} \right) [f(t) - f(x)] \frac{\sin^2 \dfrac{n}{2}(t-x)}{\sin^2 \dfrac{1}{2}(t-x)} \mathrm{d}t,$$

$$(4.5.25)$$

分别估计这三个积分

$$\left| \frac{1}{2n\pi} \int_{-\pi}^{x_{j-1}} [f(t) - f(x)] \frac{\sin^2 \dfrac{n}{2}(t-x)}{\sin^2 \dfrac{1}{2}(t-x)} \mathrm{d}t \right|$$

$$\leqslant \frac{M-m}{2n\pi} \int_{-\pi}^{x_{j-1}} \frac{1}{\sin^2 \dfrac{1}{2}(t-x)} \mathrm{d}t < \frac{k}{n},$$

其中 k 是与 (x_{j-1}, x_j) 和 (x'_{j-1}, x'_j) 的位置有关而与 n 无关的正数; 类似地,

$$\left| \frac{1}{2n\pi} \int_{x_j}^{\pi} [f(t) - f(x)] \frac{\sin^2 \dfrac{n}{2}(t-x)}{\sin^2 \dfrac{1}{2}(t-x)} \mathrm{d}t \right| \leqslant \frac{M-m}{2n\pi} \int_{x_j}^{\pi} \frac{1}{\sin^2 \dfrac{1}{2}(t-x)} \mathrm{d}t < \frac{k}{n},$$

再者,

$$\left| \frac{1}{2n\pi} \int_{x_{j-1}}^{x_j} [f(t) - f(x)] \frac{\sin^2 \dfrac{n}{2}(t-x)}{\sin^2 \dfrac{1}{2}(t-x)} \mathrm{d}t \right| \leqslant \left| \frac{\beta}{2n\pi} \int_{x_{j-1}}^{x_j} \frac{\sin^2 \dfrac{n}{2}(t-x)}{\sin^2 \dfrac{1}{2}(t-x)} \mathrm{d}t \right|$$

$$\leqslant \left| \frac{\beta}{2n\pi} \int_{-\pi}^{\pi} \frac{\sin^2 \dfrac{n}{2}(t-x)}{\sin^2 \dfrac{1}{2}(t-x)} \mathrm{d}t \right| = \beta.$$

因此, 由 (4.5.25) 式,

$$|\sigma_n(x) - f(x)| \leqslant \beta + \frac{2k}{n}, \quad x \in (x'_{j-1}, x'_j) \ (j \text{ 为有限正整数}).$$

现在把 δ 的每个区间都分成三个区间, 把不含区间端点的记为 δ', 把含有端点的记为 δ'', 并且使得 δ'' 的区间长度的总和小于任意给定的正数 ε''. 这样一来, 就有

$$\sum_{\delta} \int_{\delta} [\sigma_n(x) - f(x)]^2 \mathrm{d}x = \sum_{\delta'} \int_{\delta'} [\sigma_n(x) - f(x)]^2 \mathrm{d}x + \sum_{\delta''} \int_{\delta''} [\sigma_n(x) - f(x)]^2 \mathrm{d}x$$

$$\leqslant 2\pi \left(\beta + \frac{2k}{n}\right)^2 + \varepsilon''(M-m)^2. \tag{4.5.26}$$

由 (4.5.23)—(4.5.26) 知

$$\int_{-\pi}^{\pi} [\sigma_n(x) - f(x)]^2 \, \mathrm{d}x \leqslant \varepsilon'(M-m)^2 + 2\pi \left(\beta + \frac{2k}{n}\right)^2 + \varepsilon''(M-m)^2,$$

但 ε', ε'' 与 β 都可以取任意小的正数, 当 n 充分大时, 上式右端可以任意小, 从而

$$\lim_{n\to\infty} \int_{-\pi}^{\pi} [\sigma_n(x) - f(x)]^2 \mathrm{d}x = 0.$$

由定理 4.5.9 可知

$$\frac{1}{\pi} \int_{-\pi}^{\pi} f^2(x)\mathrm{d}x = \frac{a_0^2}{2} + \sum_{n=1}^{\infty} (a_n^2 + b_n^2)$$

成立.

有了这个定理, 可以进一步探讨两个在 $[-\pi, \pi]$ 上可积函数的和、差、积的傅里叶级数的运算性质, 限于篇幅就不再讨论了.

例 4.5.1　将 $f(x) = \left(\dfrac{\pi-x}{2}\right)^2$ 在 $[0, 2\pi]$ 上展开为傅里叶级数, 并证明:

$$\sum_{n=1}^{\infty} \frac{1}{n^4} = \frac{\pi^4}{90}.$$

解
$$a_0 = \frac{1}{\pi} \int_0^{2\pi} \left(\frac{\pi-x}{2}\right)^2 \mathrm{d}x = \frac{\pi^2}{6},$$
$$a_n = \frac{1}{\pi} \int_0^{2\pi} \left(\frac{\pi-x}{2}\right)^2 \cos nx \mathrm{d}x = \frac{1}{n^2},$$
$$b_n = \frac{1}{\pi} \int_0^{2\pi} \left(\frac{\pi-x}{2}\right)^2 \sin nx \mathrm{d}x = 0,$$

故

$$f(x) = \frac{\pi^2}{12} + \sum_{n=1}^{\infty} \frac{\cos nx}{n^2}, \ 0 \leqslant x \leqslant 2\pi.$$

由帕塞瓦尔等式

$$\frac{a_0^2}{2} + \sum_{n=1}^{\infty} (a_n^2 + b_n^2) = \frac{1}{\pi} \int_0^{2\pi} f^2(x)\mathrm{d}x,$$

将 $a_0, a_n, b_n, f(x)$ 代入上述等式得

$$
\frac{\pi^4}{2 \cdot 6^2} + \sum_{n=1}^{\infty} \frac{1}{n^4} = \frac{1}{\pi} \int_0^{2\pi} \left(\frac{\pi - x}{2} \right)^4 \mathrm{d}x = \frac{1}{16\pi} \int_{-\pi}^{\pi} t^4 \mathrm{d}t = \frac{\pi^4}{40},
$$

亦即

$$
\sum_{n=1}^{\infty} \frac{1}{n^4} = \frac{\pi^4}{40} - \frac{\pi^4}{72} = \frac{\pi^4}{90}.
$$

习　题　4.5

1. 设 $f(x)$ 是以 2π 为周期的可积函数, 且

$$
f(-x) = f(x), \quad f(x + \pi) = -f(x),
$$

问此函数的傅里叶系数有什么性质?

2. 把函数

$$
f(x) = \begin{cases} -\dfrac{\pi}{4}, & -\pi < x < 0, \\ \dfrac{\pi}{4}, & 0 \leqslant x < \pi \end{cases}
$$

展开成傅里叶级数, 且由它推得

$$
\frac{\pi}{4} = 1 - \frac{1}{3} + \frac{1}{5} - \frac{1}{7} + \cdots ;
$$

$$
\frac{\pi}{3} = 1 + \frac{1}{5} - \frac{1}{7} - \frac{1}{11} + \frac{1}{13} + \frac{1}{17} - \cdots ;
$$

$$
\frac{\sqrt{3}}{6} \pi = 1 - \frac{1}{5} + \frac{1}{7} - \frac{1}{11} + \frac{1}{13} - \frac{1}{17} + \cdots .
$$

3. 证明等式:

$$
|\sin x| = \frac{2}{\pi} - \frac{4}{\pi} \sum_{n=1}^{\infty} \frac{\cos 2nx}{4n^2 - 1} = \frac{8}{\pi} \sum_{n=1}^{\infty} \frac{\sin^2 nx}{4n^2 - 1}.
$$

4. 由 $f(x) = x \, (0 < x < 2)$ 的正弦函数展开式,

(1) 利用逐项求积定理, 求 $g(x) = x^2 \, (0 < x < 2)$ 的傅里叶展开式;

(2) 验证不能用逐项求导定理求 $f'(x) = 1$ 的展开式.

5. 三角多项式 $P_n(x) = \sum_{k=1}^{n} (a_k \cos kx + b_k \sin kx)$ 的傅里叶级数是怎样的?

6. 设 $f(x)$ 是以 2π 为周期的函数, 且有 k 阶的连续导函数, 证明:

$$
\lim_{n \to \infty} n^k a_n = 0, \quad \lim_{n \to \infty} n^k b_n = 0,
$$

这里 a_n, b_n 为 $f(x)$ 的傅里叶系数.

7. 设 $s_0(x) = \dfrac{1}{2}$, $s_n(x) = \dfrac{1}{2} + \cos x + \cdots + \cos nx$, 又

$$\sigma_n(x) = \frac{s_0(x) + \cdots + s_{n-1}(x)}{n},$$

证明:

$$\int_{-\pi}^{\pi} \sigma_n(x)\mathrm{d}x = \pi.$$

8. 设 $f(x)$ 是以 2π 为周期的连续函数, 且 $|f(x)| \leqslant M$, 证明:

$$|\sigma_n(x)| \leqslant M.$$

9. 证明: 函数项级数 $\displaystyle\sum_{n=1}^{\infty} (-1)^{n-1} \frac{\cos nx}{n^2}$ 在 $[-\pi, \pi]$ 上一致收敛于 $\dfrac{\pi^2}{12} - \dfrac{x^2}{4}$, 但在 $x = \pi$ 点不能逐项求导.

10* 设 $f(x)$ 与 $g(x)$ 在 $[-\pi, \pi]$ 上可积, a_n, b_n 和 α_n, β_n 分别为 $f(x)$ 和 $g(x)$ 的傅里叶系数, 证明:

$$\frac{1}{\pi} \int_{-\pi}^{\pi} f(x)g(x)\mathrm{d}x = \frac{a_0\alpha_0}{2} + \sum_{n=1}^{\infty} (a_n\alpha_n + b_n\beta_n).$$

11* 设 $f(x)$ 是以 2π 为周期的连续函数, a_n, b_n 为其傅里叶系数, 求函数

$$F(x) = \frac{1}{\pi} \int_{-\pi}^{\pi} f(t)f(x+t)\mathrm{d}t$$

的傅里叶系数.

12* 设 $f(x)$ 是以 2π 为周期的函数, $f(x)$ 的 k 阶导数为 $\varphi(x)$, $\varphi(x)$ 可积, 并且

$$\int_0^{2\pi} f(t)\mathrm{d}t = 0.$$

试证:

$$f(x) = \sum_{n=1}^{\infty} \frac{1}{\pi n^k} \int_0^{2\pi} \cos\left[n(t-x) + \frac{k\pi}{2}\right] \varphi(t)\mathrm{d}t.$$

13* 设 $f(x) = \displaystyle\sum_{n=1}^{\infty} b_n \sin nx$ 的系数 b_n 单调递减趋于零, 且 $f(x)$ 可积, 试证: 级数 $\displaystyle\sum_{n=1}^{\infty} b_n \sin nx$ 是 $f(x)$ 的傅里叶级数.

14* 设 $f(x)$ 在 $[-\pi, \pi]$ 上连续, 且 $f(-\pi) = f(\pi)$, $f'(x)$ 在 $[-\pi, \pi]$ 上按段连续, 试证:

$$a_n = o\left(\frac{1}{n}\right), \quad b_n = o\left(\frac{1}{n}\right).$$

15* 求极限: $\displaystyle\lim_{\lambda \to 0} \int_0^1 \frac{\sin^2 \lambda x}{1 + x^2}\mathrm{d}x$.

16* 在 $(0, 2\pi)$ 内 $f(x)$ 是非增函数, 试证: $f(x)$ 的傅里叶系数 $b_n \geqslant 0$.

17* 设 $f(x)$ 在 $[0, 2\pi]$ 上单调, a_n, b_n 为 $f(x)$ 的傅里叶系数, 试证: $\{na_n\}$, $\{nb_n\}$ 有界.

18.* 设 $f(x)$ 在 $[0, 2\pi]$ 上有连续的导数, 试证:

$$na_n \to 0, \quad nb_n \to \frac{f(0+0) - f(2\pi - 0)}{\pi} \quad (n \to \infty).$$

19.* (1) 试证:

$$\frac{\pi - x}{2} = \sum_{n=1}^{\infty} \frac{\sin nx}{n} \quad (0 < x < 2\pi);$$

(2) 若 $f(x)$ 在 $[0, 2\pi]$ 上可积, a_n, b_n 为它的傅里叶系数, 试证:

$$\sum_{n=1}^{\infty} \frac{b_n}{n} = \frac{1}{2\pi} \int_0^{2\pi} f(x)(\pi - x)\mathrm{d}x.$$

20.* 设 $f(x)$ 是以 2π 为周期的可积函数, 试证:

$$\int_0^x f(t)\mathrm{d}t = \frac{a_0}{2}x + \sum_{n=1}^{\infty} \frac{a_n \sin nx + b_n(1 - \cos nx)}{n},$$

其中 a_n, b_n 为 $f(x)$ 在 $[0, 2\pi]$ 上的傅里叶系数.

第 5 章 积 分

这一章, 我们将讨论黎曼 (Riemann) 积分及广义积分. 为了节省篇幅, 在建立积分一般理论时, 主要讨论重积分, 而将一元函数定积分作为特例. 叙述力求严谨. 作为预备知识, 先介绍黎曼可测集, 在此基础上, 讨论黎曼积分及其性质, 对积分的计算也给了足够的叙述, 最后再讨论广义积分.

5.1 黎曼可测集

我们用 $\mathbb{R}^n$ 表示 n 维欧几里得 (Euclid) 空间. $x = (x_1, x_2, \cdots, x_n)$ 是 $\mathbb{R}^n$ 中的一点, 可以记为 $x \in \mathbb{R}^n$, 其中 $x_1, x_2, \cdots, x_n$ 均为实数, 设

$$A = \{(x_1, x_2, \cdots, x_n) \mid a_i < x_i < b_i, i = 1, 2, \cdots, n\},$$
$$\overline{A} = \{(x_1, x_2, \cdots, x_n) \mid a_i \leqslant x_i \leqslant b_i, i = 1, 2, \cdots, n\},$$

其中 a_i, b_i 均为实数, 分别称 $A, \overline{A}$ 为 $\mathbb{R}^n$ 中的开长方体和闭长方体. 当 $n = 1$ 时, A 即为 $\mathbb{R}^1$ 中的开区间; 当 $n = 2$ 时, $\overline{A}$ 即为 $\mathbb{R}^2$ 中各边分别平行于 x, y 轴的闭矩形.

过去曾规定, $\mathbb{R}^1$ 中的区间 (a, b), $[a, b]$ 的长度为 $b - a$ (现称 $b - a$ 为该区间在 $\mathbb{R}^1$ 中的测度); $\mathbb{R}^2$ 中的开、闭矩形 $(a, b; c, d)$, $[a, b; c, d]$ 的面积为边长 $b - a$, $d - c$ 的乘积, 即 $(b-a) \cdot (d-c)$ (现称此数为该矩形在 $\mathbb{R}^2$ 中的测度); 完全类似, 现在规定 $\mathbb{R}^n$ 中的开、闭长方体 A, $\overline{A}$ 在 $\mathbb{R}^n$ 中的测度为其各棱长 $(b_i - a_i)$ $(i = 1, 2, \cdots, n)$ 的乘积 $(b_1 - a_1)(b_2 - a_2) \cdots (b_n - a_n)$, 记为 $mA = m\overline{A} = (b_1 - a_1)(b_2 - a_2) \cdots (b_n - a_n)$; 同时规定空集的测度为零.

现在的问题是: 对于 $\mathbb{R}^n$ 中更一般的点集 (例如 $\mathbb{R}^2$ 中的圆域、$\mathbb{R}^3$ 中的椭球等), 如何对应一个测度, 怎样确定其测度? 下面给出这个问题的一种解答.

在 $\mathbb{R}^n$ 中考虑闭长方体 $A = \{(x_1, x_2, \cdots, x_n) \mid a_i \leqslant x_i \leqslant a_i + 1, i = 1, 2, \cdots, n\}$ (a_i 为整数), 它的各棱长均为 1, 将其各棱同时 2^k 等分, 过这些分点分别作平行于坐标平面

$$x_i = 0 \quad (i = 1, 2, \cdots, n)$$

的超平面, 则 A 被分为 2^{kn} 个形状一样且棱长均为 $\dfrac{1}{2^k}$ 的小闭长方体 (或称为闭立方体).

现在设 M 是 $\mathbb{R}^n$ 中的一个有界集, 于是存在正整数 K, 使

$$M \subset \{(x_1, x_2 \cdots, x_n) \mid -K \leqslant x_i \leqslant K,\ i = 1, 2, \cdots, n\} = B,$$

将 B 的各棱先 $2K$ 等分, 得到棱长为 1 的闭长方体 $(2K)^n$ 个, 再将这些长方体的各棱 2^k 等分, 得到棱长为 $\dfrac{1}{2^k}$ 的小闭长方体, 这样形成的众多小闭长方体, 必是且只是下列三种情况之一:

(1) 小闭长方体上的点都是 M 的内点;

(2) 小闭长方体上的点都是 M 的外点;

(3) 小闭长方体含有 M 的边界点.

将情况 (1) 的小闭长方体的并集记为 A_k, 情况 (3) 的小闭长方体的并集记为 C_k. 记 $B_k = A_k \cup C_k$(图 5.1), 用 mB_k, mA_k, mC_k 分别表示 B_k, A_k, C_k 中各小闭长方体的测度之和, 则有

$$mB_k = mA_k + mC_k. \tag{5.1.1}$$

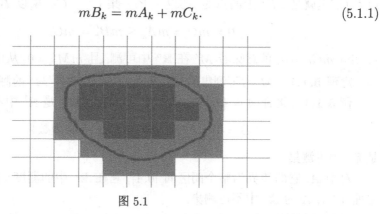

图 5.1

现在考虑将 B_k 划分为棱长均为 $\dfrac{1}{2^{k+1}}$ 的小闭长方体, 实际上是将每个棱长为 $\dfrac{1}{2^k}$ 的小闭长方体的每条棱二等分, 得到形状相同的 2^n 个更小的闭长方体, A_{k+1}, B_{k+1}, C_{k+1} 是这些棱长为 $\dfrac{1}{2^{k+1}}$ 的小长方体按前述分类方法得到的小闭长方体的并集. 原来在 A_k 中的长方体 Q (全由 M 的内点组成), 经这样分割后所成的每个小长方体当然都在 A_{k+1} 内, 所以

$$A_k \subset A_{k+1} \quad \text{且} \quad mA_k \leqslant mA_{k+1} \leqslant mB_k.$$

故 $\{mA_k\}$ 是不减数列, 有上界, 故 $\lim\limits_{k \to \infty} mA_k$ 存在, 其极限值称为 M 的内测度, 记为 m_*M. 同样, $B_k \supset B_{k+1}$, 且 $mB_k \geqslant mB_{k+1} \geqslant 0$, $\{mB_k\}$ 是不增有下界的数列, $\lim\limits_{k \to \infty} mB_k$ 存在, 其极限值称为 M 的外测度, 记为 m^*M. 因 $A_k \subset B_k$, $mA_k \leqslant mB_k$, 故 $m_*M \leqslant m^*M$.

定义 5.1.1 设 M 为 $\mathbb{R}^n$ 中一有界点集, 如果

$$m_* M = m^* M,$$

则称 M 为 $\mathbb{R}^n$ 中黎曼可测集 (或称为可测集), 同时称 $m_* M$ 与 $m^* M$ 的公共值为 M 的黎曼测度 (或简称为测度), 记为 mM.

由 (5.1.1) 式, $mC_k = mB_k - mA_k$, 若 M 是可测集, 即 $\lim\limits_{k\to\infty} mB_k = \lim\limits_{k\to\infty} mA_k$, 从而

$$\lim_{k\to\infty} mC_k = 0.$$

反之, 若 $\lim\limits_{k\to\infty} mC_k = 0$, 前面已证, $\{mB_k\}$, $\{mA_k\}$ 的极限存在, 从而 $m_* M = m^* M$, M 为可测集.

用 M' 表示 M 的边界 (边界点的集合), 所有棱长为 $\dfrac{1}{2^k}$ 的小闭长方体中, 全是 M' 的内点 (M' 没有内点) 所组成的小长方体的并集 $A'_k = \varnothing$, 由含有 M' 的边界 (这里就是 M') 上的点的小长方体的并集 $C'_k = C_k$, 所以 $B'_k = C'_k = C_k$, 由

$$0 = m\varnothing = mA'_k \leqslant mB'_k = mC_k$$

及 $\lim\limits_{k\to\infty} mC_k = 0$, 就意味着 M' 在 $\mathbb{R}^n$ 中可测, 且 $mM' = 0$, 从而得下面结论.

定理 5.1.1 M 为可测集的充要条件为 M 的边界 M' 的测度为零.

例 5.1.1 集合 $A = \{x \mid 0 \leqslant x \leqslant 1,\ x$ 为有理数$\}$ 是 $\mathbb{R}^1$ 中不可测集, 但集合

$$B = \{(x, 0) \mid 0 \leqslant x \leqslant 1,\ x \text{ 为有理数}\}$$

是 $\mathbb{R}^2$ 中可测集.

对于 A, 它的边界为整个闭区间 $[0,1]$, 它在 $\mathbb{R}^1$ 中的测度 (长度) 不为零, 由定理 5.1.1, A 为 $\mathbb{R}^1$ 中不可测集.

对于 B, 因为 $B \subset \{(x,y) \mid -1 \leqslant x \leqslant 1,\ -1 \leqslant y \leqslant 1\} = C$, 将 C 进行前面所述的分割, 使得每个小正方形的边长为 $\dfrac{1}{2^k}$. 此时 $A_k = \varnothing$, $mA_k = 0$, 而 $B_k = C_k$, 它就是矩形

$$\left[-\frac{1}{2^k}, 1; -\frac{1}{2^k}, \frac{1}{2^k}\right] = \left\{(x,y) \,\middle|\, -\frac{1}{2^k} \leqslant x \leqslant 1,\ -\frac{1}{2^k} \leqslant y \leqslant \frac{1}{2^k}\right\},$$

易知 $mB_k = \left(1 + \dfrac{1}{2^k}\right) \cdot 2 \cdot \dfrac{1}{2^k} = \dfrac{1}{2^{k-1}}\left(1 + \dfrac{1}{2^k}\right)$, 有 $mB_k \to 0\ (k \to \infty)$, 又 $mA_k = 0$, 因此 $mB = 0$.

例 5.1.2 $\mathbb{R}^2$ 中曲线

$$L = \{(x,y) \mid a \leqslant x \leqslant b,\ y = f(x)\},$$

其中 $f(x)$ 在 $[a,b]$ 上连续, 则 $mL = 0$ (即 L 的面积为零, 如图 5.2).

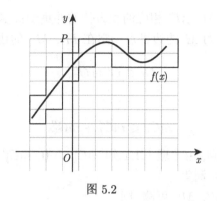

图 5.2

证明 函数 $f(x)$ 在 $[a,b]$ 上连续, 所以 $f(x)$ 在 $[a,b]$ 上有界, 设 $|f(x)| \leqslant M$, 取 P 为大于 $\max\{|a|, |b|, M\}$ 的整数, 则

$$L \subset [-P, P; -P, P] = G.$$

又由 $f(x)$ 在 $[a,b]$ 上一致连续, 即 $\forall \varepsilon > 0$, $\exists \delta > 0$, $|x_1 - x_2| < \delta$ $(x_1, x_2 \in [a,b])$, 有

$$|f(x_1) - f(x_2)| < \varepsilon.$$

将 G 分割成边长为 $\dfrac{1}{2^k}$ 的小正方形集合, 取 K 使 $\dfrac{1}{2^K} < \min\{\delta, \varepsilon\}$, 当 $k > K$ 时, 由于 L 没有内点, $A_k = \varnothing$, $mA_k = 0$, 所以 $B_k = C_k$. 设小正方形

$$Q_{ij} = \left\{ (x,y) \,\middle|\, \frac{i}{2^k} \leqslant x \leqslant \frac{i+1}{2^k}, \ \frac{j}{2^k} \leqslant y \leqslant \frac{j+1}{2^k} \right\}$$

至少包含 L 的一个点, 则 $\left[\dfrac{i}{2^k}, \dfrac{i+1}{2^k} \right] \cap [a,b] \neq \varnothing$, 且至多是 $Q_{i,j-1}$ 或 $Q_{i,j+1}$ 含有 L 的点, 因此 $mC_k \leqslant \left(b - a + 2 \cdot \dfrac{1}{2^k} \right) \cdot 2 \cdot \dfrac{1}{2^k} < (b - a + 2\varepsilon) \cdot 2\varepsilon$, 如取 $\varepsilon < \dfrac{1}{2}$, 则 $mC_k \leqslant (b - a + 1) \cdot 2\varepsilon$, 即

$$mB_k \to 0 \quad (k \to \infty),$$

所以 $mL = 0$.

定理 5.1.2 若 M' 与 M'' 均为可测集, 则 $M' \cup M''$, $M' \cap M''$, $M' - M''$ 都为可测集.

证明 记 M 为 $M' \cup M''$, $M' \cap M''$, $M' - M''$ 三者任何一个. 设 M, M', M'' 在 $\mathbb{R}^n$ 中被有限的闭长方体 (棱长均为正整数) 包含, 已被分割的棱长为 $\dfrac{1}{2^k}$ 的小

长方体的集合, 与 M, M', M'' 相应的长方体的并集 A_k, A_k', A_k'' 与 C_k, C_k', C_k'' 的意义与前面相同. 因为 M 的边界点一定在 M', M'' 的边界的并集之中, 所以

$$C_k \subset C_k' \cup C_k'',$$

从而

$$mC_k \leqslant mC_k' + mC_k''.$$

由于 M', M'' 可测, 由定理 5.1.1 知 $mC_k' \to 0$, $mC_k'' \to 0$, 所以 $mC_k \to 0$, 又由定理 5.1.1, M 为可测集.

定理 5.1.3　设 M', M'' 可测, 则

(1) $m(M' \cup M'') \leqslant mM' + mM''$;

(2) 若 M', M'' 无公共内点, 则 $m(M' \cup M'') = mM' + mM''$;

(3) 若 $M' \supset M''$, 则 $m(M' - M'') = mM' - mM''$.

证明　设 A_k', C_k', A_k'', C_k'' 与 A_k, C_k 分别是 M', M'' 与 $M = M' \cup M''$ 所对应的小长方体的并集 (其意义前面已述).

(1) 因为 M 的内点集 $M_1 \subset M = M' \cup M''$, 而 $M' \subset A_k' \cup C_k'$, $M'' \subset A_k'' \cup C_k''$, $A_k \subset M_1$, 所以

$$A_k \subset A_k' \cup C_k' \cup A_k'' \cup C_k'',$$

因此

$$mA_k \leqslant mA_k' + mC_k' + mA_k'' + mC_k'' = mB_k' + mB_k'',$$

其中 $B_k' = A_k' \cup C_k'$, $B_k'' = A_k'' \cup C_k''$. 由假设 M', M'' 均可测,

$$mB_k' \to mM', \quad mB_k'' \to mM'' \quad (k \to \infty),$$

关于 M 的可测性, 定理 5.1.2 已作回答, 所以有 $mA_k \to mM$ $(k \to \infty)$. 于是在上式两边取极限即得

$$mM \leqslant mM' + mM''.$$

(2) M', M'' 无公共内点, $A_k' \cap A_k'' = \varnothing$, 所以

$$m(A_k' \cup A_k'') = mA_k' + mA_k'',$$

又由于 $A_k' \cup A_k'' \subset A_k$, 所以 $mA_k' + mA_k'' \leqslant mA_k$, 取极限得 $mM' + mM'' \leqslant mM$, 又由 (1), 即证得 (2).

(3) 令 $M = M' - M''$, 则 $M' = M'' \cup M$, $M'' \cap M = \varnothing$, 由 (2) 得 $mM' = mM'' + mM$, 即 $mM = mM' - mM''$.

推论 5.1.1 若 M', M'' 可测, $M'' \subset M'$, 则 $mM'' \leqslant mM'$.

这由 $mM' - mM'' = m(M' - M'') \geqslant 0$ 立即可得.

注 前面几个定理证明中并未用到这个推论, 那里不是对一般的可测集 M', M'', 而是对有限个小长方体的并集 A_k, B_k, C_k 使用的.

习 题 5.1

1. 集合 $\{(x,0)|x$ 为 $[0,1]$ 中有理数$\} \cup \{(x,y) \mid x$ 为 $[0,1]$中无理数, $0 \leqslant y \leqslant 1\}$ 在 $\mathbb{R}^2$ 中是否为黎曼可测? 为什么?

2. 试证: 有限个测度为零的可测集的并集仍然是一个测度为零的可测集. 试举一例说明, 这个命题对于无穷多个测度为零的集合的并集是不成立的.

3. 举出一集合 M, 使 $m_* M < m^* M$.

4. 证明: 若 $\mathbb{R}^n$ 中集 E 的测度为零, 则 E 的任何子集 F 的测度都为零.

5. 设 $D = \left\{(x,y) \Big| x = \dfrac{1}{n}, y = \dfrac{1}{m}, n, m\text{为正整数}\right\}$, 问: D 在 $\mathbb{R}^2$ 中是否可测 (即 D 是否有面积)?

6. 补证定理 5.1.2 的证明中的集合关系式 $C_k \subset C_k' \cup C_k''$ 及定理 5.1.3 的证明中 (2) 的集合关系式

$$A_k' \cup A_k'' \subset A_k.$$

7.* 设 $E = \{(x,y,z) \mid 0 \leqslant x \leqslant 1, 0 \leqslant y \leqslant 1, z = f(x,y)\}$, 其中 $f(x,y)$ 为 $[0,1;0,1]$ 上的连续函数, 证明: $mE = 0$.

8.* 设 M 是 $\mathbb{R}^n$ 中一超平面 $\{(x_1, x_2, \cdots, x_n) \mid x_n = a, a$ 为常数$\}$ 上的一有界集, 则 M 在 $\mathbb{R}^n$ 中可测, 且 $mM = 0$.

9.* 设 M 是 $\mathbb{R}^n$ 中一个包含有内点的有界集, 如果 M 是可测集, 则 $mM > 0$.

10.* 设 $x(t)$ 在闭区间 $[0,1]$ 上连续, $y(t)$ 在 $[0,1]$ 上连续且导数有界, 证明: $\mathbb{R}^2$ 中的曲线

$$L: x = x(t), \quad y = y(t) \quad (0 \leqslant t \leqslant 1)$$

在 $\mathbb{R}^2$ 中的测度 (即面积) 为零. (注意如果将 "导数有界" 的条件去掉, 则有例说明 L 的面积可不为零)

11.* 设 $\mathbb{R}^n$ 中点集 E 总是被包含在一组可测集 F_k $(k = 1, 2, \cdots)$ 内, 且

$$mF_k \to 0 \quad (k \to \infty),$$

则 E 为可测集, 且 $mE = 0$.

5.2 黎 曼 积 分

V 是 $\mathbb{R}^n$ 内的一可测集, 将 V 分为 l 个非空可测集 $V_1, V_2, \cdots, V_l$, 它们彼此没有公共内点, 且 $V = \bigcup\limits_{i=1}^{l} V_i$, 就称 $\{V_i : i = 1, 2, \cdots, l\}$ 构成 V 的一个分割, 用

T 表示, 即 $T = \{V_i : i = 1, 2, \cdots, l\}$.

用 $d(x, y)$ 表示点 x 和点 y 之间的距离, 称 $\sup\limits_{x,y\in F} d(x,y)$ 为点集 F 的直径, 记为 $\mathrm{diam}F$, 称 $\max\limits_{1\leqslant i\leqslant l}\{\mathrm{diam}V_i\}$ 为分割 T 的模, 记为 $\|T\|$.

设 $f(x) = f(x_1, x_2, \cdots, x_n)$ 是定义在 V 上的函数, V 的分割 $T = \{V_i : i = 1, 2, \cdots, l\}$, 在 V_i 中任取 ξ^i, 称和式 $\sum\limits_{i=1}^{l} f(\xi^i) \cdot mV_i$ 为 $f(x)$ 在 V 上关于分割 T 的黎曼积分和, 其中 mV_i 表示 V_i 在 $\mathbb{R}^n$ 中的测度.

定义 5.2.1 设 $f(x)$ 是定义在 $\mathbb{R}^n$ 内可测集 V 上的函数, I 是某定数. 若对 $\forall \varepsilon > 0$, $\exists \delta > 0$, 对满足 $\|T\| < \delta$ 的 V 的任何分割 T, 对任何 $\xi^i \in V_i$, 都有

$$\left|\sum_{i=1}^{l} f(\xi^i)mV_i - I\right| < \varepsilon,$$

则称 $f(x)$ 在 V 上黎曼可积 (简称可积), I 为 $f(x)$ 在 V 上的 n 重积分, 记作

$$I = \lim_{\|T\|\to 0} \sum_{i=1}^{l} f(\xi^i) \cdot mV_i = \int_V f(x)\mathrm{d}x$$

或记为

$$I=\int_V f(x_1,x_2,\cdots,x_n)\mathrm{d}x_1\mathrm{d}x_2\cdots\mathrm{d}x_n=\overbrace{\int\cdots\int}^{n}_V f(x_1,x_2,\cdots,x_n)\mathrm{d}x_1\mathrm{d}x_2\cdots\mathrm{d}x_n,$$

其中 $f(x)$ 称为被积函数, 称 x 为积分变量, V 为积分区域.

例 5.2.1 函数

$$f(x) = \begin{cases} 1, & x \text{ 为有理数}, \\ 0, & x \text{ 为无理数} \end{cases}$$

在 $[0,1]$ 上不可积.

这是因为对 $\forall \delta > 0$, 选取 n 充分大, 可取分割 $T : \left[0, \dfrac{1}{n}\right], \left[\dfrac{1}{n}, \dfrac{2}{n}\right], \cdots,$ $\left[\dfrac{n-1}{n}, 1\right]$, 满足 $\|T\| < \delta$, 若选取 ξ^i 均为 $\left[\dfrac{i-1}{n}, \dfrac{i}{n}\right]$ 中的有理数,则有 $\sum\limits_{i=1}^{n} f(\xi^i) \cdot mV_i = 1$, 若选取 ξ^i 均为 $\left[\dfrac{i-1}{n}, \dfrac{i}{n}\right]$ 中的无理数, 则有 $\sum\limits_{i=1}^{n} f(\xi^i)mV_i = 0$.

这说明: 对任意实数 I, 取 $\varepsilon_0 = \dfrac{1}{2}$, 对 $\forall \delta > 0$, $\exists$ 分割 T, $\|T\| < \delta$, 总可选取 $\xi^i \in V_i$, 使

$$\left|\sum_{i=1}^{n} f(\xi^i)mV_i - I\right| \geqslant \varepsilon_0,$$

所以 $f(x)$ 在 $[0,1]$ 上不可积.

定理 5.2.1 设 V 是 $\mathbb{R}^n$ 内的可测集, 且满足: 对 $\forall \delta > 0$, 存在 V 的分割 $T = \{V_1, V_2, \cdots, V_l\}$, $\|T\| < \delta$ 且 $mV_i > 0$ $(i = 1, 2, \cdots, l)$, 那么若 $f(x)$ 在 V 上可积, 则 $f(x)$ 在 V 上有界.

证明 对 $\forall \delta > 0$, $\exists T$, $\|T\| < \delta$, $mV_i > 0$ $(i = 1, 2, \cdots, l)$, 如果 $f(x)$ 在 V 上无界, 则一定在某一 V_j 上无界, 即对 $\forall M > 0$, $\exists \xi^j \in V_j$, 使 $|f(\xi^j) \cdot mV_j| > M$. 当 $i \neq j$ 时, 取定 $\xi^i \in V_i$, 亦即 $\displaystyle\sum_{\substack{i=1 \\ i \neq j}}^{l} f(\xi^i) mV_i$ 为一定数, 这样随着 ξ^j 的不同选择, $\displaystyle\sum_{i=1}^{l} f(\xi^i) mV_i$ 可以任意大, 自然 $\displaystyle\sum_{i=1}^{l} f(\xi^i) \cdot mV_i$ 当 $\|T\| \to 0$ 时不存在极限, 与 $f(x)$ 在 V 上可积矛盾, 从而得证.

例 5.2.2 函数

$$f(x,y) = \begin{cases} 0, & 1 \leqslant x \leqslant 2,\ 0 \leqslant y \leqslant 1, \\ \dfrac{1}{x}, & 0 < x < 1,\ y = 0 \end{cases}$$

在 $V = \{(x,y) \mid 1 \leqslant x \leqslant 2,\ 0 \leqslant y \leqslant 1\} \cup \{(x,0) \mid 0 < x < 1\}$ 上可积, 且积分为零, 但 $f(x,y)$ 在 V 上无界. 无界是显然的, 至于 $f(x)$ 在 V 上的可积性, 由于对 V 的分割 T, 只要 $\|T\| < \delta$, $T = \{V_1, V_2, \cdots, V_l\}$, 包含点 $(1,0)$ 的所有 V_i 的测度之和不超过 $\pi\delta^2$, 在这些 V_i 上, $f(x)$ 的最大值 $\leqslant \dfrac{1}{1-\delta}$(图 5.3), 对不包含点 $(1,0)$ 的 V_i, 或者 $mV_i = 0$, 或者 $f(\xi^i) = 0$ $(\xi^i \in V_i)$, 从而

$$\left| \sum_{i=1}^{l} f(\xi^i) mV_i \right| \leqslant \frac{\pi\delta^2}{1-\delta},$$

由积分定义 5.2.1 知 $\displaystyle\int_V f(x,y)\mathrm{d}x\mathrm{d}y = 0$.

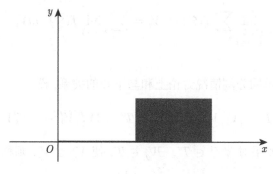

图 5.3

这个例子说明, 定理 5.2.1 中对 V 所加的条件不是可有可无的. 当然我们这里考虑的是可测集上的积分, 如果仅仅讨论在区域上的积分, 则不会出现这种情况.

下面讨论黎曼积分的性质及可积函数类.

定义 5.2.2 设 $f(x)$ 是 $\mathbb{R}^n$ 内可测集 V 上的有界函数, $T = \{V_1, V_2, \cdots, V_l\}$ 为 V 的一个分割, 令

$$M_i = \sup_{x \in V_i} f(x), \qquad m_i = \inf_{x \in V_i} f(x),$$

分别称

$$\overline{S}(T) = \sum_{i=1}^{l} M_i \cdot mV_i, \qquad \underline{S}(T) = \sum_{i=1}^{l} m_i \cdot mV_i$$

为 $f(x)$ 关于 T 在 V 上的上和与下和.

下面讨论上和与下和的性质.

性质 5.2.1 对 V 的任意固定分割 T, 有

$$\underline{S}(T) \leqslant \sum_{i=1}^{l} f(\xi^i) mV_i \leqslant \overline{S}(T),$$

并且

$$\overline{S}(T) = \sup_{\substack{\xi^i \in V_i \\ 1 \leqslant i \leqslant l}} \sum_{i=1}^{l} f(\xi^i) \cdot mV_i,$$

$$\underline{S}(T) = \inf_{\substack{\xi^i \in V_i \\ 1 \leqslant i \leqslant l}} \sum_{i=1}^{l} f(\xi^i) \cdot mV_i.$$

这只要注意到 $mV_i \geqslant 0$, 以及

$$\sup_{\substack{\xi^i \in V_i \\ 1 \leqslant i \leqslant l}} \sum_{i=1}^{l} f(\xi^i) \cdot mV_i = \sum_{i=1}^{l} \sup_{\xi^i \in V_i} f(\xi^i) \cdot mV_i,$$

$$\inf_{\substack{\xi^i \in V_i \\ 1 \leqslant i \leqslant l}} \sum_{i=1}^{l} f(\xi^i) \cdot mV_i = \sum_{i=1}^{l} \inf_{\xi^i \in V_i} f(\xi^i) \cdot mV_i$$

即可.

为了对 V 的不同分割情况讨论上和与下和的关系, 设

$$T = \{V_1, V_2, \cdots, V_l\}, \quad T' = \{V_1', V_2', \cdots, V_k'\}$$

均为 V 的分割, 如果对 $\forall V_i' \in T', \exists V_j \in T$, 使 $V_i' \subset V_j$, 则称 T' 是 T 的加密分割.

性质 5.2.2 若 T' 是 T 的加密分割, 则

$$\underline{S}(T) \leqslant \underline{S}(T'), \quad \overline{S}(T') \leqslant \overline{S}(T).$$

证明 证明第二个不等式. 因 T' 是 T 的加密分割, 所以 T 中的 V_i ($i = 1, 2, \cdots, l$) 总是 T' 中某些 V_j' 的并集, 设 $V_i = V_1' \cup V_2' \cup \cdots \cup V_m'$, 考虑 $\overline{S}(T)$ 中的一项 $M_i \cdot mV_i$, 由于 M_i 是 $f(x)$ 在 V_i 上的上确界, 它不会小于 $f(x)$ 在 V_i 的子集 $V_1', V_2', \cdots, V_m'$ 上的上确界, 亦即 $M_i \cdot mV_i \geqslant \sum\limits_{j=1}^{m} M_j' \cdot mV_j'$, 让 i 取遍 $1, 2, \cdots, l$, 再相加即得

$$\overline{S}(T') \leqslant \overline{S}(T).$$

同理可证 $\underline{S}(T) \leqslant \underline{S}(T')$.

性质 5.2.3 对 V 的任意两个分割 T 和 T', 总有 $\underline{S}(T') \leqslant \overline{S}(T)$.

证明 设 $T = \{V_1, V_2, \cdots, V_l\}$, $T' = \{V_1', V_2', \cdots, V_k'\}$, 考虑由所有的 $V_i \cap V_j'$ ($i = 1, 2, \cdots, l$; $j = 1, 2, \cdots, k$) 所形成的集族 (空集不计入此族). 由定理 5.1.2 知, $V_i \cap V_j'$ 均为可测集, 这些集形成 V 的一个分割 T^*, 显然, T^* 是 T 的加密分割, 也是 T' 的加密分割, 由性质 5.2.2,

$$\underline{S}(T') \leqslant \underline{S}(T^*), \quad \overline{S}(T^*) \leqslant \overline{S}(T),$$

由性质 5.2.1,

$$\underline{S}(T') \leqslant \underline{S}(T^*) \leqslant \overline{S}(T^*) \leqslant \overline{S}(T).$$

由此可知, 任意两个分割中, 一个分割的下和总不会超过另一个分割的上和. 固定一个分割 T_0, 对应这个分割的上和记为 $\overline{S}(T_0)$, 则对任意分割 T, $\underline{S}(T) \leqslant \overline{S}(T_0)$, 即 $\underline{S}(T)$ 是有上界的, 同理 $\overline{S}(T)$ 也是有下界的, 所以

$$\underline{S} = \sup_{T}\{\underline{S}(T)\}, \quad \overline{S} = \inf_{T}\{\overline{S}(T)\}$$

均为有限数, 通常分别称 $\underline{S}$, $\overline{S}$ 为 $f(x)$ 在 V 上的下积分与上积分, 也记作

$$\underline{S} = \underline{\int_{V}} f(x)\mathrm{d}x, \quad \overline{S} = \overline{\int}_{V} f(x)\mathrm{d}x.$$

定理 5.2.2 (达布定理) 设 $f(x)$ 在 $\mathbb{R}^n$ 中的可测集 V 上有界, 则有

$$\underline{S} = \lim_{\|T\| \to 0} \underline{S}(T), \quad \overline{S} = \lim_{\|T\| \to 0} \overline{S}(T).$$

证明 我们证明第二式. 由于 $f(x)$ 在 V 上有界, $\exists M$, 对 $\forall x \in V$, $|f(x)| \leqslant M$.

由 $\overline{S}$ 的定义知, 对 $\forall \varepsilon > 0$, $\exists$ 分割 $T_0 = \{V_1, V_2, \cdots, V_m\}$, 使 $\overline{S}(T_0) < \overline{S} + \dfrac{\varepsilon}{2}$, 以 $V_i^{(0)}$ 表示 V_i 的内点集 (可能有些是空集), 由于 V_i 均为可测集, 其边界的测度必为零, 将包含 V 的闭长方体 (棱长均为整数) 分割成边长均为 $\dfrac{1}{2^k}$ 的小闭长方体, 把包含 V_i $(i = 1, 2, \cdots, m)$ 边界点的小闭长方体的并集记为 C_k, 全部的点都是 $V_i^{(0)}$ 的小闭长方体的并集记为 $A_k^{(i)}$, 取 k 足够大, 可使

$$mC_k \leqslant \frac{\varepsilon}{4M}.$$

由于 $A_k^{(i)}$ 是 $\mathbb{R}^n$ 中的有界闭集, $A_k^{(i)}$ 上的点都是 V_i 的内点, 由有限覆盖定理, $\exists \delta > 0$, 对 $\forall x \in A_k^{(i)}$, $\mathbb{R}^n$ 中以 x 为心, δ 为半径的球 $O(x, \delta) \subset V_i^{(0)}$.

现在设 T 为满足 $\|T\| < \delta$ 的 V 的任意分割, 下面证明成立

$$\overline{S}(T) < \overline{S} + \frac{\varepsilon}{2}.$$

设 $T = \{V_1', V_2', \cdots, V_l'\}$, $\mathrm{diam}V_j' < \delta$ $(j = 1, 2, \cdots, l)$, 以 T^* 表示 T, T_0 的共同细分, 即由所有 $V_i \cap V_j'$(除去空集以外) 所组成的分割, 若 V_j' 中有 $A_k^{(i)}$ 的点, 则

$$V_j' \subset V_i^{(0)} \subset V_i, \quad 即 \quad V_j' \cap V_i = V_j',$$

所以 $V_j' \in T^*$, 记 V_j' $(j = 1, 2, \cdots, l)$ 中含有 $A_k^{(i)}$ 中的点的那些集为 $V_{i_1}', V_{i_2}', \cdots, V_{i_p}'$, 其余的记为 $V_{j_1}', V_{j_2}', \cdots, V_{j_q}'$, 由刚才的讨论知, $V_{i_1}', V_{i_2}', \cdots, V_{i_p}'$ 均为 T^* 分割中的子集, 而 $V_{j_1}', V_{j_2}', \cdots, V_{j_q}'$ 均包含在 $C_k \cap V$ 之内, 所以

$$\sum_{i=1}^{q} mV_{j_i}' \leqslant m(C_k \cap V) \leqslant mC_k < \frac{\varepsilon}{4M}.$$

现在看

$$\overline{S}(T) = \sum_{k=1}^{p} M_{i_k} \cdot mV_{i_k}' + \sum_{k=1}^{q} M_{j_k} \cdot mV_{j_k}',$$

$$\overline{S}(T^*) = \sum_{k=1}^{p} M_{i_k} \cdot mV_{i_k}' + \sum_{k=1}^{q} \sum_{i=1}^{m} M_{j_k i} \cdot m(V_{j_k}' \cap V_i),$$

其中 $M_i = \sup\limits_{V_i'} f(x)$, $M_{ij} = \sup\limits_{V_i' \cap V_j} f(x)$.

由于 $mV_{j_k}' = \sum\limits_{i=1}^{m} m(V_i \cap V_{j_k}')$, 所以

$$\overline{S}(T) - \overline{S}(T^*) = \sum_{k=1}^{q} \sum_{i=1}^{m} (M_{j_k} - M_{j_k i}) \cdot m(V_{j_k}' \cap V_i) \leqslant 2M \sum_{k=1}^{q} mV_{j_k}' < \frac{\varepsilon}{2}.$$

因为 $\overline{S}(T^*) \leqslant \overline{S}(T_0)$, 故

$$\overline{S} \leqslant \overline{S}(T) \leqslant \overline{S}(T^*) + \frac{\varepsilon}{2} \leqslant \overline{S}(T_0) + \frac{\varepsilon}{2} < \overline{S} + \varepsilon,$$

即 $|\overline{S}(T) - \overline{S}| < \varepsilon$. 从而得证, 第一式类似可证.

定理 5.2.3 设 $f(x)$ 在 $\mathbb{R}^n$ 中可测集 V 上有界, 则 $f(x)$ 在 V 上可积的充要条件为

$$\overline{S} = \underline{S}.$$

证明 必要性 $f(x)$ 在 V 上可积, 即 $\exists I$, 对 $\forall \varepsilon > 0$, $\exists \delta > 0$, $\|T\| < \delta$, $\forall \xi^i \in V_i$, 有

$$I - \varepsilon < \sum_{i=1}^{l} f(\xi^i) m V_i < I + \varepsilon,$$

所以有

$$I - \varepsilon \leqslant \underline{S}(T) \leqslant \overline{S}(T) \leqslant I + \varepsilon,$$

由定理 5.2.2, 得

$$I - \varepsilon \leqslant \underline{S} \leqslant \overline{S} \leqslant I + \varepsilon,$$

由 ε 的任意性, 得 $\underline{S} = \overline{S}$.

充分性 由于对任何分割 T, $\forall \xi^i \in V_i$, 有

$$\underline{S}(T) \leqslant \sum_{i=1}^{l} f(\xi^i) m V_i \leqslant \overline{S}(T),$$

由定理 5.2.2, 对上式两端取极限, 令 $\|T\| \to 0$, 并利用假设 $\overline{S} = \underline{S}$, 即得

$$\lim_{\|T\| \to 0} \sum_{i=1}^{l} f(\xi^i) m V_i = \overline{S} = \underline{S},$$

即 $f(x)$ 在 V 上可积.

定理 5.2.4 设 $f(x)$ 是可测集 V 上的有界函数, 那么 $f(x)$ 在 V 上可积的充分必要条件是: $\forall \varepsilon > 0, \exists T = \{V_1, V_2, \cdots, V_l\}$, 使得 $\sum_{i=1}^{l} \omega_i \cdot m V_i < \varepsilon$, 其中 $\omega_i = M_i - m_i \geqslant 0$.

证明 充分性 由 $\underline{S}(T) \leqslant \underline{S} \leqslant \overline{S} \leqslant \overline{S}(T)$, 得

$$0 \leqslant \overline{S} - \underline{S} \leqslant \overline{S}(T) - \underline{S}(T) = \sum_{i=1}^{l} \omega_i \cdot m V_i < \varepsilon,$$

由 ε 的任意性, 得 $\overline{S} = \underline{S}$, 由定理 5.2.3, $f(x)$ 在 V 上可积.

必要性　$f(x)$ 在 V 上可积, 由定理 5.2.3, $\overline{S} = \underline{S}$, 又由定理 5.2.2,

$$\lim_{\|T\| \to 0} \sum_{i=1}^{l} \omega_i \cdot mV_i = \lim_{\|T\| \to 0} \left(\overline{S}(T) - \underline{S}(T)\right) = \overline{S} - \underline{S} = 0,$$

从而得证.

定理 5.2.5　设 V', V'' 为 $\mathbb{R}^n$ 内可测集, V', V'' 无公共内点, 若 $f(x)$ 在 V', V'' 上均可积, 则 $f(x)$ 在 $V' \cup V''$ 上可积, 且

$$\int_{V' \cup V''} f(x)\mathrm{d}x = \int_{V'} f(x)\mathrm{d}x + \int_{V''} f(x)\mathrm{d}x.$$

反之, 若 $f(x)$ 在 $V' \cup V''$ 上可积, 则 $f(x)$ 在 V', V'' 上均可积.

证明　因 $f(x)$ 在 V', V'' 上均可积, 由定理 5.2.4, 对 $\forall \varepsilon > 0$, $\exists V'$ 的分割 $T' = \{V_1', V_2', \cdots, V_l'\}$ 及 V'' 的分割 $T'' = \{V_1'', V_2'', \cdots, V_k''\}$, 使

$$\sum_{i=1}^{l} \omega_i' \cdot mV_i' < \frac{\varepsilon}{2}, \quad \sum_{i=1}^{k} \omega_i'' \cdot mV_i'' < \frac{\varepsilon}{2},$$

其中 $\omega_i' = \sup_{V_i'} f(x) - \inf_{V_i'} f(x)$, $\omega_i'' = \sup_{V_i''} f(x) - \inf_{V_i''} f(x)$.

令 $T = T' + T''$, 即 $T = \{V_1', V_2', \cdots, V_l', V_1'', V_2'', \cdots, V_k''\}$, 由于 V', V'' 无公共内点, 所以 T 中这些集也没有公共内点, 且其并集为 $V' \cup V''$, 因此 T 是 $V' \cup V''$ 的一个分割, 记 $T = \{V_1, V_2, \cdots, V_{l+k}\}$, 则

$$\sum_{i=1}^{k+l} \omega_i \cdot mV_i = \sum_{i=1}^{l} \omega_i' \cdot mV_i' + \sum_{i=1}^{k} \omega_i'' \cdot mV_i'' < \varepsilon,$$

又由定理 5.2.4, 知 $f(x)$ 在 $V' \cup V''$ 上可积.

再有

$$\sum_{i=1}^{k+l} f(\xi^i) mV_i = \sum_{i=1}^{l} f(\xi^i) mV_i' + \sum_{i=1}^{k} f(\xi^i) mV_i'',$$

令 $\|T\| \to 0$, 得

$$\int_{V' \cup V''} f(x)\mathrm{d}x = \int_{V'} f(x)\mathrm{d}x + \int_{V''} f(x)\mathrm{d}x.$$

反之, 若 $f(x)$ 在 $V' \cup V''$ 上可积, 由定理 5.2.4, 对 $\forall \varepsilon > 0$, $\exists \delta > 0$, 当 $\|T\| < \delta$ 时, 均有

$$\sum_{i=1}^{k} \omega_i \cdot mV_i < \varepsilon,$$

令 $T' = \{V_1 \cap V', V_2 \cap V', \cdots, V_k \cap V'\}$, $T'' = \{V_1 \cap V'', V_2 \cap V'', \cdots, V_k \cap V''\}$, 则 T' 是 V' 的一个分割, 且 $\|T'\| < \delta$, T'' 是 V'' 的一个分割, 且 $\|T''\| < \delta$. 记 $V_i \cap V' = V_i'$, $V_i \cap V'' = V_i''$, 则

$$\sum_{i=1}^{k} \omega_i' \cdot mV_i' \leqslant \sum_{i=1}^{k} \omega_i mV_i < \varepsilon,$$

$$\sum_{i=1}^{k} \omega_i'' \cdot mV_i'' \leqslant \sum_{i=1}^{k} \omega_i mV_i < \varepsilon.$$

由定理 5.2.4, 知 $f(x)$ 在 V', V'' 上均可积.

例 5.2.3 若 V 是 $\mathbb{R}^n$ 中零测度集, 即 $mV = 0$, $f(x)$ 是 V 上的函数, 则 $f(x)$ 在 V 上可积, 且

$$\int_V f(x)\mathrm{d}x = 0.$$

由于 $mV = 0$, 所以 V 的任何子集的测度均为零 (习题 5.1 中第 4 题), 即对 V 的任何分割 $T = \{V_1, V_2, \cdots, V_l\}$, 均有 $mV_i = 0$ $(i = 1, 2, \cdots, l)$. 因此有

$$\sum_{i=1}^{l} f(\xi^i) mV_i = 0 \quad (\xi^i \in V_i).$$

由积分的定义知

$$\int_V f(x)\mathrm{d}x = 0.$$

设 $f(x)$ 在 $\mathbb{R}^n$ 中可测集 V 上可积, $F \subset V$, $mF = 0$, 由定理 5.2.5, $f(x)$ 在 $V - F$ 上可积, 且

$$\int_V f\mathrm{d}x = \int_{V-F} f(x)\mathrm{d}x + \int_F f(x)\mathrm{d}x = \int_{V-F} f(x)\mathrm{d}x.$$

但 $\int_F f(x)\mathrm{d}x = \int_F f_1(x)\mathrm{d}x = 0$, 其中 $f_1(x)$ 是 F 上的另一函数, 所以

$$\int_V f(x)\mathrm{d}x = \int_{V-F} f(x)\mathrm{d}x + \int_F f_1(x)\mathrm{d}x.$$

亦即若 $f(x)$ 在 V 上可积, 在 V 的零测度子集上改变 f 的值, 积分值不变.

习 题 5.2

1. 设 $D = [0, 1; 0, 1]$, 证明: 函数

$$f(x, y) = \begin{cases} 1, & (x, y) \text{ 为有理点}, \\ 0, & (x, y) \text{ 为非有理点} \end{cases}$$

在 D 上不可积.

2. 设 $y = x^2 \ (0 \leqslant x \leqslant 5)$, T 是将 $[0, 5]$ 分成五个等长子区间的分割, 计算:

$$\overline{S}(T), \quad \underline{S}(T).$$

3. 设 $f(x)$ 在 V 上可积, k 为常数, 则 $kf(x)$ 在 V 上可积, 且

$$\int_V kf(x)\mathrm{d}x = k\int_V f(x)\mathrm{d}x.$$

4. 设 $f(x)$, $g(x)$ 在 V 上都可积, 则 $f(x) \pm g(x)$ 在 V 上可积, 且

$$\int_V [f(x) \pm g(x)]\,\mathrm{d}x = \int_V f(x)\mathrm{d}x \pm \int_V g(x)\mathrm{d}x.$$

5. 设在 V 上 $f(x) \leqslant g(x)$, $f(x)$, $g(x)$ 在 V 上都可积, 则

$$\int_V f(x)\mathrm{d}x \leqslant \int_V g(x)\mathrm{d}x.$$

6. 若 $f(x)$ 在 V 上可积, 则 $|f(x)|$ 在 V 上可积, 且

$$\left| \int_V f(x)\mathrm{d}x \right| \leqslant \int_V |f(x)|\mathrm{d}x.$$

反之, 若 $|f(x)|$ 在 V 上可积, 则 $f(x)$ 在 V 上也可积吗?

7. 设 $f(x)$ 在 V 上连续, 且 $f(x) \geqslant 0$, 若 $x^{(0)}$ 是 V 的一个内点, $f(x^{(0)}) > 0$, 则

$$\int_V f(x)\mathrm{d}x > 0.$$

8* 设 V 是 $\mathbb{R}^n$ 中一可测集, $f(x)$ 在 V 上有界可积, 将包含 V 的棱长为整数的闭长方体分割为棱长为 $\dfrac{1}{2^k}$ 的小闭长方体, 用 A_k 表示这些长方体中全部在 V 内 (即长方体上的点都是 V 的内点) 的那些长方体的并集, 则

$$\int_V f(x)\mathrm{d}x = \lim_{k\to\infty} \int_{A_k} f(x)\mathrm{d}x.$$

9* 证明: 若 $f(x)$ 是 $\mathbb{R}^1$ 中闭区间 $[a,b]$ 上的单调函数, 则 $f(x)$ 在 $[a,b]$ 上可积. 试举出一函数, 它在 $[a,b]$ 上有无穷多个间断点, 但在 $[a,b]$ 上可积.

5.3 连续函数的积分

定理 5.3.1   设 $f(x)$ 在 $\mathbb{R}^n$ 中可测集 V 上有界, $f(x)$ 在 V 上的不连续点集 E 的测度为零, 则 $f(x)$ 在 V 上可积.

证明 设 $|f(x)| \leqslant M \ (x \in V)$. V' 是 V 的边界. 因 V 是可测集, 由定理 5.1.1, $mV' = 0$, 将包含 $V' \cup V$ 在其内部的闭长方体 (棱长为整数) 进行分割, 使各小长方体的棱长均为 $\dfrac{1}{2^k}$. 可选取 k, 使包含有 $E \cup V'$ 的点的小闭长方体的并集 C_k, 有 $mC_k < \dfrac{\varepsilon}{M}$, 因为 $C_k \cap V \subset C_k$, 所以 $m(C_k \cap V) < \dfrac{\varepsilon}{M}$. 对由 $V - E$ 的内点组成的小闭长方体的并集记为 A_k, A_k 是有界闭集, $f(x)$ 在 A_k 上连续, 因此一致连续, 即 $\exists \delta > 0$, 当 $d(x, y) < \delta \ (x, y \in A_k)$ 时, 有

$$|f(x) - f(y)| < \varepsilon.$$

现将 A_k 中每个小闭长方体再分割, 使其直径均小于 δ (图 5.4). 连同 C_k 中原来的小闭长方体在 V 中的部分, 组成 V 的一个分割 $T = \{V_1, V_2, \cdots, V_m\}$, 有

$$\sum_{V_i \subset V} \omega_i \cdot mV_i = \sum_{V_i \subset C_k} \omega_i \cdot mV_i + \sum_{V_i \subset A_k} \omega_i \cdot mV_i$$

$$< 2M \sum_{V_i \subset C_k} mV_i + \varepsilon \sum_{V_i \subset A_k} mV_i$$

$$< 2M \cdot \frac{\varepsilon}{M} + \varepsilon \cdot mV = (2 + mV)\varepsilon,$$

由定理 5.2.4, 即知 $f(x)$ 在 V 上可积.

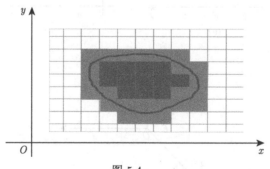

图 5.4

推论 5.3.1 $f(x)$ 在可测集 V 上有界且连续, 则 $f(x)$ 在 V 上可积.

定义 5.3.1 设 F 是 $\mathbb{R}^n$ 中一点集, G 为 $\mathbb{R}^m$ 中一点集, 称 $\mathbb{R}^{m+n}$ 中集

$$B = \{(x, y) \mid x \in F, \ y \in G\}$$
$$= \{(x_1, x_2, \cdots, x_n, y_1, y_2, \cdots, y_m) \mid (x_1, x_2, \cdots, x_n) \in F,$$
$$(y_1, y_2, \cdots, y_m) \in G\}$$

为 F 与 G 的拓扑积, 记为 $B = F \times G$.

例如, 如果 F 是 $\mathbb{R}^1$ 中的开区间 (a,b), G 是 $\mathbb{R}^1$ 中的开区间 (c,d), 则 $F \times G$ 是 $\mathbb{R}^2$ 中的开矩形

$$(a,b;c,d) = \{(x,y) \mid x \in F, \ y \in G\};$$

若 F 是 $\mathbb{R}^1$ 中的 (a,b), G_x 是 $\mathbb{R}^1$ 中的开区间 $(f_1(x), \ f_2(x))$, 则 $F \times G_x$ 是 $\mathbb{R}^2$ 中的曲边梯形

$$\{(x,y) \mid a < x < b, \ f_1(x) < y < f_2(x)\} = \{(x,y) \mid x \in F, \ y \in G_x\};$$

若 F 是 $\mathbb{R}^2$ 中的圆 $\{(x_1,x_2) \mid x_1^2 + x_2^2 \leqslant r^2\}$, G_x 是 $\mathbb{R}^1$ 中的闭区间

$$\left[-\sqrt{r^2 - x_1^2 - x_2^2}, \ \sqrt{r^2 - x_1^2 - x_2^2}\right],$$

则 $F \times G_x$ 是 $\mathbb{R}^3$ 中的球 $\{(x_1,x_2,x_3) \mid (x_1,x_2) \in F, \ x_3 \in G_x\}$ (图 5.5).

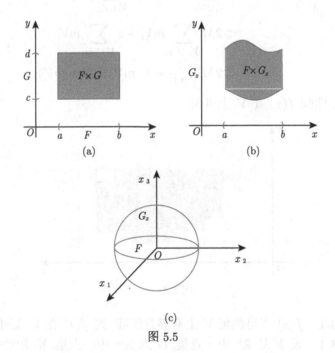

(a)　　　　　　　　　　(b)

(c)

图 5.5

进一步, 设 F 为 $\mathbb{R}^n$ 中的闭长方体 $\{(x_1,x_2,\cdots,x_n) \mid a_i \leqslant x_i \leqslant b_i, \ i = 1,2,\cdots,n\}$, G 为 $\mathbb{R}^m$ 中的闭长方体 $\{(y_1,y_2,\cdots,y_m) \mid c_j \leqslant y_j \leqslant d_j, \ j = 1,2,\cdots,m\}$, 则 $F \times G$ 为 $\mathbb{R}^{n+m}$ 中的闭长方体

$$\{(x_1,x_2,\cdots,x_n,y_1,y_2,\cdots,y_m) \mid a_i \leqslant x_i \leqslant b_i,$$

$$c_j \leqslant y_j \leqslant d_j, \ i = 1, 2, \cdots, n, \ j = 1, 2, \cdots, m\}.$$

由 5.1 节关于长方体测度的规定知

$$m(F \times G) = mF \cdot mG,$$

其中 $m(F \times G)$ 为 $\mathbb{R}^{n+m}$ 中 $F \times G$ 的测度, mF 为 $\mathbb{R}^n$ 中 F 的测度, mG 为 $\mathbb{R}^m$ 中 G 的测度.

定义 5.3.2 设 V_* 是 $\mathbb{R}^n$ 中一点集, 对 $\forall x \in V_*$, 有 $\mathbb{R}^m$ 中一可测集 V_x 与之对应, 如果对 $\forall x^0 \in V_*$, $\forall \varepsilon > 0$, $\exists \delta > 0$, 当 $d(x, x^0) < \delta$ $(x \in V_*)$ 时, 有

$$m(V_x - V_{x^0}) + m(V_{x^0} - V_x) < \varepsilon,$$

就说 V_x 在 V_* 上关于 x 依测度连续.

例如, 若 V_* 是 $\mathbb{R}^1$ 中开区间 $(0,1)$, $f_1(x)$, $f_2(x)$ 是 $(0,1)$ 上的连续函数, 且 $f_1(x) \leqslant f_2(x)$, 定义 V_x 为 $\mathbb{R}^1$ 中的闭区间 $[f_1(x), f_2(x)]$, 对 $\forall x_0 \in (0,1)$, $\forall \varepsilon > 0$, $\exists \delta > 0$, 当 $|x - x_0| < \delta$ 时,

$$|f_1(x) - f_1(x_0)| < \frac{\varepsilon}{2}, \quad |f_2(x) - f_2(x_0)| < \frac{\varepsilon}{2},$$

亦即有 $m(V_x - V_{x_0}) + m(V_{x_0} - V_x) < \varepsilon$, 从而 V_x 在 $(0,1)$ 上关于 x 依测度连续.

又例如, 设 V_* 为 $\mathbb{R}^1$ 中闭区间 $[-1,1]$, $V_x = \{(x_1, x_2) \mid x_1^2 + x_2^2 \leqslant 1 - x^2\}$ 是 $\mathbb{R}^2$ 中以原点为心、$\sqrt{1 - x^2}$ 为半径的圆, 由于 $m(V_x - V_{x_0}) + m(V_{x_0} - V_x) = \pi|x^2 - x_0^2|$, 从而知 V_x 在 $[-1,1]$ 上关于 x 依测度连续.

定理 5.3.2 设 V_* 是 $\mathbb{R}^n$ 中一点集, 对 $\forall x \in V_*$, 有 $\mathbb{R}^m$ 中一可测集 V_x 与之对应, 如果 V_x 在 V_* 上对 x 依测度连续, 且

$$V = V_* \times V_x = \{(x,y) \mid x \in V_*, \ y \in V_x\}$$

是 $\mathbb{R}^{n+m}$ 中有界闭集, $f(x,y)$ 是 V 上的连续函数, 则函数

$$h(x) = \int_{V_x} f(x,y) \mathrm{d}y$$

在 V_* 上连续.

证明 $f(x,y)$ 在有界闭集 V 上连续, 故 $f(x,y)$ 在 V 上有界且一致连续, 设 $|f(x,y)| \leqslant K$, 且对 $\forall \varepsilon > 0$, $\exists \delta_1 > 0$, 当 $d((x^1, y^1), (x^2, y^2)) < \delta_1$ $((x^1, y^1), (x^2, y^2) \in V)$ 时,

$$|f(x^1, y^1) - f(x^2, y^2)| < \varepsilon.$$

设 $x^0 \in V_*$, $x \in V_*$, 因为

$$V_x = (V_x \cap V_{x^0}) \cup (V_x - V_{x^0}),$$

所以有

$$mV_x \leqslant m(V_x \cap V_{x^0}) + m(V_x - V_{x^0})$$
$$\leqslant mV_{x^0} + m(V_x - V_{x^0}),$$

由假设, $\exists \delta_2 > 0$, 当 $d(x, x^0) < \delta_2$ 时, $m(V_x - V_{x^0}) < \varepsilon$, 即有 $mV_x \leqslant mV_{x^0} + \varepsilon$, 现选取 $\delta = \min\{\delta_1, \delta_2\}$, 当 $d(x, x^0) < \delta$ 时, 由

$$\left| h(x) - h(x^0) \right|$$

$$= \left| \int_{V_x} f(x, y)\mathrm{d}y - \int_{V_{x^0}} f(x^0, \ y)\mathrm{d}y \right|$$

$$\leqslant \left| \int_{V_x} f(x, y)\mathrm{d}y - \int_{V_x} f(x^0, y)\mathrm{d}y \right| + \left| \int_{V_x} f(x^0, y)\mathrm{d}y - \int_{V_{x^0}} f(x^0, y)\mathrm{d}y \right|$$

$$= \left| \int_{V_x} [f(x, y) - f(x^0, y)]\mathrm{d}y \right| + \left| \int_{V_x \cap V_{x^0}} f(x^0, y)\mathrm{d}y + \int_{V_x - V_{x^0}} f(x^0, y)\mathrm{d}y \right.$$

$$\left. - \int_{V_{x^0} \cap V_x} f(x^0, y)\mathrm{d}y - \int_{V_{x^0} - V_x} f(x^0, y)\mathrm{d}y \right|$$

$$\leqslant \int_{V_x} \left| f(x, y) - f(x^0, y) \right| \mathrm{d}y + \int_{V_x - V_{x^0}} \left| f(x^0, y) \right| \mathrm{d}y + \int_{V_{x^0} - V_x} \left| f(x^0, y) \right| \mathrm{d}y$$

$$\leqslant mV_x \cdot \varepsilon + K \cdot [m(V_x - V_{x^0}) + m(V_{x^0} - V_x)]$$

$$< (mV_{x^0} + \varepsilon + K)\varepsilon.$$

从而定理得证.

推论 5.3.2　设 V_* 是 $\mathbb{R}^{n-1}$ 中一有界闭集, $\varphi_1(x_1, x_2, \cdots, x_{n-1})$, $\varphi_2(x_1, x_2, \cdots, x_{n-1})$ 是 V_* 上的连续函数, 且 $\varphi_1(x_1, x_2, \cdots, x_{n-1}) \leqslant \varphi_2(x_1, x_2, \cdots, x_{n-1})$, $f(x_1, x_2, \cdots, x_n)$ 是在

$$V = \{(x_1, x_2, \cdots, x_n) \mid (x_1, x_2, \cdots, x_{n-1}) \in V_*, \ \varphi_1(x_1, x_2, \cdots, x_{n-1})$$
$$\leqslant x_n \leqslant \varphi_2(x_1, x_2, \cdots, x_{n-1})\}$$

上连续的函数, 则函数

$$h(x_1, x_2, \cdots, x_{n-1}) = \int_{\varphi_1(x_1, x_2, \cdots, x_{n-1})}^{\varphi_2(x_1, x_2, \cdots, x_{n-1})} f(x_1, x_2, \cdots, x_{n-1}, x_n)\mathrm{d}x_n$$

在 V_* 上连续.

这只要注意到, 对 $\forall x \in V_*$, 此处 V_x 是 $\mathbb{R}^1$ 中闭区间

$$[\varphi_1(x_1, x_2, \cdots, x_{n-1}), \ \varphi_2(x_1, x_2, \cdots, x_{n-1})],$$

由 φ_1, φ_2 的连续性, 知 V_x 在 V_* 上关于 x 依测度连续, 同时易证 V 是 $\mathbb{R}^n$ 中的有界闭集, 再应用定理 5.3.2 即可.

定理 5.3.3 设 P, Q 分别为 $\mathbb{R}^n$, $\mathbb{R}^m$ 中的闭长方体, $V = P \times Q$ 是 $\mathbb{R}^{n+m}$ 中的闭长方体, $f(x, y)$ $(x \in P, \ y \in Q)$ 在 V 上可积, 且对 $\forall x \in P$, 积分

$$F(x) = \int_Q f(x, y) \mathrm{d}y$$

存在, 则 $F(x)$ 在 P 上可积, 且

$$\int_V f(x, y) \mathrm{d}x \mathrm{d}y = \int_P \left(\int_Q f(x, y) \mathrm{d}y \right) \mathrm{d}x.$$

证明 设 T 是 V 的一个分法, 它将 V 分割成一些闭长方体 V_{ij}. 与此同时, 得到 P, Q 的分法 T_1, T_2, 将 P, Q 分别分割为小闭长方体 P_i, Q_j,

$$V_{ij} = P_i \times Q_j.$$

用 M_{ij}, m_{ij} 分别表示 $f(x, y)$ 在 V_{ij} 上的上、下确界, 取 $\xi^i \in P_i$, 由定理 5.2.5 及习题 5.2 第 5 题有

$$m_{ij} \cdot mQ_j \leqslant \int_{Q_j} f(\xi^i, y) \mathrm{d}y \leqslant M_{ij} \cdot mQ_j,$$

对 j 作和, 得

$$\sum_j m_{ij} \cdot mQ_j \leqslant \int_Q f(\xi^i, y) \mathrm{d}y \leqslant \sum_j M_{ij} \cdot mQ_j,$$

各项乘以 mP_i, 再对 i 求和, 得

$$\sum_i \sum_j m_{ij} \cdot mQ_j \cdot mP_i \leqslant \sum_i F(\xi^i) \cdot mP_i \leqslant \sum_i \sum_j M_{ij} \cdot mQ_j \cdot mP_i,$$

由于 $mV_{ij} = m(P_i \times Q_j) = mP_i \cdot mQ_j$, 所以

$$\sum_i \sum_j m_{ij} \cdot mV_{ij} \leqslant \sum_i F(\xi^i) \cdot mP_i \leqslant \sum_i \sum_j M_{ij} \cdot mV_{ij}.$$

由假设 $f(x, y)$ 在 V 上可积, 上面不等式的左、右两端当 $\|T\| \to 0$ 时都趋向于 $\int_V f(x, y) \mathrm{d}x \mathrm{d}y$. 注意到 $\|T_1\| \leqslant \|T\|$, $\|T_2\| \leqslant \|T\|$, 因此, 有

$$\lim_{\|T\| \to 0} \sum_i F(\xi^i) \cdot mP_i = \int_P F(x) \mathrm{d}x,$$

从而得

$$\int_V f(x,y)\mathrm{d}x\mathrm{d}y = \int_P \left(\int_Q f(x,y)\mathrm{d}y \right) \mathrm{d}x.$$

定理 5.3.4 设 V_* 是 $\mathbb{R}^n$ 中可测集, 对 $\forall x \in V_*$, 有 $\mathbb{R}^m$ 中可测集 V_x 与之对应.

$$V = V_* \times V_x = \{(x,y) \mid x \in V_*,\ y \in V_x\}$$

为 $\mathbb{R}^{n+m}$ 中可测集, $f(x,y)$ 在 V 上有界连续, 则

$$\int_V f(x,y)\mathrm{d}x\mathrm{d}y = \int_{V_*} \left(\int_{V_x} f(x,y)\mathrm{d}y \right) \mathrm{d}x.$$

证明 设 P 为 $\mathbb{R}^n$ 中闭长方体, $V_* \subset P$, Q 为 $\mathbb{R}^m$ 中闭长方体, 且 $\forall x \in V_*$, $V_x \subset Q$, $D = P \times Q$ 为 $\mathbb{R}^{n+m}$ 中闭长方体, 则 $V \subset D$, 现定义函数

$$F(x,y) = \begin{cases} f(x,y), & (x,y) \in V, \\ 0, & (x,y) \in D - V. \end{cases}$$

由于 V, V_*, V_x 均为可测集, 故 V, V_*, V_x 的边界测度都为零. 因此 $F(x,y)$ 在 D 上除了在 V 的边界上可能不连续外, 在其他地方都连续, 由定理 5.3.1, $F(x,y)$ 在 D 上可积, 且对 $\forall x \in P$, 若 $x \notin V_*$, 则 $F(x,y) = 0$, 在 $y \in Q$ 上连续; 若 $x \in V_*$, 则 $F(x,y)$ 对 $y \in Q$, 除了可能在 V_x 的边界上不能连续外, 在其他地方都连续, 因此 $\int_Q F(x,y)\mathrm{d}y$ 都存在, 由定理 5.3.3,

$$\int_D F(x,y)\mathrm{d}x\mathrm{d}y = \int_P \left(\int_Q F(x,y)\mathrm{d}y \right) \mathrm{d}x.$$

由于 D, V 是可测, 由定理 5.1.2, $D - V$ 为可测集, 同理 $Q - V_x$, $P - V_*$ 均分别为 $\mathbb{R}^m$, $\mathbb{R}^n$ 中的可测集. 由定理 5.2.5,

$$\int_D F(x,y)\mathrm{d}x\mathrm{d}y = \int_V F(x,y)\mathrm{d}x\mathrm{d}y + \int_{D-V} F(x,y)\mathrm{d}x\mathrm{d}y = \int_V f(x,y)\mathrm{d}x\mathrm{d}y.$$

若 $x \in V_*$, $\int_Q F(x,y)\mathrm{d}y = \int_{V_x} F(x,y)\mathrm{d}y + \int_{Q-V_x} F(x,y)\mathrm{d}y = \int_{V_x} f(x,y)\mathrm{d}y$;

若 $x \notin V_*$, $\int_Q F(x,y)\mathrm{d}y = 0$, 则

$$\int_V f(x,y)\mathrm{d}x\mathrm{d}y = \int_P \left(\int_{V_x} f(x,y)\mathrm{d}y \right) \mathrm{d}x = \int_{V_*} \left(\int_{V_x} f(x,y)\mathrm{d}y \right) \mathrm{d}x.$$

得证.

这个定理在计算重积分的时候, 很有作用. 5.4 节将举例说明其应用.

定理 5.3.5 (积分中值定理) 设 V 是 $\mathbb{R}^n$ 中有界、可测、闭的连通集, $f(x)$ 在 V 上连续, 则存在 $\xi \in V$, 使

$$\int_V f(x)\mathrm{d}x = f(\xi) \cdot mV.$$

证明 由于 V 是有界闭集, $f(x)$ 在 V 上连续, 因此 $f(x)$ 在 V 上有最大值 M、最小值 m, 设

$$f(x') = m, \quad f(x'') = M,$$

由于 V 是连通的, 存在连续曲线 $L : x = x(t)$, $a \leqslant t \leqslant b, x(a) = x'$, $x(b) = x'', L \subset V$, 所以 $f(x(t))$ 在 $[a, b]$ 上连续, 又因

$$m \cdot mV \leqslant \int_V f(x)\mathrm{d}x \leqslant M \cdot mV,$$

如果 $mV = 0$, 则定理显然成立, 否则由一元连续函数介值定理知, $\exists t^* \in (a, b)$, 使

$$f(x(t^*)) = \frac{\displaystyle\int_V f(x)\mathrm{d}x}{mV}.$$

令 $x(t^*) = \xi$, 即得所要的结论.

下面两个定理是关于一元函数定积分的. 它比以前所学过类似的定理中的条件有所放宽.

定理 5.3.6 若 $F(x)$ 在 $[a, b]$ 上连续, $F'(x)$ 在 $[a, b]$ 上除了有限个点外均存在, $F'(x)$ 在 $[a, b]$ 上可积, 则

$$\int_a^b F'(x)\mathrm{d}x = F(b) - F(a).$$

证明 设 $F'(x)$ 在有限个点 $c_1, c_2, \cdots, c_{m-1}$ 上不存在, 不妨设

$$a < c_1 < c_2 < \cdots < c_{m-1} < b,$$

将 $[a, b]$ 分成 m 个区间 $[c_{j-1}, c_j]$ $(j = 1, 2, \cdots, m, \ c_0 = a, \ c_m = b)$, 对 $[c_{j-1}, c_j]$ 作分割 T :

$$c_{j-1} = x_0 < x_1 < \cdots < x_n = c_j.$$

由积分中值定理

$$F(c_j) - F(c_{j-1}) = \sum_{i=1}^n [F(x_i) - F(x_{i-1})] = \sum_{i=1}^n F'(\xi_i) \cdot \Delta x_i,$$

其中 $\xi_i \in (x_{i-1}, x_i)$, 由于 $F'(x)$ 在 $[a, b]$ 上可积, 所以当 $\|T\| \to 0$ 时, 上式右端趋于

$$\int_{c_{j-1}}^{c_j} F'(x)\mathrm{d}x,$$

而左端是与 T 无关的数, 因此

$$F(c_j) - F(c_{j-1}) = \int_{c_{j-1}}^{c_j} F'(x)\mathrm{d}x.$$

由假设 $F(x)$ 在 $[a, b]$ 上连续, 故

$$\int_a^b F'(x)\mathrm{d}x = \sum_{j=1}^m \int_{c_{j-1}}^{c_j} F'(x)\mathrm{d}x$$

$$= \sum_{j=1}^m [F(c_j) - F(c_{j-1})] = F(c_m) - F(c_0) = F(b) - F(a).$$

这个定理是微积分基本定理的一种推广.

定理 5.3.7　设 $f(x)$ 在 $[a, b]$ 上可积, $\varphi(t)$ 在 $[\alpha, \beta]$ 上可导, 且 $\varphi'(t)$ 在 $[\alpha, \beta]$ 上可积, $\varphi(t)$ 在 $[\alpha, \beta]$ 上严格递增, $a = \varphi(\alpha)$, $b = \varphi(\beta)$, 则

$$\int_a^b f(x)\mathrm{d}x = \int_\alpha^\beta f(\varphi(t))\varphi'(t)\mathrm{d}t.$$

证明　对 $[\alpha, \beta]$ 作分割 T:

$$\alpha = t_0 < t_1 < \cdots < t_{n-1} < t_n = \beta,$$

作和式

$$\sum_{i=1}^n f(\varphi(\bar{t}_i))\varphi'(\bar{t}_i)\Delta t_i, \quad \bar{t}_i \in [t_{i-1}, t_i].$$

因为 $x = \varphi(t)$ 在 $[\alpha, \beta]$ 上严格递增, 故令 $x_i = \varphi(t_i)$, 得 $[a, b]$ 上的分割 T':

$$a = x_0 < x_1 < \cdots < x_{n-1} < x_n = b.$$

令 $\varphi(\bar{t}_i) = \bar{x}_i$, 由单调性, $\bar{x}_i \in [x_{i-1}, x_i]$, 又由微分中值定理

$$\Delta x_i = x_i - x_{i-1} = \varphi'(t_i^*)\Delta t_i, \quad t_i^* \in [t_{i-1}, t_i],$$

于是 $\sum\limits_{i=1}^n f(\bar{x}_i)\Delta x_i = \sum\limits_{i=1}^n f(\varphi(\bar{t}_i))\varphi'(t_i^*)\Delta t_i$, 由于

$$\left| \sum_{i=1}^n f(\varphi(\bar{t}_i))\varphi'(\bar{t}_i)\Delta t_i - \sum_{i=1}^n f(\bar{x}_i)\Delta x_i \right|$$

$$= \left| \sum_{i=1}^{n} f(\varphi(\bar{t}_i))\varphi'(\bar{t}_i)\Delta t_i - \sum_{i=1}^{n} f(\varphi(\bar{t}_i))\varphi'(t_i^*)\Delta t_i \right|$$

$$= \left| \sum_{i=1}^{n} f(\varphi(\bar{t}_i)) \left[\varphi'(\bar{t}_i) - \varphi'(t_i^*)\right]\Delta t_i \right|$$

$$\leqslant \sum_{i=1}^{n} |f(\varphi(\bar{t}_i))| \, |\varphi'(\bar{t}_i) - \varphi'(t_i^*)| \, \Delta t_i$$

$$\leqslant M \sum_{i=1}^{n} \omega_i(\varphi')\Delta t_i, \tag{5.3.1}$$

其中 $|f(x)| \leqslant M$, $\omega_i(\varphi') = \sup\limits_{t\in[t_{i-1},t_i]} \varphi'(t) - \inf\limits_{t\in[t_{i-1},t_i]} \varphi'(t)$. 由于 $\varphi'(t)$ 在 $[\alpha,\beta]$ 上可积, 所以当 $\|T\| \to 0$ 时,

$$\sum_{i=1}^{n} \omega_i(\varphi')\Delta t_i \to 0.$$

由于 $\varphi(t)$ 在 $[\alpha,\beta]$ 上连续 (可导一定连续), $\varphi(t)$ 在 $[\alpha,\beta]$ 上一致连续, 所以当 $\|T\| \to 0$ 时, $\|T'\| \to 0$, 由 $f(x)$ 在 $[a,b]$ 上可积, 知

$$\sum_{i=1}^{n} f(\bar{x}_i)\Delta x_i \to \int_a^b f(x)\mathrm{d}x,$$

由 (5.3.1) 式知, 当 $\|T\| \to 0$ 时,

$$\sum_{i=1}^{n} f(\varphi(\bar{t}_i))\varphi'(\bar{t}_i)\Delta t_i \to \int_a^b f(x)\mathrm{d}x.$$

如果 $\varphi(t)$ 在 $[\alpha,\beta]$ 上严格递减, 定理 5.3.7 也成立. 这时 $a = \varphi(\beta)$, $b = \varphi(\alpha)$,

$$\int_a^b f(x)\mathrm{d}x = \int_\beta^\alpha f(\varphi(t))\varphi'(t)\mathrm{d}t = \int_\alpha^\beta f(\varphi(t))\,|\varphi'(t)|\,\mathrm{d}t.$$

下面我们讨论重积分的变量替换.

设 V 是 $\mathbb{R}^n$ 中一点集, V 的每个点都是内点. $x(x_1,x_2,\cdots,x_n) \in V$,

$$g_1(x),g_2(x),\cdots,g_n(x)$$

是 V 上 n 个函数, 且在 V 上有连续一阶偏导数, 以及

$$\frac{\partial(g_1,g_2,\cdots,g_n)}{\partial(x_1,x_2,\cdots,x_n)} \neq 0 \quad (x \in V),$$

则称 $y = (y_1, y_2, \cdots, y_n) = (g_1(x), g_2(x), \cdots, g_n(x)) = g(x)$ 为 V 上的一个变换, $\mathbb{R}^n$ 中的点集

$$\{(y_1, y_2, \cdots, y_n) \mid y_i = g_i(x),\ i = 1, 2, \cdots, n,\ x \in V\}$$

称为在变换 $y = g(x)$ 下 V 的像, 记为 $g(V)$, 而称其特殊情形

$$g^{(j)}(x) = (g_1(x), \cdots, g_j(x), \cdots, g_n(x))$$
$$= (x_1, \cdots, x_{j-1}, \varphi_j(x_1, \cdots, x_n), x_{j+1}, \cdots, x_n)$$

为一原始变换, 其中 $\varphi_j(x_1, x_2, \cdots, x_n)$ 在 V 上具有一阶连续偏导数, 且

$$\frac{\partial(y_1, y_2, \cdots, y_n)}{\partial(x_1, x_2, \cdots, x_n)} = \frac{\partial \varphi_j}{\partial x_j} \neq 0.$$

引理 5.3.1 设 Q 是 $\mathbb{R}^n$ 中一闭长方体, $Q \subset V$, $g^{(j)}(Q)$ 是 Q 在原始变换 $g^{(j)}(x)$ 下的像, 则 $g^{(j)}(Q)$ 可测, 且

$$m g^{(j)}(Q) = \left| \frac{\partial \varphi_j(\overline{x})}{\partial x_j} \right| \cdot mQ, \quad \overline{x} \in Q.$$

证明 设

$$Q = \{(x_1, x_2, \cdots, x_n) \mid a_i \leqslant x_i \leqslant b_i,\ i = 1, 2, \cdots, n\},$$

由于 $\dfrac{\partial \varphi_j}{\partial x_j} \neq 0$, 不妨设 $\dfrac{\partial \varphi_j}{\partial x_j} > 0$. 所以 $\varphi_j(x_1, \cdots, x_j, \cdots, x_n)$ 关于 x_j 是严格单调增加的函数, 若取

$$Q_* = \{(x_1, \cdots, x_{j-1},\ x_{j+1}, \cdots, x_n) \mid a_i \leqslant x_i \leqslant b_i,\ i = 1, \cdots, j-1, j+1, \cdots, n\},$$

则 Q 在 $g^{(j)}(x)$ 下的像

$$g^{(j)}(Q) = \{(y_1, \cdots, y_n) \mid (y_1, \cdots, y_{j-1}, y_{j+1}, \cdots, y_n) \in Q_*,$$
$$\varphi_j(y_1, \cdots, y_{j-1}, a_j, y_{j+1}, \cdots, y_n) \leqslant y_j \leqslant \varphi_j(y_1, \cdots, y_{j-1}, b_j, y_{j+1}, \cdots, y_n)\}.$$

下面先证 $g^{(j)}(Q)$ 是 $\mathbb{R}^n$ 中可测集, 设

$$g^{(j)}(Q) \subset \{(y_1, y_2, \cdots, y_n) \mid |y_i| \leqslant K,\ i = 1, 2, \cdots, n\} = B,$$

其中 K 为某个正整数, 将 B 分割成一些棱长均为 $\dfrac{1}{2^k}$ 的小闭长方体, A_k 为全由 $g^{(j)}(Q)$ 的内点所组成的小长方体的并集, C_k 为至少包含 $g^{(j)}(Q)$ 的一个边界点的

那些小长方体的并集, 相应地, $\mathbb{R}^{n-1}$ 中的长方体 Q_* 也被分成一些小长方体, 对应于 Q_*, 也产生了 A_{*k}, C_{*k}.

由于 Q_* 是有界闭集, φ_j 在 Q_* 上连续, 所以在 Q_* 上一致连续. 而 $\forall \varepsilon > 0$, $\exists \delta > 0$, 当 Q_* 上任意两点的距离小于 δ 时, φ_j 在这两点函数值差的绝对值小于 ε.

选择 $k_1 : k > k_1$ 时, 小长方体直径 $< \delta$.

由 Q_* 的可测集, 可选择 k_2, 当 $k > k_2$ 时, $mC_{*k} < \varepsilon$.

选择 k_3, 当 $k > k_3$ 时, $2 \cdot \dfrac{1}{2^k} < \varepsilon$.

最后选择 $k \geqslant \max\{k_1, k_2, k_3\}$.

设 C_k 中一个小闭长方体

$$q = \{(y_1, y_2, \cdots, y_n) \mid c_i \leqslant y_i \leqslant d_i, \ i = 1, 2, \cdots, n\},$$

那么

$$q_* = \{(y_1, \cdots, y_{j-1}, y_{j+1}, \cdots, y_n) \mid c_i \leqslant y_i \leqslant d_i, \ i = 1, \cdots, j-1, j+1, \cdots, n\}$$

是 C_{*k} 或 A_{*k} 中一个小长方体. 如果 q_* 是 C_{*k} 中一个小长方体, 由于 $[c_j, d_j] \subset [-K, K]$, 对于固定的 q_*, 这些不同的 $[c_j, d_j]$ 彼此没有公共内点, 由于 $q = q_* \times [c_j, d_j]$, 对应于 q_* 的所有 C_k 中的 q 的测度和 $\leqslant 2K \cdot mq_*$, 由 q_* 取遍 C_{*k} 可得 C_k 中这所有 q 的测度之和 $\leqslant 2K \cdot mC_{*k} < 2K \cdot \varepsilon$. 如果 q_* 是 A_{*k} 中一长方体, 由于 q 中至少包含 $g^{(j)}(Q)$ 的一个边界点, 而 q_* 的点均为 Q_* 的内点, 所以 $[c_j, d_j]$ 中至少含有闭区间

$$\left[\min_{q_*} \varphi_j(y_1, \cdots, y_{j-1}, a_j, y_{j+1}, \cdots, y_n), \max_{q_*} \varphi_j(y_1, \cdots, y_{j-1}, a_j, y_{j+1}, \cdots, y_n)\right]$$

或

$$\left[\min_{q_*} \varphi_j(y_1, \cdots, y_{j-1}, b_j, y_{j+1}, \cdots, y_n), \max_{q_*} \varphi_j(y_1, \cdots, y_{j-1}, b_j, y_{j+1}, \cdots, y_n)\right]$$

的一点, 由 k 的选择, 这个区间长小于 ε, 且 $[c_j, d_j]$ 的长度即 $d_j - c_j = \dfrac{1}{2^k} < \dfrac{\varepsilon}{2}$, 因此由这个 q_* 所产生的 C_k 中所有 q 的第 j 个坐标区间的长度之和小于 $2\left(\varepsilon + 2 \cdot \dfrac{1}{2^k}\right) = 4\varepsilon$ (图 5.6), 让 q_* 取遍 A_{*k}, 其所产生的 C_k 的测度之和小于 $4\varepsilon \cdot mA_{*k} < 4\varepsilon \cdot mQ_*$.

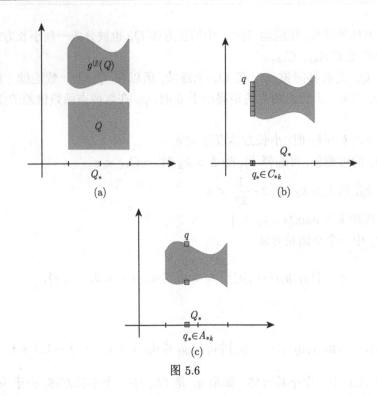

图 5.6

因此有

$$mC_k < 2K \cdot \varepsilon + 4mQ_* \cdot \varepsilon = (2K + 4mQ_*)\varepsilon.$$

由于 K, mQ_* 均为定数, 所以 $mC_k \to 0 \ (k \to \infty)$. 故 $g^{(j)}(Q)$ 是 $\mathbb{R}^n$ 中可测集.

由定理 5.3.4,

$$
\begin{aligned}
mg^{(j)}(Q) &= \int_{g^{(j)}(Q)} \mathrm{d}y \\
&= \int_{Q_*} \left(\int_{\varphi_j(y_1,\cdots,y_{j-1},a_j,y_{j+1},\cdots,y_n)}^{\varphi_j(y_1,\cdots,y_{j-1},b_j,y_{j+1},\cdots,y_n)} \mathrm{d}y_j \right) \mathrm{d}y_1 \cdots \mathrm{d}y_{j-1}\mathrm{d}y_{j+1}\cdots \mathrm{d}y_n \\
&= \int_{Q_*} [\varphi_j(y_1,\cdots,y_{j-1},b_j,y_{j+1},\cdots,y_n) \\
&\quad - \varphi_j(y_1,\cdots,y_{j-1},a_j,y_{j+1},\cdots,y_n)]\mathrm{d}y_1 \cdots \mathrm{d}y_{j-1}\mathrm{d}y_{j+1}\cdots \mathrm{d}y_n,
\end{aligned}
$$

由积分中值定理 (定理 5.3.5)

$$
\begin{aligned}
mg^{(j)}(Q) &= [\varphi_j(\overline{y}_1,\cdots,\overline{y}_{j-1},b_j,\overline{y}_{j+1},\cdots,\ \overline{y}_n) \\
&\quad - \varphi_j(\overline{y}_1,\cdots,\overline{y}_{j-1},a_j,\overline{y}_{j+1},\cdots,\overline{y}_n)] \cdot mQ_*,
\end{aligned}
$$

其中 $(\overline{y}_1, \cdots, \overline{y}_{j-1}, \overline{y}_{j+1}, \cdots, \overline{y}_n) \in Q_*$, 再由微分中值定理, 得

$$mg^{(j)}(Q) = \frac{\partial \varphi_j(\overline{y}_1, \cdots, \overline{y}_j, \cdots, \overline{y}_n)}{\partial y_j} \cdot mQ,$$

其中 $\overline{y}_j \in (a_j, b_j)$.

如果 $\dfrac{\partial \varphi_j}{\partial x_j} < 0$, 则

$$mg^{(j)}(Q) = -\frac{\partial \varphi_j(\overline{y}_1, \cdots, \overline{y}_n)}{\partial y_j} \cdot mQ.$$

综合得

$$mg^{(j)}(Q) = \left| \frac{\partial \varphi_j(\overline{x})}{\partial x_j} \right| \cdot mQ,$$

其中 $\overline{x}$ 为 Q 中适当的一点.

引理 5.3.2 若 M 为 $\mathbb{R}^n$ 中可测闭集, $M \subset V$, 则 $g^{(j)}(M)$ 为 $\mathbb{R}^n$ 中可测集, 且

$$mg^{(j)}(M) = \lim_{k \to \infty} mg^{(j)}(A_k).$$

证明 先证明下列事实: 若 $M_1 \subset M$, $M_2 \subset M$, M_1, M_2 没有公共内点, 则 $g^{(j)}(M_1)$, $g^{(j)}(M_2)$ 没有公共内点. 如若不然, 设 y^0 为 $g^{(j)}(M_1)$, $g^{(j)}(M_2)$ 的公共内点, 由隐函数理论 (第 3 章), 在 y^0 的一个邻域内, 存在 $g^{(j)}$ 的逆变换, 将这个邻域变换到既在 M_1 内又在 M_2 内的一个区域, 这与 M_1, M_2 没有公共内点矛盾, 从而得证.

将包含 M 的一个长方体分割为棱长为 $\dfrac{1}{2^k}$ 的小闭长方体, A_k 为全由 M 的内点组成的那些小长方体的并集, C_k 表示至少含 M 的一个边界点的那些小长方体的并集, 设 Q_v 是 A_k 或 C_k 中的长方体, 由引理 5.3.1, $g^{(j)}(Q_v)$ 是可测的, $g^{(j)}(A_k)$, $g^{(j)}(C_k)$ 作为可测集 $g^{(j)}(Q_v)$ 的并集, 也是可测的, 又因为 Q_v, $Q_u(v \neq u)$ 没有公共内点, 由刚才所证, $g^{(j)}(Q_v)$, $g^{(j)}(Q_u)$ 也没有公共内点, 因此

$$mg^{(j)}(A_k) = \sum_{Q_v \subset A_k} mg^{(j)}(Q_v) = \sum_{Q_v \subset A_k} \left| \frac{\partial \varphi_j(\overline{x})}{\partial x_j} \right| mQ_v,$$

$$mg^{(j)}(C_k) = \sum_{Q_v \subset C_k} \left| \frac{\partial \varphi_j(\overline{x})}{\partial x_j} \right| mQ_v.$$

由于 M 是包含在 V 内的有界闭集, 可取 k 充分大, 使 $B_k = A_k \cup C_k \subset V$, φ_j 在

B_k 上有一阶连续偏导数, 所以存在 $C > 0$, 使 $\left| \dfrac{\partial \varphi_j}{\partial x_j} \right| \leqslant C \; (\forall x \in B_k)$, 因此,

$$mg^{(j)}(C_k) \leqslant C \cdot \sum_{Q_v \subset C_k} mQ_v = C \cdot mC_k,$$

即

$$mg^{(j)}(C_k) \to 0 \quad (k \to \infty).$$

由于 M 的边界 $M' \subset C_k$, 所以 $g^{(j)}(M)$ 的边界 $g^{(j)}(M') \subset g^{(j)}(C_k)$, 有

$$m_* g^{(j)}(M') \leqslant m^* g^{(j)}(M') \leqslant mg^{(j)}(C_k) \to 0 \quad (k \to \infty),$$

所以 $g^{(j)}(M')$ 的测度为零, $g^{(j)}(M)$ 为可测集. 又由于

$$A_k \subset M \subset B_k,$$

$$g^{(j)}(A_k) \subset g^{(j)}(M) \subset g^{(j)}(B_k),$$

$$\lim_{k \to \infty} mg^{(j)}(A_k) = \lim_{k \to \infty} mg^{(j)}(B_k).$$

而

$$mg^{(j)}(A_k) \leqslant mg^{(j)}(M) \leqslant mg^{(j)}(B_k),$$

因此

$$mg^{(j)}(M) = \lim_{k \to \infty} mg^{(j)}(A_k).$$

引理 5.3.3 设 $f(y)$ 是 $g^{(j)}(M)$ 上的连续函数, 则

$$\int_{g^{(j)}(M)} f(y) \mathrm{d}y_1 \mathrm{d}y_2 \cdots \mathrm{d}y_n = \int_M f(g^{(j)}(x)) \left| \frac{\partial(y_1, y_2, \cdots, y_n)}{\partial(x_1, x_2, \cdots, x_n)} \right| \mathrm{d}x_1 \mathrm{d}x_2 \cdots \mathrm{d}x_n.$$

证明 由于 M 是有界闭集, $g^{(j)}(M)$ 也是有界闭集, $f(y)$ 在 $g^{(j)}(M)$ 上连续, 因此一致连续, 并且有界, $|f(y)| \leqslant K \; (\forall y \in g^{(j)}(M))$. $f(g^{(j)}(x))$ 在 M 上也一致连续 (由复合函数连续性知). $\dfrac{\partial \varphi_j}{\partial x_j}$ 在 M 上也一致连续, 由引理 5.3.2, 并利用积分中值定理, 可选充分大的 k, 使

$$\left| \int_{g^{(j)}(M)} f(y) \mathrm{d}y_1 \mathrm{d}y_2 \cdots \mathrm{d}y_n - \int_M f(g^{(j)}(x)) \left| \frac{\partial(y_1, y_2, \cdots, y_n)}{\partial(x_1, x_2, \cdots, x_n)} \right| \mathrm{d}x_1 \mathrm{d}x_2 \cdots \mathrm{d}x_n \right|$$

$$\leqslant \left| \int_{g^{(j)}(M)} f(y) \mathrm{d}y_1 \mathrm{d}y_2 \cdots \mathrm{d}y_n - \int_{g^{(j)}(A_k)} f(y) \mathrm{d}y_1 \mathrm{d}y_2 \cdots \mathrm{d}y_n \right|$$

$$+ \left| \int_{g^{(j)}(A_k)} f(y) \mathrm{d}y_1 \mathrm{d}y_2 \cdots \mathrm{d}y_n - \sum_v f(g^{(j)}(\overline{x}^v)) \left| \frac{\partial \varphi_j(\overline{x}^v)}{\partial x_j} \right| m Q_v \right|$$

$$+ \left| \sum_v f(g^{(j)}(\overline{x}^v)) \left| \frac{\partial \varphi_j(\overline{x}^v)}{\partial x_j} \right| m Q_v - \int_{A_k} f(g^{(j)}(x)) \left| \frac{\partial \varphi_j}{\partial x_j} \right| \mathrm{d}x_1 \mathrm{d}x_2 \cdots \mathrm{d}x_n \right|$$

$$+ \left| \int_{A_k} f(g^{(j)}(x)) \left| \frac{\partial \varphi_j}{\partial x_j} \right| \mathrm{d}x_1 \mathrm{d}x_2 \cdots \mathrm{d}x_n - \int_M f(g^{(j)}(x)) \left| \frac{\partial \varphi_j}{\partial x_j} \right| \mathrm{d}x_1 \mathrm{d}x_2 \cdots \mathrm{d}x_n \right|$$

$$\leqslant K(m g^{(j)}(M) - m g^{(j)}(A_k)) + \sum_v \sup_{Q_v} \left| f(g^{(j)}(x)) - f(g^{(j)}(\overline{x}^v)) \right| m g^{(j)}(Q_v)$$

$$+ \left| \sum_v \left[f(g^{(j)}(\overline{x}^v)) \left| \frac{\partial \varphi_j(\overline{x}^v)}{\partial x_j} \right| - f(g^{(j)}(\overline{\overline{x}}^v)) \left| \frac{\partial \varphi_j(\overline{\overline{x}}^v)}{\partial x_j} \right| \right] m Q_v \right|$$

$$+ \left| \int_{M - A_k} f(g^{(j)}(x)) \left| \frac{\partial \varphi_j}{\partial x_j} \right| \mathrm{d}x_1 \mathrm{d}x_2 \cdots \mathrm{d}x_n \right| < \varepsilon.$$

因而得证.

下面讨论一般变换与原始变换的关系, 有

引理 5.3.4 设 $g(x) = (g_1(x), g_2(x), \cdots, g_n(x))$ 为 V 上的一个变换, 则 $g(x)$ 可以表示为 n 个原始变换的复合.

证明 $g(x)$ 为 V 上的一个变换, 即 $g_1(x), g_2(x), \cdots, g_n(x)$ 在 V 上具有一阶连续偏导数, 且

$$\frac{\partial(g_1, g_2, \cdots, g_n)}{\partial(x_1, x_2, \cdots, x_n)} \neq 0,$$

则这个行列式 (n 阶) 至少有一个 $n-1$ 阶子式不等于零, 以此类推, 不妨设 $\dfrac{\partial g_1}{\partial x_1} \neq 0$, 作

$$g^{(1)}(x) = (g_1(x), x_2, \cdots, x_n),$$

即

$$x^{(1)} = g^{(1)}(x) = \begin{cases} x_1^{(1)} = g_1(x_1, x_2, \cdots, x_n), \\ x_2^{(1)} = x_2, \\ \qquad \cdots\cdots \\ x_n^{(1)} = x_n. \end{cases}$$

由隐函数理论, 它存在逆变换

$$\begin{cases} x_1 = h_1(x_1^{(1)}, x_2^{(1)}, \cdots, x_n^{(1)}), \\ x_2 = x_2^{(1)}, \\ \qquad \cdots\cdots \\ x_n = x_n^{(1)}. \end{cases}$$

并且有 $g_1(h_1(x_1^{(1)}, x_2^{(1)}, \cdots, x_n^{(1)}), x_2^{(1)}, \cdots, x_n^{(1)}) = x_1^{(1)}$.

一般地, 第 $v+1$ 步, 作变换 $x^{(v+1)} = g^{(v+1)}(x^{(v)})$:

$$\begin{cases} x_1^{(v+1)} = x_1^{(v)}, \\ \cdots\cdots \\ x_v^{(v+1)} = x_v^{(v)}, \\ x_{v+1}^{(v+1)} = g_{v+1}(h_1(x_1^{(v)}, x_2^{(v)}, \cdots, x_n^{(v)}), \cdots, h_v(x_1^{(v)}, x_2^{(v)}, \cdots, x_n^{(v)}), \\ \quad x_{v+1}^{(v)}, \cdots, x_n^{(v)}), \\ x_{v+2}^{(v+1)} = x_{v+2}^{(v)}, \\ \cdots\cdots \\ x_n^{(v+1)} = x_n^{(v)}. \end{cases}$$

不难验证, 它也存在逆变换

$$\begin{cases} x_1^{(v)} = x_1^{(v+1)}, \\ \cdots\cdots \\ x_v^{(v)} = x_v^{(v+1)}, \\ x_{v+1}^{(v)} = h_{v+1}(x_1^{(v+1)}, x_2^{(v+1)}, \cdots, x_n^{(v+1)}), \\ x_{v+2}^{(v)} = x_{v+2}^{(v+1)}, \\ \cdots\cdots \\ x_n^{(v)} = x_n^{(v+1)}. \end{cases}$$

并且

$$\begin{cases} x_1 = h_1(x_1^{(v+1)}, x_2^{(v+1)}, \cdots, x_n^{(v+1)}), \\ \cdots\cdots \\ x_{v+1} = h_{v+1}(x_1^{(v+1)}, x_2^{(v+1)}, \cdots, x_n^{(v+1)}), \\ x_{v+2} = x_{v+2}^{(v+1)}, \\ \cdots\cdots \\ x_n = x_n^{(v+1)}, \end{cases}$$

以及

$$\begin{cases} g_1(h_1(x_1^{(v+1)}, x_2^{(v+1)}, \cdots, x_n^{(v+1)}), \cdots, h_{v+1}(\cdots), \ x_{v+2}^{(v+1)}, \cdots, x_n^{(v+1)}) = x_1^{(v+1)}, \\ \cdots\cdots \\ g_{v+1}(h_1(\cdots), \cdots, h_{v+1}(\cdots), x_{v+2}^{(v+1)}, \cdots, x_n^{(v+1)}) = x_{v+1}^{(v+1)}, \end{cases}$$

其中 $(\cdots)$ 代指 $(x_1^{(v+1)}, x_2^{(v+1)}, \cdots, x_n^{(v+1)})$. 因此, 有

$$y = g(x) = g^{(n)}(g^{(n-1)}(\cdots g^{(1)}(x)\cdots)),$$

从而得证.

定理 5.3.8 如果 M 是 V 内可测闭集, 变换 $y = g(x) = (g_1(x), g_2(x), \cdots, g_n(x))$ 满足

(1) $g_1(x), g_2(x), \cdots, g_n(x)$ 在 V 上均有一阶连续偏导数, 且

$$\frac{\partial(g_1, g_2, \cdots, g_n)}{\partial(x_1, x_2, \cdots, x_n)} \neq 0 \quad (x \in V);$$

(2) $g(M)$ 是 M 在变换 $y = g(x)$ 下的像, $f(y)$ 是 $g(M)$ 上的连续函数, 则 $g(M)$ 是可测的, 并且有

$$\int_{g(M)} f(y)\mathrm{d}y_1\mathrm{d}y_2\cdots\mathrm{d}y_n = \int_M f(g(x))\left|\frac{\partial(g_1, g_2, \cdots, g_n)}{\partial(x_1, x_2, \cdots, x_n)}\right|\mathrm{d}x_1\mathrm{d}x_2\cdots\mathrm{d}x_n.$$

证明 由引理 5.3.4, $y = g(x) = g^{(n)}(g^{(n-1)}(\cdots g^{(1)}(x)\cdots))$, 记

$$M_1 = g^{(1)}(M), \cdots, g(M) = M_n = g^{(n)}(M_{n-1}).$$

由引理 5.3.2, M_1 是可测集, 从而 $g(M)$ 是可测集. 由引理 5.3.3 以及复合变换雅可比行列式运算法则, 即

$$\frac{\partial(y_1, y_2, \cdots, y_n)}{\partial(x_1, x_2, \cdots, x_n)} = \frac{\partial(y_1, y_2, \cdots, y_n)}{\partial(z_1, z_2, \cdots, z_n)} \cdot \frac{\partial(z_1, z_2, \cdots, z_n)}{\partial(x_1, x_2, \cdots, x_n)},$$

得

$$\int_{g(M)} f(y)\mathrm{d}y_1\mathrm{d}y_2\cdots\mathrm{d}y_n$$

$$= \int_{M_{n-1}} f(g^{(n)}(x^{n-1}))\left|\frac{\partial(y_1, y_2, \cdots, y_n)}{\partial(x_1^{(n-1)}, x_2^{(n-1)}, \cdots, x_n^{(n-1)})}\right|\mathrm{d}x_1^{(n-1)}\mathrm{d}x_2^{(n-1)}\cdots\mathrm{d}x_n^{(n-1)}$$

$$= \cdots = \int_M f(g(x))\left|\frac{\partial(y_1, y_2, \cdots, y_n)}{\partial(x_1, x_2, \cdots, x_n)}\right|\mathrm{d}x_1\mathrm{d}x_2\cdots\mathrm{d}x_n$$

$$= \int_M f(g(x))\left|\frac{\partial(g_1, g_2, \cdots, g_n)}{\partial(x_1, x_2, \cdots, x_n)}\right|\mathrm{d}x_1\mathrm{d}x_2\cdots\mathrm{d}x_n.$$

习　题　5.3

1. 设在 $K = \{(x, y) \mid x^2 + y^2 < R^2\}$ 中定义了一连续有界函数 $f(x, y)$, $|f(x, y)| \leqslant C$. 试证:

$$\int_K f(x, y)\mathrm{d}x\mathrm{d}y = \lim_{\rho \to R} \int_{K_\rho} f(x, y)\mathrm{d}x\mathrm{d}y,$$

其中 $K_\rho = \{(x, y) \mid x^2 + y^2 \leqslant \rho^2, \ 0 < \rho < R\}$.

2. 证明: 若 $f(x)$ 在 $[a, b]$ 上可积, 则函数

$$F(x) = \int_a^x f(t)\mathrm{d}t$$

在 $[a, b]$ 上连续.

3. 若 $f(x)$ 在 $[a, b]$ 上连续, $F(x) = \int_a^x f(t)(x - t)\mathrm{d}t$, 证明: $F''(x) = f(x)$, $x \in [a, b]$.

4. 设 $f(x)$ 为 $[a, b]$ 上连续递增函数, 则

$$F(x) = \frac{1}{x - a} \int_a^x f(t)\mathrm{d}t$$

为 (a, b) 内的递增函数.

5. 若 $f(x)$ 在 $[a, -a]$ 上可积, 则当 $f(x)$ 为偶函数时,

$$\int_{-a}^a f(x)\mathrm{d}x = 2 \int_0^a f(x)\mathrm{d}x;$$

当 $f(x)$ 为奇函数时,

$$\int_{-a}^a f(x)\mathrm{d}x = 0.$$

6. 设 V 是 $\mathbb{R}^n$ 中一可测区域, $f(x)$ 是定义在 V 上的一个非负连续函数, 若 $\int_V f(x)\mathrm{d}x = 0$, 则 $f(x) \equiv 0$ $(\forall x \in V)$. 如果 V 只是 $\mathbb{R}^n$ 中一可测集, 结论也成立吗?

7. 设 $f(x)$ 在 $[a, b]$ 上可积, 在点 $x_0 \in (a, b)$ 连续, 则函数

$$F(x) = \int_a^x f(t)\mathrm{d}t$$

在 x_0 可导, 且 $F'(x_0) = f(x_0)$. 如果 $f(x)$ 在点 $x_0 \in (a, b)$ 不连续, 则 $F(x)$ 在 x_0 就一定不可导吗?

8. 设 $\mathbb{R}^3$ 中的

$$V = \{(x, y, z) \mid a \leqslant x \leqslant b, \ f_1(x) \leqslant y \leqslant f_2(x), \ F_1(x, y) \leqslant z \leqslant F_2(x, y)\},$$

其中 $f_1(x)$, $f_2(x)$ 为 $[a, b]$ 上的连续函数, $F_1(x, y)$, $F_2(x, y)$ 为

$$V_* = \{(x, y) \mid a \leqslant x \leqslant b, \ f_1(x) \leqslant y \leqslant f_2(x)\}$$

上的连续函数, $g(x, y, z)$ 在 V 上连续, 则有

$$\int_V g(x, y, z)\mathrm{d}x\mathrm{d}y\mathrm{d}z = \int_{V_*} \left(\int_{F_1(x,y)}^{F_2(x,y)} g(x, y, z)\mathrm{d}z \right) \mathrm{d}x\mathrm{d}y = \int_a^b \left(\int_{V_x} g(x, y, z)\mathrm{d}y\mathrm{d}z \right) \mathrm{d}x,$$

其中 $V_x = \{(y, z) \mid f_1(x) \leqslant y \leqslant f_2(x),\ F_1(x, y) \leqslant z \leqslant F_2(x, y)\}$.

9* 研究函数

$$f(x) = \begin{cases} \dfrac{1}{\left[\dfrac{1}{x}\right]}, & 0 < x \leqslant 1, \\ 0, & x = 0 \end{cases}$$

在 $[0, 1]$ 上的可积性.

10* 设 $f(x)$ 在 $[a, b]$ 上连续可微, $f(a) = f(b) = 0$, 并且

$$\int_a^b f^2(x)\mathrm{d}x = 1,$$

则 (1) $\displaystyle\int_a^b xf(x)f'(x)\mathrm{d}x = -\dfrac{1}{2}$;

(2) $\displaystyle\int_a^b [f'(x)]^2\mathrm{d}x \cdot \int_a^b x^2 f^2(x)\mathrm{d}x > \dfrac{1}{4}$.

11* 设 $f(x)$ 在 $[-1, 1]$ 上连续, 证明:

$$\lim_{h \to 0} \int_{-1}^1 \frac{hf(x)}{h^2 + x^2}\mathrm{d}x = \pi f(0).$$

12* 设 $f(x)$ 为 $[a, b]$ 上正值连续函数, 求证:

$$\lim_{n \to \infty} \left\{ \int_a^b f^n(x)\mathrm{d}x \right\}^{\frac{1}{n}} = \max_{x \in [a, b]} f(x).$$

13. 设

$$F(t) = \iiint_{\substack{0 \leqslant x \leqslant t \\ 0 \leqslant y \leqslant t \\ 0 \leqslant z \leqslant t}} f(x, y, z)\mathrm{d}x\mathrm{d}y\mathrm{d}z,$$

其中 $f(x, y, z)$ 为可微函数, 求 $F'(t)$.

14. 若 $f(x)$ 在 $[a, b]$ 上连续, 则

$$\left[\int_a^b f(x)\mathrm{d}x \right]^2 \leqslant (b - a) \int_a^b f^2(x)\mathrm{d}x.$$

5.4 积分计算举例

这一节, 将通过一些例子, 综合运用以前学过的知识, 对定积分计算中的一些技巧, 重积分的定限、变量替换等作进一步的理解.

例 5.4.1 计算积分

$$I = \int_0^\pi \frac{x^2 \cos x}{(1 + \sin x)^2}\mathrm{d}x.$$

解 容易看到, 通过一次分部积分可以把被积函数的因式 x^2 降次为 x, 而其他函数还是三角函数的有理式.

$$\int_0^\pi x^2 \frac{\cos x}{(1+\sin x)^2}\mathrm{d}x = \int_0^\pi x^2 \frac{1}{(1+\sin x)^2}\mathrm{d}(1+\sin x)$$

$$= \frac{-x^2}{1+\sin x}\bigg|_0^\pi + 2\int_0^\pi \frac{x}{1+\sin x}\mathrm{d}x$$

$$= -\pi^2 + 2\int_0^\pi \frac{x}{1+\sin x}\mathrm{d}x.$$

上式最后一个积分里, 已无法用分部积分法, 但注意观察积分限的特点, 可通过适当的变换, 算出该积分, 作代换 $x = \pi - t$, 有

$$\int_0^\pi \frac{x}{1+\sin x}\mathrm{d}x = \int_0^\pi \frac{\pi - t}{1+\sin t}\mathrm{d}t = \int_0^\pi \frac{\pi}{1+\sin t}\mathrm{d}t - \int_0^\pi \frac{t}{1+\sin t}\mathrm{d}t,$$

即

$$\int_0^\pi \frac{x}{1+\sin x}\mathrm{d}x = \frac{\pi}{2}\int_0^\pi \frac{1}{1+\sin x}\mathrm{d}x,$$

而

$$\frac{\pi}{2}\int_0^\pi \frac{\mathrm{d}x}{1+\sin x} = \frac{\pi}{2}\int_0^\pi \frac{\mathrm{d}x}{2\cos^2\left(\frac{\pi}{4} - \frac{x}{2}\right)} = \pi.$$

于是

$$\int_0^\pi \frac{x^2\cos x}{(1+\sin x)^2}\mathrm{d}x = 2\pi - \pi^2.$$

中间一步是常用的公式 $\displaystyle\int_0^\pi xf(\sin x)\mathrm{d}x = \frac{\pi}{2}\int_0^\pi f(\sin x)\mathrm{d}x$ 的特殊情形.

例 5.4.2 计算

$$\int_0^1 \frac{\ln(1+x)}{1+x^2}\mathrm{d}x.$$

这题直接求原函数或用分部积分法都有困难, 必须采用特殊的变换技巧.

解 作变换 $x = \tan t$, 则

$$\int_0^1 \frac{\ln(1+x)}{1+x^2}\mathrm{d}x = \int_0^{\frac{\pi}{4}} \ln(1+\tan t)\mathrm{d}t = \int_0^{\frac{\pi}{4}} \ln\frac{\cos t + \sin t}{\cos t}\mathrm{d}t$$

$$= \int_0^{\frac{\pi}{4}} \ln\frac{\cos t + \cos\left(\frac{\pi}{2} - t\right)}{\cos t}\mathrm{d}t$$

$$= \int_0^{\frac{\pi}{4}} \ln\frac{2\cos\frac{\pi}{4}\cos\left(\frac{\pi}{4} - t\right)}{\cos t}\mathrm{d}t$$

$$= \int_0^{\frac{\pi}{4}} \ln \sqrt{2} \mathrm{d}t + \int_0^{\frac{\pi}{4}} \ln \left(\cos \left(\frac{\pi}{4} - t \right) \right) \mathrm{d}t - \int_0^{\frac{\pi}{4}} \ln \cos t \mathrm{d}t.$$

对等式右边第二个积分, 令 $\frac{\pi}{4} - t = u$, 则

$$\int_0^{\frac{\pi}{4}} \ln \left(\cos \left(\frac{\pi}{4} - t \right) \right) \mathrm{d}t = \int_0^{\frac{\pi}{4}} \ln \cos u \mathrm{d}u,$$

故

$$\int_0^1 \frac{\ln(1+x)}{1+x^2} \mathrm{d}x = \frac{\pi}{4} \ln \sqrt{2} = \frac{\pi}{8} \ln 2.$$

这题也可用含参变量积分中的有关知识, 用另一方法得出结果, 参看 5.5 节.

例 5.4.3 计算积分

$$I = \int_0^1 (1 - x^2)^n \mathrm{d}x.$$

解

$$\int_0^1 (1 - x^2)^n \mathrm{d}x = \int_0^1 (1 - x^2)(1 - x^2)^{n-1} \mathrm{d}x$$
$$= \int_0^1 (1 - x^2)^{n-1} \mathrm{d}x - \int_0^1 x[x(1 - x^2)^{n-1}] \mathrm{d}x,$$

在后一积分中, 分部积分, 令 $u = x$, $v' = x(1 - x^2)^{n-1}$, 经计算并移项后得

$$\int_0^1 (1 - x^2)^n \mathrm{d}x = \frac{2n}{2n+1} \int_0^1 (1 - x^2)^{n-1} \mathrm{d}x,$$

从而

$$\int_0^1 (1 - x^2)^n \mathrm{d}x = \frac{2n}{2n+1} \cdot \frac{2n-2}{2n-1} \cdots \frac{2}{3} = \frac{(2n)!!}{(2n+1)!!}.$$

这题如果按二项式定理将被积函数展开, 就比较麻烦.

另外, 如果令 $x = \cos t$, 则得

$$\int_0^1 (1 - x^2)^n \mathrm{d}x = \int_0^{\frac{\pi}{2}} \sin^{2n+1} t \mathrm{d}t = \frac{(2n)!!}{(2n+1)!!}.$$

例 5.4.4 求

$$\iint\limits_D \mathrm{e}^{\frac{x-y}{x+y}} \mathrm{d}x\mathrm{d}y,$$

其中 D 是由 $x = 0$, $y = 0$, $x + y = 1$ 所围成的区域 (图 5.7(a)).

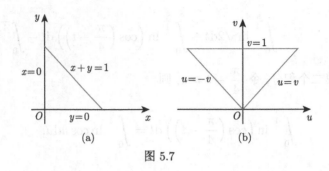

图 5.7

解 为了简化被积函数, 令

$$u = x - y, \quad v = x + y,$$

为此作变换 $x = \dfrac{1}{2}(u+v), y = \dfrac{1}{2}(v-u)$,

$$\frac{\partial(x,y)}{\partial(u,v)} = \begin{vmatrix} \dfrac{1}{2} & \dfrac{1}{2} \\ -\dfrac{1}{2} & \dfrac{1}{2} \end{vmatrix} = \frac{1}{2}.$$

在此变换下, 直线 $u+v=0$ 变换为直线 $x=0$, 直线 $u-v=0$ 变换为直线 $y=0$, 直线 $v=1$ 变换为 $x+y=1$. 因此 D 的原像为 $D' = \{(u,v) \mid -v \leqslant u \leqslant v,\ 0 \leqslant v \leqslant 1\}$(图 5.7(b)), 因此

$$\iint\limits_{D} \mathrm{e}^{\frac{x-y}{x+y}} \,\mathrm{d}x\mathrm{d}y = \iint\limits_{D'} \mathrm{e}^{\frac{u}{v}} \frac{1}{2}\mathrm{d}u\mathrm{d}v.$$

用 D_* 表示闭区间 $[0,1]$, D_v 表示闭区间 $[-v,v]$, 对每一个 $v \in D_*$, 都有 D_v 与之对应, uv 平面上的 $D' = D_* \times D_v$, 所以

$$\iint\limits_{D'} \mathrm{e}^{\frac{u}{v}} \frac{1}{2}\mathrm{d}u\mathrm{d}v = \frac{1}{2}\int_0^1 \mathrm{d}v \int_{-v}^{v} \mathrm{e}^{\frac{u}{v}} \,\mathrm{d}u = \frac{1}{2}\int_0^1 v(\mathrm{e} - \mathrm{e}^{-1})\mathrm{d}v = \frac{1}{4}(\mathrm{e} - \mathrm{e}^{-1}).$$

例 5.4.5 交换

$$\int_0^1 \mathrm{d}x \int_0^{1-x} \mathrm{d}y \int_0^{x+y} f(x,y,z)\mathrm{d}z$$

的积分次序并配置积分的限.

解 由 $\int_0^1 \mathrm{d}x \int_0^{1-x} \mathrm{d}y \int_0^{x+y} f(x, y, z)\mathrm{d}z$ 的积分次序与上下限, 知它是 $f(x, y, z)$ 在

$$V = \{(x, y, z) \mid 0 \leqslant x \leqslant 1,\ 0 \leqslant y \leqslant 1 - x,\ 0 \leqslant z \leqslant x + y\}$$

上的三重积分, 记

$$V_* = [0, 1], \quad V_x = \{(y, z) \mid 0 \leqslant y \leqslant 1 - x,\ 0 \leqslant z \leqslant x + y\},$$

则 $V = V_* \times V_x$. 又由于 V_x 可表示为 (图 5.8(a))

$$V_x = \{(z, y) \mid 0 \leqslant z \leqslant x,\ 0 \leqslant y \leqslant 1 - x\} \cup \{(z, y) \mid x \leqslant z \leqslant 1,$$
$$z - x \leqslant y \leqslant 1 - x\} = V_x' \cup V_x''.$$

所以

$$\iiint\limits_V f(x, y, z)\mathrm{d}x\mathrm{d}y\mathrm{d}z$$

$$= \int_0^1 \mathrm{d}x \int_{V_x} f(x, y, z)\mathrm{d}y\mathrm{d}z$$

$$= \int_0^1 \mathrm{d}x \iint\limits_{V_x'} f(x, y, z)\mathrm{d}y\mathrm{d}z + \int_0^1 \mathrm{d}x \iint\limits_{V_x''} f(x, y, z)\mathrm{d}y\mathrm{d}z$$

$$= \int_0^1 \mathrm{d}x \int_0^x \mathrm{d}z \int_0^{1-x} f(x, y, z)\mathrm{d}y + \int_0^1 \mathrm{d}x \int_x^1 \mathrm{d}z \int_{z-x}^{1-x} f(x, y, z)\mathrm{d}y.$$

如果记 $V_* = \{(x, y) \mid 0 \leqslant x \leqslant 1,\ 0 \leqslant y \leqslant 1 - x\}$, $V_{(x,y)} = [0, x + y]$, 则 $V = V_* \times V_{(x,y)}$, V_* 又可写为 (图 5.8(b))

$$V_* = \{(y, x) \mid 0 \leqslant y \leqslant 1,\ 0 \leqslant x \leqslant 1 - y\},$$

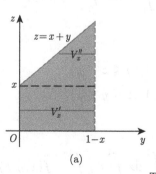

(a)

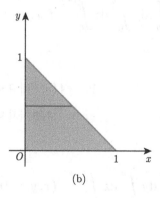

(b)

图 5.8

所以

$$\int_0^1 \mathrm{d}x \int_0^{1-x} \mathrm{d}y \int_0^{x+y} f(x,y,z)\mathrm{d}z = \int_{V_*} \mathrm{d}x\mathrm{d}y \int_0^{x+y} f(x,y,z)\mathrm{d}z$$

$$= \int_0^1 \mathrm{d}y \int_0^{1-y} \mathrm{d}x \int_0^{x+y} f(x,y,z)\mathrm{d}z.$$

如果记 $V_* = [0,1]$,

$$V_y = \{(x,z) \mid 0 \leqslant x \leqslant 1-y,\ 0 \leqslant z \leqslant x+y\},$$

则 $V = V_* \times V_y$, 而 V_y 又可写成 (图 5.9(a))

$$V_y = V_y' \cup V_y'',$$

其中

$$V_y' = \{(z,x) \mid 0 \leqslant z \leqslant y,\ 0 \leqslant x \leqslant 1-y\},$$

$$V_y'' = \{(z,x) \mid y \leqslant z \leqslant 1,\ z-y \leqslant x \leqslant 1-y\},$$

所以

$$\int_V f(x,y,z)\mathrm{d}x\mathrm{d}y\mathrm{d}z = \int_0^1 \mathrm{d}y \int_{V_y} f(x,y,z)\mathrm{d}x\mathrm{d}z$$

$$= \int_0^1 \mathrm{d}y \int_{V_y' \cup V_y''} f(x,y,z)\mathrm{d}x\mathrm{d}z$$

$$= \int_0^1 \mathrm{d}y \int_0^y \mathrm{d}z \int_0^{1-y} f(x,y,z)\mathrm{d}x + \int_0^1 \mathrm{d}y \int_y^1 \mathrm{d}z \int_{z-y}^{1-y} f(x,y,z)\mathrm{d}x.$$

又上式右端第一个积分 (图 5.9(b))

$$\int_0^1 \mathrm{d}y \int_0^y \mathrm{d}z \int_0^{1-y} f(x,y,z)\mathrm{d}x = \int_{V_*} \mathrm{d}y\mathrm{d}z \int_0^{1-y} f(x,y,z)\mathrm{d}x,$$

其中

$$V_* = \{(y,z) \mid 0 \leqslant y \leqslant 1,\ 0 \leqslant z \leqslant y\}$$

$$= \{(z,y) \mid 0 \leqslant z \leqslant 1,\ z \leqslant y \leqslant 1\},$$

所以

$$\int_0^1 \mathrm{d}y \int_0^y \mathrm{d}z \int_0^{1-y} f(x,y,z)\mathrm{d}x = \int_0^1 \mathrm{d}z \int_z^1 \mathrm{d}y \int_0^{1-y} f(x,y,z)\mathrm{d}x.$$

第二个积分 (图 5.9(c))

$$\int_0^1 \mathrm{d}y \int_y^1 \mathrm{d}z \int_{z-y}^{1-y} f(x,y,z)\mathrm{d}x = \int_{V_*} \mathrm{d}y\mathrm{d}z \int_{z-y}^{1-y} f(x,y,z)\mathrm{d}x,$$

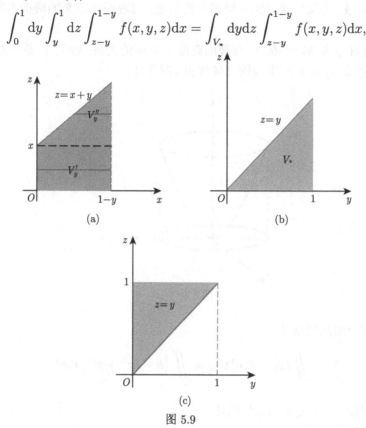

图 5.9

这里

$$V_* = \{(y,z) \mid 0 \leqslant y \leqslant 1,\ y \leqslant z \leqslant 1\}$$
$$= \{(z,y) \mid 0 \leqslant z \leqslant 1,\ 0 \leqslant y \leqslant z\}.$$

所以

$$\int_0^1 \mathrm{d}y \int_y^1 \mathrm{d}z \int_{z-y}^{1-y} f(x,y,z)\mathrm{d}x = \int_0^1 \mathrm{d}z \int_0^z \mathrm{d}y \int_{z-y}^{1-y} f(x,y,z)\mathrm{d}x.$$

因此

$$\int_V f(x,y,z)\mathrm{d}x\mathrm{d}y\mathrm{d}z = \int_0^1 \mathrm{d}z \int_z^1 \mathrm{d}y \int_0^{1-y} f(x,y,z)\mathrm{d}x$$
$$+ \int_0^1 \mathrm{d}z \int_0^z \mathrm{d}y \int_{z-y}^{1-y} f(x,y,z)\mathrm{d}x.$$

还有其他的积分次序, 可以类似地推出, 不一一列举.

例 **5.4.6**   在一个形如旋转抛物面 $z = x^2 + y^2$ 的容器内, 已经盛有 8π 厘米 ³ 的溶液, 现又倒进 120π 厘米³ 的溶液, 问液面比原来的液面升高多少厘米?

解   先确定容器内容量 V 与液面高度 h 之间的关系. 容量 V 是由曲面 $z_1 = x^2 + y^2$ 与平面 $z_2 = h$ 所围成的立体体积 (图 5.10).

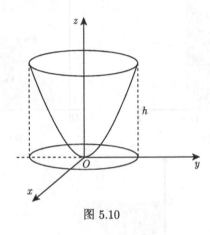

图 5.10

由重积分的几何意义,

$$V = \iint\limits_{D} (z_2 - z_1)\mathrm{d}x\mathrm{d}y = \iint\limits_{D} \left[h - (x^2 + y^2) \right] \mathrm{d}x\mathrm{d}y,$$

其中 $D = \{(x,y) \mid 0 \leqslant x^2 + y^2 \leqslant h\}$.

应用极坐标变换

$$x = r\cos\theta, \quad y = r\sin\theta,$$

则 D 的原像为 $r\theta$ 平面的矩形

$$D' = \{(r,\theta) \mid 0 \leqslant r \leqslant \sqrt{h},\ 0 \leqslant \theta \leqslant 2\pi\},$$

所以

$$V = \iint\limits_{D'} (h - r^2)r\mathrm{d}r\mathrm{d}\theta = \int_0^{2\pi} \mathrm{d}\theta \int_0^{\sqrt{h}} (h - r^2)r\mathrm{d}r$$

$$= 2\pi \left(\frac{hr^2}{2} - \frac{r^4}{4} \right)\bigg|_0^{\sqrt{h}} = \frac{\pi h^2}{2}.$$

把 $V_1 = 8\pi$ 与 $V_2 = 128\pi$ 分别代入上式, 得 $h_1 = 4$, $h_2 = 16$, 于是知道液面比原来上升 12 厘米.

例 5.4.7 求椭球体

$$\frac{x^2}{a^2} + \frac{y^2}{b^2} + \frac{z^2}{c^2} \leqslant 1$$

的体积.

解 由椭球体的对称性, 只需求出位于第一象限部分的体积, 再乘以 8 即可.

$$V = 8 \iint\limits_{D} z\mathrm{d}x\mathrm{d}y = 8 \iint\limits_{D} c\sqrt{1 - \frac{x^2}{a^2} - \frac{y^2}{b^2}}\,\mathrm{d}x\mathrm{d}y,$$

其中 $D = \left\{(x,y)\Big| 0 \leqslant x \leqslant a,\ 0 \leqslant y \leqslant b\sqrt{1 - \frac{x^2}{a^2}}\right\}.$

作广义极坐标变换

$$x = ar\cos\theta, \quad y = br\sin\theta,$$

D 在 $r\theta$ 平面上的原像

$$D' = \left\{(r,\theta)\Big| 0 \leqslant r \leqslant 1,\ 0 \leqslant \theta \leqslant \frac{\pi}{2}\right\},$$

又

$$\frac{\partial(x,y)}{\partial(r,\theta)} = \begin{vmatrix} a\cos\theta & -ar\sin\theta \\ b\sin\theta & br\cos\theta \end{vmatrix} = abr,$$

$$z = c\sqrt{1 - \frac{x^2}{a^2} - \frac{y^2}{b^2}} = c\sqrt{1 - r^2},$$

因此

$$V = 8c \int_0^{\frac{\pi}{2}} \mathrm{d}\theta \int_0^1 abr\sqrt{1 - r^2}\,\mathrm{d}r$$

$$= 8abc \cdot \frac{\pi}{2} \left[-\frac{1}{2} \cdot \frac{(1 - r^2)^{\frac{3}{2}}}{\frac{3}{2}} \right]\Bigg|_0^1 = \frac{4}{3}\pi abc.$$

如果 $a = b = c$, 则得球体积公式.

例 5.4.8 求 $n+1$ 个平面 $x_1 = 0, x_2 = 0, \cdots, x_n = 0,\ x_1 + x_2 + \cdots + x_n = a\ (> 0)$ 所围成的 $n+1$ 面体的体积. 图 5.11 是 $n = 3$ 时的情形.

解 作变换 $x_1 = au_1, x_2 = au_2, \cdots, x_n = au_n$. 相应的雅可比行列式为

$$|J| = a^n,$$

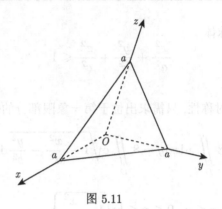

图 5.11

因此, 有

$$\Delta T_n = \int_{T_n} \mathrm{d}x_1 \mathrm{d}x_2 \cdots \mathrm{d}x_n = a^n \int_{D_1} \mathrm{d}u_1 \mathrm{d}u_2 \cdots \mathrm{d}u_n,$$

其中 D_1 为平面 $u_1 = 0, u_2 = 0, \cdots, u_n = 0, u_1 + u_2 + \cdots + u_n = 1$ 所围成的 $n+1$ 面体. 记

$$\alpha_n = \int_{D_1} \mathrm{d}u_1 \mathrm{d}u_2 \cdots \mathrm{d}u_n,$$

则

$$\alpha_n = \int_0^1 \mathrm{d}u_n \int_{T_{n-1}} \mathrm{d}u_1 \mathrm{d}u_2 \cdots \mathrm{d}u_{n-1},$$

其中 T_{n-1} 是由 $u_1 = 0, u_2 = 0, \cdots, u_{n-1} = 0, u_1 + u_2 + \cdots + u_{n-1} = 1 - u_n$ 所围成的 n 面体, 作变换

$$u_1 = (1 - u_n)\omega_1, u_2 = (1 - u_n)\omega_2, \cdots, u_{n-1} = (1 - u_n)\omega_{n-1},$$

这时

$$|J| = (1 - u_n)^{n-1},$$

因此

$$\alpha_n = \int_0^1 (1 - u_n)^{n-1} \mathrm{d}u_n \int_{D_2} \mathrm{d}\omega_1 \mathrm{d}\omega_2 \cdots \mathrm{d}\omega_{n-1},$$

其中 D_2 为由 $\omega_1 = 0, \omega_2 = 0, \cdots, \omega_{n-1} = 0, \omega_1 + \omega_2 + \cdots + \omega_{n-1} = 1$ 所围成的 n 面体. 所以

$$\alpha_n = \alpha_{n-1} \int_0^1 (1 - u_n)^{n-1} \mathrm{d}u_n = \frac{\alpha_{n-1}}{n}.$$

利用这个递推公式, 由 $\alpha_1 = 1$, 得

$$\Delta T_n = \frac{a^n}{n!}.$$

例 5.4.9 求 n 维球体 $V_n : x_1^2 + x_2^2 + \cdots + x_n^2 \leqslant R^2$ 的体积.

解 n 维球体 V_n 的体积

$$\Delta V_n = \int_{V_n} 1 \cdot \mathrm{d}x_1 \mathrm{d}x_2 \cdots \mathrm{d}x_n.$$

作 n 维球坐标变换

$$\begin{cases} x_1 = r \cos \varphi_1, \\ x_2 = r \sin \varphi_1 \cos \varphi_2, \\ \cdots \cdots \\ x_{n-1} = r \sin \varphi_1 \cdots \sin \varphi_{n-2} \cos \varphi_{n-1}, \\ x_n = r \sin \varphi_1 \cdots \sin \varphi_{n-2} \sin \varphi_{n-1}. \end{cases}$$

用数学归纳法可得

$$\frac{\partial(x_1, x_2, \cdots, x_n)}{\partial(r, \ \varphi_1, \varphi_2, \cdots, \varphi_{n-1})} = r^{n-1} \sin^{n-2} \varphi_1 \sin^{n-3} \varphi_2 \cdots \sin \varphi_{n-2}.$$

V_n 的原像 $V_n' = \{(r, \varphi_1, \varphi_2, \cdots, \varphi_{n-1}) \mid 0 \leqslant r \leqslant R, \ 0 \leqslant \varphi_1, \varphi_2, \cdots, \varphi_{n-2} \leqslant \pi, \ 0 \leqslant \varphi_{n-1} \leqslant 2\pi\}$, 所以

$$\begin{aligned} \Delta V_n &= \int_0^R \mathrm{d}r \int_0^\pi \mathrm{d}\varphi_1 \cdots \int_0^\pi \mathrm{d}\varphi_{n-2} \int_0^{2\pi} r^{n-1} \sin^{n-2} \varphi_1 \cdots \sin \varphi_{n-2} \mathrm{d}\varphi_{n-1} \\ &= \int_0^R r^{n-1} \mathrm{d}r \int_0^\pi \sin^{n-2} \varphi_1 \mathrm{d}\varphi_1 \cdots \int_0^\pi \sin \varphi_{n-2} \mathrm{d}\varphi_{n-2} \cdot \int_0^{2\pi} \mathrm{d}\varphi_{n-1}. \end{aligned}$$

而

$$\int_0^\pi \sin^n x \mathrm{d}x = 2 \int_0^{\frac{\pi}{2}} \sin^n x \mathrm{d}x,$$

$$\int_0^{\frac{\pi}{2}} \sin^{2m} x \mathrm{d}x = \frac{(2m-1)!!}{(2m)!!} \cdot \frac{\pi}{2},$$

$$\int_0^{\frac{\pi}{2}} \sin^{2m+1} x \mathrm{d}x = \frac{(2m)!!}{(2m+1)!!}.$$

于是当 $n = 2m$ 时,

$$\begin{aligned} \Delta V_n &= \frac{1}{2m} R^{2m} \cdot 2 \cdot \frac{(2m-3)!!}{(2m-2)!!} \cdot \frac{\pi}{2} \cdot 2 \frac{(2m-4)!!}{(2m-3)!!} \cdots 2 \cdot 2\pi \\ &= \frac{2^m R^{2m} \cdot \pi^m}{(2m)!!} = \frac{R^{2m} \pi^m}{m!}. \end{aligned}$$

同样, 当 $n = 2m + 1$ 时,

$$\Delta V_n = \frac{2R^{2m+1} \cdot (2\pi)^m}{(2m+1)!!}.$$

特别当 $n = 1, 2, 3$ 时, $\Delta V_1 = 2R$, $\Delta V_2 = \pi R^2$, $\Delta V_3 = \dfrac{4}{3}\pi R^3$.

例 5.4.10 求 n 维单位球面 $x_1^2 + x_2^2 + \cdots + x_n^2 = 1$ 的面积.

解 设 $x_n = \varphi(x_1, x_2, \cdots, x_{n-1})$, $(x_1, x_2, \cdots, x_{n-1}) \in D_{n-1}$ 为 $\mathbb{R}^n$ 中的曲面, 则其面积公式为 (第 6 章)

$$\int_{D_{n-1}} \sqrt{1 + (\varphi'_{x_1})^2 + \cdots + (\varphi'_{x_{n-1}})^2}\, \mathrm{d}x_1 \cdots \mathrm{d}x_{n-1}.$$

n 维单位球面上半部可由方程

$$x_n = \sqrt{1 - (x_1^2 + \cdots + x_{n-1}^2)}, \quad x_1^2 + \cdots + x_{n-1}^2 \leqslant 1$$

确定, 由于

$$\sqrt{1 + \left(\frac{\partial x_n}{\partial x_1}\right)^2 + \cdots + \left(\frac{\partial x_n}{\partial x_{n-1}}\right)^2} = \frac{1}{\sqrt{1 - (x_1^2 + \cdots + x_{n-1}^2)}},$$

所以上半球面面积为

$$S = \int_{x_1^2 + \cdots + x_{n-1}^2 \leqslant 1} \frac{\mathrm{d}x_1 \cdots \mathrm{d}x_{n-1}}{\sqrt{1 - (x_1^2 + \cdots + x_{n-1}^2)}}$$

$$= \int_{x_1^2 + \cdots + x_{n-2}^2 \leqslant 1} \mathrm{d}x_1 \cdots \mathrm{d}x_{n-2} \int_{-\sqrt{1-(x_1^2+\cdots+x_{n-2}^2)}}^{\sqrt{1-(x_1^2+\cdots+x_{n-2}^2)}} \frac{\mathrm{d}x_{n-1}}{\sqrt{1 - (x_1^2 + \cdots + x_{n-1}^2)}}.$$

而

$$\int_{-\sqrt{1-(x_1^2+\cdots+x_{n-2}^2)}}^{\sqrt{1-(x_1^2+\cdots+x_{n-2}^2)}} \frac{\mathrm{d}x_{n-1}}{\sqrt{1 - (x_1^2 + \cdots + x_{n-1}^2)}}$$

$$= \arcsin \frac{x_{n-1}}{\sqrt{1 - (x_1^2 + \cdots + x_{n-2}^2)}} \Bigg|_{-\sqrt{1-(x_1^2+\cdots+x_{n-2}^2)}}^{\sqrt{1-(x_1^2+\cdots+x_{n-2}^2)}} = \pi.$$

从而, 有

$$S = \pi \cdot \int_{x_1^2 + \cdots + x_{n-2}^2 \leqslant 1} \mathrm{d}x_1 \cdots \mathrm{d}x_{n-2}.$$

利用例 5.4.9 的结果, 得 $\mathbb{R}^n$ 中单位球的球面面积

$$S_n = 2S = \begin{cases} \dfrac{2\pi^m}{(m-1)!}, & n = 2m, \\[3mm] \dfrac{2(2\pi)^m}{(2m-1)!!}, & n = 2m+1. \end{cases}$$

特别当 $n = 2$, 3 时, 有 $S_2 = 2\pi$, $S_3 = 4\pi$.

习 题 5.4

1. 求由抛物线 $y^2 = mx$, $y^2 = nx$ 和直线 $y = \alpha x$, $y = \beta x$ 所围成的区域 D 的面积 $(0 < m < n,\ 0 < \alpha < \beta)$.

2. 设 $f(x,y) = F_{xy}''(x,y)$, 求

$$I = \int_a^b \mathrm{d}x \int_c^d f(x,y)\mathrm{d}y.$$

3. 计算积分

$$\iint\limits_D (x+y)\mathrm{d}x\mathrm{d}y,$$

其中 $D = \{(x,y) \mid x^2 + y^2 \leqslant x + y\}$.

4. 求

$$\iint\limits_D \mathrm{e}^{\frac{y}{x+y}}\,\mathrm{d}x\mathrm{d}y,$$

其中 $D = \{(x,y) \mid x + y \leqslant 1,\ x \geqslant 0,\ y \geqslant 0\}$.

5. 求由平面 $y = 0$, $y = kx$ $(k > 0)$, $z = 0$ 以及球心在原点, 半径为 R 的上半球面所围成的在第一象限内立体的体积.

6. 计算下列积分.

(1) $\displaystyle\int_0^2 |1-x|\mathrm{d}x$;

(2) $\displaystyle\int_0^1 \frac{\arcsin\sqrt{x}}{\sqrt{x(1-x)}}\mathrm{d}x$;

(3) $\displaystyle\int_0^{\ln 2} \sqrt{\mathrm{e}^x - 1}\mathrm{d}x$;

(4) $\displaystyle\int_{\frac{1}{2}}^2 \left(1 + x - \frac{1}{x}\right)\mathrm{e}^{x+\frac{1}{x}}\,\mathrm{d}x$;

(5) $\displaystyle\int_0^{\frac{\pi}{2}} \sin x \cdot \sin 2x \cdot \sin 3x\mathrm{d}x$;

(6) $\displaystyle\int_0^3 \operatorname{sgn}(x - x^3)\mathrm{d}x$;

(7) $\displaystyle\int_0^2 [x]\sin\frac{\pi x}{6}\mathrm{d}x$;

(8) $\displaystyle\int_0^x f(t)\mathrm{d}t$, 其中 $f(x) = \begin{cases} 1, & |x| < l, \\ 0, & |x| > l. \end{cases}$

7. 对下列二重积分 $\displaystyle\iint\limits_D f(x,y)\mathrm{d}x\mathrm{d}y$, 依所示的积分区域 D, 按照两种不同的积分次序确定积分的上下限:

(1) D 是以 $(0,0)$, $(2,1)$, $(-2,1)$ 为顶点的三角形;

(2) D 是以 $(0,0)$, $(1,0)$, $(1,2)$, $(0,1)$ 为顶点的梯形;

(3) D 是圆 $\{(x,y) \mid x^2+y^2 \leqslant y\}$.

8. 改变下列积分的积分次序, 并确定积分上下限.

(1) $\displaystyle\int_0^2 \mathrm{d}x \int_x^{2x} f(x,y)\mathrm{d}y$; \qquad\qquad (2) $\displaystyle\int_{-6}^2 \mathrm{d}x \int_{\frac{x^2}{4}-1}^{2-x} f(x,y)\mathrm{d}y$;

(3) $\displaystyle\int_1^2 \mathrm{d}x \int_{2-x}^{\sqrt{2x-x^2}} f(x,y)\mathrm{d}y$; \qquad\qquad (4) $\displaystyle\int_0^{2a} \mathrm{d}x \int_{\sqrt{2ax-x^2}}^{\sqrt{2ax}} f(x,y)\mathrm{d}y$.

9. 计算下列重积分.

(1) $\displaystyle\iiint\limits_V \frac{\mathrm{d}x\mathrm{d}y\mathrm{d}z}{\sqrt{x^2+y^2+z^2}}$, $V : x^2+y^2+z^2 \leqslant 2z$;

(2) $\displaystyle\iiint\limits_V z\mathrm{d}x\mathrm{d}y\mathrm{d}z$, V 是由球面 $x^2+y^2+z^2=4$ 与抛物面 $x^2+y^2=3z$ 所围成的区域;

(3) $\displaystyle\iiint\limits_V \sqrt{1-\left(\frac{x^2}{a^2}+\frac{y^2}{b^2}+\frac{z^2}{c^2}\right)}\mathrm{d}x\mathrm{d}y\mathrm{d}z$, $V : \dfrac{x^2}{a^2}+\dfrac{y^2}{b^2}+\dfrac{z^2}{c^2} \leqslant 1$.

10. 改变下列积分的积分次序, 并确定积分上下限.

(1) $\displaystyle\int_0^1 \mathrm{d}x \int_0^1 \mathrm{d}y \int_0^{x^2+y^2} f(x,y,z)\mathrm{d}z$; \quad (2) $\displaystyle\int_{-1}^1 \mathrm{d}x \int_{-\sqrt{1-x^2}}^{\sqrt{1-x^2}} \mathrm{d}y \int_{\sqrt{x^2+y^2}}^1 f(x,y,z)\mathrm{d}z$.

11* 计算四重积分

$$\iiiint\limits_V \sqrt{\frac{1-x_1^2-x_2^2-x_3^2-x_4^2}{1+x_1^2+x_2^2+x_3^2+x_4^2}}\mathrm{d}x_1\mathrm{d}x_2\mathrm{d}x_3\mathrm{d}x_4,$$

其中 $V : x_1^2+x_2^2+x_3^2+x_4^2 \leqslant 1$.

12* 求 n 维角锥 $\left\{(x_1, x_2, \cdots, x_n)\Big| x_i > 0, \dfrac{x_1}{a_1} + \dfrac{x_2}{a_2} + \cdots + \dfrac{x_n}{a_n} \leqslant 1, a_i > 0, i = 1, 2, \cdots, n\right\}$ 的体积.

13* 求曲面

$$\left(\frac{x^2}{a^2}+\frac{y^2}{b^2}\right)^n + \frac{z^{2n}}{c^{2n}} = \frac{z}{h}\left(\frac{x^2}{a^2}+\frac{y^2}{b^2}\right)^{n-2} \qquad (n > 1)$$

所围区域的体积.

5.5 广 义 积 分

前面所讨论的黎曼积分, 要求积分区域是有界的, 并且被积函数在积分区域上也要求有界 (除了一些特殊的可测集上的积分不要求有界), 这是黎曼积分的定义所决定的. 但在实际问题中有时会遇到在无界区域上的积分, 或者是无界函数的积分. 因此, 必须要将黎曼积分的一些内容进行推广, 当然这种推广还是以黎曼积分为基础. 这一节着重讨论这个问题.

5.5.1 一元函数的广义积分

1. 积分区间为无界的情形

定义 5.5.1 设 $f(x)$ 在 $[a, +\infty)$ 上有定义, 且对 $\forall A\ (> a)$, $\int_a^A f(x)\mathrm{d}x$ 存在, 符号

$$\int_a^{+\infty} f(x)\mathrm{d}x \tag{5.5.1}$$

被称为无穷限广义积分或无穷积分, 若

$$\lim_{A\to +\infty}\int_a^A f(x)\mathrm{d}x$$

存在, 则称无穷积分 (5.5.1) 收敛, 并记

$$\int_a^{+\infty} f(x)\mathrm{d}x = \lim_{A\to +\infty}\int_a^A f(x)\mathrm{d}x.$$

类似地, 可用极限

$$\lim_{A\to -\infty}\int_A^b f(x)\mathrm{d}x$$

存在与否来定义 $\int_{-\infty}^b f(x)\mathrm{d}x$ 的收敛性.

而无穷积分

$$\int_{-\infty}^{+\infty} f(x)\mathrm{d}x \tag{5.5.2}$$

被定义为

$$\int_{-\infty}^{+\infty} f(x)\mathrm{d}x = \int_{-\infty}^a f(x)\mathrm{d}x + \int_a^{+\infty} f(x)\mathrm{d}x,$$

其中 a 为任意有限数, 当且仅当上式右端两个积分都收敛时, 才称 $\int_{-\infty}^{+\infty} f(x)\mathrm{d}x$ 收敛, 否则称其发散.

众所周知, $\int_1^{+\infty} \dfrac{\mathrm{d}x}{x^p}$ 当 $p > 1$ 时收敛, $p \leqslant 1$ 时发散. 这可根据定义, 先将 $\int_1^A x^{-p}\mathrm{d}x$ 积出, 再令 $A \to +\infty$, 看有无极限即可.

例 5.5.1 讨论

$$\int_{-\infty}^{+\infty} e^{-x} dx$$

的敛散性.

解 因为

$$\int_{A'}^{a} e^{-x} dx = -e^{-x}\Big|_{A'}^{a} = e^{-A'} - e^{-a},$$

令 $A' \to -\infty$, $\int_{A'}^{a} e^{-x} dx \to +\infty$, 所以 $\int_{-\infty}^{a} e^{-x} dx$ 发散, 由定义即知 $\int_{-\infty}^{+\infty} e^{-x} dx$ 发散.

由定义, 无穷积分的收敛与发散完全取决于

$$F(x) = \int_{a}^{x} f(t) dt$$

当 $x \to +\infty$ 时的极限是否存在, 因此函数极限的许多性质, 都可直接移到广义积分中来.

(1) 若 $\int_{a}^{+\infty} f(x) dx$ 收敛, 则 $\int_{a}^{+\infty} cf(x) dx$ 收敛, 且

$$\int_{a}^{+\infty} cf(x) dx = c \int_{a}^{+\infty} f(x) dx,$$

其中 c 为常数;

(2) 若 $\int_{a}^{+\infty} f(x) dx$, $\int_{a}^{+\infty} g(x) dx$ 都收敛, 则 $\int_{a}^{+\infty} [f(x) \pm g(x)] dx$ 收敛, 且

$$\int_{a}^{+\infty} [f(x) \pm g(x)] dx = \int_{a}^{+\infty} f(x) dx \pm \int_{a}^{+\infty} g(x) dx;$$

(3) 若 $\int_{a}^{+\infty} f(x) dx$ 收敛, 则 $\lim_{A \to +\infty} \int_{A}^{+\infty} f(x) dx = 0$;

(4) $\int_{a}^{+\infty} f(x) dx$ 收敛的充分必要条件是 $\forall \varepsilon > 0$, $\exists A_0$, $\forall A > A_0$, $\forall A' > A_0$, 有

$$\left| \int_{A}^{A'} f(x) dx \right| < \varepsilon;$$

(5) 若 $\int_{a}^{+\infty} |f(x)| dx$ 收敛, 则 $\int_{a}^{+\infty} f(x) dx$ 收敛.

这里只证明性质 (5).

$$\int_a^{+\infty} |f(x)|\mathrm{d}x \text{ 收敛, 由性质 (4), } \forall \varepsilon > 0, \exists A_0, \forall A' > A > A_0,$$

$$\left| \int_A^{A'} |f(x)|\mathrm{d}x \right| < \varepsilon,$$

由于

$$\left| \int_A^{A'} f(x)\mathrm{d}x \right| \leqslant \int_A^{A'} |f(x)|\mathrm{d}x,$$

故 $\left| \int_A^{A'} f(x)\mathrm{d}x \right| < \varepsilon$. 由性质 (4), 知 $\int_a^{+\infty} f(x)\mathrm{d}x$ 收敛.

定义 5.5.2 若 $\int_a^{+\infty} |f(x)|\mathrm{d}x$ 收敛, 则称 $\int_a^{+\infty} f(x)\mathrm{d}x$ 绝对收敛; 若 $\int_a^{+\infty} f(x)\mathrm{d}x$ 收敛, 而 $\int_a^{+\infty} |f(x)|\mathrm{d}x$ 发散, 则称 $\int_a^{+\infty} f(x)\mathrm{d}x$ 条件收敛.

从性质 (5) 知, 若 $\int_a^{+\infty} f(x)\mathrm{d}x$ 绝对收敛, 则 $\int_a^{+\infty} f(x)\mathrm{d}x$ 一定收敛.

定理 5.5.1 $\int_a^{+\infty} f(x)\mathrm{d}x$ 收敛于 J 的充分必要条件是对于任何一个大于 a 且趋于 $+\infty$ 的数列 $\{A_n\}$, 级数

$$\sum_{n=1}^{\infty} u_n = \int_a^{A_1} f(x)\mathrm{d}x + \int_{A_1}^{A_2} f(x)\mathrm{d}x + \cdots + \int_{A_{n-1}}^{A_n} f(x)\mathrm{d}x + \cdots$$

都收敛于 J.

证明 $\int_a^{+\infty} f(x)\mathrm{d}x = J$, 则 $\lim\limits_{A \to +\infty} F(A) = \lim\limits_{A \to +\infty} \int_a^A f(x)\mathrm{d}x = J$, 由归结原理, $\forall \{A_n\}$, $A_n \to +\infty \ (n \to \infty)$, $\lim\limits_{n \to \infty} F(A_n) = J$, 即

$$F(A_n) = \int_a^{A_1} f(x)\mathrm{d}x + \int_{A_1}^{A_2} f(x)\mathrm{d}x + \cdots + \int_{A_{n-1}}^{A_n} f(x)\mathrm{d}x = \sum_{k=1}^{n} u_k$$

在 $n \to \infty$ 时以 J 为极限. 反之亦然, 从而得证.

于是, 对广义积分的讨论可归结为对无穷级数的讨论. 这使我们能把无穷级数的某些性质和收敛性判别法用于广义积分. 类似于正项级数的收敛定理, 有如下定理.

定理 5.5.2 设 $f(x) \geqslant 0 \ (\forall x \in [a, +\infty))$, 则 $\int_a^{+\infty} f(x)\mathrm{d}x$ 收敛的充要条件是 $\exists M > 0$, 对 $\forall A > a$, 有

$$\int_a^A f(x)\mathrm{d}x < M.$$

证明　由 $f(x) \geqslant 0$, 知 $F(A) = \displaystyle\int_a^A f(x)\mathrm{d}x$ 在 $[a, +\infty)$ 上单调递增. 又 $F(A)$ 有上界 M 的充分必要条件是 $\displaystyle\lim_{A \to +\infty} F(A)$ 存在, 即 $\displaystyle\int_a^{+\infty} f(x)\mathrm{d}x$ 收敛.

定理 5.5.3 (比较判别法)　设 $g(x) \geqslant f(x) \geqslant 0$ $(x \geqslant a_0 > a)$,

(1) 若 $\displaystyle\int_a^{+\infty} g(x)\mathrm{d}x$ 收敛, 则 $\displaystyle\int_a^{+\infty} f(x)\mathrm{d}x$ 也收敛;

(2) 若 $\displaystyle\int_a^{+\infty} f(x)\mathrm{d}x$ 发散, 则 $\displaystyle\int_a^{+\infty} g(x)\mathrm{d}x$ 也发散.

证明　(1) 用定理 5.5.2 立即可得.

(2) 由 $\displaystyle\int_a^{+\infty} f(x)\mathrm{d}x$ 发散, 知 $\displaystyle\int_a^A f(x)\mathrm{d}x$ 无界, 于是 $\displaystyle\int_a^A g(x)\mathrm{d}x$ 无界, 则 $\displaystyle\int_a^{+\infty} g(x)\mathrm{d}x$ 发散 (均用定理 5.5.2).

推论 5.5.1　设 $g(x) > 0$, $f(x) \geqslant 0$, 若

$$\lim_{x \to +\infty} \frac{f(x)}{g(x)} = c,$$

则

(1) 当 $0 < c < +\infty$ 时, $\displaystyle\int_a^{+\infty} f(x)\mathrm{d}x$ 与 $\displaystyle\int_a^{+\infty} g(x)\mathrm{d}x$ 同时收敛或同时发散;

(2) 当 $c = 0$ 时, 由 $\displaystyle\int_a^{+\infty} g(x)\mathrm{d}x$ 收敛可知 $\displaystyle\int_a^{+\infty} f(x)\mathrm{d}x$ 收敛;

(3) 当 $c = +\infty$ 时, 由 $\displaystyle\int_a^{+\infty} g(x)\mathrm{d}x$ 发散可知 $\displaystyle\int_a^{+\infty} f(x)\mathrm{d}x$ 发散.

推论 5.5.2 (柯西判别法)　设 $f(x)$ 在 $[a, +\infty)$ $(a > 0)$ 上有定义, 且在任何有限区间 $[a, u]$ 上可积,

(1) 若 $0 \leqslant f(x) \leqslant \dfrac{1}{x^p}$, $p > 1$, 则 $\displaystyle\int_a^{+\infty} f(x)\mathrm{d}x$ 收敛;

(2) 若 $f(x) \geqslant \dfrac{1}{x^p}$, $p \leqslant 1$, 则 $\displaystyle\int_a^{+\infty} f(x)\mathrm{d}x$ 发散.

推论 5.5.3　设 $f(x)$ 是 $[a, +\infty)$ $(a > 0)$ 上的非负函数, 在任何有限区间 $[a, u]$ 上可积, 且

$$\lim_{x \to +\infty} x^p f(x) = l,$$

则

(1) 当 $p > 1$, $0 \leqslant l < +\infty$ 时, $\displaystyle\int_a^{+\infty} f(x)\mathrm{d}x$ 收敛;

(2) 当 $p \leqslant 1$, $0 < l \leqslant +\infty$ 时, $\displaystyle\int_a^{+\infty} f(x)\mathrm{d}x$ 发散.

例 5.5.2 研究 $\displaystyle\int_2^{+\infty} \frac{2\mathrm{d}x}{x\sqrt{1+x^3}}$ 的敛散性.

解 由于

$$\lim_{x\to+\infty} x^{\frac{5}{2}} \cdot \frac{2}{x\sqrt{1+x^3}} = 2,$$

用推论 5.5.3,

$$p = \frac{5}{2} > 1,$$

所以积分收敛.

例 5.5.3 讨论 $\displaystyle\int_{\frac{\pi}{2}}^{+\infty} \frac{\cos ax}{x^2+b^2}\mathrm{d}x$ 的敛散性.

解 由于 $\dfrac{\cos ax}{x^2+b^2}$ 可正可负, 先考虑其绝对值, 因为 $\left| \dfrac{\cos ax}{x^2+b^2} \right| \leqslant \dfrac{1}{x^2}$, 由推论 5.5.2 知, 原积分绝对收敛.

例 5.5.4 讨论 $\displaystyle\int_1^{+\infty} x^\alpha \mathrm{e}^{-x} \ln x\,\mathrm{d}x$ 的敛散性.

解 由于对任何实数 k, $\displaystyle\lim_{x\to+\infty} \frac{x^k}{\mathrm{e}^x} = 0$, 所以

$$\lim_{x\to+\infty} x^2 \cdot x^\alpha \mathrm{e}^{-x} \ln x = \lim_{x\to+\infty} \frac{x^{\alpha+3}}{\mathrm{e}^x} \cdot \frac{\ln x}{x} = 0,$$

由推论 5.5.3 知对任何实数 α, 原积分都收敛.

定理 5.5.4 设 $f(x)$ 在 $[1, +\infty)$ 递减且非负, 则 $\displaystyle\sum_{n=1}^\infty f(n)$ 收敛的充分必要条件是

$$\int_1^{+\infty} f(x)\mathrm{d}x$$

收敛.

证明 由于 $f(x)$ 在 $[1, +\infty)$ 上递减, 则对 $x \in [n-1, n]$, 有 $f(n) \leqslant f(x) \leqslant f(n-1)$, 所以

$$f(n) \leqslant \int_{n-1}^n f(x)\mathrm{d}x \leqslant f(n-1), \qquad \sum_{n=2}^m f(n) \leqslant \int_1^m f(x)\mathrm{d}x \leqslant \sum_{n=1}^{m-1} f(n),$$

$f(k) \geqslant 0 \ (k = 1, 2, \cdots)$, 则 $\displaystyle\sum_{n=1}^\infty f(n)$ 收敛的充要条件是 $\displaystyle\sum_{n=2}^{m-1} f(n)$ 有上界, 也就是

$\displaystyle\int_1^m f(x)\mathrm{d}x$ 有上界, 从而

$$\int_1^{+\infty} f(x)\mathrm{d}x$$

收敛.

　　用定理 5.5.4 可以判定一些数项级数的敛散性, 所以称它为级数的积分判别法.

　　例 5.5.5　讨论 $\displaystyle\sum_{n=2}^{\infty}\frac{1}{n(\ln n)^p}$ 的敛散性.

　　解　令 $f(x)=\dfrac{1}{x(\ln x)^p}$, 它在 $[2,+\infty)$ 上非负递减, 令 $u=\ln x$, 于是

$$\int_2^A \frac{\mathrm{d}x}{x(\ln x)^p}=\int_{\ln 2}^{\ln A}\frac{\mathrm{d}u}{u^p},$$

如果 $p>1$, 则 $\displaystyle\int_2^{+\infty}\frac{\mathrm{d}x}{x(\ln x)^p}$ 收敛, 由定理 5.5.4, 知 $\displaystyle\sum_{n=2}^{\infty} f(n)=\sum_{n=2}^{\infty}\frac{1}{n(\ln n)^p}$ 收敛; 如果 $p\leqslant 1$, 则 $\displaystyle\int_2^{+\infty} f(x)\mathrm{d}x$ 发散, 由定理 5.5.4, $\displaystyle\sum_{n=2}^{\infty}\frac{1}{n(\ln n)^p}$ 发散.

　　上述诸判别法, 只能用来判定 $\displaystyle\int_a^{+\infty} f(x)\mathrm{d}x$ 绝对收敛性, 若 $f(x)$ 有正有负, 并且

$$\int_a^{+\infty} f(x)\mathrm{d}x$$

不是绝对收敛的, 则上述判别法就无能为力. 与级数中的阿贝尔判别法及狄利克雷判别法相对应, 这里也有这样的判别法 (证明均从略), 即

　　阿贝尔判别法　若 $\displaystyle\int_a^{+\infty} f(x)\mathrm{d}x$ 收敛, $g(x)$ 在 $(a,+\infty)$ 上单调有界, 则

$$\int_a^{+\infty} f(x)\cdot g(x)\mathrm{d}x$$

收敛.

　　狄利克雷判别法　若 $F(A)=\displaystyle\int_a^A f(x)\mathrm{d}x$ 在 $[a,+\infty)$ 上有界, $g(x)$ 在 $(a,+\infty)$ 上单调且当 $x\to+\infty$ 时趋于零, 则 $\displaystyle\int_a^{+\infty} f(x)\cdot g(x)\mathrm{d}x$ 收敛.

　　例 5.5.6　证明 $\displaystyle\int_0^{+\infty}\frac{\sin x}{x}\mathrm{d}x$ 条件收敛.

证明 因 $\lim\limits_{x\to 0}\dfrac{\sin x}{x}=1$, $\dfrac{\sin x}{x}$ 在 $(0,A)$ 内一致连续, 所以 $\displaystyle\int_0^A\dfrac{\sin x}{x}\mathrm{d}x$ 均存在.

$$\int_0^{+\infty}\dfrac{\sin x}{x}\mathrm{d}x$$

是无穷限的广义积分, 由于 $\left|\displaystyle\int_0^A\sin x\mathrm{d}x\right|=|\cos A-\cos 0|\leqslant 2$, 而 $\dfrac{1}{x}$ 在 $(0,+\infty)$ 上递减且 $\lim\limits_{x\to +\infty}\dfrac{1}{x}=0$, 由狄利克雷判别法知 $\displaystyle\int_0^{+\infty}\dfrac{\sin x}{x}\mathrm{d}x$ 收敛.

下面证明 $\displaystyle\int_0^{+\infty}\left|\dfrac{\sin x}{x}\right|\mathrm{d}x$ 发散. 由于

$$\int_1^A\left|\dfrac{\sin x}{x}\right|\mathrm{d}x\geqslant\int_1^A\dfrac{\sin^2 x}{x}\mathrm{d}x=\int_1^A\dfrac{1-\cos 2x}{2x}\mathrm{d}x=\int_1^A\left(\dfrac{1}{2x}-\dfrac{\cos 2x}{2x}\right)\mathrm{d}x,$$

与上面一样, 可以证明 $\displaystyle\int_1^{+\infty}\dfrac{\cos 2x}{2x}\mathrm{d}x$ 收敛. 但 $\displaystyle\int_1^{+\infty}\dfrac{\mathrm{d}x}{2x}$ 发散, 因此

$$\int_1^{+\infty}\dfrac{\sin^2 x}{x}\mathrm{d}x\ \text{发散}$$

$\left(\text{否则设}\ \displaystyle\int_1^{+\infty}\dfrac{\sin^2 x}{x}\mathrm{d}x\ \text{收敛, 由}\ \displaystyle\int_1^{+\infty}\dfrac{\cos 2x}{2x}\mathrm{d}x\ \text{收敛, 从而}\ \displaystyle\int_1^{+\infty}\left(\dfrac{\sin^2 x}{x}+\right.\right.$ $\dfrac{\cos 2x}{2x}\Big)\mathrm{d}x$, 即 $\displaystyle\int_1^{+\infty}\dfrac{1}{2x}\mathrm{d}x$ 收敛, 矛盾$\Big)$, 又由于 $\displaystyle\int_0^1\dfrac{\sin^2 x}{x}\mathrm{d}x$ 是正常积分, 所以 $\displaystyle\int_0^{+\infty}\left|\dfrac{\sin x}{x}\right|\mathrm{d}x$ 发散, 因而 $\displaystyle\int_0^{+\infty}\dfrac{\sin x}{x}\mathrm{d}x$ 条件收敛.

2. 函数为无界的情形

定义 5.5.3 设 $f(x)$ 在 $[a,b)$ 上有定义, 对于 $\forall\varepsilon>0$, 若 $f(x)$ 在 $[a,b-\varepsilon]$ 上可积, 且 $f(x)$ 在 $(b-\varepsilon,b)$ 内无界, 则称形式 $\displaystyle\int_a^b f(x)\mathrm{d}x$ 为无界函数的广义积分, b 则被称为该积分的瑕点, 若 $\lim\limits_{\varepsilon\to 0^+}\displaystyle\int_a^{b-\varepsilon}f(x)\mathrm{d}x$ 存在, 则称 $\displaystyle\int_a^b f(x)\mathrm{d}x$ 收敛, 并记 $\displaystyle\int_a^b f(x)\mathrm{d}x=\lim\limits_{\varepsilon\to 0^+}\displaystyle\int_a^{b-\varepsilon}f(x)\mathrm{d}x$, 否则称 $\displaystyle\int_a^b f(x)\mathrm{d}x$ 发散.

同样, 如果 a 是瑕点, b 不是瑕点, 则记

$$\int_a^b f(x)\mathrm{d}x=\lim\limits_{\varepsilon\to 0^+}\int_{a+\varepsilon}^b f(x)\mathrm{d}x,$$

如果右端极限存在的话.

如果 a, b 均为瑕点, 或者 a, b 不是瑕点, $c \in (a, b)$ 为瑕点, 若 $\int_a^c f(x)\mathrm{d}x$, $\int_c^b f(x)\mathrm{d}x$ 都收敛时, 才称 $\int_a^b f(x)\mathrm{d}x$ 收敛, 否则称 $\int_a^b f(x)\mathrm{d}x$ 发散.

例 5.5.7 试计算瑕积分

$$\int_0^1 \frac{\mathrm{d}x}{\sqrt{1-x^2}}, \quad \int_{-1}^0 \frac{\mathrm{d}x}{\sqrt{1-x^2}}, \quad \int_{-1}^1 \frac{\mathrm{d}x}{\sqrt{1-x^2}}.$$

解 第一个积分 1 为瑕点, 第二个积分 -1 为瑕点, 第三个积分 1, -1 均为瑕点.

$$\int_0^1 \frac{\mathrm{d}x}{\sqrt{1-x^2}} = \lim_{\varepsilon \to 0^+} \arcsin x \Big|_0^{1-\varepsilon} = \frac{\pi}{2},$$

$$\int_{-1}^0 \frac{\mathrm{d}x}{\sqrt{1-x^2}} = \lim_{\varepsilon \to 0^+} \int_{-1+\varepsilon}^0 \frac{\mathrm{d}x}{\sqrt{1-x^2}} = \lim_{\varepsilon \to 0^+} \arcsin x \Big|_{-1+\varepsilon}^0 = \frac{\pi}{2},$$

$$\int_{-1}^1 \frac{\mathrm{d}x}{\sqrt{1-x^2}} = \int_{-1}^0 \frac{\mathrm{d}x}{\sqrt{1-x^2}} + \int_0^1 \frac{\mathrm{d}x}{\sqrt{1-x^2}} = \pi.$$

例 5.5.8 因为

$$\lim_{\varepsilon \to 0^+} \int_{a+\varepsilon}^b \frac{\mathrm{d}x}{(x-a)^p} = \begin{cases} \dfrac{1}{1-p}(b-a)^{1-p}, & p < 1, \\ +\infty, & p \geqslant 1, \end{cases}$$

所以 $\int_a^b \dfrac{\mathrm{d}x}{(x-a)^p}$ 当 $p < 1$ 时收敛, $p \geqslant 1$ 时发散.

设 $x = a$ 为 $\int_a^b f(x)\mathrm{d}x$ 的瑕点, 若令 $u = \dfrac{1}{x-a}$, 则

$$\int_{a+\varepsilon}^b f(x)\mathrm{d}x = \int_{\frac{1}{b-a}}^{\frac{1}{\varepsilon}} \frac{1}{u^2} f\left(a + \frac{1}{u}\right) \mathrm{d}u = \int_k^{\frac{1}{\varepsilon}} \varphi(u)\mathrm{d}u,$$

其中 $\varphi(u) = \dfrac{1}{u^2} f\left(a + \dfrac{1}{u}\right)$, $k = \dfrac{1}{b-a}$. 于是

$$\int_a^b f(x)\mathrm{d}x = \lim_{\varepsilon \to 0^+} \int_{a+\varepsilon}^b f(x)\mathrm{d}x = \lim_{\varepsilon \to 0^+} \int_k^{\frac{1}{\varepsilon}} \varphi(u)\mathrm{d}u = \int_k^{+\infty} \varphi(u)\mathrm{d}u,$$

所以任何一个无界函数的广义积分都可以化为无穷限的广义积分. 因此无穷限广义积分的性质以及比较判别法等都可以照搬到这里, 但要注意, 在运用柯西判别法时要很小心.

柯西判别法 设 $x = a$ 为 $\int_a^b f(x)\mathrm{d}x$ 的瑕点.

(1) 若 $0 \leqslant f(x) \leqslant \dfrac{C}{(x-a)^p}$, C 为正常数, 且 $0 < p < 1$, 则 $\int_a^b f(x)\mathrm{d}x$ 收敛;

(2) 若 $f(x) \geqslant \dfrac{C}{(x-a)^p}$, C 为正常数, 且 $p \geqslant 1$, 则 $\int_a^b f(x)\mathrm{d}x$ 发散.

柯西判别法的极限形式 设 $f(x) \geqslant 0$, 且

$$\lim_{x \to a^+} (x-a)^p f(x) = \lambda.$$

(1) 若 $0 < p < 1$, $0 \leqslant \lambda < +\infty$, 则 $\int_a^b f(x)\mathrm{d}x$ 收敛;

(2) 若 $p \geqslant 1$, $0 < \lambda \leqslant +\infty$, 则 $\int_a^b f(x)\mathrm{d}x$ 发散.

例 5.5.9 讨论 $\int_0^{\frac{\pi}{2}} \ln\tan x\,\mathrm{d}x$ 的敛散性.

解 此积分有两个瑕点, 即 $x = 0$ 和 $x = \dfrac{\pi}{2}$, 在 $\left[\dfrac{\pi}{4}, \dfrac{\pi}{2}\right)$ 内, $\ln\arctan x \geqslant 0$, 在 $\left(0, \dfrac{\pi}{4}\right]$ 内 $\ln\tan x \leqslant 0$. 由于

$$\lim_{x \to 0^+} x^{\frac{1}{2}} |\ln\tan x| = \lim_{x \to 0^+} \frac{-\ln\tan x}{x^{-\frac{1}{2}}} = -\lim_{x \to 0^+} \frac{\sec^2 x \cdot \cot x}{-\dfrac{1}{2} x^{-\frac{3}{2}}}$$

$$= -\lim_{x \to 0^+} \left(-\frac{1}{\cos x}\right) \cdot \frac{x}{\sin x} \cdot 2\sqrt{x} = 0.$$

所以 $\int_0^{\frac{\pi}{4}} \ln\tan x\,\mathrm{d}x$ 绝对收敛. 又由于

$$\lim_{x \to \frac{\pi}{2}^-} \left(\frac{\pi}{2} - x\right)^{\frac{1}{2}} \ln\tan x = \lim_{y \to 0^+} y^{\frac{1}{2}} \ln\cot y = -\lim_{y \to 0^+} y^{\frac{1}{2}} \ln\tan y = 0,$$

其中 $y = \dfrac{\pi}{2} - x$. 所以 $\int_{\frac{\pi}{4}}^{\frac{\pi}{2}} \ln\tan x\,\mathrm{d}x$ 收敛, 从而 $\int_0^{\frac{\pi}{2}} \ln\tan x\,\mathrm{d}x$ 收敛.

例 5.5.10 讨论 $F(a) = \int_0^{+\infty} \dfrac{x^{a-1}}{1+x}\mathrm{d}x$ 的敛散性.

解 本例既是无穷限积分, 又是有瑕点的广义积分, 记

$$I_1 = \int_0^1 \frac{x^{a-1}}{1+x}\mathrm{d}x, \quad I_2 = \int_1^{+\infty} \frac{x^{a-1}}{1+x}\mathrm{d}x.$$

对于 I_1, 当 $a \geqslant 1$ 时, 它是正常积分; 当 $a < 1$ 时, $x = 0$ 是瑕点, 由于

$$\lim_{x \to 0^+} x^{1-a} \cdot \frac{x^{a-1}}{1+x} = 1,$$

根据柯西极限形式的判别法, 在 $0 < a < 1$ 时, 有 $0 < 1 - a = p < 1$, $\lambda = 1$, 这时积分 I_1 收敛; 在 $a \leqslant 0$ 时, 由于 $p = 1 - a \geqslant 1$, $\lambda = 1$, 故积分 I_1 发散.

对于 I_2, 它是无穷限的积分, 由于

$$\lim_{x \to +\infty} \frac{x^{a-1}}{1+x} \cdot x^{2-a} = 1,$$

所以当 $2 - a > 1$, 即 $a < 1$ 时, I_2 收敛; 当 $2 - a \leqslant 1$, 即 $a \geqslant 1$ 时, I_2 发散.

$F(a)$ 收敛, 当且仅当 I_1, I_2 都收敛. 因此 $\int_0^{+\infty} \frac{x^{a-1}}{1+x} \mathrm{d}x$ 当 $0 < a < 1$ 时收敛; 当 $a \geqslant 1$ 或 $a \leqslant 0$ 时发散.

5.5.2　广义重积分

对于重积分, 也应作两方面的推广: 积分区域 D 无界; 被积函数在某些点的邻域内无界.

先讨论无界区域上的重积分, 以二重积分为例.

定义 5.5.4　设 $f(x,y)$ 是定义在无界区域 D 上的函数, 若平面上任一条包围原点在其内部的面积为零的闭曲线 γ, $f(x,y)$ 在 γ 所围的有界区域 E_γ 与 D 的交集 D_γ 上都可积, 则称

$$\iint_D f(x,y)\mathrm{d}x\mathrm{d}y$$

为 $f(x,y)$ 在无界区域 D 上的广义二重积分. 以 d_γ 表示原点到曲线 γ 的距离

$$d_\gamma = \min\{\sqrt{x^2+y^2} \mid (x,y) \in \gamma\}.$$

如果 $\lim\limits_{d_\gamma \to +\infty} \iint_{D_\gamma} f(x,y)\mathrm{d}x\mathrm{d}y$ 存在, 则称 $\iint_D f(x,y)\mathrm{d}x\mathrm{d}y$ 收敛. 并以此极限值作为该广义积分的值, 否则称该广义积分发散.

定理 5.5.5　设 $f(x,y)$ 在无界区域 D 上非负, $\gamma_1, \gamma_2, \cdots, \gamma_n, \cdots$ 为某一包围原点的面积为零的曲线序列, γ_n 到原点的距离为 d_n, 且 $\lim\limits_{n \to \infty} d_n = +\infty$. 如果

$$I = \sup_n \left\{ \iint_{D_n} f(x,y)\mathrm{d}x\mathrm{d}y \right\}$$

是有限值, 其中 D_n 是 γ_n 所围的有界区域与 D 的交集, 则广义二重积分

$$\iint\limits_{D} f(x,y)\mathrm{d}x\mathrm{d}y \text{ 收敛于 } I.$$

证明 设 γ 为任意包围原点的曲线, 记它所围的区域为 E_γ. 记 $D_\gamma = E_\gamma \cap D$, 由题设 $\lim\limits_{n\to\infty} d_n = +\infty$, 总有 n, 使得 $D_\gamma \subset D_n \subset D$.

因为 $f(x,y) \geqslant 0$, 所以

$$\iint\limits_{D_\gamma} f(x,y)\mathrm{d}x\mathrm{d}y \leqslant \iint\limits_{D_n} f(x,y)\mathrm{d}x\mathrm{d}y \leqslant I.$$

另一方面, 因为 $I = \sup\limits_{n}\left\{\iint\limits_{D_n} f(x,y)\mathrm{d}x\mathrm{d}y\right\}$, 所以对 $\forall \varepsilon > 0$, $\exists n_0$, 使得

$$\iint\limits_{D_{n_0}} f(x,y)\mathrm{d}x\mathrm{d}y > I - \varepsilon,$$

对于充分大的 d_γ, 区域 D_γ 又可包含 D_{n_0}, 因而

$$\iint\limits_{D_\gamma} f(x,y)\mathrm{d}x\mathrm{d}y \geqslant \iint\limits_{D_{n_0}} f(x,y)\mathrm{d}x\mathrm{d}y > I - \varepsilon,$$

从而有

$$I - \varepsilon \leqslant \iint\limits_{D_\gamma} f(x,y)\mathrm{d}x\mathrm{d}y \leqslant I,$$

即

$$\lim\limits_{d_\gamma\to+\infty} \iint\limits_{D_\gamma} f(x,y)\mathrm{d}x\mathrm{d}y = I.$$

由 γ 的任意性, 由定义知 $\iint\limits_{D} f(x,y)\mathrm{d}x\mathrm{d}y$ 存在, 且等于 I.

定理 5.5.6 若 $f(x,y)$ 在无界区域 D 上非负, 则广义积分 $\iint\limits_{D} f(x,y)\mathrm{d}x\mathrm{d}y$ 收敛的充要条件是在 D 的任何可测子集 D' 上, $f(x,y)$ 的积分值有界.

证明 若 $D' \subset D$, 由于 $f(x,y) \geqslant 0$, 有 $\iint\limits_{D'} f(x,y)\mathrm{d}x\mathrm{d}y \leqslant \iint\limits_{D} f(x,y)\mathrm{d}x\mathrm{d}y = I$. 反之, 若存在 M, 对于任何 $D' \subset D$, 都有

$$\iint\limits_{D'} f(x,y)\mathrm{d}x\mathrm{d}y \leqslant M,$$

令 $I = \sup\limits_{D'} \iint\limits_{D'} f(x,y)\mathrm{d}x\mathrm{d}y$, I 是有限值, 则由定理 5.5.5, $\iint\limits_{D} f(x,y)\mathrm{d}x\mathrm{d}y$ 收敛.

例 5.5.11 证明 $\iint\limits_{D} \mathrm{e}^{-(x^2+y^2)}\mathrm{d}x\mathrm{d}y$ 收敛, 其中 D 为第一象限部分, 即

$$D = \{(x,y) \mid x \geqslant 0,\ y \geqslant 0\}.$$

并以此积分的值去计算积分 $\displaystyle\int_0^{+\infty} \mathrm{e}^{-x^2}\mathrm{d}x$ 的值.

证明 因为 $\mathrm{e}^{-(x^2+y^2)} > 0$. 由定理 5.5.5, 取 D_R 为圆 $x^2+y^2 \leqslant R^2$ 在第一象限的部分, 即 $D_R = \{(x,y) \mid x^2+y^2 \leqslant R^2,\ x \geqslant 0,\ y \geqslant 0\}$, 由于

$$\iint\limits_{D_R} \mathrm{e}^{-(x^2+y^2)}\mathrm{d}x\mathrm{d}y = \int_0^{\frac{\pi}{2}} \mathrm{d}\theta \int_0^R \mathrm{e}^{-r^2}r\mathrm{d}r = \frac{\pi}{4}\left(1 - \mathrm{e}^{-R^2}\right),$$

$$\lim_{R\to+\infty} \iint\limits_{D_R} \mathrm{e}^{-(x^2+y^2)}\mathrm{d}x\mathrm{d}y = \lim_{R\to+\infty} \frac{\pi}{4}(1 - \mathrm{e}^{-R^2}) = \frac{\pi}{4},$$

所以

$$\iint\limits_{D} \mathrm{e}^{-(x^2+y^2)}\mathrm{d}x\mathrm{d}y = \frac{\pi}{4}.$$

现在设 $S_a = \{(x,y) \mid 0 \leqslant x \leqslant a,\ 0 \leqslant y \leqslant a\}$, 由于

$$\iint\limits_{S_a} \mathrm{e}^{-(x^2+y^2)}\mathrm{d}x\mathrm{d}y = \int_0^a \mathrm{e}^{-x^2}\mathrm{d}x \int_0^a \mathrm{e}^{-y^2}\mathrm{d}y = \left(\int_0^a \mathrm{e}^{-x^2}\mathrm{d}x\right)^2,$$

而 $D_a \subset S_a \subset D_{\sqrt{2}a}$(图 5.12). 所以

$$\iint\limits_{D_a} \mathrm{e}^{-(x^2+y^2)}\mathrm{d}x\mathrm{d}y \leqslant \iint\limits_{S_a} \mathrm{e}^{-(x^2+y^2)}\mathrm{d}x\mathrm{d}y = \left(\int_0^a \mathrm{e}^{-x^2}\mathrm{d}x\right)^2 \leqslant \iint\limits_{D_{\sqrt{2}a}} \mathrm{e}^{-(x^2+y^2)}\mathrm{d}x\mathrm{d}y.$$

令 $a \to +\infty$, 得

$$\lim_{a\to+\infty} \left(\int_0^a \mathrm{e}^{-x^2}\mathrm{d}x\right)^2 = \iint\limits_{D} \mathrm{e}^{-(x^2+y^2)}\mathrm{d}x\mathrm{d}y = \frac{\pi}{4},$$

故

$$\int_0^{+\infty} \mathrm{e}^{-x^2}\mathrm{d}x = \frac{\sqrt{\pi}}{2}.$$

下面指出无界域上广义二重积分敛散性判别法中的常用的柯西判别法.

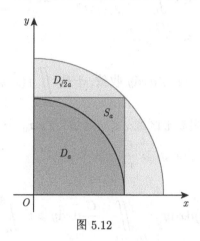

图 5.12

柯西判别法 设 $f(x,y)$ 在无界区域 D 上非负, 令 $r = \sqrt{x^2 + y^2}$,

(1) 若当 r 充分大时, $f(x,y) \leqslant \dfrac{C}{r^p}$, C 为正常数, 且 $p > 2$, 则 $\displaystyle\iint\limits_{D} f(x,y)\mathrm{d}x\mathrm{d}y$ 收敛;

(2) 若 $f(x,y)$ 在 D 内满足 $f(x,y) \geqslant \dfrac{C}{r^p}$, C 为正常数, 其中 D 含有以原点为顶点的无限扇形区域, 且 $p \leqslant 2$, 则 $\displaystyle\iint\limits_{D} f(x,y)\mathrm{d}x\mathrm{d}y$ 发散.

证明 (1) 作圆域 $K_R = \{(x,y) \mid x^2 + y^2 \leqslant R^2\}$. 记 $D_R = K_R \cap D$, 设当 $r \geqslant r_0$ 时, $f(x,y) \leqslant \dfrac{C}{r^p}$, 由于

$$\iint\limits_{D_R} f(x,y)\mathrm{d}x\mathrm{d}y = \iint\limits_{D_{r_0}} f(x,y)\mathrm{d}x\mathrm{d}y + \iint\limits_{D_R - D_{r_0}} f(x,y)\mathrm{d}x\mathrm{d}y \quad (R > r_0),$$

而 $\displaystyle\iint\limits_{D_{r_0}} f(x,y)\mathrm{d}x\mathrm{d}y$ 是通常的二重积分. 因此, 当 $R \to +\infty$ 时, $\displaystyle\iint\limits_{D_R} f(x,y)\mathrm{d}x\mathrm{d}y$ 是否收敛, 取决于第二项 $\displaystyle\iint\limits_{D_R - D_{r_0}} f(x,y)\mathrm{d}x\mathrm{d}y$.

作变换 $x = r\cos\varphi$, $y = r\sin\varphi$, 从而有

$$\iint\limits_{D_R - D_{r_0}} f(x,y)\mathrm{d}x\mathrm{d}y \leqslant \iint\limits_{D_R - D_{r_0}} \frac{C}{r^p}\mathrm{d}x\mathrm{d}y$$

$$\leqslant C \int_0^{2\pi} \mathrm{d}\varphi \int_{r_0}^R \frac{r\mathrm{d}r}{r^p} = 2C\pi \cdot \frac{1}{p-2}\left(-\frac{1}{r^{p-2}}\right)\Big|_{r_0}^R$$

$$\leqslant \frac{2C\pi}{p-2} r_0^{2-p}.$$

由定理 5.5.6 知, $\displaystyle\iint\limits_{D_R - D_{r_0}} f(x,y)\mathrm{d}x\mathrm{d}y$ 收敛, 于是 $\displaystyle\iint\limits_{D} f(x,y)\mathrm{d}x\mathrm{d}y$ 收敛.

(2) 如果 D 含有无限扇形区域 $\alpha \leqslant \varphi \leqslant \beta,\ r \geqslant r_0$, 这里的 (r,φ) 是平面上的极坐标. 又当 $r \geqslant r_0$ 时, $f(x,y) \geqslant \dfrac{C}{r^p}$.

同样地,

$$\iint\limits_{D_R - D_{r_0}} f(x,y)\mathrm{d}x\mathrm{d}y \geqslant \iint\limits_{D_R - D_{r_0}} \frac{C}{r^p}\mathrm{d}x\mathrm{d}y \geqslant C \int_\alpha^\beta \mathrm{d}\varphi \int_{r_0}^R \frac{r\mathrm{d}r}{r^p}$$

$$= C(\beta - \alpha) \int_{r_0}^R \frac{\mathrm{d}r}{r^{p-1}}.$$

所以当 $p \leqslant 2$ 时, $\displaystyle\lim_{R\to+\infty} \int_{r_0}^R \frac{\mathrm{d}r}{r^{p-1}} = +\infty$, 因此 $\displaystyle\iint\limits_{D_R - D_{r_0}} f(x,y)\mathrm{d}x\mathrm{d}y$ 发散, 于是

$$\iint\limits_{D} f(x,y)\mathrm{d}x\mathrm{d}y$$

发散.

对于无界函数的广义二重积分, 我们只介绍它的定义和判别法则.

定义 5.5.5　设 P 为有界区域 D 的一个聚点, $f(x,y)$ 在 D 上除点 P 外皆有定义, 且在点 P 的任何空心邻域内无界. 设 Δ 为 D 中任何含有点 P 的小区域, f 在 $D - \Delta$ 上可积, 则称

$$\iint\limits_{D} f(x,y)\mathrm{d}x\mathrm{d}y$$

为在 D 上以 P 为瑕点的 $f(x,y)$ 的广义二重积分. 以 d 表示 Δ 的直径, 若极限

$$\lim_{d\to 0} \iint\limits_{D-\Delta} f(x,y)\mathrm{d}x\mathrm{d}y$$

存在且等于 I, 则称 $\displaystyle\iint\limits_{D} f(x,y)\mathrm{d}x\mathrm{d}y$ 收敛于 I, 否则称该广义二重积分发散.

柯西判别法 设 $f(x,y)$ 定义在有界区域 D 上, $P_0(x_0, y_0)$ 为它的瑕点.

(1) 若在 P_0 的附近, 有

$$|f(x,y)| \leqslant \frac{C}{r^p} \quad (C \text{ 为正常数}),$$

其中 $r = \sqrt{(x-x_0)^2 + (y-y_0)^2}$, 且 $p < 2$, 则 $\iint\limits_D f(x,y)\mathrm{d}x\mathrm{d}y$ 收敛;

(2) 若在 P_0 的附近, 有

$$|f(x,y)| \geqslant \frac{C}{r^p} \quad (C\text{为正常数}),$$

且 D 含有以 P_0 为顶点的角状区域及 $p \geqslant 2$, 则 $\iint\limits_D f(x,y)\mathrm{d}x\mathrm{d}y$ 发散.

这一节的广义积分的概念和定理都可推广到 n 维空间.

习 题 5.5

1. 判定下列广义积分的敛散性, 若收敛并求其值.

(1) $\displaystyle\int_1^{+\infty} \frac{\ln x}{x^2}\mathrm{d}x$;

(2) $\displaystyle\int_0^{+\infty} \sin x\mathrm{d}x$;

(3) $\displaystyle\int_0^1 \sqrt{\frac{x}{1-x}}\mathrm{d}x$;

(4) $\displaystyle\int_a^{\frac{\pi}{2}} \frac{\mathrm{d}x}{\sin^2 x \cos^2 x}$ $(a > 0)$;

(5) $\displaystyle\int_{-\infty}^0 x^3 \mathrm{e}^{-x^2}\mathrm{d}x$;

(6) $\displaystyle\int_0^{+\infty} \mathrm{e}^{-ax} \cos bx\mathrm{d}x$;

(7) $\displaystyle\int_0^{\frac{\pi}{2}} \ln(\sin x)\mathrm{d}x$.

2. 下列广义积分是绝对收敛、条件收敛或发散?

(1) $\displaystyle\int_0^{+\infty} \frac{x\arctan x}{1+x^3}\mathrm{d}x$;

(2) $\displaystyle\int_0^1 \frac{\ln x}{1-x^2}\mathrm{d}x$;

(3) $\displaystyle\int_0^{+\infty} \sin x^2\mathrm{d}x$;

(4) $\displaystyle\int_0^{+\infty} \frac{x^m}{1+x^n}\mathrm{d}x$ $(n \geqslant 0)$;

(5) $\displaystyle\int_0^1 \frac{\arctan x}{1-x^3}\mathrm{d}x$;

(6) $\displaystyle\int_0^{\frac{\pi}{2}} \frac{1-\cos x}{x^m}\mathrm{d}x$;

(7) $\displaystyle\int_0^1 \frac{\cos\frac{1}{x}}{x}\mathrm{d}x$;

(8) $\displaystyle\int_0^{+\infty} \frac{\mathrm{e}^{\sin x} \cdot \sin 2x}{x^\lambda}\mathrm{d}x$;

(9) $\displaystyle\int_3^{+\infty} \frac{\ln(\ln x)}{\ln x} \sin x\mathrm{d}x$;

(10) $\displaystyle\int_{-\infty}^0 \mathrm{e}^x \ln|x|\mathrm{d}x$.

3. 利用积分判别法判定下列级数的敛散性.

(1) $\sum\limits_{n=1}^{\infty} \dfrac{n}{n^2+1}$;

(2) $\sum\limits_{n=2}^{\infty} \dfrac{1}{n(\ln n)^2}$;

(3) $\sum\limits_{n=3}^{\infty} \dfrac{1}{n\ln(\ln(\ln n))}$.

4. 求曲线

$$y = \begin{cases} \dfrac{1}{\sqrt{x}}, & 0 < x < 1, \\ \dfrac{1}{x^2}, & 1 < x < +\infty \end{cases}$$

与 x 轴、y 轴所围成的图形的面积.

5. 求下列极限.

(1) $\lim\limits_{x\to+\infty} \dfrac{\int_0^x \sqrt{1+t^4}\mathrm{d}t}{x^3}$;

(2) $\lim\limits_{x\to 0^+} \dfrac{\int_x^{+\infty} t^{-1}\mathrm{e}^{-t}\mathrm{d}t}{\ln\dfrac{1}{x}}$.

6. 若 $\int_a^{+\infty} f(x)\mathrm{d}x$ 收敛, 且非负函数 $f(x)$ 在 $(a, +\infty)$ 上连续, 那么是否必有

$$\lim_{x\to+\infty} f(x) = 0.$$

7.* 证明: 若

$$\int_a^{+\infty} f^2(x)\mathrm{d}x \quad 与 \quad \int_a^{+\infty} g^2(x)\mathrm{d}x$$

收敛, 则

$$\int_a^{+\infty} [f(x)+g(x)]^2\mathrm{d}x \quad 与 \quad \int_a^{+\infty} |f(x)g(x)|\mathrm{d}x$$

也收敛.

8.* 证明: 设 $f(x)$ 在 $(0,+\infty)$ 上一致连续, 且 $\int_0^{+\infty} f(x)\mathrm{d}x$ 收敛, 则 $\lim\limits_{x\to+\infty} f(x) = 0$.

9.* 在 $[a,b]$ 上有定义的无界函数 $f(x)$, 可否把函数 $f(x)$ 的收敛的广义积分 $\int_a^b f(x)\mathrm{d}x$ 看作对应的黎曼和 $\sum\limits_{i=1}^n f(\xi_i)\Delta x_i$ 的极限?

10.* 设 $\int_a^{+\infty} f(x)\mathrm{d}x$ 收敛, 函数 $\varphi(x)$ 有界, 那么积分 $\int_a^{+\infty} f(x)\varphi(x)\mathrm{d}x$ 是否收敛?

11.* 判别下列广义二重积分的敛散性.

(1) $\iint\limits_{x^2+y^2\geqslant 1} \dfrac{\mathrm{d}x\mathrm{d}y}{(x^2+y^2)^m}$;

(2) $\iint\limits_{D} \dfrac{\mathrm{d}x\mathrm{d}y}{(1+|x|^p)(1+|y|^p)}$, D 为全平面;

(3) $\iint\limits_{x^2+y^2\leqslant 1} \dfrac{\mathrm{d}x\mathrm{d}y}{(x^2+y^2)^m}$;

(4) $\iint\limits_{x^2+y^2\leqslant 1} \dfrac{\mathrm{d}x\mathrm{d}y}{(1-x^2-y^2)^m}$.

12. 计算积分

$$\int_{-\infty}^{+\infty} \mathrm{d}y \int_{-\infty}^{+\infty} \mathrm{e}^{-(x^2+y^2)} \cos(x^2 + y^2)\mathrm{d}x.$$

5.6 含参数积分

这一节, 将首先讨论含参数正常积分, 然后讨论含参数广义积分, 而把重点放在后者, 最后再讨论欧拉函数. 为了书写的方便, 这节只讨论二元函数的情形, 其主要定理不难移植到一般 n 元函数的情况.

5.6.1 含参数正常积分

设 $f(x,y)$ 为定义在 $G = \{(x,y) \mid a \leqslant x \leqslant b,\ c(x) \leqslant y \leqslant d(x)\}$ 上的二元函数, 其中 $c(x), d(x)$ 为 $[a,b]$ 上的连续函数, 若对 $\forall x \in [a,b]$, $\int_{c(x)}^{d(x)} f(x,y)\mathrm{d}y$ 存在, 则称

$$F(x) = \int_{c(x)}^{d(x)} f(x,y)\mathrm{d}y \tag{5.6.1}$$

为定义在 $[a,b]$ 上的含参数 x 的正常积分, 或简称含参数积分, 特别, 如果

$$c(x) = c, \quad d(x) = d,$$

则 (6.1) 为

$$F(x) = \int_c^d f(x,y)\mathrm{d}y.$$

下面讨论含参数积分的分析性质.

定理 5.6.1 (连续性) 若 $f(x,y)$ 在 $G = \{(x,y) \mid a \leqslant x \leqslant b,\ c(x) \leqslant y \leqslant d(x)\}$ 上连续, 其中 $c(x),\ d(x)$ 为 $[a,b]$ 上的连续函数, 则 $F(x) = \int_{c(x)}^{d(x)} f(x,y)\mathrm{d}y$ 在 $[a,b]$ 上连续.

这个定理是推论 5.3.2 的特殊情形.

定理 5.6.2 (可积性) 若 $f(x,y)$ 在矩形 $[a,b;c,d]$ 上连续, 则 $I(x) = \int_c^d f(x,y)\mathrm{d}y$ 在 $[a,b]$ 上可积, $J(y) = \int_a^b f(x,y)\mathrm{d}x$ 在 $[c,d]$ 上可积, 且

$$\int_a^b I(x)\mathrm{d}x = \int_c^d J(y)\mathrm{d}y,$$

即

$$\int_a^b \left(\int_c^d f(x,y)\mathrm{d}y \right) \mathrm{d}x = \int_c^d \left(\int_a^b f(x,y)\mathrm{d}x \right) \mathrm{d}y. \tag{5.6.2}$$

$\int_a^b I(x)\mathrm{d}x$, $\int_c^d J(y)\mathrm{d}y$ 的存在, 由定理 5.6.1 即得, (5.6.2) 式的成立, 只是定理 5.3.3 的特殊情形.

定理 5.6.3 (可导性) 设 $f(x,y)$, $f_x'(x,y)$ 在 $[a,b;p,q]$ 上连续, $c(x)$, $d(x)$ 在 $[a,b]$ 上可导, 且其值域含于 $[p,q]$, 则 $F(x) = \int_{c(x)}^{d(x)} f(x,y)\mathrm{d}y$ 在 $[a,b]$ 上可导, 且

$$F'(x) = \int_{c(x)}^{d(x)} f_x'(x,y)\mathrm{d}y + f(x,d(x))d'(x) - f(x,c(x))c'(x).$$

证明 设 $x_0 \in [a,b]$, 因为

$$F(x) = \int_{c(x_0)}^{d(x_0)} f(x,y)\mathrm{d}y + \int_{d(x_0)}^{d(x)} f(x,y)\mathrm{d}y - \int_{c(x_0)}^{c(x)} f(x,y)\mathrm{d}y$$
$$= F_1(x) + F_2(x) - F_3(x),$$

现分别求 $F_1'(x_0)$, $F_2'(x_0)$, $F_3'(x_0)$.

由于 $F_2(x_0) = \int_{d(x_0)}^{d(x_0)} f(x_0,y)\mathrm{d}y = 0$, 所以

$$F_2'(x_0) = \lim_{x\to x_0} \frac{F_2(x) - F_2(x_0)}{x - x_0} = \lim_{x\to x_0} \frac{F_2(x)}{x - x_0}$$
$$= \lim_{x\to x_0} \int_{d(x_0)}^{d(x)} \frac{f(x,y)}{x - x_0}\mathrm{d}y,$$

应用积分中值定理,

$$F_2'(x_0) = \lim_{x\to x_0} \frac{d(x) - d(x_0)}{x - x_0} \cdot f(x,\overline{y}),$$

其中 $\overline{y}$ 在 $d(x)$ 与 $d(x_0)$ 之间, 由 $d(x)$ 的可微性及当 $x \to x_0$ 时, $d(x) \to d(x_0)$, 所以

$$F_2'(x_0) = \lim_{x\to x_0} \frac{d(x) - d(x_0)}{x - x_0} \cdot \lim_{x\to x_0} f(x,\overline{y}) = d'(x_0) \cdot f(x_0, d(x_0)).$$

同样 $F_3'(x_0) = c'(x_0)\cdot f(x_0,c(x_0))$. 对于 $F_1(x)$, 由于 $x_0 \in [a,b]$, 设 $x_0+\Delta x \in [a,b]$, 有

$$\left| \frac{F_1(x_0 + \Delta x) - F_1(x_0)}{\Delta x} - \int_{c(x_0)}^{d(x_0)} f_x'(x_0,y)\mathrm{d}y \right|$$

$$=\left|\int_{c(x_0)}^{d(x_0)}\left[\frac{f(x_0+\Delta x,y)-f(x_0,\,y)}{\Delta x}-f_x'(x_0,y)\right]\mathrm{d}y\right|.$$

由微分中值定理及 $f_x'(x,y)$ 的一致连续性, 对 $\forall\varepsilon>0$, $\exists\delta>0$, 只要 $|\Delta x|<\delta$, 就有

$$\left|\frac{f(x_0+\Delta x,y)-f(x_0,y)}{\Delta x}-f_x'(x_0,y)\right|$$
$$=|f_x'(x_0+\theta\Delta x,y)-f_x'(x_0,y)|<\varepsilon\quad(0<\theta<1),$$

所以

$$\left|\frac{F_1(x_0+\Delta x)-F_1(x_0)}{\Delta x}-\int_{c(x_0)}^{d(x_0)}f_x'(x_0,y)\mathrm{d}y\right|\leqslant\left|\int_{c(x_0)}^{d(x_0)}\varepsilon\mathrm{d}y\right|<\varepsilon(q-p).$$

因此 $F_1'(x_0)=\int_{c(x_0)}^{d(x_0)}f_x'(x_0,y)\mathrm{d}y$, 从而

$$F'(x_0)=F_1'(x_0)+F_2'(x_0)-F_3'(x_0)$$
$$=\int_{c(x_0)}^{d(x_0)}f_x'(x_0,y)\mathrm{d}y+f(x_0,d(x_0))d'(x_0)-f(x_0,c(x_0))c'(x_0).$$

例 5.6.1 设 $F(x)=\int_x^{x^2}\frac{\sin xy}{y}\mathrm{d}y$, 求 $F'(x)$.

解 应用定理 5.6.3,

$$F'(x)=\int_x^{x^2}\left(\frac{\sin xy}{y}\right)_x'\mathrm{d}y+(x^2)'\frac{\sin(x\cdot x^2)}{x^2}-(x)'\frac{\sin(x\cdot x)}{x}$$
$$=\int_x^{x^2}\cos xy\mathrm{d}y+\frac{2x\sin x^3}{x^2}-\frac{\sin x^2}{x}$$
$$=\frac{\sin xy}{x}\Big|_x^{x^2}+\frac{2\sin x^3}{x}-\frac{\sin x^2}{x}=\frac{3\sin x^3-2\sin x^2}{x}.$$

例 5.6.2 计算积分 $I=\int_0^1\frac{x^b-x^a}{\ln x}\mathrm{d}x\ (b>a>0)$.

解 被积函数在 $x=0$, $x=1$ 处都是可去间断点, 该积分不是广义积分. 因为 $\int_a^b x^y\mathrm{d}y=\frac{x^b-x^a}{\ln x}$, 所以

$$I=\int_0^1\mathrm{d}x\int_a^b x^y\mathrm{d}y.$$

应用定理 5.6.2, 交换积分次序, 得

$$I = \int_a^b \mathrm{d}y \int_0^1 x^y \mathrm{d}x = \int_a^b \frac{\mathrm{d}y}{1+y} = \ln \frac{1+b}{1+a}.$$

例 5.6.3　计算定积分 $I = \int_0^1 \frac{\ln(1+x)}{1+x^2} \mathrm{d}x$.

解　考虑含参数积分

$$I(a) = \int_0^1 \frac{\ln(1+ax)}{1+x^2} \mathrm{d}x,$$

显然 $I(0) = 0$, $I(1) = I$, 应用定理 5.6.3,

$$
\begin{aligned}
I'(a) &= \int_0^1 \frac{\partial}{\partial a} \left(\frac{\ln(1+ax)}{1+x^2} \right) \mathrm{d}x = \int_0^1 \frac{x \mathrm{d}x}{(1+x^2)(1+ax)} \\
&= \int_0^1 \frac{1}{1+a^2} \left(\frac{a+x}{1+x^2} - \frac{a}{1+ax} \right) \mathrm{d}x \\
&= \frac{1}{1+a^2} \left(a \arctan x \Big|_0^1 + \frac{1}{2} \ln(1+x^2) \Big|_0^1 - \ln(1+ax) \Big|_0^1 \right) \\
&= \frac{1}{1+a^2} \left(\frac{a\pi}{4} + \frac{1}{2} \ln 2 - \ln(1+a) \right),
\end{aligned}
$$

由于 $I(1) = \int_0^1 I'(a) \mathrm{d}a$, 所以

$$
\begin{aligned}
I(1) = I &= \int_0^1 \frac{1}{1+a^2} \left(\frac{a\pi}{4} + \frac{1}{2} \ln 2 - \ln(1+a) \right) \mathrm{d}a \\
&= \frac{\pi}{8} \ln(1+a^2) \Big|_0^1 + \frac{1}{2} \ln 2 \cdot \arctan a \Big|_0^1 - I(1) = \frac{\pi}{4} \ln 2 - I(1),
\end{aligned}
$$

因此, $I = I(1) = \dfrac{\pi}{8} \ln 2$.

例 5.6.2、例 5.6.3 说明, 在一元函数定积分的计算时, 往往直接用求原函数方法很难处理, 但适当运用含参数积分的知识, 就可以使一些问题变得较易解决.

例 5.6.4　设定义于闭矩形 $[0,1; 0,1]$ 上的连续函数为

$$
k(x,y) = \begin{cases} y(1-x), & y \leqslant x, \\ x(1-y), & y > x, \end{cases}
$$

$f(y)$ 在 $0 \leqslant y \leqslant 1$ 上连续, 试证函数

$$u(x) = \int_0^1 k(x,y) f(y) \mathrm{d}y$$

满足微分方程

$$\frac{\mathrm{d}^2 u}{\mathrm{d}x^2} + f(x) = 0.$$

解 由

$$u(x) = \int_0^1 k(x,y)f(y)\mathrm{d}y = \int_0^x y(1-x)f(y)\mathrm{d}y + \int_x^1 x(1-y)f(y)\mathrm{d}y$$

看到, $u(0) = 0$, $u(1) = 0$, 应用定理 5.6.3,

$$u'(x) = -\int_0^x yf(y)\mathrm{d}y + x(1-x)f(x) + \int_x^1 (1-y)f(y)\mathrm{d}y - x(1-x)f(x)$$

$$= -\int_0^x yf(y)\mathrm{d}y + \int_x^1 (1-y)f(y)\mathrm{d}y.$$

再应用定理 5.6.3, 得

$$u''(x) = -xf(x) - (1-x)f(x) = -f(x).$$

5.6.2 含参数广义积分

设函数 $f(x,y)$ 定义在 $R = \{(x,y) \mid a \leqslant x \leqslant b,\ c \leqslant y < +\infty\}$ 上, 若对 $\forall x \in [a,b]$,

$$\int_c^{+\infty} f(x,y)\mathrm{d}y$$

都收敛, 则称 $\int_c^{+\infty} f(x,y)\mathrm{d}y$ 为 $[a,b]$ 上的含参数 x 的无穷限广义积分或简称含参数广义积分.

定义 5.6.1 若含参数广义积分 $\int_c^{+\infty} f(x,y)\mathrm{d}y$ 与函数 $I(x)$ 满足: 对 $\forall \varepsilon > 0$, $\exists N > c$, 当 $M > N$ 时, 对 $\forall x \in [a,b]$, 都有

$$\left| \int_c^M f(x,y)\mathrm{d}y - I(x) \right| < \varepsilon,$$

则称 $\int_c^{+\infty} f(x,y)\mathrm{d}y$ 在 $[a,b]$ 上一致收敛于 $I(x)$, 或者说 $\int_c^{+\infty} f(x,y)\mathrm{d}y$ 在 $[a,b]$ 上一致收敛.

如果令

$$F(x,y) = \int_c^y f(x,t)\mathrm{d}t,$$

则上述的一致收敛与 $F(x,y)$ 当 $y \to +\infty$ 时对 $[a,b]$ 上的所有 x 一致收敛于 $I(x)$ 完全是一回事, 对于后者, 第 4 章中已有详细的叙述 (4.1 节), 将那里的有关定理, 移植到这里.

定理 5.6.4 $I(x) = \displaystyle\int_c^{+\infty} f(x,y)\mathrm{d}y$ 在 $[a,b]$ 上一致收敛的充要条件是 $\forall \varepsilon > 0, \exists M > c,$ 当 $A_1,\ A_2 > M$ 时, 对 $\forall x \in [a,b],$ 都有 $\left| \displaystyle\int_{A_1}^{A_2} f(x,y)\mathrm{d}y \right| < \varepsilon.$

下面的定理, 揭示了含参数无穷积分一致收敛与函数项级数一致收敛之间的联系.

定理 5.6.5 $\displaystyle\int_c^{+\infty} f(x,y)\mathrm{d}y$ 在 $[a,b]$ 上一致收敛的充要条件是对任一趋于 $+\infty$ 的递增数列 $\{A_n\}$ $(A_1 = c)$, $\displaystyle\sum_{n=1}^{\infty} \int_{A_n}^{A_{n+1}} f(x,y)\mathrm{d}y = \sum_{n=1}^{\infty} u_n(x)$ 在 $[a,b]$ 上一致收敛, 其中

$$u_n(x) = \int_{A_n}^{A_{n+1}} f(x,y)\mathrm{d}y.$$

证明 必要性 若无穷积分 $\displaystyle\int_c^{+\infty} f(x,y)\mathrm{d}y$ 在 $[a,b]$ 上一致收敛, 则 $\forall \varepsilon > 0,\ \exists M > c,$ 当 $A'' > A' > M$ 时, $\forall x \in [a,b],$ 都有 $\left| \displaystyle\int_{A'}^{A''} f(x,y)\mathrm{d}y \right| < \varepsilon.$ 因为 $\displaystyle\lim_{n\to\infty} A_n = +\infty,$ 所以 $\exists N,$ 对 $m > n > N,$ 有 $A_m > A_n > M,$ 对 $\forall x \in [a,b],$ 有

$$
\begin{aligned}
|u_n(x) + \cdots + u_m(x)| &= \left| \int_{A_n}^{A_{n+1}} f(x,y)\mathrm{d}y + \cdots + \int_{A_m}^{A_{m+1}} f(x,y)\mathrm{d}y \right| \\
&= \left| \int_{A_n}^{A_{m+1}} f(x,y)\mathrm{d}y \right| < \varepsilon,
\end{aligned}
$$

从而 $\displaystyle\sum_{n=1}^{\infty} u_n(x)$ 在 $[a,b]$ 上一致收敛.

充分性 若 $\displaystyle\int_c^{+\infty} f(x,y)\mathrm{d}y$ 在 $[a,b]$ 上不一致收敛, 即 $\exists \varepsilon_0 > 0,\ \forall M > c, \exists A',\ A'' > M, x' \in [a,b],$ 使

$$\left| \int_{A'}^{A''} f(x',y)\mathrm{d}y \right| \geqslant \varepsilon_0,$$

现取 $M_1 = \max\{1,c\},$ 则有 $A_3 > A_2 > M_1$ 及 $x_1 \in [a,b],$ 使

$$\left| \int_{A_2}^{A_3} f(x_1, y) \mathrm{d}y \right| \geqslant \varepsilon_0,$$

一般地, 取 $M_n = \max\{n, A_{2n-1}\}$, 则有 $A_{2n+1} > A_{2n} > M_n$ 及 $x_n \in [a, b]$, 使得

$$\left| \int_{A_{2n}}^{A_{2n+1}} f(x_n, y) \mathrm{d}y \right| \geqslant \varepsilon_0, \tag{5.6.3}$$

显然 $\{A_n\}$ 递增, 且 $A_n \to +\infty \ (n \to \infty)$, 令 $u_n(x) = \displaystyle\int_{A_n}^{A_{n+1}} f(x, y) \mathrm{d}y$, 考虑级数 $\displaystyle\sum_{n=1}^{\infty} u_n(x)$, 由于 (5.6.3) 式, 对 $\forall N$, 只要 $n > N$, 就有 $x_n \in [a, b]$, 使

$$|u_{2n}(x_n)| = \left| \int_{A_{2n}}^{A_{2n+1}} f(x_n, y) \mathrm{d}y \right| \geqslant \varepsilon_0,$$

这与 $\displaystyle\sum_{n=1}^{\infty} u_n(x)$ 在 $[a, b]$ 上一致收敛的假设相矛盾. 故广义积分 $\displaystyle\int_c^{+\infty} f(x, y) \mathrm{d}y$ 在 $[a, b]$ 上必一致收敛.

下面列出的含参数广义积分一致收敛判别法, 其证明思想与函数项级数的相应判别法相同, 在此从略.

M-判别法 设有函数 $g(y)$, 使得

$$|f(x, y)| \leqslant g(y), \quad (x, y) \in [a, b] \times [c, +\infty),$$

且 $\displaystyle\int_c^{+\infty} g(y) \mathrm{d}y$ 收敛, 则 $\displaystyle\int_c^{+\infty} f(x, y) \mathrm{d}y$ 在 $[a, b]$ 上一致收敛.

狄利克雷判别法 设

(1) 对一切实数 $N > c$, 含参量正常积分

$$\int_c^N f(x, y) \mathrm{d}y$$

对参数 x 在 $[a, b]$ 上一致有界, 即 $\exists M > 0$, 对 $\forall N > c$, $\forall x \in [a, b]$, 有

$$\left| \int_c^N f(x, y) \mathrm{d}y \right| \leqslant M;$$

(2) 对每一个 $x \in [a, b], g(x, y)$ 为 y 的单调函数, 且当 $y \to +\infty$ 时, 对参数 x, $g(x, y)$ 一致地收敛于零,

则 $\displaystyle\int_c^{\infty} f(x, y) \cdot g(x, y) \mathrm{d}y$ 在 $[a, b]$ 上一致收敛.

阿贝尔判别法 设

(1) $\displaystyle\int_c^{+\infty} f(x,y)\mathrm{d}y$ 在 $[a,b]$ 上一致收敛;

(2) 对每一个 $x \in [a,b]$, $g(x,y)$ 为 y 的单调函数, 且对参数 x, $g(x,y)$ 在 $[c,+\infty)$ 上一致有界,

则 $\displaystyle\int_c^{\infty} f(x,y) \cdot g(x,y)\mathrm{d}y$ 在 $[a,b]$ 上一致收敛.

例 5.6.5 证明:
$$\int_0^{\infty} \frac{\cos xy}{1+x^2}\mathrm{d}x$$

在 $-\infty < y < +\infty$ 上一致收敛.

证明 因为
$$\left| \frac{\cos xy}{1+x^2} \right| \leqslant \frac{1}{1+x^2},$$

而
$$\int_0^{+\infty} \frac{\mathrm{d}x}{1+x^2} = \arctan x \Big|_0^{+\infty} = \frac{\pi}{2}$$

收敛, 由 M-判别法,
$$\int_0^{+\infty} \frac{\cos xy}{1+x^2}\mathrm{d}x$$

在 $(-\infty,+\infty)$ 上一致收敛.

例 5.6.6 证明:
$$\int_0^{+\infty} \mathrm{e}^{-xy} \cdot \frac{\sin x}{x}\mathrm{d}x$$

在 $[0,+\infty)$ 上一致收敛.

证明 由于 $\displaystyle\int_0^{+\infty} \frac{\sin x}{x}\mathrm{d}x$ 收敛 (例 5.5.6), 被积函数与 y 无关, 所以它对 y 在 $[0,+\infty)$ 上一致收敛. $g(x,y) = \mathrm{e}^{-xy}$ 对 $\forall x \in [0,+\infty)$ 关于 y 单调, 且对 $\forall x \in [0,+\infty)$, $y \in [0,+\infty)$, 有
$$|\mathrm{e}^{-xy}| \leqslant 1,$$

由阿贝尔判别法知, $\displaystyle\int_0^{+\infty} \mathrm{e}^{-xy}\frac{\sin x}{x}\mathrm{d}x$ 在 $[0,+\infty)$ 上一致收敛.

无界函数的含参数广义积分也可类似地讨论. 设 $f(x,y)$ 在
$$R = \{(x,y) \mid a \leqslant x \leqslant b,\ c \leqslant y < d\}$$

上有定义, 对 x 的某些值, $y = d$ 为 $f(x,y)$ 的瑕点, 则称 $\displaystyle\int_c^d f(x,y)\mathrm{d}y$ 为含参数 x 的无界函数广义积分, 或简称含参数瑕积分. 若对每一个 $x \in [a,b]$, $\displaystyle\int_c^d f(x,y)\mathrm{d}y$ 都收敛, 则其值是 $[a,b]$ 上的函数.

定义 5.6.2 对 $\forall \varepsilon > 0$, $\exists \delta > 0$, $\delta < d - c$, 当 $0 < \eta < \delta$ 时, 对 $\forall x \in [a,b]$, 都有

$$\left| \int_{d-\eta}^{d} f(x,y)\mathrm{d}y \right| < \varepsilon,$$

则称 $\int_{c}^{d} f(x,y)\mathrm{d}y$ 在 $[a,b]$ 上一致收敛.

由于无界函数广义积分和无穷限广义积分之间可以互相转化, 所以可参照含参数无穷限广义积分的办法建立相应的含参数无界函数广义积分的一致收敛性.

例 5.6.7 试证 $\int_{0}^{1} (1-y)^{x}\mathrm{d}y$ 在 $\left[-\dfrac{1}{2}, 0\right]$ 上一致收敛.

证明 $y = 1$ 为被积函数的瑕点, 对于 $x \in \left[-\dfrac{1}{2}, 0\right]$, 由于

$$\left| \int_{1-\eta}^{1} (1-y)^{x}\mathrm{d}y \right| = \left| \frac{-1}{1+x}(1-y)^{1+x} \Big|_{1-\eta}^{1} \right|$$

$$= \frac{1}{1+x} \cdot \eta^{1+x} < \frac{1}{1-\dfrac{1}{2}} \eta^{1-\frac{1}{2}} = 2\eta^{\frac{1}{2}},$$

因而对 $\forall \varepsilon > 0$, 只要取 η 充分小以后, 即可使对 $\forall x \in \left[-\dfrac{1}{2}, 0\right]$, 都有

$$\left| \int_{1-\eta}^{1} (1-y)^{x}\mathrm{d}y \right| < \varepsilon.$$

例 5.6.8 试证 $\int_{0}^{1} \dfrac{\mathrm{d}x}{x+y}$ 在 $[-2,-1]$ 上不一致收敛.

证明 $x = 1$ 为瑕点, 由于

$$\left| \int_{1-\eta}^{1} \frac{\mathrm{d}x}{x+y} \right| = \left| \ln(x+y) \Big|_{1-\eta}^{1} \right| = \left| \ln \frac{1+y}{1-\eta+y} \right|,$$

取 $\varepsilon_0 = \ln 3$, $\eta = \dfrac{1}{n}$, $y_n = -1 - \dfrac{1}{2n}$, 则

$$\left| \ln \frac{1+y_n}{1-\eta+y_n} \right| = |\ln 3| = \varepsilon_0,$$

所以 $\int_{0}^{1} \dfrac{\mathrm{d}x}{x+y}$ 在 $[-2,-1]$ 上不一致收敛.

5.6.3 含参数广义积分的性质

我们利用含参数广义积分与函数项级数的联系定理 (定理 5.6.5), 容易得到一致收敛的含参数积分与一致收敛的函数项级数相平行的一系列分析性质.

定理 5.6.6 (连续性) 设 $f(x,y)$ 在 $[a,b;c,+\infty)$ 上连续, 若

$$I(x) = \int_c^{+\infty} f(x,y)\mathrm{d}y$$

在 $[a,b]$ 上一致收敛, 则 $I(x)$ 在 $[a,b]$ 上连续.

证明 由定理 5.6.5, 对任一递增且趋于 $+\infty$ 的数列 $\{A_n\}$ $(A_1 = c)$, 函数项级数

$$\sum_{n=1}^{\infty} u_n(x) = \sum_{n=1}^{\infty} \int_{A_n}^{A_{n+1}} f(x,y)\mathrm{d}y$$

在 $[a,b]$ 上一致收敛于 $I(x)$, 又由 $f(x,y)$ 在 $[a,b;c,+\infty)$ 上连续, 所以 $u_n(x) = \int_{A_n}^{A_{n+1}} f(x,y)\mathrm{d}y$ 都在 $[a,b]$ 上连续, 由函数项级数的连续性定理, $I(x)$ 在 $[a,b]$ 上连续.

定理 5.6.7 (可导性) 设 $f(x,y)$, $f'_x(x,y)$ 在 $[a,b;c,+\infty)$ 上连续, 若

$$I(x) = \int_c^{+\infty} f(x,y)\mathrm{d}y$$

在 $[a,b]$ 上收敛, $\int_c^{+\infty} f'_x(x,y)\mathrm{d}y$ 在 $[a,b]$ 上一致收敛, 则 $I(x)$ 在 $[a,b]$ 上可导, 且

$$I'(x) = \int_c^{+\infty} f'_x(x,y)\mathrm{d}y.$$

证明 对任一递增且趋于 $+\infty$ 的数列 $\{A_n\}$ $(A_1 = c)$, 令

$$u_n(x) = \int_{A_n}^{A_{n+1}} f(x,y)\mathrm{d}y,$$

由定理 5.6.3,

$$u'_n(x) = \int_{A_n}^{A_{n+1}} f'_x(x,y)\mathrm{d}y.$$

由 $\int_c^{+\infty} f'_x(x,y)\mathrm{d}y$ 在 $[a,b]$ 上一致收敛及定理 5.6.5, 知

$$\sum_{n=1}^{\infty} u'_n(x) = \sum_{n=1}^{\infty} \int_{A_n}^{A_{n+1}} f'_x(x,y)\mathrm{d}y$$

在 $[a,b]$ 上一致收敛, 由函数项级数的逐项求导定理, 即得

$$I'(x) = \sum_{n=1}^{\infty} u'_n(x) = \sum_{n=1}^{\infty} \int_{A_n}^{A_{n+1}} f'_x(x,y)\mathrm{d}y = \int_c^{+\infty} f'_x(x,y)\mathrm{d}y$$

或写作

$$\frac{\mathrm{d}}{\mathrm{d}x}\left(\int_c^{+\infty} f(x,y)\mathrm{d}y\right) = \int_c^{+\infty} \frac{\partial}{\partial x} f(x,y)\mathrm{d}y.$$

定理 5.6.8 (可积性) 设 $f(x,y)$ 在 $[a,b;c,+\infty)$ 上连续, 若

$$I(x) = \int_c^{+\infty} f(x,y)\mathrm{d}y$$

在 $[a,b]$ 上一致收敛, 则 $I(x)$ 在 $[a,b]$ 上可积, 且

$$\int_a^b \mathrm{d}x \int_c^{+\infty} f(x,y)\mathrm{d}y = \int_c^{+\infty} \mathrm{d}y \int_a^b f(x,y)\mathrm{d}x.$$

证明 从定理 5.6.6 知, $I(x)$ 在 $[a,b]$ 上连续, 从而在 $[a,b]$ 上可积, 相同于定理 5.6.6 的记号, 级数

$$\sum_{n=1}^{\infty} u_n(x) = \sum_{n=1}^{\infty} \int_{A_n}^{A_{n+1}} f(x,y)\mathrm{d}y$$

在 $[a,b]$ 上一致收敛于 $I(x)$, 且 $u_n(x)$ 在 $[a,b]$ 上连续, 由函数项级数的逐项求积定理, 即得

$$\begin{aligned}
\int_a^b I(x)\mathrm{d}x &= \sum_{n=1}^{\infty} \int_a^b u_n(x)\mathrm{d}x \\
&= \sum_{n=1}^{\infty} \int_a^b \mathrm{d}x \int_{A_n}^{A_{n+1}} f(x,y)\mathrm{d}y = \sum_{n=1}^{\infty} \int_{A_n}^{A_{n+1}} \mathrm{d}y \int_a^b f(x,y)\mathrm{d}x,
\end{aligned}$$

最后一步由定理 5.6.2 而得, 因此

$$\int_a^b I(x)\mathrm{d}x = \int_a^b \mathrm{d}x \int_c^{+\infty} f(x,y)\mathrm{d}y = \int_c^{+\infty} \mathrm{d}y \int_a^b f(x,y)\mathrm{d}x.$$

定理 5.6.9 设 $f(x,y)$ 在 $[a,+\infty;c,+\infty)$ 上连续, 若

(1) $\displaystyle\int_a^{+\infty} f(x,y)\mathrm{d}x$ 关于 y 在 $[c,+\infty)$ 上内闭一致收敛, $\displaystyle\int_c^{+\infty} f(x,y)\mathrm{d}y$ 关于 x 在 $[a,+\infty)$ 上内闭一致收敛;

(2) $\displaystyle\int_a^{+\infty} \mathrm{d}x \int_c^{+\infty} |f(x,y)|\mathrm{d}y$ 与 $\displaystyle\int_c^{+\infty} \mathrm{d}y \int_a^{+\infty} |f(x,y)|\mathrm{d}x$ 中一个收敛, 则

$$\int_a^{+\infty} \mathrm{d}x \int_c^{+\infty} f(x,y)\mathrm{d}y = \int_c^{+\infty} \mathrm{d}y \int_a^{+\infty} f(x,y)\mathrm{d}x.$$

证明 不妨设 $\displaystyle\int_a^{+\infty}\mathrm{d}x\int_c^{+\infty}|f(x,y)|\mathrm{d}y$ 收敛, 因此 $\displaystyle\int_a^{+\infty}\mathrm{d}x\int_c^{+\infty}f(x,y)\mathrm{d}y$
收敛, 设 $d>c$, 由定理 5.6.8 及条件 (1), 有

$$\int_c^d\mathrm{d}y\int_a^{+\infty}f(x,y)\mathrm{d}x=\int_a^{+\infty}\mathrm{d}x\int_c^d f(x,y)\mathrm{d}y,$$

所以

$$I_d=\left|\int_c^d\mathrm{d}y\int_a^{+\infty}f(x,y)\mathrm{d}x-\int_a^{+\infty}\mathrm{d}x\int_c^{+\infty}f(x,y)\mathrm{d}y\right|$$

$$=\left|\int_c^d\mathrm{d}y\int_a^{+\infty}f(x,y)\mathrm{d}x-\int_a^{+\infty}\mathrm{d}x\int_c^d f(x,y)\mathrm{d}y-\int_a^{+\infty}\mathrm{d}x\int_d^{+\infty}f(x,y)\mathrm{d}y\right|$$

$$\leqslant\left|\int_a^{+\infty}\mathrm{d}x\int_d^{+\infty}f(x,y)\mathrm{d}y\right|$$

$$\leqslant\left|\int_a^A\mathrm{d}x\int_d^{+\infty}f(x,y)\mathrm{d}y\right|+\int_A^{+\infty}\mathrm{d}x\int_d^{+\infty}|f(x,y)|\,\mathrm{d}y.$$

由条件 (2), $\forall\varepsilon>0$, $\exists G>a$, 当 $A>G$ 时, 有

$$\int_A^{+\infty}\mathrm{d}x\int_c^{+\infty}|f(x,y)|\,\mathrm{d}y<\frac{\varepsilon}{2},$$

选定 A 后, 由 $\displaystyle\int_c^{+\infty}f(x,y)\mathrm{d}y$ 的内闭一致收敛, $\exists M>c$, 当 $d>M$ 时, 对 $\forall x\in[a,A]$,

$$\left|\int_d^{+\infty}f(x,y)\mathrm{d}y\right|<\frac{\varepsilon}{2(A-a)},$$

故

$$\left|\int_a^A\mathrm{d}x\int_d^{+\infty}f(x,y)\mathrm{d}y\right|<\frac{\varepsilon}{2},$$

因此

$$I_d<\varepsilon,$$

即 $\displaystyle\lim_{d\to+\infty}I_d=0$, 所以

$$\int_a^{+\infty}\mathrm{d}x\int_c^{+\infty}f(x,y)\mathrm{d}y=\int_c^{+\infty}\mathrm{d}y\int_a^{+\infty}f(x,y)\mathrm{d}x.$$

例 5.6.9 计算

$$I=\int_0^{+\infty}\mathrm{e}^{-px}\cdot\frac{\sin bx-\sin ax}{x}\mathrm{d}x\quad(p>0,\ b>a).$$

解 因为

$$\frac{\sin bx - \sin ax}{x} = \int_a^b \cos xy \mathrm{d}y,$$

所以

$$I = \int_0^{+\infty} \mathrm{e}^{-px} \left(\int_a^b \cos xy \mathrm{d}y \right) \mathrm{d}x = \int_0^{+\infty} \mathrm{d}x \int_a^b \mathrm{e}^{-px} \cos xy \mathrm{d}y,$$

由于 $|\mathrm{e}^{-px} \cos xy| \leqslant \mathrm{e}^{-px}$ 及 $\int_0^{+\infty} \mathrm{e}^{-px} \mathrm{d}x$ 收敛, 由 M-判别法, $\int_0^{+\infty} \mathrm{e}^{-px} \cos xy \mathrm{d}x$ 在 $[a,b]$ 上一致收敛. 又 $\mathrm{e}^{-px} \cos xy$ 在 $[0,+\infty; a,b]$ 上连续, 由定理 5.6.8,

$$I = \int_a^b \mathrm{d}y \int_0^{+\infty} \mathrm{e}^{-px} \cos xy \mathrm{d}x = \int_a^b \frac{p}{p^2 + y^2} \mathrm{d}y = \arctan \frac{b}{p} - \arctan \frac{a}{p}.$$

例 5.6.10 计算

$$I = \int_0^{+\infty} \frac{\sin ax}{x} \mathrm{d}x.$$

解 在上例中, 令 $a = 0$, 即得

$$F(p) = \int_0^{+\infty} \mathrm{e}^{-px} \frac{\sin ax}{x} \mathrm{d}x = \arctan \frac{a}{p} \quad (p > 0).$$

由阿贝尔判别法, 知上述含参数广义积分在 $p \geqslant 0$ 上一致收敛 (例 5.6.6), 由定理 5.6.6, $F(p)$ 在 $p \geqslant 0$ 上连续, 所以

$$F(0) = \lim_{p \to 0^+} F(p) = \lim_{p \to 0^+} \arctan \frac{a}{p} = \begin{cases} \dfrac{\pi}{2}, & a > 0, \\ 0, & a = 0, \\ -\dfrac{\pi}{2}, & a < 0. \end{cases}$$

而 $F(0) = \int_0^{+\infty} \frac{\sin ax}{x} \mathrm{d}x$, 所以

$$\int_0^{+\infty} \frac{\sin ax}{x} \mathrm{d}x = \begin{cases} \dfrac{\pi}{2}, & a > 0, \\ 0, & a = 0, \\ -\dfrac{\pi}{2}, & a < 0. \end{cases}$$

5.6.4 欧拉积分

现在介绍由含参数广义积分来定义的两个非初等函数, 它们通常称作欧拉 (Euler) 积分. 这两个函数在理论和应用上都经常出现.

1. 伽马 (Gamma) 函数

称 $\Gamma(s) = \displaystyle\int_0^{+\infty} x^{s-1}\mathrm{e}^{-x}\mathrm{d}x \ (s>0)$ 为欧拉第二型积分, 通常称为伽马函数, $\Gamma(s)$ 既是无穷限的积分, 又是无界函数的积分, $x=0$ 为瑕点. 由于

$$\lim_{x\to 0^+} x^{1-s}\cdot x^{s-1}\mathrm{e}^{-x} = 1, \quad 1-s<1 \quad (s>0),$$

所以 $\displaystyle\int_0^1 x^{s-1}\mathrm{e}^{-x}\mathrm{d}x$ 收敛. 又因为 $\displaystyle\lim_{x\to+\infty} x^2\cdot x^{s-1}\mathrm{e}^{-x} = 0$, 所以 $\displaystyle\int_1^{+\infty} x^{s-1}\mathrm{e}^{-x}\mathrm{d}x$ 收敛, 因此对 $s>0$, $\displaystyle\int_0^{+\infty} x^{s-1}\mathrm{e}^{-x}\mathrm{d}x$ 收敛, 即 $\Gamma(s)$ 的定义域为 $(0,+\infty)$.

下面讨论 $\Gamma(s)$ 的两个基本性质.

1) $\Gamma(s)$ 在 $(0,+\infty)$ 内任意阶可导

证明 设 $0<s_0\leqslant s<+\infty$, 当 $0<x\leqslant 1$ 时,

$$|x^{s-1}\mathrm{e}^{-x}(\ln x)^n| \leqslant x^{s_0-1}\mathrm{e}^{-x}|\ln x|^n,$$

而 $\displaystyle\lim_{x\to 0^+} x^{1-\frac{s_0}{2}}\cdot x^{\frac{s_0}{2}}\cdot x^{\frac{s_0}{2}-1}\mathrm{e}^{-x}|\ln x|^n = 0, 1-\dfrac{s_0}{2}<1$, 所以 $\displaystyle\int_0^1 x^{s_0-1}\mathrm{e}^{-x}|\ln x|^n\mathrm{d}x$ 收敛, 因而

$$\int_0^1 x^{s-1}\mathrm{e}^{-x}(\ln x)^n\mathrm{d}x$$

在 $[s_0,+\infty)$ 内一致收敛. 又因当 $1\leqslant x<+\infty$ 时, 如果限制 $0<s_0\leqslant s\leqslant s_1<+\infty$, 则

$$|x^{s-1}\mathrm{e}^{-x}(\ln x)^n| \leqslant x^{s_1-1}\mathrm{e}^{-x}(\ln x)^n,$$

且 $\displaystyle\lim_{x\to+\infty} x^2\cdot x^{s_1-1}\mathrm{e}^{-x}(\ln x)^n = 0$, 所以 $\displaystyle\int_1^{+\infty} x^{s_1-1}\mathrm{e}^{-x}(\ln x)^n\mathrm{d}x$ 收敛, 因而

$$\int_1^{+\infty} x^{s-1}\mathrm{e}^{-x}(\ln x)^n\mathrm{d}x$$

在 $[s_0,s_1]$ 上一致收敛, 所以 $\displaystyle\int_0^{+\infty} x^{s-1}\mathrm{e}^{-x}(\ln x)^n\mathrm{d}x$ 在 $[s_0,s_1]$ 上一致收敛, 注意到

$$\frac{\partial^n}{\partial s^n}(x^{s-1}\mathrm{e}^{-x}) = x^{s-1}\mathrm{e}^{-x}(\ln x)^n.$$

由定理 5.6.7, 即知 $\Gamma(s)$ 在 $[s_0,s_1]$ 上具有任意阶导数, 且

$$\Gamma^{(n)}(s) = \int_0^{+\infty} x^{s-1}\mathrm{e}^{-x}(\ln x)^n\mathrm{d}x.$$

由于 s_0, s_1 是任意满足 $0 < s_0 < s_1 < +\infty$ 的两个数, 因此 $\Gamma(s)$ 在 $(0, +\infty)$ 内有任意阶导数, 且上式成立.

2) $\Gamma(s+1) = s\Gamma(s)$

因为

$$\Gamma(s+1) = \int_0^{+\infty} x^s \mathrm{e}^{-x} \mathrm{d}x = -x^s \mathrm{e}^{-x} \Big|_0^{+\infty} + s \int_0^{+\infty} x^{s-1} \mathrm{e}^{-x} \mathrm{d}x = s\Gamma(s),$$

设 $n < s \leqslant n+1$, 即 $0 < s-n \leqslant 1$, 由上式递推即得

$$\Gamma(s+1) = s\Gamma(s) = s(s-1)\Gamma(s-1) = s(s-1)\cdots(s-n)\Gamma(s-n).$$

由此, 如果 $\Gamma(s)$ 在 $(0, 1]$ 中的值已知, 则对任意 $s > 0$, $\Gamma(s)$ 可都通过上式计算出.

特别, 如果 $s = n+1$ 为正整数, 则

$$\Gamma(n+1) = n(n-1)\cdots 2 \cdot 1 \cdot \Gamma(1) = n! \int_0^{+\infty} \mathrm{e}^{-x} \mathrm{d}x = n!.$$

因此 $\Gamma(s+1)$ 可以看成 $n!$ 在正实数上的推广.

2. 贝塔 (Beta) 函数

称 $\mathrm{B}(p, q) = \displaystyle\int_0^1 x^{p-1}(1-x)^{q-1} \mathrm{d}x \ (p > 0,\ q > 0)$ 为第一型欧拉积分, 通常称为贝塔函数.

当 $p < 1$ 时, $\mathrm{B}(p, q)$ 是以 $x = 0$ 为瑕点的无界函数广义积分; 当 $q < 1$ 时, $x = 1$ 也是瑕点, 应用柯西判别法, 当 $p > 0$, $q > 0$ 时, $\displaystyle\int_0^{\frac{1}{2}} x^{p-1}(1-x)^{q-1} \mathrm{d}x$, $\displaystyle\int_{\frac{1}{2}}^1 x^{p-1}(1-x)^{q-1} \mathrm{d}x$ 均收敛, 所以 $\displaystyle\int_0^1 x^{p-1}(1-x)^{q-1} \mathrm{d}x$ 收敛, 因此 $\mathrm{B}(p, q)$ 的定义域为 $\{(p, q) \mid p > 0,\ q > 0\}$.

1) $\mathrm{B}(p, q)$ 在定义域内连续

由于对任何 $p_0 > 0$, $q_0 > 0$,

$$x^{p-1}(1-x)^{q-1} \leqslant x^{p_0-1}(1-x)^{q_0-1}, \quad p \geqslant p_0,\ q \geqslant q_0,$$

由 M-判别法, $\mathrm{B}(p, q)$ 在 $\{(p, q) \mid p \geqslant p_0,\ q \geqslant q_0\}$ 上一致收敛, 因而 $\mathrm{B}(p, q)$ 在

$$\{(p, q) \mid p > 0,\ q > 0\}$$

内连续 (这只要注意 p_0, q_0 的任意性即可).

2) $B(p, q) = B(q, p)$

这只要作变换 $x = 1 - y$, 得

$$B(p, q) = \int_0^1 x^{p-1}(1-x)^{q-1}\mathrm{d}x = \int_0^1 (1-y)^{p-1}y^{q-1}\mathrm{d}y = B(q, p).$$

3) 递推公式

$$B(p, q) = \frac{q-1}{p+q-1}B(p, q-1) \quad (p > 0,\ q > 1);$$

$$B(p, q) = \frac{p-1}{p+q-1}B(p-1, q) \quad (p > 1,\ q > 0);$$

$$B(p, q) = \frac{(p-1)(q-1)}{(p+q-1)(p+q-2)}B(p-1, q-1) \quad (p > 1,\ q > 1).$$

证明   先证明第一个等式,

$$B(p, q) = \int_0^1 x^{p-1}(1-x)^{q-1}\mathrm{d}x = \left.\frac{x^p(1-x)^{q-1}}{p}\right|_0^1 + \frac{q-1}{p}\int_0^1 x^p(1-x)^{q-2}\mathrm{d}x$$

$$= \frac{q-1}{p}\int_0^1 [x^{p-1} - x^{p-1}(1-x)](1-x)^{q-2}\mathrm{d}x$$

$$= \frac{q-1}{p}\int_0^1 x^{p-1}(1-x)^{q-2}\mathrm{d}x - \frac{q-1}{p}\int_0^1 x^{p-1}(1-x)^{q-1}\mathrm{d}x$$

$$= \frac{q-1}{p}B(p,\ q-1) - \frac{q-1}{p}B(p, q).$$

移项即得第一个等式. 第二个等式类似可证. 第三个等式利用前两个等式推出.

4) $B(p, q) = \dfrac{\Gamma(p) \cdot \Gamma(q)}{\Gamma(p+q)}$

证明   作变换 $u^2 = x$,

$$\Gamma(p) = \int_0^{+\infty} x^{p-1}\mathrm{e}^{-x}\mathrm{d}x = 2\int_0^{+\infty} u^{2p-1}\mathrm{e}^{-u^2}\mathrm{d}u,$$

于是

$$\Gamma(p) \cdot \Gamma(q) = 4\int_0^{+\infty} x^{2p-1}\mathrm{e}^{-x^2}\mathrm{d}x \int_0^{+\infty} y^{2q-1}\mathrm{e}^{-y^2}\mathrm{d}y$$

$$= \lim_{R \to +\infty} 4\int_0^R x^{2p-1}\mathrm{e}^{-x^2}\mathrm{d}x \int_0^R y^{2q-1}\mathrm{e}^{-y^2}\mathrm{d}y.$$

令 $D_R = \{(x,y) \mid 0 \leqslant x \leqslant R, \ 0 \leqslant y \leqslant R\}$, 则

$$\Gamma(p) \cdot \Gamma(q) = \lim_{R \to +\infty} 4 \iint\limits_{D_R} x^{2p-1} y^{2q-1} \mathrm{e}^{-(x^2+y^2)} \mathrm{d}x \mathrm{d}y$$

$$= 4 \iint\limits_{D} x^{2p-1} y^{2q-1} \mathrm{e}^{-(x^2+y^2)} \mathrm{d}x \mathrm{d}y,$$

其中 D 为 xOy 平面上第一象限. 由定理 5.5.5, 被积函数非负, 可选择特殊的区域 D_r 伸展到无限, 记

$$D_r = \{(x,y) \mid x^2 + y^2 \leqslant r^2, \ x \geqslant 0, \ y \geqslant 0\},$$

于是

$$\Gamma(p) \cdot \Gamma(q) = \lim_{r \to +\infty} 4 \iint\limits_{D_r} x^{2p-1} y^{2q-1} \mathrm{e}^{-(x^2+y^2)} \mathrm{d}x \mathrm{d}y$$

$$= 4 \lim_{r \to +\infty} \int_0^{\frac{\pi}{2}} \mathrm{d}\theta \int_0^r r^{2(p+q)-2} (\cos\theta)^{2p-1} (\sin\theta)^{2q-1} \cdot \mathrm{e}^{-r^2} r \mathrm{d}r$$

$$= \lim_{r \to +\infty} 2 \int_0^{\frac{\pi}{2}} (\cos\theta)^{2p-1} (\sin\theta)^{2q-1} \mathrm{d}\theta \cdot 2 \int_0^r r^{2(p+q)-1} \mathrm{e}^{-r^2} \mathrm{d}r$$

$$= 2 \int_0^{\frac{\pi}{2}} (\cos\theta)^{2p-1} (\sin\theta)^{2q-1} \mathrm{d}\theta \cdot \Gamma(p+q).$$

作变换 $x = \cos^2\theta$, 于是

$$\Gamma(p) \cdot \Gamma(q) = \Gamma(p+q) \cdot \left(\int_0^1 x^{p-1} (1-x)^{q-1} \mathrm{d}x \right) = \Gamma(p+q) \cdot \mathrm{B}(p,q).$$

因此得证.

例 5.6.11 用欧拉积分计算 $\int_0^{\frac{\pi}{2}} \sqrt{\sin\theta} \mathrm{d}\theta$.

解 作变换 $v = \sin^2\theta$, 则 $\mathrm{d}v = 2\sin\theta\cos\theta \mathrm{d}\theta$, $\sin\theta = v^{\frac{1}{2}}$, $\cos\theta = (1-v)^{\frac{1}{2}}$, 所以

$$\int_0^{\frac{\pi}{2}} \sqrt{\sin\theta} \mathrm{d}\theta = \int_0^1 \frac{v^{\frac{1}{4}}}{2v^{\frac{1}{2}}(1-v)^{\frac{1}{2}}} \mathrm{d}v = \frac{1}{2} \int_0^1 v^{\frac{3}{4}-1} (1-v)^{\frac{1}{2}-1} \mathrm{d}v$$

$$= \frac{1}{2} \mathrm{B}\left(\frac{3}{4}, \frac{1}{2}\right) = \frac{\Gamma\left(\frac{3}{4}\right) \Gamma\left(\frac{1}{2}\right)}{2\Gamma\left(\frac{5}{4}\right)} = \frac{2\Gamma\left(\frac{3}{4}\right) \Gamma\left(\frac{1}{2}\right)}{\Gamma\left(\frac{1}{4}\right)}.$$

习 题 5.6

1. 设 $f(x, y) = \text{sgn}(x - y)$, 试证:

$$F(y) = \int_0^1 f(x, y)\mathrm{d}x$$

在 $(-\infty, +\infty)$ 上连续, 并作出 $F(y)$ 的图像.

2. 求下列极限.

(1) $\displaystyle\lim_{x \to 0} \int_{-1}^1 \sqrt{x^2 + y^2}\mathrm{d}y$;

(2) $\displaystyle\lim_{y \to 0} \int_{y+1}^y \frac{\mathrm{d}x}{1 + x^2 + y^2}$.

3. 求下列函数的导数.

(1) $\displaystyle F(y) = \int_0^\pi \sin(x + y - 1)\mathrm{d}x$;

(2) $\displaystyle F(y) = \int_y^{y^2} \mathrm{e}^{-yx^2}\mathrm{d}x$;

(3) $\displaystyle F(y) = \int_y^0 \sin(x - y)\mathrm{d}x$.

4. 设 $f(x)$ 在 $x = 0$ 附近连续, 试证:

$$y(x) = \frac{1}{(n-1)!} \int_0^x (x - t)^{n-1} f(t)\mathrm{d}t$$

在 $x = 0$ 附近满足微分方程

$$\begin{cases} y^{(n)}(x) = f(x), \\ y(0) = y'(0) = \cdots = y^{(n-1)}(0) = 0. \end{cases}$$

5. 设 $F(x) = \displaystyle\int_0^x (x + y)f(y)\mathrm{d}y$, 其中 $f(x)$ 可微, 求 $F''(x)$.

6. 判定下列含参数积分在所示区间上的一致收敛性.

(1) $\displaystyle\int_0^{+\infty} \mathrm{e}^{-x^2 y}\mathrm{d}y$ 在 $(0, +\infty)$ 内的任何闭区间上;

(2) $\displaystyle\int_0^{+\infty} \frac{\sin \alpha x}{x}\mathrm{d}x$

(i) 在 $[0, b]$ 上,

(ii) 在 $[a, b]$ $(a > 0)$ 上;

(3) $\displaystyle\int_0^{+\infty} \mathrm{e}^{-t} \cdot \frac{\sin xt}{t}\mathrm{d}t$ 在 $(0, +\infty)$ 上;

(4) $\displaystyle\int_0^{+\infty} x\mathrm{e}^{-xy}\mathrm{d}y$

(i) 在 $[a, b]$ $(a > 0)$ 上,

(ii) 在 $[0, b]$ 上;

(5) $\displaystyle\int_0^1 \ln(xy)\mathrm{d}y$ 在 $\left[\frac{1}{b}, b\right)$ $(b > 1)$ 上;

(6) $\displaystyle\int_0^1 \frac{\mathrm{d}x}{x^p}$

(i) 在 $(-\infty, b]$ $(b < 1)$ 上,

(ii) 在 $(-\infty, 1]$ 上.

7. 证明: $F(y) = \displaystyle\int_0^{+\infty} \mathrm{e}^{-(x-y)^2}\mathrm{d}x$ 在 $(-\infty, +\infty)$ 上连续.

8. 计算下列积分.

(1) $\displaystyle\int_0^{+\infty} \frac{\mathrm{e}^{-ax} - \mathrm{e}^{-bx}}{x}\mathrm{d}x(b > a > 0)$;

(2) $\displaystyle\int_0^{+\infty} \frac{\mathrm{e}^{-ax^2} - \mathrm{e}^{-bx^2}}{x^2}\mathrm{d}x(b > a > 0)$;

(3) $\displaystyle\int_0^{+\infty} \mathrm{e}^{-t}\frac{\sin xt}{t}\mathrm{d}t$;

(4) $\displaystyle\int_0^{+\infty} t^2\mathrm{e}^{-at^2}\mathrm{d}t(a > 0)$.

9. 设在 $[0, +\infty; c, d]$ 内成立不等式 $|f(x, y)| \leqslant F(x, y)$, 若 $\displaystyle\int_0^{+\infty} F(x, y)\mathrm{d}x$ 在 $[c, d]$ 上一致收敛, 证明: $\displaystyle\int_a^{+\infty} f(x, y)\mathrm{d}x$ 在 $[c, d]$ 上一致收敛且绝对收敛.

10.* 设 $f(x)$ 在 $[a, A]$ 上连续, 证明:

$$\lim_{h \to 0} \frac{1}{h}\int_a^x [f(t + h) - f(t)]\mathrm{d}t = f(x) - f(a) \quad (a < x < A).$$

11.* 讨论 $F(y) = \displaystyle\int_0^1 \frac{yf(x)}{x^2 + y^2}\mathrm{d}x$ 的连续性, 其中 $f(x)$ 在 $[0, 1]$ 上是正的连续函数.

12.* 求下列积分.

(1) $\displaystyle\int_0^{\frac{\pi}{2}} \ln(a^2\sin^2 x + b^2\cos^2 x)\mathrm{d}x$;

(2) $\displaystyle\int_0^1 \sin\left(\ln\frac{1}{x}\right)\frac{x^b - x^a}{\ln x}\mathrm{d}x(b > a > 0)$;

(3) $\displaystyle\int_0^{+\infty} \mathrm{e}^{-x^2}\frac{1 - \cos xy}{x^2}\mathrm{d}x$.

13.* 求函数 $F(\alpha) = \displaystyle\int_0^{+\infty} \frac{\sin(1 - \alpha^2)x}{x}\mathrm{d}x$ 的不连续点, 并作出 $F(\alpha)$ 的图像.

14.* 证明:

(1) $\Gamma(a) = \displaystyle\int_0^1 \left(\ln\frac{1}{x}\right)^{a-1}\mathrm{d}x(a > 0)$;

(2) $\dfrac{1}{2^{\frac{a}{2}}\Gamma\left(\frac{a}{2}\right)}\displaystyle\int_0^{+\infty} x^{\frac{a}{2}-1}\mathrm{e}^{-\frac{x}{2}}\mathrm{d}x = 1(a > 0)$.

第 6 章　曲线积分　曲面积分　场论

这一章, 将讨论第一、二型曲线积分, 第一、二型曲面积分及几类积分之间的关系, 最后介绍场论的初步知识.

6.1　曲 线 积 分

第 5 章中, 讨论了一个函数 f 在 $\mathbb{R}^n$ 中某点集 E 上的黎曼积分. 在那里, 将 E 分割为彼此没有公共内点的可测集 E_i $(i = 1, 2, \cdots, k)$ 的并集, 任取 $M_i \in E_i$, 作和 $\sum\limits_{i=1}^{k} f(M_i) m E_i$, 其中 $m E_i$ 是 E_i 在 $\mathbb{R}^n$ 中的黎曼测度, 如果对 E 的分割 "愈来愈细", 前面的和式有极限, 就定义此极限值为 f 在 E 上的黎曼积分.

在实际问题中, 还需要讨论其他形式的积分, 它与第 5 章中讨论的积分有些区别, 这一节, 先讨论其中的一种: 曲线积分.

6.1.1　曲线及其长度

称 $\mathbb{R}^n$ 中的点集 $C = \{(x_1, x_2, \cdots, x_n) | x_j = x_j(t),\ j = 1, 2, \cdots, n,\ a \leqslant t \leqslant b\}$ 为 $\mathbb{R}^n$ 中的一条连续曲线, 其中 $x_j(t)$ $(j = 1, 2, \cdots, n)$ 为 $[a, b]$ 上的连续函数.

对 $[a, b]$ 作分割 T:

$$a = t_0 < t_1 < \cdots < t_{k-1} < t_k = b,$$

相应地, 曲线 C 也被分为 k 个小段, 其分点为

$$P_i(x_1(t_i), x_2(t_i), \cdots, x_n(t_i)), \quad i = 0, 1, \cdots, k.$$

在每一小段上作弦 $\overline{P_{i-1} P_i}$, 其长度为 P_{i-1}, P_i 间的距离, 即

$$|P_{i-1} P_i| = \left(\sum_{j=1}^{n} (x_j(t_i) - x_j(t_{i-1}))^2 \right)^{\frac{1}{2}}.$$

弦 $\overline{P_0 P_1}$, $\overline{P_1 P_2}$, $\cdots$, $\overline{P_{k-1} P_k}$ 组成一条首尾相接的折线段 l_T, l_T 的长度为各条弦的长度和, 即

$$l_T = \sum_{i=1}^{k} |P_{i-1} P_i| = \sum_{i=1}^{k} \left(\sum_{j=1}^{n} (x_j(t_i) - x_j(t_{i-1}))^2 \right)^{\frac{1}{2}}. \tag{6.1.1}$$

令 $\|T\| = \max\limits_{1 \leqslant i \leqslant k}\{\Delta t_i\}$, 其中 $\Delta t_i = t_i - t_{i-1}$, 若极限

$$\lim_{\|T\| \to 0} l_T = \lim_{\|T\| \to 0} \sum_{i=1}^{k}\left(\sum_{j=1}^{n}(x_j(t_i) - x_j(t_{i-1}))^2\right)^{\frac{1}{2}} \tag{6.1.2}$$

存在, 则称曲线 C 为可求长的, 其极限称为曲线 C 的长度.

如果曲线 C 满足 $x_j(t)$ $(j = 1, 2, \cdots, n)$ 在 $[a, b]$ 上有连续导数 $x_j'(t)$, 且 $\sum\limits_{j=1}^{n}(x_j'(t))^2 \neq 0$, 则称此曲线为光滑曲线. 光滑曲线的几何特征是: 曲线的每一点处都有切线, 且切线方向随 t 的变化而连续变化. 下面证明光滑曲线是可求长曲线, 且其长度

$$s = \int_a^b \sqrt{(x_1'(t))^2 + (x_2'(t))^2 + \cdots + (x_n'(t))^2}\,\mathrm{d}t. \tag{6.1.3}$$

事实上, 由微分中值定理, 有

$$x_j(t_i) - x_j(t_{i-1}) = x_j'(\xi_{ji})\Delta t_i, \quad j = 1, 2, \cdots, n;\ i = 1, 2, \cdots, k;\ t_{i-1} < \xi_{ji} < t_i.$$

所以由 (6.1.1) 式, 得

$$l_T = \sum_{i=1}^{k}\left(\sum_{j=1}^{n}(x_j'(\xi_{ji}))^2\right)^{\frac{1}{2}}\Delta t_i, \tag{6.1.4}$$

设 $t_{i-1} < \zeta_i < t_i$, 由三角不等式知

$$\left|\sum_{i=1}^{k}\left(\sum_{j=1}^{n}(x_j'(\zeta_i))^2\right)^{\frac{1}{2}}\Delta t_i - \sum_{i=1}^{k}\left(\sum_{j=1}^{n}(x_j'(\xi_{ji}))^2\right)^{\frac{1}{2}}\Delta t_i\right|$$

$$\leqslant \sum_{i=1}^{k}\left|\left(\sum_{j=1}^{n}(x_j'(\zeta_i))^2\right)^{\frac{1}{2}} - \left(\sum_{j=1}^{n}(x_j'(\xi_{ji}))^2\right)^{\frac{1}{2}}\right|\Delta t_i$$

$$\leqslant \sum_{i=1}^{k}\left(\sum_{j=1}^{n}(x_j'(\zeta_i) - x_j'(\xi_{ji}))^2\right)^{\frac{1}{2}}\Delta t_i, \tag{6.1.5}$$

由于 $x_j'(t)$ 在 $[a, b]$ 上连续, 因而 $x_j'(t)$ $(j = 1, 2, \cdots, n)$ 在 $[a, b]$ 上一致连续. 对 $\forall \varepsilon > 0$, $\exists \delta > 0$, 当 $\|T\| < \delta$ 时, $|x_j'(\zeta_i) - x_j'(\xi_{ji})| < \varepsilon$ $(j = 1, 2, \cdots, n)$, 由 (6.1.4) 式和 (6.1.5) 式有

$$\left|\sum_{i=1}^{k}\left(\sum_{j=1}^{n}(x_j'(\zeta_i))^2\right)^{\frac{1}{2}}\Delta t_i - l_T\right| < \sqrt{n}(b - a)\varepsilon,$$

此处 $n, b - a$ 均为定数, 由定积分定义知

$$\lim_{\|T\| \to 0} \sum_{i=1}^{k} \sqrt{(x_1'(\zeta_i))^2 + (x_2'(\zeta_i))^2 + \cdots + (x_n'(\zeta_i))^2} \Delta t_i$$

$$= \int_a^b \sqrt{(x_1'(t))^2 + (x_2'(t))^2 + \cdots + (x_n'(t))^2} \mathrm{d}t,$$

因此有

$$\lim_{\|T\| \to 0} l_T = s = \int_a^b \sqrt{(x_1'(t))^2 + (x_2'(t))^2 + \cdots + (x_n'(t))^2} \mathrm{d}t.$$

设 $P(a) = P(x_1(a), x_2(a), \cdots, x_n(a))$ 为曲线 C 的起点, $P(t)$ 为 C 上的一个动点, 则 C 上从 $P(a)$ 到 $P(t)$ 一段弧的弧长为

$$s(t) = \int_a^t \sqrt{(x_1'(u))^2 + (x_2'(u))^2 + \cdots + (x_n'(u))^2} \mathrm{d}u,$$

由此得

$$\mathrm{d}s = \sqrt{(x_1'(t))^2 + (x_2'(t))^2 + \cdots + (x_n'(t))^2} \mathrm{d}t.$$

6.1.2　第一型曲线积分

定义 6.1.1　设 C 为 $\mathbb{R}^n$ 中一可求长曲线, $f(P)$ 是定义在 C 上的函数, 对 C 作分割 T: 将 C 分成 k 个小段 C_i $(i = 1, 2, \cdots, k)$, Δs_i 记为 C_i 的弧长, $\|T\| = \max_{1 \leqslant i \leqslant k} \{\Delta s_i\}$, 取 $P_i \in C_i$, 若当 $\|T\|$ 趋于 0 时, $\sum_{i=1}^{k} f(P_i) \Delta s_i$ 极限存在 (与 P_i 的选择, 与分割 T 无关), 则称此极限为 $f(P)$ 在 C 上的第一型曲线积分 (或称为按弧长的曲线积分), 记作

$$\int_C f(P) \mathrm{d}s = \int_C f(x_1, x_2, \cdots, x_n) \mathrm{d}s = \lim_{\|T\| \to 0} \sum_{i=1}^{k} f(P_i) \Delta s_i.$$

定理 6.1.1　设 C 是光滑曲线, $f(P)$ 在 C 上连续, 则

$$\int_C f(x_1, x_2, \cdots, x_n) \mathrm{d}s$$

$$= \int_a^b f(x_1(t), x_2(t), \cdots, x_n(t)) \sqrt{(x_1'(t))^2 + (x_2'(t))^2 + \cdots + (x_n'(t))^2} \mathrm{d}t.$$

证明　对 $[a, b]$ 作分割 T:

$$a = t_0 < t_1 < \cdots < t_{k-1} < t_k = b,$$

相应地 C 被分为 k 段 C_i $(i = 1, 2, \cdots, k)$, C_i 的弧长

$$\Delta s_i = \int_{t_{i-1}}^{t_i} \sqrt{(x_1'(t))^2 + (x_2'(t))^2 + \cdots + (x_n'(t))^2} \mathrm{d}t,$$

由积分中值定理 (注意积分号下函数是连续的) 有

$$\Delta s_i = \sqrt{(x_1'(\xi_i))^2 + (x_2'(\xi_i))^2 + \cdots + (x_n'(\xi_i))^2}\Delta t_i \quad (t_{i-1} < \xi_i < t_i),$$

在 C_i 上任取一点 $P_i(x_1(\eta_i), x_2(\eta_i), \cdots, x_n(\eta_i))$ $(t_{i-1} < \eta_i < t_i)$, 则

$$\sum_{i=1}^{k} f(P_i)\Delta s_i$$
$$= \sum_{i=1}^{k} f(x_1(\eta_i), x_2(\eta_i), \cdots, x_n(\eta_i))\sqrt{(x_1'(\xi_i))^2 + (x_2'(\xi_i))^2 + \cdots + (x_n'(\xi_i))^2}\Delta t_i,$$

与证明 (6.1.3) 式的过程相似, 由于

$$\left| \sum_{i=1}^{k} f(x_1(\eta_i), x_2(\eta_i), \cdots, x_n(\eta_i))\left[\sqrt{(x_1'(\eta_i))^2 + (x_2'(\eta_i))^2 + \cdots + (x_n'(\eta_i))^2} \right.\right.$$
$$\left.\left. - \sqrt{(x_1'(\xi_i))^2 + (x_2'(\xi_i))^2 + \cdots + (x_n'(\xi_i))^2}\right]\Delta t_i \right|$$
$$\leqslant \sum_{i=1}^{k} |f(x_1(\eta_i), x_2(\eta_i), \cdots, x_n(\eta_i))|\left| \sqrt{(x_1'(\eta_i))^2 + (x_2'(\eta_i))^2 + \cdots + (x_n'(\eta_i))^2} \right.$$
$$\left. - \sqrt{(x_1'(\xi_i))^2 + (x_2'(\xi_i))^2 + \cdots + (x_n'(\xi_i))^2}\right|\Delta t_i, \tag{6.1.6}$$

由 f 在 C 上连续, 即 $f(x_1(t), x_2(t), \cdots, x_n(t))$ 在 $[a,b]$ 上关于 t 连续, 则 $\forall P \in C$, $|f(P)| \leqslant M$, M 为一定数. 又由于 C 为光滑曲线, $x_1'(t), x_2'(t), \cdots, x_n'(t)$ 在 $[a,b]$ 上连续, 因而一致连续, 对 $\forall \varepsilon > 0$, $\exists \delta > 0$, 只要 $\|T\| < \delta$, 则有

$$\left| \sqrt{(x_1'(\eta_i))^2 + (x_2'(\eta_i))^2 + \cdots + (x_n'(\eta_i))^2} \right.$$
$$\left. - \sqrt{(x_1'(\xi_i))^2 + (x_2'(\xi_i))^2 + \cdots + (x_n'(\xi_i))^2}\right| < \varepsilon,$$

亦即 (6.1.6) 式的左端 $\leqslant M(b-a)\cdot\varepsilon$. 又由于

$$\lim_{\|T\|\to 0} \sum_{i=1}^{k} f(x_1(\eta_i), x_2(\eta_i), \cdots, x_n(\eta_i))$$
$$\cdot \sqrt{(x_1'(\eta_i))^2 + (x_2'(\eta_i))^2 + \cdots + (x_n'(\eta_i))^2}\Delta t_i$$
$$= \int_a^b f(x_1(t), x_2(t), \cdots, x_n(t))\sqrt{(x_1'(t))^2 + (x_2'(t))^2 + \cdots + (x_n'(t))^2}\mathrm{d}t,$$

由 (6.1.6) 式, $\displaystyle\lim_{\|T\|\to 0} \sum_{i=1}^{k} f(P_i)\Delta s_i$ 存在, 且与上式右端值相等, 从而得证.

6.1.3　第二型曲线积分

设 C 为 $\mathbb{R}^n$ 中一条曲线, 其参数方程为 $x_1 = x_1(t), x_2 = x_2(t), \cdots, x_n = x_n(t),\ a \leqslant t \leqslant b$, 且

$$A(x_1(a), x_2(a), \cdots, x_n(a)),\ B(x_1(b), x_2(b), \cdots, x_n(b))\quad (A \neq B)$$

为 C 上两点. 如果规定 A 为 C 的起点, t 从 a 逐渐变化到 b, 相应地 $M(x_1, x_2, \cdots, x_n)$ 从 A 沿着曲线 C 移动到终点 B, 如此规定了起终点的曲线 C 称为有向曲线 C. 当然, 若将 B 作为起点, t 从 b 变化到 a, 相应地 $M(x_1, x_2, \cdots, x_n)$ 从 B 沿着曲线 C 移动到终点 A. C 的这样一个方向是前述 C 方向的反向, 前者有时记为 $\overparen{AB}$, 后者记为 $\overparen{BA}$.

如果 $A = B$, 即 C 为一条封闭曲线, 则依 t 从 a 变化到 b 时, $M(x_1, x_2, \cdots, x_n)$ 从 $A(= B)$ 沿曲线 C 移动到 A 的路径, 规定为 C 的一个方向, 而当 t 从 b 变化到 a 时, 动点 M 从 A 沿曲线 C 移动到 A 所走的路径, 是上述方向的一个反方向, 这样规定了方向的曲线称为有向曲线.

定义 6.1.2　设函数 $P_1(x_1, x_2, \cdots, x_n)$ 是定义在以 A 为起点, B 为终点的有向曲线 C 上的函数, 对于 C 的任意分割 T, 把有向曲线 C 分成 k 个有向小弧段 $\overparen{M_{i-1}M_i}\ (i = 1, 2, \cdots, k)$, 其弧长为 Δs_i, 令

$$\|T\| = \max_{1 \leqslant i \leqslant k} \{\Delta s_i\},$$

向量 $\overrightarrow{M_{i-1}M_i}$ 的第一个分量为 $\Delta x_1^{(i)}$, 任取 $X_i \in \overparen{M_{i-1}M_i}$, 如果当 $\|T\| \to 0$ 时, $\sum\limits_{i=1}^{k} P_1(X_i) \cdot \Delta x_1^{(i)}$ 的极限存在, 则称此极限为 $P_1(x_1, x_2, \cdots, x_n)$ 沿曲线 C 从 A 到 B 的对坐标 x_1 的曲线积分, 记为

$$\int_C P_1(x_1, x_2, \cdots, x_n)\mathrm{d}x_1 = \int_{\overparen{AB}} P_1(x_1, x_2, \cdots, x_n)\mathrm{d}x_1 = \lim_{\|T\| \to 0} \sum_{i=1}^{k} P_1(X_i) \cdot \Delta x_1^{(i)}.$$

类似可定义对坐标 $x_j(j = 2, 3, \cdots, n)$ 的曲线积分 $\displaystyle\int_{\overparen{AB}} P_j(x_1, x_2, \cdots, x_n)\mathrm{d}x_j$.

和式

$$\int_{\overparen{AB}} P_1(x_1, x_2, \cdots, x_n)\mathrm{d}x_1 + \cdots + \int_{\overparen{AB}} P_n(x_1, x_2, \cdots, x_n)\mathrm{d}x_n$$

或简记为

$$\int_{\overparen{AB}} P_1(x_1, x_2, \cdots, x_n)\mathrm{d}x_1 + \cdots + P_n(x_1, x_2, \cdots, x_n)\mathrm{d}x_n$$

称为第二型曲线积分.

如果 C 是封闭曲线, 也可依照 C 的某一方向 (比如所谓逆时针方向或顺时针方向), 完全类似地定义沿 C 的第二型曲线积分.

因为曲线方向改变, $\overrightarrow{M_{i-1}M_i}$ 要改变方向, 即 $\Delta x_j^{(i)}$ 要变号, 所以有

$$\int_{\widehat{AB}} P_1 \mathrm{d}x_1 + P_2 \mathrm{d}x_2 + \cdots + P_n \mathrm{d}x_n = -\int_{\widehat{BA}} P_1 \mathrm{d}x_1 + P_2 \mathrm{d}x_2 + \cdots + P_n \mathrm{d}x_n,$$

这与第一型曲线积分是不同的.

定理 6.1.2 设 C 为 $\mathbb{R}^n$ 中一光滑曲线, $t = a, b$ 分别对应着 C 的起点、终点,

$$P_1(x_1, x_2, \cdots, x_n), P_2(x_1, x_2, \cdots, x_n), \cdots, P_n(x_1, x_2, \cdots, x_n)$$

均在 C 上连续, 则沿 C 从 A 到 B 的第二型曲线积分

$$\int_C P_1 \mathrm{d}x_1 + P_2 \mathrm{d}x_2 + \cdots + P_n \mathrm{d}x_n = \int_a^b \Big[P_1(x_1(t), x_2(t), \cdots, x_n(t)) x_1'(t)$$
$$+ \cdots + P_n(x_1(t), x_2(t), \cdots, x_n(t)) x_n'(t) \Big] \mathrm{d}t.$$

这可仿照定理 6.1.1 的证明方法, 先证

$$\int_C P_j \mathrm{d}x_j = \int_a^b P_j(x_1(t), x_2(t), \cdots, x_n(t)) x_j'(t) \mathrm{d}t,$$

再按 $j = 1, 2, \cdots, n$ 相加, 即得定理 6.1.2.

习 题 6.1

1. 计算

(1) $\displaystyle\int_L xy \mathrm{d}s$, 其中 L 为椭圆 $\dfrac{x^2}{a^2} + \dfrac{y^2}{b^2} = 1$ 在第一象限的部分;

(2) $\displaystyle\int_L |y| \mathrm{d}s$, 其中 L 为单位圆.

2. 若曲线 L 以极坐标 $\rho = \rho(\theta)$ $(\theta_1 \leqslant \theta \leqslant \theta_2)$ 表示, 试给出 $\displaystyle\int_L f(x, y) \mathrm{d}s$ 的公式, 并用此公式计算 $\displaystyle\int_L x \mathrm{d}s$, 其中 L 为对数螺线 $\rho = a e^{k\theta}$ $(k > 0)$ 在圆 $r = a$ 内的部分.

3. 求下列空间曲线的弧长 (参数是非负的):

(1) $x = 3t$, $y = 3t^2$, $z = 2t^2$ 从 $(0,0,0)$ 到 $(3,3,2)$;

(2) $x = \mathrm{e}^{-t} \cos t$, $y = \mathrm{e}^{-t} \sin t$, $z = \mathrm{e}^{-t}$ $(0 < t < +\infty)$.

4. 计算

$$\int_C (x^2 + y^2 + z^2) \mathrm{d}s,$$

其中 C 为螺线 $x = a \cos t$, $y = a \sin t$, $z = bt$ $(0 \leqslant t \leqslant 2\pi)$ 的一段.

5. 计算

(1) $\displaystyle\int_L y \mathrm{d}x + \sin x \mathrm{d}y$, 其中 L 为 $y = \sin x$ $(0 \leqslant x \leqslant \pi)$ 与 x 轴所围的闭曲线, 按顺时针方向;

(2) $\displaystyle\int_L x \mathrm{d}x + y \mathrm{d}y + z \mathrm{d}z$, 其中 L 为 $(1,1,1)$ 到 $(2,3,4)$ 的直线段.

6.2　曲 面 积 分

这一节将讨论与 6.1 节中曲线积分相类似的曲面积分.

6.2.1　曲面及其面积

设 D 为 $\mathbb{R}^2$ 中一有界闭区域, $f(x,y)$ 为 D 上一函数, $f'_x(x,y)$, $f'_y(x,y)$ 在 D 上连续, 则称
$$S = \{(x,y,z)|(x,y) \in D,\ z = f(x,y)\}$$
为一光滑曲面.

对区域 D 作分割 T: 将 D 分成 n 个小区域 σ_i $(i=1,2,\cdots,n)$, 相应地, S 也被分成 n 个小曲面块 $S_i = \{(x,y,z)|(x,y) \in \sigma_i,\ z = f(x,y)\}$ $(i=1,2,\cdots,n)$, 任取 $M_i \in S_i$, 过 M_i 作 S 的切平面 π_i, 记
$$A_i = \{(x,y,z)|(x,y) \in \sigma_i,\ -\infty < z < +\infty\} \cap \pi_i,$$
即 A_i 与 S_i 在 xOy 平面上的投影都是 σ_i. 用 ΔA_i 表示点集 A_i 的面积 (二维测度),
$$\|T\| = \max_{1 \leqslant i \leqslant n}\{\sigma_i \text{ 的直径}\}.$$

如果当 $\|T\| \to 0$ 时, $\sum\limits_{i=1}^{n} \Delta A_i$ 极限存在 (与分割 T 和 M_i 的取法无关), 则称
$$\lim_{\|T\| \to 0} \sum_{i=1}^{n} \Delta A_i$$
为曲面 S 的面积.

这里曲面面积的定义, 如同圆周长可以定义为圆外切多边形的周长, 当分割越来越细时所趋近的极限一样, 但要注意圆周长也可定义为圆内接多边形的周长, 当分割越来越细的极限, 而曲面面积不能定义为内接多面形的面积当分割越来越细时的极限, 有例说明, 即使很普通的曲面, 它的内接多面形的面积, 当分割越来越细时, 不趋于任何极限, 即没有极限.

现在按照上述曲面面积的定义, 建立光滑曲面的面积计算公式.

过点 $M_i = (\xi_i, \eta_i, \zeta_i)$ 处的切平面 π_i 的方程为
$$z - \zeta_i = f'_x(\xi_i, \eta_i)(x - \xi_i) + f'_y(\xi_i, \eta_i)(y - \eta_i),$$
切平面过 M_i 的法线, 即 S 在 M_i 的法线, 其方向向量为 $(f'_x(\xi_i, \eta_i), f'_y(\xi_i, \eta_i), -1)$, 记法线与 z 轴的交角为 γ_i, 则
$$|\cos \gamma_i| = \frac{1}{\sqrt{1 + (f'_x(\xi_i, \eta_i))^2 + (f'_y(\xi_i, \eta_i))^2}}.$$

因为 A_i 在 xOy 平面上的投影为 σ_i, 所以

$$\Delta A_i = \frac{\Delta \sigma_i}{|\cos \gamma_i|} = \sqrt{1 + (f_x'(\xi_i, \eta_i))^2 + (f_y'(\xi_i, \eta_i))^2} \Delta \sigma_i,$$

$$\sum_{i=1}^n \Delta A_i = \sum_{i=1}^n \sqrt{1 + (f_x'(\xi_i, \eta_i))^2 + (f_y'(\xi_i, \eta_i))^2} \Delta \sigma_i,$$

令 $\|T\| \to 0$, 由曲面面积的定义以及二重积分的定义, 得 S 的面积

$$\Delta S = \lim_{\|T\| \to 0} \sum_{i=1}^n \Delta A_i = \iint\limits_D \sqrt{1 + (f_x'(x,y))^2 + (f_y'(x,y))^2} \mathrm{d}x\mathrm{d}y, \qquad (6.2.1)$$

或者

$$\Delta S = \lim_{\|T\| \to 0} \sum_{i=1}^n \frac{\Delta \sigma_i}{|\cos \gamma_i|} = \iint\limits_D \frac{\mathrm{d}x\mathrm{d}y}{|\cos(n,z)|}.$$

若曲面

$$S = \{(x,y,z)|x = x(u,v),\ y = y(u,v),\ z = z(u,v),\ (u,v) \in D\},$$

其中 D 为 uv 平面上一有界闭区域, $x(u,v)$, $y(u,v)$, $z(u,v)$ 在 D 上有一阶连续偏导数, 且

$$\frac{\partial(x,y)}{\partial(u,v)},\quad \frac{\partial(y,z)}{\partial(u,v)},\quad \frac{\partial(z,x)}{\partial(u,v)}$$

不同时为零, 则称 S 为一光滑曲面, 这里的 S 是光滑曲面的一般形式, 前面所讨论的曲面是这里所讨论的曲面的特殊情况.

设在点 $(u_0, v_0) \in D$ 处, $\dfrac{\partial(x,y)}{\partial(u,v)} \neq 0$, 由反函数组定理, 在点 $(x_0, y_0) = (x(u_0,v_0), y(u_0,v_0))$ 的某邻域 D_0', 有 $u = u(x,y)$, $v = v(x,y)$, 从而 $z = z(u,v) = z(u(x,y), v(x,y))$, 因而

$$z_x' = z_u' \cdot u_x' + z_v' \cdot v_x', \quad z_y' = z_u' \cdot u_y' + z_v' \cdot v_y',$$

而

$$u_x' = y_v' \bigg/ \frac{\partial(x,y)}{\partial(u,v)}, \qquad u_y' = -x_v' \bigg/ \frac{\partial(x,y)}{\partial(u,v)},$$

$$v_x' = -y_u' \bigg/ \frac{\partial(x,y)}{\partial(u,v)}, \qquad v_y' = x_u' \bigg/ \frac{\partial(x,y)}{\partial(u,v)},$$

所以

$$z_x' = -\frac{\partial(y,z)}{\partial(u,v)} \bigg/ \frac{\partial(x,y)}{\partial(u,v)}, \quad z_y' = -\frac{\partial(z,x)}{\partial(u,v)} \bigg/ \frac{\partial(x,y)}{\partial(u,v)},$$

$$|\cos(n,z)| = 1/\sqrt{1+(z_x')^2+(z_y')^2} = \left|\frac{\partial(x,y)}{\partial(u,v)}\right| \cdot \frac{1}{\sqrt{EG-F^2}},$$

其中 $E = (x_u')^2+(y_u')^2+(z_u')^2$, $F = x_u' \cdot x_v' + y_u' \cdot y_v' + z_u' \cdot z_v'$, $G = (x_v')^2+(y_v')^2+(z_v')^2$.

对积分 $\Delta S_0 = \iint\limits_{D_0'} \dfrac{\mathrm{d}x\mathrm{d}y}{|\cos(n,z)|}$ 作变量替换 $x = x(u,v)$, $y = y(u,v)$, 有

$$\Delta S_0 = \iint\limits_{D_0} \frac{1}{|\cos(n,z)|} \cdot \left|\frac{\partial(x,y)}{\partial(u,v)}\right| \mathrm{d}u\mathrm{d}v = \iint\limits_{D_0} \sqrt{EG-F^2}\,\mathrm{d}u\mathrm{d}v. \tag{6.2.2}$$

如若 $\dfrac{\partial(y,z)}{\partial(u,v)}$ 或 $\dfrac{\partial(z,x)}{\partial(u,v)}$ 不等于零, 也同样得到 (6.2.2) 式, 由隐函数理论及有限覆盖定理, 只要有限个 $D_1, D_2, \cdots, D_m$ 便可覆盖 D (假设 D 是有界闭域). 令

$$G_1 = D \cap D_1, \ G_2 = (D - G_1) \cap D_2, \cdots, G_m = \left(D - \bigcup_{k=1}^{m-1} G_k\right) \cap D_m,$$

则 $D = G_1 \cup G_2 \cup \cdots \cup G_m$, $G_i \cap G_j = \varnothing \ (i \neq j)$, 对应这些 G_i, S 也被分成互不相交的 m 块, 对每个 G_i, 应用 (6.2.2) 式, 再对 i 从 1 到 k 相加, 得

$$\Delta S = \iint\limits_D \sqrt{EG-F^2}\,\mathrm{d}u\mathrm{d}v.$$

例 6.2.1　求螺旋面

$$x = r\cos\varphi, \quad y = r\sin\varphi, \quad z = h\varphi, \quad 0 \leqslant r \leqslant a,\ 0 \leqslant \varphi < 2\pi$$

的面积.

解　$E = (x_r')^2 + (y_r')^2 + (z_r')^2 = \cos^2\varphi + \sin^2\varphi = 1$,

$G = (x_\varphi')^2 + (y_\varphi')^2 + (z_\varphi')^2 = r^2\sin^2\varphi + r^2\cos^2\varphi + h^2 = r^2 + h^2$,

$F = x_r'x_\varphi' + y_r'y_\varphi' + z_r'z_\varphi' = -r\cos\varphi\sin\varphi + r\sin\varphi\cos\varphi = 0$,

所以

$$\sqrt{EG-F^2} = \sqrt{r^2+h^2},$$

于是所求面积

$$\Delta S = \int_0^{2\pi} \mathrm{d}\varphi \int_0^a \sqrt{r^2+h^2}\,\mathrm{d}r = 2\pi\left[\frac{r}{2}\sqrt{r^2+h^2} + \frac{h^2}{2}\ln(r+\sqrt{r^2+h^2})\right]\Bigg|_0^a$$

$$= \pi a\sqrt{a^2+h^2} + \pi h^2 \ln\frac{a+\sqrt{a^2+h^2}}{h}.$$

6.2.2 第一型曲面积分

定义 6.2.1 设 S 是光滑曲面, $f(x,y,z)$ 为定义在 S 上的函数. 对曲面 S 作分割 T: 将 S 分成 n 个小曲面块 S_i $(i = 1, 2, \cdots, n)$, 记 ΔS_i 为小曲面块 S_i 的面积, $\|T\| = \max\limits_{1 \leqslant i \leqslant n}\{S_i\text{的直径}\}$, 任取 $(\xi_i, \eta_i, \zeta_i) \in S_i$, 如果当 $\|T\| \to 0$ 时, 和式 $\sum\limits_{i=1}^{n} f(\xi_i, \eta_i, \zeta_i)\Delta S_i$ 的极限存在, 且与分割 T 和 (ξ_i, η_i, ζ_i) 的选择无关, 则称此极限为 $f(x,y,z)$ 在 S 上的第一型曲面积分 (或称按面积的曲面积分), 记作

$$\iint\limits_{S} f(x,y,z)\mathrm{d}S = \lim\limits_{\|T\|\to 0}\sum\limits_{i=1}^{n} f(\xi_i, \eta_i, \zeta_i)\Delta S_i. \tag{6.2.3}$$

与定理 6.1.1 相仿, 可以得到下面公式.

定理 6.2.1 若光滑曲面 S 表示为

$$x = x(u,v), \quad y = y(u,v), \quad z = z(u,v), \quad (u,v) \in D,$$

$f(x,y,z)$ 在 S 上连续, 则

$$\iint\limits_{S} f(x,y,z)\mathrm{d}S = \iint\limits_{D} f(x(u,v),y(u,v),z(u,v))\sqrt{EG - F^2}\mathrm{d}u\mathrm{d}v. \tag{6.2.4}$$

6.2.3 第二型曲面积分

如同讨论第二型曲线积分时, 要考虑曲线的起点、终点或者方向一样, 在讨论第二型曲面积分时, 要讨论曲面的 "侧" 的概念.

在光滑的曲面 S 上任取一点 M_0, S 在 M_0 点的法线有两个方向, 取定其中一个方向为正方向时, 则另一方向就为负方向. 设 L 为 S 上任一条经过 M_0 且不经过 S 的边界的闭曲线, 又设 M 为动点, 它在 M_0 处与 M_0 有相同的法线方向, 且有如下特性: 当 M 从 M_0 出发沿 L 连续移动时, 作为曲面上的点 M, 它的法线方向也连续地变动, 最后当 M 沿 L 回到 M_0 时, 若这时 M 的法线方向仍与 M_0 的法线方向相一致, 就称 S 为双侧曲面. 否则就称为单侧曲面. 单侧曲面的典型例子是默比乌斯 (Möbius) 环, 如图 6.1.

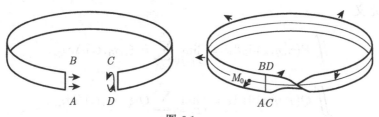

图 6.1

今后我们只讨论双侧曲面.

由 $z = z(x, y)$ 所表示的曲面是双侧的, 规定它的上侧为其法向量与 z 轴正向的夹角为锐角的一侧, 另一侧叫下侧. 曲面 $y = y(x, z)$ 类似地可规定左侧、右侧, $x = x(y, z)$ 表示的曲面可规定前侧与后侧, 封闭曲面规定内侧与外侧 (图 6.2).

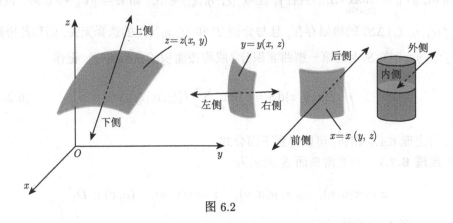

图 6.2

定义 6.2.2　设 $R(x, y, z)$ 为定义在双侧曲面 S 上的函数, 选定 S 的一侧, 对 S 作分割 T: 将 S 分成 n 个小曲面块 S_i $(i = 1, 2, \cdots, n)$, $\|T\| = \max\limits_{1 \leqslant i \leqslant n} \{S_i \text{的直径}\}$, 以 $\Delta\sigma_{i_{xy}}$ 表示 S_i 在 xOy 平面上的投影区域的面积, 它的符号由 S_i 的侧来决定, 如 S_i 上对应该侧各点法向量与 z 轴正向夹角为锐角时 $\Delta\sigma_{i_{xy}}$ 取正号, 若成钝角时 $\Delta\sigma_{i_{xy}}$ 取负号. 任取 $(\xi_i, \eta_i, \zeta_i) \in S_i$, 如果当 $\|T\|$ 趋于 0 时, 和式

$$\sum_{i=1}^{n} R(\xi_i, \eta_i, \zeta_i) \Delta\sigma_{i_{xy}}$$

的极限存在, 且与分割 T 和 (ξ_i, η_i, ζ_i) 的选择无关, 则称此极限为 $R(x, y, z)$ 沿曲面的一侧对坐标 x, y 的曲面积分, 记为

$$\iint\limits_{S} R(x, y, z) \mathrm{d}x\mathrm{d}y = \lim_{\|T\| \to 0} \sum_{i=1}^{n} R(\xi_i, \eta_i, \zeta_i) \Delta\sigma_{i_{xy}}.$$

同样, 可定义

$$\iint\limits_{S} P(x, y, z) \mathrm{d}y\mathrm{d}z = \lim_{\|T\| \to 0} \sum_{i=1}^{n} P(\xi_i, \eta_i, \zeta_i) \Delta\sigma_{i_{yz}}.$$

$$\iint\limits_{S} Q(x, y, z) \mathrm{d}z\mathrm{d}x = \lim_{\|T\| \to 0} \sum_{i=1}^{n} Q(\xi_i, \eta_i, \zeta_i) \Delta\sigma_{i_{zx}},$$

其中 $\Delta\sigma_{i_{yz}}$ 和 $\Delta\sigma_{i_{zx}}$ 分别表示 S_i 选定的一侧在 yz 平面和 zx 平面上的有向投影面积.

三个积分之和

$$\iint\limits_S P\mathrm{d}y\mathrm{d}z + \iint\limits_S Q\mathrm{d}z\mathrm{d}x + \iint\limits_S R\mathrm{d}x\mathrm{d}y$$

简记为 $\iint\limits_S P\mathrm{d}y\mathrm{d}z + Q\mathrm{d}z\mathrm{d}x + R\mathrm{d}x\mathrm{d}y$, 称为函数 P, Q, R 在曲面 S 指定一侧上的第二型曲面积分.

若以 $-S$ 表示 S 的另一侧, 由定义不难看出

$$\iint\limits_{-S} P\mathrm{d}y\mathrm{d}z + Q\mathrm{d}z\mathrm{d}x + R\mathrm{d}x\mathrm{d}y = -\iint\limits_S P\mathrm{d}y\mathrm{d}z + Q\mathrm{d}z\mathrm{d}x + R\mathrm{d}x\mathrm{d}y.$$

定理 6.2.2 设 $R(x, y, z)$ 是光滑曲面 $S : z = z(x, y), (x, y) \in D_{xy}$ 上的连续函数, 并规定了以 S 的上侧为正侧, 则

$$\iint\limits_S R(x, y, z)\mathrm{d}x\mathrm{d}y = \iint\limits_{D_{xy}} R(x, y, z(x, y))\mathrm{d}x\mathrm{d}y.$$

证明 由定义知

$$\iint\limits_S R(x, y, z)\mathrm{d}x\mathrm{d}y = \lim_{\|T\|\to 0} \sum_{i=1}^n R(\xi_i, \eta_i, \zeta_i)\Delta\sigma_{i_{xy}},$$

其中 $(\xi_i, \eta_i, \zeta_i) \in S_i$, 所以 $\zeta_i = z(\xi_i, \eta_i), (\xi_i, \eta_i) \in \sigma_{i_{xy}}$, 又因

$$d = \max_{1\leqslant i\leqslant n}\{\sigma_{i_{xy}}\text{的直径}\} \leqslant \max_{1\leqslant i\leqslant n}\{S_i\text{的直径}\} = \|T\|,$$

所以当 $\|T\| \to 0$ 时, $d \to 0$, 因此

$$\lim_{\|T\|\to 0} \sum_{i=1}^n R(\xi_i, \eta_i, \zeta_i)\Delta\sigma_{i_{xy}} = \lim_{d\to 0} \sum_{i=1}^n R(\xi_i, \eta_i, z(\xi_i, \eta_i))\Delta\sigma_{i_{xy}}.$$

由于 $R(x, y, z(x, y))$ 在 D_{xy} 上连续, 由二重积分定义, 上式右端即为 $\iint\limits_{D_{xy}} R(x, y,$ $z(x, y))\mathrm{d}x\mathrm{d}y$, 因而得证.

类似地, 有

$$\iint\limits_{S_1} R(x, y, z)\mathrm{d}y\mathrm{d}z = \iint\limits_{D_{yz}} R(x(y, z), y, z)\mathrm{d}y\mathrm{d}z,$$

$$\iint\limits_{S_2} R(x,y,z)\mathrm{d}z\mathrm{d}x = \iint\limits_{D_{xz}} R(x,y(x,z),z)\mathrm{d}z\mathrm{d}x,$$

其中 $S_1: x = x(y,z)$, $(y,z) \in D_{yz}$, 且取法向量与 x 轴正向夹角为锐角的那一侧; $S_2: y = y(x,z)$, $(x,z) \in D_{xz}$, 且取法向量与 y 轴正向夹角为锐角的那一侧. $R(x,y,z)$ 在 S_1, S_2 上均连续.

如果曲面 S 不是光滑的, 而是逐片光滑的, 即 S 是由有限个光滑曲面组成的, 则分别计算各片上的积分值, 再相加, 即为 S 上的积分值.

如果 S 不能由 $z = z(x,y)$, $y = y(x,z)$, $x = x(y,z)$ 的形式表示, 但若可以把 S 分成有限片, 每一片都可用上述三种形式之一表示, 那么也可得到 S 上的积分值.

例 6.2.2　计算 $\iint\limits_{S} xyz\mathrm{d}x\mathrm{d}y$, 其中 S 是球面 $x^2 + y^2 + z^2 = 1$ 的第一卦限、第五卦限部分并取球面外侧 (图 6.3).

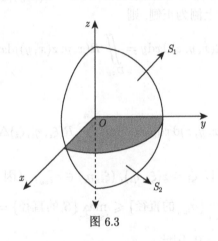

图 6.3

解　S 在第一卦限、第五卦限部分的方程分别为

$$S_1: z_1 = \sqrt{1 - x^2 - y^2},$$
$$S_2: z_2 = -\sqrt{1 - x^2 - y^2}.$$

它们在 xy 面上的投影区域都是单位圆在第一象限部分. 依题意, 积分是沿 S_1 的上侧和 S_2 的下侧进行, 所以

$$\iint\limits_{S} xyz\mathrm{d}x\mathrm{d}y = \iint\limits_{S_1} xyz\mathrm{d}x\mathrm{d}y + \iint\limits_{S_2} xyz\mathrm{d}x\mathrm{d}y$$

$$= \iint\limits_{D_{xy}} xy\sqrt{1-x^2-y^2}\mathrm{d}x\mathrm{d}y - \iint\limits_{D_{xy}} xy(-\sqrt{1-x^2-y^2})\mathrm{d}x\mathrm{d}y$$

$$= 2\iint\limits_{D_{xy}} xy\sqrt{1-x^2-y^2}\mathrm{d}x\mathrm{d}y$$

$$= 2\int_0^{\frac{\pi}{2}} \mathrm{d}\theta \int_0^1 r^3\cos\theta\sin\theta\sqrt{1-r^2}\mathrm{d}r = \frac{2}{15}.$$

如果光滑曲面由参数方程给出

$$S: x = x(u,v), \quad y = (u,v), \quad z = z(u,v), \quad (u,v) \in D,$$

则有

$$\iint\limits_S R(x,y,z)\mathrm{d}x\mathrm{d}y = \pm \iint\limits_D R(x(u,v),y(u,v),z(u,v))\frac{\partial(x,y)}{\partial(u,v)}\mathrm{d}u\mathrm{d}v;$$

$$\iint\limits_S P(x,y,z)\mathrm{d}y\mathrm{d}z = \pm \iint\limits_D P(x(u,v),y(u,v),z(u,v))\frac{\partial(y,z)}{\partial(u,v)}\mathrm{d}u\mathrm{d}v;$$

$$\iint\limits_S Q(x,y,z)\mathrm{d}x\mathrm{d}z = \pm \iint\limits_D Q(x(u,v),y(u,v),z(u,v))\frac{\partial(z,x)}{\partial(u,v)}\mathrm{d}u\mathrm{d}v,$$

其中正、负号分别对应于 S 的两个侧.

上例可用此公式计算, S 的参数表示为

$$x = \sin\phi\cos\theta, \quad y = \sin\phi\sin\theta, \quad z = \cos\phi \quad \left(0 \leqslant \phi \leqslant \pi,\ 0 \leqslant \theta \leqslant \frac{\pi}{2}\right),$$

$$\frac{\partial(x,y)}{\partial(\phi,\theta)} = \begin{vmatrix} \cos\phi\cos\theta & -\sin\phi\sin\theta \\ \cos\phi\sin\theta & \sin\phi\cos\theta \end{vmatrix} = \cos\phi\sin\phi.$$

所以,

$$\iint\limits_S xyz\mathrm{d}x\mathrm{d}y = \pm \iint\limits_D \sin^3\phi\cos^2\phi\sin\theta\cos\theta\mathrm{d}\phi\mathrm{d}\theta,$$

积分是在 S 的正侧进行, 应取正号, 即

$$\iint\limits_S xyz\mathrm{d}x\mathrm{d}y = \int_0^\pi \sin^3\phi\cos^2\phi\,\mathrm{d}\phi \int_0^{\frac{\pi}{2}} \sin\theta\cos\theta\mathrm{d}\theta = \frac{2}{15}.$$

例 6.2.3 计算 $I = \iint\limits_S \sqrt{x^2+y^2}\mathrm{d}S$, 其中 S 为 $x^2+y^2+z^2 = 1,\ z \geqslant 0$.

解

$$S = \{(x, y, z) | z = \sqrt{1 - x^2 - y^2},\ x^2 + y^2 \leqslant 1\},$$

所以

$$
\begin{aligned}
I &= \iint\limits_{x^2 + y^2 \leqslant 1} \sqrt{x^2 + y^2} \sqrt{1 + (z_x')^2 + (z_y')^2} \mathrm{d}x\mathrm{d}y \\
&= \iint\limits_{x^2 + y^2 \leqslant 1} \sqrt{\frac{x^2 + y^2}{1 - x^2 - y^2}} \mathrm{d}x\mathrm{d}y \\
&= \int_0^{2\pi} \mathrm{d}\theta \int_0^1 \frac{r^2}{\sqrt{1 - r^2}} \mathrm{d}r = 2\pi \int_0^1 \frac{1 - (1 - r^2)}{\sqrt{1 - r^2}} \mathrm{d}r \\
&= 2\pi \left[\arcsin r \Big|_0^1 - \left(\frac{1}{2} r \sqrt{1 - r^2} + \frac{1}{2} \arcsin r \right) \Big|_0^1 \right] \\
&= \frac{1}{2}\pi^2.
\end{aligned}
$$

习　题　6.2

1. 计算 $\iint\limits_S xyz\mathrm{d}S$, 其中 S 为平面 $x + y + z = 1$ 在第一卦限内的部分.

2. 求曲面 $z = \sqrt{x^2 + y^2}$ 包含在圆柱 $x^2 + y^2 = 2x$ 内那部分的面积.

3. 求球面 $x = R\cos\theta\cos\phi$, $y = R\cos\theta\sin\phi$, $z = R\sin\theta$ 被两条经线 $\theta = \theta_1$, $\theta = \theta_2$ 和两条纬线 $\phi = \phi_1$, $\phi = \phi_2$ 所围的那部分的面积.

4. 当 S 为 xOy 平面内的区域时, 曲面积分 $\iint\limits_S f(x, y, z)\mathrm{d}S$ 与二重积分有什么关系? 曲面积分 $\iint\limits_S R(x, y, z)\mathrm{d}x\mathrm{d}y$ 与二重积分有什么关系?

5. 计算下列第二型曲面积分.

(1) $\iint\limits_S xy\mathrm{d}y\mathrm{d}z + yz\mathrm{d}z\mathrm{d}x + xz\mathrm{d}x\mathrm{d}y$, 其中 S 是由平面

$$x = 0, \quad y = 0, \quad z = 0 \quad 和 \quad x + y + z = 1$$

所围的四面体表面并取外侧;

(2) $\iint\limits_S z\mathrm{d}x\mathrm{d}y$, 其中 S 是椭球面 $\dfrac{x^2}{a^2} + \dfrac{y^2}{b^2} + \dfrac{z^2}{c^2} = 1$, 并取外侧;

(3) $\iint\limits_S f(x)\mathrm{d}y\mathrm{d}z + g(y)\mathrm{d}z\mathrm{d}x + h(z)\mathrm{d}x\mathrm{d}y$, 其中 S 是平行六面体

$$0 \leqslant x \leqslant a, \quad 0 \leqslant y \leqslant b, \quad 0 \leqslant z \leqslant c$$

的表面并取外侧, $f(x)$, $g(y)$, $h(z)$ 为 S 上的连续函数.

6* 证明

$$\iint\limits_{S} f(ax + by + cz)\mathrm{d}S = 2\pi \int_{-1}^{1} f(u\sqrt{a^2 + b^2 + c^2})\mathrm{d}u,$$

其中 S 为球面 $x^2 + y^2 + z^2 = 1$.

6.3 几类积分之间的关系

这一节, 讨论第一、二型曲线积分之间, 第一、二型曲面积分之间, 平面曲线积分与二重积分之间, 曲面积分与三重积分之间, 曲线积分与曲面积分之间的关系.

6.3.1 两类曲线积分之间的关系

设有光滑曲线 $L = \{(x_1, x_2, \cdots, x_n) | x_i = x_i(t), \ i = 1, 2, \cdots, n, \ a \leqslant t \leqslant b\}$, L 的起点为 $A(x_1(a), x_2(a), \cdots, x_n(a))$, 记从 A 到 L 的动点 $P(x_1(t), x_2(t), \cdots, x_n(t))$ 的弧长为 $s(t)$, 则由 6.1 节第一段知

$$\mathrm{d}s = \sqrt{(x_1'(t))^2 + (x_2'(t))^2 + \cdots + (x_n'(t))^2}\mathrm{d}t = \sqrt{(\mathrm{d}x_1)^2 + (\mathrm{d}x_2)^2 + \cdots + (\mathrm{d}x_n)^2}.$$

记向量 $(\mathrm{d}x_1, \mathrm{d}x_2, \cdots, \mathrm{d}x_n)$ 的方向余弦为 $\cos\gamma_1, \cos\gamma_2, \cdots, \cos\gamma_n$, 则有

$$\mathrm{d}x_1 = \cos\gamma_1\mathrm{d}s, \mathrm{d}x_2 = \cos\gamma_2\mathrm{d}s, \cdots, \mathrm{d}x_n = \cos\gamma_n\mathrm{d}s,$$

而 L 上任一点的切线向量, 就是 $(\mathrm{d}x_1, \mathrm{d}x_2, \cdots, \mathrm{d}x_n)$, 所以 $\gamma_1, \gamma_2, \cdots, \gamma_n$ 就是切线向量分别与 x_1 轴, x_2 轴, $\cdots$, x_n 轴正向的夹角.

于是得到两类曲线积分之间的联系

$$\int_{L} P_1\mathrm{d}x_1 + P_2\mathrm{d}x_2 + \cdots + P_n\mathrm{d}x_n = \int_{L} (P_1\cos\gamma_1 + P_2\cos\gamma_2 + \cdots + P_n\cos\gamma_n)\mathrm{d}s.$$

$$(6.3.1)$$

6.3.2 两类曲面积分之间的关系

设光滑曲面 $S = \{(x, y, z) | z = z(x, y), \ (x, y) \in D_{xy}\}$, $R(x, y, z)$ 在 S 上连续. 曲面积分沿 S 的一侧进行, 由于

$$\iint\limits_{S} R(x, y, z)\mathrm{d}x\mathrm{d}y = \lim_{\|T\| \to 0} \sum_{i=1}^{n} R(\xi_i, \eta_i, \zeta_i)\Delta\sigma_{i_{xy}},$$

又由 6.2 节的第一段及积分中值定理, 有

$$\Delta S_i = \iint\limits_{\sigma_{i_{xy}}} \frac{\mathrm{d}x\mathrm{d}y}{|\cos\gamma|} = \frac{1}{|\cos\gamma_i^*|}\left|\Delta\sigma_{i_{xy}}\right|,$$

其中 γ 为 S_i 的法线方向与 z 轴正向的夹角, γ_i^* 是 S_i 上某一点处的法线方向与 z 轴正向的夹角. 如果考虑曲面的侧, 即 $\Delta\sigma_{i_{xy}}$ 与 $\cos\gamma_i^*$ 的符号 (正负号) 相同, 则

$$\Delta S_i = \frac{\Delta\sigma_{i_{xy}}}{\cos\gamma_i^*},$$

于是

$$\sum_{i=1}^n R(\xi_i, \eta_i, \zeta_i)\Delta\sigma_{i_{xy}} = \sum_{i=1}^n R(\xi_i, \eta_i, \zeta_i)\cos\gamma_i^*\Delta S_i,$$

记 (ξ_i, η_i, ζ_i) 点的法线方向与 z 轴正向的夹角为 γ_i, 则

$$\iint\limits_S R(x,y,z)\cos\gamma \mathrm{d}S = \lim_{\|T\|\to 0}\sum_{i=1}^n R(\xi_i, \eta_i, \zeta_i)\cos\gamma_i\Delta S_i,$$

由于当 $\|T\| \to 0$ 时,

$$\sum_{i=1}^n R(\xi_i, \eta_i, \zeta_i)\cos\gamma_i^*\Delta S_i - \sum_{i=1}^n R(\xi_i, \eta_i, \zeta_i)\cos\gamma_i\Delta S_i$$

趋于零, 从而得到

$$\iint\limits_S R(x,y,z)\mathrm{d}x\mathrm{d}y = \iint\limits_S R(x,y,z)\cos\gamma \mathrm{d}S.$$

同样可证

$$\iint\limits_S P(x,y,z)\mathrm{d}y\mathrm{d}z = \iint\limits_S P(x,y,z)\cos\alpha \mathrm{d}S;$$

$$\iint\limits_S Q(x,y,z)\mathrm{d}z\mathrm{d}x = \iint\limits_S Q(x,y,z)\cos\beta \mathrm{d}S.$$

一般地, 有

$$\iint\limits_S P\mathrm{d}y\mathrm{d}z + Q\mathrm{d}z\mathrm{d}x + R\mathrm{d}x\mathrm{d}y = \iint\limits_S (P\cos\alpha + Q\cos\beta + R\cos\gamma)\mathrm{d}S, \quad (6.3.2)$$

其中 α, β, γ 分别表示 S 取定一侧的法线方向与 x 轴正向、y 轴正向、z 轴正向的夹角.

6.3.3　平面线积分与二重积分之间的关系

我们知道, 若 $f'(x)$ 在 $[a,b]$ 上连续, 则有 $\displaystyle\int_a^b f'(x)\mathrm{d}x = f(b) - f(a)$, 即 $f'(x)$ 在区间 $[a,b]$ 上的积分值等于 $f(x)$ 在区间右端点与左端点值之差. 类似于这个重

要性质, 我们引进二重积分与积分区域的边界上的曲线积分的联系. 为此我们假设区域 D 的边界曲线 L 是逐段光滑曲线, 且规定 L 的正方向是: 当观察者沿 L 的这个方向行走时, D 在他近处的那一部分总在他的左手边.

定理 6.3.1 (格林 (Green) 公式) 设闭区域 D 的边界为一条或几条逐段光滑封闭曲线, $P(x, y), Q(x, y)$ 在 D 上具有一阶的连续偏导数, 则有

$$\iint\limits_{D}\left(\frac{\partial Q}{\partial x}-\frac{\partial P}{\partial y}\right)\mathrm{d}x\mathrm{d}y = \oint_{L} P\mathrm{d}x + Q\mathrm{d}y,$$

其中 L 是 D 的边界曲线, 右端的曲线积分沿 L 的正向进行, $\oint$ 表示沿封闭曲线的线积分.

证明 由于闭区域 D 的复杂性, 要严格、完整地证明这个公式比较困难. 这里只能就一种比较规则的闭区域给以证明.

(1) 若区域 D 既是 x 型区域又是 y 型区域 (图 6.4(a)), 即 D 可表示为

$$D = \{(x, y)|y_1(x) \leqslant y \leqslant y_2(x),\ a \leqslant x \leqslant b\},$$

又可表示为

$$D = \{(x, y)|x_1(y) \leqslant x \leqslant x_2(y),\ c \leqslant y \leqslant d\},$$

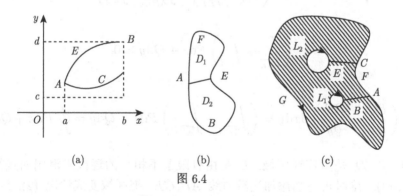

(a)   (b)   (c)

图 6.4

由于

$$\iint\limits_{D}\frac{\partial P}{\partial y}\mathrm{d}x\mathrm{d}y = \int_{a}^{b}\mathrm{d}x\int_{y_1(x)}^{y_2(x)}\frac{\partial P}{\partial y}\mathrm{d}y = \int_{a}^{b}P(x,y)\Big|_{y_1(x)}^{y_2(x)}\mathrm{d}x$$

$$= \int_{a}^{b}[P(x,y_2(x)) - P(x,y_1(x))]\mathrm{d}y$$

$$= \int_{a}^{b}P(x,y_2(x))\mathrm{d}y - \int_{a}^{b}P(x,y_1(x))\mathrm{d}y$$

$$= \int_{\widehat{AEB}} P(x,y)\mathrm{d}x + \int_{\widehat{BCA}} P(x,y)\mathrm{d}x$$

$$= \oint_{-L} P(x,y)\mathrm{d}x = -\oint_{L} P(x,y)\mathrm{d}x.$$

同理,

$$\iint\limits_{D} \frac{\partial Q}{\partial x}\mathrm{d}x\mathrm{d}y = \oint_{L} Q(x,y)\mathrm{d}y.$$

所以

$$\iint\limits_{D} \left(\frac{\partial Q}{\partial x} - \frac{\partial P}{\partial y}\right)\mathrm{d}x\mathrm{d}y = \oint_{L} P\mathrm{d}x + Q\mathrm{d}y.$$

(2) 若 L 是一条逐段光滑闭曲线, 并且可用有限条光滑曲线将 D 分成有限个 (1) 型区域 (图 6.4(b)), 则

$$\iint\limits_{D} \left(\frac{\partial Q}{\partial x} - \frac{\partial P}{\partial y}\right)\mathrm{d}x\mathrm{d}y = \iint\limits_{D_1} \left(\frac{\partial Q}{\partial x} - \frac{\partial P}{\partial y}\right)\mathrm{d}x\mathrm{d}y + \iint\limits_{D_2} \left(\frac{\partial Q}{\partial x} - \frac{\partial P}{\partial y}\right)\mathrm{d}x\mathrm{d}y$$

$$= \int_{\widehat{AEFA}} P\mathrm{d}x + Q\mathrm{d}y + \int_{\widehat{ABEA}} P\mathrm{d}x + Q\mathrm{d}y$$

$$= \left(\int_{\overline{AE}} + \int_{\widehat{EFA}} + \int_{\widehat{ABE}} + \int_{\overline{EA}}\right) P\mathrm{d}x + Q\mathrm{d}y,$$

因为

$$\left(\int_{\overline{AE}} + \int_{\overline{EA}}\right) P\mathrm{d}x + Q\mathrm{d}y = 0,$$

所以

$$\iint\limits_{D} \left(\frac{\partial Q}{\partial x} - \frac{\partial P}{\partial y}\right)\mathrm{d}x\mathrm{d}y = \left(\int_{\widehat{EFA}} + \int_{\widehat{ABE}}\right) P\mathrm{d}x + Q\mathrm{d}y = \oint_{L} P\mathrm{d}x + Q\mathrm{d}y.$$

(3) 若 D 是多连通区域, L 是由有限条不相交的逐段光滑闭曲线组成的 (图 6.4(c)). 这时可适当添加光滑曲线 AB, CE, 把区域变成情况 (2), 这时 D' 的边界由 $\overline{AB}$, L_1, $\overline{BA}$, $\widehat{AFC}$, $\overline{CE}$, L_2, $\overline{EC}$ 及 $\widehat{CGA}$ 构成, 由 (2) 知,

$$\iint\limits_{D} \left(\frac{\partial Q}{\partial x} - \frac{\partial P}{\partial y}\right)\mathrm{d}x\mathrm{d}y = \iint\limits_{D'} \left(\frac{\partial Q}{\partial x} - \frac{\partial P}{\partial y}\right)\mathrm{d}x\mathrm{d}y$$

$$= \left(\int_{\overline{AB}} + \int_{L_1} + \int_{\overline{BA}} + \int_{\widehat{AFC}} + \int_{\overline{CE}} + \int_{L_2} + \int_{\overline{EC}} + \int_{\widehat{CGA}}\right) P\mathrm{d}x + Q\mathrm{d}y$$

$$= \left(\int_{L_1} + \int_{L_2} + \int_{\widehat{AFC}} + \int_{\widehat{CGA}}\right) P\mathrm{d}x + Q\mathrm{d}y$$

$$=\oint_L P\mathrm{d}x+Q\mathrm{d}y.$$

例 6.3.1 计算线积分

$$\int_L (\mathrm{e}^x\sin y-ky)\mathrm{d}x+(\mathrm{e}^x\cos y-k)\mathrm{d}y,$$

其中 L 为由点 $A(a,0)$ 至点 $O(0,0)$ 的上半圆周 $x^2+y^2=ax$.

解 本题如果用定理 6.1.2 去计算就比较麻烦, 这里用格林公式.

在 x 轴上连接 $O(0,0)$ 与 $A(a,0)$, 这样就构成封闭曲线 $AMOA$, 且在线段 OA 上, $y=0$ (图 6.5).

$$\int_{\overline{OA}}(\mathrm{e}^x\sin y-ky)\mathrm{d}x+(\mathrm{e}^x\cos y-k)\mathrm{d}y=0,$$

从而

$$\oint_{\widehat{AMOA}}=\int_{\widehat{AMO}}+\int_{\overline{OA}}=\int_{\widehat{AMO}}.$$

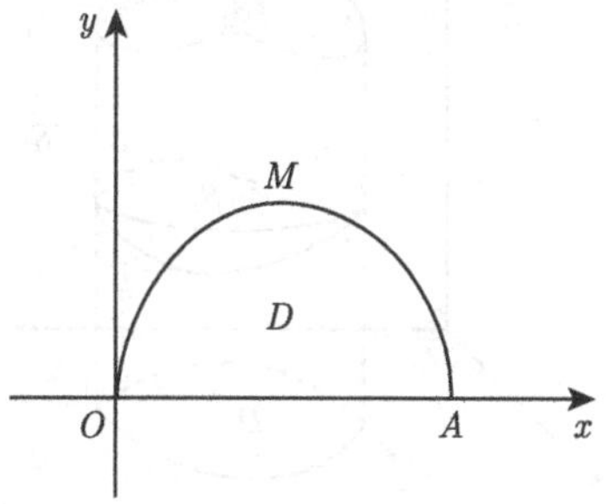

图 6.5

另一方面, 由格林公式, 得

$$\begin{aligned}&\oint_{\widehat{AMOA}}(\mathrm{e}^x\sin y-ky)\mathrm{d}x+(\mathrm{e}^x\cos y-k)\mathrm{d}y\\ =&\iint_D\left(\frac{\partial}{\partial x}(\mathrm{e}^x\cos y-k)-\frac{\partial}{\partial y}(\mathrm{e}^x\sin y-ky)\right)\mathrm{d}x\mathrm{d}y\\ =&\iint_D k\mathrm{d}x\mathrm{d}y=k\cdot\Delta D=\frac{ka^2}{8}\pi,\end{aligned}$$

其中 D 为 $x^2+y^2\leqslant ax$ 的上半圆域, 其面积为 $\dfrac{a^2}{8}\pi$.

6.3.4 空间曲面积分与三重积分之间的关系

类似于格林公式, 可以建立沿封闭曲面的曲面积分与曲面所包围的立体的三重积分间的关系公式.

定理 6.3.2 (奥斯特罗夫斯基-高斯 (Ostrovski-Gauss) 公式)　设空间区域 V 由分片光滑的双侧曲面 S 所围成, 函数 $P(x,y,z)$, $Q(x,y,z)$, $R(x,y,z)$ 在 V 上具有一阶连续偏导数, 则

$$\iiint\limits_{V} \left(\frac{\partial P}{\partial x} + \frac{\partial Q}{\partial y} + \frac{\partial R}{\partial z} \right) \mathrm{d}x\mathrm{d}y\mathrm{d}z = \oiint\limits_{S} P\mathrm{d}y\mathrm{d}z + Q\mathrm{d}z\mathrm{d}x + R\mathrm{d}x\mathrm{d}y,$$

其中曲面积分取 S 的外侧, $\oiint$ 代表沿封闭曲面的曲面积分 (上述公式简称奥–高公式).

证明　先假设 V 能表示成图 6.6.

$$V = \{(x,y,z)|z_1(x,y) \leqslant z \leqslant z_2(x,y),\ (x,y) \in D_{xy}\}.$$

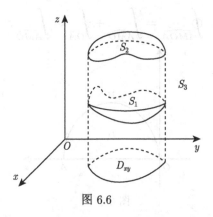

图 6.6

记

$$S_1 : z = z_1(x,y), \quad (x,y) \in D_{xy},$$
$$S_2 : z = z_2(x,y), \quad (x,y) \in D_{xy},$$

S_3 表示柱面: $S_3 = \{(x,y,z)|z_1(x,y) \leqslant z \leqslant z_2(x,y), (x,y) \in \partial D_{xy}\}$. 由于

$$
\begin{aligned}
\iiint\limits_{V} \frac{\partial R}{\partial z} \mathrm{d}x\mathrm{d}y\mathrm{d}z &= \iint\limits_{D_{xy}} \mathrm{d}x\mathrm{d}y \int_{z_1(x,y)}^{z_2(x,y)} \frac{\partial R}{\partial z} \mathrm{d}z \\
&= \iint\limits_{D_{xy}} R(x,y,z_2(x,y))\mathrm{d}x\mathrm{d}y - \iint\limits_{D_{xy}} R(x,y,z_1(x,y))\mathrm{d}x\mathrm{d}y \\
&= \iint\limits_{S_2} R(x,y,z)\mathrm{d}x\mathrm{d}y + \iint\limits_{S_1} R(x,y,z)\mathrm{d}x\mathrm{d}y,
\end{aligned}
$$

因为 S_3 在 xOy 平面的投影是 D_{xy} 的边界, 其面积为零, 所以

$$\iint\limits_{S_3} R(x,y,z)\mathrm{d}x\mathrm{d}y = 0,$$

由此得

$$\iiint\limits_{V} \frac{\partial R}{\partial z}\mathrm{d}x\mathrm{d}y\mathrm{d}z = \left(\iint\limits_{S_2} + \iint\limits_{S_1} + \iint\limits_{S_3}\right) R\mathrm{d}x\mathrm{d}y = \oiint\limits_{S} R\mathrm{d}x\mathrm{d}y.$$

如果 V 不是证明开始所假设的区域, 则可用有限个光滑曲面将 V 分成有限个小区域的并, 使每个小区域都符合证明开始时的假定, 可得相同的结论. 同理

$$\iiint\limits_{V} \frac{\partial P}{\partial x}\mathrm{d}x\mathrm{d}y\mathrm{d}z = \oiint\limits_{S} P\mathrm{d}y\mathrm{d}z, \quad \iiint\limits_{V} \frac{\partial Q}{\partial y}\mathrm{d}x\mathrm{d}y\mathrm{d}z = \oiint\limits_{S} Q\mathrm{d}z\mathrm{d}x,$$

三式相加, 即得所求.

6.3.5 曲面积分与曲线积分之间的关系

格林公式建立了平面区域上 (特殊的曲面) 的重积分与其边界曲线上的曲线积分之间的关系, 我们也可建立沿空间曲面的曲面积分与沿此曲面的边界曲线的曲线积分之间的关系.

定理 6.3.3 (斯托克斯 (Stokes) 公式) 设 $P(x,y,z)$, $Q(x,y,z)$, $R(x,y,z)$ 在曲面 S 上具有一阶连续偏导数, L 为 S 的边界 (假设 L 是逐段光滑曲线, S 是逐片光滑曲面), 则有

$$\iint\limits_{S} \left(\frac{\partial R}{\partial y} - \frac{\partial Q}{\partial z}\right)\mathrm{d}y\mathrm{d}z + \left(\frac{\partial P}{\partial z} - \frac{\partial R}{\partial x}\right)\mathrm{d}z\mathrm{d}x + \left(\frac{\partial Q}{\partial x} - \frac{\partial P}{\partial y}\right)\mathrm{d}x\mathrm{d}y$$

$$= \oint\limits_{L} P\mathrm{d}x + Q\mathrm{d}y + R\mathrm{d}z,$$

其中沿 L 线积分的方向与沿 S 的面积分的侧之间要符合右手法则, 即当右手除大拇指外的四指依 L 绕行方向时, 大拇指所指的方向与 S 选定一侧上法向量的指向一致 (图 6.7).

证明 先证明

$$\iint\limits_{S} \frac{\partial P}{\partial z}\mathrm{d}z\mathrm{d}x - \frac{\partial P}{\partial y}\mathrm{d}x\mathrm{d}y = \oint\limits_{L} P\mathrm{d}x.$$

假定 S 为曲面 $z = z(x, y)$ 的上侧, S 的边界曲线 L 在 xOy 平面上的投影曲线记为 Γ, Γ 所围成的区域为 D_{xy}(图 6.7). 由第二型曲线积分的定义及格林公式, 有

$$\oint_L P(x, y, z)\mathrm{d}x = \oint_\Gamma P(x, y, z(x, y))\mathrm{d}x$$

$$= -\iint\limits_{D_{xy}} \frac{\partial}{\partial y} P(x, y, z(x, y))\mathrm{d}x\mathrm{d}y,$$

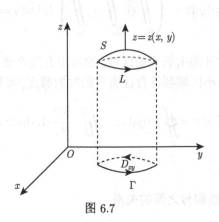

图 6.7

因为

$$\frac{\partial}{\partial y} P(x, y, z(x, y)) = P_y'(x, y, z) + P_z'(x, y, z)\frac{\partial z}{\partial y},$$

这里 $P_y'(x, y, z)$ 表示求关于 y 的偏导时, 把 $z = z(x, y)$ 看作常数, 所以

$$-\iint\limits_{D_{xy}} \frac{\partial}{\partial y} P(x, y, z(x, y))\mathrm{d}x\mathrm{d}y$$

$$= -\iint\limits_{D_{xy}} \left(P_y'(x, y, z(x, y)) + P_z'(x, y, z(x, y))z_y'\right)\mathrm{d}x\mathrm{d}y$$

$$= -\iint\limits_{S} \left(P_y'(x, y, z) + P_z'(x, y, z)z_y'\right)\mathrm{d}x\mathrm{d}y,$$

后一等式是由曲面积分的计算公式得到的, 有

$$\cos\alpha = \frac{-z_x'}{\sqrt{1 + z_x'^2 + z_y'^2}}, \quad \cos\beta = \frac{-z_y'}{\sqrt{1 + z_x'^2 + z_y'^2}}, \quad \cos\gamma = \frac{1}{\sqrt{1 + z_x'^2 + z_y'^2}},$$

此处 $\cos\alpha$, $\cos\beta$, $\cos\gamma$ 是 S 的法向量的方向余弦. 于是 $\dfrac{\cos\beta}{\cos\gamma} = -z_y'$, 即 $\cos\beta =$

$-z'_y \cos \gamma$, 所以由 (6.3.2) 式, 有

$$\iint\limits_S P'_z(x,y,z)z'_y \mathrm{d}x\mathrm{d}y = \iint\limits_S P'_z(x,y,z)z'_y \cos \gamma \mathrm{d}S$$

$$= -\iint\limits_S P'_z(x,y,z)\cos \beta \mathrm{d}S = -\iint\limits_S P'_z(x,y,z)\mathrm{d}z\mathrm{d}x,$$

因此, 有

$$\oint\limits_L P(x,y,z)\mathrm{d}x = \iint\limits_S P'_z \mathrm{d}z\mathrm{d}x - P'_y \mathrm{d}x\mathrm{d}y.$$

同理, 可证

$$\oint\limits_L Q(x,y,z)\mathrm{d}y = \iint\limits_S Q'_x \mathrm{d}x\mathrm{d}y - Q'_z \mathrm{d}y\mathrm{d}z,$$

$$\oint\limits_L R(x,y,z)\mathrm{d}z = \iint\limits_S R'_y \mathrm{d}y\mathrm{d}z - R'_x \mathrm{d}z\mathrm{d}x.$$

此三式相加, 即为所证.

注 1 为了方便记忆, 可把斯托克斯公式写成如下形式:

$$\iint\limits_S \begin{vmatrix} \mathrm{d}y\mathrm{d}z & \mathrm{d}z\mathrm{d}x & \mathrm{d}x\mathrm{d}y \\ \dfrac{\partial}{\partial x} & \dfrac{\partial}{\partial y} & \dfrac{\partial}{\partial z} \\ P & Q & R \end{vmatrix} = \oint\limits_L P\mathrm{d}x + Q\mathrm{d}y + R\mathrm{d}z.$$

注 2 若 S 是 xOy 平面上的区域, 则 $\mathrm{d}z = 0$, $\mathrm{d}y\mathrm{d}z = 0, \mathrm{d}z\mathrm{d}x = 0$, 于是斯托克斯公式就成为格林公式, 故格林公式是斯托克斯公式的特殊情形.

习 题 6.3

1. 利用格林公式计算下列曲线积分.

(1) $\oint\limits_L (x+y)\mathrm{d}x - (x-y)\mathrm{d}y$, $L : \dfrac{x^2}{a^2} + \dfrac{y^2}{b^2} = 1$ 的逆时针方向;

(2) $\oint\limits_L (x+y)^2 \mathrm{d}x - (x^2+y^2)\mathrm{d}y$, L: 顶点为 $A(1,1)$, $B(3,2)$, $C(2,5)$ 的三角形的边界, 依顺时针方向;

(3) $\displaystyle\int_L \mathrm{e}^x(1-\cos y)\mathrm{d}x - \mathrm{e}^x(y-\sin y)\mathrm{d}y$, $L: y = \sin x$, $0 \leqslant x \leqslant \pi$, 原点为终点.

2. 设平面区域 D 由一条逐段光滑的闭曲线 L 所围成, D 的面积为 ΔS, 证明

$$\Delta S = \frac{1}{2}\int_L x\mathrm{d}y - y\mathrm{d}x.$$

3. 证明: 若 L 为平面上封闭曲线, $\boldsymbol{l}$ 为任意方向向量, 则 $\displaystyle\oint_L \cos(\boldsymbol{l},\boldsymbol{n})\mathrm{d}s = 0$, 其中 $\boldsymbol{n}$ 为曲线 L 的外法线方向.

4. 求积分值

$$I = \oint_L [x\cos(\boldsymbol{n},x) + y\cos(\boldsymbol{n},y)]\,\mathrm{d}s,$$

其中 L 为包围有界区域的闭曲线, $\boldsymbol{n}$ 为 L 外法线方向.

5. 设 $f(u)$ 具有一阶连续导数, 证明对任何光滑曲线 L, 有

$$\oint_L f(xy)(y\mathrm{d}x + x\mathrm{d}y) = 0.$$

6. 设函数 $u = u(x,y)$ 在光滑闭曲线 L 所围的区域 D 上具有二阶连续偏导数, 则

$$\iint\limits_D \left(\frac{\partial^2 u}{\partial x^2} + \frac{\partial^2 u}{\partial y^2}\right)\mathrm{d}x\mathrm{d}y = \oint_L \frac{\partial u}{\partial \boldsymbol{n}}\mathrm{d}s,$$

其中 $\dfrac{\partial u}{\partial \boldsymbol{n}}$ 是 $u(x,y)$ 沿 L 外法线方向 $\boldsymbol{n}$ 的方向导数.

7. 利用奥–高公式计算下列曲面积分:

(1) $\displaystyle\oiint\limits_S x^2\mathrm{d}y\mathrm{d}z + y^2\mathrm{d}z\mathrm{d}x + z^2\mathrm{d}x\mathrm{d}y$, 其中 S 是立方体 $0 \leqslant x \leqslant a, 0 \leqslant y \leqslant a, 0 \leqslant z \leqslant a$ 的表面的外侧;

(2) $\displaystyle\iint\limits_S (x^2\cos\alpha + y^2\cos\beta + z^2\cos\gamma)\mathrm{d}S$, S 为 $x^2 + y^2 = z^2$, $0 \leqslant z \leqslant h$, $\cos\alpha, \cos\beta, \cos\gamma$ 为 S 的外法线方向余弦.

8. 证明: 由曲面 S 所围成的立体 V 的体积

$$\Delta V = \frac{1}{3}\iint\limits_S (x\cos\alpha + y\cos\beta + z\cos\gamma)\mathrm{d}S$$

其中 $\cos\alpha, \cos\beta, \cos\gamma$ 为 S 的外法线方向余弦.

9. 用斯托克斯公式计算下列积分:

(1) $\displaystyle\oint_L (y^2 + z^2)\mathrm{d}x + (x^2 + z^2)\mathrm{d}y + (x^2 + y^2)\mathrm{d}z$, L 为 $x + y + z = 1$ 与三个坐标面的交线, 方向为沿 L 行走时, L 所包围的平面区域在行走者的左边;

(2) $\displaystyle\oint_L y\mathrm{d}x + z\mathrm{d}y + x\mathrm{d}z$, L 为 $x^2 + y^2 + z^2 = a^2$, $x + y + z = 0$ 相交的圆, 从 x 轴的正向看去, L 依逆时针方向.

10. 证明:

$$\left|\int_{\overset{\frown}{AB}} P\mathrm{d}x + Q\mathrm{d}y\right| \leqslant LM,$$

其中 L 为 $\widehat{AB}$ 弧长, $M = \max\limits_{(x,y)\in\widehat{AB}} \sqrt{P^2+Q^2}$. 利用上述不等式, 估计积分

$$I_R = \int_{x^2+y^2=R^2} \frac{y\mathrm{d}x - x\mathrm{d}y}{(x^2+xy+y^2)^2},$$

并证明: $\lim\limits_{R\to+\infty} I_R = 0$.

11*. 证明: 若

$$\Delta u = \frac{\partial^2 u}{\partial x^2} + \frac{\partial^2 u}{\partial y^2} + \frac{\partial^2 u}{\partial z^2},$$

S 为 V 的边界曲面的外侧, 则

(1) $\iiint\limits_V \Delta u \mathrm{d}x\mathrm{d}y\mathrm{d}z = \iint\limits_S \dfrac{\partial u}{\partial \boldsymbol{n}} \mathrm{d}S$;

(2) $\iint\limits_S u\dfrac{\partial u}{\partial \boldsymbol{n}} \mathrm{d}S = \iiint\limits_V \left[\left(\dfrac{\partial u}{\partial x}\right)^2 + \left(\dfrac{\partial u}{\partial y}\right)^2 + \left(\dfrac{\partial u}{\partial z}\right)^2 \right] \mathrm{d}x\mathrm{d}y\mathrm{d}z + \iiint\limits_V u\Delta u \mathrm{d}x\mathrm{d}y\mathrm{d}z$.

12*. 计算高斯积分

$$I(x,y,z) = \oiint\limits_S \frac{\cos(\boldsymbol{r},\boldsymbol{n})}{r^2} \mathrm{d}S,$$

其中 S 为包围体 V 的光滑闭曲面, $\boldsymbol{n}$ 为 S 上 (ξ,η,ζ) 点的外法线方向, $\boldsymbol{r}$ 为 $(x-\xi, y-\eta, z-\zeta)$,

$$r = \sqrt{(\xi-x)^2 + (\eta-y)^2 + (\zeta-z)^2},$$

研究两种情形:

(1) S 不包围点 (x,y,z);

(2) S 包围点 (x,y,z) 在其内部.

13*. 试证

$$\int_L P\mathrm{d}x + Q\mathrm{d}y + R\mathrm{d}z = \int_L \sqrt{P^2+Q^2+R^2} \cos\theta \mathrm{d}s,$$

其中 θ 为曲线的切线与方向 (P,Q,R) 所夹的角.

14*. 求具有二阶连续偏导数的函数 $P(x,y)$, $Q(x,y)$, 使

$$I = \oint_L P(x+\alpha, y+\beta)\mathrm{d}x + Q(x+\alpha, y+\beta)\mathrm{d}y$$

对任何封闭曲线 L 与常数 α, β 无关.

6.4 　场　　论

6.4.1 场的概念

若对全空间或该空间中某一区域 V 中每一点, 都有一个数量与之对应, 则称在 V 上给定了一个数量场.

如果空间 $\mathbb{R}^3$, $V \subset \mathbb{R}^3$, 引进直角坐标系 $Oxyz$, 给定 V 上的一个数量函数 $f(x,y,z)$, 就意味着给定一个数量场.

对数量场 $f(x,y,z)$, 若要了解数量场的数量分布情况, 需要了解它的等量面, 即满足方程 $f(x,y,z)=c$ 的点 (x,y,z) 的全体, 此处 c 是任一定数.

地球上任一点, 其经度为 θ, 维度为 φ, 即点 (θ,φ), 都对应一个海拔 $h(\theta,\varphi)$, 这就是一个数量场, $\{(\theta,\varphi)|h(\theta,\varphi)=c\}$ 就是熟知的等高线, 在时刻 t_0, 某房间 V 内任一点 (x,y,z), 都对应该点的一个温度 $T(x,y,z)$, 从而在 V 内也确定了一个数量场

$$\{(x,y,z)|T(x,y,z)=c\},$$

则是熟知的等温面.

本节所遇到的函数, 都假定具有一阶或二阶连续偏导数.

若对空间区域 V 内每一点, 都有一个向量与之对应, 则称在 V 上给定了一个向量场. 在 V 上定义了一个向量函数, 也就是给出了一个向量场, 要了解向量场的分布情况, 通常要作出它的向量线, 即在该曲线的每一点处的切线恰与这点的场向量重合.

若给定向量场

$$\boldsymbol{A}(x,y,z)=P(x,y,z)\boldsymbol{i}+Q(x,y,z)\boldsymbol{j}+R(x,y,z)\boldsymbol{k},$$

其中 $(x,y,z)\in V$, 设 $M(x,y,z)$ 是向量线上任一点, 向量线在此点的切线方向余弦与 $\mathrm{d}x, \mathrm{d}y, \mathrm{d}z$ 成比例, 由向量线的定义, 有

$$\frac{\mathrm{d}x}{P}=\frac{\mathrm{d}y}{Q}=\frac{\mathrm{d}z}{R},$$

这是一个微分方程组, 它的解含有两个参数, 是一个含两个参数的曲线族, 并且通过 V 中任一点只有一条向量线, 任何两条向量线不可能相交.

6.4.2　梯度、散度和旋度

定义 6.4.1　设在 $\mathbb{R}^n$ 内某区域 V 上确定了一个数量场 $f(x_1,x_2,\cdots,x_n)$, 称向量场

$$\left(\frac{\partial f}{\partial x_1},\frac{\partial f}{\partial x_2},\cdots,\frac{\partial f}{\partial x_n}\right)$$

为 f 的一个梯度场, 某点 $(x_1,x_2,\cdots,x_n)$ 所对应的 $\left(\dfrac{\partial f}{\partial x_1},\dfrac{\partial f}{\partial x_2},\cdots,\dfrac{\partial f}{\partial x_n}\right)$ 称为 f 在该点的梯度, 记为

$$\mathbf{grad}f=\left(\frac{\partial f}{\partial x_1},\frac{\partial f}{\partial x_2},\cdots,\frac{\partial f}{\partial x_n}\right).$$

grad$f$ 可以看作算子

$$\boldsymbol{\nabla} = \boldsymbol{e}_1 \frac{\partial}{\partial x_1} + \boldsymbol{e}_2 \frac{\partial}{\partial x_2} + \cdots + \boldsymbol{e}_n \frac{\partial}{\partial x_n}$$

作用于 f 上, 即

$$\boldsymbol{\nabla} f = \mathbf{grad} f = \left(\boldsymbol{e}_1 \frac{\partial}{\partial x_1} + \boldsymbol{e}_2 \frac{\partial}{\partial x_2} + \cdots + \boldsymbol{e}_n \frac{\partial}{\partial x_n} \right) f.$$

$\boldsymbol{\nabla}$ 称为哈密顿 (Hamilton) 算子, 读作那卜拉 (Nabla), $\boldsymbol{\nabla}$ 是 λ 的大写字母.

设 $\boldsymbol{l}$ 的方向余弦为 $\cos\alpha_1, \cos\alpha_2, \cdots, \cos\alpha_n$. 由方向导数的知识, 有

$$\frac{\partial f}{\partial l} = \frac{\partial f}{\partial x_1} \cos\alpha_1 + \frac{\partial f}{\partial x_2} \cos\alpha_2 + \cdots + \frac{\partial f}{\partial x_n} \cos\alpha_n = \mathbf{grad} f \cdot \boldsymbol{l}_0,$$

其中 $\boldsymbol{l}_0 = (\cos\alpha_1, \cos\alpha_2, \cdots, \cos\alpha_n)$. 因为 $|\boldsymbol{l}_0| = 1$, 设 $\boldsymbol{l}_0$ 与 $\mathbf{grad} f$ 的夹角为 θ, 则有

$$\mathbf{grad} f \cdot \boldsymbol{l}_0 = |\mathbf{grad} f| \cos\theta.$$

亦即当 $\boldsymbol{l}$ 与 $\mathbf{grad} f$ 方向一致, 即 $\theta = 0$ 时, $\dfrac{\partial f}{\partial l}$ 取得最大值 (即变化率依此方向增长最快); 当 $\theta = \pi$, 即 $\boldsymbol{l}$ 与 $\mathbf{grad} f$ 的方向相反时, $\dfrac{\partial f}{\partial l}$ 取得最小值.

定理 6.4.1 数量场 $f(x_1, x_2, \cdots, x_n)$ 在点 $P(x_1, x_2, \cdots, x_n)$ 处的梯度方向必与过 P 点的等量面正交.

证明 过 P 点的等量面为 $f(x_1, x_2, \cdots, x_n) = c$, 设过 P 点的等量面上的任意曲线为

$$\boldsymbol{r} = \boldsymbol{r}(t) = (x_1(t), x_2(t), \cdots, x_n(t)),$$

则 $f(x_1(t), x_2(t), \cdots, x_n(t)) = c$ 对 t 微分, 得

$$\frac{\partial f}{\partial x_1} \cdot \frac{\mathrm{d}x_1}{\mathrm{d}t} + \frac{\partial f}{\partial x_2} \cdot \frac{\mathrm{d}x_2}{\mathrm{d}t} + \cdots + \frac{\partial f}{\partial x_n} \cdot \frac{\mathrm{d}x_n}{\mathrm{d}t} = 0,$$

或

$$\boldsymbol{\nabla} f \cdot \left(\frac{\mathrm{d}x_1}{\mathrm{d}t}, \frac{\mathrm{d}x_2}{\mathrm{d}t}, \cdots, \frac{\mathrm{d}x_n}{\mathrm{d}t} \right) = 0.$$

而 $\dfrac{\mathrm{d}\boldsymbol{r}}{\mathrm{d}t} = \left(\dfrac{\mathrm{d}x_1}{\mathrm{d}t}, \dfrac{\mathrm{d}x_2}{\mathrm{d}t}, \cdots, \dfrac{\mathrm{d}x_n}{\mathrm{d}t} \right)$ 就是曲线 $\boldsymbol{r} = \boldsymbol{r}(t)$ 在 P 点的切线方向, 由于 $\boldsymbol{r} = \boldsymbol{r}(t)$ 是过点 P 点的等量面上的任意一条曲线, 从而知 $\boldsymbol{\nabla} f$ 与等量面的切平面正交, 即 $\boldsymbol{\nabla} f$ 是等量面在 P 点的法向量.

定义 6.4.2　设 $\boldsymbol{A}(x_1, x_2, \cdots, x_n) = (P_1(x_1, x_2, \cdots, x_n), \cdots, P_n(x_1, x_2, \cdots, x_n))$ 为定义在 $\mathbb{R}^n$ 中某区域 V 上的向量场, 对 V 上每一点 $P(x_1, x_2, \cdots, x_n)$, 称数量

$$D(x_1, x_2, \cdots, x_n) = \frac{\partial P_1}{\partial x_1} + \frac{\partial P_2}{\partial x_2} + \cdots + \frac{\partial P_n}{\partial x_n},$$

为向量场 $\boldsymbol{A}(x_1, x_2, \cdots, x_n)$ 在 P 点的散度, 记为

$$\mathrm{div}\boldsymbol{A} = \frac{\partial P_1}{\partial x_1} + \frac{\partial P_2}{\partial x_2} + \cdots + \frac{\partial P_n}{\partial x_n}.$$

$\mathrm{div}\boldsymbol{A}$ 又可简写为 $\boldsymbol{\nabla} \cdot \boldsymbol{A}$, 即

$$\mathrm{div}\boldsymbol{A} = \boldsymbol{\nabla} \cdot \boldsymbol{A} = \left(\frac{\partial}{\partial x_1}\boldsymbol{e}_1 + \frac{\partial}{\partial x_2}\boldsymbol{e}_2 + \cdots + \frac{\partial}{\partial x_n}\boldsymbol{e}_n \right) \cdot (P_1\boldsymbol{e}_1 + P_2\boldsymbol{e}_2 + \cdots + P_n\boldsymbol{e}_n)$$

$$= \frac{\partial P_1}{\partial x_1} + \frac{\partial P_2}{\partial x_2} + \cdots + \frac{\partial P_n}{\partial x_n}.$$

$\mathrm{div}\boldsymbol{A}$ 是 V 上的一个数量场.

由奥–高公式, 当 $n = 3$ 时, 有

$$\iiint\limits_{V} \left(\frac{\partial P_1}{\partial x_1} + \frac{\partial P_2}{\partial x_2} + \frac{\partial P_3}{\partial x_3} \right) \mathrm{d}V$$

$$= \oiint\limits_{\partial V} P_1\mathrm{d}x_2\mathrm{d}x_3 + P_2\mathrm{d}x_3\mathrm{d}x_1 + P_3\mathrm{d}x_1\mathrm{d}x_2$$

$$= \oiint\limits_{\partial V} (P_1\cos\alpha_1 + P_2\cos\alpha_2 + P_3\cos\alpha_3)\,\mathrm{d}S,$$

其中 V 表示 $\mathbb{R}^3$ 中一区域, ∂V 是 V 的外表面, $\cos\alpha_1, \cos\alpha_2, \cos\alpha_3$ 是 ∂V 上外法线方向余弦.

实际上, 奥–高公式对任意 $n \geqslant 3$ 都成立, 即当 $n \geqslant 3$ 时, 有

$$\int_V \left(\frac{\partial P_1}{\partial x_1} + \frac{\partial P_2}{\partial x_2} + \cdots + \frac{\partial P_n}{\partial x_n} \right)\mathrm{d}V = \oint\limits_{\partial V} (P_1\cos\alpha_1 + P_2\cos\alpha_2 + \cdots + P_n\cos\alpha_n)\mathrm{d}S,$$

或者

$$\int_V \mathrm{div}\boldsymbol{A}\mathrm{d}V = \oint\limits_{\partial V} \boldsymbol{A} \cdot \boldsymbol{n}\mathrm{d}S,$$

其中 $\boldsymbol{n} = (\cos\alpha_1, \cos\alpha_2, \cdots, \cos\alpha_n)$, $\displaystyle\int_V$ 表示 $\mathbb{R}^n$ 中的 n 重积分, $\displaystyle\oint\limits_{\partial V}$ 表示沿 V 的外表面的 "曲面" 积分.

在 V 内任取一点 M_0, 作 V', 使 $M_0 \in V' \subset V$, 由积分中值定理, 有

$$\int_{V'} \mathrm{div}\boldsymbol{A}\mathrm{d}V = \mathrm{div}\boldsymbol{A}(M^*) \cdot mV', \quad M^* \in V',$$

即

$$\mathrm{div}\boldsymbol{A}(M^*) = \frac{1}{mV'} \oint_{\partial V'} \boldsymbol{A} \cdot \boldsymbol{n}\mathrm{d}S,$$

令 V' 收缩到 M_0, 则 $M^* \to M_0$, 因此, 有

$$\mathrm{div}\boldsymbol{A}(M_0) = \lim_{V' \to M_0} \frac{\displaystyle\oint_{\partial V} \boldsymbol{A} \cdot \boldsymbol{n}\mathrm{d}S}{mV'}.$$

这个等式, 可以看作是散度的另一种定义形式. 由向量场 $\boldsymbol{A}$ 的散度 $\mathrm{div}\boldsymbol{A}$ 所构成的数量场称为散度场.

定义 6.4.3 设 $\boldsymbol{A}(x,y,z) = P(x,y,z)\boldsymbol{i} + Q(x,y,z)\boldsymbol{j} + R(x,y,z)\boldsymbol{k}$ 为 $V \subset \mathbb{R}^3$ 中的向量场, 对 $(x,y,z) \in V$, 定义向量

$$\boldsymbol{F}(x,y,z) = \left(\frac{\partial R}{\partial y} - \frac{\partial Q}{\partial z}\right)\boldsymbol{i} + \left(\frac{\partial P}{\partial z} - \frac{\partial R}{\partial x}\right)\boldsymbol{j} + \left(\frac{\partial Q}{\partial x} - \frac{\partial P}{\partial y}\right)\boldsymbol{k}$$

$$= \begin{vmatrix} \boldsymbol{i} & \boldsymbol{j} & \boldsymbol{k} \\ \dfrac{\partial}{\partial x} & \dfrac{\partial}{\partial y} & \dfrac{\partial}{\partial z} \\ P & Q & R \end{vmatrix},$$

称为向量场 $\boldsymbol{A}(x,y,z)$ 在 (x,y,z) 点的旋度, 记为 $\boldsymbol{F} = \mathbf{rot}\boldsymbol{A}$ (或 $\boldsymbol{F} = \mathbf{curl}\boldsymbol{A}$), 也可记为 $\boldsymbol{\nabla} \times \boldsymbol{A}$.

由斯托克斯公式, 有

$$\iint_S \mathbf{rot}\boldsymbol{A} \cdot \boldsymbol{n}\mathrm{d}S = \oint_L \boldsymbol{A} \cdot \boldsymbol{t}\mathrm{d}s,$$

其中曲面 $S \subset V$, L 为 S 的边界曲线, $\boldsymbol{t}$ 为曲线 L 的正方向的单位切线向量, $\boldsymbol{n}$ 为 S 正侧上的单位法向量.

定义 6.4.4 设在空间区域 V 中, 给定向量场 $\boldsymbol{F}(x_1, x_2, \cdots, x_n)$, 若存在数量场 $f(x_1, x_2, \cdots, x_n)$, 使

$$\boldsymbol{F}(x_1, x_2, \cdots, x_n) = \mathbf{grad}f(= \boldsymbol{\nabla}f).$$

则称向量场 $\boldsymbol{F}$ 为保守场, 称 f 为 $\boldsymbol{F}$ 的势函数或位函数.

定理 6.4.2　区域 V 上的向量场 $\boldsymbol{F}$ 为保守场的充要条件: 对以 V 内任意一点 A 为起点, 另一点 B 为终点的任意两条逐段光滑连续曲线 L_1, L_2, 都有

$$\int_{L_1} \boldsymbol{F} \cdot \boldsymbol{t}\mathrm{d}s = \int_{L_2} \boldsymbol{F} \cdot \boldsymbol{t}\mathrm{d}s.$$

证明　必要性　由题设 $\boldsymbol{F} = (P_1, P_2, \cdots, P_n)$ 为保守场, 即存在多元函数 f, 使得 $\boldsymbol{\nabla} f = \boldsymbol{F}$, 即 $\dfrac{\partial f}{\partial x_i} = P_i$ $(i = 1, 2, \cdots, n)$, 令曲线 L 的向量方程为

$$L : \boldsymbol{r}(t) = (x_1(t), x_2(t), \cdots, x_n(t)), \quad t_1 \leqslant t \leqslant t_2,$$

且其以 $A(x_1(t_1), x_2(t_1), \cdots, x_n(t_1))$ 为起点, $B(x_1(t_2), x_2(t_2), \cdots, x_n(t_2))$ 为终点, 则

$$\int_L \boldsymbol{F} \cdot \boldsymbol{t}\mathrm{d}s = \int_L \frac{\partial f}{\partial x_1}\mathrm{d}x_1 + \frac{\partial f}{\partial x_2}\mathrm{d}x_2 + \cdots + \frac{\partial f}{\partial x_n}\mathrm{d}x_n = \int_{t_1}^{t_2} \frac{\mathrm{d}f}{\mathrm{d}t}\mathrm{d}t = f(B) - f(A).$$

从而 $\displaystyle\int_L \boldsymbol{F} \cdot \boldsymbol{t}\mathrm{d}s$ 只与 A, B 有关, 亦即对于任意以 A 为起点, 以 B 为终点的曲线 L_1, L_2, 都有

$$\int_{L_1} \boldsymbol{F} \cdot \boldsymbol{t}\mathrm{d}s = \int_{L_2} \boldsymbol{F} \cdot \boldsymbol{t}\mathrm{d}s.$$

充分性　取定 $A_0 \in V$, 对任意 $A \in V$, 考虑以 $A_0(x_1^0, x_2^0, \cdots, x_n^0)$ 为起点, 以 $A(x_1, x_2, \cdots, x_n)$ 为终点的曲线 C, 则由假定, $\displaystyle\int_C \boldsymbol{F} \cdot \boldsymbol{t}\mathrm{d}s$ 的值仅由点 A 确定, 设

$$f(A) = \int_{\widehat{A_0A}} \boldsymbol{F} \cdot \boldsymbol{t}\mathrm{d}s,$$

从而确定了一个数量场 $f(A)$, 现在证明 f 即为 $\boldsymbol{F}$ 的势函数, 其中 $F = (P_1, P_2, \cdots, P_n)$.

另取一点 $B(x_1 + h, x_2, \cdots, x_n)$, 用直线段连接 A, B, 则有

$$
\begin{aligned}
f(B) &= f(x_1 + h, x_2, \cdots, x_n) \\
&= \int_{\widehat{A_0A}} \boldsymbol{F} \cdot \boldsymbol{t}\mathrm{d}s + \int_{\overrightarrow{AB}} \boldsymbol{F} \cdot \boldsymbol{t}\mathrm{d}s,
\end{aligned}
$$

故

$$
\begin{aligned}
f(B) - f(A) &= f(x_1 + h, x_2, \cdots, x_n) - f(x_1, x_2, \cdots, x_n) \\
&= \int_{\overrightarrow{AB}} \boldsymbol{F} \cdot \boldsymbol{t}\mathrm{d}s = \int_{\overrightarrow{AB}} P_1\mathrm{d}x_1 + P_2\mathrm{d}x_2 + \cdots + P_n\mathrm{d}x_n
\end{aligned}
$$

$$= \int_{x_1}^{x_1+h} P_1(t, x_2, \cdots, x_n)\mathrm{d}t = P_1(\xi, x_2, \cdots, x_n)h,$$

其中 $\xi = x_1 + \theta h \ (0 < \theta < 1)$, 于是

$$\frac{\partial f}{\partial x_1} = P_1(x_1, x_2, \cdots, x_n).$$

同理, 可证

$$\frac{\partial f}{\partial x_i} = P_i \quad (i = 2, 3, \cdots, n).$$

因此, $\boldsymbol{F} = \boldsymbol{\nabla} f$.

定理 6.4.3　设 $V \subset \mathbb{R}^3$, V 为单连通区域, $\boldsymbol{F}$ 为 V 上的向量场, 则 $\boldsymbol{F}$ 为保守场的充要条件是 $\mathrm{rot}\boldsymbol{F} = \boldsymbol{\nabla} \times \boldsymbol{F} = 0$, 即 $\boldsymbol{F}$ 为无旋场.

证明　必要性　设 $\boldsymbol{F}$ 为保守场, 则存在势函数 f, 使得 $\boldsymbol{F} = \boldsymbol{\nabla} f$, 而

$$\boldsymbol{\nabla} \times \boldsymbol{F} = \boldsymbol{\nabla} \times (\boldsymbol{\nabla} f) = \boldsymbol{\nabla} \times \left(\frac{\partial f}{\partial x}, \frac{\partial f}{\partial y}, \frac{\partial f}{\partial z} \right)$$

$$= \left(\frac{\partial^2 f}{\partial z \partial y} - \frac{\partial^2 f}{\partial y \partial z} \right) \boldsymbol{i} + \left(\frac{\partial^2 f}{\partial x \partial z} - \frac{\partial^2 f}{\partial z \partial x} \right) \boldsymbol{j} + \left(\frac{\partial^2 f}{\partial y \partial x} - \frac{\partial^2 f}{\partial x \partial y} \right) \boldsymbol{k}$$

$$= 0.$$

充分性　设 $\boldsymbol{\nabla} \times \boldsymbol{F} = 0$, 对 V 内任意闭曲线 C, 由于 V 是单连通区域, C 可以围成全部属于 V 的曲面 S, 由斯托克斯公式, 有

$$\oint_C \boldsymbol{F} \cdot \boldsymbol{t}\mathrm{d}s = \iint\limits_S (\boldsymbol{\nabla} \times \boldsymbol{F}) \cdot \boldsymbol{n}\mathrm{d}S = 0.$$

这说明线积分 $\displaystyle\int_L \boldsymbol{F} \cdot \boldsymbol{t}\mathrm{d}s$ 与路径无关, 由定理 6.4.2 知, $\boldsymbol{F}$ 为保守场.

例 6.4.1　求曲面积分

$$\iint\limits_S (\boldsymbol{\nabla} \times \boldsymbol{F}) \cdot \boldsymbol{n}\mathrm{d}S,$$

其中 $\boldsymbol{F} = (x^3 - x^2 y + z^3, xy^2 + y^3, xz + z^2)$, S 为半球面 $x^2 + y^2 + z^2 = 4$, $z \geqslant 0$, 其正向为外侧.

解　由斯托克斯公式

$$\iint\limits_S (\boldsymbol{\nabla} \times \boldsymbol{F}) \cdot \boldsymbol{n}\mathrm{d}S = \oint_{\partial S} (x^3 - x^2 y + z^3)\mathrm{d}x + (xy^2 + y^3)\mathrm{d}y + (xz + z^2)\mathrm{d}z$$

其中 ∂S 为 S 的边界线, 即在 xOy 平面上的圆周: $x^2 + y^2 = 4$, 由于在 ∂S 上 $z = 0$, 所以

$$\iint\limits_{S} (\nabla \times \boldsymbol{F}) \cdot \boldsymbol{n}\mathrm{d}S = \oint_{x^2+y^2=4} (x^3 - x^2 y)\mathrm{d}x + (xy^2 + y^3)\mathrm{d}y,$$

再由格林公式, 上式右边等于

$$\iint\limits_{x^2+y^2\leqslant 4} (x^2 + y^2)\mathrm{d}x\mathrm{d}y = \int_0^{2\pi} \mathrm{d}\varphi \int_0^2 r^2 \cdot r\mathrm{d}r = 2\pi \frac{2^4}{4} = 8\pi.$$

6.4.3　微分恒等式

上一段, 介绍了三个算子: ∇, $\nabla\cdot$, $\nabla\times$, 即 **grad**, div, **rot**, 现在再介绍一个算子, 即

$$\begin{aligned} \mathrm{div}(\mathbf{grad}\varphi) &= \mathrm{div}\left(\frac{\partial\varphi}{\partial x_1}\boldsymbol{e}_1 + \frac{\partial\varphi}{\partial x_2}\boldsymbol{e}_2 + \cdots + \frac{\partial\varphi}{\partial x_n}\boldsymbol{e}_n\right) \\ &= \frac{\partial^2\varphi}{\partial x_1^2} + \frac{\partial^2\varphi}{\partial x_2^2} + \cdots + \frac{\partial^2\varphi}{\partial x_n^2}, \end{aligned}$$

记

$$\nabla \cdot \nabla = \nabla^2 = \frac{\partial^2}{\partial x_1^2} + \frac{\partial^2}{\partial x_2^2} + \cdots + \frac{\partial^2}{\partial x_n^2},$$

或

$$\Delta = \frac{\partial^2}{\partial x_1^2} + \frac{\partial^2}{\partial x_2^2} + \cdots + \frac{\partial^2}{\partial x_n^2},$$

即 $\Delta = \nabla^2 = \nabla \cdot \nabla = \mathrm{div}(\mathbf{grad})$.

由这些算子构成的向量微分恒等式以及推导它们所获得的处理技巧, 对于向量分析的进一步发展和应用将有很大的帮助. 下面列出几个较为重要的公式.

(1) $\nabla(f + g) = \nabla f + \nabla g$;

(2) $\nabla \cdot (\boldsymbol{A} + \boldsymbol{B}) = \nabla \cdot \boldsymbol{A} + \nabla \cdot \boldsymbol{B}$;

(3) $\nabla \times (\boldsymbol{A} + \boldsymbol{B}) = \nabla \times \boldsymbol{A} + \nabla \times \boldsymbol{B}$;

(4) $\nabla \cdot (\nabla f) = \nabla^2 f$;

(5) $\nabla \times (\nabla f) = \boldsymbol{0}$;

(6) $\nabla \cdot (\nabla \times \boldsymbol{A}) = 0$;

(7) $\nabla \times (\nabla \times \boldsymbol{A}) = \nabla(\nabla \cdot \boldsymbol{A}) - \nabla^2 \boldsymbol{A}$;

(8) $\nabla \times (f\boldsymbol{A}) = (\nabla f) \times \boldsymbol{A} + f\nabla \times \boldsymbol{A}$;

(9) $\nabla \cdot f\boldsymbol{A} = f(\nabla \cdot \boldsymbol{A}) + \nabla f \cdot \boldsymbol{A}$;

(10) $\boldsymbol{\nabla} \cdot (\boldsymbol{A} \times \boldsymbol{B}) = \boldsymbol{B} \cdot (\boldsymbol{\nabla} \times \boldsymbol{A}) - \boldsymbol{A} \cdot (\boldsymbol{\nabla} \times \boldsymbol{B})$.

上述式子中, 若有 "$\times$" 乘记号的, 均为 $\mathbb{R}^3$ 中的向量, 现在证 (10).

$$
\begin{aligned}
\boldsymbol{\nabla} \cdot (\boldsymbol{A} \times \boldsymbol{B}) &= \boldsymbol{\nabla} \cdot \begin{vmatrix} \boldsymbol{i} & \boldsymbol{j} & \boldsymbol{k} \\ A_1 & A_2 & A_3 \\ B_1 & B_2 & B_3 \end{vmatrix} \\
&= \frac{\partial}{\partial x}(A_2 B_3 - A_3 B_2) + \frac{\partial}{\partial y}(A_3 B_1 - A_1 B_3) + \frac{\partial}{\partial z}(A_1 B_2 - A_2 B_1) \\
&= (B_1, B_2, B_3) \cdot \left(\frac{\partial A_3}{\partial y} - \frac{\partial A_2}{\partial z}, \frac{\partial A_1}{\partial z} - \frac{\partial A_3}{\partial x}, \frac{\partial A_2}{\partial x} - \frac{\partial A_1}{\partial y} \right) \\
&\quad - (A_1, A_2, A_3) \cdot \left(\frac{\partial B_3}{\partial y} - \frac{\partial B_2}{\partial z}, \frac{\partial B_1}{\partial z} - \frac{\partial B_3}{\partial x}, \frac{\partial B_2}{\partial x} - \frac{\partial B_1}{\partial y} \right) \\
&= \boldsymbol{B} \cdot (\boldsymbol{\nabla} \times \boldsymbol{A}) - \boldsymbol{A} \cdot (\boldsymbol{\nabla} \times \boldsymbol{B}).
\end{aligned}
$$

例 6.4.2 证明: $\mathbf{grad} f = \dfrac{\partial f}{\partial \boldsymbol{n}} \boldsymbol{n}$, 其中 $\boldsymbol{n}$ 为等量面的法向量单位向量, 方向指向 f 的增加方向.

证明 由定理 6.4.1, $\mathbf{grad} f$ 垂直于等量面, 并指向 f 的增加方向, 所以 $\mathbf{grad} f = k\boldsymbol{n}$, 从而

$$
k = k\boldsymbol{n} \cdot \boldsymbol{n} = \mathbf{grad} f \cdot \boldsymbol{n} = \frac{\partial f}{\partial \boldsymbol{n}},
$$

两端乘以 $\boldsymbol{n}$, 即得 $\mathbf{grad} f = \dfrac{\partial f}{\partial \boldsymbol{n}} \boldsymbol{n}$.

例 6.4.3 设 f 和 g 是数量场, $\boldsymbol{A} = g\boldsymbol{\nabla} f$, 试证

$$
\boldsymbol{A} \cdot (\boldsymbol{\nabla} \times \boldsymbol{A}) = 0.
$$

证明 由公式 (8) 和 (5), 有

$$
\boldsymbol{\nabla} \times \boldsymbol{A} = \boldsymbol{\nabla} \times (g\boldsymbol{\nabla} f) = (\boldsymbol{\nabla} g) \times \boldsymbol{\nabla} f + g\boldsymbol{\nabla} \times (\boldsymbol{\nabla} f) = \boldsymbol{\nabla} g \times \boldsymbol{\nabla} f,
$$

从而

$$
\boldsymbol{A} \cdot (\boldsymbol{\nabla} \times \boldsymbol{A}) = (g\boldsymbol{\nabla} f) \cdot (\boldsymbol{\nabla} g \times \boldsymbol{\nabla} f),
$$

由于 $\boldsymbol{\nabla} g \times \boldsymbol{\nabla} f \perp \boldsymbol{\nabla} f$, 所以 $\boldsymbol{A} \cdot (\boldsymbol{\nabla} \times \boldsymbol{A}) = 0$.

例 6.4.4 若 f 为数量场, 试证

(1) $\displaystyle\iint\limits_{\partial V} \frac{\partial f}{\partial \boldsymbol{n}} \mathrm{d}S = \iiint\limits_{V} \boldsymbol{\nabla}^2 f \mathrm{d}V$;

(2) $\displaystyle\iint\limits_{\partial V} f \frac{\partial f}{\partial \boldsymbol{n}} \mathrm{d}S = \iiint\limits_{V} (f\boldsymbol{\nabla}^2 f + |\boldsymbol{\nabla} f|^2) \mathrm{d}V$.

证明　(1) 令 $\boldsymbol{A} = \boldsymbol{\nabla} f$, 由奥–高公式, 有

$$\iint\limits_{\partial V} \boldsymbol{A} \cdot \boldsymbol{n} \mathrm{d}S = \iiint\limits_{V} \boldsymbol{\nabla} \cdot \boldsymbol{A} \mathrm{d}V,$$

而 $\boldsymbol{\nabla} \cdot \boldsymbol{A} = \boldsymbol{\nabla} \cdot (\boldsymbol{\nabla} f) = \boldsymbol{\nabla}^2 f$, $\boldsymbol{A} \cdot \boldsymbol{n} = \boldsymbol{\nabla} f \cdot \boldsymbol{n} = \dfrac{\partial f}{\partial \boldsymbol{n}}$. 因而得证.

(2) 令 $\boldsymbol{A} = f\boldsymbol{\nabla} f$, 则

$$\boldsymbol{A} \cdot \boldsymbol{n} = f(\boldsymbol{\nabla} f \cdot \boldsymbol{n}) = f\dfrac{\partial f}{\partial \boldsymbol{n}}.$$

由公式 (9), $\boldsymbol{\nabla} \cdot \boldsymbol{A} = \boldsymbol{\nabla} \cdot (f\boldsymbol{\nabla} f) = f(\boldsymbol{\nabla}^2 f) + \boldsymbol{\nabla} f \cdot \boldsymbol{\nabla} f$, 由奥-高公式, 有

$$\iint\limits_{\partial V} f\dfrac{\partial f}{\partial \boldsymbol{n}} \mathrm{d}S = \iiint\limits_{V} (f\boldsymbol{\nabla}^2 f + |\boldsymbol{\nabla} f|^2) \mathrm{d}V.$$

习　题　6.4

1. 设 $\boldsymbol{a}$ 为常向量, $\boldsymbol{r} = x\boldsymbol{i} + y\boldsymbol{j} + z\boldsymbol{k}$, 证明:

(1) $\boldsymbol{\nabla} \times (\boldsymbol{a} \times \boldsymbol{r}) = 2\boldsymbol{a}$;

(2) $\boldsymbol{\nabla} \cdot [(\boldsymbol{a} \cdot \boldsymbol{r})\boldsymbol{r}] = 4\boldsymbol{a} \cdot \boldsymbol{r}$;

(3) $\boldsymbol{a} \times (\boldsymbol{\nabla} \times \boldsymbol{r}) = \boldsymbol{0}$.

2. 如果 $\boldsymbol{\nabla}^2 \varphi = 0$, $\boldsymbol{a}$ 为常向量, 证明: $\boldsymbol{\nabla}(\boldsymbol{a} \cdot \boldsymbol{\nabla} \varphi) + \boldsymbol{\nabla} \times (\boldsymbol{a} \times \boldsymbol{\nabla} \varphi) = \boldsymbol{0}$.

3. 计算 $\oint_C \dfrac{\cos(\boldsymbol{n}, \boldsymbol{r})}{r} \mathrm{d}s$, 其中 $\boldsymbol{r} = x\boldsymbol{i} + y\boldsymbol{j}$, $r = |\boldsymbol{r}|$, 积分沿逆时针方向, $\boldsymbol{n}$ 为外法线方向.

(1) $C : (x - 2)^2 + (y - 2)^2 = 1$;

(2) $C : \dfrac{x^2}{a^2} + \dfrac{y^2}{b^2} = 1$.

4. 设 f 和 g 为数量场, 证明:

(1) $\oiint\limits_{\partial V} f\dfrac{\partial g}{\partial \boldsymbol{n}} \mathrm{d}S = \iiint\limits_{V} (f\boldsymbol{\nabla}^2 g + \boldsymbol{\nabla} f \cdot \boldsymbol{\nabla} g) \mathrm{d}V$;

(2) $\oiint\limits_{\partial V} \left(f\dfrac{\partial g}{\partial \boldsymbol{n}} - g\dfrac{\partial f}{\partial \boldsymbol{n}} \right) \mathrm{d}S = \iiint\limits_{V} (f\boldsymbol{\nabla}^2 g - g\boldsymbol{\nabla}^2 f) \mathrm{d}V$.

5. 设 $\boldsymbol{A} = \dfrac{\boldsymbol{r}}{|\boldsymbol{r}|}$, S 为一封闭曲面, $\boldsymbol{r} = (x, y, z)$, 证明: 当原点在曲面 S 的外、上、内时, 分别有

$$\oiint\limits_{S} \boldsymbol{A} \cdot \mathrm{d}\boldsymbol{S} = \oiint\limits_{S} \boldsymbol{A} \cdot \boldsymbol{n} \mathrm{d}S = 0,\ 2\pi,\ 4\pi.$$

6. 求曲面积分

$$I = \oiint\limits_{S} \left(\varphi\dfrac{\partial \psi}{\partial \boldsymbol{n}} - \psi\dfrac{\partial \varphi}{\partial \boldsymbol{n}} \right) \mathrm{d}S,$$

其中 $S : x^2 + y^2 = R^2$, $z = 0$, $z = h\ (h > 0)$, $\varphi = x^2 + y^2 + x + z$, $\psi = x^2 + y^2 + 2z + x$, S 取外侧.

参 考 文 献

常庚哲, 史济怀. 2012. 数学分析教程 [M]. 3 版. 合肥: 中国科学技术大学出版社.

复旦大学数学系, 陈传璋, 金福临, 等. 1983. 数学分析 (上册)[M]. 2 版. 北京: 高等教育出版社.

菲赫金哥尔茨 Γ M. 1954. 微积分学教程 (第二卷　第二分册)[M]. 北京大学高等数学教研室, 译. 北京: 人民教育出版社.

格·马·菲赫金哥尔茨. 1960. 数学分析原理 (第一卷　第二分册)[M]. 丁寿田, 译. 北京: 人民教育出版社.

华东师范大学数学科学学院. 2019. 数学分析 [M]. 5 版. 北京: 高等教育出版社.

吉林大学数学系. 1978. 数学分析 (上册)[M]. 北京: 人民教育出版社.

吉米多维奇 Б Π. 1958. 数学分析习题集 [M]. 李荣涑, 译. 北京: 人民教育出版社.

江泽坚. 1978. 数学分析 [M]. 北京: 人民教育出版社.

柯朗 R, 约翰 F. 1982. 微积分和数学分析引论 (第一卷　第二分册)[M]. 刘嘉善, 等译. 北京: 科学出版社.

卓里奇 В А. 2019. 数学分析 (第一卷)[M]. 7 版. 李植, 译. 北京: 高等教育出版社.